图1 大众速腾轿车蓄电池接线柱（极桩）

图2 蓄电池加液孔、加液螺塞及通气孔

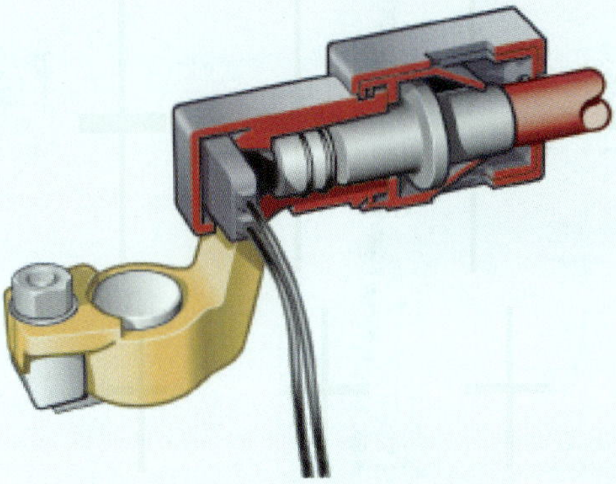

(a) 安全蓄电池端子处于初始状态

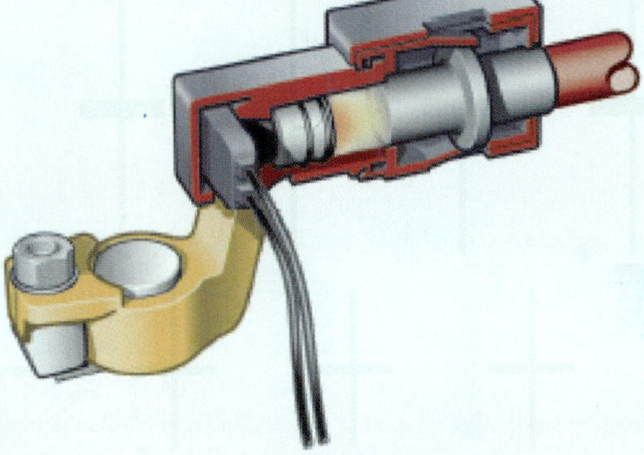

(b) 受控制单元触发，推进剂点火

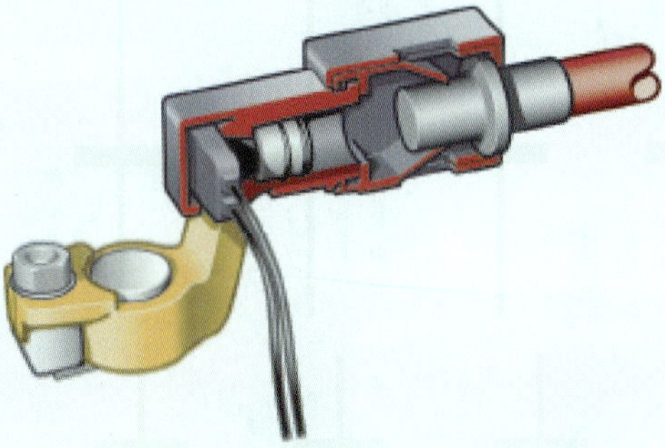

(c) 安全蓄电池端子被断开

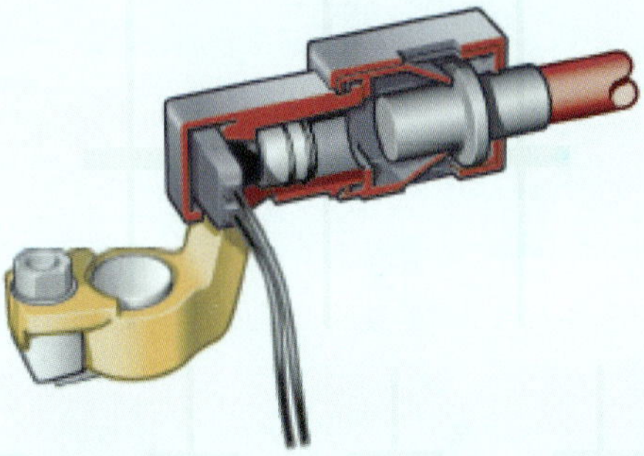

(d) 蓄电池导线与正极端子保持在断开状态

图3 安全蓄电池端子断开的动作顺序

图4 分电器

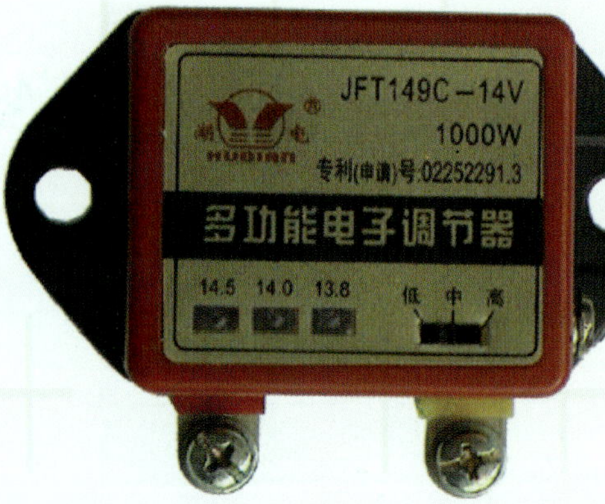

图5 JFT149C晶体管式电压调节器

图6 集成电路式电压调节器

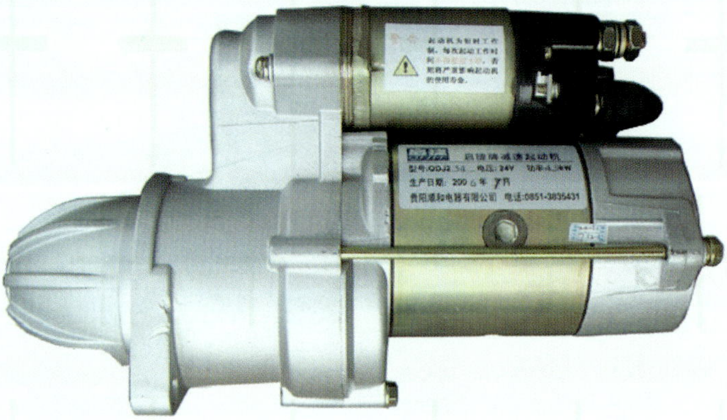

图7 QDJ254减速起动机

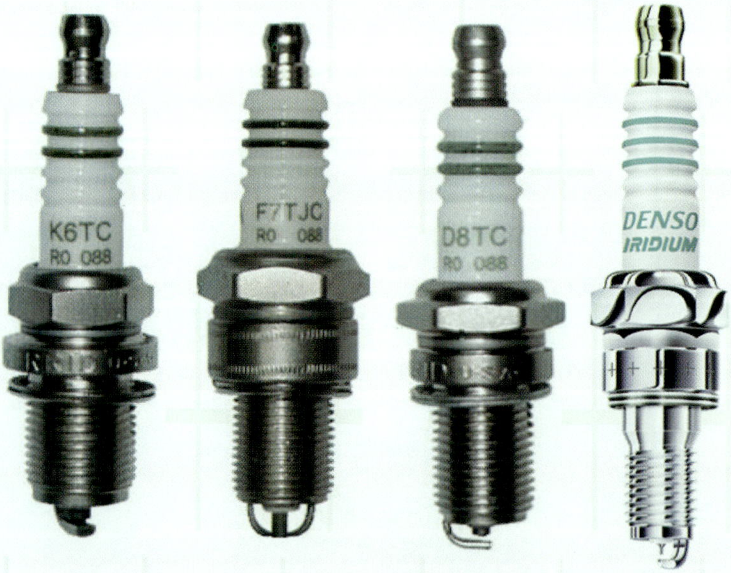

图8 各种火花塞

图9 工作正常的火花塞颜色

图10　带泵交流发电机

图11 带泵无刷交流发电机

图12 宝马（BMW）E60轿车电子仪表

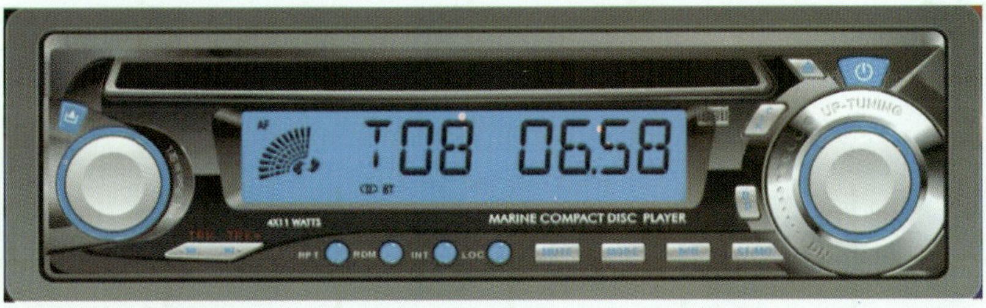

图13 汽车激光CD唱机

图14 汽车信息抬头显示（HUD技术）

图15 福特蒙迪欧轿车中央接线盒

图16 熔断器盒

图17 别克轿车点火开关

图18 宝马3系轿车点火开关

图19 一汽迈腾轿车点火开关

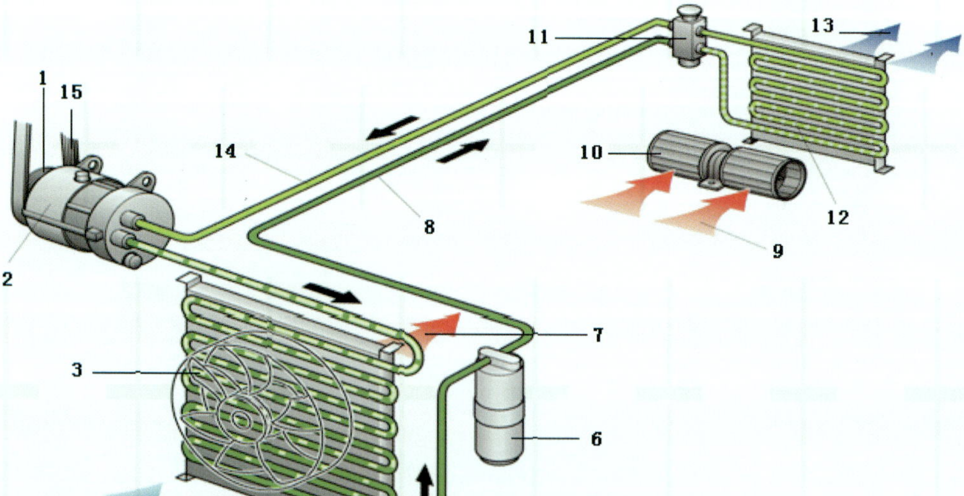

图20 汽车空调蒸汽压缩制冷系统

21世纪全国高等院校汽车类创新型应用人才培养规划教材

汽车电气设备（第2版）

主　编　凌永成　李淑英

副主编　谢在玉　华文林

参　编　张桂卿　耿伟成

　　　　张　涛　李雪飞

主　审　刘树伟

北京大学出版社
PEKING UNIVERSITY PRESS

内容简介

本书全面、系统地阐述了汽车电气设备在现代车辆上的应用情况。在简单介绍汽车电路的特点和发展趋势之后，着重阐述和讲授蓄电池、交流发电机、起动系统、点火系统、照明信号与仪表信息系统、汽车空调系统、安全舒适系统的结构、原理及使用维修等基础知识，对汽车电路分析和汽车电路检修等内容也做了充分的介绍。

本书条理清楚，行文流畅，深入浅出，图文并茂，可作为高等院校汽车、车辆工程类专业的教材。也可以作为高等职业技术学院和高等工程专科学校汽车运用与维修类专业的教材，还可作为广大汽车工程技术人员和汽车维修人员的参考读物。

图书在版编目(CIP)数据

汽车电气设备/凌永成，李淑英主编. —2版. —北京：北京大学出版社，2010.3
(21世纪全国高等院校汽车类创新型应用人才培养规划教材)
ISBN 978-7-301-16916-2

Ⅰ.汽… Ⅱ.①凌…②李… Ⅲ.汽车—电气设备—高等学校—教材 Ⅳ.U463.6

中国版本图书馆CIP数据核字(2010)第021079号

书　　名：汽车电气设备（第2版）
著作责任者：凌永成　李淑英　主编
责 任 编 辑：郭穗娟　童君鑫
标 准 书 号：ISBN 978-7-301-16916-2/TH·0178
出　版　者：北京大学出版社
地　　　址：北京市海淀区成府路205号　100871
网　　　址：http://www.pup.cn　http://www.pup6.cn
电　　　话：邮购部62752015　发行部62750672　编辑部62750667　出版部62754962
电 子 邮 箱：pup_6@163.com
印　刷　者：北京富生印刷厂
发　行　者：北京大学出版社
经　销　者：新华书店
787毫米×1092毫米　16开本　23.75印张　彩插2　558千字
2007年8月第1版　2010年3月第2版　2014年8月第6次印刷
定　　　价：38.00元

第 2 版前言

教材是教学之本，是教学质量稳步提高的基本保障。教材内容必须与时俱进，紧跟技术发展的步伐，反映工程技术领域的新结构、新工艺、新特点和新趋势。

随着近几年来国内外汽车技术的迅猛发展，本书第 1 版的部分内容已显陈旧，需要删减和更新；同时，许多汽车新技术需要补充和加强。为此，我们组织力量对本书第 1 版进行了全面的修订。

本书第 2 版是根据教育部关于车辆工程专业本科教育目标和培养方案及课程教学大纲的要求编写的。

本书共分 10 章，全面、系统地阐述了汽车电气设备在现代车辆上的应用情况。在简单介绍汽车电路的特点和发展趋势之后，着重阐述和讲授蓄电池、交流发电机、起动系统、点火系统、照明信号与仪表信息系统、汽车空调系统、安全舒适系统的结构、原理及使用维修等基础知识，对汽车电路分析和汽车电路检修等内容也做了充分的介绍。

本书作为凌永成主编、由北京大学出版社在 2011 年 7 月出版的《汽车电子控制技术(第 2 版)》的姊妹篇，在内容上与《汽车电子控制技术(第 2 版)》相互呼应，互为补充。在课程安排上，应先开设“汽车电气设备”课程，再开设“汽车电子控制技术”课程。

本书是按照授课时数约为 60 学时编写的。各学校在选用本书作为教材时，可根据自己的教学大纲适当增、减学时。

本书条理清晰，层次分明，语言简练，图文并茂，重点突出，详略得当，简化了冗长的理论分析，强化了汽车新技术和实用技术的介绍，教材内容的取舍以充分满足汽车电气工程师知识结构的要求为出发点，特别注重理论与实践的紧密结合，内容具有极强的针对性和实用性，旨在切实培养和提高学生的技术应用能力，是一本具有鲜明特色的实用规划教材。

本书由凌永成和李淑英主编，谢在玉和华文林为副主编。具体写作分工如下：第1～5 章由凌永成编写，第 6 章由李淑英编写，第 7 章由张涛编写，第 8 章由谢在玉和华文林编写，第 9 章由耿伟成和张桂卿编写，第 10 章由李雪飞编写。

辽宁工业大学刘树伟教授作为主审，对全书进行了认真的审阅，并提出了许多宝贵意见，使本书结构更为严谨，在此深表感谢！

在本书编写过程中，曾得到许多专家和同行的热情支持，并参考和借鉴了许多国内外公开出版和发表的文献，在此一并致谢！

由于编者水平有限，书中难免存在不足或疏漏之处，恳请广大读者批评指正。

为方便选用本书作为教材的任课教师授课，编者还制作了与本书配套的电子课件。有需要的教师可登录北京大学出版社第六事业部的网站 http：//www.pup6.cn，免费下载或致信凌永成邮箱 lyc903115@sohu.com 索取，编者会无偿提供。

编　者

2010 年 1 月

目　录

第1章　绪　　论

教学提示

汽车电气系统是汽车的重要组成部分之一，随着汽车用电设备的日益增多，电压升级是大势所趋。

教学要求

本章主要介绍汽车电气系统的特点和发展趋势。要求学生了解汽车电气系统的发展趋势，熟悉汽车电气系统的基本组成和特点。

1.1　汽车电气设备的作用

汽车电气设备(electrical device)是汽车的重要组成部分之一，其性能的好坏直接影响到汽车的动力性、经济性、可靠性、安全性、排气净化及舒适性。例如，为使汽车发动机获得最高的经济性，需要点火系统在最适当的时间点火；为使发动机可靠起动，需采用电力起动机；为保证汽车工作可靠、行驶安全，则有赖于各种指示仪表、信号装置和照明灯具等电器的正常工作。

蓄电池、发电机、起动机、点火系统、照明信号系统、仪表信息等传统的汽车电气设备是汽车的基础组成部分，也是汽车电子控制系统的基础。

多年来，汽车电气设备一直在汽车上发挥着重要的作用，并将继续发挥其应有的作用。基础电气设备将向提高品质、提高性能的方向发展，辅助电器将向进一步拓展种类、扩大应用范围的方向发展。

1.2　汽车电气系统的特点

汽车电气设备组成的系统称为汽车电气系统，和其他电气统系不同，汽车电气统系或称汽车电路具有以下特点。

1. 双电源

在汽车电气系统中，采用两个电源(蓄电池和交流发电机)，两者互相配合，协同工作。即使是在极端条件下(如发电机损坏，不发电)，光靠蓄电池供电，汽车也能行驶一定里程。

2. 低电压

汽车电气系统的额定电压(rated voltage)有6V、12V、24V三种。汽油发动机汽车普遍采用12V电源，柴油发动机汽车多采用24V电源(由两个12V蓄电池串联而成)，摩托车采用6V电源。关于汽车运行中的实际工作电压，12V系统一般为14V左右，24V系统为28V左右。

3. 直流供电

现代汽车发动机是靠电力起动机起动的，起动机由蓄电池供电，而向蓄电池充电又必须用直流电源，所以汽车电气系统为直流系统。虽然交流发电机发出的是交流电，但经过整流器整流，变成直流电后才供给全车用电。

4. 单线制

单线制也称单线连接，是汽车电路的突出特点之一，它是指汽车上所有电气设备的正极均采用导线相互连接；而负极则直接或间接通过导线与金属车架或车身的金属部分相连，即搭铁(put up iron)，也称接地(earthing 或 grounding)。

任何一个电路中的电流都是从电源的正极出发，经导线流入用电设备后，再由电器设备自身或负极导线搭铁，通过车架或车身流回电源负极而形成回路。

由于单线制导线用量少、线路清晰、接线方便，因此其广为现代汽车所采用。

5. 负极搭铁

采用单线制时蓄电池的一个电极需接至金属车架或金属车身上，俗称“搭铁”。蓄电池的负极接金属车架或金属车身称为负极搭铁(negative earth)。蓄电池的正极接金属车架或金属车身称为正极搭铁(positive earth)。

如果单纯从构成电流回路的层面来说，汽车既可以采用负极搭铁，也可以采用正极搭铁。早期汽车上曾广泛采用正极搭铁，但经研究表明，采用负极搭铁对车架或车身金属的化学腐蚀较轻，对无线电干扰小，且对点火系统的点火电压要求也低(更有利于火花塞跳火)。因此，目前包括我国在内的所有国家都已经规定汽车电路统一采用负极搭铁。

6. 并联连接

各用电设备均采用并联连接，汽车上的两个电源(蓄电池与发电机)之间以及所有用电设备之间，都是正极接正极，负极接负极，并联连接。

由于采用并联连接，所以汽车在使用中，当某一支路用电设备损坏时，并不影响其他支路用电设备的正常工作。

7. 设有保护装置

为了防止因电源短路(火线搭铁)或电路过载而烧坏线束，电路中一般设有保护装置，如熔断器(短路保护)、易熔线(过载保护)等。

8. 汽车电线(导线)有颜色和编号特征

为了便于区别各电路的连接，汽车所有低压导线必须选用不同颜色的单色或双色线，并在每根导线上编号，编号由生产厂家统一编定。

9. 由相对独立的分支系统组成

汽车电路由相对独立的系统组成，全车电路一般包括以下几部分。

1）电源电路

电源电路由蓄电池、发电机、电压调节器及工作状况指示装置(电流表、电压表、充电指示灯)等组成。

2）起动电路

起动电路由起动机、起动继电器、起动开关及起动保护装置等组成。

3）点火电路

点火电路由点火线圈、分电器、电子点火器、火花塞、点火开关等组成。

4）照明信号电路

照明信号电路由前照灯、雾灯、示宽灯、转向灯、制动灯、倒车灯、电喇叭及控制继电器和开关等组成。

5）仪表报警电路

仪表报警电路由仪表、传感器、各种报警灯、指示灯及控制器等组成。在高端车上，仪表报警电路已经发展成为仪表信息系统。

6）辅助装置电路

辅助装置电路由为提高车辆安全性、舒适性、经济性等各种功能的电气装置组成。因车型不同而有所差异，一般包括风窗刮水清洗装置、风窗除霜防雾装置、音响装置、车窗电动升降装置、电动坐椅调节装置及中央电控门锁等。

1.3　汽车电气系统的发展趋势——电压升级

随着人们对汽车乘坐舒适性、燃油经济性、排放环保性等要求的日益提高，汽车上的新装置、新技术不断增多，电力消耗不断增加，这大大增加了汽车电源系统的负荷。

在以节能、环保和安全为中心的现代汽车中，电气设备越来越多，电气负荷越来越大，这就要求汽车电源系统提供更多的电能，传统的14V电压供电系统已经捉襟见肘，电压升级已经成为汽车电气系统的发展趋势。

目前，学术界提出的汽车电压升级方案有两种，一种是全车42V单电压方案，另一种是14V/42V双电压方案。

简言之，全车42V单电压方案是将目前汽车上采用的14V电源改为42V。从理论上说，对于驱动相同功率的车用电器而言，电源电压提高3倍，工作电流会减小65%。除了能降低线束截面积、减小电机体积外，还能趁机将车上的电器来一场革命。例如，淘汰目前使用的机械触点式继电器，转而采用固态开关，以电子模块取代目前的分立元件等。

目前，高端汽车使用的功率约为1～3kW，而将来高端汽车使用的功率将达到10～20kW。如果汽车性能要继续提高，用电设备持续增多，唯有走电压升级这一条路才能解决电源供给问题。

由于直接采用42V单电压方案对现有的汽车及零部件行业冲击过大，作为由14V向

42V 平稳过渡的措施，有学者提出了 14V/42V 双电压方案。

14V/42V 双电压方案是指在车上根据用电设备的特点，采用 14V 与 42V 并存的方法，有针对性地对电气设备提供不同电压的电源。

14V/42V 及 42V 电气系统已得到国际汽车工业界的广泛认可，电压升级已经是大势所趋。因此，可以相信，这一新的汽车电气系统进入实用化的时间已为期不远。

复习思考题

1. 简述汽车电气设备的作用与组成。
2. 简述汽车电气系统的特点。
3. 简述汽车电气系统的发展趋势。

第2章　蓄电池

教学提示

蓄电池是一种可逆的直流电源。起动型铅酸蓄电池在汽车上应用极为普遍，免维护蓄电池的使用也日益广泛。

教学要求

本章主要介绍起动型铅酸蓄电池的结构组成、工作原理、使用维护方法。要求学生了解蓄电池工作原理，熟悉蓄电池的结构组成，掌握蓄电池的使用和维护方法。

汽车电源系统用于向汽车用电设备提供低压直流电能，以保证汽车在行驶中和停车时的用电需要。

蓄电池和发电机共同构成汽车电源系统。此外，汽车电源系统还包括电压调节器(用于动态调节交流发电机的输出电压)、电流表或其他充电状态指示装置(电压表或充电指示灯)、钥匙开关等，连接关系如图 2.1 所示。

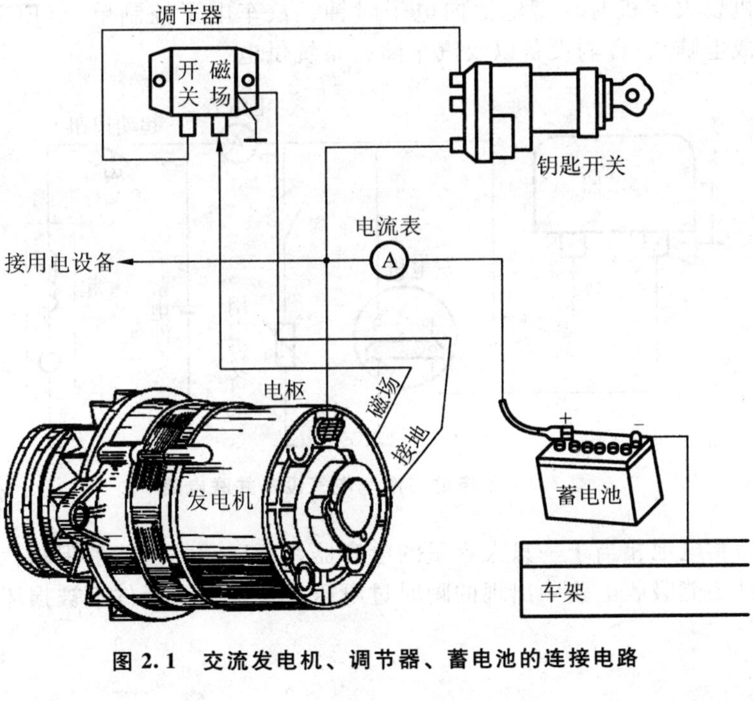

图 2.1　交流发电机、调节器、蓄电池的连接电路

2.1 蓄电池的作用与分类

2.1.1 蓄电池的作用

蓄电池(battery，俗称电瓶，图 2.2)是一种可逆的直流电源，有放电和充电两种工作状态。在放电状态下，蓄电池可将化学能转变为电能；在充电状态下，蓄电池可将电能转变为化学能。

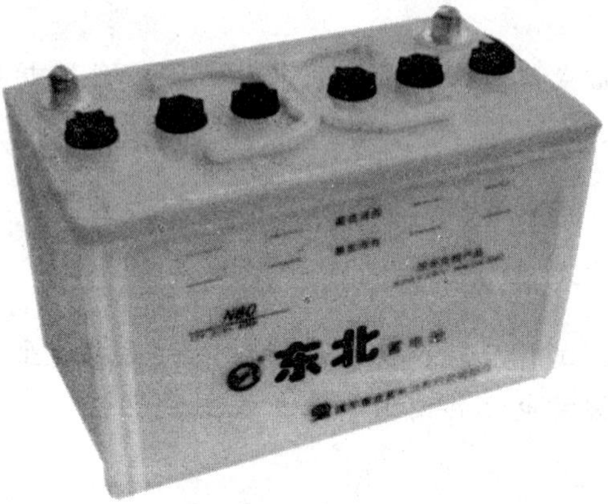

图 2.2 蓄电池

在汽车上，蓄电池和发电机并联连接(图 2.3)，两者协同工作，共同为汽车电气设备供电。在发电机正常工作时，全车用电设备均由发电机供电，与此同时，蓄电池将发电机多余的电能转变为化学能储存起来(即蓄电池处于充电状态)。

蓄电池的具体作用如下：

(1) 发动机起动时，蓄电池向起动机和点火系统以及燃油喷射系统供电。

(2) 发动机低速运转、发电机电压较低时，蓄电池向用电设备和交流发电机磁场绕组供电。

(3) 发电机出现故障不发电时，蓄电池向用电设备供电。

(4) 发电机过载时，蓄电池协助发电机向用电设备供电。

(5) 发动机熄火停机时，蓄电池向电子时钟、汽车电子控制单元(ECU/ECM，也称计算机、微机或电脑)、音响设备以及汽车防盗系统供电。

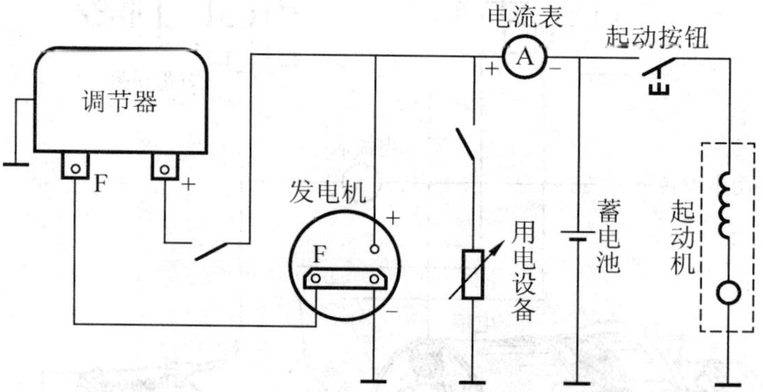

图 2.3 蓄电池与汽车电气设备并联电路

此外，因为蓄电池相当于一只大容量的电容器，所以它不仅能够保持汽车电气系统的电压稳定，而且还能吸收电路中出现的瞬时过电压，保护电子元件不被损坏。

2.1.2 对蓄电池的要求

起动发动机时，蓄电池必须能在短时间(5～10s) 内向起动机连续提供强大的起动电流：汽油发动机一般需要 200～600A；柴油发动机一般需要 500～1000A，甚至更大。所以，对汽车用蓄电池的基本要求是容量大、内阻小，以保证蓄电池具有足够的起动能力。

起动型铅酸蓄电池的突出特点是内阻小、起动性能好、电压稳定，此外还有成本低、原料丰富等优点，所以它在汽车上被广泛应用。

2.1.3 蓄电池的分类

汽车用蓄电池有铅酸蓄电池(lead—acid battery)和碱性蓄电池(alkaline secondary battery)两大类。

汽车用铅酸蓄电池又分为普通型、干荷电型、湿荷电型、免维护型和胶体型等。

蓄电池在汽车上的安装位置根据车型和结构而定，原则上离起动机越近越好。大多数轿车的蓄电池装在发动机舱内(图 2.4)，也有的装在行李箱内(图 2.5)，甚至有的装在后排乘客坐椅下方；货车的蓄电池以空载时重量平衡为原则，一般装在车架前部的左侧或右侧，客车的蓄电池多装在车厢内。

蓄电池都是用特制的金属框架和防振垫固定的(图 2.6)。

图 2.4 蓄电池装在发动机舱内

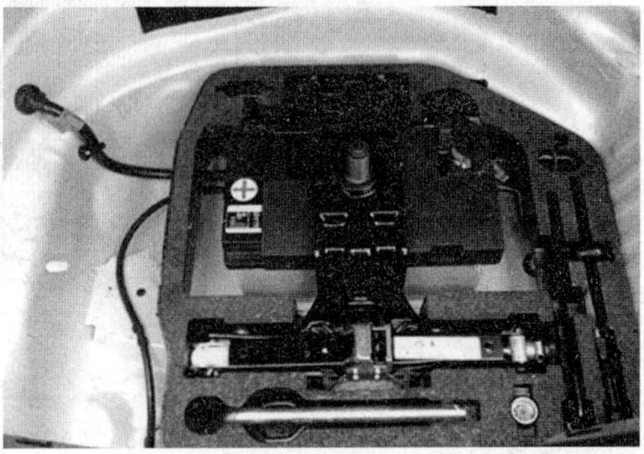

图 2.5 奥迪 A4 轿车蓄电池装在行李箱内备胎下面

图 2.6 蓄电池的固定方式

2.2 铅酸蓄电池的构造与型号

2.2.1 铅酸蓄电池的构造

现代汽车用铅酸蓄电池由六只单格电池串联而成，每只单格电池的电压约为2V，串联后蓄电池电压为12V。目前国内外汽油机汽车均选用12V蓄电池；多数柴油机汽车电源电压设计为24V，用两只12V蓄电池串联供电。

铅酸蓄电池的结构如图2.7所示，其构件主要有极板、隔板、电解液、外壳、联条、接线柱等。

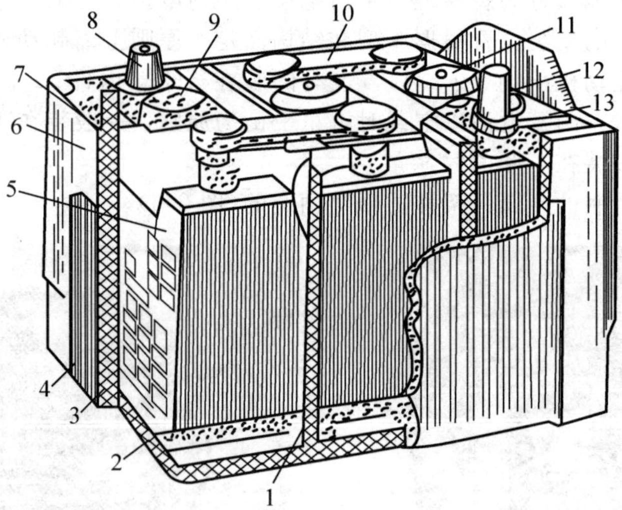

图2.7 铅酸蓄电池的结构

1—隔壁；2—凸筋；3—负极板；4—隔板；5—正极板；6—电池壳；7—防护板；8—负接线柱；9—通气孔；10—联条；11—加液螺塞；12—正接线柱；13—单格电池盖

1. 极板

极板(plate)是蓄电池的核心构件，由栅架和活性物质组成，形状如图2.8所示。

栅架(图2.9)是用铅锑合金浇铸而成的，活性物质就涂覆在栅架上。加锑的目的是提高栅架的机械强度和改善浇铸性能。但是锑有副作用，会加速氢的析出而加快电解液消耗；锑还易从正极板栅架中解析出来而引起蓄电池自放电和栅架腐蚀，缩短蓄电池的使用寿命。

目前，国内外大多采用低锑合金栅架，含锑量为2%～3%。为降低蓄电池的内阻，改善蓄电池的起动性能，现代汽车蓄电池多采用放射形栅架。北京切诺基吉普车和上海桑塔纳轿车蓄电池均采用放射形栅架，其结构如图2.10所示。

极板上的工作物质称为活性物质，主要由铅粉、添加剂与一定密度的稀硫酸混合形成。为防止龟裂和脱落，铅膏中还掺有玻璃纤维等牵引附着物。

极板分为正极板和负极板两种。将涂上铅膏后的生极板先经热风干燥，再放入稀硫酸中进行充电，便得正、负极板(图 2.11)。

正极板(positive plate)上的活性物质为二氧化铅(PbO_2)，呈棕红色，负极板(negative plate)上的活性物质为海绵状纯铅(Pb)，呈青灰色。

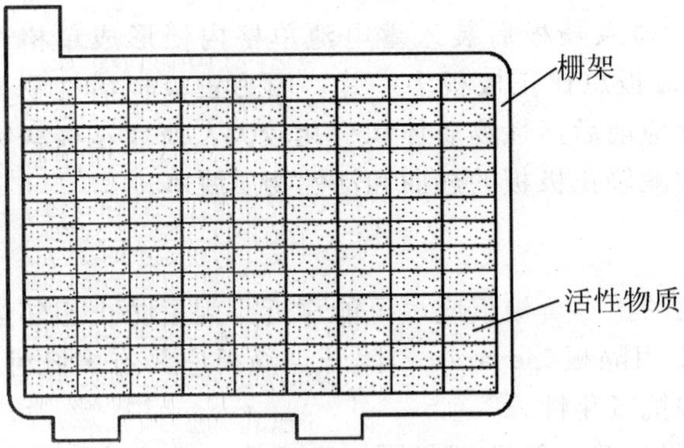

图 2.8 极板

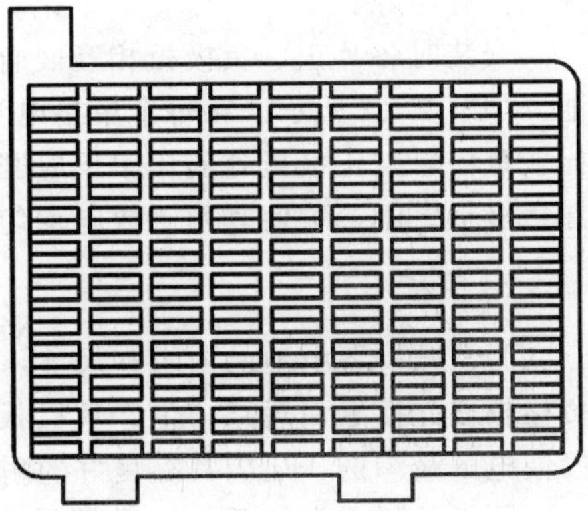

图 2.9 栅架

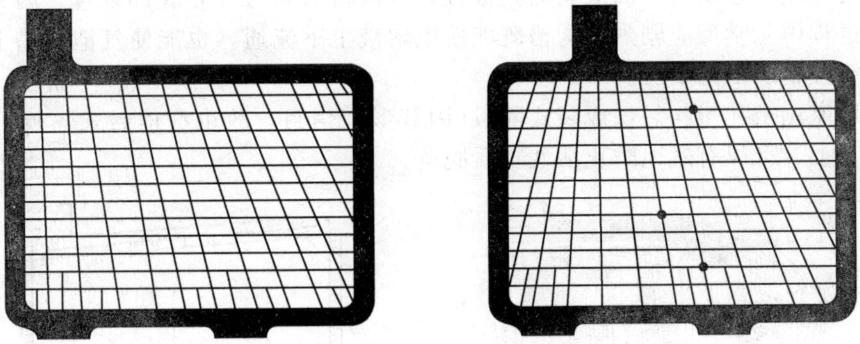

(a) 切诺基吉普车蓄电池放射形栅架　(b) 上海桑塔纳轿车蓄电池放射形栅架

图 2.10 放射形栅架结构

(a)负极板　(b) 正极板

图 2.11 正极板和负极板

目前国产蓄电池极板的厚度为1.8～2.4mm，国外大都采用1.1～1.5mm厚的薄型极板(正极板比负极板厚)。采用薄型极板可提高蓄电池的比容量和起动性能。

将一片正极板和一片负极板浸入电解液中，就可获得约2.1V的电动势。为增大蓄电池容量，可将多片正、负极板分别并联，用横板焊接成正、负极板组，横板上有极柱，各片间留有空隙。

安装时各片正、负极板相互嵌合，中间插入隔板后装入蓄电池单格内便形成单格电池，如图2.12所示。在每个单格电池中负极板总比正极板多一片，因为正极板活性物质比较疏松，且正极板处的化学反应剧烈，反应前后活性物质体积变化较大，所以正极板夹在负极板之间，可使其两侧放电均匀，从而减轻正极板的翘曲和活性物质脱落。

2. 隔板

为了减少蓄电池的内阻和尺寸，蓄电池的正、负极板应尽可能靠近。为了防止相邻正负极板彼此接触而短路，正、负极板之间要用隔板(separator)隔开。隔板应具有多孔性，以便电解液渗透，还应具有良好的耐酸性和抗氧化性。

隔板的材料有木质、微孔橡胶和微孔塑料等。微孔塑料隔板孔径小、孔率高、薄而柔、生产效率高、成本低，因此目前被广泛采用。

安装时，隔板带槽的一面应朝向正极板，且沟槽必须与外壳底部垂直。因为正极板在充、放电过程中化学反应剧烈，沟槽既能使电解液上下流通，也能使气泡沿槽上升，还能使脱落的活性物质沿槽下沉。

有的厂家用微孔塑料袋做成袋式隔板(因其形似信封，故也称信封式隔板，图2.13)，套在正极板上，可以有效地防止活性物质脱落。

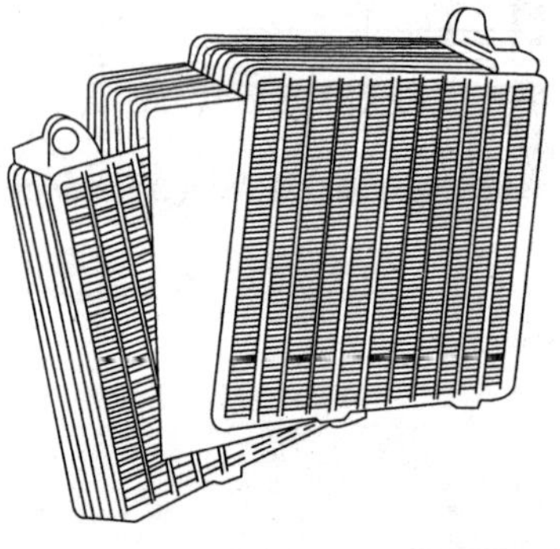

图2.12 单格蓄电池极板组

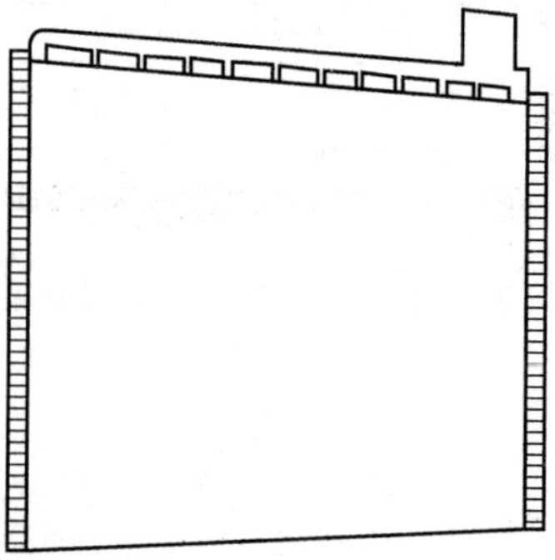

图2.13 袋式(信封式)隔板

3. 电解液

电解液(electrolyte，俗称电瓶水，见图2.14)是用纯净硫酸和纯净蒸馏水(distilled water)按一定比例配制而成的稀硫酸溶液。

电解液的密度对蓄电池的性能和寿命影响很大。为了提高蓄电池容量和降低电解液的冰点，希望电解液的密度大一些。但密度过大，会使流动性变差，反而会降低蓄电池的容量，而且还会加快隔板和极板的损坏，缩短蓄电池的使用寿命。电解液的密度随地区和气候条件而定。

我国幅员辽阔，气候条件复杂多变，表2-1给出了各地区的电解液质量密度值，供选用时参考。

图 2.14　常见的成品蓄电池电解液

表 2-1　不同地区和气候条件下电解液的质量密度

气候条件	蓄电池完全充足电时电解液的质量密度(25℃)/(g/cm³)	
	冬季	夏季
冬季气温低于－40℃的地区	1.30	1.26
冬季气温在－40～－30℃的地区	1.28	1.24
冬季气温在－30～－20℃的地区	1.27	1.24
冬季气温在－20～0℃的地区	1.26	1.23
冬季气温在0℃以上的地区	1.23	1.23

4. 外壳

外壳(housing)用来盛装电解液和极板组，使蓄电池构成一个整体。外壳材料有硬橡胶和塑料两种。

外壳为整体式结构，壳内由间壁分成三个或六个互不相通的单格，底部制有凸筋用来支撑极板组。凸筋之间的空隙可以积存极板脱落的活性物质，避免正、负极板短路。

每个单格的盖板中间有加液孔，可以用来检查液面高度和测量电解液的密度，加液孔平时用加液螺塞拧紧。加液螺塞中心的通气孔(图 2.15)应保持畅通，使蓄电池在电化学反应中放出的气体可随时逸出。

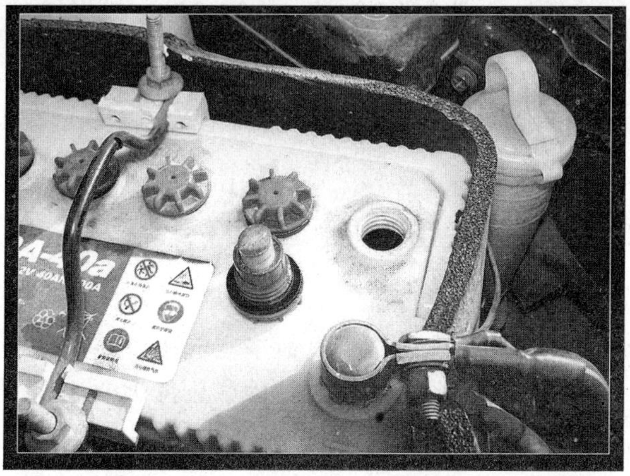

图 2.15　蓄电池加液孔、加液螺塞及通气孔

在极板组上部装有防护板，以防止测量电解液密度、液面高度或添加电解液时，损坏极板上部。单格盖板与外壳之间的缝隙用封口胶密封，封口胶能保证在65℃时不溢流，在－30℃时不产生裂纹。塑料外壳用整体式盖板，盖板与壳体间采用热封合法封合。

5. 接线柱

铅酸蓄电池首尾两极板组的横板上焊有接线柱(terminal post，也称极桩)，接线柱有圆锥形、L形和侧孔形三种，如图2.16所示。

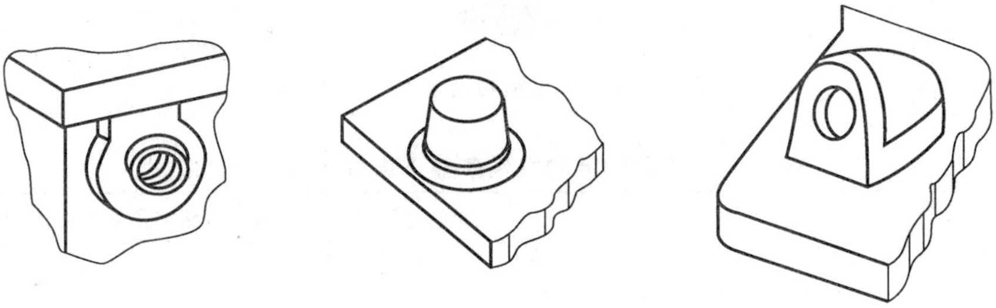

(a) 侧孔形　　(b) 圆锥形　　(c) L形

图2.16　铅酸蓄电池接线柱外形

如图2.17所示，正接线柱连接去起动机和电流表的电线，负接线柱连接去车身或车架的搭铁电线(参见图2.1和图2.3)。

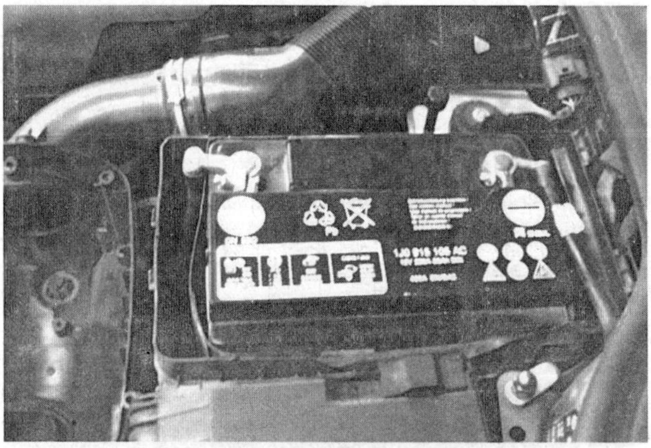

图2.17　大众速腾轿车蓄电池接线柱(极桩)

为了便于区分，正接线柱附近标有“＋”或“P”记号(图2.18)，负接线柱附近标有“－”或“N”记号(图2.19)，有些蓄电池正接线柱上涂有红色油漆。

6. 联条

联条(cell connector)的作用是将单格蓄电池串联起来，提高整个蓄电池的端电压。联条一般由铅锑合金铸造而成，硬橡胶外壳蓄电池的联条位于电池上方，塑料外壳蓄电池则采用穿墙式联条，如图2.20所示。

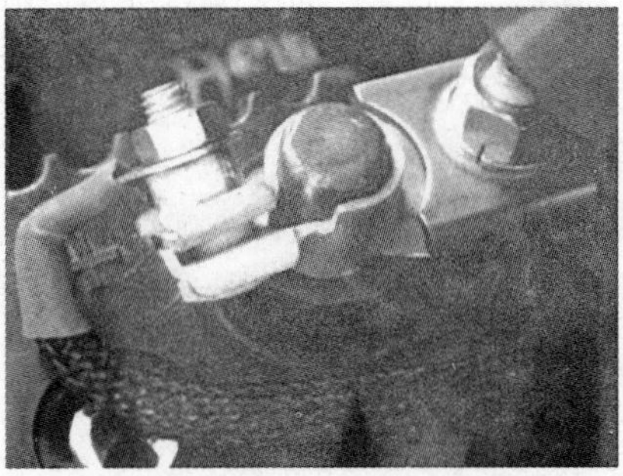

图 2.18 正接线柱旁边标有“+”记号

图 2.19 负接线柱附近标有“一”记号

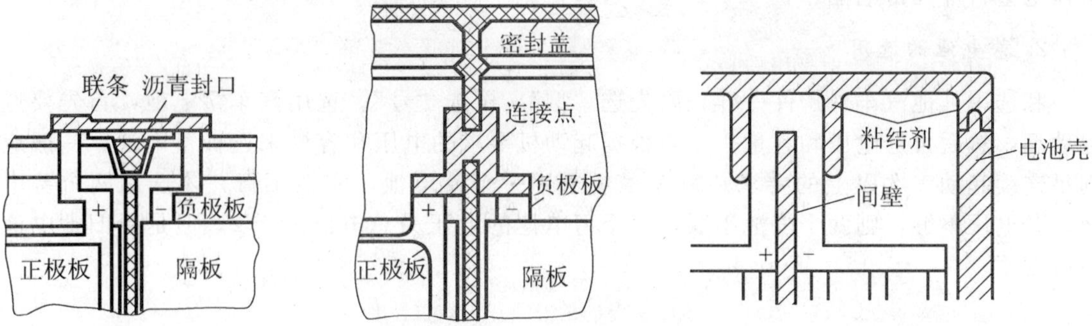

(a) 外露式联条连接　(b) 内部穿墙式连接　(c) 跨越式连接

图 2.20 单格电池的连接方式

2.2.2 铅酸蓄电池的型号与选用

1. 铅酸蓄电池的型号

按照机械行业标准 JB/T 2599－2012《铅酸蓄电池　名称、型号编制与命名办法》的规定，铅酸蓄电池型号由三部分组成，其内容及排列如下：

串联单格电池数——电池类型和特征——额定容量

(1) 串联单格电池数。串联单格电池数是指该电池总成所包含的单格电池数目，用一位阿拉伯数字表示。

(2) 电池类型。根据其主要用途划分，用一个汉语拼音字母表示，起动型铅酸蓄电池用“Q”表示，代号“Q”是“起”的第一个汉语拼音字母。

(3) 电池特征。电池特征为附加部分，用一个汉语拼音字母表示，仅在同类用途的产品有某种特征，而在型号中又必须加以区别时采用。当产品同时具有两种特征时，应按表 2－2 顺序将两个代号并列标志。

表 2－2 常见电池产品特征代号

序号	1	2	3	4	5	6	7	8	9
产品	干荷电式	湿荷电式	免维护	微型阀控式	排气式	密闭式	胶体式	卷绕式	阀控式
代号	A (干，gan)	H (湿，shi)	W (维，wei)	WF(微阀，wei fa)	P (排，pai)	M (密，mi)	J (胶，jiao)	JR(卷绕，juan rao)	F (阀，fa)

(4)额定容量。额定容量是指 20h 放电率额定容量，用阿拉伯数字表示，单位为 A·h，在型号中可省略不写。有时在额定容量后面用一个字母表示特殊性能，如“G”表示高起动率，“S”表示塑料外壳，“D”表示低温起动性好。

(5) 铅酸蓄电池产品型号举例。

6－Q－105：表示由 6 个单格串联，额定电压为 12V，额定容量为 105A·h 的起动型蓄电池。

6－QAW－100：表示由 6 个单格串联，额定电压为 12V，额定容量为 100A·h 的起动型干荷电免维护蓄电池。

6－QA－40S：表示由 6 个单格串联，额定电压为 12V，额定容量为 40A·h 的起动型干荷电塑料外壳蓄电池。

2. 蓄电池的选用

和选用其他汽车外购件一样，要先选“型”，再选“号”。选用汽车蓄电池，首先要选起动型，然后再选电压和容量。主要根据起动机要求的电压和容量来选择蓄电池，一般应满足连续起动三次以上的要求。每车尽量选用一个蓄电池，实在不行，才选用两个蓄电池。若电压不够，则两个电池串联，每个蓄电池的电压为总电压的 1/2，但是新旧蓄电池不可混用。

2.3 蓄电池的工作原理与特性

2.3.1 蓄电池的工作原理

铅酸蓄电池在充、放电过程中的化学反应是可逆的，其电化学反应方程式可简化为

$$\underset{\text{正极板}}{PbO_2} + \underset{\text{负极板}}{Pb} + \underset{\text{电解液}}{2H_2SO_4} \underset{\text{充电}}{\overset{\text{放电}}{\rightleftharpoons}} \underset{\text{正极板}}{PbSO_4} + \underset{\text{负极板}}{PbSO_4} + \underset{\text{电解液}}{2H_2O} \tag{2.1}$$

铅酸蓄电池充、放电反应原理如图 2.21 所示。当接通外电路负载蓄电池放电时，正

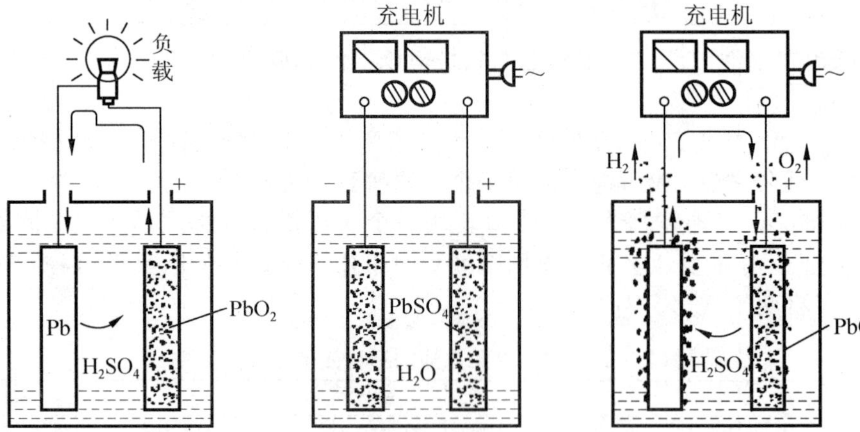

(a) 放电　(b) 充电　(c) 过充电

图 2.21 铅酸蓄电池反应原理

极板上的PbO_2和负极板的Pb都变成了$PbSO_4$，电解液中的硫酸减少，水增多，电解液密度下降。

当接上充电机，给蓄电池充电时，正、负极板上的$PbSO_4$分别恢复成原来的PbO_2和Pb，电解液中的水减少，硫酸增多，电解液密度上升。

在蓄电池处于过充电时，会引起水的电解，其反应式为

$$2H_2O \xrightarrow{\text{电解}} O_2\uparrow + 2H_2\uparrow \tag{2.2}$$

因此，会在电解液中析出大量的气泡。

在接通用电设备时，蓄电池作为电源向外供电，将内部的化学能转变为电能。当存电不足而又将蓄电池与其他具有适当电压的直流电源并联时，又能向蓄电池充电。在正常使用条件下，国产蓄电池的充、放电循环寿命为250～500次。

2.3.2 蓄电池的工作特性

蓄电池的工作特性主要包括静止电动势、内阻、充电特性和放电特性。

1. 静止电动势

蓄电池处于静止状态(不充电也不放电)时，正、负极板间的电位差(即开路电压)称为静止电动势。其值大小与电解液的密度和温度有关，在密度为1.05～l.30g/cm^{3}范围内，静止电动势E可用下述经验公式计算：

$$E=0.85+\rho_{25℃} \tag{2.3}$$

式中，$\rho_{25℃}$——25℃时电解液的密度，g/cm^3。

实测密度应按下式换算成25℃时的密度，即

$$\rho_{25℃}=\rho_t+\beta(t-25) \tag{2.4}$$

式中，ρ_t——实测电解液密度，g/cm^3；

t——实测电解液温度，℃；

β——密度温度系数，$\beta=0.00075$g/(cm^3·℃)，即温度每升高1℃，密度降低0.00075g/cm^3。

铅酸蓄电池电解液的密度在充电时增高，放电时降低，一般在l.12～1.30g/cm^{3}之间变化，因此每单格电池的静止电动势相应地在1.97～2.15V之间变化。

2. 内阻

电流流过铅酸蓄电池时所受到的阻力称为铅酸蓄电池的内阻。铅酸蓄电池的内阻包括极板、隔板、电解液和联条的电阻。在正常状态下，铅酸蓄电池的内阻很小，所以能够供给几百安培甚至上千安培的起动电流。

极板电阻很小，且随其活性物质的变化而变化，充足电时电阻最小，随着放电程度的不断加大，特别是在放电终了时，由于活性物质转变为导电性能较差的硫酸铅，因此电阻大大增加。

隔板电阻与材料有关，木质隔板多孔性能差，所以电阻比微孔橡胶和塑料隔板的电阻大。

电解液的电阻与其密度和温度有关，如6-Q-75型铅酸蓄电池在温度为+40℃时的内阻为0.01Ω，而在-20℃时内阻为0.019Ω，可见，内阻随温度降低而增大。

电解液电阻与密度的关系如图 2.22 所示。由图可见，电解液密度为 1.20g/cm³(15℃)时其电阻最小。同时，在该密度下，电解液的黏度也比较小。密度过高或过低时，电解液的电阻都会增大。

因此，适当采用低密度电解液和提高电解液温度(如冬季对电池采取保温措施)，对降低蓄电池内阻、提高起动性能十分有利。

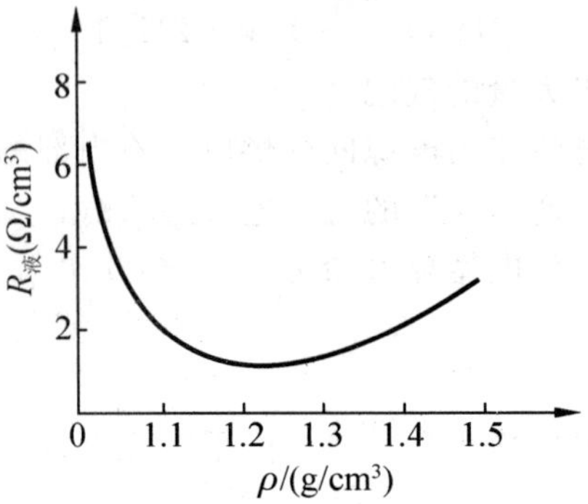

图 2.22　电解液电阻与密度的关系

3. 放电特性

铅酸蓄电池的放电特性是指在恒流放电过程中，铅酸蓄电池的端电压 U_f 和电解液密度 $\rho_{25℃}$ 随放电时间 t_f 而变化的规律。图 2.23 所示为 6－QA－60 型干荷电蓄电池以 3A 电流放电时的特性曲线图。

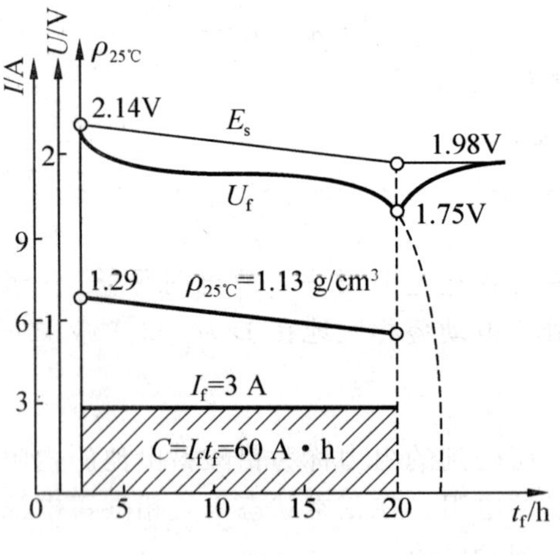

图 2.23　恒流放电特性曲线(I_f＝3A)

电解液密度随放电时间的延长按直线规律减小。因为在恒流放电中单位时间内的硫酸消耗量是一个定值。铅酸蓄电池的放电程度和电解液密度减小值成正比。电解液密度每下降 0.04g/cm³，蓄电池大约放掉 25％额定容量的电量。

放电过程中，端电压的变化规律可分为以下三个阶段：

第一阶段，放电开始时，端电压由 2.14V 迅速下降到 2.1V 左右。这是因为放电前渗入极板活性物质孔隙内部的硫酸迅速反应变为水，而极板外部的硫酸还来不及向极板孔隙内渗透，极板内部电解液密度迅速下降，端电压迅速下降。

第二阶段，端电压由 2.1V 呈直线规律缓慢下降。这是因为该阶段单位时间极板孔隙内部消耗的硫酸量与孔隙外部向极板孔隙内部渗透补充的硫酸量相等，处于一种动态平衡状态的缘故。

第三阶段，放电接近终了时，端电压迅速下降到 1.75V。其原因是：极板表面已形成大量硫酸铅，堵塞了孔隙，渗透能力下降；同时单位时间的渗透量小于极板内硫酸的消耗量，极板内的电解液密度迅速下降(对应的电压叫终止电压，对应的状态叫放电终了)。此时应停止放电，如果继续放电，端电压在短时间内将急剧下降到零，致使蓄电池过度放电，导致蓄电池产生硫化故障，缩短其使用寿命。

蓄电池放电到终止电压时应停止放电，极板孔隙中的电解液与整个容器中的电解液相互渗透，趋于平衡，蓄电池的端电压会有所回升。

蓄电池放电终了的特征为：

(1) 单格电池电压下降到放电终止电压(以 20h 放电率放电时终止电压为 1.75V)。

(2) 电解液密度下降到最小允许值 1.10～1.12g/cm³。

放电终止电压与放电电流大小有关，放电电流越大，连续放电时间越短，允许的放电终止电压也就越低，它们的关系见表 2-3。

表 2-3　蓄电池的终止电压与放电电流的关系

放电电流/A	$0.05C_n$	$0.1C_n$	$3C_n$
连续放电时间	20h	10h	1min
单格电池终止电压/V	1.75	1.70	1.40

注：C_n为蓄电池的 20h 放电率额定容量。

4. 充电特性

铅酸蓄电池的充电特性是指在恒流充电过程中，铅酸蓄电池的端电压 U_c 和电解液密度 $\rho_{25℃}$ 随充电时间 t_c 而变化的规律。图 2.24 所示为 6-QA-60 型干荷电蓄电池以 3A 电流充电时的特性曲线图。

充电过程中，电解液密度基本按直线规律逐渐上升。这是因为采用恒流充电，充电机每单位时间向蓄电池输入的电量相等，每单位时间内电解液中生成硫酸的量也基本相等。

充电过程中，端电压的变化规律可分为以下四个阶段：

第一阶段，充电开始时，端电压上升较快。这是由于极板活性物质孔隙内部的水迅速消耗，孔隙外部的水还未来得及渗入补充，极板内部电解液密度迅速上升所致。

第二阶段，端电压上升较平稳，至单格电压 2.4V。在该阶段，每单位时间内极板内部消耗的水与外部渗入的水基本相等，处于动态平衡状态。

第三阶段，端电压达 2.4V 以后迅速上升至 2.7V，在该阶段电解液中水开始电解，正极板表面逸出氧气，负极板表面逸出氢气，电解液中冒出气泡，出现所谓的电解液“沸腾”现象。

第四阶段，为过充电阶段，该阶段端电压不再上升。为了保证蓄电池充分充电，一般需要过充电 2～3h。

由于过充电时剧烈地放出气泡会导致活性物质脱落，造成蓄电池容量降低，使用寿命缩短，因此应尽量避免长时间过充电。过充电时，蓄电池逸出的氢气、氧气的混合气体易燃、易爆，因此在充电的蓄电池附近应避免出现明火。

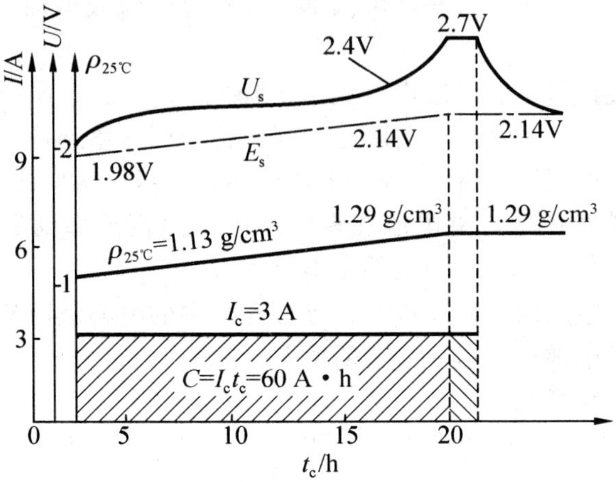

图 2.24　恒流充电特性曲线($I_c=3A$)

蓄电池充电终了的特征为：

(1) 蓄电池端电压和电解液密度上升到最大值，且2～3h内不再上升。

(2) 蓄电池电解液中产生大量气泡，呈现“沸腾”状态。

2.4　蓄电池的容量及其影响因素

2.4.1　蓄电池的容量

1. 20h放电率额定容量

根据GB/T 5008.1—2013《起动用铅酸蓄电池 第1部分 技术条件和试验方法》的规定，将完全充足电的蓄电池保持在25℃±2℃的环境中，以20h放电率放电电流I_n持续放电至蓄电池端电压降到10.50V±0.05V。在此过程中，蓄电池所输出的总电量，称为该蓄电池的20h放电率额定容量，记为C_n，单位为安培小时(Ah)。

I_n为20h放电率放电电流，其值为$C_n/20$，单位为安培(A)。

20h放电率额定容量表征蓄电池在常温条件下，为汽车用电设备提供电流的能力。蓄电池的20h放电率额定容量越大，则其为汽车用电设备提供电流的能力也就越强；同时，该蓄电池接受汽车发电机为其充电的能力(充电接受能力)也就越强。

2. 额定储备容量

根据GB/T 5008.1—2013《起动用铅酸蓄电池 第1部分 技术条件和试验方法》的规定，将完全充足电的蓄电池保持在25℃±2℃的环境中，以25A的放电电流持续放电至蓄电池端电压下降到10.50V±0.05V。在此过程中，蓄电池的持续放电时间称为该蓄电池的额定储备容量，记为$C_{r,n}$，单位为分钟(min)。

蓄电池的额定储备容量表征汽车在充电系统失效(发电机因故障而不发电)时，蓄电池能为照明和点火系统等用电设备提供25A恒定电流的能力。汽车装备的蓄电池的额定储备容量越大，则该车在充电系统失效状态下的持续行驶能力也就越强。

3. 低温起动能力

蓄电池的低温起动能力表征在发动机进行低温起动过程中，蓄电池为起动机提供起动电流的能力，用低温起动电流表示。蓄电池的低温起动能力有－18℃低温起动能力和－29℃低温起动能力两种定义方法。

1）－18℃低温起动能力

根据GB/T 5008.1—2013《起动用铅酸蓄电池 第1部分 技术条件和试验方法》的规定，将完全充足电的蓄电池保持在－18℃的环境中，按照规定的操作流程，以某一放电电流进行强烈放电。放电至10s时，蓄电池端电压不低于7.5V；放电至30s时，蓄电池端电压不低于7.2V；放电至90s时，蓄电池端电压不低于6.0V。

能满足上述要求的放电电流的最大值，称为该蓄电池的－18℃低温起动电流，记为I_{CC}，单位为安培(A)。蓄电池的－18℃低温起动电流I_{CC}数值越大，表明该蓄电池的－18℃低温起动能力越强。

2）－29℃低温起动能力

根据GB/T 5008.1—2013《起动用铅酸蓄电池 第1部分 技术条件和试验方法》的规定，将完全充足电的蓄电池保持在－29℃的环境中，按照规定的操作流程，以某一放电电流进行强烈放电。放电至10s时，蓄电池端电压不低于7.5V；放电至30s时，蓄电池端电压不低于7.2V；放电至90s时，蓄电池端电压不低于6.0V。

能满足上述要求的放电电流的最大值，称为该蓄电池的－29℃低温起动电流，记为$I_{CC,L}$，单位为安培(A)。蓄电池的－29℃低温起动电流$I_{CC,L}$数值越大，表明该蓄电池的－29℃低温起动能力越强。

4. 起动用铅酸蓄电池的型号命名方式

根据GB/T 5008.2—2013《起动用铅酸蓄电池 第2部分：产品品种规格和端子尺寸、标记》的规定，起动用铅酸蓄电池的型号命名方式如下：

6－Q－□－□　(□)－□

- 其他：蓄电池制造商自行定义
- －18℃起动电池I_{CC}数值(A，可省略)
- 20h放电率额定容量数值(Ah，可省略)或储备容量数值(min)
- 免维护蓄电池用“W”表示；干荷电式蓄电池用“A”表示；阀控式蓄电池用“F”表示；低温蓄电池用“L”表示；高温蓄电池用“H”表示；耐振蓄电池用“Z”表示。
- 起动用蓄电池
- 串联的单格电池数值

示例1：6－QWLZ－100(650)表示由6个单格电池串联而成的，标称电压为12V的免维护、低温、耐振、起动用铅酸蓄电池。该蓄电池的20h放电率额定容量为100Ah；在－18℃条件下，其起动电流为650A。

示例2：6－QWLZ－179min(650)表示由6个单格电池串联而成的，标称电压为12V

的免维护、低温、耐振、起动用铅酸蓄电池。该蓄电池的储备容量为179min；在－18℃条件下，其起动电流为650A。

2.4.2 影响蓄电池容量的因素

蓄电池容量大小标志着蓄电池供电能力的大小。蓄电池容量越大，可提供的电能就越多，供电能力就越大；反之，蓄电池容量越小，则供电能力就越小。

影响蓄电池容量的因素主要有构造因素和使用因素两个方面。

1. 构造因素对蓄电池容量的影响

(1) 极板厚度的影响。极板越薄，活性物质的多孔性越好，电解液越易渗透，活性物质的利用率就越高，输出容量也就越大。在外壳容量不变的情况下，采用薄型极板可以增加极板片数，从而增大蓄电池的容量。因此蓄电池越来越多地采用薄型极板。

(2) 极板面积的影响。极板上活性物质的实际表面积(是极板几何尺寸的计算表面积的几百倍)越大，同时参加化学反应的活性物质就越多，蓄电池的放电性能就越好。

提高极板活性物质表面积的方法有两种：一是增加极板片数；二是提高活性物质的多孔率。

目前，国产蓄电池极板面积已统一，若已知单格极板数量，则蓄电池容量可按式(2.5)计算：

$$C_e = 7.5(N-1) \tag{2.5}$$

式中，C_e——额定容量，A·h；

N——正、负极板总片数。

(3) 同性极板中心距的影响。缩短同性极板中心距，可以减小蓄电池内阻。因此，在保证具有足够电解液量的前提下尽可能缩短中心距，以增大蓄电池的容量。同性极板中心距既与极板和隔板的厚度有关，也与安装技术有关。

2. 使用因素对蓄电池容量的影响

(1) 放电电流的影响。放电电流越大，铅酸蓄电池的输出容量就越小。因为放电电流增大，单位时间极板内电解液的消耗量就越大。由于极板表面迅速生成颗粒较大的硫酸铅，堵塞孔隙，阻塞了电解液向极板内层渗透，使极板内电解液密度下降，端电压下降，蓄电池的容量减小。

起动机工作时，蓄电池要释放强大的起动电流，所以必须严格控制起动时间。每次起动时间不得超过5s，再次起动应间隔15s以上，以使电解液渗入极板内层，提高蓄电池的电动势和输出容量。

(2) 电解液温度的影响。电解液温度升高时，分子运动速度增加，电解液渗透能力增强，电解液电阻减小。电化学反应增强，电池容量有所上升。

电解液温度降低时，铅酸蓄电池的输出容量减小。这是因为电解液温度降低时，黏度增加，渗透能力减弱；同时，电解液电阻增大，内部电压降增大，端电压随之迅速降低，容量减小。电解液温度每下降1℃，容量约下降1%。

冬季起动时，蓄电池的端电压会下降很多，往往导致发动机转速低、点火困难，难以起动。因此，冬季应注意蓄电池的保温工作。

当电解液温度超过40℃后，正、负极板易拱曲变形，同时会诱发蓄电池自放电。在炎热环境下工作的蓄电池应确保通风的良好。

(3) 电解液密度的影响。适当增大电解液的密度，可以提高电解液的渗透速度及蓄电池的电动势，并可以使其容量增大。但电解液密度过高，会使电解液的黏度增大，使电解液向孔隙内渗透的速度降低，内阻增大，导致端电压和容量的减小。当电解液密度过低时，电解液中离子数量少，也会减小蓄电池的实际放电容量。

电解液的密度稍低有利于提高放电电流和放电容量，有利于延长蓄电池的使用寿命。冬季，在不结冰的前提下，应尽可能降低电解液的密度。

2.5 蓄电池的充电

2.5.1 充电设备

所谓充电设备就是指某种直流电源。汽车上采用的充电设备是由发动机驱动的交流发电机，充电室采用的多为硅整流充电机、可控硅（也称晶闸管）整流充电机等。

1. 硅整流充电机的型号

硅整流充电机的型号由以下五部分组成：

(1) 第一部分是元件种类代号，硅元件用“G”表示，可控硅元件用“KG”表示。

(2) 第二部分是用途代号，“C”表示充电用。

(3) 第三部分是元件的冷却方式代号，“A”表示自然冷却，“S”表示水冷，“F”表示强迫冷却，“J”表示油冷。

(4) 第四部分用数字表示额定整流电流值(A)。

(5) 第五部分用数字表示额定整流电压值(V)。

例如，GCA－60/72 表示该充电机为硅整流自然冷却充电机，额定电流为60A，额定电压为72V。

KGCA－15/36 表示该充电机为可控硅整流自然冷却充电机，额定电流为15A，额定电压为36V。

2. 硅整流充电机的特点

图2.25所示为硅整流充电机的典型主电路。硅整流充电机主要由交流电源与硅二极管组成，通过整流电路将交流电转变为直流电，以供蓄电池充电之用。目前使用较多的是GCA系列硅整流设备，这种整流设备专供汽车修理厂及蓄电池充电站作为蓄电池补充电能之用。

硅整流充电机操作简单、维修方便；整流效率高(一般可达98%～99.5%)；许可工作温度高(最高可达140℃)；体积小、质量轻；硅二极管整流特性好，整流器抗老化性强，因而寿命长，一般可做到半永久性使用。

硅整流充电机一般为箱式户内装置，如图2.26所示，其指示灯、开关按钮及测量仪表均装在面板上，变压器、硅元件、熔断器、接触器和过电压保护装置均装于铁箱内，以便于携带。

3. 可控硅充电机

下面简单介绍一下汽车维护保养中广泛使用的可控硅充电机。KGCA－20A/100Ⅷ型可控硅充电机正面如图 2.27 所示，背面如图 2.28 所示。

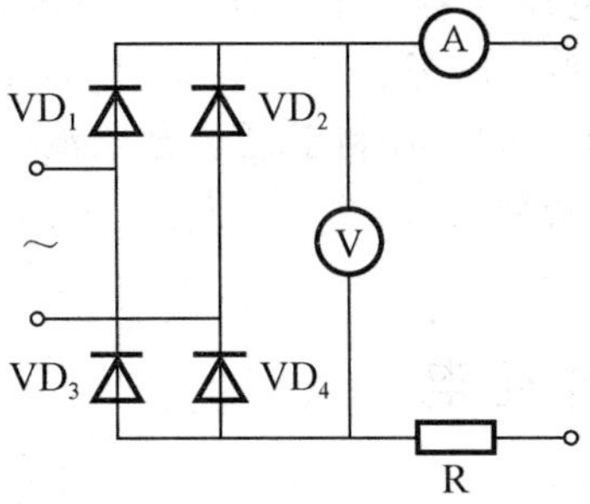

图 2.25　硅整流充电机的主电路

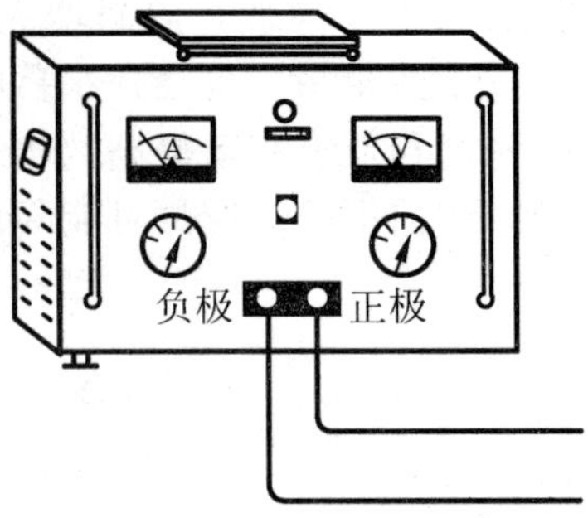

图 2.26　硅整流充电机的外形

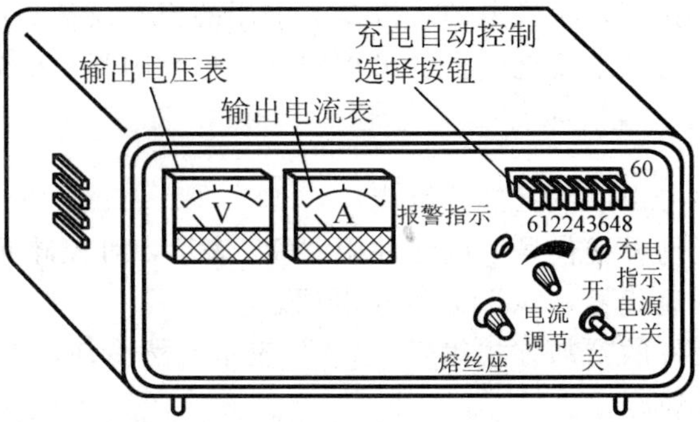

图 2.27　可控硅充电机的正面

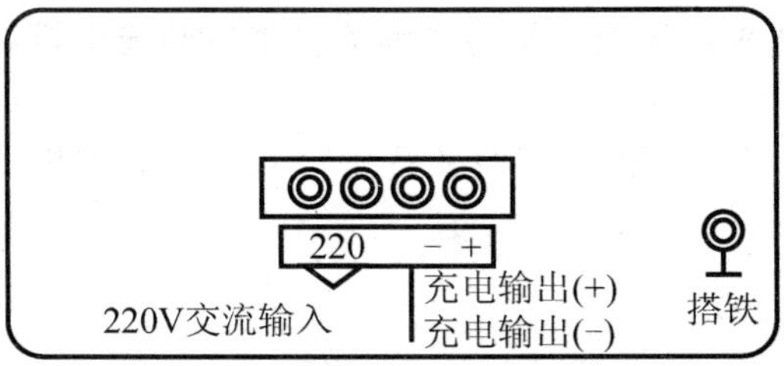

图 2.28　可控硅充电机的背面

1） 主要性能指标

(1) 输出电流在 0～20A 范围内连续可调。

(2) 输入电压在 150～250V 范围内均可。

(3) 电压自动控制有 6V、12V、24V、36V、48V、60V 六挡。

2） 使用方法

(1) 交流输入用三根铜导线分别对应连接 220V 交流电源及搭铁。

(2) 将被充电蓄电池连接(一般接为串联)成电池组，然后将电池组的正、负极对应连接充电机输出接线柱的正、负极(一般连接两正极的导线采用红色)。

(3) 使用自动控制方式时，若要对一只 12V 电池充电，应按下 12V 按键；若为两只 12V 电池串联充电，则应按下 24V 按键，依此类推。

(4) 若不使用自动控制，则不按自动控制键。

3) 充电过程

(1) 电路连接完毕，采用自动控制方式时，先将电流调节旋钮逆时针方向旋至极限位置(充电电流为零)，再按下相应键。扳动电源开关后，旋动电流调节旋钮，输出电流表指示出充电电流大小，充电指示灯点亮。蓄电池充足电后，充电机自动停止充电，并发出报警声。

(2) 若不选用自动控制方式，蓄电池充满电时，需由操作人员根据蓄电池特征判断是否关机。

(3) 若电路或充电机自身发生故障，故障报警灯会自动点亮，同时发出报警声。

2.5.2 充电方法

蓄电池的充电方法有定流充电、定压充电和快速脉冲充电等。

1. 定流充电

在充电过程中，保持充电电流恒定的充电方法称为定流充电。硅整流充电机和可控硅充电机都可方便地实现充电电流恒定的控制。采用定流充电可以将不同电压等级的蓄电池串联在一起充电，连接方法如图 2.29 所示，充电电流应按照容量最小的蓄电池来选择，当小容量蓄电池充足电后，应及时摘除，然后再继续给大容量蓄电池充电。

定流充电的优点是充电电流可以选择，因此既适用于蓄电池的初充电，又适用于补充充电和去硫充电，且有益于延长蓄电池的使用寿命。缺点是充电时间较长，而且需要经常调整充电电流。

2. 定压充电

在充电过程中，保持充电电压恒定的充电方法称为定压充电。汽车上的充电系统采用电压调节器实现对充电电压恒定的控制。定压充电连接方法如图 2.30 所示。

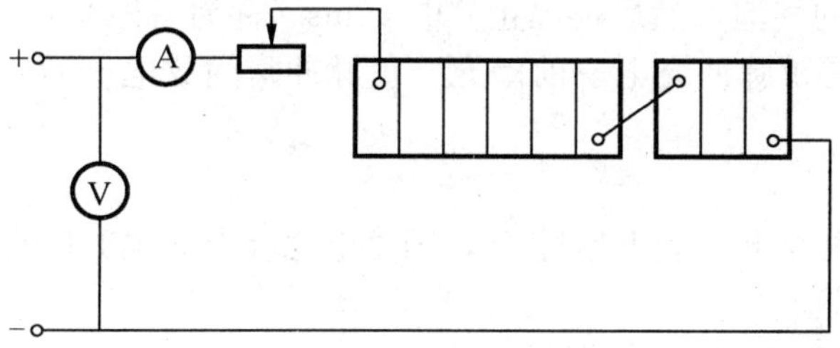

图 2.29 定流充电

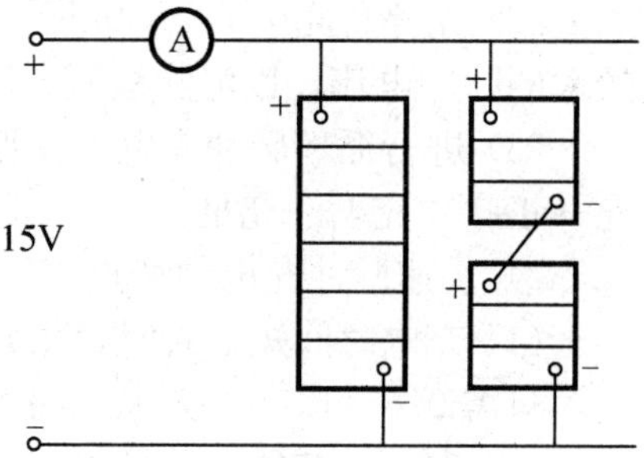

图 2.30 定压充电

定压充电电压选择：一般每单格蓄电池约需 2.5V，即 6V 蓄电池需要充电电压约为 7.5V，12V 蓄电池需要充电电压约为 15V。定压充电的特点是充电效率高，在充电开始的4～5h 内，就可获得 90%～95%的充电量，可大大缩短充电时间。

定压充电电压选择合适时，蓄电池充足后，充电电流会自动趋向于零，使充电自动停止，这就不必由人工经常调整和照管。由于定压充电电流的大小不能调整，所以不能确保蓄电池完全充足电，也不能用于蓄电池的初充电和去硫充电。

3. 快速脉冲充电

常规充电(定压、定流充电)完成一次初充电需60～70h，补充充电需20h左右。由于充电时间太长，给使用带来不便，用单纯加大电流充电时温升过快，会产生大量气泡，造成活性物质脱落，缩短使用寿命。

快速脉冲充电采用自动控制电路对蓄电池进行正反向脉冲充电，可以提高充电效率，使用中的蓄电池补充充电只需0.5～1.5h。

1) 快速脉冲充电过程

快速脉冲充电的电流波形如图2.31所示。

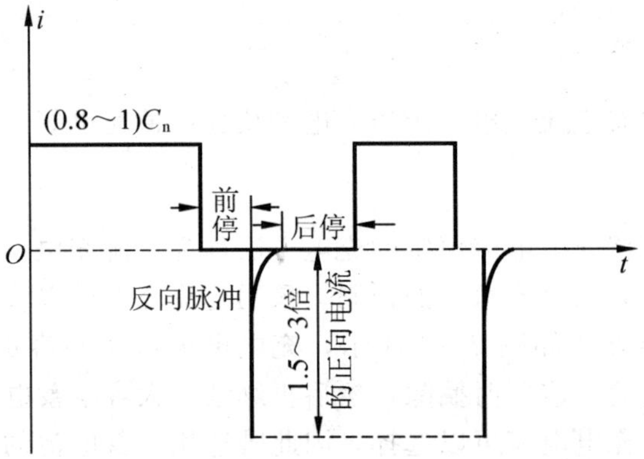

图2.31 快速脉冲充电的电流波形

整个过程由脉冲充电控制电路进行自动控制，其具体过程如下：

(1) 充电初期，采用大电流充电[相当于额定容量的(0.8～1)C_n的电流]，使蓄电池在较短时间内达到额定容量的60%左右。当单格电压上升到2.4V，电解液开始分解而冒气泡时，控制电路发生作用，停止大电流充电。

(2) 先停止充电24～30ms(称前停充)，接着再放电或反充，使蓄电池反向通过一个较大的脉冲电流，以消除极板孔隙中形成的气泡，然后再停止放电25ms(称为后停充)。

(3) 进行循环脉冲充电。其循环过程是正脉冲充电→前停充→负脉冲瞬间放电→后停充→正脉冲充电→充足。

2) 快速脉冲充电的特点

(1) 充电时间短、省时，新蓄电池初次充电一般不超过5h，旧蓄电池补充充电时间更短，只需0.5～1.5h，大大提高了充电效率。

(2) 省电、节能，消耗电能仅为常规充电的80%～85%。

(3) 对蓄电池的寿命有一定影响，仍需进一步改进。

一般来讲，经快速充电的蓄电池只是提高了充电容量，并未充足电。若想充足，还需用小电流或正常充电电流进行最后充电。多数快速充电设备都装有节温器，充电时将其插入蓄电池的注液口中。当电解液温度超过一定温度(通常为50℃)时，设备会自动停电。

2.5.3 充电种类

1. 初充电及充电步骤

对新蓄电池或更换极板的蓄电池在使用前进行的首次充电，称为初充电。初充电的目的是还原普通极板在存放期间被氧化的活性物质。因此，初充电对蓄电池的使用性能影响很大，若充电不彻底，会导致蓄电池永久性的充电不足，致使蓄电池容量不足、寿命缩短。初充电一般采用定流充电，初充电的一般步骤如下：

先按蓄电池制造厂的规定，加注一定密度的电解液(电解液加入前温度不得超过30℃)，静置6～8h，再将液面调整到高于极板10～15mm。电解液温度低于25℃时才能进行充电。

接通充电电路，为避免过热，第一阶段应选$C_n/15$的电流，充电到电解液中开始冒气泡，单格电压上升到2.4V为止；第二阶段将充电电流减半，继续充电到电解液剧烈放出气泡(沸腾)，单格电压到达2.7V，电解液密度和单格电压连续2～3h稳定不变为止，全部充电时间约为60～70h。

充电过程中应经常测量电解液温度，若温度上升到40℃，应将电流减半，如继续上升到45℃，应立即停止充电，并采用人工冷却(可采用强制通风或将蓄电池置于冷却水槽中)，待冷至35℃以下再充电。充电过程中，如减少充电电流，应适当延长充电时间。

初充电临近完毕时，应测量电解液密度，如不符合规定，应用蒸馏水或密度为1.40g/cm^{3}的电解液进行调整。调整后，应再充2h，若电解液密度仍不符合规定，应再调整并充电2h，直至电解液密度符合要求为止，然后将加液孔盖拧上，把蓄电池表面清洁干净。

2. 补充充电及充电步骤

蓄电池使用后的充电，称为补充充电。蓄电池在汽车上由发电机进行的定压充电，由于不能保证蓄电池彻底充足，而使蓄电池容量下降时，为防止产生硫化，每隔两个月应进行一次补充充电。蓄电池存电不足的特征为：

① 电解液密度下降到1.20 g/cm^{3}以下。

② 冬季放电超过额定容量C_n的25%，夏季放电超过额定容量C_n的50%。

③ 灯光暗淡、起动无力、喇叭沙哑。

补充充电过程和方法与初充电基本相同，充电第一阶段以$C_n/10$的电流充到冒气泡，电压到达2.4V。第二阶段将电流减半，充到“沸腾”，单格电压到达2.7V，电解液密度上升到最高值，且2～3h保持不变，即充电结束。平时补充充电一般需要13～17h。

3. 快速脉冲充电及充电步骤

快速脉冲充电前，应先检查电解液密度，并根据其全充电状态时的密度值计算蓄电池的剩余容量，以确定充电时间，并将充电设备上的定时器调到相应时间上。

多数快速充电设备都装有温度传感器，将其插入蓄电池加液口中，当电解液温度超过50℃时，设备会自动停充。根据密度确定快速充电时间可参阅表2-4。

表 2-4 快速充电时间与电解液密度的关系

电解液密度	剩余容量/%	充电时间/min	电解液密度	剩余容量/%	充电时间/min
全充电时的密度 1.260	100	0	1.175～1.200	50	30
高于 1.225	75 以上	10	1.150～1.175	50	45
1.200～1.225	50	15	低于 1.150	25 以下	60

下列蓄电池不能进行快速脉冲充电：

① 未经使用的新蓄电池。

② 液面高度不正确的蓄电池。

③ 电解液密度各单格不均匀的蓄电池，各格电压差大于 0.2V 的蓄电池。

④ 电解液混浊并带褐色的蓄电池。

⑤ 极板硫化的蓄电池。

⑥ 充电时电解液温度超过 50℃的蓄电池。

4. 去硫充电及充电步骤

蓄电池产生硫化故障后，其内阻将显著增大，开始充电时充电电压较高(严重硫化者高达 2.8V 以上)，温升也较快。对严重硫化的蓄电池，只能报废；对硫化程度较轻的蓄电池，可以通过充电予以消除。这种消除硫化的充电工艺称为去硫充电，去硫充电的步骤如下：

① 首先倒出蓄电池内的电解液，用蒸馏水冲洗两次后，再加入足够的蒸馏水。

② 接通充电电路，将电流调到初充电第二阶段电流值进行充电。当密度升到 1.15g/cm^{3}时，倒出电解液，换加蒸馏水再次充电，直到密度不再增加为止。

③ 以 20h 放电率放电至单格电池电压降到 1.75V 时，再进行上述充电，充后又放电，如此充、放电循环，直到输出容量达到额定容量值的 80%以上后，即可投入使用。

5. 充电时的注意事项

充电时的注意事项如下：

① 严格遵守充电规范。

② 配制和注入电解液时，要严格遵守安全操作规则和器皿的使用规则。

③ 充电时，应先接好蓄电池线，导线连接必须可靠，防止发生火花；停止充电时，应先切断充电机交流电源。

④ 充电过程中，要经常测量各个单格电池的电压和密度，及时判断充电程度和技术状况。

⑤ 充电时要打开蓄电池加液孔盖，使氢气、氧气顺利逸出，并保持充电场所通风良好，以免发生事故。

⑥ 初充电工作应连续进行，不可长时间中断。

⑦ 充电过程中，要注意测量各个单格电池的温升，以免温度过高影响铅酸蓄电池的使用性能，也可采用风冷和水冷的方法来降温。

⑧充电室要安装通风设备，在寒冷的冬季严禁使用明火取暖，充电机和蓄电池应隔室放置。

2.6 改进型铅酸蓄电池

2.6.1 干荷电式蓄电池

普通铅酸蓄电池负极板在储运过程中，活性物质微粒表面易被氧化，这样新电池灌入电解液就会损耗一部分能量。为把这部分物质还原，需进行比较繁琐的初充电。

干荷电式起动型铅酸蓄电池负极板的活性物质在铅中配有一定比例的抗氧化剂，如松香、羊毛脂、油酸、有机聚合物和脂肪酸等。经深化处理后，使活性物质形成较深层的海绵状结构，再经防氧化浸渍处理，极板表面附着了一层较薄的保护膜，提高了抗氧化性能，最后还经惰性气体或真空干燥处理。

经过这样的处理，能使负极板上的海绵状纯铅在空气中长期干存而不被氧化，在化成(formation)中获得的大量“负电荷”不至于消失，达到了负极板在干燥状态下长期保存电荷的目的(一般为1～2年)。

目前，干荷电式蓄电池均采用穿墙跨接式联条、整体塑料容器结构(图2.32)，现已大批量生产，基本上取代了传统的铅酸蓄电池。

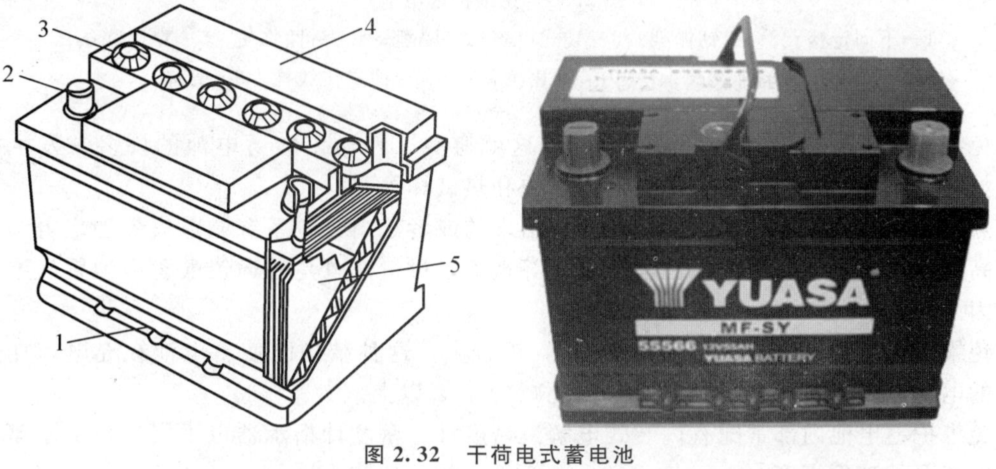

图2.32 干荷电式蓄电池

1—下固定槽；2—接线柱；3—加液螺塞；4—壳体；5—极板组

初次使用干荷电式蓄电池时，需将蓄电池加液盖旋开，疏通通气孔(有的采用蜡封口，有些采用封条贴封)，加入标准的电解液到规定高度，记下密度和温度，将蓄电池静放20min，然后再测量电解液温度和密度，如温度上升不到6℃，密度下降不到0.01g/cm^3，蓄电池即可使用。

若超过以上规定差值，应按照正常充电率对蓄电池充电。干荷电式蓄电池除不必长时间初充电外，其使用与维护要求和普通铅酸蓄电池完全一致。

在下列情况下，应对干荷电式蓄电池补充充电，并达到充足电状态。

(1) 电解液注入后，超过48h不使用者。

(2) 蓄电池干态储存超过一年有效期者。

2.6.2 免维护蓄电池

免维护蓄电池(maintenance-free battery，MF Battery)在许多方面与普通铅酸蓄电池不同，它除几个非常小的通气孔外，其余部分全部密封，除需要保持表面清洁外，不需做其他维护工作，典型免维护蓄电池结构如图 2.33 所示。

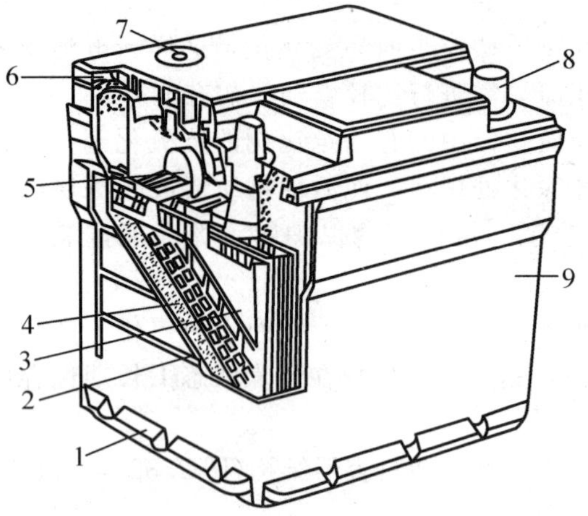

图 2.33 免维护蓄电池

1—下固定槽；2—铅钙栅架；3—袋式(信封式)隔板；4—活性物质；5—穿墙联条；6—消焰排气阀；7—内装式密度计；8—冷锻式接线柱；9—壳体

免维护蓄电池栅架去除了锑的成分，这就避免了普通铅酸蓄电池的许多常发生的故障，如自行放电、过量充电、水分消耗过快和热破坏等。

热破坏是指蓄电池工作温度过高时所出现的或者是当充电系统调节失效加之电解液温度升高所造成的栅架腐蚀、活性物质脱落等现象，过量充电是普通铅酸蓄电池冒气泡的主要原因。

免维护铅酸蓄电池栅架材料使用了铅-钙合金，这种结构能使蓄电池在充电末期达到更高的电动势，且使过充电时的水分消耗减少 80%以上。

免维护蓄电池内部常配有内装式电解液密度计。密度计指示器以不同颜色显示蓄电池的存电情况及液面高度。

免维护蓄电池在设计上还有以下一些特点：高强度低阻值薄型(1.1～1.5mm) 栅架、密封的外壳、穿墙式联条、平底结构的大储液室、袋式隔板。这种蓄电池比普通蓄电池体积要小，质量也轻。

免维护蓄电池通气孔采用新型安全通气装置，可避免蓄电池内的酸气与外部的火花直接接触，防止爆炸。通气塞中还装入催化剂钯，可帮助排出的氢氧离子结合生成水再回到电池中去。这种通气装置还可以使蓄电池顶部和接线柱保持清洁，减少接线柱的腐蚀，保证接线牢固可靠。

免维护型蓄电池因具有下列优点：

(1) 使用中无需添加蒸馏水。

(2) 接线柱不会腐蚀。

(3) 自放电少，寿命长，使用时一般不需补充充电(3.5～4 年，短途车可行驶 8000km，长途车可行驶 40000～48000km)。

(4) 比传统铅酸蓄电池具有更大的起动功率等。

2.6.3 卷绕式极板胶体型免维护蓄电池

卷绕式极板的胶体型免维护蓄电池结构如图 2.34 所示，它具有下列特点：

(1) 蓄电池极板及隔板呈螺旋紧密捆绑状，使得同样容积极板反应面积增大(比普通蓄电池几乎大一倍)，低温起动电流更高，起动性能更好。

(2) 胶体状电解液粘附于极薄的纤维隔板网材料上，－40℃低温也不会结冰，高温 65℃时不会漏液、漏气。可以以任何角度固定电池。

(3) 自放电极少。它可在不使用状态下至少放置 10 个月以上，放置 250 天后仍能保持 50%以上的容量。

(4) 过充电性能好。能在 1h 内以 100A 的大充电电流应急充足。

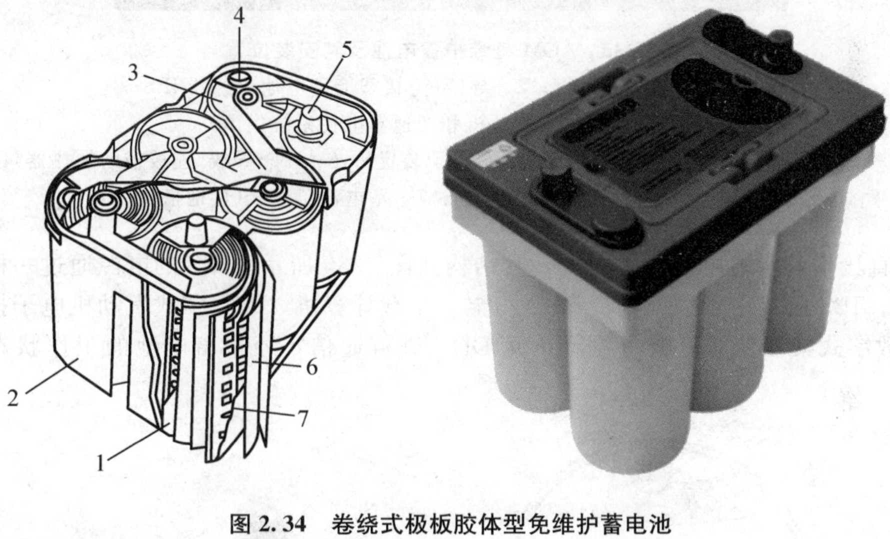

图 2.34 卷绕式极板胶体型免维护蓄电池

1—胶体电解液；2—壳体；3—联条；4—通气塞；5—接线柱；6—极板；7—隔板

2.6.4 宝马车用蓄电池新技术

1. AGM 免维护蓄电池

在宝马车(E39/E46/E60/E66 等)上，现在配装铅-钙合金栅架 AGM 免维护蓄电池(absorbed glass mat，即采用可吸收玻璃纤维网袋式隔板的免维护蓄电池)，安装在行李箱右侧，其外形如图 2.35 所示。与常规铅酸蓄电池相比，AGM 免维护蓄电池使用寿命更长，也更可靠。

2. 智能蓄电池传感器 IBS

智能蓄电池传感器 IBS (intelligent battery sensor)是一个自身带有微型控制器 μC 的传感器。IBS 持续测量蓄电池端电压、蓄电池充电/放电电流和蓄电池电解液温度，监控蓄电池的工作状态和健康状态。

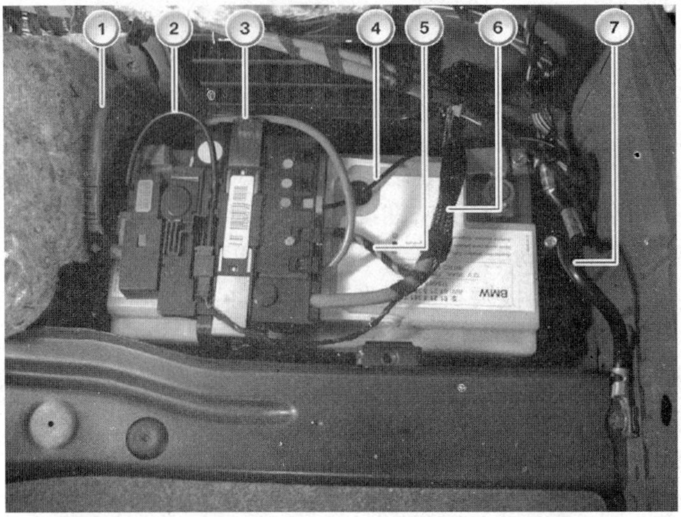

图 2.35　AGM 免维护蓄电池及其安装位置

1—连接起动机的大线；2—导线(连接智能蓄电池传感器 IBS)；
3—正极导线(给发动机和变速器电控系统供电)；
4—B+导线(连接智能蓄电池传感器 IBS 电子装置)；5— B+导线(连接辅助加热器)；
6— B+导线(连接电器接线盒)；7—蓄电池负极线(接地搭铁)

IBS 直接安装在蓄电池的负极上，其结构如图 2.36 所示。IBS 的电源通过一根单独的导线供应。IBS 通过串行数据接口 BSD 与宝马车载计算机，即数字式发动机电子控制单元 DME 或数字式柴油发动机电子控制单元 DDE 进行通信，通报蓄电池的工作状态和健康状态。

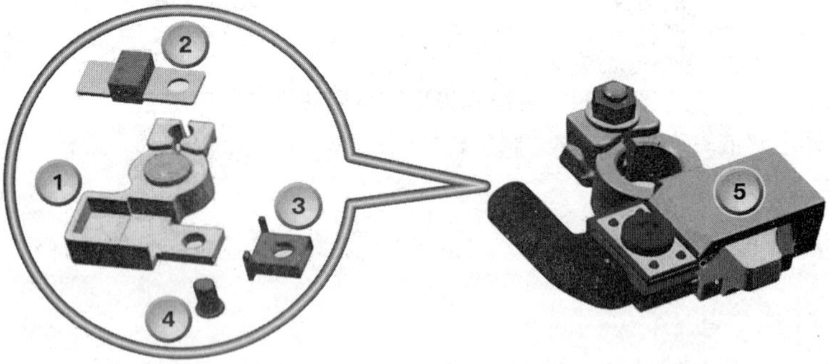

图 2.36　IBS 分解示意

1—蓄电池接线柱；2—分流器；3—间隔垫圈；4—螺栓；5—接地线

3. 安全蓄电池端子

在宝马车上，蓄电池正极上连接有安全蓄电池端子，用于在紧急状态下(例如，剧烈撞车时如果燃油泄漏可能导致的爆炸)的断电防护。安全蓄电池端子的结构如图 2.37

所示。

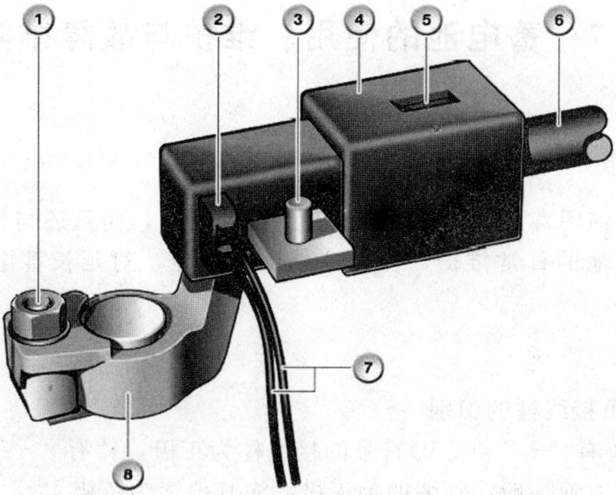

图 2.37 安全蓄电池端子

1—夹紧螺钉；2—导线接头；3—B+端子；4—保护罩；5—锁止爪；6—蓄电池导线；7—控制导线；8—蓄电池端子

在正常情况下，蓄电池导线与正极端子保持连接状态。当发生紧急情况时(如剧烈撞车，安全气囊引爆时)，控制单元会在极短的时间(大约 0.22ms) 内发出起爆指令，使装在安全蓄电池端子内部的推进剂点火爆炸，炸开安全蓄电池端子，并使蓄电池导线与正极端子保持在断开状态，以确保安全。

安全蓄电池端子断开的动作顺序如图 2.38 所示。

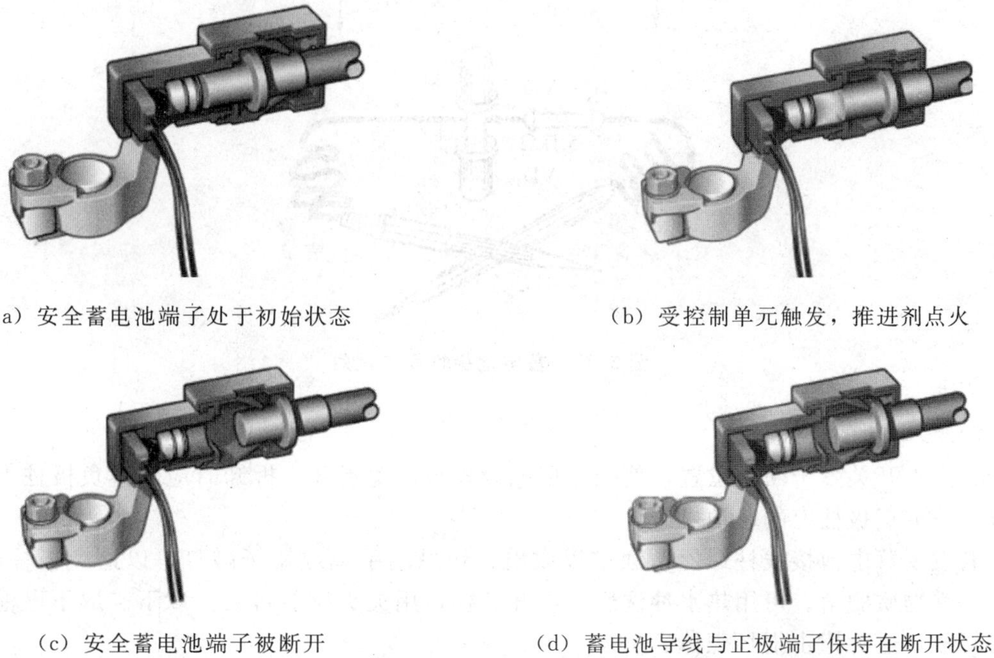

(a) 安全蓄电池端子处于初始状态

(b) 受控制单元触发，推进剂点火

(c) 安全蓄电池端子被断开

(d) 蓄电池导线与正极端子保持在断开状态

图 2.38 安全蓄电池端子断开的动作顺序

2.7 蓄电池的使用、维护与故障排除

2.7.1 蓄电池的使用

蓄电池的性能与使用寿命，不仅取决于其结构和质量，而且还与使用条件和维护质量密切相关。加强蓄电池的日常维护，合理地使用蓄电池，对延长蓄电池的使用寿命特别重要。

1. 蓄电池的拆装

1）蓄电池正、负接线柱的识别

① 新蓄电池上铸有“＋”(或 P)符号的接线柱为正极，铸有“－”(或 N)符号的接线柱为负极。修理后蓄电池一般涂红漆的为正极，涂其他漆为负极。

② 看接线柱自然颜色，呈深褐色的为正极，浅灰色的为负极。

③ 检查接线柱表面硬度，用平口螺钉旋具(一字旋具)在接线柱表面轻划，较坚硬的为正极，反之为负极。

④ 用万用表电压挡检测，将万用表置于相应的电压挡位，测量蓄电池电压：当指针偏摆正常时，红表笔对应的为正极，黑表笔对应的为负极。

⑤ 可自制如图 2.39 所示的简易低压试灯测试，判定极性。

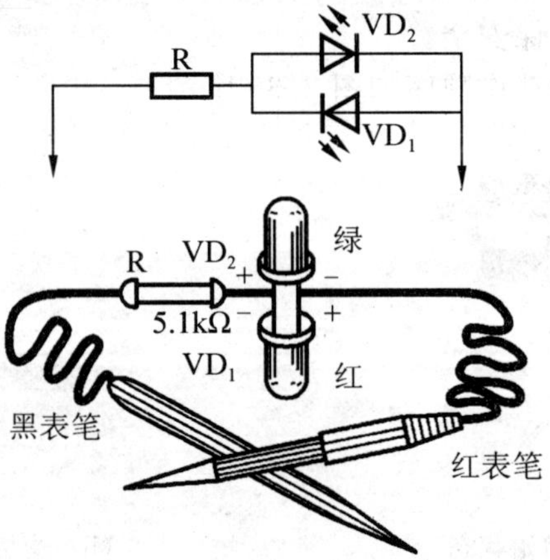

图 2.39 蓄电池极性简易试灯

2）蓄电池的拆卸

将点火开关置于断开位置，使全车用电设备与电源断开。拆卸时应先拆负极柱上的搭铁线，后拆正极柱上的起动机线。

若发现蓄电池接线柱螺栓锈蚀难以取出，切忌用手锤或钳子敲打，以避免极柱断裂，极板活性物质脱落。可用热水冲洗后，拧开螺栓，用夹头拉器将夹头取下。取下电池时应小心轻放，避免撞击损坏壳体。

维修带故障自诊断功能的计算机系统，在拆蓄电池电线前，应先确认故障代码，或在

点烟器上插上专用辅助电源，并将点火开关的“ACC”挡接通。

3）蓄电池的安装

安装蓄电池时，应认清正、负极，保证负极搭铁。先接起动机(正极)线，再接(负极)搭铁线，以防扳手跌落搭铁引起蓄电池短路放电。安装接头时，应先用细砂纸清洁接线柱和接线头。

连接接线柱夹头时，螺栓上应先涂上凡士林或润滑脂，以防氧化生锈，便于以后拆卸。如接线柱小，夹头大，需要加衬垫时，最好用铅皮或铜皮，并且只垫半圈。若整圈垫，易氧化腐蚀而接触不良。

2. 蓄电池的正确使用

为降低汽车的运行成本，延长蓄电池的使用寿命，蓄电池在使用中应注意“三抓”和“五防”。

1）“三抓”含义

一抓正确及时充电：

① 放完电的蓄电池应在24h内送到充电车间充电。

② 车上正在使用的蓄电池一般每两个月补充充电一次，蓄电池的放电程度，冬季不得超过25%，夏季不得超过50%。

③ 带电解液存放的蓄电池，每两个月补充充电一次。

二抓正确操作使用：

① 不超时连续使用起动机，每次起动的时间不得超过5s，如果一次未能起动发动机，应休息15s以上，再第二次起动。连续三次起动不成功，应查明原因，排除故障后再起动发动机。

② 安装、搬运蓄电池应轻搬轻放，切不可随便敲敲打打或在地上拖拽，蓄电池在车上固定要牢固，以防行车时因颠簸受损。

三抓清洁维护：

① 经常清除蓄电池表面的灰尘污物，保持蓄电池外表清洁。

② 极柱和电线连接要牢固，出现氧化物时应及时清除，并涂上润滑脂。

③ 经常疏通蓄电池通气孔。

2）“五防”含义

一防充电电流过大和长时间过充电；二防过度放电；三防电解液液面过低；四防电解液密度过高；五防电解液内混入杂质。

3. 蓄电池的储存

(1) 湿储存。暂不使用的蓄电池，应从车上拆下来储存。储存前，先将蓄电池充足电，把电解液密度调到1.28g/cm^3(25℃)，液面达到正常高度，密封加液盖通气孔后放置在室内暗处，储存时间不得超过6个月。存放期间应定期检查电解液密度和蓄电池存电量，确保每月至少给蓄电池进行一次补充充电，起用时应充足电。

(2) 干储存。蓄电池长时间存放时，最好以干储存法储存。先将蓄电池以20h放电率完全放电，倾倒出电解液，用蒸馏水多次冲洗至水中无酸性，倒尽水滴，晾干后旋紧加液盖密封储存。重新起用时，方法与新蓄电池相同。

新蓄电池，其储存方法和储存时间，以出厂说明书为准。运输、保管均符合厂方要求时，蓄电池的保管期限一般为两年，干荷电池的保管期限更长一些。

(3) 储存条件。

① 室温为5～40℃，干燥、清洁、通风良好。

② 不受阳光直射，离开热源(暖气片等)不小于2m。

③ 避免与任何液体和有害物质接触，防止污物落入蓄电池内。

④ 应把蓄电池按行排放在木架上，避免叠放和受到任何机械冲击。

4. 蓄电池冬季使用注意事项

蓄电池冬季使用注意事项如下：

① 要始终保持蓄电池在充足电的状态下，以防电解液密度下降而结冰，导致壳体破裂，极板变形，活性物质脱落等。电解液密度应在不结冰的前提下尽量降低。

② 加蒸馏水时，只能在蓄电池充电时进行，让水尽快地和电解液混合，减小其结冰的几率。要养成良好的驾驶习惯，定期检查蓄电池液面高度，及时添加蒸馏水。

③ 冬季蓄电池容量降低，冷起动时，发动机应进行预热，以减小起动阻力矩。

2.7.2 蓄电池的维护

1. 蓄电池的日常维护

为了使蓄电池经常处于完好的技术状态，对使用中的蓄电池，应做好下列维护工作：

① 观察蓄电池外壳是否有裂纹和电解液泄漏，并做适当处理。

② 检查蓄电池的安装是否牢固，接线柱是否松动，接线是否紧固。

③ 经常清除蓄电池上的灰尘、泥土、接线柱和线头上的氧化物(图2.40)，并涂上润滑脂。

图2.40 蓄电池接线柱和线头上的氧化物

④ 定期检查蓄电池的电解液密度及液面高度。

一般每行驶1000km或冬季行驶10～15天，夏季行驶5～6天，检查一次蓄电池的液面高度。橡胶壳蓄电池液面高度应高出极板保护网10～15mm，如图2.41所示。

塑料壳蓄电池外壳呈半透明状，液面应在厂方标明的最高与最低刻线之间(图2.42)。电解液不足，应及时添加蒸馏水。若液面降低确属溅出、倾倒造成，应补充相应密度的电解液并充电调整。

⑤ 检查蓄电池的放电程度，发现存电不足，应及时补充充电。

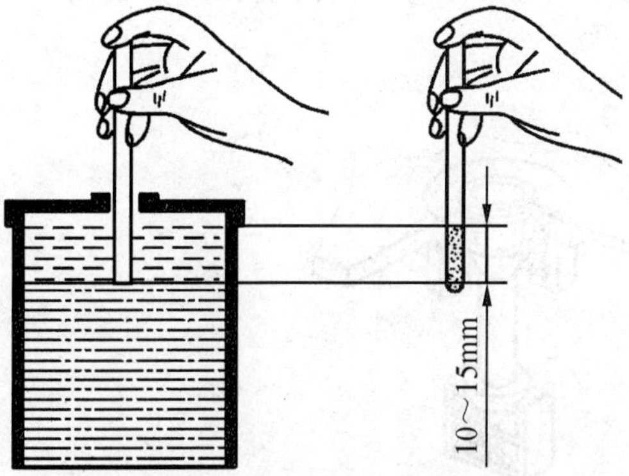

图 2.41 检查蓄电池液面高度

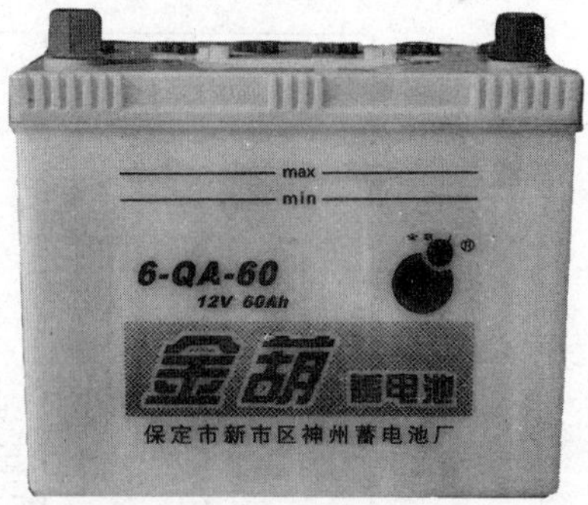

图 2.42 电解液液面高度的最高线(max)和最低线(min)

2. 蓄电池放电程度的检查

普通蓄电池放电程度的检查有以下几种方法。

1） 测量电解液的密度

电解液的密度可用吸入式密度计测量，如图 2.43 所示，先吸入电解液，使密度计浮起，电解液面所在的刻度即为密度值。应注意，在测量电解液的密度时，应同时测量电解液的温度，并将测得的电解液密度值，按式(2.4)换算成 25℃时的密度。

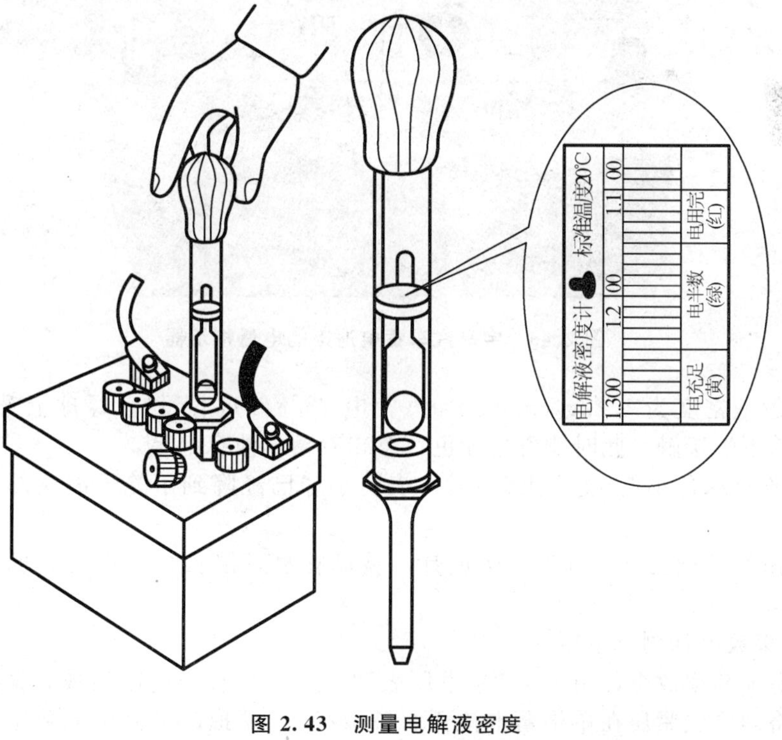

图 2.43 测量电解液密度

免维护蓄电池多数不能用这种密度计测量，但有的也可取下盖进行检测。很多免维护铅酸蓄电池设有内装式密度计(也称蓄电池电量指示器，俗称电眼或魔眼，如图 2.44 和图 2.45所示)，内部装有一颗能反光的绿色塑料小球，随其浮升的高度变化，从玻璃观察孔中可以看到代表不同状态的颜色。

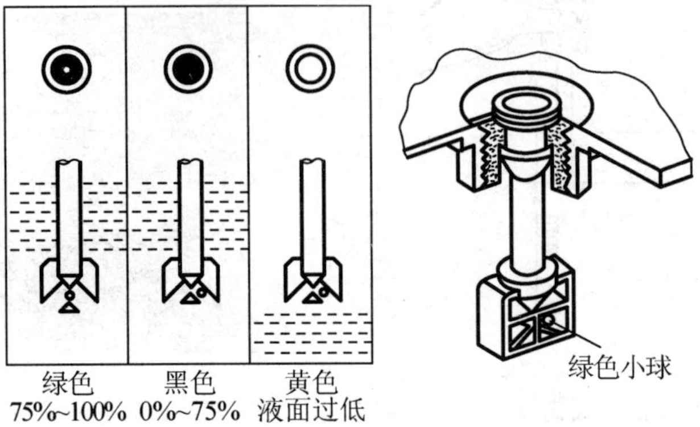

图 2.44　内装式密度计示意

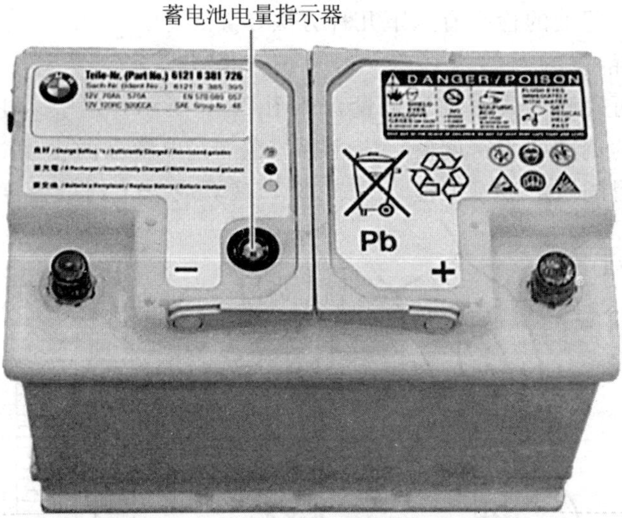

图 2.45　宝马汽车蓄电池上的电量指示器

① 当电解液密度为 1.22g/cm^{3}以上时(存电 75%额定容量)，绿球上升到笼子顶部，并与玻璃棒的下端接触，此时能看见绿色，意味着蓄电池存电足。

② 当看不见绿色小点(变为黑色)时，表明小球已经降到了笼子的底部，说明蓄电池存电不足。

③ 若电解液液面已下降到低于密度计，玻璃孔显示淡黄色，出现此现象时，必须更换蓄电池。

2) 用高率放电计测量电压

单格蓄电池高率放电计由一个 3V 电压表和一个定值负载电阻组成，如图 2.46 所示。测量时，应将两叉尖紧压在单格蓄电池正、负极柱上(模拟起动大电流放电)，历时 5s 左右，观察蓄电池所能保持的端电压。

一般技术良好的蓄电池，单格电压应在 1.5V 以上，并在 5s 内保持稳定。若 5s 内下降到 1.7V，说明存电足；下降到 1.6V，说明放电 25%的额定容量；下降到 1.5V，说明放电 50%的额定容量；若 5s 内电压迅速下降，或与其他单格蓄电池电压相差 0.1V 以上时，表明该单格蓄电池有故障，应进行修理。

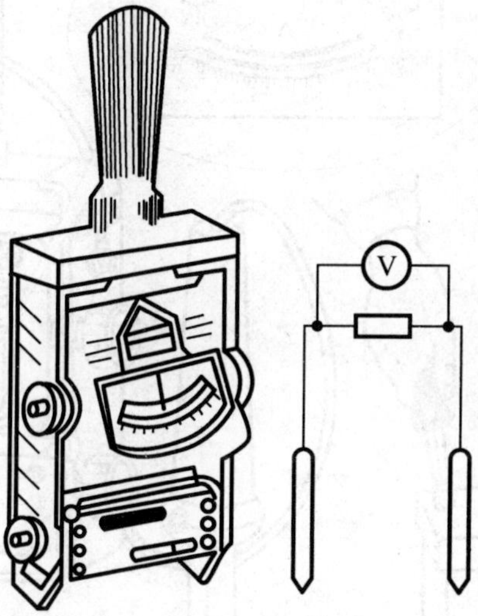

图 2.46 单格蓄电池高率放电计

但也应注意高率放电计的品牌不同，其负荷电阻值也不同，放电电流和电压读数也不同。使用时应依据原厂说明书的规定做出相应的判断。

单格蓄电池高率放电计只能测取单格蓄电池电压。而免维护蓄电池联条均为穿墙跨接式，用单格蓄电池高率放电计已无法测取高率放电端电压，只能用 12V 整体式高率放电计来测量。这种放电计有可变电流式和不可变电流式两种，我国目前应用较多的是不可变电流式，如图 2.47 所示。测试时，用力将放电计触针刺入正、负极，保持 15s，若蓄电池端电压能保持在 9.6V 以上，说明该电池性能良好，但存电不足；若稳定在 10.6～11.6V，说明蓄电池存电足；若迅速下降，则说明蓄电池已损坏。

采用可变负荷高率放电计，可用 $3C_n$值作为测试电流。对于 12V 蓄电池，用 180A 作为额定负荷电流值，在大多数情况下可获得令人满意的效果。

3）用万用表测量蓄电池的端电压

如果蓄电池刚充过电或车辆刚行驶过，应接通前照灯远光 30s，消除“表面充电”现象。然后熄灭前照灯，切断所有负载。用数字式万用表测量蓄电池开路电动势，若 12V 标称电压的蓄电池电动势少于 12V，说明蓄电池过量放电；在 12.2～12.5V 之间，说明部分放电；高于 12.5V，说明蓄电池存电足。

2.7.3 蓄电池常见故障的排除

普通铅酸蓄电池正常使用时，寿命可达两年。使用不当，会出现各种故障，导致过早报废。铅酸蓄电池的外部故障有壳体裂纹、封口胶开裂、联条烧断、接触不良、极柱腐蚀、蓄电池爆炸等；内部故障有极板硫化、活性物质脱落、自行放电等。

铅酸蓄电池的外部故障容易察觉，现象比较明显，可通过简单的修补、除污、紧固等方法进行修复；而内部故障则不易被察觉，只有在使用或充电时才出现一定症状，一旦产生就不易排除。因此在使用中应以预防为主，尽量避免内部故障产生。

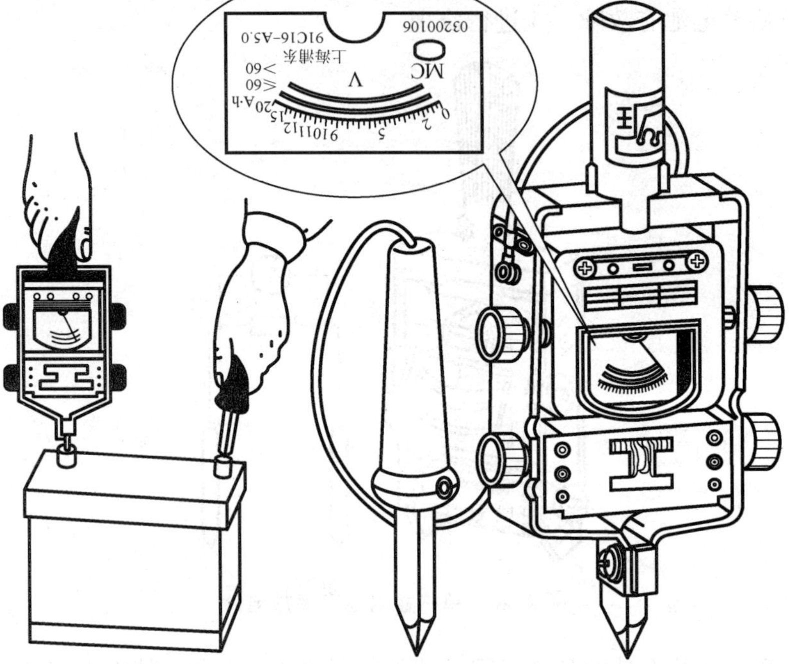

图 2.47　12V 整体式高率放电计

1. 极板硫化

极板上生成白色粗大晶粒硫酸铅的现象称为硫酸铅硬化，简称硫化。这种粗大晶粒硫酸铅导电性能很差，正常充电时很难转化为二氧化铅和海绵状纯铅。由于晶粒粗、体积大，会堵塞活性物质的孔隙，阻碍电解液的渗透，因此蓄电池的内阻会明显增大。

极板严重硫化后，在充、放电时都会出现异常。例如，充电时单格电压上升过快，电解液温度过高，“沸腾”过早，电解液密度达不到规定值；放电时电压急剧下降，不能持续供给起动电流，甚至不能起动。

1) 产生硫化的主要原因

① 蓄电池长期充电不足或放电后未及时充电，当温度发生变化时，硫酸铅发生再结晶现象。

② 电解液液面过低，极板露出部分与空气接触而发生氧化，由于液面的上下波动，氧化的极板时干时湿而发生了再结晶，产生了硫化。

③ 蓄电池经常过放电或小电流深度放电，使硫酸铅深入到极板内层，充电时又得不到恢复，久而久之也将导致硫化。

④ 电解液不纯、密度过高和气温剧烈变化等都是促使硫化形成的原因。

2) 预防极板硫化的措施

对蓄电池定期进行补充充电，使其经常处于充足电状态；放完电的蓄电池应在 24h 内进行补充充电；电解液密度应适当，液面高度应符合规定。

2. 活性物质脱落

活性物质脱落主要是正极板上的活性物质二氧化铅脱落。严重时，电解液混浊并呈褐色。蓄电池充电时，有褐色物质自底部上升，电压上升过快，“沸腾”过早出现，密度上升缓慢；放电时，电压下降过快，容量下降。

1）活性物质脱落的原因

① 充电电流过大或长时间过充电，水被电解，产生大量气体，在极板内部造成压力，使活性物质脱落。

② 大电流放电，尤其是低温大电流放电，硫酸铅迅速生成，体积严重膨胀，极板拱曲变形，促使活性物质脱落。

③ 蓄电池极板组松动，安装不良，汽车行驶颠簸振动等也会加速活性物质脱落。

2）预防极板活性物质脱落的措施

避免过充电和大电流长时间充、放电；安装、搬运蓄电池应轻搬轻放，避免振动冲击；蓄电池在汽车上的安装应牢固可靠。

3. 自行放电

蓄电池在无负载状态下，电量自行消失的现象称为自行放电(俗称“漏电”或“跑电”)，若每昼夜电量降低超过2%额定容量，说明蓄电池有自行放电故障。

1）自行放电的原因

① 电解液不纯，含铅以外的其他金属杂质过多，这些金属微粒在电解液中与正、负极板形成封闭型微电池而放电。

② 蓄电池顶部不清洁，造成正、负接线柱之间短路，导致自行放电。外露式铅联条的蓄电池自行放电更为严重。

③ 蓄电池内部正、负极板短路，如隔板破裂、极板拱曲变形、活性物质严重脱落、极板组装时不慎落入铅渣等。

2）预防自行放电的措施

配制电解液用的硫酸及蒸馏水必须符合规定；配制电解液所用器皿必须是耐酸材料制作的，配好的电解液应妥善保管，严防掉入脏物；加液螺塞要盖好，保持电池外表清洁干燥；补充的蒸馏水要符合要求。

复习思考题

1. 简述车用蓄电池的作用和结构组成。
2. 简述车用蓄电池的20h放电率额定容量是如何定义的。
3. 常用蓄电池的充电方法有哪些？
4. 在对蓄电池进行补充充电时，需要注意哪些问题？
5. 改进型蓄电池有哪些？
6. 免维护蓄电池的使用特点有哪些？

第3章 交流发电机

教学提示

交流发电机与电压调节器配合工作，为除起动机以外的所有用电设备供电，并向蓄电池充电。目前，晶体管电压调节器和内装型集成电路电压调节器的应用极为广泛。

教学要求

本章主要介绍交流发电机及其电压调节器的结构组成、工作原理和使用维护方法。要求学生了解交流发电机及其电压调节器的工作原理，熟悉交流发电机的结构组成与工作特性，掌握交流发电机的使用和维护方法。

汽车用发电机有直流发电机(DC generator)和交流发电机(AC generator)两大类，目前大多采用交流发电机。交流发电机主要由三相同步交流发电机和二极管整流器组成，一般称为硅整流交流发电机，也简称交流发电机。

交流发电机(alternator)与蓄电池协同工作，共同构成汽车电源系统。交流发电机与电压调节器配合工作，其主要任务是对除起动机以外的所有用电设备供电，并向蓄电池充电。

3.1 交流发电机的构造与工作原理

3.1.1 汽车用交流发电机的分类

1. 按总体结构分

1）普通交流发电机

普通交流发电机(图3.1)的应用最为普遍，如东风EQ1090型载货汽车用JF132型交流发电机，解放CA1091型载货汽车用JF1522A型交流发电机等。

2）整体式交流发电机

整体式交流发电机(integrate alternator。图3.2和图3.3)是内装电压调节器的交流发电机，如一汽奥迪、上海桑塔纳等轿车用JFZ1813Z型交流发电机。

3）带泵交流发电机

带泵交流发电机，即带有真空泵的交流发电机(图3.4)，如龙口中宇JFWBZ27型交流发电机(图 3.5)。在柴油机汽车上，由于进气系统没有真空，为了确保真空制动助力器能够正常工作，把发电机的轴做的长一些，以此驱动一个真空泵。除了带有真空泵之外，带泵交流发电机的结构与普通发电机是一样的。

4）无刷交流发电机

无刷交流发电机(brush-less alternator)是无电刷、滑环结构的交流发电机。如福建仙游电机厂生产的 JFW14X 型交流发电机和山东龙口中宇电机厂生产的 JFWBZ27 交流发电机(图 3.5)。

5）永磁交流发电机

永磁交流发电机(permanent-magnet alternator。图 3.6 和图 3.7)是转子磁极采用永磁材料的交流发电机。

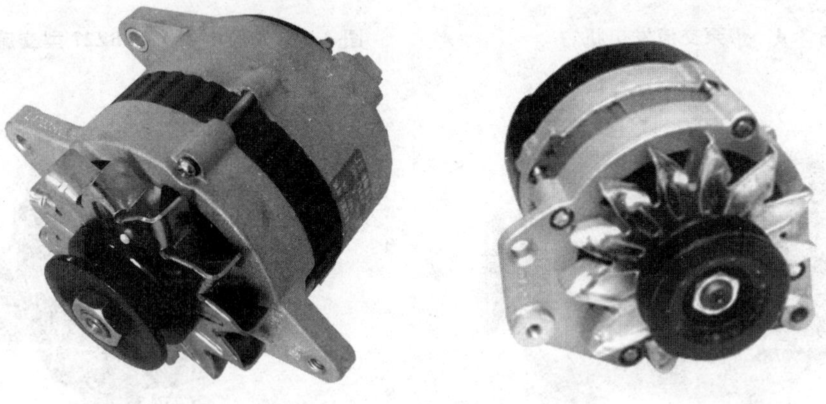

图 3.1 普通交流发电机

图 3.2 整体式交流发电机(匹配 KIA PRIDE)

图 3.3 整体式交流发电机(匹配国产斯太尔发动机)

2. 按磁场绕组搭铁方式分

1）内搭铁式交流发电机

内搭铁(internal earth)式交流发电机磁场绕组的一端与发电机壳相连接，如东风 EQ1090 车用的 JF132 型交流发电机。

2）外搭铁式交流电发机

外搭铁(external earth)式交流电发机磁场绕组的一端经电压调节器后搭铁，如解放

CA1091 型车用的 JF152D、JF1522A 型交流发电机。

图 3.4　带泵交流发电机

图 3.5　龙口中宇 JFWBZ27 型交流发电机

图 3.6　YJFW168 永磁交流发电机

图 3.7　添锦牌汽车永磁发电机

3. 按装用的二极管数量分

1）六管交流发电机

六管交流发电机的整流器由六只硅二极管组成，这种型式应用最为广泛，如东风 EQ1090 车用的 JF132 型、解放 CA1091 型车用 JF1522A、JF152D 型交流发电机等。

2）八管交流发电机

八管交流发电机是指具有两个中性点二极管(neutral-point diode)的交流发电机，其整流器总成共有八只二极管，如天津夏利 TJ 7100、TJ7100U 微型轿车所用的 JFZ1542 型交流发电机。

3）九管交流发电机

九管交流发电机是指具有三个磁场二极管的交流发电机，其整流器总成共有九只二极管，如北京 BJ1022 型轻型车用的 JFZ14L 型交流发电机。

4）十一管交流发电机

十一管交流发电机是指具有中性点二极管和磁场二极管的交流发电机，其整流器总成共有十一只二极管，如奥迪、桑塔纳轿车用 JFZ1813Z、JFZ1913Z 型交流发电机。

4. 按冷却方式分

按照发电机的冷却方式不同，车用交流发电机又可以分为风冷式(air-cooled) 发电机和水冷式(water-cooled) 发电机两种。目前，使用最多也最常见的就是风冷式发电机。

1) 风冷式发电机

风冷式发电机按通风方式不同可分为单风扇式和双风扇式。单风扇式是风扇安装在交流发电机的前端，风扇旋转产生的轴向空气流经发电机内部，对定子绕组进行冷却。而双风扇式交流发电机是在转子两端各装有一个风扇，产生的是轴向和径向的两个方向的空气流。

2) 水冷式发电机

在高档轿车上，出于降低运行噪声和增强冷却效果的考虑，多采用新型水冷式发电机(图 3.8)。

图 3.8　宝马车配装的水冷式发电机

3.1.2　交流发电机的构造

普通交流发电机主要由转子总成、定子总成、整流器、前后端盖、电刷和电刷架，以及带轮、风扇等部件组成。图 3.9 为交流发电机的结构图，图 3.10 为交流发电机的解体图。

1. 转子总成

转子总成(rotor assembly，图 3.11)是交流发电机的磁场部分，作用是产生磁场。转子总成主要由两块低碳钢爪形磁极、磁轭、磁场绕组、转子轴和滑环等组成，如图 3.12 所示。

每块磁爪上各有六个鸟嘴形磁极，两块磁爪相对，交错压装在转子轴上，形成六对磁极(一般称为爪极)。在其空腔内装有导磁用的铁心，称为磁轭，其上装有用高强度漆包线绕制的线圈，称为磁场绕组(field winding)。

磁场绕组的两根引出线分别焊接在与轴绝缘的两道滑环上，滑环与装在后端盖上的两个电刷相接触，当电刷与直流电源相接时便有电流通过磁场绕组(称为发电机的磁场电流)，从而产生磁场。使一块爪极被磁化为 N 极，另一块为 S 极，形成了相互交错的六对磁极。把爪极的凸缘的外形做成像鸟嘴的形状，目的是使发电机工作时，尽可能在定子铁心内部形成近似正弦变化的交变磁场。

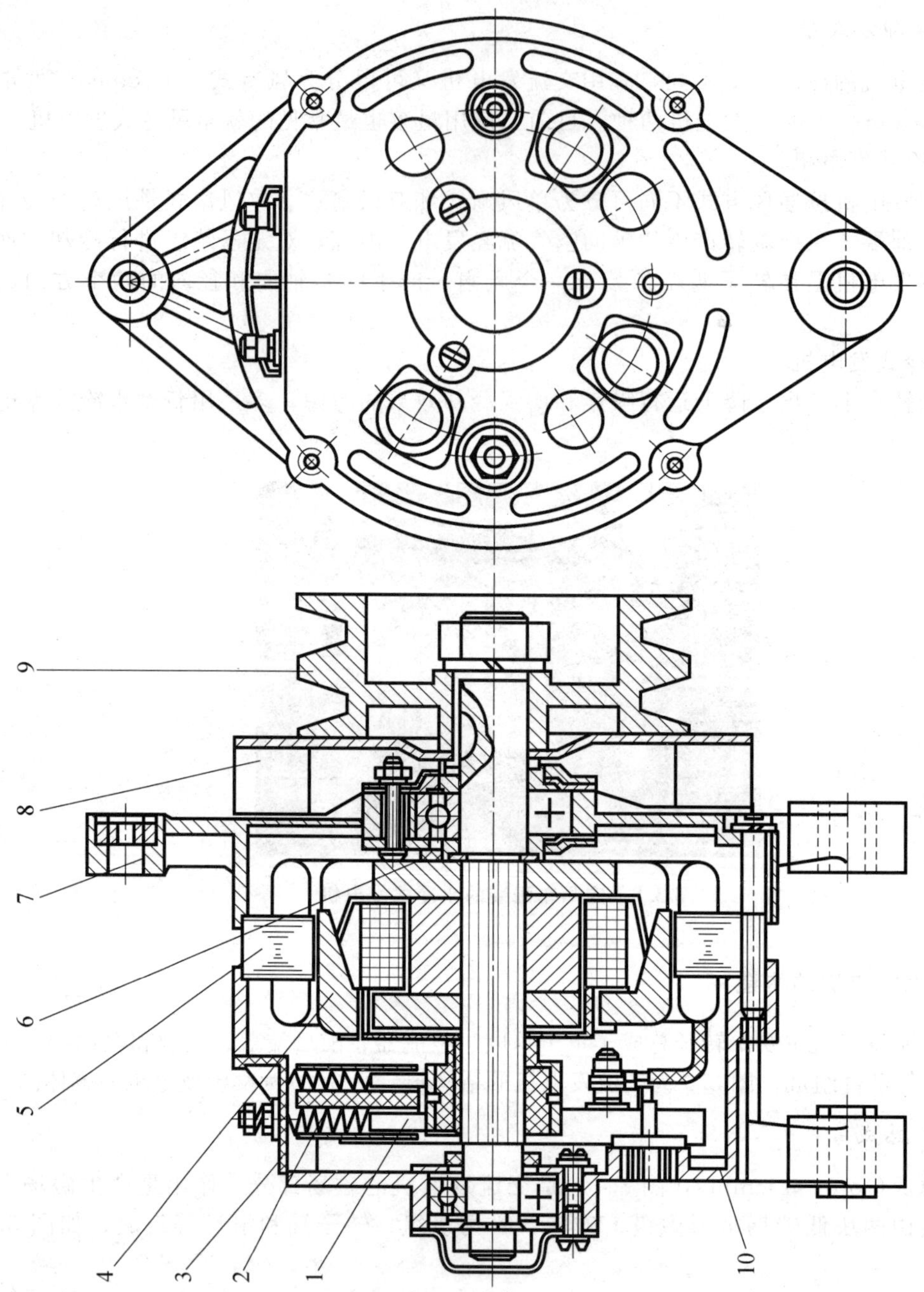

图3.9 国产JF系列交流发电机结构图

1—电刷；2—弹簧；3—盖板；4—转子总成；5—定子总成；6—定位圈；7—前端盖；8—风扇；9—带轮；10—后端盖

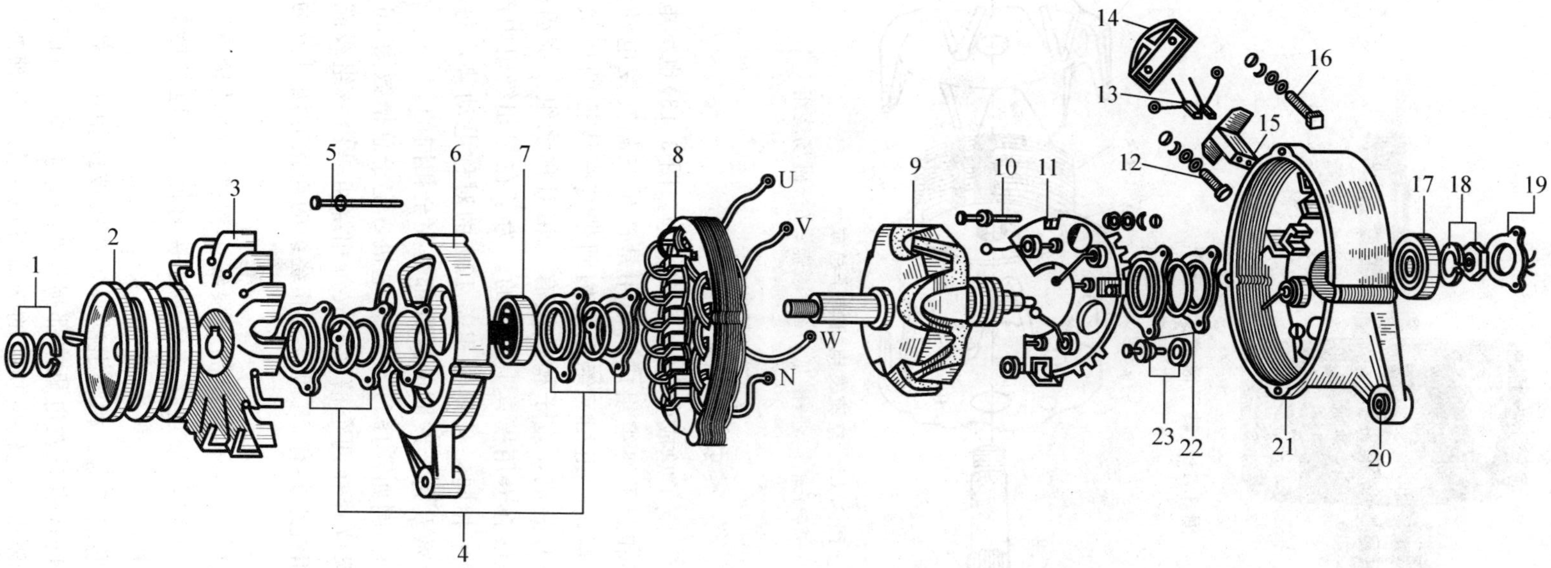

图3.10 国产JF系列交流发电机解体示意

1—紧固螺母及弹簧垫圈；2—带轮；3—风扇；4—前轴承油封及护圈；5—组装螺栓；6—前端盖；7—前轴承；8—定子；9—转子；10—“+”（电枢）接柱；11—散热板；12—“—”（搭铁）接柱；13—电刷及压簧；14—电刷架外盖；15—电刷架；16—“F”（磁场）接柱；17—后轴承；18—转轴固定螺母及弹簧垫圈；19—后轴承纸垫及护盖；20—安装臂钢套；21—后端盖；22—后端盖轴承油封及护圈；23—散热板固定螺栓

图 3.11　转子总成实物照片

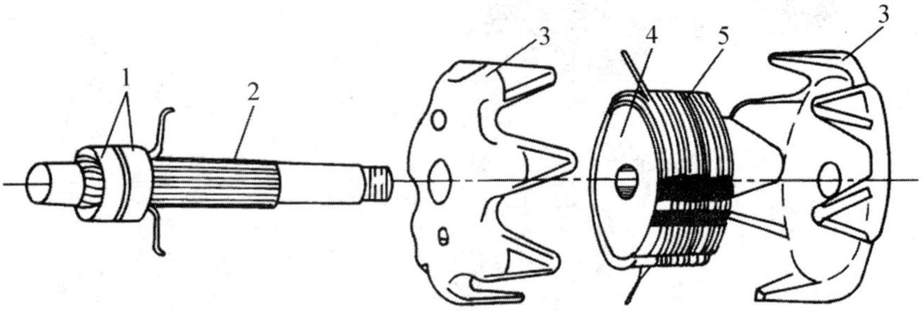

图 3.12　交流发电机转子总成

1—滑环；2—转子轴；3—磁爪；4—磁轭；5—磁场绕组

2. 定子总成

图 3.13　定子总成实物照片

定子总成(stator assembly。图 3.13)也称电枢，由定子铁心和定子绕组组成，作用是产生三相交变电动势。定子铁心一般由一组相互绝缘且内圆带有嵌线槽的环状硅钢片或低碳钢片叠成，定子槽内嵌有三相对称绕组。绕组是用高强度漆包线在专用模具上绕制的。为了在三相绕组中产生大小相等，频率相同，且相位相差 120°的对称电动势，每相绕组的线圈个数及每个线圈的匝数都是完全相同的。

例如，JF11 交流发电机，定子总槽数为 36 个，每相绕组占用的槽数为 12 个，每个线圈放置在两个槽中，故每相绕组是由六组线圈串联而成。如果每个线圈为 13 匝，这样每相绕组共有 78 匝。三相绕组的连接方法可分为星形连接和三角形连接两种。

如图 3.14(a)所示，星形连接是每相绕组的一根线头都接至公共接点，另外三根线头分叉成 Y 形。所以，星形连接又称 Y 形连接。星形连接有低速发电性能好的优点，所以目前车用发电机多采用星形连接。

如图 3.14(b)所示，三角形连接是三相绕组的首尾线头彼此相接，就像三角形，所以称为三角形连接。三角形连接的优点是发电机内部损失小，在高转速时能产生较大的输出电流，因而主要用在高转速时要求有高输出功率的交流发电机上，如神龙富康轿车等。三角形连接的缺点是低转速时输出电压较低。

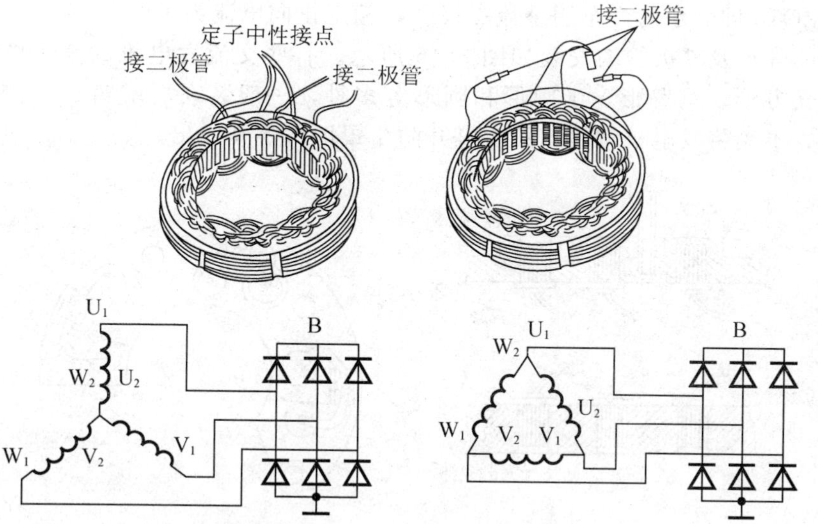

(a) 星形连接　　(b) 三角形连接

图 3.14　定子绕组的连接方法

3. 整流器

整流器(rectifier。图 3.15)的作用是把交流发电机产生的三相交流电转变成直流电输出，整流器一般由六只整流二极管和散热板组成。

交流发电机用的整流二极管分为正极二极管和负极二极管两种。正极二极管的中心引线为正极，外壳为负极，管壳底部一般有红字标记。

三只正极二极管的外壳压装或者焊接在铝合金散热板的三个孔中，共同组成发电机的正极。由固定散热板的螺栓通至外壳外(元件板与外壳绝缘)，作为交流发电机的输出接线柱“B”接线柱(也有标“+”或“电枢”字样的)。

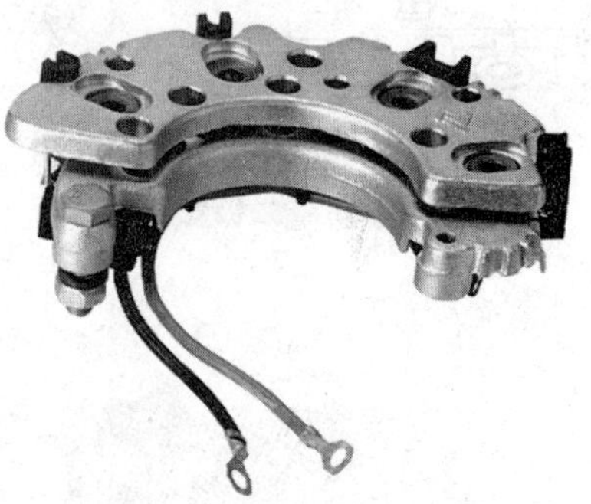

图 3.15　整流器实物照片

负极二极管的中心引线为负极，外壳为正极，管壳底部一般有黑字标记。三只负极二极管的外壳压装或焊接在另一散热板上(此板与后端盖相接)，或者直接压装在后端盖的三个孔中，和发电机的外壳共同组成发电机的负极。

汽车用交流发电机的二极管是汽车专用的，整流原理与其他二极管相同，但外形结构与一般二极管有所不同，图 3.16 所示的二极管是目前常用的压装型大功率二极管。

图 3.17 是小功率励磁二极管及中性点二极管的外形，小功率二极管常见有圆柱形、豆形、焊装形、压装形及组合形等多种。

二极管命名及其符号代表的含义如下：

Z Q □——表示规定条件下，额定正向电流

Q——用于汽车、拖拉机

Z——表示整流元件

例如，ZQ10 即表示为汽车用整流二极管，额定正向电流为 10A。

散热板的外形及二极管的安装如图 3.16 所示。有些交流发电机的整个整流器是单独的，外形有长方形、马蹄形、半圆形和圆形等多种，一般装在后端盖的外侧，称为外装式。维修时，不用将发电机解体，只要打开防尘罩即可将其取出。

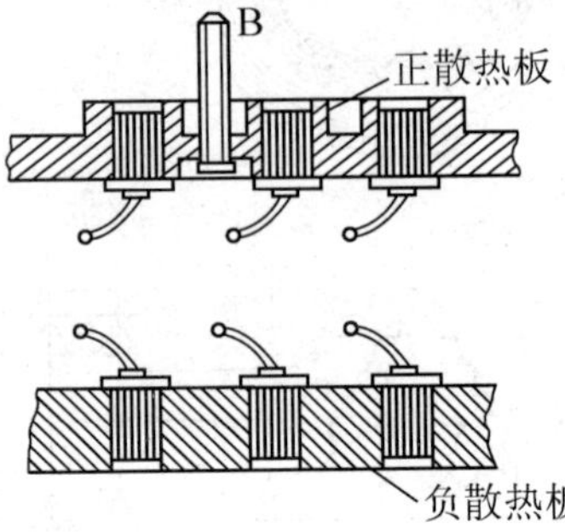

(a) 二极管安装示意

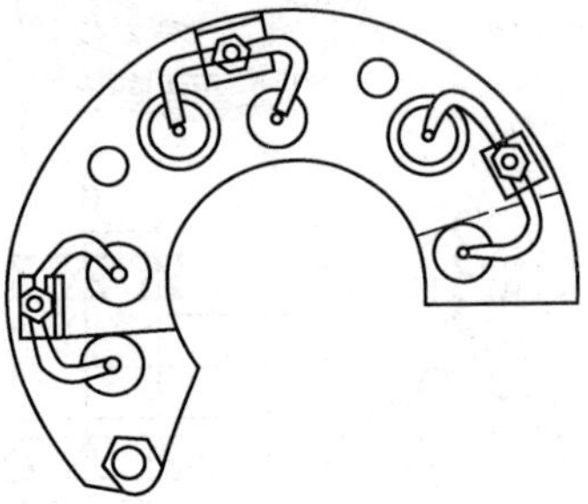

(b) 散热板总成

图 3.16　散热板二极管的安装

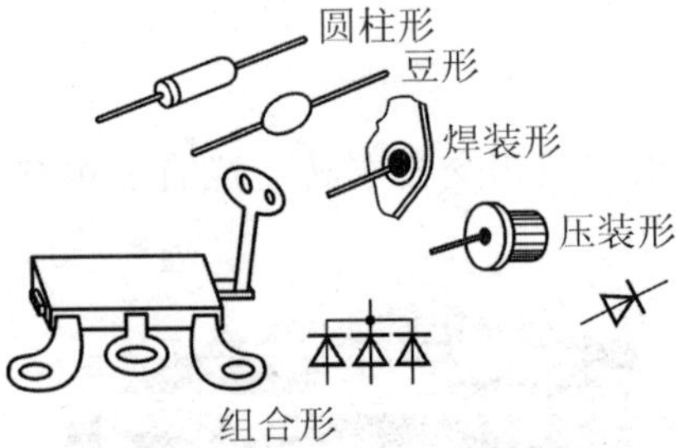

图 3.17　小功率二极管及其符号

图 3.18　电刷与电刷架实物照片

4. 前、后端盖

端盖(bearing braket)的作用是支撑转子总成并封闭内部构造。交流发电机的前、后端盖均用铝合金铸造而成，其上制有通风口，用以通风散热。铝合金为非导磁材料，可以减少漏磁，提高发电机的效率。另外还有质量轻、散热性能好等优点。

前、后端盖上均装有滚珠轴承，用以支撑转子总成。后端盖内装有电刷与电刷架(图 3.18)，两只电刷装在电刷架中的导孔内，借助弹簧的弹力与滑环保持接触。

目前，国产电刷架的结构形式有两种，一种形式是电刷的拆装在发电机外部进行，称为外装式，如图 3.19(a)所示。此种形式检修方便，采用较多。

另一种形式是电刷不能直接在发电机外部进行拆装，需将发电机解体后才能拆下，称为内装式，如图 3.19(b)所示。

两个电刷中与发电机外壳绝缘的称为绝缘电刷，其引线接到发电机后端盖外部的接线柱“F”上，称为发电机的磁场接柱。另一个电刷是搭铁的，称为搭铁电刷。

搭铁电刷的搭铁方式有两种：引线用螺钉固定在后端盖上(标记为“-”)直接搭铁，即内搭铁；搭铁引线与发电机机壳绝缘，接到后端盖外部的绝缘接线柱上(标记为“F -”)，通过调节器搭铁，即外搭铁。

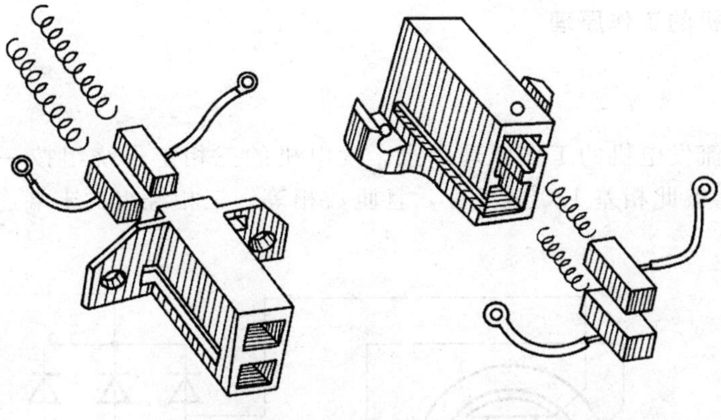

(a) 外装式电刷　　　　(b) 内装式电刷

图 3.19　电刷及电刷架

5. 带轮及风扇

带轮的作用是利用传动带将发动机的转矩传给发电机的转子轴，通常用铸铁或低碳钢制造，利用半圆键装在风扇外侧的轴上，再利用弹簧垫圈和螺母紧固。

风扇的作用是在发电机工作时，强制通风冷却发电机内部，风扇为叶片式，一般用1.5mm 的钢板冲制而成或用铝合金压铸而成。

发电机的通风原理是：在发电机的前、后端盖上分别有出风口和进风口，当曲轴驱动带轮旋转时，带动风扇叶片旋转产生空气流，空气流高速流经发电机内部进行冷却，如图 3.20(a)所示。

有些新型的发电机将传统的外装单风扇改为两个风扇并分别固定在发电机的转子极爪两侧，使发电机由单向轴向通风改为双向轴向进风、径向排风的冷却系统，增强了冷却效果，为提高输出性能、缩小体积提供了条件，如图 3.20(b)所示，桑塔纳 2000 轿车的交流发电机即采用此种结构。

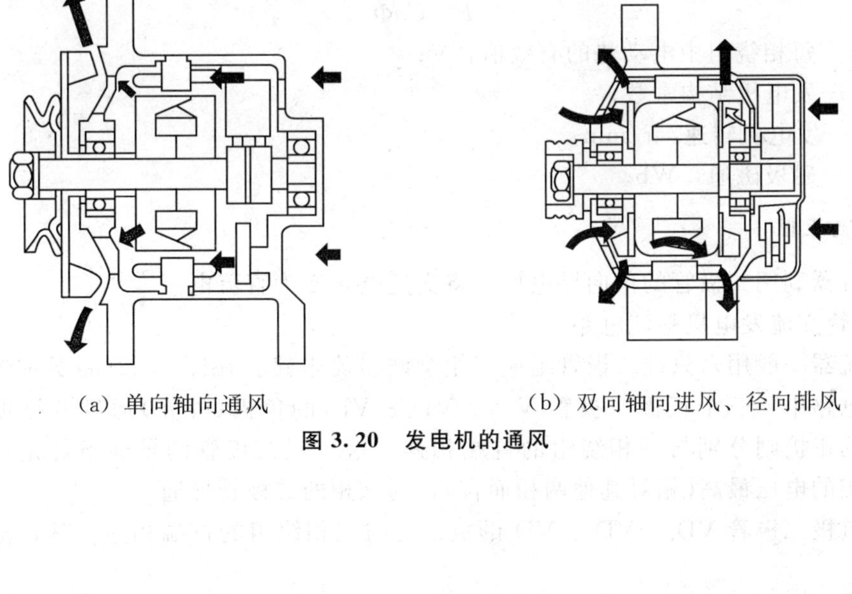

(a) 单向轴向通风　　　　(b) 双向轴向进风、径向排风

图 3.20　发电机的通风

3.1.3 交流发电机的工作原理

1. 发电原理

图 3.21 是交流发电机的工作原理示意。发电机的三相定子绕组按一定规律分布在发电机的定子槽中，彼此相差 120°电角度，且匝数相等。三相绕组的末端连在一起，呈星形连接。

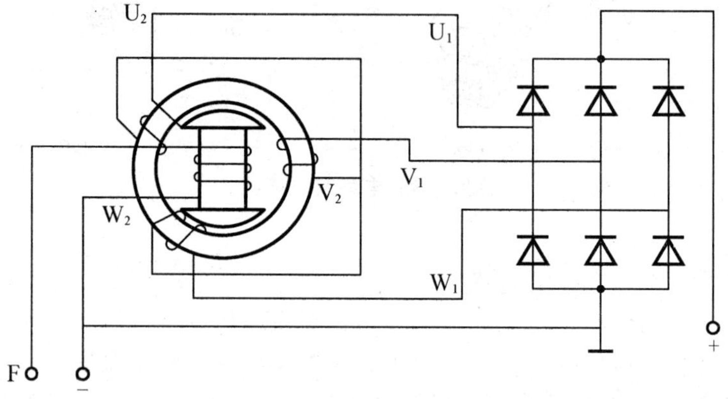

图 3.21 交流发电机的工作原理示意

当磁场绕组接通直流电时，产生了磁场，使转子轴上的两块爪形磁极磁化，一块为 N 极，另一块为 S 极。磁路是：转子的 N 极→气隙(转子与定子之间)→定子铁心→气隙→转子的 S 极。发电机转子由发动机通过传动带驱动旋转。根据电磁感应原理，当转子旋转时，磁感线与定子绕组之间产生相对运动，在定子绕组中就产生交流电动势。

因为定子绕组是由三相绕组组成的，因而在三相绕组中产生频率相同、幅值相等、相位互差 120°的交流电动势。交流发电机每相绕组的电动势有效值 E 与转子转速 n 及磁极磁通 Φ 成正比，即

$$E=Cn\Phi \tag{3.1}$$

式中，E——每相绕组中电动势的有效值，V；

C——发电机结构常数；

n——发电机转速，r/min；

Φ——磁极磁通，Wb。

2. 整流原理

硅整流器利用二极管的单向导电性，将交流电转变为直流电。

1）六管交流发电机整流电路

硅整流器一般用六只硅二极管组成三相全波整流电路。在图 3.22(a)所示的三相桥式全波整流电路中，三个正极二极管 VD_1、VD_2、VD_3 的负极(外壳)通过散热板连接在一起，它们的正极则分别与三相绕组的首端相连。这三只二极管的导通条件是：在某一瞬间，哪一相的电压最高(相对其他两相而言)，则该相的二极管导通。

三个负极二极管 VD_4、VD_5、VD_6 的负极也与三相绕组的首端相连，其正极(外壳)通

过散热板或后端盖连接在一起。这三只二极管的导通条件是：在某一瞬间，哪一相的电压最低(相对其他两相而言)，则该相的二极管导通。

在交流发电机运转过程的每一个时间区间，总有一相电压最高，一相电压最低，整流器的六只二极管中，始终保持有一对二极管导通(一个正极管、一个负极管)，负载 R 两端得到的是两相间的线电压。

这样依此类推，周而复始，六只二极管中一对一对的轮流导通，就在负载 R 上得到一个较平稳的脉动直流电压，每个周期内有六个波形，如图 3.22(b)所示。

在三相桥式整流电路中，三只正极管和三只负极管都是轮流工作，所以流过每只二极管的平均电流 I_p仅为负载电流 I_f的三分之一。

有些交流发电机带有中心抽头，它是从三相绕组的中性点引出来的［图 3.22(a)］，其接线柱标记为“N”。中性点对发电机外壳(搭铁)之间的电压称为中性点电压，其数值等于发电机输出电压的一半。中性点电压用途很广，常用来控制充电指示灯和各种用途的继电器，如控制空调继电器、磁场继电器等。

目前，许多交流发电机用增加二极管的方法来改善交流发电机的性能，常见的有增加两个二极管的八管交流发电机，增加三个二极管的九管交流发电机和增加五个二极管的十一管交流发电机。

2) 八管交流发电机整流电路

八管交流发电机整流电路(图 3.23)是在定子三相绕组的星形连接点引出连接线并加装两只二极管(称为中性点二极管)。这样连同原有的六只二极管就组成了八管交流发电机，这样做可以提高发电机的输出功率，以适应现代汽车用电设备增加、用电量增大的要求。

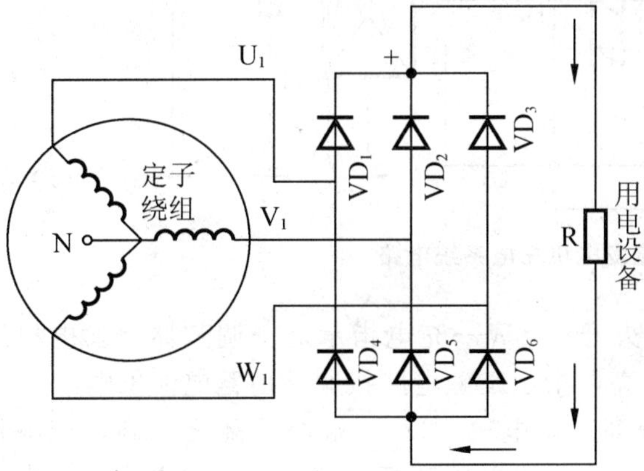

(a) 三相桥式全波整流电路

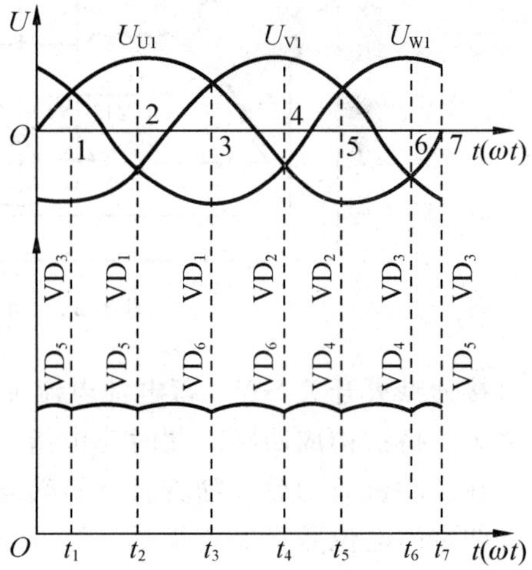

(b) 三相交流电的波形

图 3.22 三相桥式整流电路及电压波形

试验表明，在不改变交流发电机结构的情况下，在定子绕组的中性点处加装中性点二极管后，发电机输出功率与额定功率相比，可以提高 10%～15%，并且转速越高输出功率增加越明显。

3) 九管交流发电机整流电路

在有些交流发电机中，除了有普通交流发电机用来整流的六只二极管外，又多装了三个功率较小的二极管，组成九管交流发电机。三个功率较小的二极管专门用来供给磁场电流，所以又叫磁场二极管。

图 3.24 为九管交流发电机充电系统的典型电路。磁场二极管能输出与发电机“B”(电枢)接线柱相等的电压，它既能供给发电机励磁电流，还能控制充电指示灯，其工作情况如下：

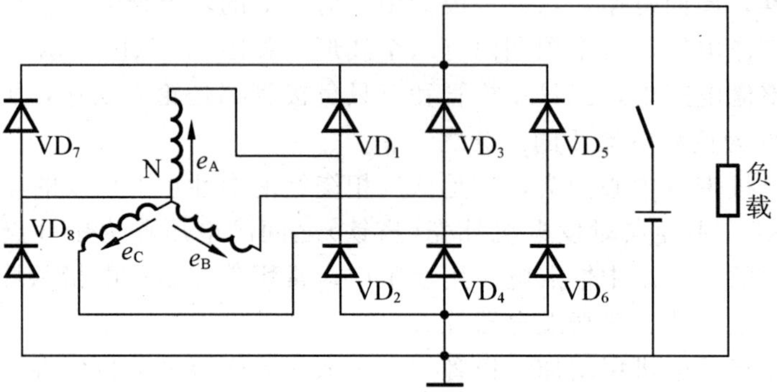

图 3.23 八管交流发电机整流电路

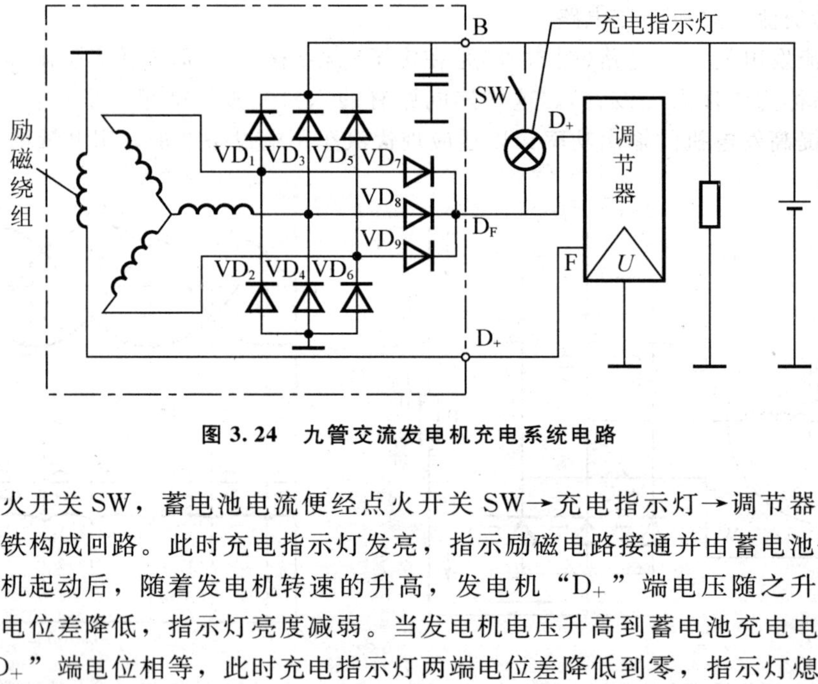

图 3.24 九管交流发电机充电系统电路

接通点火开关 SW，蓄电池电流便经点火开关 SW→充电指示灯→调节器→发电机励磁绕组→搭铁构成回路。此时充电指示灯发亮，指示励磁电路接通并由蓄电池供电。

在发动机起动后，随着发电机转速的升高，发电机“D_+”端电压随之升高，充电指示灯两端的电位差降低，指示灯亮度减弱。当发电机电压升高到蓄电池充电电压时，发电机“B”、“D_+”端电位相等，此时充电指示灯两端电位差降低到零，指示灯熄灭，指示发电机已正常工作，励磁电流由发电机自身经磁场二极管和负极二极管整流后供给。

当发电机转速降低时，“D_+”端电位降低，充电指示灯两端的电位差增大，指示灯逐渐变亮，指示放电。当发电机高速运转充电系统发生故障而导致发电机不发电时，由于“D_+”端无电压输出，因此充电指示灯两端电位差增大，指示灯发亮，警告驾驶人应及时停车排除故障。

4）十一管交流发电机整流电路

有些交流发电机由六只整流二极管、两只中性点二极管和三只磁场二极管组成，这样就有十一只二极管，称为十一管交流发电机，如图 3.25 所示。

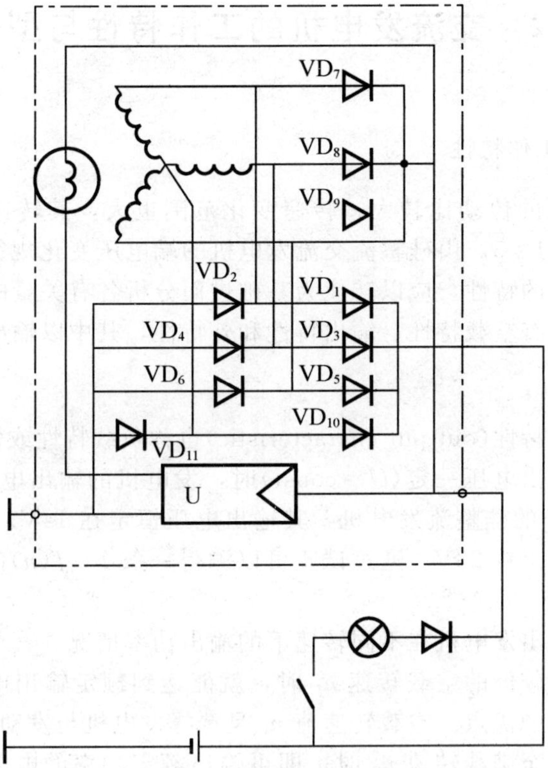

图 3.25 十一管交流发电机整流和充电电路

这种发电机不仅能增大输出功率，还可以用充电指示灯来指示发电机工作状况，所以有许多现代汽车都采用这种交流发电机，如上海桑塔纳、一汽奥迪等。

3. *励磁方式*

向交流发电机的磁场绕组供电使其产生磁场的过程，称为励磁(excitation，也称激磁)。交流发电机磁场绕组的励磁方式有两种形式，一种是由蓄电池供电，称为他励(separately excited，也称他激)；另一种是由发电机自身所发电能供电，称为自励(self - excitation，也称自激)。

当发电机转速很低时，采用他励方式。由于转子磁极的剩磁很弱，在低转速下仅靠剩磁产生的电动势不能使二极管导通，发电机不能自励发电，此时必须由蓄电池供给发电机磁场绕组电流，使发电机具有较强的磁场，以使发电机的电动势迅速提高。

当发电机的转速达到一定值后，发电机发电产生的电压达到或超过蓄电池电压，发电机开始向蓄电池充电，同时励磁电流由发电机自己提供，发电机由他励发电转为自励发电。

3.2　交流发电机的工作特性与型号

3.2.1　交流发电机的工作特性

硅整流交流发电机的传动比较大，转速变化范围也大，其转速变化，汽油发动机达1∶8，柴油发动机也有1∶5。由硅整流交流发电机的端电压变化规律可以知道，要研究和表征硅整流交流发电机的特性，应以转速为基础进而分析各有关量的变化。

交流发电机的特性有空载特性、输出特性和外特性，其中以输出特性最为重要。

1. 输出特性

交流发电机的输出特性(out-put characteristic)也称负载特性或输出电流特性。输出特性是指在发电机保持输出电压一定($U=\text{const}$)时，发电机的输出电流与转速之间的关系。一般对标称电压为12V的硅整流发电机，其输出电压恒定在14V，对标称电压为24V的发电机，其输出电压恒定在28V。通过试验可以测得一条$I=f(n)$的输出特性曲线，如图3.26所示。

由输出特性可以看出发电机在不同转速下的输出功率情况。

(1) 发电机只需在较低的空载转速n_1时，就能达到额定输出电压值。表明交流发电机具有低速充电性能好的优点。空载转速值n_1是选择发电机与发动机传动比的主要依据。

(2) 发电机转速升至满载转速n_2时，即可输出额定功率的电能。表明交流发电机具有发电性能优良的特点。满载转速值n_2是判断发电机技术性能优劣的重要指标之一。

(3) 当转速升到某一定值以后，发电机输出电流就不再随转速的升高和负荷的增多而继续增大。表明交流发电机具有自身控制最大输出电流的功能，不需要设置电流限制器。

对于空载转速值n_1和满载转速值n_2，发电机出厂技术说明书中均有规定。使用中，只要测得这两个数据，与设计值相比较，即可判断发电机性能是否良好。

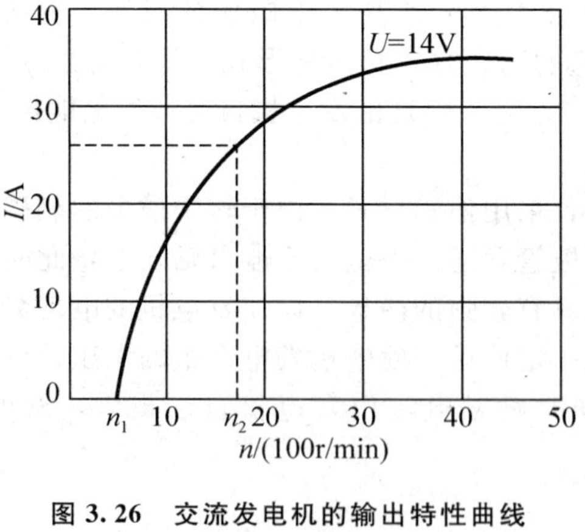

图3.26　交流发电机的输出特性曲线

2. 空载特性

交流发电机的空载特性(no-load characteristic)是指在无负荷($I=0$)时，发电机端电压与转速之间的变化规律。根据试验结果，可以绘出一条$U=f(n)$的空载特性曲线，如图3.27所示。

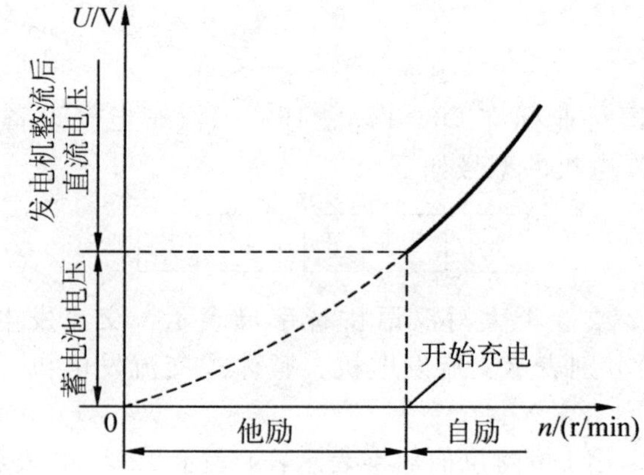

图 3.27 交流发电机的空载特性曲线

从空载特性曲线可以看出，随着转速的升高，发电机端电压上升较快，由他励转入自励发电时，发电机即能向蓄电池进行补充充电。这进一步证实了交流发电机低速充电性能好的优点。空载特性是判定交流发电机充电性能是否良好的重要依据。

3. 外特性

交流发电机的外特性(external characteristic)是指转速保持一定(n=const)时，发电机的端电压与输出电流之间的关系。在经不同恒定转速的试验后，可以绘出一组相似的$U=f(I)$的外特性曲线，如图3.28所示。

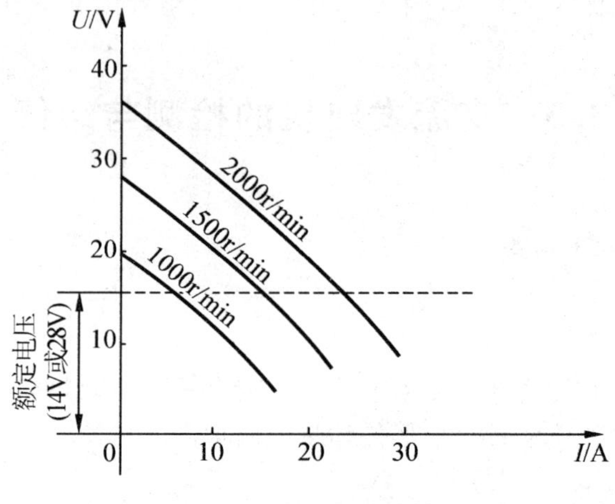

图 3.28 交流发电机的外特性曲线

从外特性曲线可以看出，交流发电机的转速越高，端电压也越高，输出电流也越大。转速对端电压的影响较大。

但当保持在某一转速时，端电压均随输出电流的增大而相应下降，端电压受转速和负荷变化的影响较大。因此，必须配用电压调节器才能保持恒定的电压值。

当发电机处于正常工作状态、高速运转时，如果突然失去负荷，则其端电压会沿着外特性曲线急剧升高，这时发电机中的硅二极管以及调节器中的电子元件将有被击穿的危险。因此，应该尽力避免外电路短路现象的发生。

3.2.2 交流发电机型号

根据中华人民共和国行业标准 QC/T73－1993《汽车电气设备产品型号编制规则方法》的规定，汽车交流发电机的型号如下：

1	2	3	4	5

(1) 产品代号。用 2 或 3 个大写汉语拼音字母表示，交流发电机的产品代号有 JF、JFZ、JFB、JFW 四种，分别表示交流发电机、整体式交流发电机、带泵交流发电机和无刷交流发电机。

(2) 电压等级代号。用 1 位阿拉伯数字表示：1 表示 12V；2 表示 24V；6 表示 6V。

(3) 电流等级代号。用 1 位阿拉伯数字表示，其含义见表 3－1。

(4) 设计序号。按产品的先后顺序，用 1 位或 2 位阿拉伯数字表示。

(5) 变型代号。交流发电机以调整臂的位置作为变型代号。从驱动端看，Y 表示调整臂在右边；Z 表示调整臂在左边；调整臂在中间时不加标记。

表 3－1　交流发电机的电流等级代号

电流等级代号	1	2	3	4	5	6	7	8	9
电流/A	≤19	≥20～29	≥30～39	≥40～49	≥50～59	≥60～69	≥70～79	≥80～89	≥90

例如，桑塔纳、奥迪 100 型轿车所用代号为 JFZ1913Z 型交流发电机，其含义为：电压等级为 12V，输出电流大于 90A，第 13 次设计，调整臂位于左边的整体式交流发电机。

3.3 交流发电机的检测与维修

3.3.1 交流发电机的车上检查

1. 检查传动带的外观

用肉眼观察传动带有无磨损，传动带与带轮啮合是否正确，如有裂纹或磨损过度，应及时更换同种规格型号的传动带，V 形传动带应两根同时更换。

2. 检查传动带的挠度

传动带过松会造成带轮与传动带之间打滑，使发电机输出功率降低，发动机水温过高；传动带过紧易使传动带早期疲劳损坏，加速水泵及发电机轴承磨损，所以应定期检查传动带的挠度。

检查方法是：在发电机带轮和风扇带轮中间用30～50N的力按下传动带，如图3.29所示，传动带的挠度应为10～15mm。若过松或过紧，应松开发电机的前端盖与撑杆的锁紧螺栓，扳动发电机进行调整，松紧度合适后，重新旋紧锁紧螺栓。

目前，许多轿车发电机的V形传动带上装有张紧轮，如桑塔纳2000轿车。带张紧轮的V形传动带的挠度的要求与不装张紧轮时有所不同。检查时，在水泵带轮与张紧轮或张紧轮与发电机带轮之间的V形传动带的中间部位(图3.30)，用拇指施加100N左右的压力，此时发动机V形传动带的挠度，新带应为2mm，旧带不超过5mm，(新带系指从没用过的V形传动带，旧带系指装到车上随发动机转动过5min或5min以上时间的V形传动带)。

3. 检查有无噪声

当交流发电机出现故障(特别是机械故障，如轴承破损、轴弯曲等)后，在发电机运转时会产生异常噪声。检查时可逐渐加大发动机油门，使发电机转速逐渐提高，同时监听发电机有无异常噪声，如有异常噪声，应将发电机拆下并分解检修。当V形传动带运转时有异响并伴有异常磨损时，应检查曲轴带轮、水泵带轮、发电机带轮是否在同一旋转平面内。

4. 检查导线连接情况

① 检查各导线端头的连接部位是否正确。

② 发电机“B”接线柱必须加装弹簧垫圈。

③ 采用插接器连接的发电机，其插座与插头的连接必须锁紧，不得有松动现象。

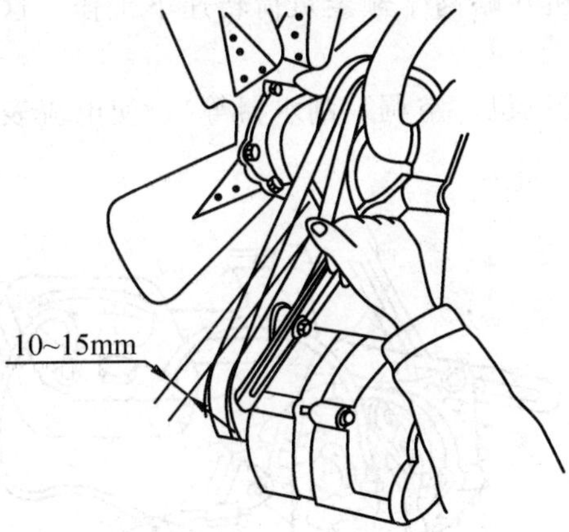

图3.29 传动带挠度检查

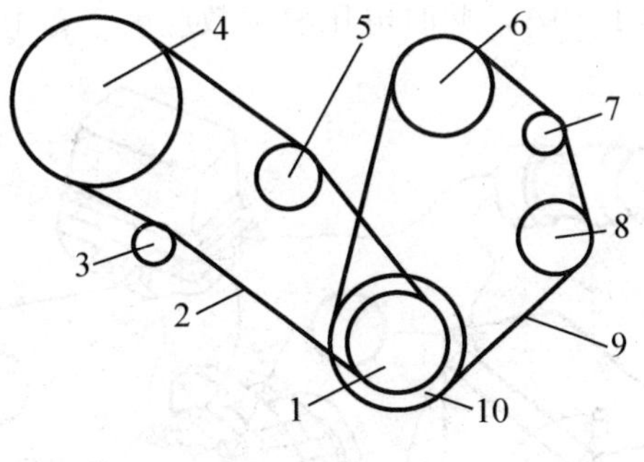

图3.30 检查带张紧轮发电机V形传动带的挠度

1—曲轴齿轮；2—齿形带；3、7—张紧轮；
4—凸轮轴齿轮；5—中间轴齿轮；
6—发电机带轮；8—水泵带轮；
9—V形传动带；10—曲轴带轮

5. 发电机电压测试

如果汽车装有三元催化反应式排气净化装置，在做此试验时，发动机的运转时间不得超过5min。

① 在发动机停转且不使用车上电气设备的情况下，用万用表测量蓄电池电压，这个电压称为参考电压或基准电压。方法是将万用表的功能转换开关拨到直流电压(DCV)挡，"＋"表笔接发电机的"B"接线柱，"－"表笔接发电机的外壳，记下此时测得的电压(蓄电池电压)。

② 起动发动机，使发动机的转速保持在2000r/min，在不使用车上电气设备的情况下，测量蓄电池电压，此时电压应比参考电压略高些，但差值不超过2V。

③ 在发动机转速为2000r/min时，接通电器附件，如暖风机、空调和前照灯远光等，当电压稳定时测量蓄电池电压，此时电压至少应高出参考电压0.5V。如果上述电压在规定范围内，则交流发电机和电压调节器工作正常。

④ 若有问题，可在充电20A时检查充电电路压降，如图3.31所示，将万用表"＋"表笔接发电机"B"接线柱，"－"表笔接蓄电池正极桩头，电压表读数不得超过0.7V；将万用表"＋"表笔接电压调节器壳体，另一端接发电机机壳，电压表读数不得超过0.05V；将万用表"－"表笔接发电机机壳，另一端接蓄电池负极桩头，电压表读数不得超过0.05V。若示值不符，应清洁、紧固相应连接线头及安装架。

6. "B"接线柱电流测试

(1) 切断汽车所有电气设备的开关。

(2) 发动机熄火，拆掉蓄电池搭铁电缆接头(为了安全目的)。从交流发电机"B"接线柱上拆下原有引线，将0～40A的电流表串接在拆下的引线与"B"接线柱之间，并将电压表正极接"B"接线柱，负极与发电机外壳相接，如图3.32所示。

(3) 装复蓄电池搭铁线，起动发动机，使发电机在略高于额定负荷转速下工作。这时电压表读数应在电压调节器规定的范围内。

(4) 接通汽车主要用电设备(如前照灯远光、暖风机、空调、刮水器等)，使电流表读数大于30A，此时电压表读数应大于蓄电池电压。

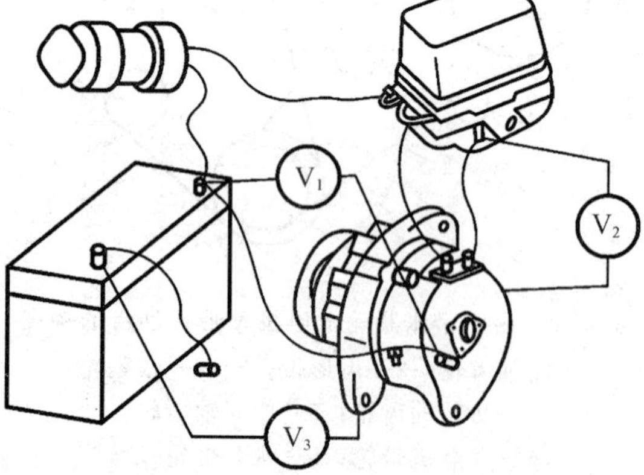

图3.31 检查充电电路压降

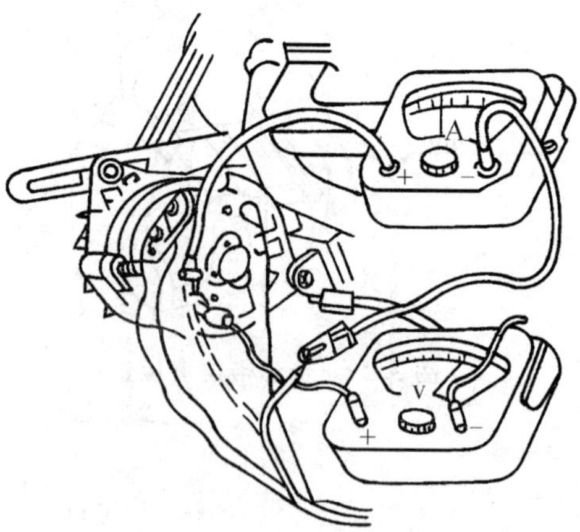

图3.32 检查"B"接线柱电流

(5) 发动机熄火，拆去蓄电池搭铁电缆接头、电压表、电流表，重新装复发电机"B"接线柱和蓄电池搭铁电缆接头。如有蓄电池搭铁开关，可用开关控制蓄电池的接通，不必拆下蓄电池搭铁电缆接头。

若电压值超过规定电压上限，一般为电压调节器故障；若电压远低于电压下限，电流过小，应检查电压调节器及发电机个别二极管或个别电枢绕组是否有故障。

3.3.2 交流发电机的拆卸与不解体检测

1. 交流发电机的拆卸

将交流发电机从汽车上拆下时，应按以下步骤进行：

(1) 读出故障代码。目前，在现代汽车上都装有电子控制系统，如果拆下蓄电池搭铁电缆接头，将会使ECU内存中的故障代码消失，所以在拆卸蓄电池搭铁电缆接头时必须首先读出ECU中的故障代码。

(2) 拆下蓄电池负极柱上的搭铁电缆接头。因汽车上蓄电池的正极与发电机的输出接线柱"B"接线柱是直接相连的，如不先拆下搭铁电缆，那么在拆卸发电机"B"接线柱上的导线接头时，一旦扳手搭铁，会导致短路放电而损坏蓄电池正极与发电机"B"接线柱之间的导线和电缆。因此，必须先拆下搭铁电缆接头或断开电源总开关。

(3) 拆下发电机的导线接头或接插器插头。

(4) 拆下发电机紧固螺栓和传动带张力调节螺栓，并松开传动带。

(5) 取下发电机，用干净棉纱擦净发电机表面的尘土及油污，以便解体与检修。

2. 交流发电机的不解体检测

为了确定交流发电机有无故障，在发电机解体之前可凭经验或用仪器对其进行不解体检测。

1) 凭经验检测

① 用万用表测量各接线柱之间的电阻值。

用万用表R×1挡测量发电机各接线柱之间的电阻值，若所测电阻值不符合表3-2中的规定值，则表示发电机有故障。

表3-2 交流发电机各接线柱之间的阻值

发电机型号		F与E间/Ω	B与E间		N与E间(或B间)	
			正向/Ω	反向/Ω	正向/Ω	反向/Ω
有刷	JT11，JF13 JF15，JF21	3～6	40～50	＞10000	约10	＞10000
	JF12，JF22 JF23，JF25	19.5～21				
无刷	JFW14	3.5～3.8	40～50	＞10000	约10	
	JFW28	15～16				

② 手持带轮检查发电机转子轴的轴向和径向间隙。

③ 转动转子，检查轴承阻力、噪声以及转子与定子之间有无摩擦。当发现阻力较大时，可拆除电刷再试，以确定阻力是否来自电刷。

④ 转动转子轴，检查带轮的跳动量(也称摆差，俗称"摇头")大小，以判断转子轴是否弯曲。

⑤ 检查外壳、挂脚等处有无裂纹及损坏。

2）用示波器观察输出电压波形

用示波器检查交流发电机的输出波形，分析发电机有无故障。当发电机定子绕组或二极管有故障时，其输出电压的波形将出现异常，因此根据输出电压波形可以判断发电机内部二极管及定子绕组是否有故障，正常时及各种故障对应的输出电压波形，如图 3.33 所示。

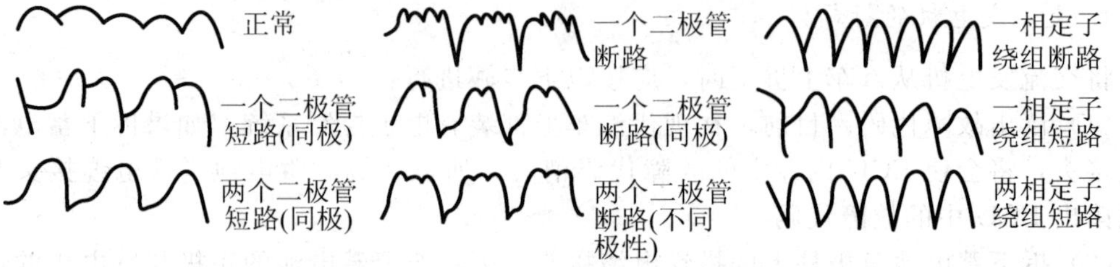

图 3.33　交流发电机正常及有故障时输出电压的波形

3）用试验台进行发电试验

按图 3.34 所示在电器试验台上对发电机进行发电试验，并测出发电机空载转速和满载转速。试验结果应符合表 3－3 的规定，如果空载转速过高或达到规定满载转速时发电机的输出电压过小，则表示发电机有故障。

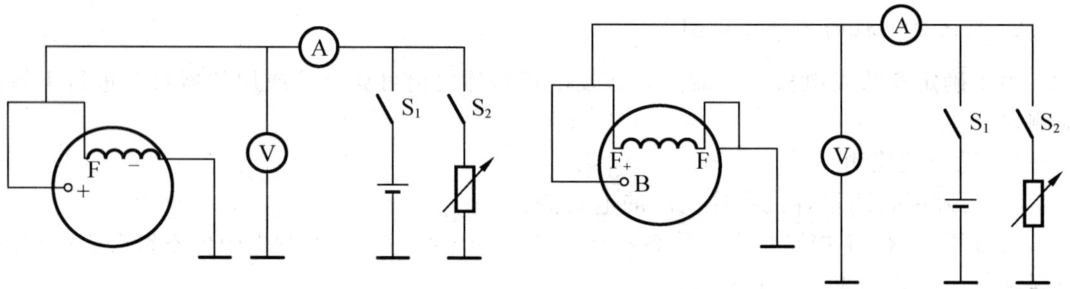

(a) 内搭铁发电机接线　　(b) 外搭铁发电机接线

图 3.34　发电机空载和发电试验

表 3－3　国产车用交流发电机规格

发电机型号	适用车型	空载转速/(r/min)	额定电流/A	额定转速/(r/min)	发电机型号	适用车型	空载转速/(r/min)	额定电流/A	额定转速/(r/min)
JF1314ZD	CA1091	≤1000	≥25	3500	AT4020Q1	三菱	≤1000	≥23	2500
JF1314－1	CA1091	≤1000	≥25	3500	AT4030Q1	三菱	≤900	≥33	2500
JF1314B	EQ1091	≤1000	≥25	3500	AT4060D10	三菱	≤850	≥60	2200
JF1313Z	BJ1060	≤1000	≥25	3500	JFZ1512Z	广州标致	≤1050	≥55	6000
JF13A	NJ1060	≤1000	≥25	3500	AT4090D10	三菱	≤850	≥90	2000
JF2311	NJ1140	≤1000	≥18	3500	JFZ2518	斯太尔	≤1150	≥27	5000
JFZ1714	依维柯	≤1000	≥45	6000	JFZ2814	CQ30	≤1150	≥35	5000
JF1813ZD	桑塔纳	≤1000	≥90	6000	JFWZ18	切诺基	≤1000	≥60	3500

3.3.3 交流发电机的解体检修

1. 交流发电机的解体

对交流发电机进行维修时，需要对发电机进行解体，下面介绍典型交流发电机的解体步骤。

1）普通交流发电机的解体

JF1522A 普通交流发电机解体顺序如下：

① 拆下电刷架的紧固螺钉，取出电刷架组件。

② 拆下接线柱螺母，防护罩固定螺钉，取下防护罩。

③ 注意前、后端盖的对位标记，拆下前、后端盖连接螺栓，使装有转子的前端盖与装有定子的后端盖分离。

④ 将转子夹在台钳(钳口应垫软金属板)上，拆下带轮紧固螺母，取下带轮、风扇、隔圈、半圆键，使转子与前端盖分离。

⑤ 拆下前轴承盖，取出前轴承。

⑥ 拆下整流器组件上的定子绕组线端的连接螺母，使定子与整流器组件分离，取出定子总成。

⑦ 拆下后端盖上紧固整流器组件的螺栓及电枢接线柱的紧固螺母，取下整流器组件。

2）桑塔纳整体式交流发电机的解体

桑塔纳 JFZ1913Z 型交流发电机(图 3.35)的解体顺序如下：

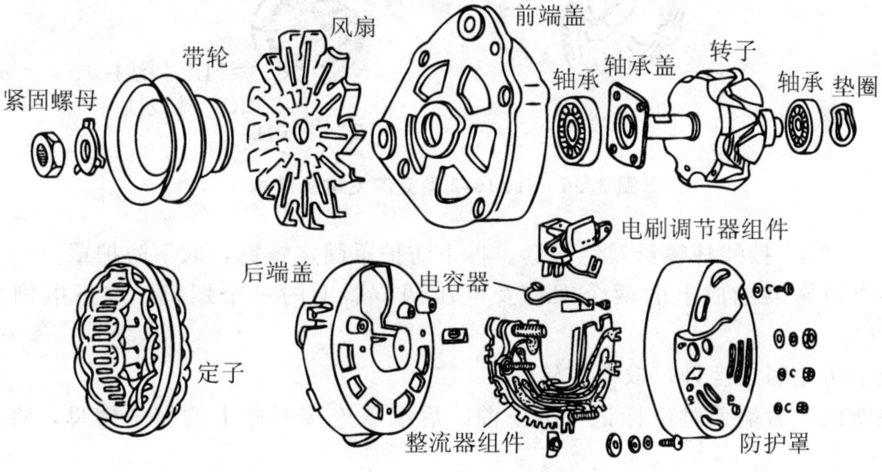

图 3.35 JFZ1913Z 交流发电机结构

① 拆下接线柱固定螺母，拆下防护罩固定螺钉，取下防护罩。

② 拆下电刷架的紧固螺钉，拔出电刷架接线头，取出电刷架组件。

③ 拆下防干扰电容器的固定螺钉，拔下电容器引线头，取下电容器。

④ 用电烙铁熔开定子线头与散热板的四个焊接点。拆下整流器组件固定螺钉，取下整流器组件与后端盖之间的绝缘垫片，使整流器与后端盖分离。

⑤ 注意前、后端盖对位标记，拆下前后端盖连接螺栓，使装有转子的前端盖与装有

定子的后端盖分离。

在一般情况下，分解到此即可进行检测。不必再分解带轮、风扇和前端盖等部件。

3）夏利整体式交流发电机的解体

夏利轿车JFZ1542型交流发电机(图3.36)解体顺序如下：

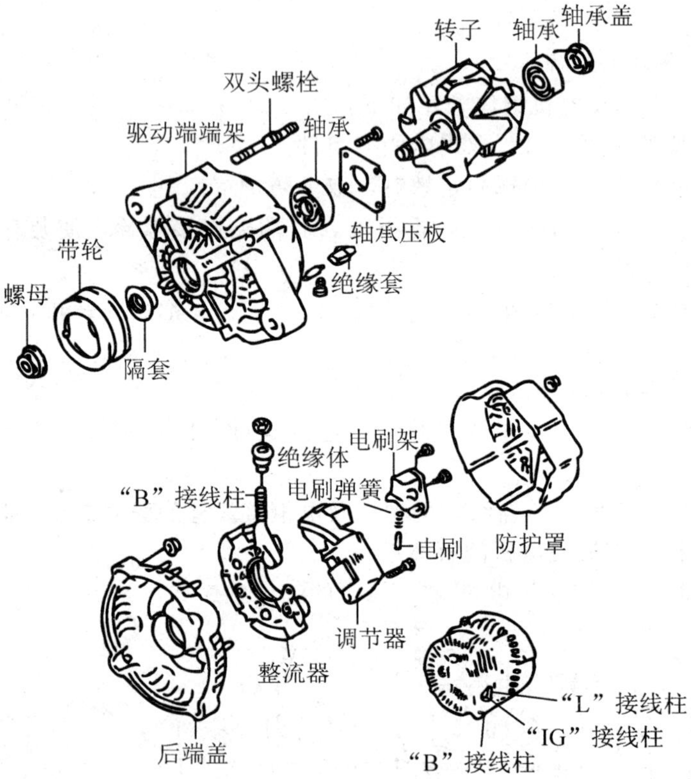

图3.36　JFZ1542型交流发电机结构

① 拆下“B”接线柱螺母及绝缘套。拆下防护罩固定螺钉，取下防护罩。

② 拆下电刷架总成上的两个螺钉及电压调节器上的三个螺钉，取下电刷架调节器总成。

③ 取下带轮固定螺母，取下带轮。

④ 注意前、后端盖对位标记，拆下前、后端盖连接螺栓上的转子螺母，将前、后端盖及定子分离。

⑤ 从前端盖上取下转子。

发电机分解后，应用压缩空气吹净内部灰尘，并用汽油清洗各部件油污(绕组、电刷组件除外)，然后再检修。

有的车型的交流发电机有故障时，不能分解修理，必须整体更换。如别克轿车的CS－121和CS－130系列交流发电机。

2. 发电机解体后的检修

1) 二极管的检修

首先拆下定子绕组与二极管的连接线，然后用万用表 R×1 挡逐个检查每个二极管的好坏。注意区分交流发电机整流器的正极管、负极管，发电机后端盖上的为负极管，散热板上的为正极管。

检测方法是将万用表的两根表笔分别接在二极管的两极上检测一次，然后交换两表笔的位置再测一次，如图 3.37 所示。若两次测得阻值为一大(10kΩ 以上)一小(100Ω 以上)，则该二极管是好的。若两次测得电阻值均很大，则该二极管已断路。若两次测得电阻值均很小，则该二极管被击穿短路。

如果用数字式万用表检测二极管，将万用表置于测二极管挡，读数为一个方向 0.5～0.7V，另一个方向电压较高时，说明二极管是好的。

如果没有万用表时，可用试灯来测试二极管的好坏。方法是将二极管与一只汽车用灯串联在一起，然后与蓄电池相连，如图 3.38 所示。再把二极管反过来连接一次。如果二极管两次串联在电路中时，灯一次亮一次不亮说明二极管是好的，都亮为二极管短路，都不亮说明二极管断路。

如果没有蓄电池，也可用普通电池配合手电筒灯来检查二极管，方法与用蓄电池相似。

目前，汽车常用整流二极管的安装方式有焊接式和压装式两种，对于焊接式来说只要有一只二极管损坏，该二极管所在的散热板总成就要更换。如果是压装在散热板上或后端盖上的二极管，那么二极管短路或断路后，只需更换损坏的一只即可。

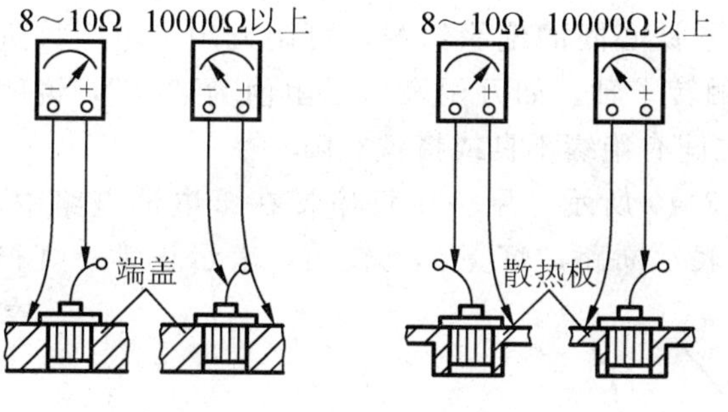

图 3.37 用万用表检查二极管

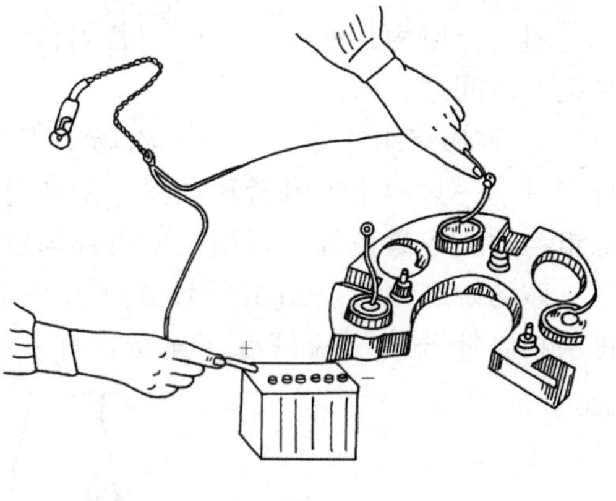

图 3.38 用蓄电池与试灯检查二极管

更换散热板总成或单个二极管之前，一定要检测与识别极性，以免错装。当二极管或散热板总成上无任何标志时，可用万用表来判断其极性。

指针式和数字式万用表电阻挡的内部电路不同，指针式万用表的正极(红表笔)为内部电源的负极，而数字式万用表的正极(红表笔)则为电源的正极。所以如果用指针式万用表测试时，当所测二极管的电阻阻值小时，负表笔(黑色)所接的一端就是二极管的正极。

若用数字式万用表，正(红)表笔接在中心引线，负(黑)表笔接在壳体上时，万用表读数为小阻值时，正表笔所接的一端是二极管的正极，该二极管为正极二极管。

更换二极管时应注意：换件应与原装二极管的型号、极性一致。如无同型号的二极管时，可用优于原装二极管性能的二极管代替。

更换二极管时，需要压出旧管，压入新管。压出旧管或压入新管可在手动台式压床或台钳上进行，需用专用的压套和顶套，不得用手锤敲击，以免损坏二极管。

二极管在压入散热板或后端盖时，过盈量应控制在 0.05～0.10mm 之间。过盈量太小容易造成二极管脱落。过盈量太大则可能把二极管压坏。二极管压入后，还要用万用表测试。

2）转子总成的检修

① 磁场绕组断路的检修。磁场绕组在使用过程中，其端头的焊点可能因振动影响而发生断路故障，可用万用表电阻挡进行检测，检测方法如图 3.39 所示。

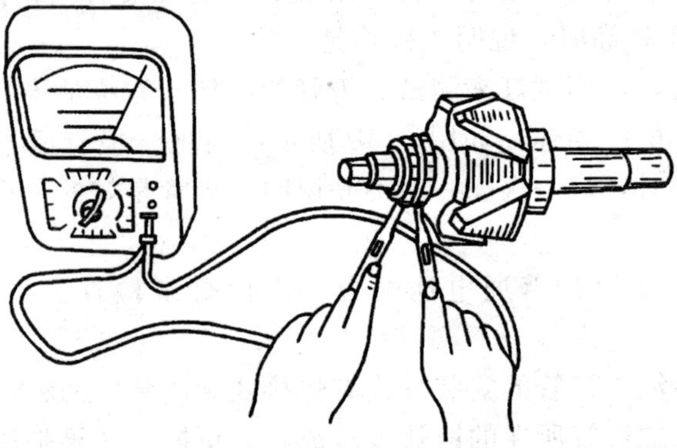

图 3.39 用万用表检查转子

阻值一般为几欧或十几欧，若阻值为“∞”，说明磁场绕组断路。若阻值过小，说明绕组有匝间短路故障。

② 磁场绕组绝缘的检查。磁场绕组与转子铁心间的绝缘情况，可用万用表电阻挡进行测量。一只表笔接触滑环，另一只表笔接触转子轴。如万用表指示阻值为“∞”，说明绕组与铁心绝缘良好，否则说明滑环与铁心之间有绝缘不良或搭铁故障。

磁场绕组也可以用试灯检查，方法如图 3.40 所示。用一试灯串接在蓄电池电路中，将两根触针分别与两只滑环连接：灯不亮，表示断路；灯亮，光较弱，表示正常；灯很

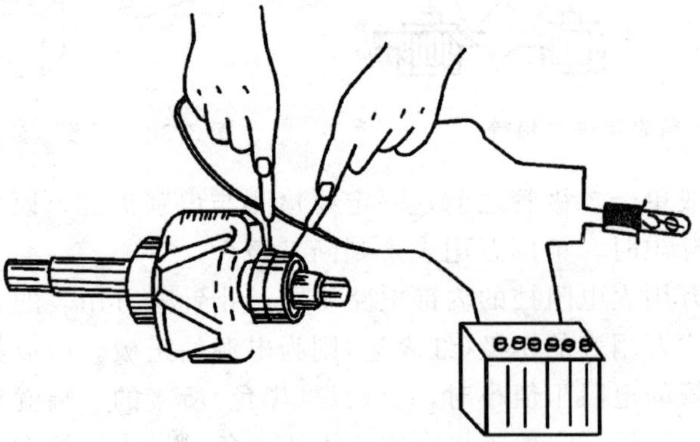

图 3.40 用试灯检查转子

亮，说明两滑环短路或绕组线头端短路。一根触针接触滑环，另一根触针接铁，灯亮表示绕组已搭铁。

磁场绕组内部有短路、断路、搭铁故障时，一般应更换整个转子或重新绕制磁场绕组。

③ 滑环的检查。滑环的工作表面应光洁、无明显烧蚀或磨损沟槽。如有轻微烧蚀，可用“0”号砂布包住滑环进行打磨。若滑环烧蚀严重应在车床上进行精车，但加工后的滑环厚度不能小于 1.5mm。

电刷与滑环之间配合应正常，如发现接触位置偏移，甚至造成电刷与滑环跨接的现象，装复时应加以调整，两滑环间应无积存物，防止造成短路。

④转子轴的检修。应检查转子轴弯曲程度和轴颈磨损情况。如图 3.41 所示，转子轴的摆差可在车床上或在专用夹具上用百分表检验，轴外圆与滑环的径向跳动误差不应大于 0.1mm，否则应进行校正。

3）定子总成的检修

定子总成检修主要是定子绕组的检修。定子绕组的故障主要有断路、搭铁和短路。定子绕组有无断路故障，可用万用表进行检测，检测方法如图 3.42 所示。

用万用表的两只表笔分别检测定子绕组两个引出端间的电阻，如万用表指示导通说明定子绕组没有断路；若万用表指示不导通，说明定子绕组断路。若能找到断路部位，可用 50W、220V 的电烙铁焊接修复；若找不到断路部位，则需更换定子绕组或定子总成。

因为定子绕组的阻值太小，用万用表无法测出定子绕组短路，一般可通过示波器检测发电机输出端电压波形的方法来判断。

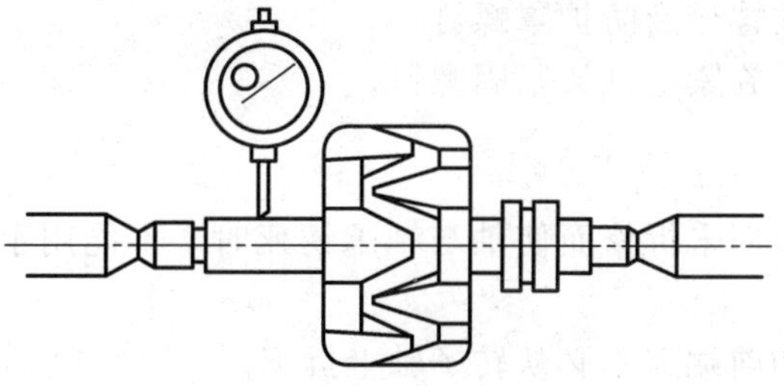

图 3.41 转子轴的检查

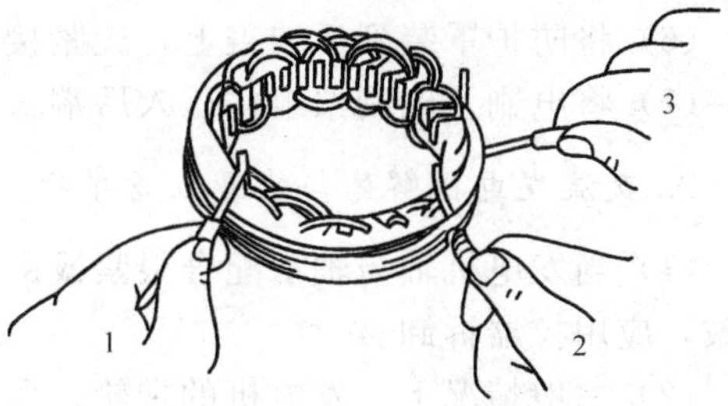

图 3.42 定子总成的测量

1、2—测绕组断路；1、3—测绕组绝缘

定子绕组绝缘的检查：定子绕组与定子铁心间的绝缘情况，可用万用表进行测量，一只表笔接定子铁心，另一只表笔接定子绕组的任意一个引出线。如万用表指示不导通(阻值为∞)，说明绕组与铁心绝缘良好，如万用表指示导通，说明定子绕组与铁心之间有绝缘不良或搭铁故障，应更换定子绕组或定子总成。

如果外观检查时发现定子绕组已有烧焦、漆皮变色脱落现象时，就没有必要再进行检测，只能更换定子绕组或定子总成。

4）电刷组件的检修

电刷及电刷架应无破损或裂纹，电刷在电刷架中应能活动自如，不应出现发卡现象。

① 电刷高度的检测。电刷高度是指电刷露出电刷架的长度。电刷高度可用钢板尺或游标卡尺测量，新电刷的高度一般为 13～14mm，如果磨损至 5～8mm 时，就应予以更

换。以免影响发电机的输出功率。

② 电刷弹簧压力的检测。当电刷从电刷架中露出 2mm 时，每个电刷的压力值为 2～3N。弹力过小时，应更换新电刷，否则会造成电刷与滑环接触不良而烧蚀滑环或使发电机输出功率下降。

3.3.4 交流发电机的装复与检测

1. 交流发电机的装复

(1) 装复前后端盖的球轴承，目前一般用 2 号锂基润滑脂润滑滚动轴承。注意润滑脂只能填满轴承空腔的 1/2～2/3，切不可注满。如加注过多，使得发电机运转时润滑脂溢出，易脏污滑环，造成励磁不良。同时轴承内盖与端盖之间一定要加密封垫片，以防润滑脂向发电机内溢出。

(2) 将转子前端盖、隔套、风扇、带轮、半圆键组装到一起，装配时需使用专用空心套筒，沿轴向用锤子依次将前端盖、隔套、带轮装在转子轴上的前端，并旋紧螺母。

(3) 将整流器组件装入发电机后端盖中，旋紧整流器组件紧固螺栓及发电机“B”接线柱螺母。安装时注意整流器组件接线柱与外壳的绝缘。

(4) 将定子与后端盖按标记装合到一起，将定子绕组线端及中性抽头线端与整流器上的接线柱相接，旋紧接线螺母。

(5) 将装有转子的前端盖与装有定子的后端盖对位装合，旋紧前、后端盖连接螺栓。要对称均匀用力，可分 2、3 次均匀拧紧，以防造成不同心，产生偏斜，发生旋转不灵活甚至扫膛现象。

(6) 将防护罩装到后端盖上，旋紧接线柱螺母及防护罩螺钉。

(7) 将电刷及电刷架组件压入后端盖中，旋紧电刷架紧固螺钉。

2. 交流发电机解体与装复注意事项

(1) 当发电机轴与轴承配合很紧或由于长期未拆修而使轴与轴承锈死时，不能用手锤硬敲，应用拉器拆卸。

(2) 一般情况下，发电机的带轮、风扇和前端盖不必从转子轴上拆下。

(3) 将交流发电机解体后，应用压缩空气吹净内部灰尘，并用汽油清洗各部件油污。但应注意绕组、电刷应用干净的布擦净，不得用汽油浸洗。

(4) 安装电刷组件时，应先将两只电刷的引线接头套在两个螺钉上，再把电刷弹簧和电刷装进电刷架内。安装内装式电刷组件的发电机转子时，应先用钢丝将电刷压进电刷架内，如图 3.43 所示，避免转子上的滑环将电刷折断。

(5) 整流器组件和后端盖的固定螺栓配有绝缘衬套和绝缘垫圈，不得丢失，以确保散热板和后端盖有良好的绝缘性能。

(6) 装复后，转子的端隙应不大于 0.2mm，转子在定子内的转动应灵活自如，无碰擦(扫膛)现象。如有碰擦现象，应松开前、后端盖的连接螺栓，一边转动转子，一边用木质或橡胶手锤轻轻敲击端盖边缘，直至转子转动灵活自如时再拧紧连接螺栓或螺母。

3. 交流发电机装复后的检测

发电机装复后，在往汽车上安装以前，应用万用表对发电机进行检测。检测步骤如下：

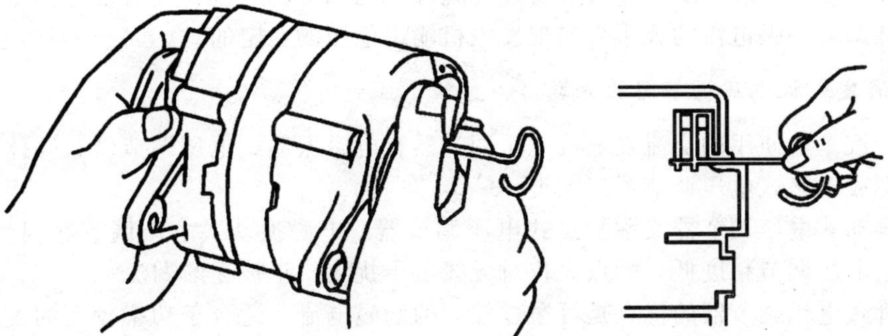

图 3.43 内装式电刷的安装方法

（1）将交流发电机固定在台钳上。

（2）万用表的功能开关拨到直流电压挡位，正表笔与发电机“B”接线柱连接，负表笔与发电机外壳或“－”接线柱相连。

（3）将蓄电池负极与发电机“－”接线柱相连，正极与发电机磁场接线柱“F”相连接，使发电机励磁。

（4）在发电机励磁的同时，用手迅速转动发电机驱动带轮，并观测万用表读数，如有电压指示，说明发电机能够发电；如无电压指示，说明发电机不发电，需重新检修。

3.4 交流发电机电压调节器

3.4.1 交流发电机电压调节器的作用与工作原理

1. 交流发电机电压调节器的作用

交流发电机是由发动机带动而发电的，发动机转速因汽车运行工况的不同而变化，因此发电机的转速也随汽车运行工况的不同而变化。另外汽车上用电设备的使用也是频繁变化的。

由发电机工作特性可知，随着发电机转速升高或用电设备减少，电压将上升。因此，交流发电机必须配备用来调节电压的装置，该装置称为发电机电压调节器。

电压调节器(voltage regulator)可以保证交流发电机输出电压不受转速和用电设备变化的影响，使其保持稳定，以满足用电设备的需要。

2. 交流发电机电压调节器的工作原理

由式(3.1)可知，在交流发电机结构型式确定的情况下，决定电动势大小的只有发电机的转速 n 和磁通 Φ，而发电机的转速是频繁变化的，所以只有用改变磁通的方法来改变电动势的大小。

交流发电机端电压的高低取决于转子的转速和磁极磁通。要保持输出电压 U 恒定，在

转速 n 升高时，应相应减弱磁通 Φ，这可以通过减小励磁电流来实现；在转速 n 降低时，应相应增强磁通 Φ，这可以通过增大励磁电流来实现。也就是说，交流发电机电压调节器是通过动态调节励磁电流的大小来实现发电机输出电压的稳定的。

3. 交流发电机电压调节器的分类

目前，汽车上使用的交流发电机电压调节器有电磁振动式电压调节器、晶体管式电压调节器和集成电路式电压调节器三大类。

电磁振动式电压调节器又称触点式电压调节器。电磁振动式电压调节器因带有触点，结构复杂，电压调节精度低，触点火花对无线电干扰大，正被逐渐淘汰。

晶体管式电压调节器的优点是可通过较大的励磁电流，适合于功率较大的发电机。电压调节精度高，对无线电干扰小，体积小，无运动件，耐振动，故障少，可靠性高。

随着集成电路技术的发展，集成电路式电压调节器也得到了广泛的应用。集成电路式电压调节器除具有晶体管式电压调节器的优点外，因为它体积特别小，可直接装于发电机内部，省去了与发电机的外部连线，因而增加了工作的可靠性，并具有防潮、防尘、耐高温性能好、价格低等优点。

现在有的轿车采用车载计算机直接控制交流发电机励磁电路，控制发电机的输出电压，因而省去了电压调节器。

3.4.2 电磁振动式电压调节器

1. 电磁振动式电压调节器的工作原理

电磁振动式电压调节器(electromagnetic vibrating voltage regulator)通过电磁力和弹簧弹力的平衡改变触点闭合和断开的时间，改变励磁电流大小，从而改变磁通，进而实现对发电机输出电压的调节。

电压调节器触点的闭合和断开，由电压调节器中磁化线圈的电磁力和弹簧的拉力共同控制。调整好的弹簧拉力可以认为是不变的，流经磁化线圈的电流随线圈两端的电压波动，使电磁吸力发生相应的变化，进而影响触点的闭合与断开。

电磁振动式电压调节器有单级式和双级式两种。单级电磁振动式电压调节器(图 3.44)只有一对触点，而双级电磁振动式电压调节器(图 3.45)有两对触点。

图 3.44　单级电磁振动式电压调节器

图 3.45　双级电磁振动式电压调节器

2. 电磁振动式电压调节器实例

下面以东风 EQ1090 汽车上所用的 FT61 型双级触点式电压调节器(图 3.46)为例，说明其工作原理。

① 发动机起动并闭合点火开关时，发电机转速很低，其端电压低于蓄电池端电压，电压调节器低速触点闭合，由蓄电池向发电机提供他励励磁电流。此时的励磁电路为蓄电池正极→电流表→点火开关→电压调节器火线接线柱 B→低速触点 K_1→衔铁，磁轭→电压调节器磁场接线柱 F→发电机励磁绕组→搭铁→蓄电池负极。这种情况下用电设备均由蓄电池供电，电流表指向“－”的一侧，电压调节器不工作。

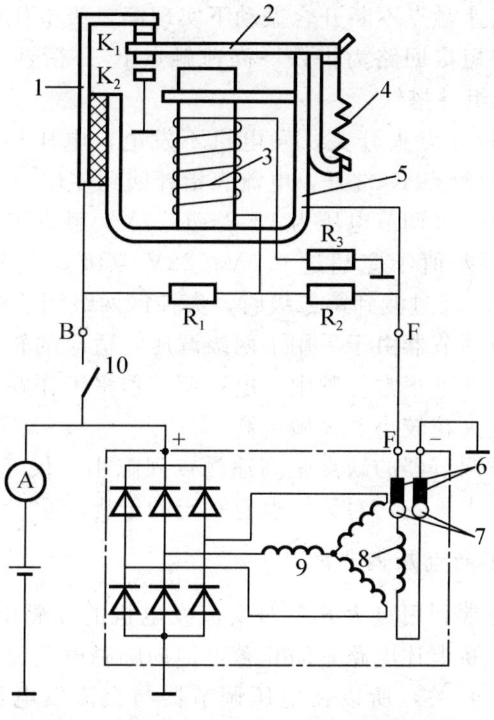

图 3.46 FT61 型双级触点式电压调节器电路

1—固定触点支架；2—衔铁；3—电磁线圈；4—触点弹簧；5—磁轭；6—电刷；7—滑环(集电环)；
8—励磁绕组(磁场绕组)；9—定子(电枢)绕组；10—点火开关；
R_1—加速电阻；R_2—调节电阻；R_3—温度补偿电阻；K_1—低速触点；K_2—高速触点

② 当发电机转速升高，其端电压略大于蓄电池的端电压但低于 14V 时，电压调节器低速触点 K_1 仍闭合，发电机由他励转入自励而正常发电。励磁电路基本不变，只是蓄电池被发电机取代。

从此开始，所有用电设备均由发电机供电；同时，发电机向蓄电池做补充充电；电流表指向“＋”的一侧，电压调节器处于准备工作状态。此时的工作电路为发电机正极→点火开关→电压调节器火线接线柱 B→R_1→电磁线圈 3→R_3→搭铁→发电极负极。

③ 当发动机升至较高转速，发电机的电压达到第一级调压值时，电压调节器电磁线圈中的铁心电磁力克服弹簧力，使低速触点 K_1 打开，但尚不能使高速触点 K_2 闭合。因为励磁电路中串入 R_1 和 R_2，而 R_2 阻值比 R_1 大得多，使励磁电流减小，端电压下降，低速触

点又闭合；低速触点 K_1 重新闭合后，切去电阻(R_1+R_2)，使励磁电流再次增大，端电压再次升高，低速触点再次打开。

如此循环下去，在低速触点不断开合振动下实现第一级电压的调节工作。一级调压的励磁电路为发电机正极→点火开关→电压调节器火线接线柱 B→R_1→R_2→电压调节器磁场接线柱 F→发电机激磁绕组→搭铁→发电机负极。

④ 发动机高速运转时，发电机的电压将超过第一级调压值，达到第二级调压值，电压调节器电磁线圈中的铁心电磁力远大于弹簧力，使高速触点 K_2 闭合，立即将励磁电路短接搭铁。于是励磁电流急速减小，电压下降，高速触点打开；高速触点打开之后，励磁电路又被接通，励磁电流又增大，电压又上升，高速触点又闭合。

如此循环下去，在高速触点不断开合振动下实现第二级电压的调节工作。二级调压高速触点闭合时的励磁电路短接回路为搭铁→高速触点 K_2→衔铁→磁轭→电压调节器磁场接线柱 F→发电机励磁绕组→搭铁。

⑤ 发动机停转时，断开点火开关，发电机不发电，电压调节器恢复到不工作状态，即低速触点 K_1 常闭，高速触点 K_2 常开，电流表指针回到零位。

14V 双级式调节器第一级调节电压为 13.2～14.2V，触点工作从第一级过渡到第二级时，失控区两级调节电压差值不应超过 0.5V；28V 双级式调节器，第一级调节电压为 27～29V，触点工作从第一级过渡到第二级时，失控区两级调节电压差值不应超过 lV。

双级触点振动式电压调节器由于采用了两级调压，适应的转速范围宽，更适合高转速交流发电机配用。一般在汽车正常行驶中，电压调节器多工作在第二级电压调节状态。调节电阻值选择合理、触点火花较小、灵敏度高。

双级触点振动式电压调节器的缺点是高速触点间隙小，仅 0.2～0.3mm，不便于维护调整。触点断开时仍会产生火花，对无线电有一定的干扰。

3. 带附加磁场继电器的电压调节器

在汽油发动机中，通常利用点火开关对交流发电机的励磁电路进行控制。在停车时，只要关掉点火开关即可切断上述电路，防止蓄电池向励磁电路放电。

因为柴油机没有点火开关，所以在电压调节器与交流发电机之间加装了一个电源开关，由电源开关控制磁场回路的接通或断开。如果电源开关不能及时断开，就会造成蓄电池向发电机励磁绕组和电压调节器电磁线圈放电，浪费蓄电池电能。

为了防止这种情况发生，有些柴油机装用的电压调节器加装了磁场继电器，保证发动机熄火后能自动切断磁场回路。

带有附加磁场继电器的 FT61 A 型双级电压调节器的控制电路如图 3.47 所示。图中 Q_1 为起动线圈，起动时承受蓄电池电压；Q_2 为维持线圈，承受发电机中性点电压；K_3 为磁场继电器动合触点，用于接通与切断发电机的励磁电路。

其工作过程如下：

(1) 起动时，接通电源开关 S，按下起动按钮 SB，蓄电池经电源开关 S、起动按钮 SB、“按钮”接线柱向起动线圈 Q_1 供电，产生电磁力，使触点 K_3 闭合。于是励磁电路接通，其电路为：

蓄电池正极→电源开关 S→“电池”接线柱→磁场继电器触点 K_3→衔铁、磁轭→连接线→调节器磁轭、衔铁→动断触点 K_1→“磁场”接线柱→熔断器→励磁绕组→搭铁→蓄电池负极。

(2) 起动中，发电机及中性点电压升高，中性点输出的电流经“N”接线柱、磁场继电器“中性点”接线柱，流入维持线圈 Q_2，并产生与 Q_1 方向一致的电磁力，维持触点 K_3 闭合更牢。

(3) 起动后，松开起动按钮 SB，起动线圈 Q_1 断电，但此时发电机已正常工作，中性点电压 U_N 能使维持线圈 Q_2 产生足够的电磁力，维持触点 K_3 闭合。发电机由他励转变为自励。励磁电路不变。

(4) 随着转速的升高，发电机输出电压达到调节值时，电压调节器工作，维持发电机电压基本不变。

(5) 发动机熄火，发电机中性点电压为零，磁场继电器维持线圈中电流消失，触点 K_3 打开，切断了发电机的励磁电路，避免了蓄电池向发电机励磁绕组放电。

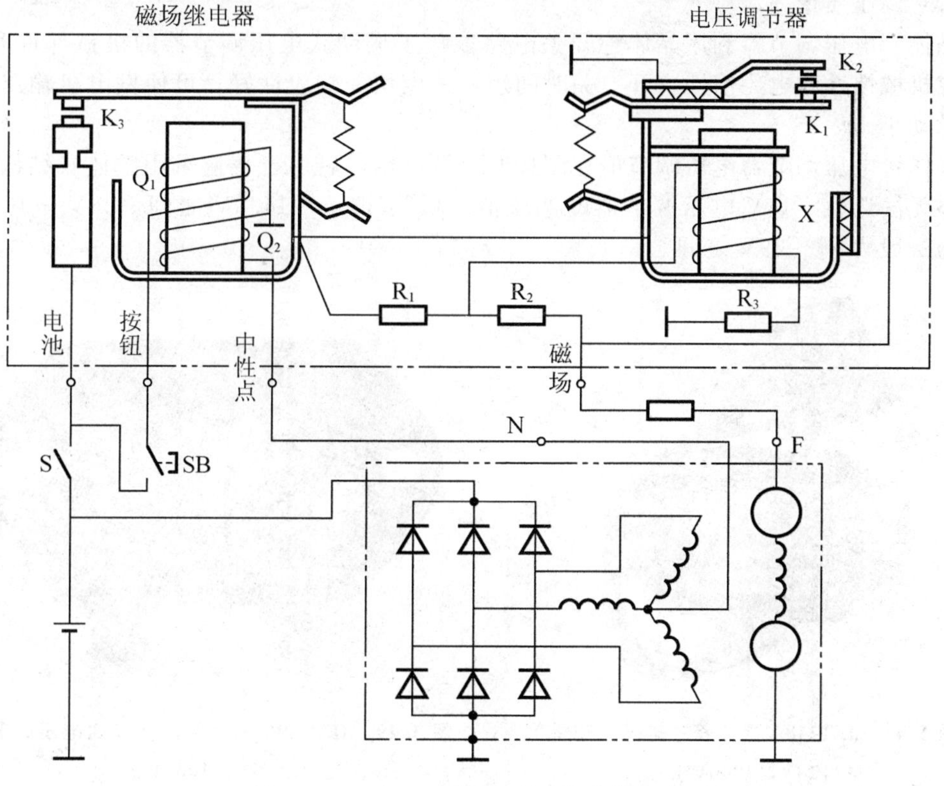

图 3.47 FT61 A 型双级电压调节器电路

Q_1—起动线圈；Q_2—维持线圈；X—电压调节器磁化线圈；S—电源开关；SB—起动按钮；K_1—低速触点；K_2—高速触点；K_3—磁场继电器动合触点；R_1—加速电阻；R_2—调节电阻；R_3—温度补偿电阻

3.4.3 晶体管式电压调节器

1. 晶体管式电压调节器的优点

电磁振动式电压调节器由于有铁心、磁轭、衔铁、弹簧、触点、线圈等机械部件，不仅存在结构复杂、质量大等不足，而且在触点断开、闭合过程中存在着机械惯性和电磁惰性，使振动频率低，电压调节精度不高。

当发电机在高速状态下突然失去负载时，由于触点不能迅速动作，会导致发电机产生瞬时过电压，容易对电子元件造成危害。

另外，触点容易烧蚀，还会产生无线电干扰。因此，电磁振动式电压调节器已逐渐被晶体管电压调节器和集成电路电压调节器所取代。

晶体管式电压调节器(transistor voltage regulator，也称电子调节器。图 3.48 和图 3.49)与电磁振动式电压调节器相比具有以下优点：

(1) 结构简单，故障少，工作可靠。

晶体管调节器中无触点，无线圈，无振动元件，不但结构简单，且不会产生触点烧蚀、熔焊、绕组损坏等现象，所以故障减少，工作可靠。

(2) 调压质量高。

晶体管电压调节器利用晶体管开关电路取代了振动式电压调节器的机械部件和触点，不存在机械惯性和电磁惰性。开、关时间短，速度快，响应性好，可使发电机输出电压稳定，脉动小。

晶体管电压调节器电压调节值在制造时已调试精确，由于普遍采用整体式结构，使用时大多无法调整。14V 电压调节器的调压值一般为 13.5～14.5V 之间，28V 电压调节器调压值一般为 27～29V 之间。

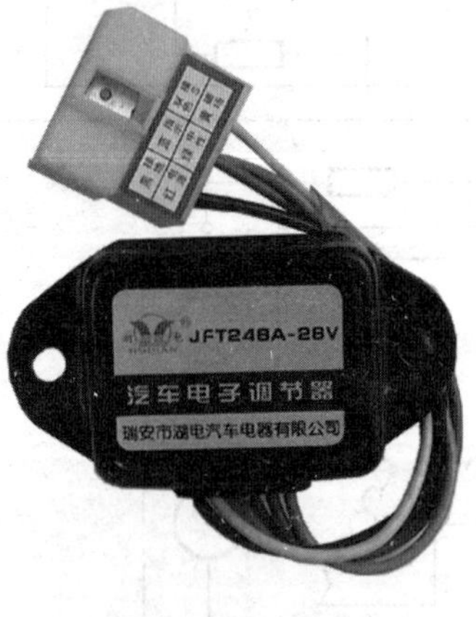

图 3.48 JFT248A 晶体管式电压调节器(28V，1000W)

图 3.49 JFT149C 多功能晶体管式电压调节器(14V，1000W)

(3) 无触点火花，对无线电设备的干扰小。

(4) 寿命长，晶体管电压调节器的寿命一般是电磁振动式电压调节器的 2～3 倍。

2. 晶体管式电压调节器的工作原理

晶体管电压调节器是利用晶体管的开关特性来控制发电机的励磁电流，使发电机的输出电压保持稳定的。晶体管电压调节器一般由 2～4 个晶体管，1～2 个稳压二极管和一些电阻、电容、二极管等组成，焊接在印制电路板上，然后用铝合金外壳或钢板外壳封闭而成。

引出线有插头式和接线板式两种，其上分别标有“+”(点火)、“−”(搭铁)和“F”

(磁场)标记。

虽然晶体管电压调节器种类繁多，但其工作原理基本相同。晶体管电压调节器大多采用NPN型晶体管制成，与外搭铁式交流发电机匹配。

3. 晶体管电压调节器实例

下面以JFT106型晶体管电压调节器为例进行说明。

JFT106型晶体管电压调节器调节电压为13.8～14.6V，可与外搭铁式的九管交流发电机或六管交流发电机配套使用。解放CA1092型汽车即采用此型电压调节器。其内部接线如图3.50所示。R_1、R_2、R_3和VZ_1构成了电压检测电路，其中R_1、R_2、R_3为分压电阻，将交流发电机的端电压进行分压后反向加在稳压二极管VZ_1的两端；稳压二极管VZ_1为感压元件，随时感受着发电机端电压的变化，起控制作用。晶体管VT_1、VT_2、VT_3组成开关电路，利用其开关特性控制励磁电路的接通或断开。

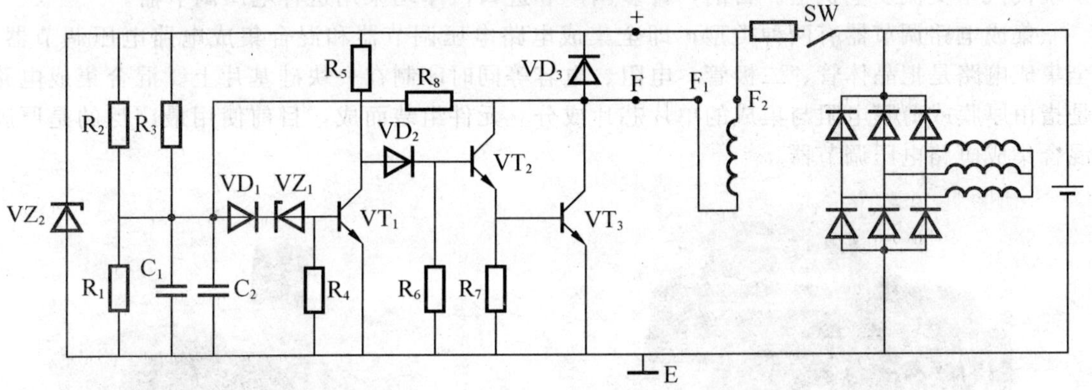

图3.50 JFT106型晶体管电压调节器原理示意

电压调节器工作过程如下：

接通点火开关SW，蓄电池电压经SW、分压电阻加在稳压二极管VZ_1的两端。晶体管VT_1截止，而VT_2、VT_3导通，接通了发电机的励磁回路，发电机进行他励。当发电机端电压升高大于蓄电池电动势时，发电机由他励转为自励正常发电。

当发电机电压随转速升高到调节电压的规定值时，稳压二极管VZ_1导通，晶体管VT_1由截止转为导通，VT_2、VT_3由导通转为截止，切断磁场电路，发电机端电压下降，当降至规定值时，稳压二极管VZ_1又截止，晶体管VT_1也截止，而VT_2、VT_3又导通，再次接通励磁电路，发电机电压U再次升高，如此反复，将发电机端电压控制在一定的脉动范围内。

电阻R_4、R_5、R_6、R_7为晶体管的偏置电阻。

二极管VD_1接在稳压二极管VZ_1之前，其作用是保证稳压管安全可靠的工作。当发电机端电压过高时，VD_1能限制VZ_1的电流，以防烧坏VZ_1。当发电机端电压降低时，VD_1又迅速截止，以保证VZ_1可靠截止。

VD_3为续流二极管，其作用是防止VT_3截止时，励磁绕组中的瞬时自感电动势击穿VT_3。

R_8为正反馈电阻，它具有提高灵敏度、加速VT_3翻转、减少晶体管过度损耗、改善调压质量的作用。

电容器 C_1、C_2 可降低晶体管的开关频率，进一步减少管耗。

稳压二极管 VZ_2 起到过电压保护作用，利用稳压管的稳压特性，在发电机负载突然减小或蓄电池突然断开时，削减发电机所产生的正向瞬变过电压，起保护作用，并可利用其正向导通特性，对开关断开时电路中电感元件可能产生的瞬变过电压起限制作用。

3.4.4 集成电路式电压调节器

1. 集成电路式电压调节器的优点

集成电路式电压调节器(IC voltage regulator。图 3.51 和图 3.52)也称 IC 电压调节器，它具有体积小、质量轻、调压精度高(为±0.3V，而电磁振动式电压调节器为±0.5V)、耐振动、耐高温、寿命长，可以直接装在交流发电机内，接线简单等优点，所以被广泛用于现代汽车交流发电机上。目前，许多国产和进口汽车均采用这种电压调节器。

集成电路调节器有两种类型，即全集成电路电压调节器和混合集成电路电压调节器，全集成电路是把晶体管、二极管、电阻、电容等同时印制在一块硅基片上。混合集成电路是指由厚膜或薄膜电阻与集成的单片芯片或分立元件组装而成，目前使用最广泛的是厚膜混合集成电路电压调节器。

图 3.51 集成电路式电压调节器(匹配现代伊兰特、东风悦达起亚、北京现代汽车发电机)

图 3.52 集成电路式电压调节器(匹配桑塔纳、红旗、捷达、博世、488 发动机、长电发电机)

2. 集成电路式电压调节器的工作原理

集成电路电压调节器的基本工作原理与晶体管电压调节器完全一样，都是根据发电机的电压信号(输入信号)，利用晶体管的开关特性控制发电机的励磁电流，进而实现稳定发电机输出电压的目的。集成电路电压调节器也有内、外搭铁之分，而且以外搭铁形式居多。

3. 集成电路电压调节器输入电压信号的检测

集成电路电压调节器输入电压信号的检测方法根据检测点不同可分为发电机电压检测法和蓄电池电压检测法两种，其基本电路如图 3.53 所示。

发电机电压检测法与蓄电池电压检测法的最大区别在于，前者所取信号直接来自于发电机的输出端，后者则来自于蓄电池的端电压。相比而言，采用发电机电压检测法，可省去信号输入线，缺点是当发电机至蓄电池电路上的压降损失较大时，可导致蓄电池的端电压偏低引起蓄电池充电不足。

因此，一般大功率发电机多采用蓄电池电压检测法，使蓄电池的端电压得以保证。但采用蓄电池电压检测法后，若发电机的电压输出线或信号输入线断路时，由于无法检测发电机的工作情况，可造成发电机电压失控现象。故在大多数实用电路中，对其电路做了相应的改进。

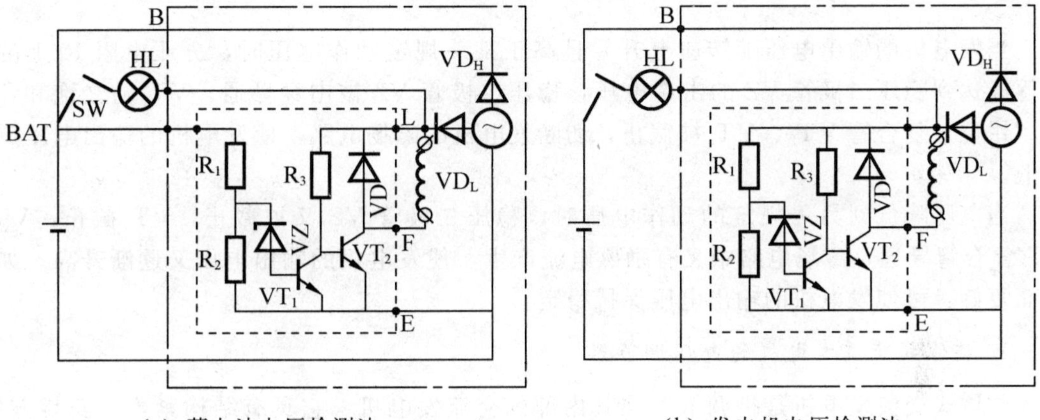

（a）蓄电池电压检测法　　（b）发电机电压检测法

图 3.53　集成电路电压调节器的输入电压信号的检测

4. 集成电路电压调节器实例

JFT152 型混合集成电路电压调节器体积很小，通过安装板可直接安装在交流发电机的电刷架上。它由外壳、安装板和电路板三部分组成。电路板总成由厚膜电阻和小体积元件组装而成，内部电路如图 3.54 所示。

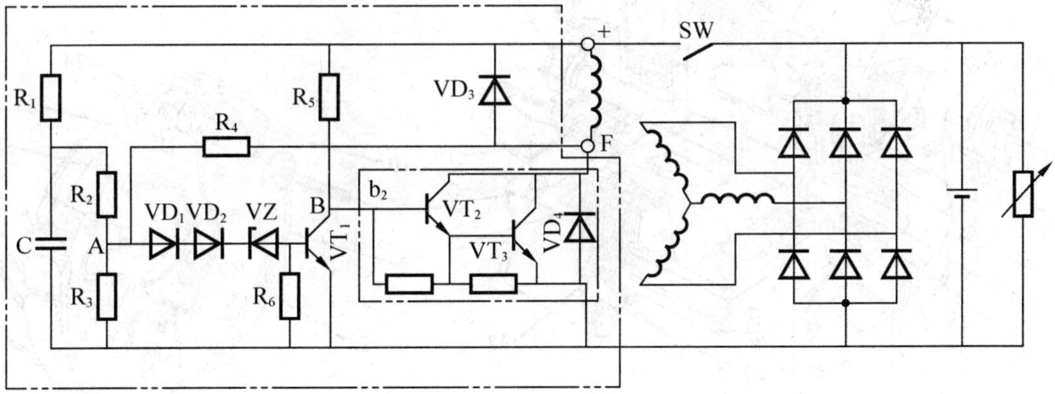

图 3.54　JFT152 型混合集成电路电压调节器电路

比较图 3.54 与图 3.50 可以看出，JFT152 型混合集成电路电压调节器的电路与 JFT106 型晶体管电压调节器电路的原理几乎完全一样。因此，元件的作用与调节电压的工作原理也基本相同，不同之处是 JFT152 型混合集成电路电压调节器中有部分元件同时制作在一块硅基片上，形成一个独立的互相不可分割的整体，即集成电路。然后与其他分立元件连接共同组成电压调节器。

JFT152型混合集成电路电压调节器的工作原理，接通点火开关SW后，蓄电池的端电压加在控制电路的分压器上，由于限压电阻R_3上的压降小于稳压二极管VZ的反向击穿电压，故VZ截止，VT_1因无正向偏压而无法导通。在偏置电阻R_5作用下，复合管VT_2、VT_3导通，蓄电池向发电机提供磁场电流，发电机的电动势随转速上升，直到发电机的输出电压高于蓄电池的端电压时，发电机才对外发电。此时，发电机的磁场由他励变为自励状态。

当发电机的输出电压随转速上升并且高于某一规定动作电压时，分压电阻R_3上的压降逐渐达到稳压二极管VZ的击穿电压，稳压二极管VZ被击穿导通，VT_1随之饱和，由于“钳位”复合管VT_2、VT_3被截止，切断发电机的磁场电路，使发电机的输出电压迅速降低。

当电压降低到另一规定的动作电压时，稳压二极管VZ又被截止，VT_1截止，VT_2、VT_3复合管导通，磁场电路中又有励磁电流产生，使发电机的输出电压又逐渐升高。如此周而复始，可使发电机的输出电压保持稳定。

5. 整体式交流发电机的电压调节器

整体式交流发电机是指调节器在其内部的交流发电机，它具有结构紧凑、安装方便、充电系统电路简单、接线故障减少等优点。目前，已被广泛采用，如桑塔纳采用的JFZ1913Z，其配套的电压调节器为JFT152型混合集成电路电压调节器。

图3.55为整体式交流发电机结构图。这种发电机有11个二极管和内装集成电路式电压调节器，其电路如图3.56所示。

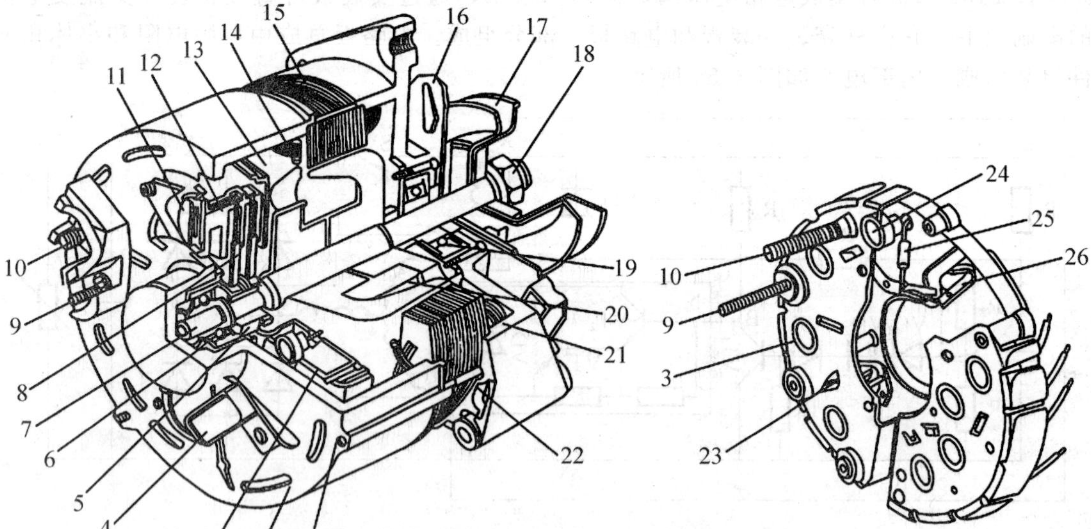

图3.55 整体式交流发电机的结构

1—连接螺栓；2—后端盖；3—散热板；4—防干扰电容器；5—滑环；6—全封闭轴承；7—转子轴；8—电刷；9—磁场接线柱；10—输出接线柱；11—电压调节器；12—电刷架；13—磁极；14—电枢绕组；15—定子铁心；16—风扇叶轮；17—带轮；18—紧固螺母；19—全封闭轴承；20—励磁绕组；21—前端盖；22—定子槽楔子；23—电容器插接片；24—输出整流二极管；25—磁场整流二极管；26—电刷架压紧片

该电路的特点是在一般常用的6管三相桥式整流电路的基础上，增加了三个励磁二极管 VD_7、VD_8、VD_9 和两个中性二极管 VD_{10}、VD_{11}。三个励磁二极管 VD_7、VD_8、VD_9 专供励磁电流。两个中性二极管 VD_{10}、VD_{11} 工作时，可增大交流发电机的输出电流。

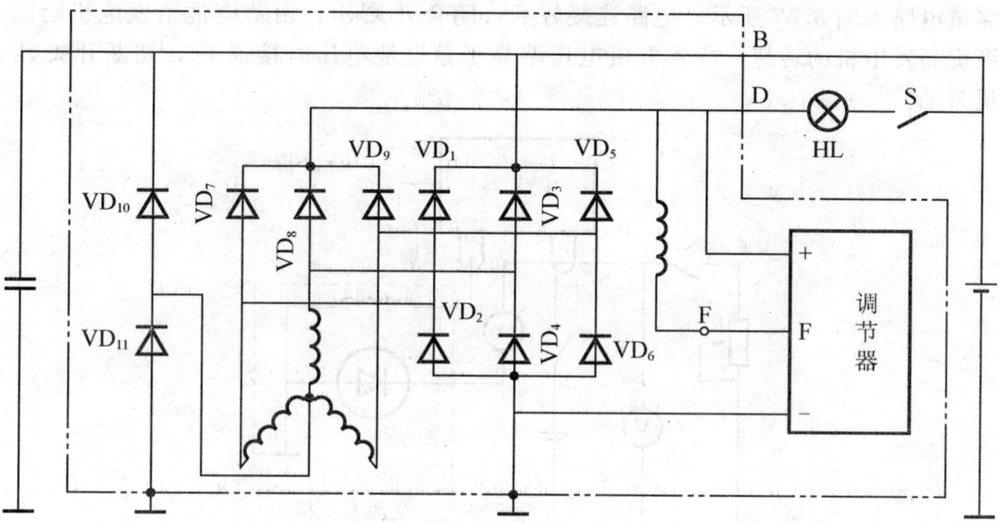

图 3.56 内装集成电路式电压调节器的十一管交流发电机电路

3.4.5 交流发电机电压调节器的型号

根据中华人民共和国行业标准 QC/T73－1993《汽车电气设备产品型号编制规则方法》的规定，汽车交流发电机电压调节器的型号由五部分组成：

1	2	3	4	5

(1) 产品代号。用2个或3个汉语大写拼音字母表示，有 FT、FDT 两种，分别表示有触点的电磁振动式电压调节器和无触点的电子电压调节器。

(2) 电压等级代号。用1位阿拉伯数字表示：1表示12V；2表示24V；6表示6V。

(3) 结构型式代号。用1位阿拉伯数字表示，1、2、3分别表示单联、双联和三联电磁振动式电压调节器，4、5分别表示晶体管电压调节器和集成电路电压调节器。

(4) 设计序号。按产品的先后顺序，用1位或2位阿拉伯数字表示。

(5) 变型代号。用汉语拼音大写字母 A、B、C、…、顺序表示(不能用 O 和 I)。

例如，FT126C 表示 12V 双联电磁振动式电压调节器，第6次设计，第三次变型；FDT152 表示 12V 集成电路电压调节器，第二次设计。

3.4.6 电压调节器的检查与调整

1. 电磁振动式电压调节器的检查与调整

(1) 外部检修。检查触点是否被氧化、烧蚀，如有轻微烧蚀，可用白金砂条或“00”号砂布磨平并予以清洁，不易修复时应更换。修复后的触点接触面要平整，中心线应重合，其偏移量不得超过 0.2mm，以保证触点接触面积。

检查电阻和线圈，表面无烧焦痕迹及机械损伤，其阻值应符合要求。

(2) 电压调节器的测试。测试在汽车电器试验台上进行，现以 FT61 型电压调节器为例，介绍电压调节器的测试方法。

测试电路如图 3.57 所示，电路连接好后，闭合开关 S_1，由蓄电池给发电机励磁，并且逐渐提高发电机的转速，待发电机电压略高于蓄电池电压时接通 S_2，切断开关 S_1，使发电机自励。

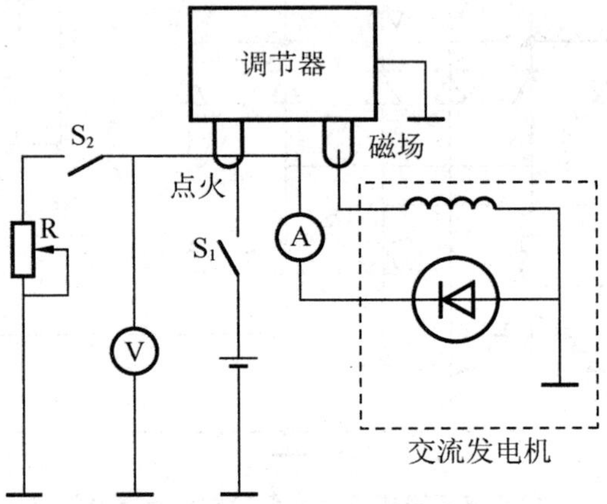

图 3.57　电压调节器的测试与调整

当发电机转速提高到 3000r/min 时改变可变电阻 R，调节发电机的输出电流为 4A(低载状态)，观察电压表的读数是否与规定的电压调整值(14V)相符。如不符合规定，可改变弹簧拉力予以调整。

(3) 各间隙的调整。在电磁振动式电压调节器中，活动触点与磁化线圈铁心之间空气间隙的大小对电压调节值的影响较大，可做粗调；弹簧拉力对电压调节值影响较小，可做微调。如果通过改变弹簧拉力无法将电压调到规定值时，则应对各部间隙做必要的调整。

在单级式电压调节器中，衔铁间隙不能调的过大，不然会引起触点压力不足，接触不良；在双级式电压调节器中，因为高速触点间隙较小，所以调整比较困难。一般调整步骤为：先调整衔铁间隙使之符合标准，然后再调整固定触点的位置，使高速触点的间隙值符合规定值。衔铁间隙和触点间隙调整好后，应进行电压调节值的测量和调整(改变弹簧拉力)。

2. 晶体管电压调节器的检查与修理

晶体管电压调节器因为有内搭铁式和外搭铁式之分，所以应先判别其搭铁形式，然后检测电压调节器的好坏。可用试灯或万用表进行检测。

(1) 判断晶体管电压调节器是内搭铁式还是外搭铁式。电压调节器的搭铁类型不明确时可采用下面方法来判别：

对 12V 的电压调节器，用一个 12V 的蓄电池和两个 12V、2W 的小灯泡按图 3.58 所示接线。

如果接在“－(E)”与“F”接线柱之间的灯泡发亮，而接在“＋(B)”与“F”接线柱之间的灯不亮［图 3.58(a)］，即 HL_2亮、HL_1不亮则该电压调节器为内搭铁式的；反之，如果 HL_2 不亮而 HL_1 亮［图 3.58(b)］，则该电压调节器为外搭铁式的。如果电压调节器是四个引出端(D_+、B、F、D_-)，试验时，可将 D_+ 与 D_- 短接，再进行测试；如电压调节器有五个引出端(D_+、B、F、D_-、L)，则将 L 端悬空，并将 D_+ 与 B 短接，再按上述方法试验即可。

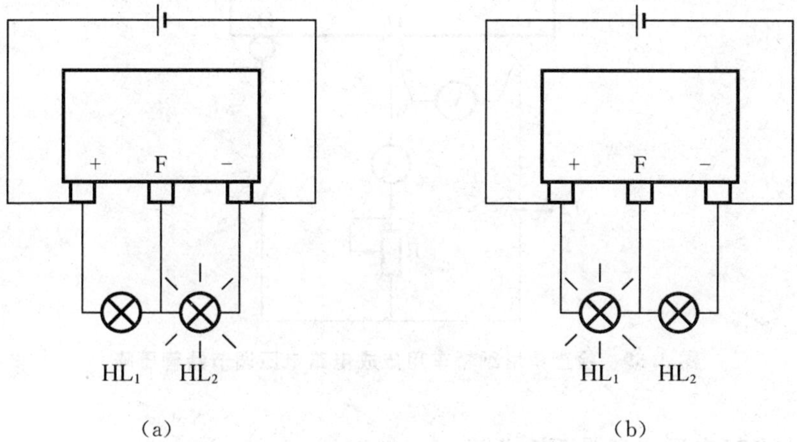

图 3.58 判断晶体管电压调节器搭铁类型的方法

(2) 判断晶体管电压调节器的好坏。准备一个输出电压为 0～30V，电流为 3～5A 的可调稳压电源，参照图 3.58 所示连接，线路连接好后，由 0V 逐渐调高直流电源电压，此时一个小灯泡的亮度应随电压升高而增强，当电压调高到调节器电压值(12V 系统为 13.5～14.5V；24V 系统为 27～29V)或者略高于调节器电压值时，若亮的灯变暗，两个灯亮度相近，则电压调节器是好的；若一个灯始终发亮，或两个小灯始终同样亮，则电压调节器是坏的。

晶体管电压调节器出现故障后，一般是更换新件。

3. 集成电路电压调节器的检查

(1) 集成电路电压调节器技术状态好坏的检测方法与晶体管电压调节器相同。

(2) 集成电路电压调节器管压降的检测。电压调节器管压降大小说明其质量高低，如管压降过大(大于 1.5V)，磁场电流就会减小，功率管的耗散功率就会增大，不仅会使发电机输出功率降低，而且会使电压调节器的使用寿命大大缩短。

图 3.59 为桑塔纳轿车用电压调节器管压降的检测电路，接通开关 S，调节可变电阻 R 使电流表的读数为 4A 时，电压表的读数不应大于 1.5V。

集成电路电压调节器出现故障后，只能更换。有些车的集成电路电压调节器与电刷组件为一总成，不可分离，因此更换电压调节器时需与电刷组件一同更换。

4. 电压调节器的代用原则

有时，因备件不足或在缺少进口配件的情况下，需选用其他型号的电压调节器进行代用，此时应注意以下几点：

(1) 电压调节器的标称电压必须相同。

(2) 电压调节器的限流值应等于或略大于被代替的电压调节器。

(3) 电压调节器必须与原电压调节器的搭铁形式相同，否则发电机会由于磁场电路不能构成回路而无法工作。

(4) 电压调节器与原电压调节器的功能完善程度尽量相近，这样可使线路变动较小。

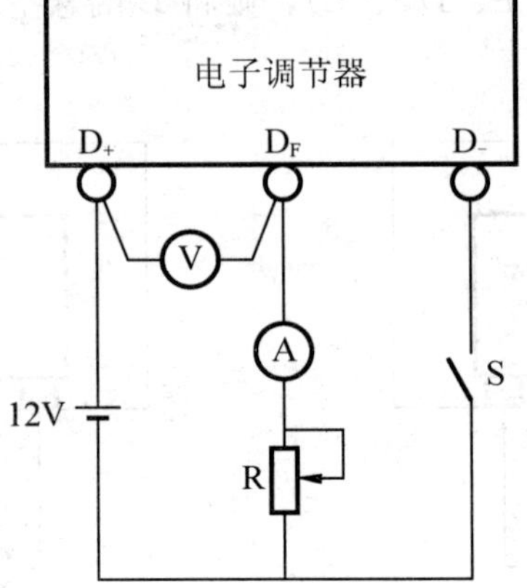

图 3.59 检查桑塔纳轿车用集成电路电压调节器管压降

3.4.7 交流发电机电压调节器新技术

1. 带有蓄电池温度传感器的发电机电压调节器

由于汽车蓄电池的充电能力受温度的影响较大，故大多数发电机调节器工作时带有温度补偿装置。其设计思路是在环境温度高时要保护电量足而发热的蓄电池，调节电压就调得低一些；在环境温度低时要使处于冷态的蓄电池更好地充电，调节电压就调得高一些。

当然，只有当电压调节器和蓄电池在发动机室内有相同的温度值时，温度补偿功能才能正确起作用。然而，当电压调节器由于排气造成过量的热辐射而被大大加热，或相反，蓄电池被安装在很冷的地方时，这一温度值可能受到干扰。所以，排气热量造成与实际不符的假温度调节值，而且，蓄电池只能获得较低的充电电压。

Bosch 公司为改进上述功能研制出一种专用的温度传感器。这种传感器安装在蓄电池箱的适当部位，通过一条导线和一个双极性插头与电压调节器连接。利用实时的温度信息调整充电电压的大小，以保证在该温度下蓄电池获得最佳的充电效果(图 3.60)。

行车试验结果表明，冬季城市行驶时蓄电池的充电状态可以改善 30%以上。也就是说，利用带有温度传感器的汽车蓄电池，为汽车在低温、严寒条件下的可靠起动提供了附加的功率储备。

2. 利用车载计算机直接控制发电机输出电压

现在，在一些高档汽车上，已经逐渐淘汰了内装于发电机的集成电路电压调节器，取而代之的是将具备电压调节功能的电路设计到车载计算机(电子控制模块或组件，也称电脑)中，如图 3.61 所示。车载计算机可直接控制发电机磁场绕组的励磁电流，进而实现对发电机输出电压的控制。

该系统不是利用可变电阻的作用来控制通过磁场绕组中的励磁电流，而是通过占空比方式，由车载计算机以每秒 400 个脉冲的固定频率向磁场提供脉冲励磁电流，通过改变励磁电流通与断的时间，得到正确的励磁电流平均值，从而使发电机发出适当的输出电压。

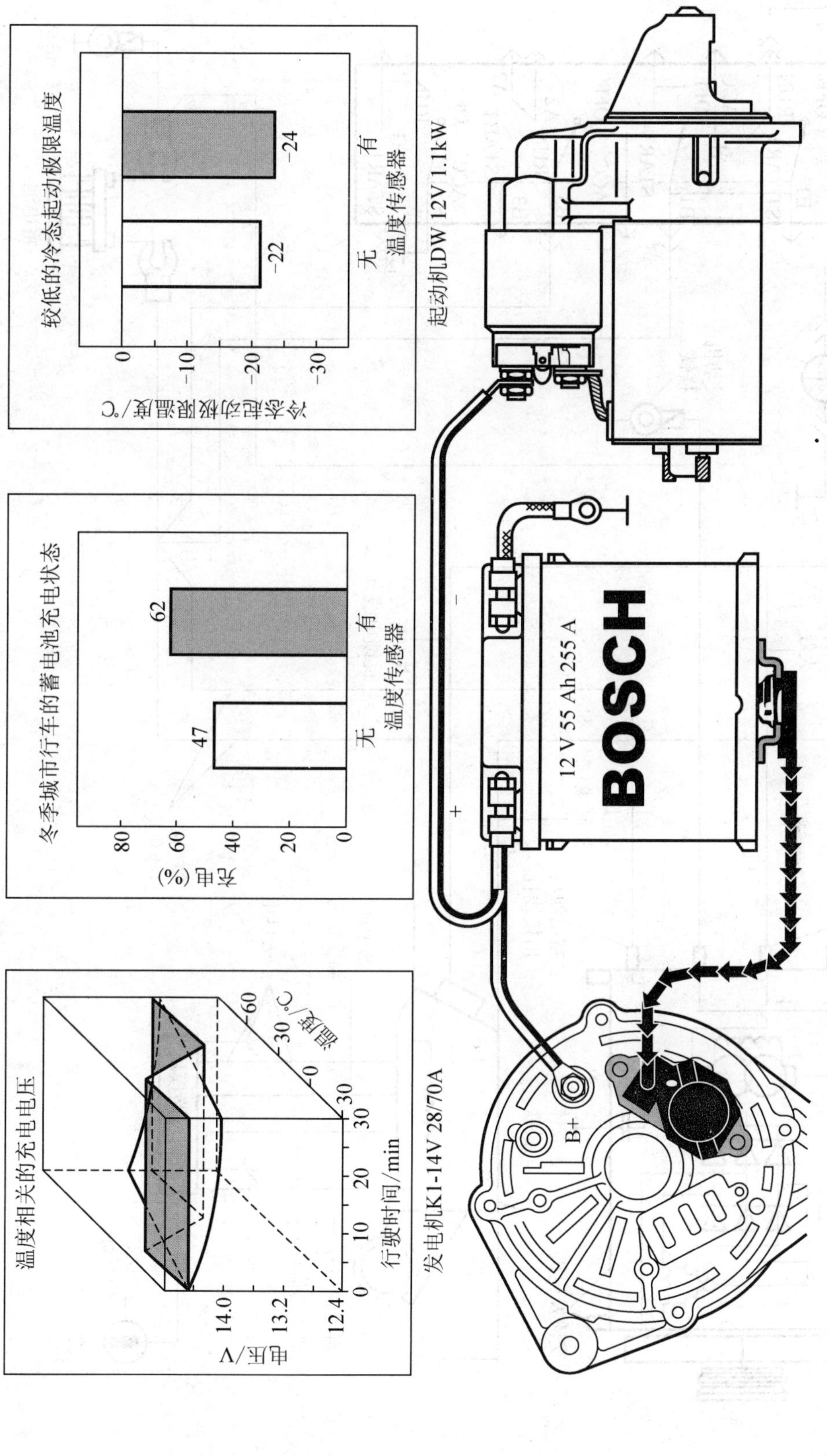

图3.60 通过蓄电池温度传感器得到最佳充电效果

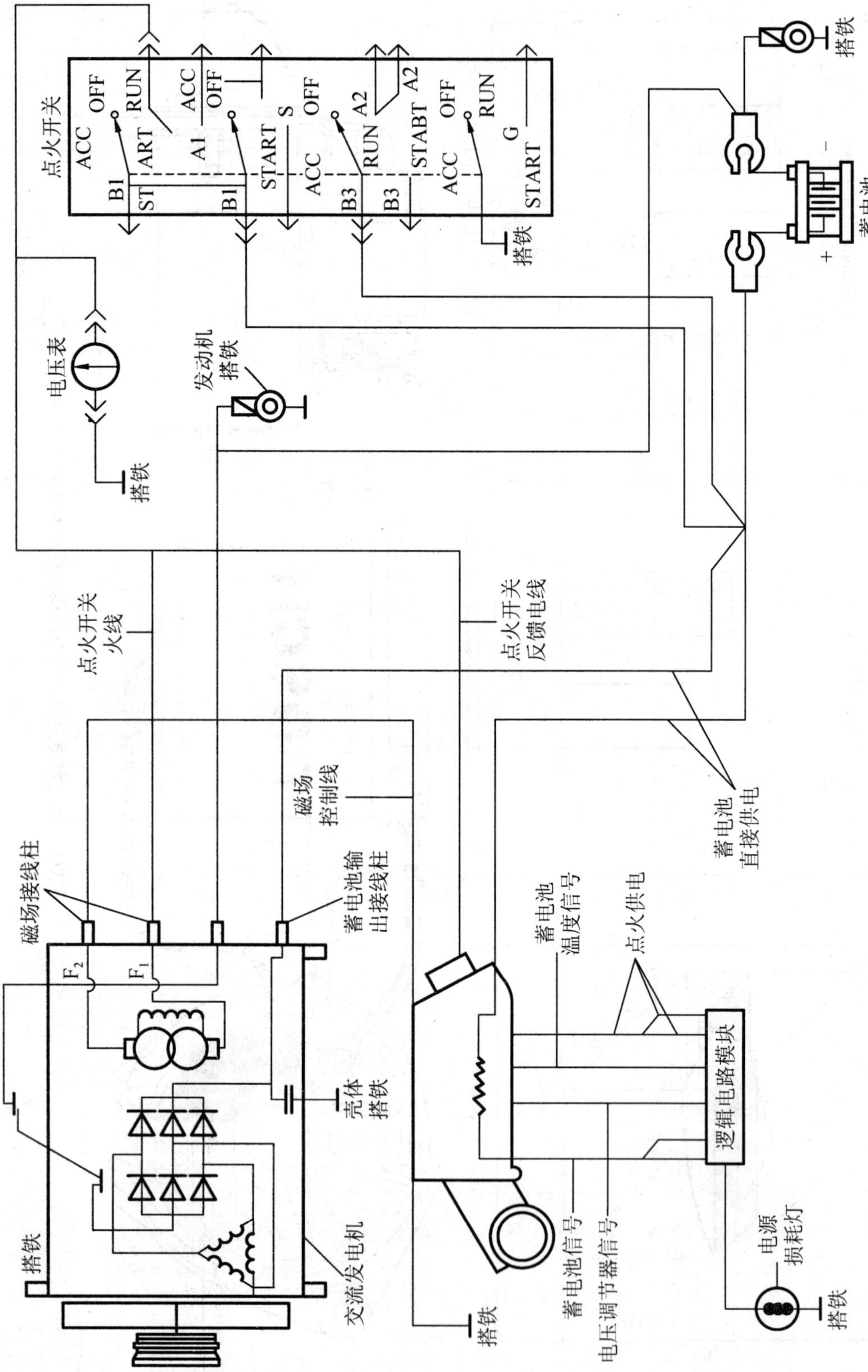

图3.61　用车载计算机进行调压控制的充电系统电路

在发动机高速运转而电路系统低负荷时，磁场电路的接通时间(占空比)只占10%左右；而在发动机低速运转而电路系统高负荷时，车载计算机会使电路的接通时间提高到75%或更高，以增加通过磁场电路的平均励磁电流，满足输出的要求，如图3.62所示。

该系统的显著特点是能根据车辆的需求和环境温度的变化而改变输出电压。这种精确的控制使得车辆可以采用小一些、轻一些的蓄电池。同时还能减少磁性阻力，增加发动机的功率输出(功率增加可达几个马力)。

由于能精确地处理充电速率，所以能增加单位油量的行驶距离，消除潜在的由低怠速时的附加电压降引起的怠速粗暴问题。更为重要的是，这种系统能发挥车载计算机的诊断能力，用于诊断充电系统中诸如低输出电压或高输出电压之类的故障。

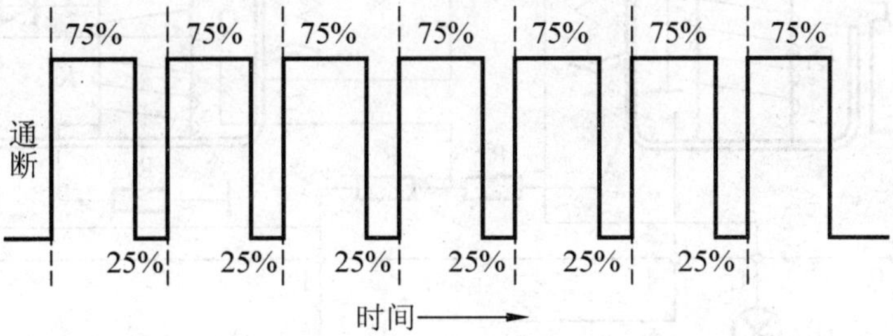

图3.62 接通时间占75%的励磁电流脉宽调制波形

3.5 充电指示灯控制电路与瞬变过电压保护电路

3.5.1 充电指示灯控制电路

目前，国内外许多汽车的仪表板上大多装有充电指示灯，以指示发电机的工作情况。但由于控制方式不同，显示的意义也有所不同。

大多数汽车是接通点火开关时，充电指示灯亮，而发动机起动后，交流发电机工作正常时，充电指示灯熄灭。发动机正常工作时，充电指示灯不熄灭或突然发亮，则表示充电系统有故障。

充电指示灯典型控制电路有如下四种。

1. 通过充电指示灯继电器控制

图3.63为国产FT126型电压调节器电路，其中K_2为继电器动断触点，控制充电指示灯的亮、灭。充电指示灯HL亮表示不充电。

其工作过程如下：

(1) 起动时，接通点火开关S，充电指示灯HL亮，表示不充电。其电路为：蓄电池正极→电流表→点火开关S→充电指示灯HL→接线柱“L”→上衔铁→动断触点K_2→搭铁→蓄电池负极。

与此同时，电流从蓄电池正极→电流表→点火开关S→接线柱IG→连接线→衔铁、磁轭→触点K_3→磁场接线柱“F”→励磁绕组→搭铁→蓄电池负极，构成回路，发电机他励。

(2) 起动后，发电机电压升高，当电压达到充电电压时，由他励转为自励。在发电机中性点电压作用下，线圈 Q_1 的吸力使继电器动作，K_1 闭合，K_2 断开，充电指示灯熄灭，表示发电机工作正常。同时，K_1 闭合，电压调节器磁化线圈通电，使发电机输出电压保持在一定的范围内。

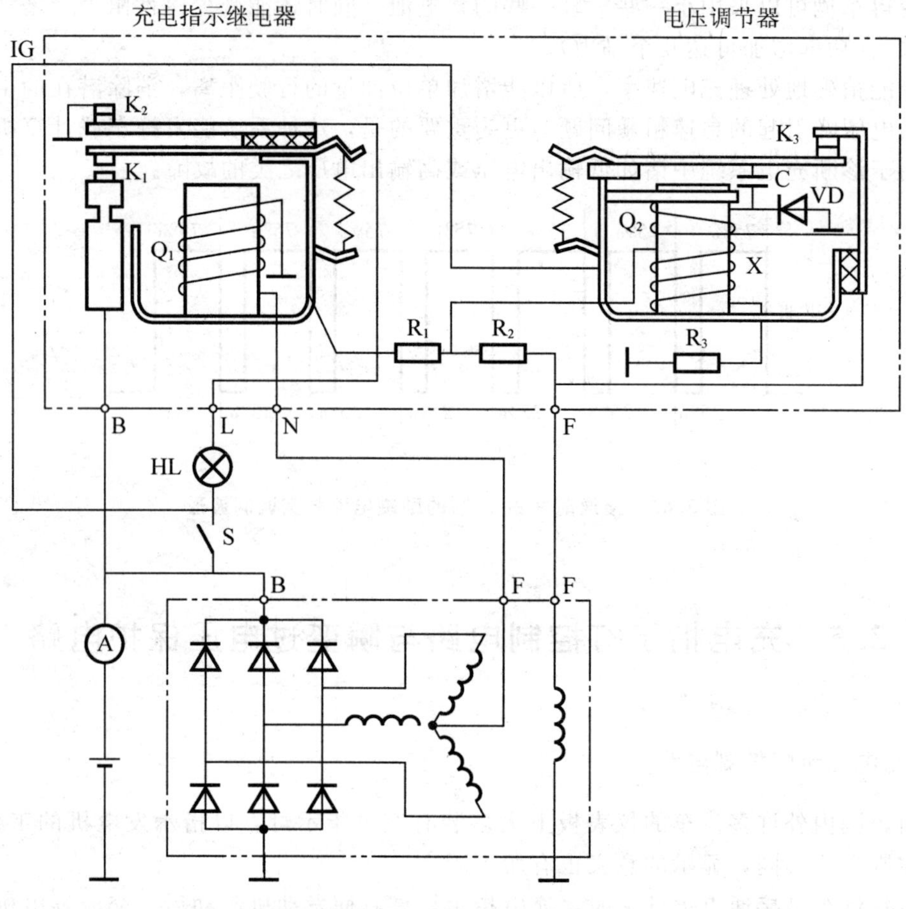

图 3.63 FT126 型电压调节器电路

2. 通过起动复合继电器控制

东风 EQ1091 型汽车采用的是起动复合继电器控制方式，电路如图 3.64 所示，K_2 为保护继电器动断触点，除对起动机进行锁止外，还用来控制充电指示灯的亮、灭；Q_2 为保护继电器电磁线圈，承受发电机中性点电压；充电指示灯 HL 亮表示不充电。

其工作原理如下：

起动时，接通点火开关 S，电流电路为：蓄电池正极→电流表→点火开关 S→充电指示灯 HL→继电器接线柱“L”→保护继电器触点 K_2→衔铁、磁轭→搭铁→蓄电池负极，构成回路，充电指示灯亮。

起动后，发电机电压升高，当电压达到一定值时，在发电机中性点电压作用下，线圈 Q_1 的吸力使继电器动作，K_2 断开，充电指示灯熄灭，表示发电机正常工作。当运行中充电系统有故障，中性点电压低于一定值时，K_2 闭合，充电指示灯亮。

3. 通过磁场二极管控制

九管和十一管交流发电机利用三个磁场二极管控制充电指示灯电路，这在前面已经讲过，此处不再赘述。

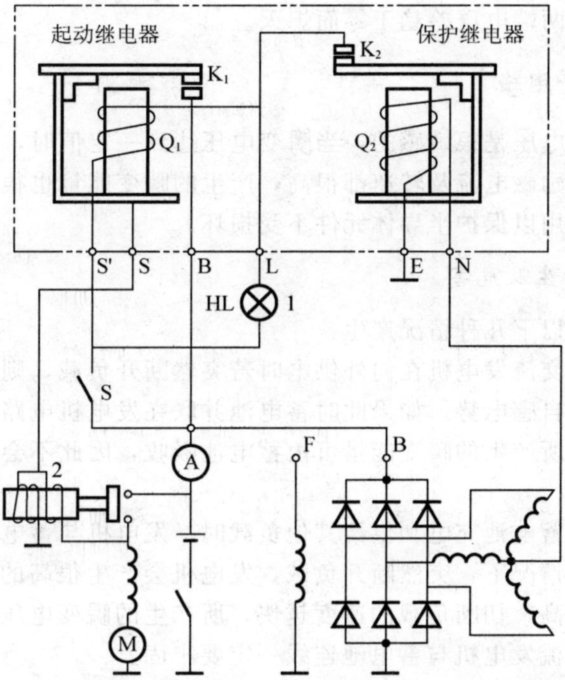

图 3.64 起动复合继电器充电指示灯控制电路

1—充电指示灯；2—起动机电磁开关

4. 通过隔离二极管控制

沃尔沃汽车采用隔离二极管控制方式，它的交流发电机与一般的交流发电机相同，仅在充电电路中增加了一个功率较大的隔离二极管，利用二极管的单向导电特性控制充电指示灯，其电路如图 3.65 所示。

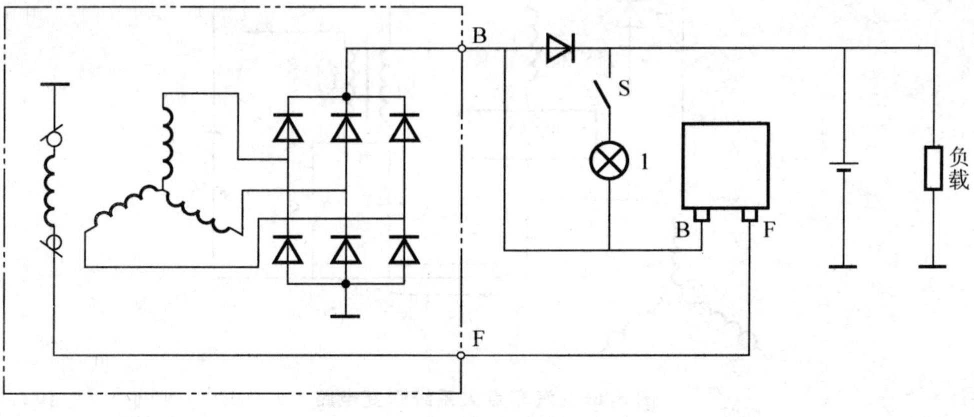

图 3.65 沃尔沃汽车充电指示灯电路

其工作原理如下：

接通点火开关时，电流从蓄电池正极→点火开关 S→充电指示灯 1→调节器接线柱“B”→磁场接线柱“F”→励磁绕组→搭铁→蓄电池负极，构成回路，充电指示灯亮，并使发电机有较小的励磁电流。当发电机转速升高，输出电压超过蓄电池电压时，发电机自励，同时充电指示灯因两端电压差趋于零而熄灭。

3.5.2 瞬变过电压保护电路

半导体元件对瞬变电压是很敏感的，当瞬变电压达到一定值时，就会使半导体元件损坏。由于交流发电机的励磁电流及转速都很高，产生的瞬变能量也很大。所以现代汽车都加有过电压保护电路，用以保护半导体元件不受损坏。

1. 瞬变过电压的产生及危害

瞬变过电压一般由以下几种情况产生：

(1) 抛负载瞬变。交流发电机在向外供电时若突然断开负载，则定子绕组中的电流突然减小，会产生很高的自感电势。如果此时蓄电池并联在发电机电路中，蓄电池相当于一个大电容，则断开负载所产生的瞬变能量可由蓄电池吸收，因此不会产生很高的瞬时尖峰电压。

但若发电机正在向蓄电池充电和供给其他负载时，发电机与蓄电池之间的连接突然中断或者在不带蓄电池的情况下，突然断开负载，发电机会产生很高的瞬时过电压。抛开负载越大，发电机转速越高，切断负载的速度越快，所产生的瞬变电压的幅值就越大，衰减的时间也越长。所以交流发电机与蓄电池连线一定要牢固。

(2) 切断电感负载瞬变。这种瞬变具有一个大的负向峰值，接着是一个较小的被减幅了的正向峰值。例如，在蓄电池点火系统中，当初级电路断开时，初级电路中产生电压衰减振荡，振荡电路中产生的电压与断路瞬间流经点火线圈的电流和外部阻抗有关，如图 3.66所示。

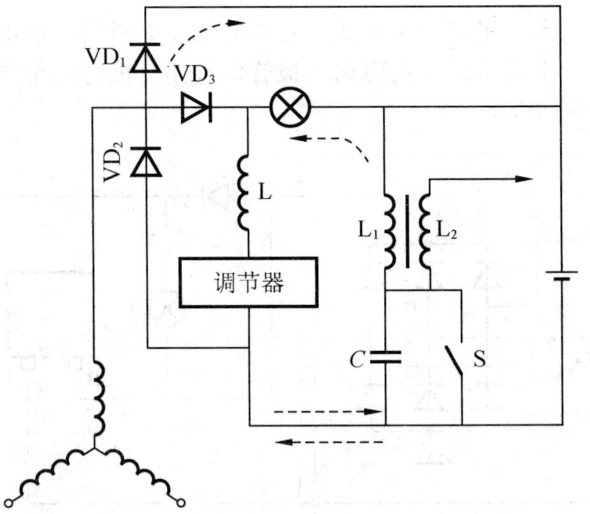

图 3.66 汽车点火系统瞬变电路

在正常情况下，点火系统产生的振荡瞬时高压由蓄电池吸收，如果发动机脱开蓄电池继续运转，则点火系统的电源直接由交流发电机供给，这个振荡的浪涌电压就作用到晶体管电压调节器上，容易使电压调节器损坏。

(3) 磁场衰减瞬变。交流发电机励磁绕组，由于点火开关转到断开位置而与蓄电池突然中断时，就会产生负脉冲电压，幅值可高达 50～100V，由于励磁电路时间常数大，发电机端子上就会在较长时间内(衰减时间可达到 200ms) 保持危险电压。

2. 瞬变过电压的保护方法

防止因过电压而损坏半导体元件的方法有两种，一是提高半导体元件的承压能力，把电子设备中各元件承受的电压选择得高于电源系统中可能产生的瞬变高压，并考虑温度的影响因素，这种方法的优点是可不增加系统中元件的数量，但不经济。

另一种方法是增加过电压保护装置，吸收各种瞬变过电压能量，以保护电子元件，这种保护可以是局部保护，也可以是整个系统集中保护。常用方法有稳压管保护、晶闸管过压保护等几种。

(1) 采用稳压二极管保护。稳压二极管保护电路是目前应用最广泛的一种，其典型电路如图 3.67 所示。

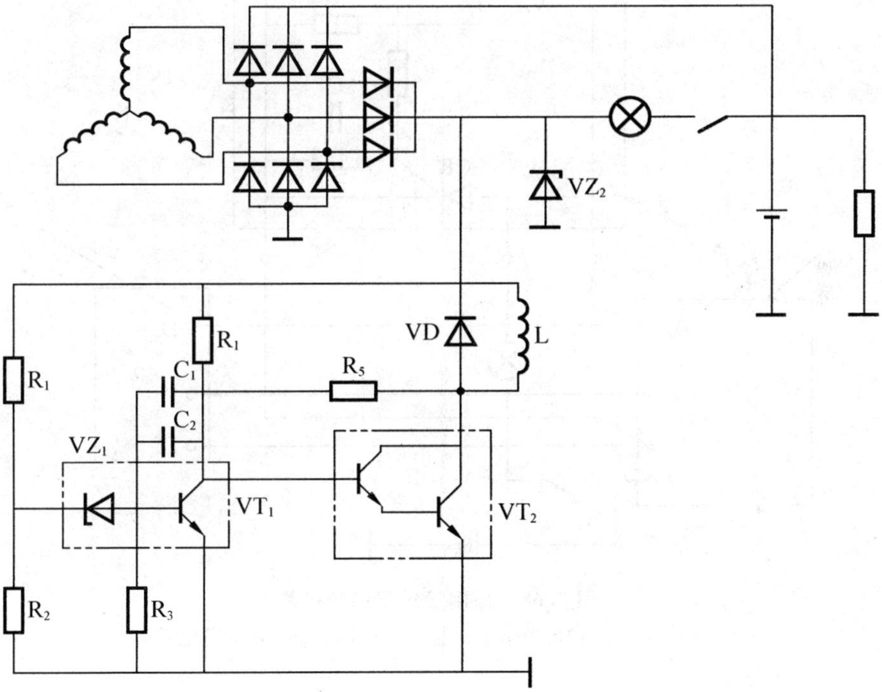

图 3.67 稳压二极管过电压保护电路

在交流发电机励磁二极管输出端与搭铁之间接一个稳压二极管 VZ_2。在正常情况下，这个稳压二极管是不导通的，当出现瞬变过电压时，该稳压管导通，电压只能升到 VZ_2 的击穿电压。该浪涌电压的能量通过 VZ_2 到搭铁消耗之后，VZ_2 又恢复到不导通状态。

可以看出，采用稳压管保护装置，电路简单，安装方便(可安装在发电机或电压调节器内)，当电路中无瞬变高电压时，稳压管不导通，故无功率损耗，另外还具有反应迅速

(反应时间几十纳秒)的优点。

(2) 晶闸管过压保护。图 3.68 为晶闸管过压保护电路，用于 24V 系统的过电压保护。晶闸管电路接在交流发电机“D_+”和“D_-”端子上，当发电机端子上的电压峰值达到一定值时，稳压二极管 VZ 被反向击穿而导通，VT 亦导通，晶闸管 SCR 导通。这时发电机励磁绕组被迅速短路，励磁电流下降为零，发电机电压迅速下降，充电指示灯亮，给驾驶人一个保护电路工作的信号。为了使晶闸管 SCR 关断，需使晶闸管的电流减小到零，即通过停止发动机工作或切断点火开关来实现。

保护电路的工作电压，亦即稳压二极管 VZ 的击穿电压的大小由分压器电阻 R_1、R_2、R_3的分压比来决定，晶体管集电极电路上接一个电容 C，产生正向脉冲，供晶闸管触发用。

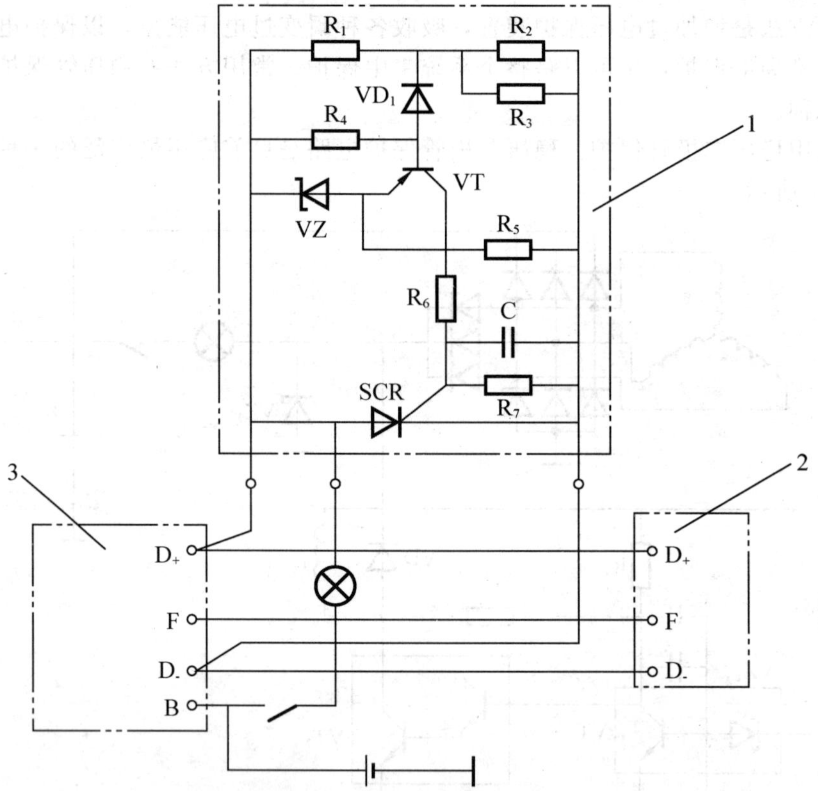

图 3.68 晶闸管过压保护电路

1—过电压保护电路；2—电压调节器；3—交流发电机

3.6 电源系统的使用与检修

交流发电机及其电压调节器结构简单、维护方便，若是使用得当，不但可以减少故障，还可延长使用寿命。为此，要正确使用交流发电机和电压调节器，发现故障应及时检修。

3.6.1 电源系统的使用

1. 交流发电机的正确使用

(1) 蓄电池搭铁极性不能接错。国产交流发电机均为负极搭铁，故蓄电池必须为负极搭铁。否则，会出现蓄电池经发电机二极管大电流放电，将二极管迅速烧坏的现象，有时还会烧坏电压调节器中的电子元件。在蓄电池更换或补充充电后，要格外注意。

(2) 充电系统的导线连接要牢固可靠。以免在电路突然断开时产生瞬时过电压，而烧坏晶体管元件。

(3) 发电机和电压调节器二者的规格型号要相互匹配。

(4) 发动机熄火后，应将点火开关(或电源开关)断开，以免蓄电池长时间向励磁绕组和电压调节器磁化线圈放电，浪费电能。

(5) 发动机运行中，不得用“试火”的方法检查发电机是否正常，不得用兆欧表或220V交流电压检查发电机及其电压调节器的绝缘情况。应采用万用表或低压试灯检查。

(6) 在更换半导体元件时，电烙铁的功率应小于45W，焊接时操作要迅速，并应采取相应的散热措施，以免烧坏半导体元件。

(7) 在发电机正常运行时，不可随意拆动电气设备的连接导线，以防止连线搭铁短路或因突然断开而引起瞬时过电压。

2. 交流发电机电压调节器的正确使用

(1) 电压调节器与发电机的电压等级必须一致，否则充电系统不能正常工作。

(2) 电压调节器与发电机的搭铁形式必须一致，当电压调节器与发电机的搭铁形式不匹配而又急需使用时，可通过改变发电机磁场绕组的搭铁形式来解决。

(3) 电压调节器与发电机之间的电路连接必须完全正确，否则充电系统不能正常工作，甚至还会损坏电压调节器。

(4) 配用双级电磁振动式的电压调节器，当检查充电系统故障时，在没有断开电压调节器与发电机的接线之前，不允许将发电机的“+”与“F”(或电压调节器的“+”与“F”)短接，否则将会烧坏电压调节器的高速触点。

(5) 电压调节器必须受点火开关控制。

3.6.2 电源系统的检修

1. 不充电

(1) 故障现象。

发动机以中速以上速度运转时，电流表始终指示不充电，或充电指示灯不熄灭，或发电机端电压在12V以下。

(2) 原因分析。

① 发电机传动带太松或沾油打滑。

② 发电机励磁电路或充电电路断路。

③ 发电机有以下故障：

a. 二极管击穿、短路、断路。

b. 定子绕组断路或搭铁。

c. 电刷与滑环接触不良。

d. 转子绕组断路。

④电压调节器有以下故障：

a. 触点烧蚀、脏污、弹簧弹力过软、气隙过小。

b. 晶体管电压调节器的稳压二极管及小功率晶体管短路，大功率晶体管断路。

c. 电压调节器的搭铁方式与发电机不配套。

(3) 故障诊断。

① 检查发电机传动带松紧度，清除油污。

② 检查充电系统导线是否松脱，熔断器是否烧断。

③ 接通点火开关，用平口螺钉旋具(一字旋具)靠近发电机后轴承盖，探测转子电磁吸力，若有明显吸力，说明励磁回路正常，故障在充电回路；若无吸力或吸力微弱，说明励磁回路有断路、接触不良或局部短路。

④ 若充电回路有故障，可用试灯的一端搭铁，另一端接触发电机“B”接线柱。灯亮，表明蓄电池到发电机电枢接线柱之间连接正常，发电机有故障；若灯不亮，表明蓄电池到发电机“B”之间断路。

⑤ 若励磁回路有故障，可用跳线方法检测。用一段导线短接发电机“B”、“F”接线柱(内搭铁式)或短接“B”、“F”接线柱的同时短接“F_2”、“E”接线柱(外搭铁式)。然后重新探测磁力，磁力变强，说明发电机内部励磁电路正常，故障是励磁电路断路或电压调节器有故障，先检查励磁电路熔断器有无熔断、接触不良，然后再用试灯依次检查外励磁电路连线和电压调节器、磁场继电器等有否断路或接触不良的地方。若仍不增强，说明故障在发电机内部。

诊断电路故障时，可用万用表电阻挡或电压挡检查。

2. 充电电流过小

(1) 故障现象。

在蓄电池亏电情况下，发动机中高速运转时充电电流很小。

(2) 原因分析。

① 充电电路接触不良。

② 传动带打滑，使发电机转速过低。

③ 发电机有故障，如个别二极管损坏；滑环脏污，电刷与滑环接触不良，导致励磁电流过小；定子绕组连接不良，有短路或断路故障；转子绕组局部短路，转子与定子刮碰或气隙不当。

④ 电压调节器调节电压值过低或有故障。

(3) 故障诊断。

① 检查发电机传动带松紧度，清除油污，检查紧固导线。

② 拆下发电机“B”和“F”接线柱上导线，用试灯的两根导线分别连接发电机“B”和“F”接线柱，起动发动机，逐步提高转速，查看试灯亮度。若试灯发红，且不随转速升高而增加亮度或亮度增加不明显，则为发电机内部有故障，应拆检发电机；若试灯亮度能随转速增加而增强较大，则说明发电机良好，故障在电压调节器。电压调节器的检查方

法可按发电机不充电故障所述方法检查。

3. 充电电流过大

(1) 故障现象。

在蓄电池不亏电的情况下，电流表指示充电仍在10A以上。

(2) 原因分析。

① 电压调节器调节电压值高或有其他故障，如双级电磁振动式电压调节器高速触点脏污、接触不良，搭铁电阻增加，使励磁绕组不能及时短路；磁化线圈或温度补偿电阻烧断；晶体管电压调节器的大功率晶体管集电极和发射极不能有效截止等。

② 发电机有故障，如绝缘电刷与散热板短接时，造成电压调节器不起作用。

(3) 故障诊断。

以双级电磁振动式电压调节器为例加以说明：

① 拆下电压调节器磁场接线柱接线，逐步提高发电机转速并观察电流表。如仍指示充电，即为发电机有故障，若不充电，则为电压调节器故障。

② 拆下电压调节器盖，用纸片插在第二级触点(高速触点)之间，以防短路，然后按压活动触点，如按不下，则为第一级触点(低速触点)烧结；能按下，并且在压下后充电电流有所下降，则为电压调节器弹簧拉力过大或气隙过大；若无磁力，则为磁化线圈或温度补偿电阻烧断。按压活动触点至第二触点(高速触点)闭合时，发电机电压应下降，充电电流应迅速减小，否则说明高速触点接触不良。

4. 充电不稳

(1) 故障现象。

发电机在怠速以上运转时，时而充电，时而不充电，电流表指针不断摆动。

(2) 原因分析。

① 传动带打滑。

② 充电系统电路连接线接触不良。

③ 发电机转子或定子线圈有局部断路或短路故障；滑环脏污或电刷与滑环之间接触不良。

④ 电压调节器触点烧蚀或脏污，触点臂弹簧过软等。

(3) 故障诊断。

① 首先排除传动带打滑和导线接触不良等影响因素。

② 电流表在怠速转速以上的各种转速下都不稳定，说明电压调节器电压控制不稳定，可用手轻按活动触点的尾部，若充电稳定，则为弹簧或气隙调整不当。若指针仍不稳定，可用一字旋具或导线短接触点，若有好转则为触点烧蚀或脏污，若仍无好转，可进一步检查发电机各部，主要检查各连线、滑环与电刷的接触是否良好。

5. 发电机工作中有异响

(1) 故障现象。

发电机在运转过程中有不正常噪声。

(2) 原因分析。

① 传动带过紧或过松。

② 发电机轴承损坏或松旷缺油。

③ 发电机转子与定子相碰、电刷磨损过大，或电刷与滑环接触角度偏斜、电刷在电刷架内倾斜摆动。

④ 发电机总装时部件不到位，使机体倾斜或发电机电枢弯曲。

⑤ 发电机传动带轮与轴松旷，使带轮与散热片碰撞。

(3) 故障诊断。

① 检查传动带松紧度。

② 检查发电机传动带轮与轴安装是否松旷。

③ 用手触摸发电机外壳和轴承部位是否烫手或有振动感，若烫手说明定子与转子相碰或轴承损坏。用一字旋具听诊发电机轴承部位，声音清脆、不规则，说明轴承缺油或滚珠已损坏。

④ 拆下电刷，检查其磨损和接触情况。

⑤ 拆检发电机，检查其内部机件配合和润滑是否良好。如果发电机噪声细小而均匀，应检查二极管和定子线圈是否短路或断路。

6. 充电指示灯故障

(1) 继电器控制式充电指示灯故障[图 3.69(a)]。

① 指示灯在汽车行驶时，时亮时灭，可按充电不稳故障检查。若充电正常，可检查充电指示灯继电器至发电机中性接线柱“N”引线是否接触不良，有关插接器是否松动。

② 指示灯不熄灭，先按不充电故障检查方法检查，若充电正常，可用试灯一端接发电机“B”接线柱，另一端接发电机“N”接线柱。若试灯微亮，充电指示灯熄灭，应拆检发电机的中性接线柱是否断路；若试灯不亮，说明中性抽头到充电指示灯继电器线圈有断路；若试灯微亮，充电指示灯未熄灭，应拆检充电指示灯继电器，看弹簧是否过硬，触点是否烧结或脏污；若试灯亮，表明有负极二极管击穿。

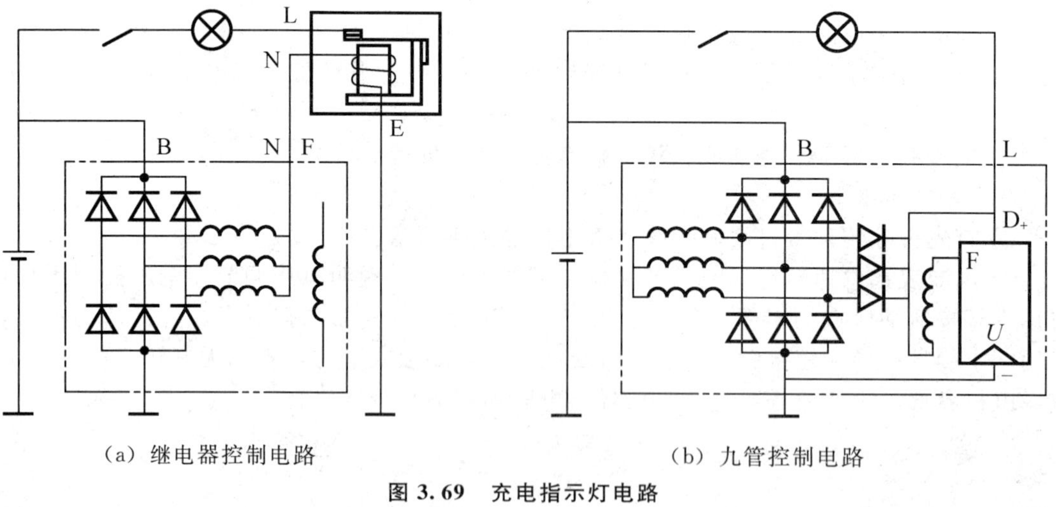

(a) 继电器控制电路　　(b) 九管控制电路

图 3.69　充电指示灯电路

③ 充电指示灯不亮，接通点火开关，观察机油压力报警灯、燃油表是否正常。若异常，说明仪表公共电路有问题，应检查仪表熔断器及电路。若仪表电路正常，可将继电器

"L"、"E"两接线柱短接，若指示灯发亮，表明继电器不能闭合；若仍不亮，应检查指示灯灯丝是否烧断，指示灯两端接线是否断路。

(2) 九管交流发电机充电指示灯故障诊断。

不同结构的九管交流发电机，其故障表现亦有不同，诊断方法也有不同，其控制电路如图3.69(b)所示。

① 充电指示灯不亮。接通点火开关，如充电指示灯不亮，则表明励磁回路断路，应检查充电指示灯是否烧坏，电压调节器是否断路；也可能是点火开关损坏、连接线断路、磁场绕组断路等原因造成的。

② 充电指示灯常亮。若发动机发动后充电正常而指示灯不熄灭，说明"B"与"D_+"间存在电压降，应检查发电机定子是否有单相搭铁、正二极管是否有一只短路或励磁二极管是否有短路、断路。

复习思考题

1. 简述车用交流发电机的作用和结构组成。
2. 简述车用交流发电机的工作特性。
3. 常用交流发电机电压调节器有哪几种类型？
4. 简述晶体管电压调节器的工作原理。
5. 如何对汽车电源系统进行检修？

第4章 起动系统

教学提示

直流串励电动机作为车用起动机，极大地方便了车辆的起动和使用。目前，以电磁控制强制啮合式起动机在汽车上的应用最为广泛。

教学要求

本章主要介绍车用起动机的结构组成、工作原理和使用维护方法。要求学生了解车用起动机的工作原理，熟悉车用起动机的结构组成及控制方法，掌握车用起动机的使用和维护方法。

4.1 起动系统概述

4.1.1 起动系统的作用

发动机必须依靠外力带动曲轴旋转后，才能进入正常工作状态，通常把汽车发动机曲轴在外力作用下，从开始转动到怠速运转的全过程，称为发动机的起动。

起动系统的作用就是供给发动机曲轴起动转矩，使发动机曲轴达到必需的起动转速，以便使发动机进入自行运转状态。当发动机进入自行运转状态后，便结束任务立即停止工作。

发动机常用的起动方式，有人力起动、辅助汽油机起动和电力起动机起动等。人力起动是用手摇(摇把子)或绳拉等方式起动发动机。目前只有部分车型(中型载货汽车和农用车)将人力手摇起动作为后备方式保留，大多数车型则已取消。

辅助汽油机起动是以小型汽油机为动力来起动发动机，只在早期生产的大型拖拉机和少数重型柴油机汽车上采用。

电力起动机起动是由直流电动机通过传动机构将发动机起动，具有操作简单、起动迅速可靠、重复起动能力强等优点。目前，绝大多数汽车都采用电力起动机起动。

电力起动机简称为起动机(俗称马达)，均安装在汽车发动机飞轮壳的座孔上，用螺栓紧固。

4.1.2 起动系统的组成

电力起动系统简称起动系统，由蓄电池、起动机和起动控制电路等组成，如图 4.1 所示，起动控制电路包括起动按钮或开关、起动继电器等。

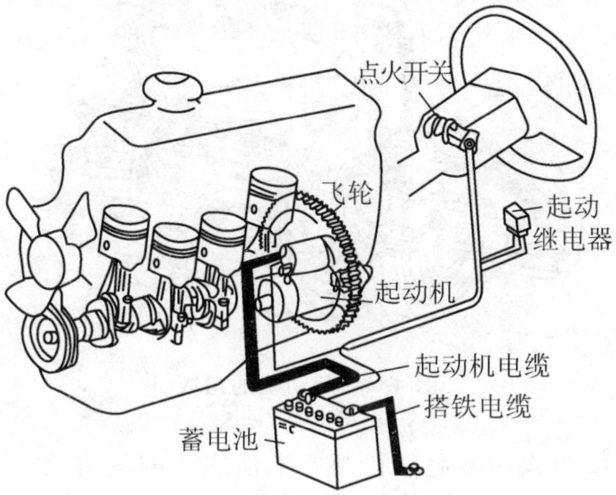

图 4.1 起动系统的组成

起动机在点火开关或起动按钮控制下，将蓄电池的电能转化为机械能，通过飞轮齿圈带动发动机曲轴转动。为增大转矩，便于起动，起动机与曲轴的传动比：汽油机一般为 13～17，柴油机一般为 8～10。

4.1.3 起动机的组成及分类

1. 起动机的组成

起动机(starter。图 4.2 和图 4.3)由直流电动机、传动机构和控制机构三大部分组成，如图 4.4 所示。

图 4.2 QDJ1316 型起动机
(逆时针旋转，匹配北汽福田 CA483 型发动机)

图 4.3 QDY1202 型起动机
(逆时针旋转，匹配北京现代 J－2 型发动机)

直流电动机的作用是将蓄电池输入的电能转换为机械能，产生电磁转矩。

传动机构的作用是利用驱动齿轮啮入发动机飞轮齿圈，将直流电动机的电磁转矩传给曲轴，并及时切断曲轴与电动机之间的动力传递，防止曲轴反拖直流电动机。

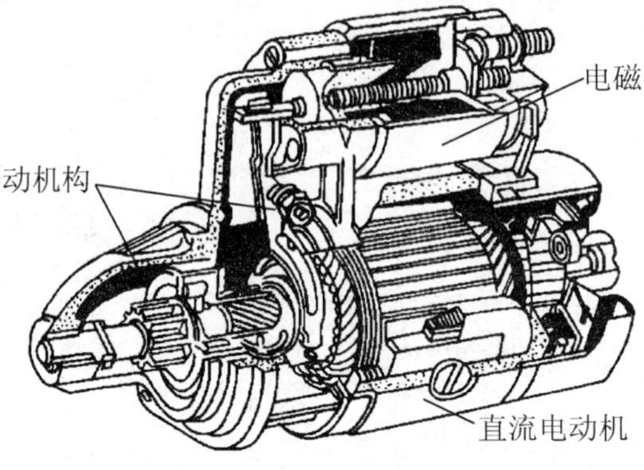

图 4.4　起动机的组成

控制机构的作用是接通或切断起动机与蓄电池之间的主电路，并使驱动小齿轮进入或退出啮合。有些起动机控制机构还有副开关，能在起动时将点火线圈附加电阻短路，以增大起动时的点火能量。

2. 起动机的分类

可以从不同角度对车用起动机进行分类。

1) 按励磁方式分

(1) 励磁式起动机。励磁式起动机靠励磁绕组和磁极铁心建立磁场，结构稍显复杂，但输出转矩和功率都很大，故应用极为广泛。

(2) 永磁式起动机。永磁式起动机以永磁材料作为磁极，取消了励磁式起动机中的励磁绕组和磁极铁心，结构简化、体积小、质量轻，并节省了金属材料。但永磁式起动机的功率一般较小，使用范围在一定程度上受到限制。

2) 按控制机构分

(1) 机械控制式起动机。机械控制式起动机由驾驶人利用脚踏(或手动)直接操纵机械式起动开关接通或切断起动电路，通常称为直接操纵式起动机。

(2) 电磁控制式起动机(亦称电磁操纵式起动机)。电磁控制式起动机由驾驶人旋动点火开关或按下起动按钮，通过电磁开关接通或切断起动电路。

3) 按啮合方式分

(1) 惯性啮合式起动机。惯性啮合式起动机的离合器靠惯性力的作用产生轴向移动，使驱动齿轮啮入或退出飞轮齿圈。由于可靠性差，现代汽车已不再使用。

(2) 强制啮合式起动机。强制啮合式起动机靠人力或电磁力经拨叉推移离合器，强制性地使驱动齿轮啮入或退出飞轮齿圈。因其具有结构简单、动作可靠、操纵方便等优点，故被现代汽车普遍采用。

(3) 电磁啮合式(电枢移动式)起动机。电磁啮合式起动机靠电动机内部辅助磁极的电磁力，吸引电枢作轴向移动，将驱动齿轮啮入飞轮齿圈，起动结束后再由回位弹簧使电枢回位，让驱动齿轮退出飞轮齿圈。所以，又称电枢移动式起动机，多用于大功率柴油机。

4）按传动机构分

（1）普通式起动机。将电动机电枢产生的起动力矩直接通过离合器、驱动齿轮传给飞轮齿圈的起动机称为普通式起动机。

（2）减速式起动机。减速起动机基本结构与普通式起动机相同，只是在电枢和驱动齿轮之间，装有减速齿轮（一般减速比为3～4），经减速、增矩后，再带动驱动齿轮。减速式起动机是今后车用起动机的发展方向。

需要指出的是，以上对车用起动机的分类是从不同角度进行的。对于一个具体的起动机，可以同时涵盖几个方面。例如，图4.5所示的起动机即为电磁控制、强制啮合、永磁、减速式起动机。

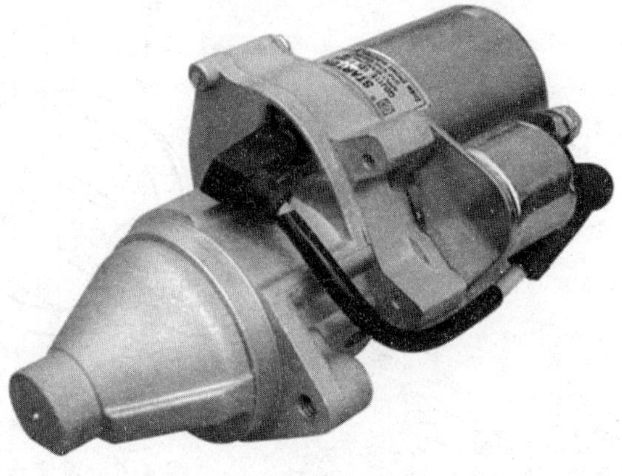

图4.5 电磁控制、强制啮合、永磁、减速式起动机

4.1.4 起动机的型号

根据QC/T73－1993《汽车电气设备产品型号编制规则方法》的规定，国产起动机的型号由以下五部分组成：

1	2	3	4	5

（1）产品代号。QD、QDJ和QDY分别表示起动机、减速型起动机和永磁型起动机。
（2）电压等级代号。1表示12V；2表示24V。
（3）功率等级代号，含义如表4－1所示。
（4）设计序号。
（5）变型代号。

表4－1 起动机的功率等级代号

功率等级代号	1	2	3	4	5	6	7	8	9
功率/kW	＜1	1～2	2～3	3～4	4～5	5～6	6～7	7～8	8～9

例如：QD124表示额定电压为12V，功率为1～2kW，第四次设计的起动机。

4.2 起动机用直流电动机

4.2.1 直流电动机的工作原理

直流电动机是将电能转变为机械能的装置，它是根据载流导体在磁场中受到电磁力作用而发生运动的原理工作的。

如图4.6所示，在直流电动机的电刷A、B上外加直流电压，这时线圈中将有电流流过，其流向由电刷 B 经 d→c→b→a 到电刷 A，于是载流导体在磁场中受到电磁力作用，形成力矩(称电磁转矩)使线圈转动。

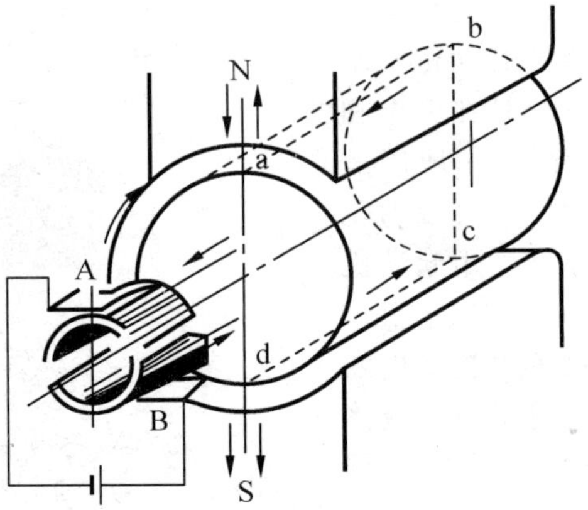

图 4.6　直流电动机工作原理

由左手定则可以确定，电磁转矩使线圈顺时针转动。当线圈转过 180°时，线圈中的电流虽然改变了方向，即从 a 到 d，但线圈在磁场中的位置也相应发生了改变，电磁转矩方向也就不变，使线圈仍按原来的顺时针方向继续旋转。

为了增大电磁转矩和转动的平稳性，电动机都采用多组线圈和相应的换向片，同时用两对或数对磁极产生磁场。

4.2.2　直流电动机的结构组成

起动机的直流电动机主要由定子、转子、换向器、电刷及端盖等组成，如图 4.7 所示。

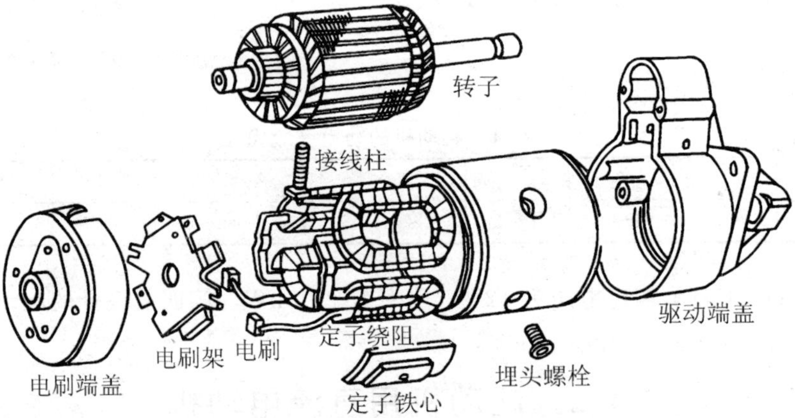

图 4.7　起动机用直流电动机结构

1. 定子

定子也称磁极，其作用是产生磁场，分励磁式和永磁式两类。为增大转矩，汽车起动机通常采用四个磁极，两对磁极相对交错安装，定子与转子铁心形成的磁力线回路如图 4.8所示，低碳钢板制成的机壳是磁路的一部分。

(1) 励磁式定子。励磁式电动机定子铁心为低碳钢，铁心磁场要靠绕在外面的励磁绕组通电建立。为使电动机磁通能按设计要求分布，将铁心制成如图 4.9 所示的形状，并用

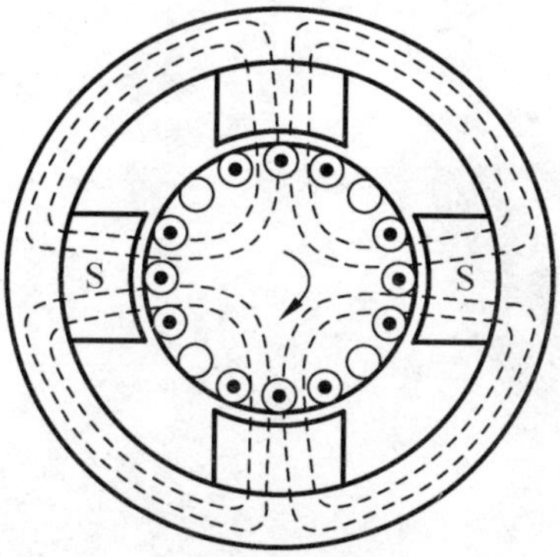

图 4.8 电动机磁路

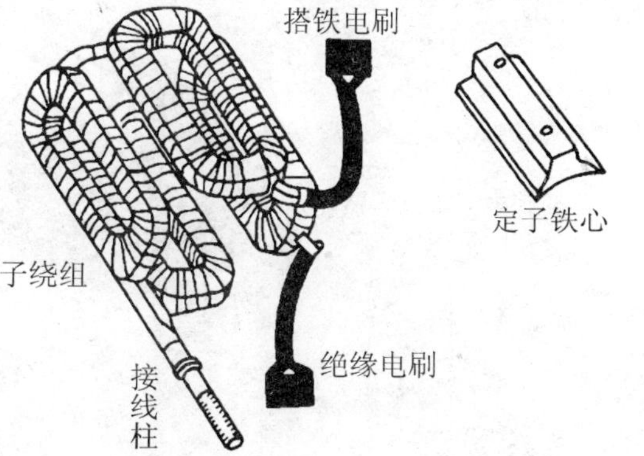

图 4.9 励磁式电动机定子

埋头螺栓紧固在机壳上。励磁绕组由扁铜带(矩形截面)绕制而成，其匝数一般为 6～10 匝；铜带之间用绝缘纸绝缘，并用白布带以半叠包扎法包好后浸上绝缘漆烘干而成。

采用励磁式定子的电动机，励磁绕组与转子串联连接，故称串励式电动机。具体连接如图 4.10 所示，先将励磁绕组两两串联后并联再与电枢(转子)绕组串联。

(2) 永磁式定子。永磁式电动机(图 4.11)不需要电磁绕组，可节省材料，而且能使电动机磁极的径向尺寸减小；在输出特性相同的情况下其质量比励磁定子式电动机可减轻 30%以上。

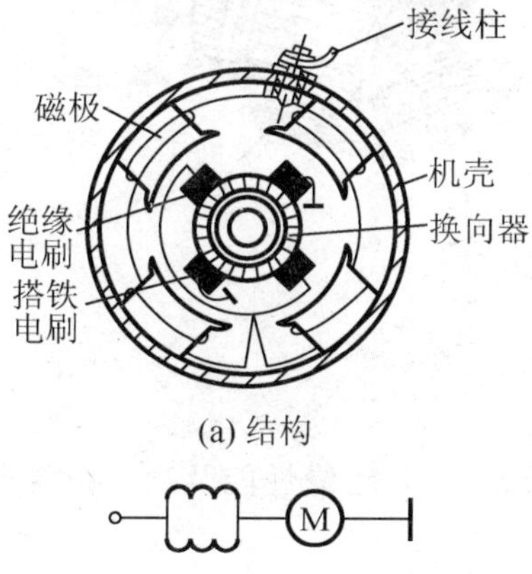

图 4.10 串励式电动机

图 4.11 永磁式电动机

条形永久磁铁可用冷粘接法粘在机壳内壁上或用片状弹簧均匀地固装在起动机机壳内表面上。由于结构尺寸及永磁材料性能限制，永磁起动机的功率一般不大于 2kW。

2. 转子

转子也称电枢(图 4.12)，由电枢轴、铁心、电枢绕组和换向器等组成。转子的作用是

产生电磁转矩。

图 4.12　转子(也称电枢)实物照片

典型起动机转子结构如图 4.13 所示。转子铁心由硅钢片叠成后固定在转子轴上。铁心外围均匀地开有线槽，用以放置转子绕组；转子绕组由较大矩形截面的铜带或粗铜线绕制而成。

在铁心线槽口两侧，用轧纹将转子绕组挤紧以免转子高速旋转时由于惯性作用将绕组甩出，转子绕组的端头均匀地焊在换向片上。为防止铜制绕组短路，在铜线与铜线之间及铜线与铁心之间用性能良好的绝缘纸隔开。

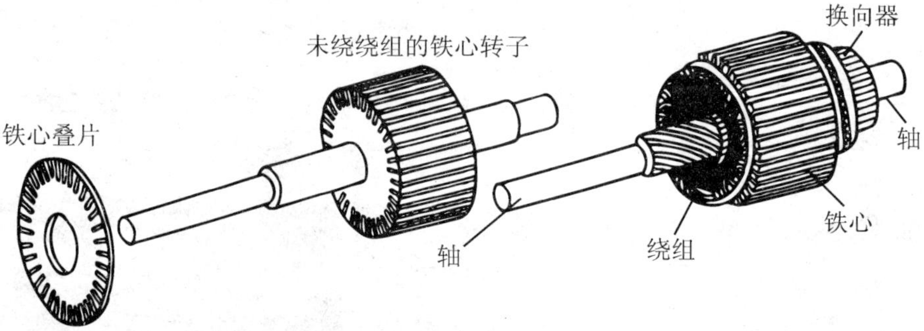

图 4.13　起动机转子

减速型起动机转子速度较普通型转子转速提高了 50%～70%，绝缘性能及动平衡要求均较高，因此采用环氧树脂涂封或耐热尼龙纸作为转子槽绝缘纸。

换向器由铜片和云母叠压而成，压装于电枢轴前端，铜片间绝缘，铜片与轴之间也绝缘，换向片与线头采用锡焊连接。减速型起动机的换向器用塑料取代了云母，换向片与线头采用了银铜硬钎焊，既耐高速又耐高温。

考虑到云母的耐磨性较好，当换向片磨损以后，云母片就会凸起，影响电刷与换向片的接触，因此，有些起动机的换向片之间的云母片较换向片割低 0.5～0.8mm。

转子轴驱动端制有螺旋形花键，用以套装传动机构中的单向离合器。

转子与定子铁心之间的气隙，普通起动机一般为 0.5～0.8mm，减速型起动机一般为 0.4～0.5mm。

3. 电刷端盖

电刷端盖(图 4.14)一般用浇铸或冲压法制成，盖内装有四个电刷架及电刷，其中两只搭铁电刷利用与端盖相通的电刷架搭铁。另外两只电刷的电刷架则与端盖绝缘，绝缘电刷引线与励磁绕组的一个端头相连接，如图 4.10 和图 4.15 所示。

图 4.14 电刷端盖实物

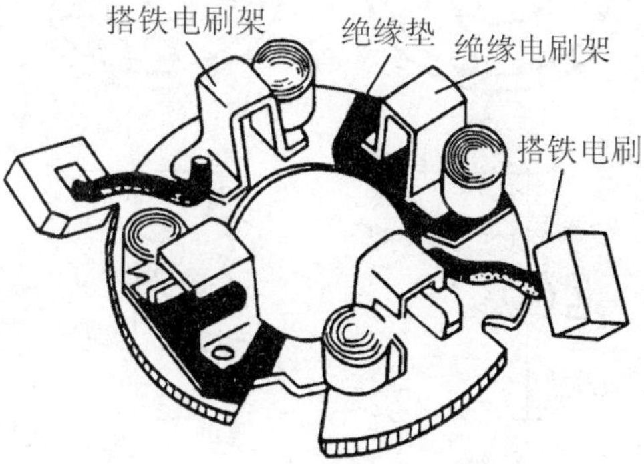

图 4.15 起动机用电刷及端盖

起动机电刷通常用铜粉(80%～90%)和石墨粉压制而成，以减少电阻并提高耐磨性。电刷架上有盘形弹簧，用以压紧电刷。

4. 驱动端盖

驱动端盖(图 4.7)上有拨叉座和驱动齿轮行程调整螺钉，还有支撑拨叉的轴销孔。为了避免电枢轴弯曲变形，一些起动机装有中间支撑板。端盖及中间支撑板上的轴承多用青铜石墨轴承或铁基含油轴承。

轴承一般采用滑动式，以承受起动机工作时的冲击性载荷。有些减速型起动机采用球轴承。

两端盖与机壳靠两个较长的穿心连接螺栓将起动机组装成一个整体。端盖与机壳之间的接合面上一般制有定位用安装记号。

4.2.3 直流电动机工作特性

直流电动机按励磁方式可分为永磁式和电磁式两大类，电磁式按励磁绕组与电枢绕组的连接关系又可分并励式、串励式和复励式三种，如图 4.16 所示。

图 4.17 为几种电动机的机械特性，即电动机输出转速与电磁转矩之间的关系。

永磁式直流电动机磁极磁通工作时保持不变。并励式直流电动机励磁绕组与电枢绕组连在同一电源上，若外电压不变、励磁电阻不变，则每极磁通也基本不变。故永磁式、并励式电动机转速与转矩之间的关系基本相同。转速将随转矩的增加而近似地按线性规律下降，但下降很小。即它们具有较“硬”的机械特性，适应性能较差。永磁、并励式直流电动机常用于减速型起动机。

串励式直流电动机的励磁绕组与电枢绕组相串联，电枢电流等于励磁绕组电流，并与总电流相等。串励式直流电动机具有起动转矩大、轻载转速高、重载转速低、短时间内能输出最大功率等特点，具有较“软”的机械特性，因此特别适合应用于直接驱动式起动机。

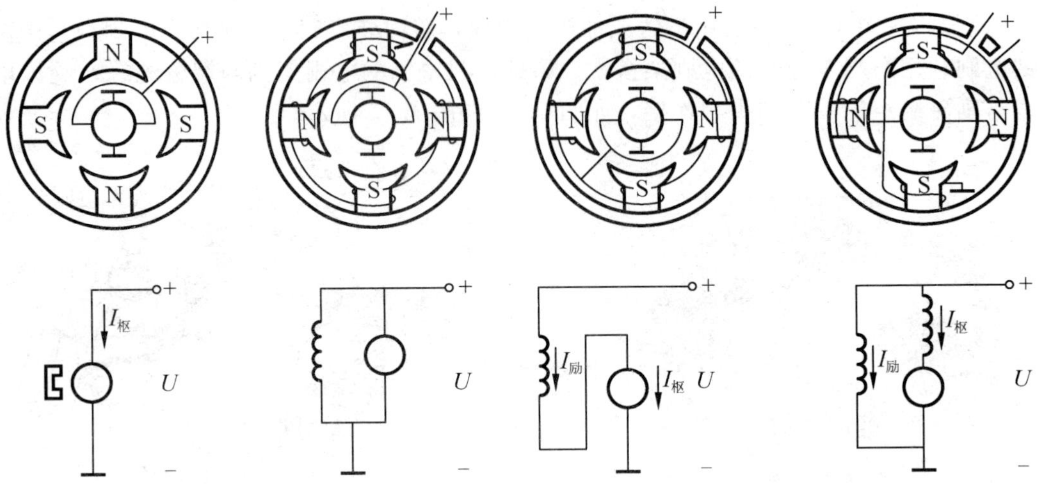

图 4.16　直流电动机类型

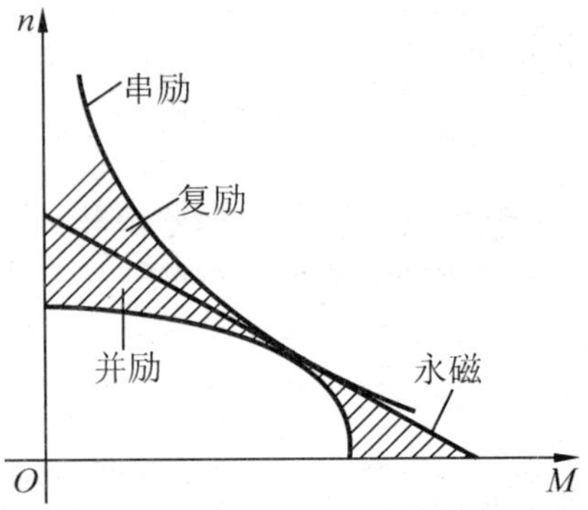

图 4.17　直流电动机机械特性比较

复励式电动机的磁极上有两组励磁绕组，一组同电枢串联，另一组则同电枢并联。复励式电动机在空载运行的情况下与并励电动机相似，加了负载后，串励绕组的磁场将随负载的增加而加强，运行情况接近串励电动机。因此它的机械特性比并励式软，较串励式硬。复励式直流电动机被一些大功率起动机所采用。

4.2.4　起动机与发动机、蓄电池的匹配

1. 起动机的功率及其影响因素

1）起动机的功率

起动机的功率 P 可由下式确定：

$$P=\frac{M_S n_S}{9550} \tag{4.1}$$

式中，M_S——起动机输出转矩(N·m)；

n_S——起动机的转速(r/min)；

P——起动机功率(kW)。

由式(4.1)和串励式直流电动机的转矩特性及机械特性，可得其特性曲线如图 4.18 所示。

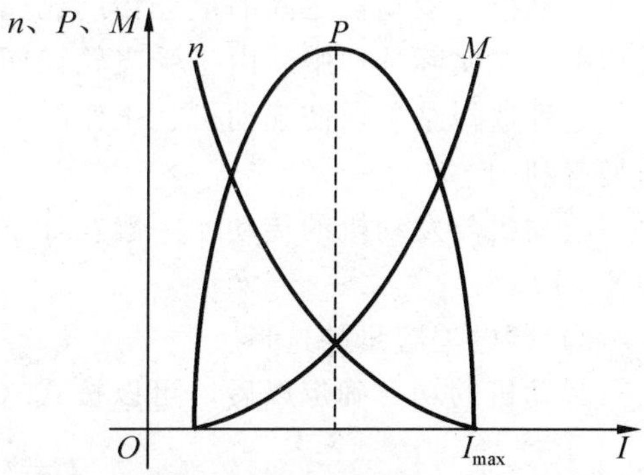

图 4.18 起动机特性曲线

起动机在全制动($n_S=0$)和空载($M_S=0$)时，其功率均为 0，而在 I_S 接近全制动电流一半时其输出功率最大。起动机工作时间短暂(仅几秒钟)，允许在最大的功率状态下工作。因此，起动机的额定功率一般也就是电动机的最大功率或接近于最大功率。

2) 影响起动机功率的因素

起动机的工作电流很大(达几百安培)，蓄电池、起动机电源内阻及起动电路电阻对电动机的输出功率会有很大影响。

(1) 接触电阻和导线电阻。接触电阻包括起动电路导线与蓄电池极桩、起动机接线柱以及电动机内电刷与换向器等的接触电阻。接触电阻大、导线截面积小或过长，都会造成较大的电压降而使起动机功率下降。

因此，理想的设计应确保蓄电池的安装位置要尽可能地靠近起动机，且连接蓄电池正极、起动机的导线(俗称起动机大线)以及蓄电池搭铁线一定要足够粗，以求降低电路压降。

(2) 蓄电池容量。若蓄电池的容量过小，则其内阻就大，起动时，加在电动机上的端电压就低，会使起动机的功率下降。

(3) 环境温度。环境温度低时，蓄电池的容量下降，内阻增大，也会使起动机的功率下降。

2. 起动机基本参数的确定

1) 起动机功率的选择

起动机的功率 P(kW)应根据发动机起动所需功率选取，它取决于发动机的起动阻力矩 M_Q(N·m)和最低起动转速 n_Q(r/min)，并可由式(4.2)计算：

$$P \geqslant \frac{M_Q n_Q}{9550} \tag{4.2}$$

发动机的起动阻力矩是指在最低起动转速时的发动机阻力矩，主要包括气缸气体压缩阻力矩、运动件的摩擦阻力矩和惯性力矩。

发动机的最低起动转速是指起动时能保证进入气缸内的混合气在压缩终了时具有一定的温度和良好的雾化，能使发动机可靠点火发动所需的最低转速。汽油发动机的最低起动转速为 50～70r/min，而柴油发动机的最低起动转速为 100～200r/min。

温度为 0℃时发动机起动所需功率可由经验公式推算：

$$\text{汽油发动机：} P=(0.18 \sim 0.22)L \tag{4.3}$$

$$\text{柴油发动机：} P=(0.74 \sim 1.1)L \tag{4.4}$$

式中，L——发动机的工作容积(L)；

P——起动机功率(kW)。

2）传动比的选择

起动机与发动机之间的最佳传动比应能保证发动机可靠起动，同时能使起动机达到最大功率。在实际选择中，由于受飞轮齿圈和驱动齿轮的结构限制，传动比往往稍小于最佳值。这种选择结果，使起动机在工作时并没有达到最大功率，但起动机的转矩增大，对起动是有利的。

起动机与发动机的传动比一般在如下范围内选择：汽油发动机为13～17，柴油发动机为8～10。

3）蓄电池容量的选择

起动机的功率确定以后，可以按式（4.5）确定蓄电池的容量：

$$C=(610\sim810)\frac{P}{U} \tag{4.5}$$

式中，U——起动机额定电压(V)；

P——起动机额定功率(kW)；

C——蓄电池额定容量(A·h)。

对于大功率起动机(7.0～10kW)，蓄电池的容量可以选择比计算值小一些。

4.3 起动机的传动与控制机构

4.3.1 起动机的传动机构

1. 起动机的传动过程

一般起动机的传动机构是指包括驱动齿轮的单向离合器，减速起动机的传动机构还包括减速装置。驱动齿轮与飞轮的啮合一般是靠拨叉强制拨动完成的，如图4.19所示。

起动机不工作时，驱动齿轮处于图4.19(a)所示位置；当需要起动时，拨叉在人力或电磁力的作用下，将驱动齿轮推出与飞轮齿圈啮合，如图4.19(b)所示；待驱动齿轮与飞轮齿圈接近完全啮合时，起动机主开关接通，起动机带动发动机曲轴运转，如图4.19(c)所示。

发动机起动后，如果驱动齿轮仍处于啮合状态，则单向离合器打滑，小齿轮在飞轮带

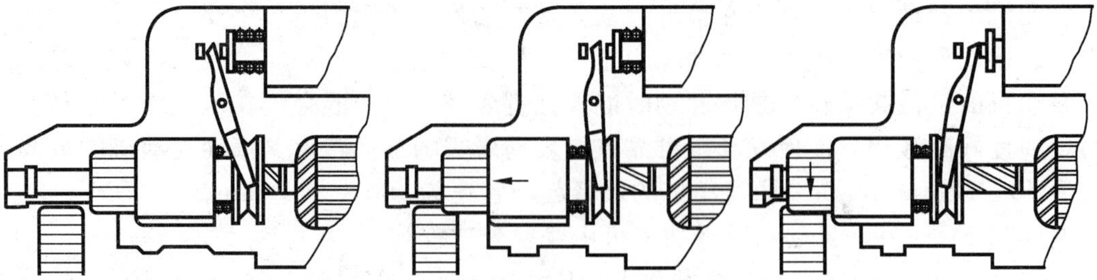

(a) 静止未工作　(b) 电磁开关通电推向啮合　(c) 主开关接通接近完全啮合

图4.19　起动机驱动齿轮啮合过程

动下空转，电动机处于空载下旋转，避免了被飞轮反拖高速旋转的危险。

起动完毕后，起动机拨叉在复位弹簧作用下回位，带动驱动小齿轮退出飞轮齿圈的啮合。

常见起动机单向离合器主要有滚柱式、弹簧式和摩擦片式三种。

2. 滚柱式单向离合器

1) 构造

滚柱式单向离合器是通过改变滚柱在楔形槽中的位置实现接合和分离的。其结构分十字块式和十字槽式两种，如图4.20所示，主要由驱动齿轮、外壳及十字槽套筒(或外座圈及十字块套筒)、滚柱、弹簧等组成。

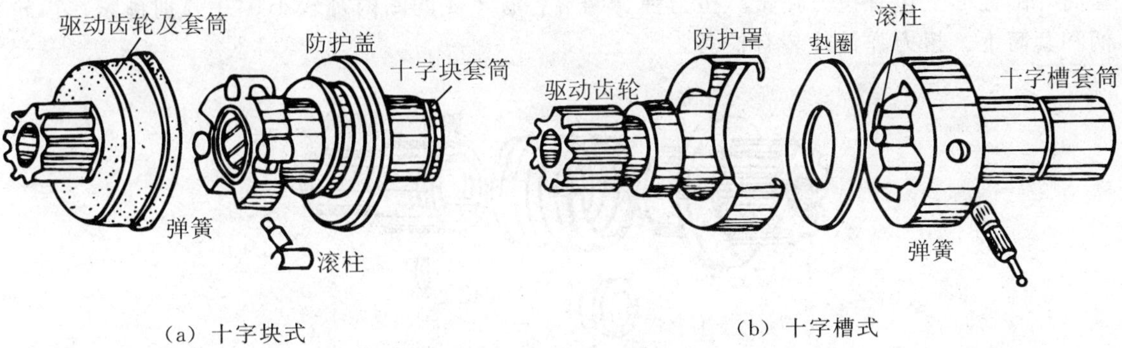

图4.20 滚柱式单向离合器

单向离合器的套筒内有螺旋花键，此花键与起动机电枢轴前端的花键结合。单向离合器既可在拨叉作用下沿电枢轴轴向移动，又可在电枢驱动下作旋转运动。

2) 工作过程

起动时，起动机带动发动机旋转，滚柱被挤到楔形槽的窄端，并越挤越紧，使十字块与驱动小齿轮形成一体，电动机转矩便由此输出，如图4.21(a)所示。

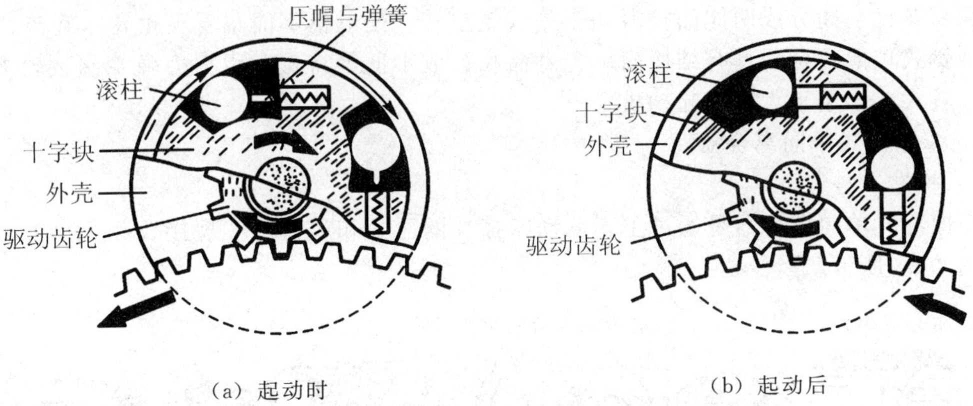

图4.21 滚柱式单向离合器工作原理

发动机起动后，当飞轮转动线速度超过驱动小齿轮线速度时，飞轮便带电枢旋转，此时滚柱被推到楔形槽宽端，出现了间隙。十字块和驱动小齿轮便开始打滑，如图4.21(b)所示，于是齿轮空转，起到了保护电枢的作用。

滚柱式单向离合器工作时属于线接触传力，所以不能传递大转矩，一般用于小功率(2kW以下)的起动机上，否则滚柱易变形、卡死，造成单向离合器分离不彻底。由于它结构简单，目前广泛用于汽油发动机上。

3. 弹簧式单向离合器

1）构造

弹簧式单向离合器是通过扭力弹簧的径向收缩和放松来实现接合和分离的，其结构如图 4.22 所示。

驱动齿轮与花键套筒间采用浮动的圆弧定位键相联接。齿轮后端传力圆柱表面和花键套筒外圆柱面上包有扭力弹簧。扭力弹簧两端各有 1/4 的圈内径较小，并分别箍紧在齿轮柄和套筒上。扭力弹簧外装有护套。

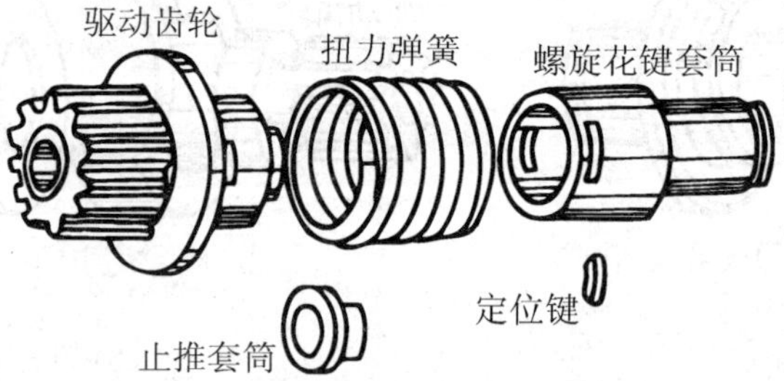

图 4.22 弹簧式单向离合器

2）工作过程

当起动机带动发动机转动时，扭力弹簧按卷紧方向扭转，弹簧内径变小。扭力弹簧借助摩擦力将驱动齿轮柄和花键套筒紧抱成一体，把起动机转矩传给飞轮。

发动机起动后，当飞轮转动线速度超过起动机驱动齿轮线速度时，飞轮便驱动起动机小齿轮。此时，扭力弹簧受力方向与上述情况相反，弹簧朝旋松方向扭转，内径增大，驱动齿轮与花键套筒分成两体而打滑。于是齿轮空转，使电枢不能跟着飞轮高速旋转。

弹簧式单向离合器具有结构简单、寿命长、成本低等特点。因扭力弹簧圈数较多，轴向尺寸较大，多用于大中型起动机。

4. 摩擦片式单向离合器

1）构造

摩擦片式单向离合器是通过主、从动摩擦片的压紧和放松来实现接合和分离的，其结构如图 4.23 所示。

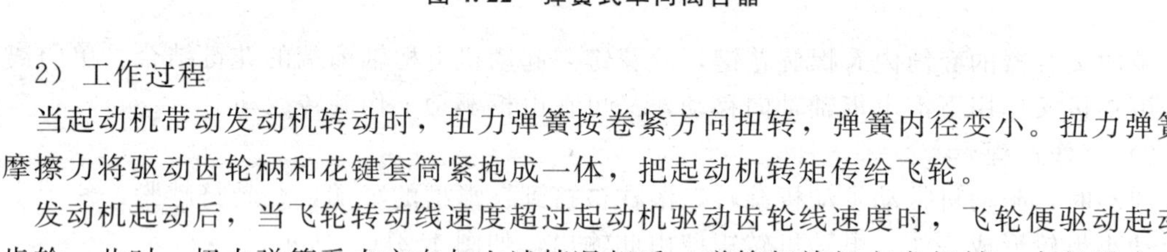

图 4.23 摩擦片式单向离合器

离合器的花键套筒通过四条内螺纹与电枢花键轴相连接，花键套筒又通过三条外螺纹与内接合鼓连接。主动摩擦片内齿卡在内接合鼓的切槽中，组成了离合器主动部分。

外接合鼓和驱动齿轮是一个整体，带凹坑的从动摩擦片外齿卡在外接合鼓的切槽中，形成了离合器的从动部分。主、从动摩擦片交错安装，并通过特殊螺母、弹性圈和压环限位，在压环和摩擦片间装有调整垫片。

2）工作过程

当起动机带动发动机曲轴旋转时，内接合鼓沿花键套筒上的螺旋花键向飞轮方向旋进，将摩擦片压紧，把起动机转矩传给发动机。

发动机起动后，当飞轮以较高转速带动驱动齿轮旋转时，内接合鼓沿螺旋花键退出，摩擦片打滑，使齿轮空转而电枢不跟着飞轮高速旋转。

当电机超载时，弹性圈在压环凸缘的压力作用下弯曲变形，当弯曲到内接合鼓的左端顶住了弹性圈的中心部分时，即限制了内接合鼓继续向左移动，离合器便开始打滑，从而避免因负荷过大而烧坏电动机，实现过载保护。

摩擦片式单向离合器传递的最大转矩可通过增减调整垫片进行调整。但结构较复杂，在大功率起动机上应用比较广泛。

4.3.2 起动机的控制机构

起动机控制机构也叫操纵机构，有机械控制式(亦称直接操纵式，现已淘汰)和电磁控制式(电磁操纵式)两类。

下面介绍目前广泛使用的电磁操纵强制啮合式起动机控制机构的组成和工作过程。

1. 组成

电磁操纵式起动机电路原理如图4.24所示。控制机构由电磁开关、拨叉等组成，电磁开关由吸拉线圈、保持线圈、活动铁心、主开关接触盘及复位弹簧等组成。其中，吸拉线圈与电动机串联，保持线圈与电动机并联。活动铁心可驱动拨叉运动，又可推动接触盘推杆。

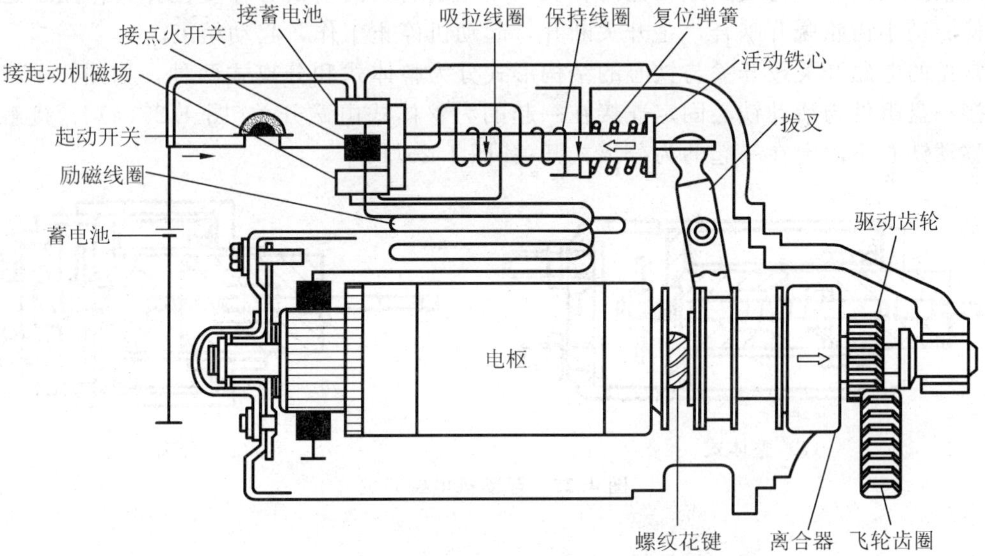

图4.24 电磁操纵式起动机电路原理

2. 工作过程

控制机构作用过程如下：

(1) 起动机不工作时，驱动齿轮处于与飞轮齿轮脱开啮合位置，电磁开关中的接触盘与各接触点分开。

(2) 将起动开关接通时，蓄电池经起动控制电路向起动机电磁开关通电，其电流回路如下：

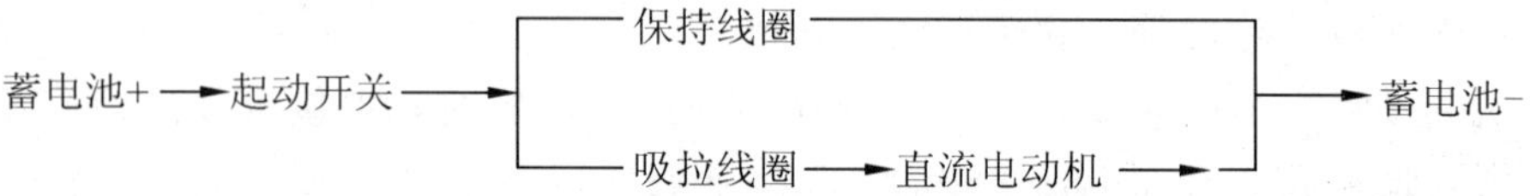

此时，吸拉线圈和保持线圈磁场方向相同。活动铁心在电磁力作用下克服复位弹簧的弹力向内移动，压动推杆使起动机主开关接触盘与接触点靠近，与此同时带动拨叉将驱动小齿轮推向啮合；当驱动小齿轮与飞轮齿圈接近完全啮合时，接触盘已将接触点接通，起动机主电路接通，直流电动机产生强大转矩通过接合状态的单向离合器传给发动机飞轮齿圈。

主开关接通后，吸拉线圈被主开关短路，电流消失，活动铁心在保持线圈电磁力作用下保持在吸合位置。

(3) 发动机起动后，飞轮转动线速度超过起动机驱动小齿轮的线速度时，单向离合器打滑，避免了电枢绕组高速甩散的危险。

(4) 松开起动开关时，起动控制电路断开，但电磁开关内吸拉线圈和保持线圈通过仍然闭合的主开关得到电流，其电流回路为：

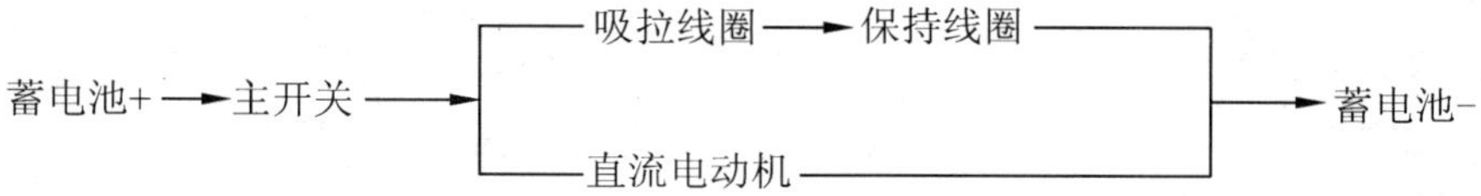

因吸拉线圈和保持线圈磁场方向相反，相互削弱，活动铁心在复位弹簧作用下迅速回位，使驱动小齿轮脱开啮合，主开关断开，起动机停止工作，起动结束。

常见的电磁开关按开关与铁心的结构形式分为整体式和分离式两种，如图 4.25 所示。开关接触盘组件与活动铁心固定连接在一起的为整体式电磁开关[图 4.25(a)]；接触盘组件与移动铁心不固定在一起的为分离式开关[图 4.25(b)]。

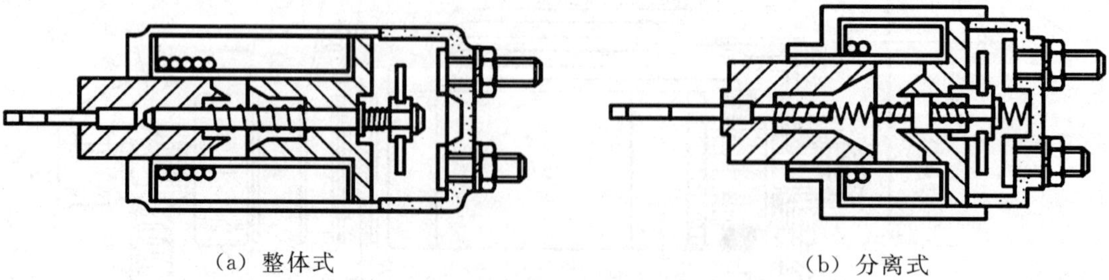

(a) 整体式　　(b) 分离式

图 4.25　起动机电磁开关

4.4 起动系统控制电路

常见的起动系统控制电路有开关直接控制、起动继电器控制和起动复合继电器控制等几种。

4.4.1 起动开关直接控制起动系统

起动开关直接控制是指起动机由起动开关(点火开关或起动按钮)直接控制，如图4.26所示。起动功率较小的汽车(如长安奥拓微型轿车、天津夏利轿车)常用这种控制形式。

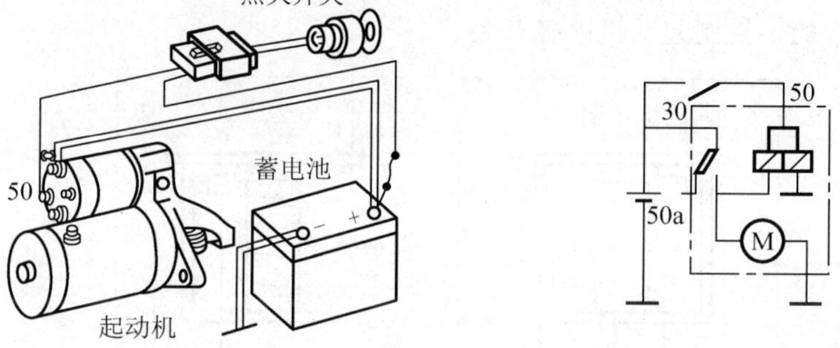

(a) 接线图　　(b) 电原理图

图4.26 开关直接控制的起动系统电路

4.4.2 起动继电器控制起动系统

起动继电器控制是指用起动继电器触点控制起动机电磁开关的大电流，而用点火开关或起动按钮控制继电器线圈的小电流，如图4.27所示。起动继电器的作用就是以小电流控制大电流，保护点火开关，减少起动机电磁开关线路压降。

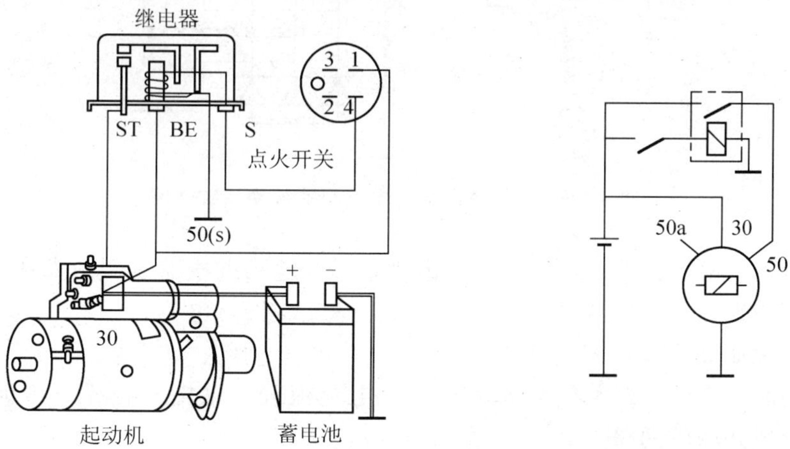

(a) 接线图　　(b) 电路原理图

图4.27 起动继电器控制的起动系统电路

装备自动变速器的汽车，在自动变速器上都装有空挡起动开关，空挡起动开关串联于起动继电器线圈搭铁端，只有自动变速器变速杆处于停车(P)挡和空(N)挡时才接通，其他挡位时均处于断开状态，有利于保护起动机并确保汽车安全起动。

也有一些装备手动变速器的汽车，在起动继电器线圈搭铁端串联有离合器开关，其触点是常开的。只有踩下离合器踏板时，离合器开关常开的触点才接通，起动机才能工作，其保护作用与空挡起动开关相同。

4.4.3 起动复合继电器控制起动系统

为了在发动机起动后，使起动机自动停转并保证不再接通起动机电路，解放 CA1092 及东风 EQ1092 等汽车采用了具有安全驱动保护功能的起动复合继电器控制起动系统。

起动复合继电器由起动继电器和保护继电器两部分组成，如图 4.28 所示。起动继电器的触点是动合的，控制起动机电磁开关。

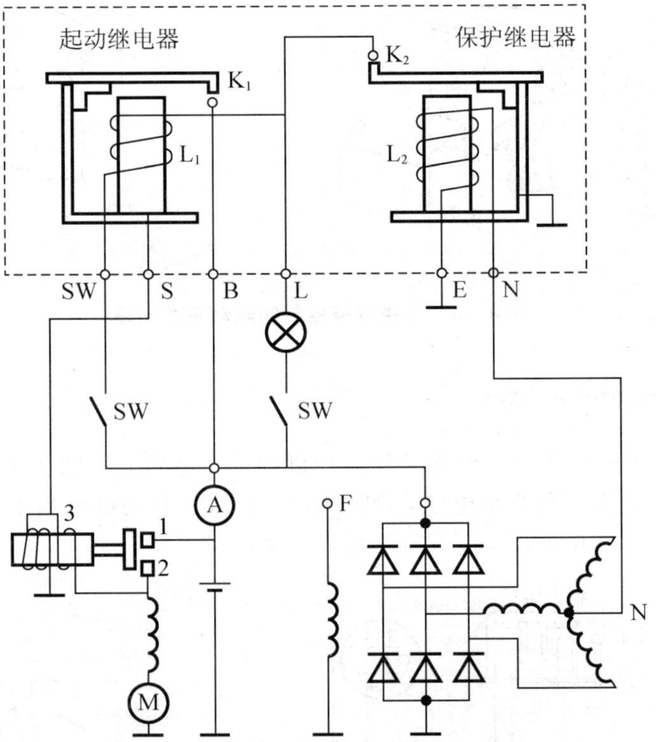

图 4.28 起动复合继电器控制的起动系统电路

保护继电器的触点是动断的，控制充电指示灯和起动继电器线圈的搭铁。保护继电器磁化线圈一端搭铁，另一端接发电机的中性点，承受中性点电压。

其工作原理如下：

(1) 起动时，将点火开关旋至起动位置，电流流经：蓄电池正极→电流表→点火开关。之后，分成并联的两路。

一路流经充电指示灯→L 接线柱→K_2→磁轭→搭铁到蓄电池负极。

另一路流经接线柱 SW→线圈 L_1→K_2→磁轭→搭铁到蓄电池负极。

线圈 L_1 产生电磁吸力，K_1 闭合，将起动机电磁开关吸拉线圈和保持线圈的电路接通。电流流经：蓄电池正极→电流表→接线柱 B→K_1→磁轭→接线柱 S。此后，分成并联的两条支路。

一路流经保持线圈→搭铁→蓄电池负极。

另一路流经吸拉线圈→起动机磁场绕组→电枢绕组→搭铁→蓄电池负极。

在吸拉线圈和保持线圈电磁吸力的共同作用下，起动机主电路(接线柱 1、2)接通，起动电流流经起动机磁场绕组和电枢绕组。起动机发出电磁转矩，驱动发动机曲轴运转。

(2) 发动机起动后，若驾驶人没有及时松开点火开关，但由于此时交流发电机电压已升高，中性点电压作用在保护继电器线圈 L_2 上，使 K_2 断开，切断了充电指示灯的电路，充电指示灯熄灭。同时又将 L_1 的电路切断，K_1 断开，起动机电磁开关释放，切断了蓄电池与起动机之间的电路，使起动机自动停止工作。

(3) 发动机正常运转过程中，在交流发电机中性点电压的作用下，K_2 一直处于断开状态，充电指示灯不亮，表示充电系统正常。即使驾驶人操作失误，将点火开关旋至起动位置，由于 L_1 中无电流，K_1 始终处于断开状态，所以起动机也不会工作。从而防止了起动机驱动齿轮被打坏的危险，起到了安全保护作用。但是，如果充电系统有故障导致发电机中性点电压过低，则起动复合继电器就起不到安全保护作用了。

4.4.4 车载计算机控制起动系统

随着车载计算机在汽车上应用越来越广，在一些高级轿车安装了车载计算机控制防盗警报系统，起动机的运行受车载计算机控制。

日本丰田 Lexus 400 轿车微机控制起动系统的控制电路原理如图 4.29 所示。

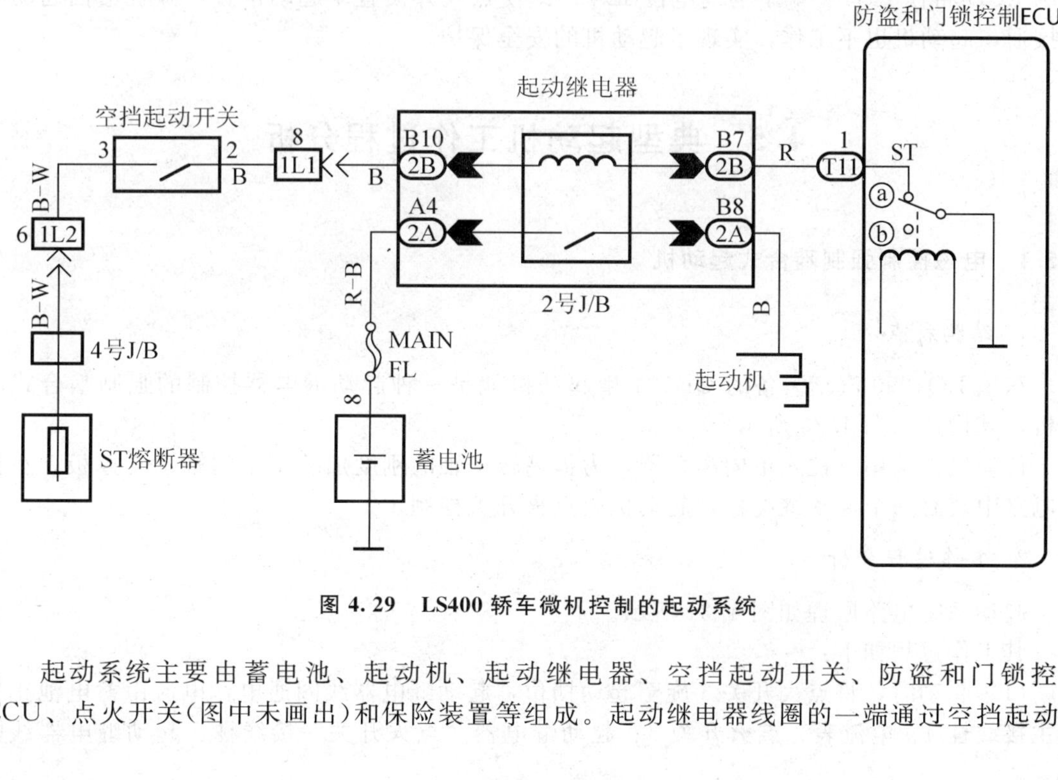

图 4.29 LS400 轿车微机控制的起动系统

起动系统主要由蓄电池、起动机、起动继电器、空挡起动开关、防盗和门锁控制 ECU、点火开关(图中未画出)和保险装置等组成。起动继电器线圈的一端通过空挡起动开关和ST熔断器接点火开关，由点火开关控制与蓄电池正极的连接和断开；另一端接防盗和门锁控制ECU的“ST”端子，由防盗和门锁控制ECU控制其搭铁。变速器处于N挡或P挡位置时，空挡起动开关是接通的，变速器处于其他挡位时，空挡起动开关是断开的。

当点火开关钥匙没有插入或没有处于工作位置时，防盗系统工作，防盗和门锁控制ECU使“ST”端子为高电位12V，即使点火开关置于起动位置，并且空挡起动开关接通，也因起动继电器线圈两端电位相等，起动继电器触点不能闭合，使起动机不工作。

当点火开关钥匙插入并处于工作位置时，全部防盗功能解除，防盗和门锁控制ECU使“ST”端子为低电位0V。如果点火开关置于起动位置、变速器处于空挡位置，则起动继电器线圈电路接通，使起动继电器触点闭合，起动机工作。

发动机起动后，点火开关自起动位置退回，起动继电器线圈电路切断，触点断开。起动机停止工作。

空挡起动开关保证了只有变速器在N挡或P挡位置才能起动发动机，既有利于汽车顺利、安全起动，又能保证在汽车行驶过程中，即使误将点火开关旋至起动位置，起动机也不会工作，避免了齿轮撞击，延长了起动机驱动齿轮和飞轮齿圈的使用寿命。

防盗和门锁控制ECU也可以根据发电机的工作情况或发动机的转速对“ST”端子的电位进行控制，实现起动机的安全保护。

如果防盗和门锁控制ECU是根据发电机的工作情况对“ST”端子的电位进行控制的，则当发电机工作正常后，发电机的输出电压或中性点输出电压超过规定值，防盗和门锁控制ECU将使“ST”端子为高电位12V；如果防盗和门锁控制ECU是根据发动机的转速对“ST”端子的电位进行控制的，则当发动机的转速达到怠速转速后，防盗和门锁控制ECU将使“ST”端子为高电位12V；即使点火开关置于起动位置，并且空挡起动开关接通，起动机也不工作，实现了起动机的安全保护。

4.5 典型起动机工作过程分析

4.5.1 电磁控制强制啮合式起动机

1. 结构特点

东风EQ1090汽车装备的QD124型起动机就是一种起动继电器控制的强制啮合式起动机，其构造如图4.30所示。

传动机构采用滚柱式单向离合器，为提高转子轴的刚度加装了中间轴承支撑板，在控制电路中装有一个起动继电器，起动机由点火开关控制。

2. 工作过程分析

起动系统电路原理如图4.31所示。

其工作过程如下：

(1) 起动时，将点火开关3旋至起动挡位，起动继电器线圈通电，电流由蓄电池正极经主接线柱4、电流表、点火开关3、起动继电器“点火开关”接线柱、起动继电器线圈

2、搭铁流回蓄电池负极。起动继电器触点1闭合，接通电磁开关电路。

电路为：蓄电池正极→主接线柱4→起动继电器“电池”接线柱→起动继电器触点1→起动继电器“起动机”接线柱→电磁开关接线柱9，然后分成两并联电路。

一路是：吸拉线圈13→接线柱8→导电片7→主接线柱5→起动机磁场绕组→电枢绕组→搭铁→蓄电池负极。

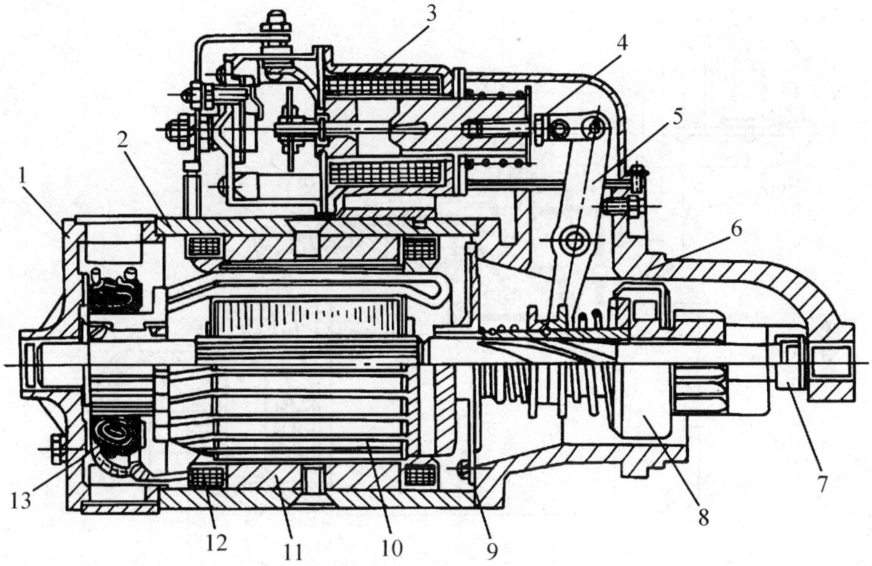

图 4.30 QD124 型起动机

1—前端盖；2—机壳；3—电磁开关；4—调节螺钉；5—拨叉；6—后端盖；7—限位螺钉；8—单向离合器；9—中间轴承支撑板；10—电枢；11—磁极；12—磁场绕组；13—电刷

另一路是：保持线圈14→搭铁→蓄电池负极。

两线圈电流产生同方向电磁力将活动铁心15吸入，拨叉19推动滚柱式单向离合器21，使驱动齿轮22啮入飞轮齿圈。

当齿轮啮合约一半时，活动铁心15就顶动推杆11向左移动，当到达极限位置时齿轮已全部啮合，接触盘10同时将辅助接线柱6和主接线柱4、5相继接通。于是起动机在短路附加电阻和吸拉线圈13的有利条件下产生起动转矩，将发动机起动。

较大起动电流直接从蓄电池正极经主接线柱4、接触盘10、主接线柱5、起动机、搭铁后流回蓄电池负极。吸拉线圈13短路后，齿轮的啮合靠保持线圈14产生的电磁力维持在工作位置。

此时的保持电路为：蓄电池正极→主接线柱4→起动继电器“电池”接线柱→起动继电器触点1→起动继电器的“起动机”接线柱→电磁开关接线柱9→保持线圈14→搭铁→畜电池负极。

(2) 发动机起动后，起动机单向离合器开始打滑，松开点火开关钥匙即自动转回到点火挡位，起动继电器线圈2断电，起动继电器触点1跳开，使电磁开关两个线圈串联，吸拉线圈13流过反向电流，加速电磁力的消失。

电路为蓄电池正极→主接线柱4→接触盘10→主接线柱5→导电片7→接线柱8→吸拉

线圈13(电流反向)→接线柱9→保持线圈14→搭铁→蓄电池负极。由于电磁开关线圈电磁力迅速消失，活动铁心15和活动杆11在回位弹簧作用下返回。

接触盘10先离开主接线柱4、5，触头切断了起动机电源：点火线圈附加电阻也随即接入点火系统。同时拨叉将离合器拨回，驱动齿轮便脱离了飞轮齿圈，起动机停止工作。

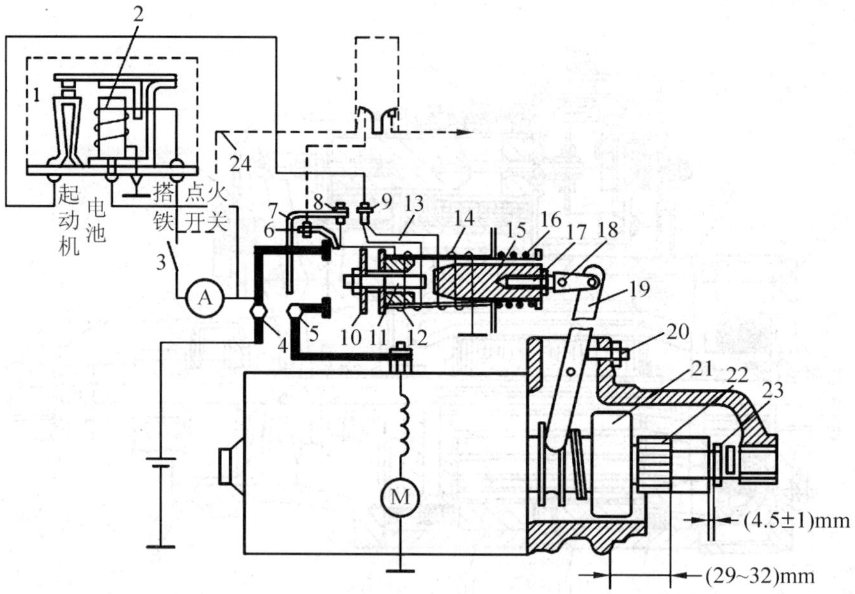

图4.31　QD124型起动机电路

1—起动继电器触点；2—起动继电器线圈；3—点火开关；4、5—起动机开关接线柱（主接线柱）；6—点火线圈附加电阻短路接线柱；7—导电片；8—接线柱；9—电磁开关接线柱；10—接触盘；11—推杆；12—固定铁心；13—吸拉线圈；14—保持线圈；15—活动铁心；16—复位弹簧；17—调节螺钉；18—连接片；19—拨叉；20—定位螺钉；21—滚柱式单向离合器；22—驱动齿轮；23—限位螺母；24—附加电阻线(白线1.7Ω)

4.5.2　减速式起动机

为了提高起动性能并减小起动机的质量，近年来，许多小型汽车采用了内装减速装置的起动机，称为减速起动机(图4.32)。

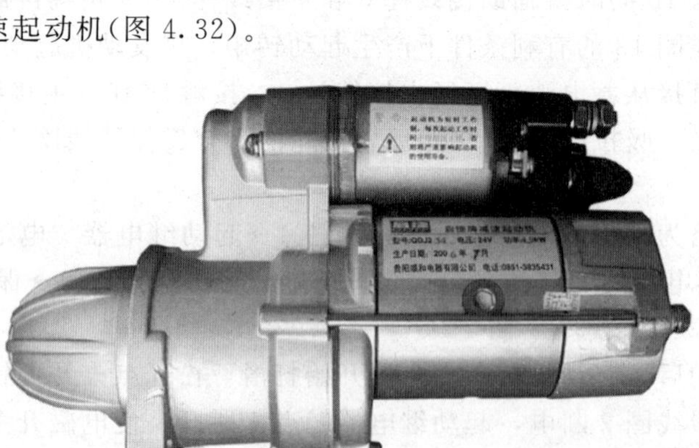

图4.32　QDJ254减速起动机(24V、功率4.9kW，匹配玉柴4110ZD、云内4100系列柴油机)

1. 结构特点

减速起动机基本结构与电磁强制啮合式起动机相同，只是在电枢和驱动齿轮之间，装有减速机构。经减速机构将起动机转速降低后，再带动驱动齿轮。由于应用了减速机构，可采用小型、高速、低转矩的电动机。

起动系统电路原理如图 4.31 所示。起动机的减速机构，常见的有三种形式：内啮合齿轮式、外啮合齿轮式和行星齿轮式，如图 4.33 所示。

减速起动机的电动机转速高达 15000～20000r/min，在同样输出功率条件下比普通起动机的质量减少约 20%～40%，体积约减少一半，转矩增高。这不仅提高了起动性能，而且也相对减轻了蓄电池的负担。

如图 4.34 所示，在减速起动机的电枢轴端，有主动齿轮 13，与内啮合减速齿轮 12 相啮合，内啮合齿轮与螺旋花键轴固连接，在螺旋花键轴上，套有滚柱式单向离合器 10。

2. 工作过程分析

当接通起动开关 1，蓄电池电流流过起动继电器线圈 2，起动继电器线圈产生吸力，使起动继电器触点 3 闭合，接通了电磁开关中吸拉线圈 6 和保持线圈 7 的电路。

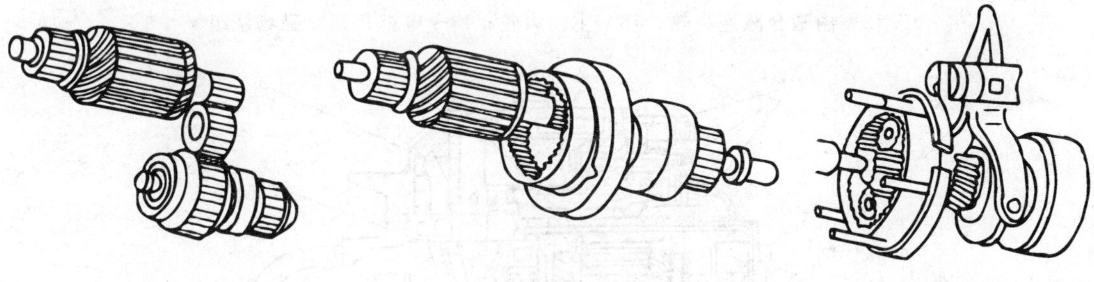

(a) 外啮合齿轮式　　(b) 内啮合齿轮式　　(c) 行星齿轮式

图 4.33　减速机构的结构形式

在两线圈电磁吸力的共同作用下，活动铁心 8 被吸入。带动拨叉 9 将滚柱式单向离合器 10 推出，使驱动齿轮与飞轮齿圈啮合。当驱动齿轮与飞轮完全啮合时，活动铁心推动接触盘 5，将主触点 4 接通，起动机主电路接通，电枢开始高速旋转。

电枢的旋转，经主动齿轮 13，内啮合减速齿轮 12 减速，再经螺旋花键轴 11，传给单向离合器，最后经驱动齿轮传给飞轮，使发动机起动。以后的工作过程，与电磁啮合式起动机相同。

4.5.3　永磁减速式起动机

桑塔纳、奥迪、北京切诺基等汽车采用了永磁减速起动机，既提高了起动机的性能，又简化了起动机的结构。

1. 结构特点

图 4.35 为上海桑塔纳 2000 型轿车采用的 SD6RA 型永磁减速起动机结构简图，图 4.36为北京切诺基 BJ2021 型吉普车采用的 12VDW1.4 型永磁减速式起动机原理简图。

起动机中有 6 块永久磁极，用弹性保持片固定在机壳内。传动机构为滚柱式单向离合器，配以行星齿轮减速装置。其电枢轴齿轮为太阳轮，另有三个行星齿轮和一个固定内齿圈。

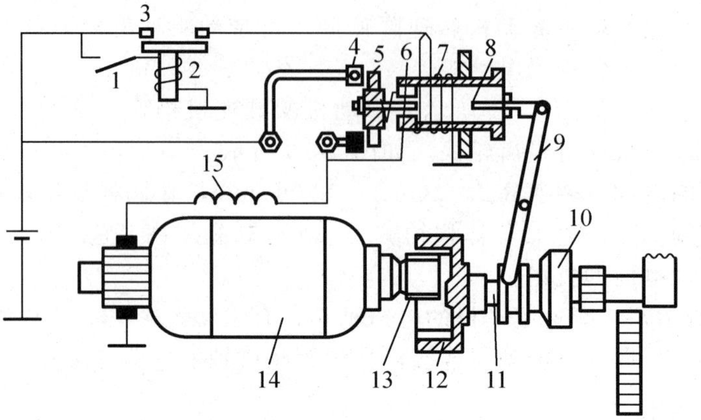

图 4.34 减速起动机

1—起动开关；2—起动继电器线圈；3—起动继电器触点；4—主触点；5—接触盘；6—吸拉线圈；7—保持线圈；8—活动铁心；9—拨叉；10—滚柱式单向离合器；11—螺旋花键轴；12—内啮合减速齿轮；13—主动齿轮；14—电枢；15—磁场绕组

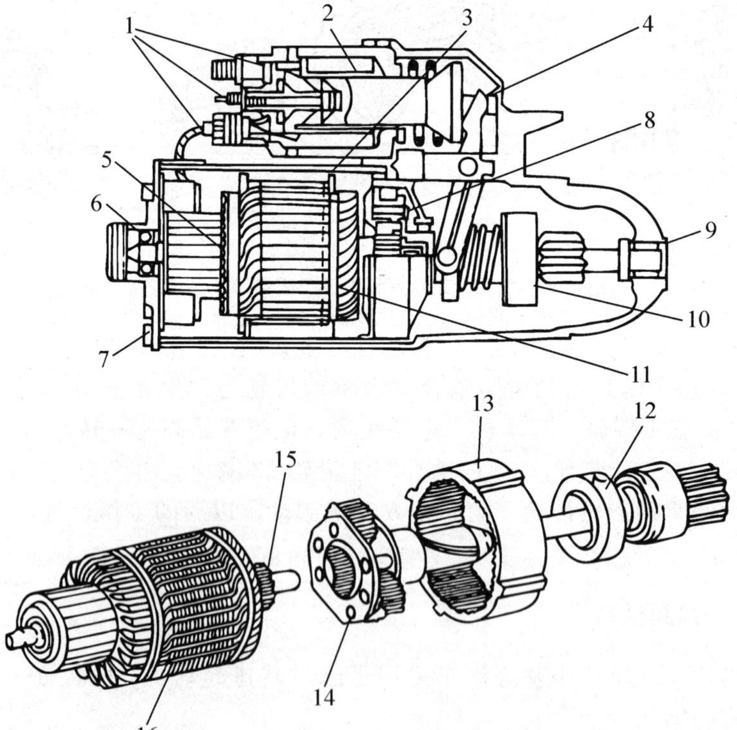

图 4.35 SD6RA 型永磁减速式起动机

1—接线柱；2—活动铁心；3—永久磁铁；4—拨叉；5—换向器；6、9—轴承；7—电刷；8—行星齿轮减速器总成；10—单向离合器；11—电枢绕组；12—驱动盘；13—固定内齿圈；14—行星轮支架；15—太阳轮；16—电枢铁心太阳轮固装在电枢轴上，与3个行星齿轮同时外啮合，3个行星齿轮套装在一个圆盘上，行星齿轮可以灵活自转。圆盘与驱动齿轮轴制成一体。

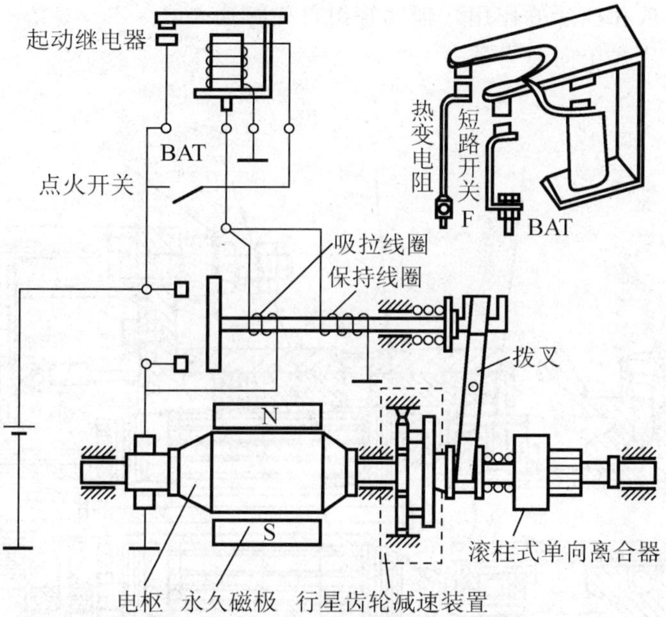

图4.36 12VDW1.4型永磁减速式起动机原理示意

驱动齿轮轴一端制有螺旋花键，与单向离合器传动套筒内螺旋花键配合。和行星齿轮啮合的内齿圈为铸塑件，其外缘有定位槽，嵌入在起动机后端盖上。起动继电器有两对触点，一对控制吸拉线圈和保持线圈的电路，另一对触点，在起动时，使点火线圈附加电阻短路，以增大初级电流，有利于起动。起动继电器的两对触点，均为动合触点。

2. 工作过程分析

起动机的起动过程，与QD124型起动机基本相同，但电枢轴产生的转矩，经行星齿轮减速装置放大，再传给驱动齿轮。转矩传递路线如下：

电枢轴齿轮(太阳轮)→行星齿轮及支架→驱动齿轮轴→滚柱式单向离合器→驱动齿轮→飞轮。驱动发动机曲轴旋转。

4.5.4 电枢移动式起动机

电枢移动式起动机广泛应用在大功率柴油车上。

1. 结构特点

电枢移动式起动机的结构如图4.37所示。

其特点如下：

(1) 起动机不工作时，电枢在弹簧的作用下，停在与磁极中心轴向靠前错开的位置上。

(2) 换向器较长，以便移动后仍能和电刷接触。

(3) 啮合过程是由电枢在磁场的作用下，进行轴向移动来实现的。起动后，靠复位弹簧的弹力，使齿轮脱离啮合，退回原位。

(4) 有主、辅两种励磁绕组。串联的主励磁绕组、串联的辅助励磁绕组和并联的辅助励磁绕组。由于扣爪和挡片的作用，辅助绕组首先接通。

(5) 采用摩擦片式单向离合器。

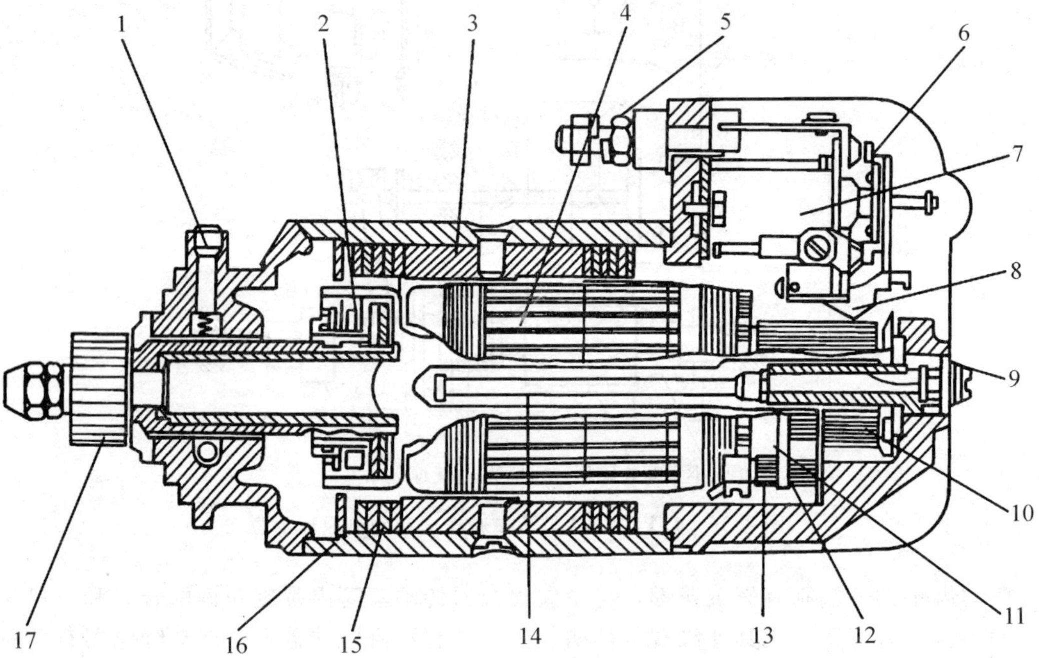

图 4.37　电枢移动式起动机

1—油塞；2—摩擦片式单向离合器；3—磁极；4—电枢；5—接线柱；
6—接触盘；7—电磁开关；8—扣爪；9—换向器；10—圆盘；11—电刷弹簧；
2—电刷；13—电刷架；14—复位弹簧；
15—磁场绕组；16—机壳；17—驱动齿轮

2. 工作过程分析

电枢移动式起动机工作原理，如图 4.38 所示。其中，图 4.38(a)所示为起动机不工作时的状态。起动机工作过程可分为三个阶段。

第一阶段，啮入。起动时，按下起动按钮 K，电磁铁 4 产生吸力吸引接触盘 6，但由于扣爪 8 顶住了挡片 7，接触盘仅能上端闭合，如图 4.38(b)所示。

此时辅助励磁绕组接通，并联辅助励磁绕组 3 和串联辅助励磁绕组 2 产生的电磁力，克服复位弹簧的拉力，吸引电枢向后移动，使起动机齿轮啮入飞轮齿圈。

由于辅助励磁绕组用细铜线绕制，电阻大，流过的电流较小，起动机仅以较低的速度旋转，使齿轮啮入柔和。

第二阶段，起动。当电枢移动使小齿轮与飞轮基本啮合后，固定在换向器端面的圆盘 10，顶起扣爪 8，使挡片 7 脱扣，于是，接触盘 6 的下端也闭合，接通主励磁绕组 1 的电路，起动机便以正常的转矩工作，起动发动机。在起动过程中，摩擦片离合器 13 压紧并传递扭矩，如图 4.38(c)所示。

第三阶段，脱开。发动机起动后，驱动齿轮转速增大，摩擦片离合器被旋松，曲轴转矩便不能传到电枢上，起动机处于空载状态。直到松开起动按钮，电枢又移回原位，驱动齿轮与飞轮齿圈脱开，扣爪也回到锁止位置，起动机才停止运转。

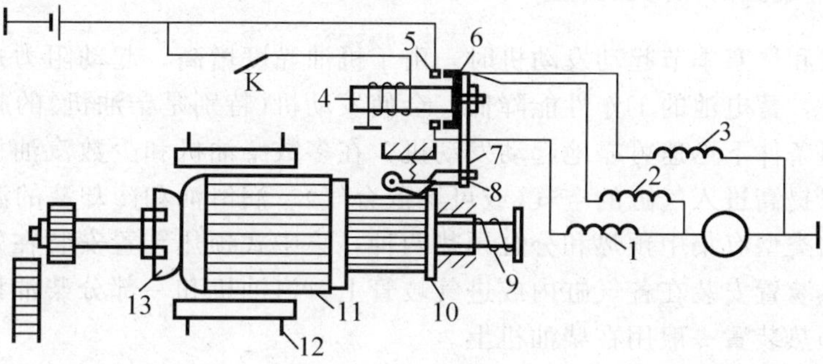

(a) 未啮合

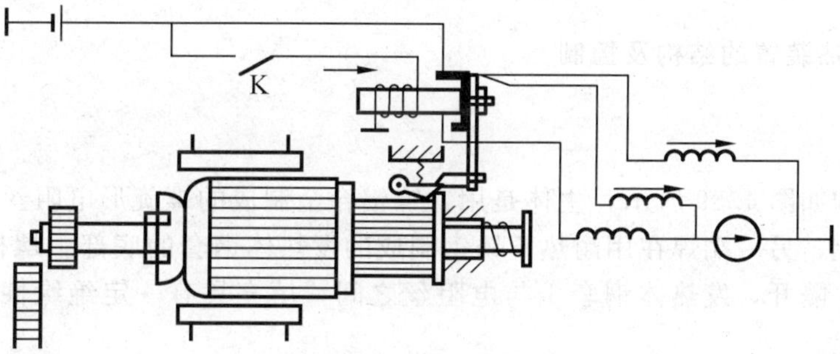

(b) 进入啮合

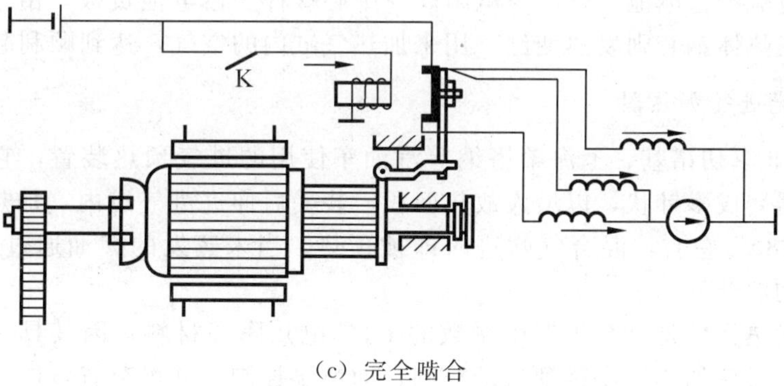

(c) 完全啮合

图 4.38 电枢移动式起动机工作原理简图

1—主励磁绕组；2—串联辅助励磁绕组；3—并联辅助励磁绕组；4—电磁铁；5—静触点；6—接触盘；7—挡片；8—扣爪；9—复位弹簧；10—圆盘；11—电枢；12—磁极；13—摩擦片离合器

4.6 起动预热装置

4.6.1 起动预热装置的作用及类型

在寒冷地区和严寒季节起动发动机时，由于机油黏度增高，起动阻力矩增大，同时燃料雾化性能变差，蓄电池的工作性能降低，会使发动机(特别是柴油机)的起动变得困难。

为保证低温条件下迅速可靠地起动发动机，在多数柴油机和少数汽油机上设有低温起动预热装置，以提高进入气缸的空气(或可燃混合气)、润滑油和冷却液的温度。

进气预热的类型有集中预热和分缸预热两种，集中式预热装置安装在发动机的进气总管上，分缸预热装置安装在各气缸内或进气岐管上。汽油机和一部分柴油机的预热采用集中式，分缸式预热装置一般用在柴油机上。

目前，汽车上常采用的低温起动预热装置有电热塞、电热陶瓷进气加热器和电火焰预热器等。

4.6.2 起动预热装置的结构及控制

1. 电热塞

电热塞结构如图 4.39 所示，主体是用铁镍铝合金制成的螺旋形电阻丝 2，电阻一端焊在中心螺杆 9 上，另一端焊在用耐热不锈钢制成的发热体钢套的底部。螺杆和外壳 5 之间用瓷质绝缘体 7 隔开，发热体钢套 1 与电阻丝之间，填充具有一定绝缘性能和导热性好、耐高温的氧化铝。

电热塞安装在气缸盖上，各缸电热塞中心螺杆用导线接于电源。发动机起动前，接通电热塞开关。电流经蓄电池“+”→电阻丝→中心螺杆→蓄电池负极。由于电流流经电阻丝，电阻丝和发热体钢套则发热变红，用来加热气缸内的空气，达到顺利起动的目的。

2. 电热陶瓷进气加热器

图 4.40 是北京切诺基、上海桑塔纳等汽油车使用的进气预热装置，它安装在进气管的下方，加热器制成多针状，以增大放热面积，装妥后伸进进气道内，加热器通电后其表面温度可达到 180℃左右，混合气吹进时即被预热。当未蒸发的燃油通过时可受热蒸发，从而获得更好的混合气。

加热器的发热元件是具有正温度系数的 PTC 电热陶瓷材料，因其具有随温度升高阻值增大的特性，可使加热温度得到自动控制，即恒温控制，并可节省电能。

图 4.41 是 PTC 电热元件的温度、电流特性曲线，当外界温度为 25℃时，其电阻值为 0.2～0.4Ω。电路一接通瞬时加热电流将达到 40～60A，温度迅速升高，1min 左右温度即可达 60～80℃，3min 内可达到 180℃，此时，电阻值趋于无穷大，电流趋于零，温度保持不变，电路几乎无电能消耗。

3. 电火焰预热器

这种预热装置除了电热塞产生热量外，还通过供油装置向其周围喷油，从而形成电火焰，以产生更多的热量，通常用于集中式预热的柴油发动机。

电火焰预热器(图 4.42)主要由电热塞和电磁喷油器组成，装在发动机进气管上，电热塞用来点燃柴油，加热空气。喷油器电磁阀控制其油路，在电磁阀通电时，阀门开启，喷油器将燃油喷向电热塞而形成电火焰，电热塞及电磁阀受限时控制器的控制。

图 4.43 为奔驰 2026 牵引车的起动预热装置示意图。

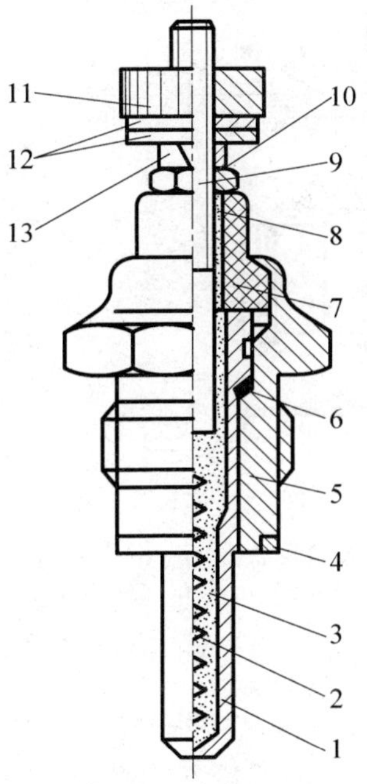

图 4.39　电热塞

1—发热体钢套；2—电阻丝；3—填充剂；4、6—密封垫圈；5—外壳；7—绝缘体；8—胶合剂；9—中心螺杆；10—固定螺母；11—压紧螺母；12—压紧垫圈；13—弹簧垫圈

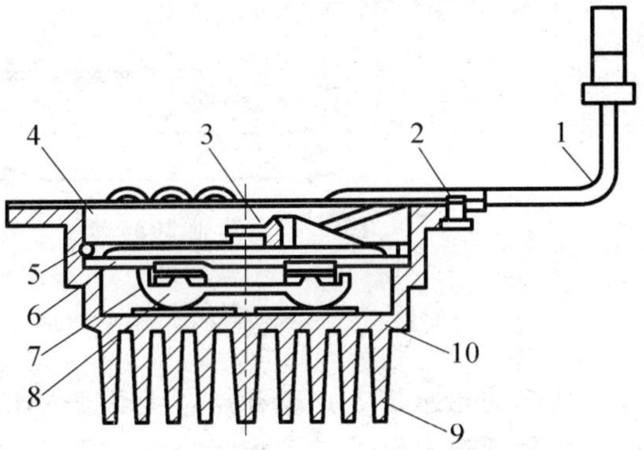

图 4.40　电热陶瓷进气加热器

1—导线(耐 200℃高温)；2—铆钉；3—电极(4 个)；4—屏蔽板；5—卡环；6—弹簧固定板；7—弹簧；8—镍-银电极(4 个)；9—散热片；10—PTC 陶瓷片(4 个)

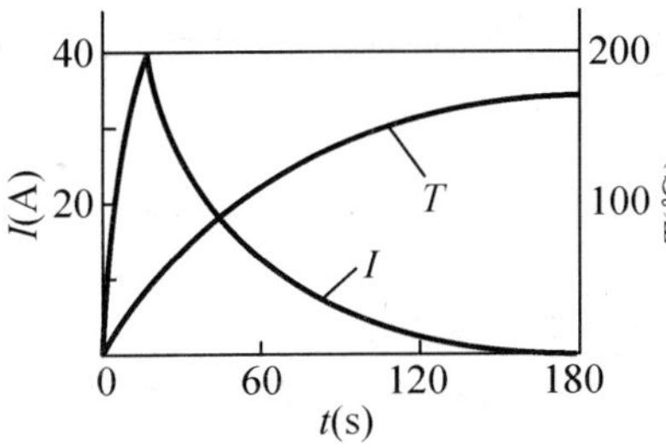

图 4.41　PTC 电热陶瓷材料的温度、电流特性曲线

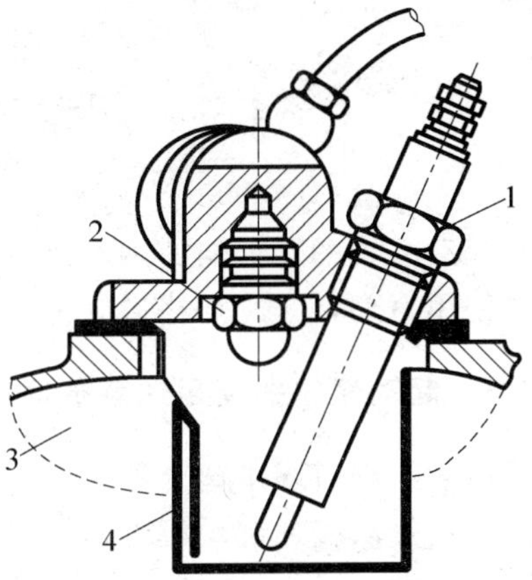

图 4.42　电火焰预热器

1—电热塞；2—带电磁阀的喷油器；3—进气管；4—导流罩

在冷却液温度低于2～5℃时，温度开关3接通，温度指示灯4点亮，按下冷起动按钮5，预热电路接通，经限时器6、控制器7使电热塞发热，稍后使电磁阀接通喷油，同时起动指示灯8点亮，告知驾驶人可起动发动机。

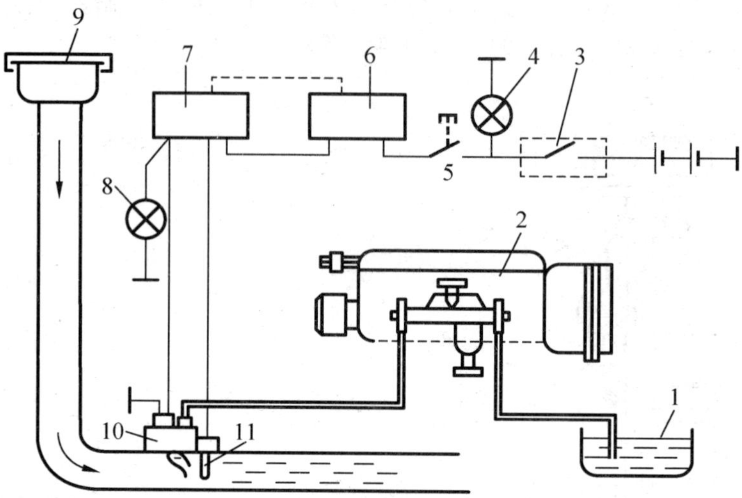

图4.43 奔驰2026牵引车起动预热装置(电火焰预热器)示意

1—燃油箱；2—输油泵；3—温度开关；4—温度指示灯；5—冷起动按钮；
6—限时器；7—控制器；8—起动指示灯；9—空气滤清器；10—电磁阀；11—电热塞

从起动指示灯8点亮开始，大约2min内若未接通起动机电路或起动不成功，限时器自动切断预热电路，起动指示灯8熄灭，如果重新起动需要断开冷起动按钮5，然后再次接通。

在起动指示灯8点亮起的2min内若起动成功，起动指示灯8亦将熄灭。但预热电路仍然工作，直到发动机冷却液温度上升10℃以上时，温度开关3断开，温度指示灯4熄灭，预热电路切断。在温度开关3断开(温度较高)时，即使按下冷起动按钮5，预热装置也不工作。

4.7 起动系统的使用维护与故障排除

起动系统的性能与使用和维护密切相关，为了提高起动系统的工作可靠性，延长起动机的使用寿命，必须严格遵守操作规程，做到正确使用、合理维护。

4.7.1 起动系统的使用注意事项

(1) 起动时踩下离合器踏板，将变速器挂入空挡或停车挡。

(2) 每次接通起动机的时间不得超过5s，两次之间应间歇15s以上。

(3) 发动机起动后应马上松开起动开关。

(4) 发现起动系统工作异常时，应及时诊断并排除故障后再起动。

4.7.2 起动系统的维护

1. 起动机的维护

1）起动机的解体

以解放CA1092型汽车用起动机(图4.44)为例，解体步骤如下：

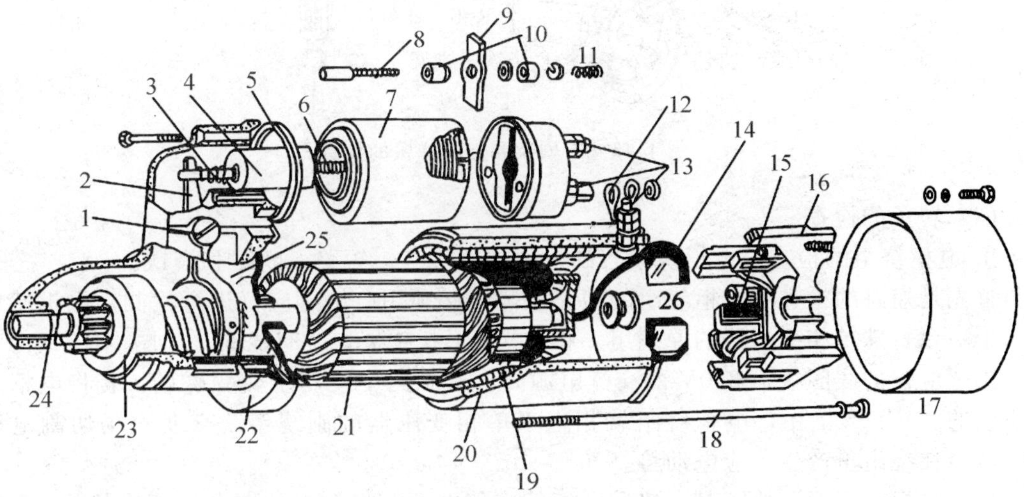

图4.44 解放CA1092型汽车用起动机分解图

1—销轴；2—拨叉杆；3—弹簧螺钉；4—铁心；5—垫圈；6—弹簧；7—线圈体；8—顶杆；9—接触片；10—绝缘垫；11—弹簧；12—连接铜片；13—接线柱；14—绝缘电刷；15—搭铁电刷及电刷架；16—电刷端盖；17—防护罩；18—穿心螺栓；19—定子绕组；20—机壳；21—转子；22—驱动端盖；23—单向离合器；24—挡圈及长环；25—拨叉；26—止推垫圈

(1) 拆下电磁开关与电动机接线柱之间的连接铜片。

(2) 拆下电磁开关与驱动端盖的紧固螺钉，取下电磁开关。

(3) 拆下起动机防护罩。

(4) 用电刷钩取出电刷。

(5) 旋出两只穿心螺栓，使驱动端盖(连同转子)、定子与电刷端盖分离，注意转子换向器处止推垫圈片数。

(6) 拆下中间支撑板螺钉、拆下拨叉销轴，从驱动端盖中取出转子(连同中间支撑板、单向离合器)。

(7) 拆下转子驱动端锁环，取下挡圈，取下单向离合器、中间支撑板。

2）起动机的检查

(1) 电刷、电刷架和电刷弹簧的检查。用测试灯或万用表检查绝缘情况，如图4.45所示。若绝缘电刷架搭铁，则应更换绝缘垫后，重新铆合。在弹簧处于工作状态时，用弹簧秤检查电刷弹簧的压力，一般为11.7～14.7N。若压力降低，可将弹簧向与螺旋方向相反处扳动或更换。

为减小电火花，电刷与换向器之间的接触面积应在75%以上，否则应进行磨修。电刷的高度，不应低于新电刷高度的2/3。电刷在电刷架内应活动自如，无卡滞现象。

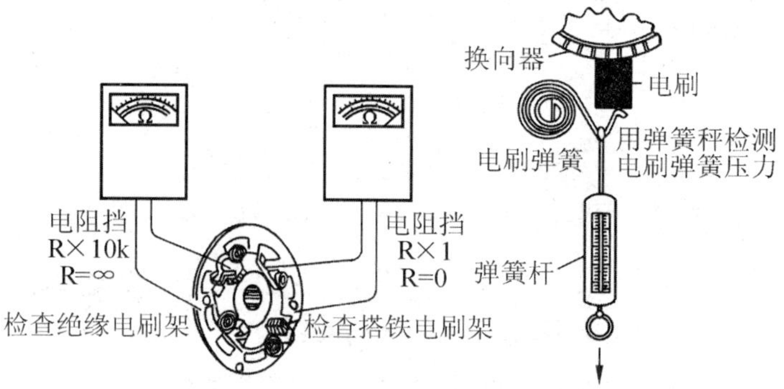

图 4.45 电刷架和电刷弹簧的检查

(2) 转子的检查。

① 电枢绕组的检查。电枢绕组容易发生的故障有：短路、断路和搭铁。

首先是短路的检查。电枢绕组的短路故障，必须用电枢感应仪进行检测。电枢感应仪相当于一台特殊单相变压器的原绕组。在“V”形托架上，绕有线圈，如图 4.46 所示。

当感应仪的线圈接上 220V 的交流电源时，其磁路中便产生交变磁场，若将电枢放在感应仪的“V”形槽中，电枢绕组就相当于单相变压器的副绕组。交变磁场切割电枢绕组，就会在绕组里产生感应电动势。

检查电枢绕组短路故障时，接通电枢感应仪电源，将电枢放在电枢感应仪的“V”形槽上，一面转动电枢，一面用一薄钢片(如钢锯条)，在电枢铁心的每个槽上依次试验[图 4.46(b)]。

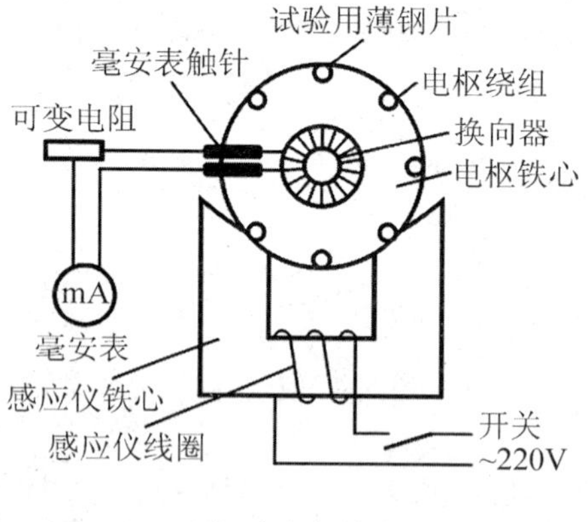

(a) 电枢感应仪接线

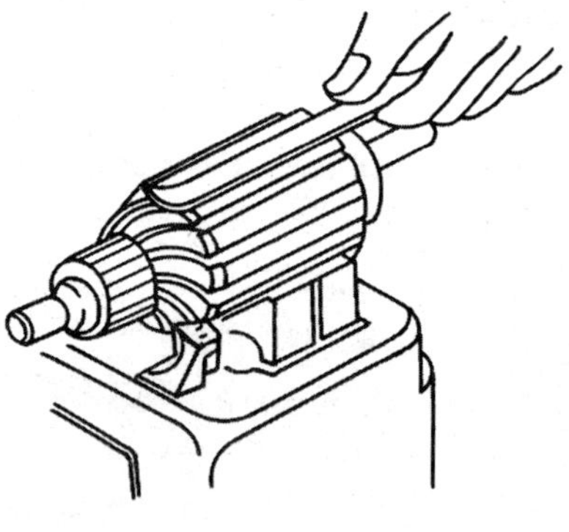

(b) 检查电枢

图 4.46 用电枢感应仪检查电枢故障

若钢片在某一槽上发生振动，则表示该槽的某一线圈有短路现象。因为线圈发生短路后，短路的线匝形成闭合回路，在感应仪交变磁场的作用下，产生交变电流，该交变电流又产生一局部交变磁场，钢片在交变磁场的作用下，产生振动。

起动机电枢绕组，采用波绕法。相邻两换向片间短路时，钢片会在四个槽中振动。当同一个槽中上下两层导线短路时，钢片在所有的槽中都振动。

其次是断路的检查。电枢绕组线头与换向片应卡焊牢固，断路故障多发生在线圈端部与换向器的连接处。大多数是由于长时间大电流运转，或电枢铁心与磁极铁心摩擦，使得电枢温度过高，焊锡熔化，导致换向片上的线头脱焊所致，一般较易发现。

检查电枢绕组断路故障时，将电枢检验仪所附毫安表的两根触针(图 4.46(a))，分别接触两个在水平位置相邻的换向片。固定两触针，慢慢转动电枢轴，若导线无断路，便有电流显示，若无电流显示，则说明线圈有断路。多处断路时，也可用万用表电阻挡进行检测，如图 4.47 所示。

最后是搭铁的检查。对于电枢绕组的搭铁故障，可使用 220V 交流测试灯进行检查。将交流测试灯的两根触针，分别接触电枢轴和换向片。若试灯亮，说明电枢绕组搭铁，检查时应注意安全。也可用万用表电阻挡进行检测，如图 4.48 所示。

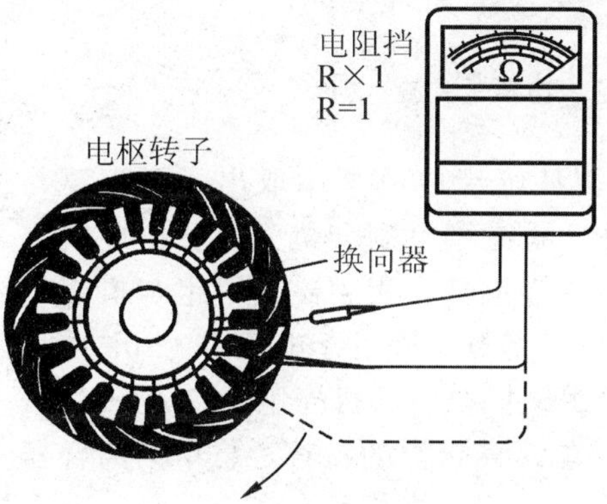

图 4.47 电枢绕组断路的检查

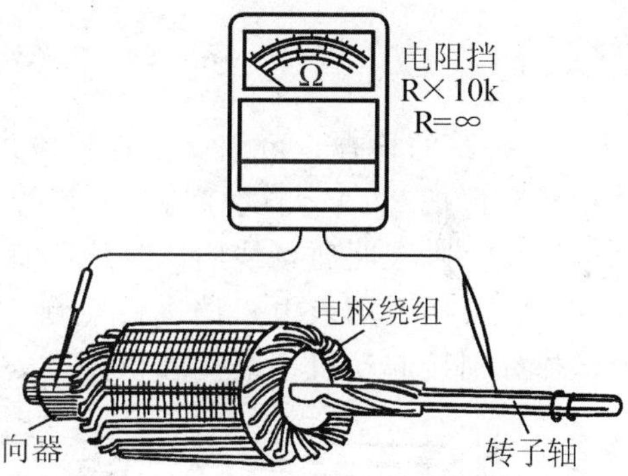

图 4.48 电枢绕组搭铁的检查

电枢绕组有短路、搭铁故障时，应重新绕制或更换。

② 换向器的检查。换向器的故障，多为表面烧蚀或失圆。轻微失圆，可用 00 号砂纸进行打磨。严重烧蚀或圆度误差大于 0.025mm 时，应用车床精车。换向片的径向厚度，不得小于 2mm，否则应予更换。换向器的云母片，应低于换向器铜片圆周表面 0.5mm 左右。铜片和线头的焊接应牢固，不得松动。

③ 电枢轴的检查。电枢轴是否弯曲，可用百分表检查。铁心表面对轴线径向跳动，应不大于 0.15mm，否则说明电枢轴弯曲严重，应予校直或更换。

(3) 磁场绕组的检查。与电枢绕组一样，磁场绕组也有短路、断路和搭铁的故障。

① 短路的检查。磁场绕组的外部包扎层若已烧焦、脆化，一般表明匝间已绝缘不良。若外部完好无法判断时，可把绕组套在铁棒上，放入电枢感应仪，进行检查，如图 4.49 所示。感应仪通电 3～5min 后，若绕组发热，则表明匝间有短路。

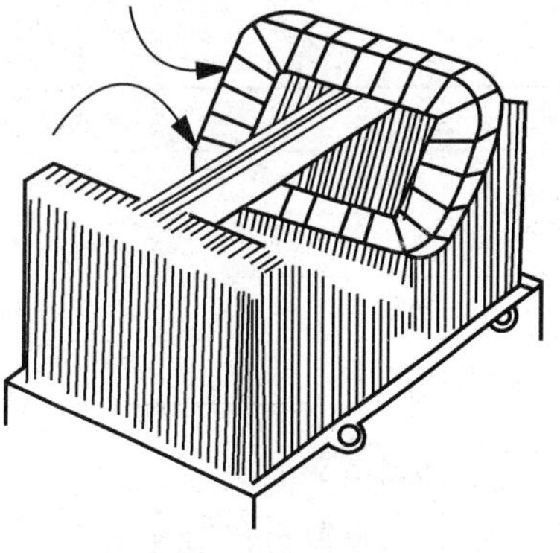

图 4.49 磁场绕组短路检查

② 断路的检查。磁场绕组断路，一般是绕组引出接头脱焊、假焊所致，可用万用表检查，如图 4.50 所示。将万用表的一根触针接触起动机接线柱，另一触针接触绝缘电刷，万用表显示电阻值为∞，说明断路。也可用试灯检查。

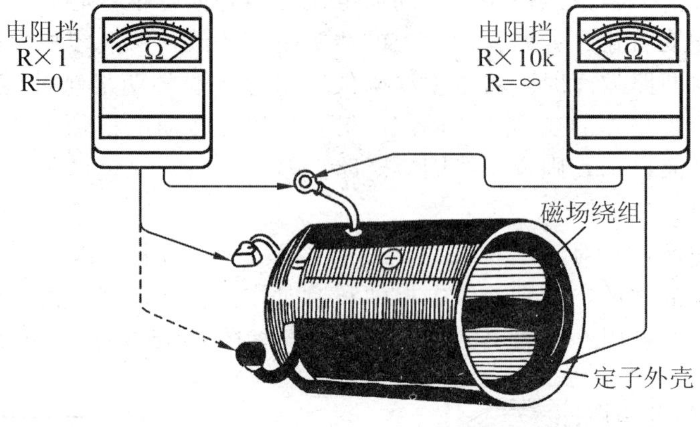

图 4.50　定子外壳与磁场绕组绝缘电阻的检查

③ 搭铁的检查。可用测试灯检查。先将绝缘电刷从绝缘电刷架中取出，但不要与机壳相碰，再把 220V 测试灯的两个触针，分别与起动机的绝缘电刷和机壳接触。此时，若测试灯亮，则表明磁场绕组因绝缘损坏而搭铁。若测试灯不亮，表明磁场绕组与机壳绝缘良好。也可用万用表电阻挡进行检测，如图 4.50 所示。将万用表置于电阻 R×10k 挡，两个试棒分别接起动机接线柱和机壳，若 $R=\infty$，则说明磁场绕组与机壳绝缘良好。

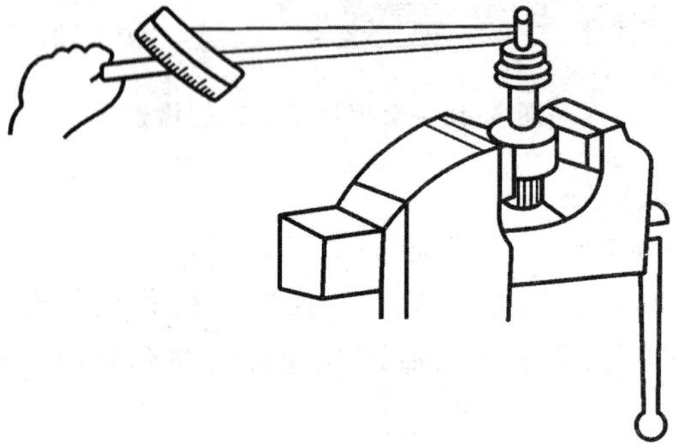

图 4.51　检查单向离合器是否打滑

(4) 单向离合器的检查。将单向离合器夹紧在台钳上，用扭力扳手向离合器压紧方向旋转，如图 4.51 所示。单向离合器应能承受规定扭矩而不打滑，否则应更换。

摩擦片式离合器，扭矩若不符合规定，可在压环与摩擦片之间，增减垫片予以调整。

(5) 轴承衬套间隙的检查。各轴颈与衬套的配合间隙，应符合表 4-2 的规定。若间隙过小，可用铰刀铰孔，若间隙过大，则更换衬套后，再铰削配合。

表 4-2　一般起动机衬套与轴的配合间隙

名称	标准间隙/mm	允许最大间隙/mm	衬套外圆与孔的过盈量/mm
前端盖铜套	0.04～0.09	0.18	0.08～0.18
后端盖铜套	0.04～0.09	0.18	0.08～0.18
支撑板铜套	0.085～0.15	0.25	0.08～0.18
驱动齿轮铜套	0.03～0.09	0.23	0.08～0.18

3)电磁开关的检查

(1) 接触盘表面和触点表面的检查。轻微烧蚀，可用砂布打光。严重烧蚀，应予修复或更换。

(2) 吸拉线圈和保持线圈的检查。可用万用表 R×1 挡，检查吸拉线圈和保持线圈的电阻值，部分起动机线圈电阻标准值见表 4-3。若内部断路或短路，应更换。

表 4-3 起动机电磁开关线圈电阻标准值

起动机型号	保持线圈/Ω	吸拉线圈/Ω
QD1211	0.88±0.1	0.27±0.05
QD124F	0.97±0.1	0.6±0.05
QD124A	1.29±0.12	0.33±0.03

(3)电磁开关闭合电压和释放电压的检查。将电磁开关装回起动机，按图 4.52 接线。在起动机驱动齿轮和限位垫圈之间，放一垫块，模拟驱动齿轮与飞轮齿圈齿端相啮状态，接通电路，逐渐调高电压，灯亮时的电压，即为电磁开关的闭合电压，应不大于额定电压的 75%。然后，逐渐调低电压，直到电磁开关释放，测试灯熄灭。该瞬间的电压，即为释放电压。释放电压不应大于额定电压的 40%。

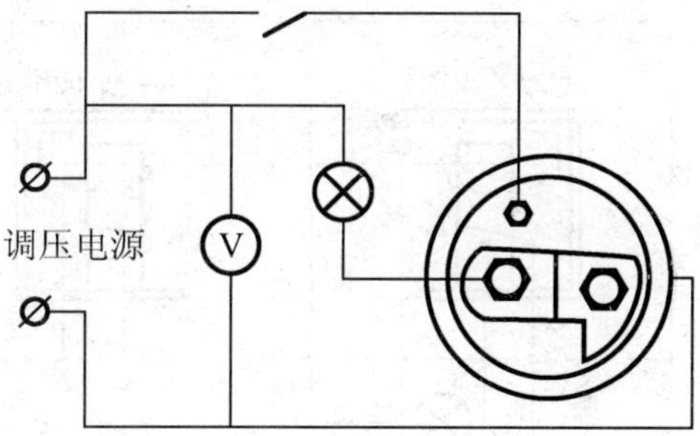

图 4.52 电磁开关吸放性能测试

4）起动机的装复

起动机的装复顺序与解体时的顺序相反。

5）起动机解体和装复注意事项

(1) 从车上拆下起动机前应首先切断点火开关、拆下蓄电池搭铁线，以防操作时产生电火花损坏电子元件。

(2) 若起动机与发动机之间装有薄金属垫片，在装配时应按原样装回。

(3) 不同型号的起动机解体与组装顺序有所不同，应按厂家规定的操作顺序进行。

(4) 部分组合件无故障时不必彻底解体，如电磁开关、定子铁心及绕组。

(5) 组装时各螺栓应按规定转矩旋紧，应检查调整各部分间隙。

(6) 各润滑部位应使用厂家规定的润滑剂润滑。例如，奥迪 100 轿车用起动机的减速器与单向离合器均用 MoS_2 润滑脂润滑；挡圈与锁环应使用 MoS_2 润滑脂轻微润滑；更换新衬套时，应在压入之前将衬套在热润滑油中浸泡 5min。

(7) 永磁式起动机对敲击、振动及外压力有很高的敏感性。不得将起动机外壳夹紧在台钳上，否则会损坏磁铁。进行电器试验时电路不得接错，否则会损坏磁铁，而且不能修复。进行维修时，需确保起动机清洁。

2. 起动继电器的检查

1）起动继电器闭合电压与断开电压的检查

起动继电器的检查方法如图 4.53 所示。先将滑线式变阻器调至负载最大值，然后，逐渐减小电阻，在触点刚闭合时，电压表的读数即为闭合电压。再逐渐增大电阻，当触点刚刚打开时，电压表的读数即为断开电压。闭合电压和断开电压，应符合下列规定，否则，可改变弹簧预紧力或触点高度进行调整。

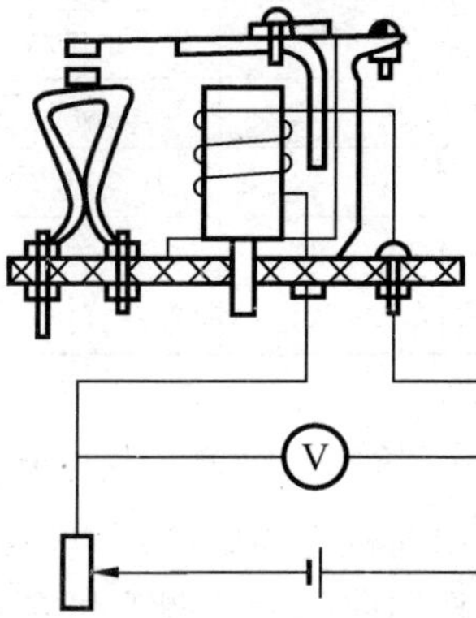

图 4.53 起动继电器的检查

标准电压为 12V 时，触点闭合电压为 6～7.6V，触点断开电压为 3～5.5V。

标准电压为 24V 时，触点闭合电压为 14～16V，触点断开电压为 4.5～8V。

2）复合继电器的检查

(1) 起动继电器闭合电压与断开电压的测试。测试电路如图 4.54(a)所示。方法同普通起动继电器基本一样，先将滑线式变阻器调至最大值，接通开关 S，逐渐减小电阻，在试灯点亮的瞬间，触点刚闭合时，电压表的读数，即为闭合电压。再逐渐增大电阻，当触点刚刚打开时，电压表的读数，即为断开电压。

(2) 保护继电器动作电压与释放电压的测试，测试电路如图 4.54(b)所示。

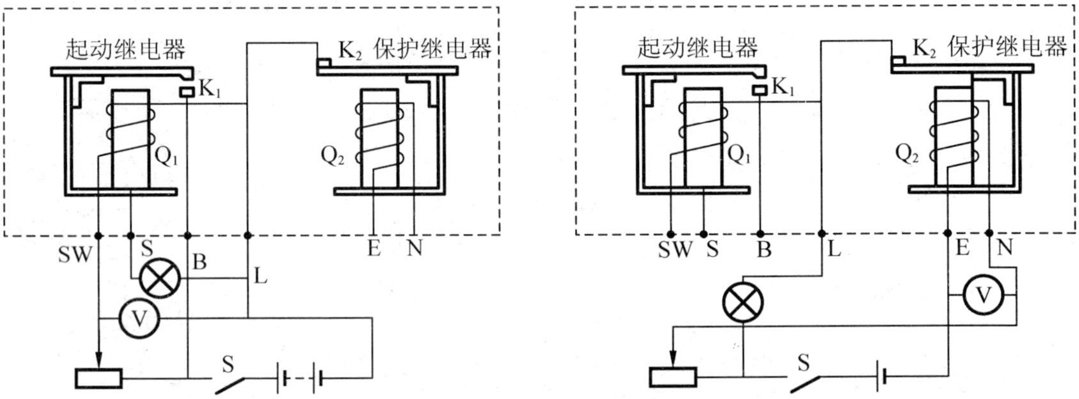

(a) 起动继电器性能测试　　(b) 保护继电器性能测试

图 4.54　复合继电器的性能测试

先将滑线式变阻器调至最大值，接通开关 S，试灯点亮。逐渐减小电阻，在试灯熄灭瞬间，电压表的读数，即为动作电压。再逐渐增大电阻，当试灯再次点亮时，电压表的读数，即为释放电压。国产起动机复合继电器的主要性能见表 4-4。有关电压不符合要求时应予调整。

表 4-4　起动机复合继电器的主要性能

型号	额定电压/V	起动继电器			保护继电器		适用车型
		闭合电压/V	断开电压/V	瞬时电流/A	动作电压/V	释放电压/V	
JD136	12	5～6.6	≤3	75	4.5～5.5	≤3	EQ1090F
JD236	24	10～13.2	≤6	35	9～11	≤3	
JD171	12	≤7	≤1.5	75	4.5～5.5	≤2	CA1090
JD271	24	≤14	≤3	35	9～11	≤4	

3. 起动机的调整与试验

起动机经检修后，应进行一系列的调整与试验，以确保其性能符合要求。调整项目包括电枢轴向间隙的调整和驱动齿轮与止推环间的间隙调整。试验项目包括空载试验和全制动试验。

1）起动机的调整

(1) 电枢轴向间隙的调整。如图 4.55 所示，电枢轴向间隙 C 应为 0.1～1.0mm，否则应通过增减换向器与端盖之间的调整垫片予以调整。

（2）驱动齿轮与止推环间的间隙的调整。如图 4.55 所示，在起动机电磁开关未接通时，驱动齿轮与止推环间的间隙 A 应比飞轮齿圈宽 5～8mm；当电磁开关通电，活动铁心完全吸进时，驱动齿轮被推出，此时间隙为 B，一般 B 为 1.5～2.5mm。如果该间隙不合适，可根据起动机的具体结构通过下列调整部位进行调整：

① 止动螺钉结合调整螺杆。

② 止动螺钉结合偏心拨叉轴销。

③ 调整电磁开关与驱动端盖间垫片厚度。

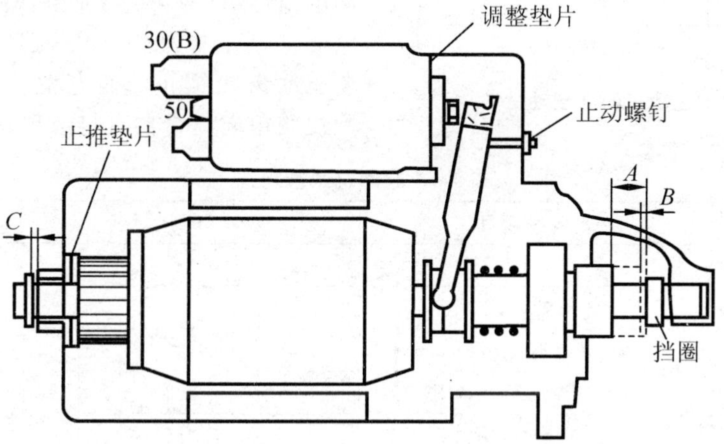

图 4.55　常见起动机调整部位示意

2）起动机试验

起动机试验，一般在汽车电器万能试验台上进行，按图 4.56 所示接线。

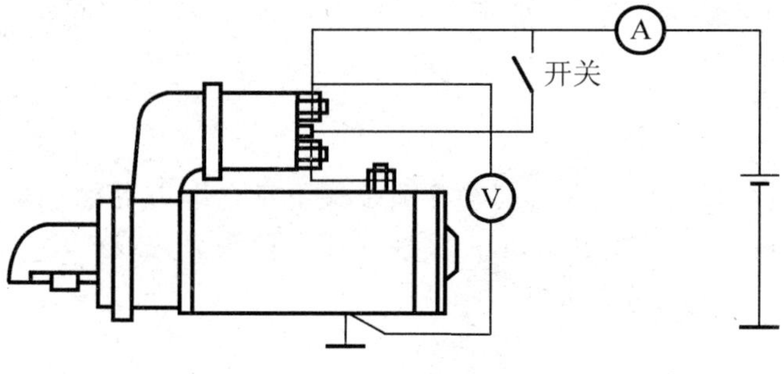

图 4.56　起动机试验电路

（1）空载试验。将起动机固定后，接通起动机电路，起动机应转动均匀，电刷下无火花。测量空载电流、电压和转速。其值应符合表 4-5 的规定。每次试验时间，不得超过 1min，以免起动机过热。若电流大于标准值，而转速低于标准值，表示起动机装配过紧，或电枢绕组、磁场绕组内有短路或搭铁故障。若电流和转速都小于标准值，则表示起动机电路中有接触不良的地方，如电刷弹簧压力不足，造成换向器与电刷接触不良等。

（2）全制动试验。空载试验后，再进行全制动试验，以测量起动机在全制动时的电流和制动力矩，判断起动机主电路是否正常，并检查单向离合器是否打滑。

将起动机夹在试验台上，杠杆的一端夹紧起动机的驱动齿轮，另一端挂在弹簧秤上，

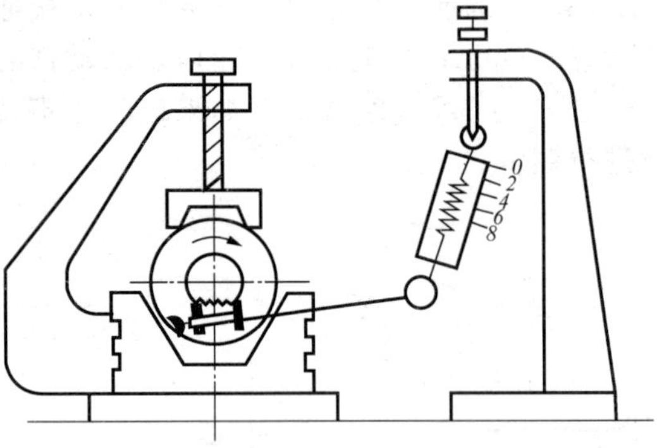

图 4.57 起动机的全制动试验

如图 4.57 所示。试验时，保持起动机电路接通，观察在制动状态下，单向离合器是否打滑，并迅速记下电流表和弹簧秤读数，其值应符合规定。每次制动试验的时间，不得超过 5s，以免损坏起动机或蓄电池。

表 4－5 为部分起动机试验规范。若扭矩小于标准值而电流大于标准值，则表明磁场和电枢绕组中有短路或搭铁故障。若扭矩和电流都小于标准值，则表明电路接触不良。若驱动齿轮锁止，而电枢轴仍有缓慢转动，则说明单向离合器有打滑现象。

表 4－5 起动机试验规范

	项目	QD124A 型	QD1211 型
空载特性	电压/V	12	12
	电流/A(不大于)	95	90
	转速不低于/(r/min)	5000	5000
全制动特性	电压/V(不大于)	8	7.5
	电流/A(不大于)	600	850
	扭矩/N·m(不小于)	24	34

4.7.3 起动系统故障诊断与排除

起动系统常见的故障有：起动机不转；起动机转动无力；起动机空转和起动机异响等。

1. 起动机的常见故障部位

起动系统常发生故障的部位有：起动开关接触不良；继电器触点烧蚀、线圈短路、断路或搭铁不良；蓄电池无电或存电不足；极柱损坏、接头氧化或松动等。

起动机本身的常见故障部位如图 4.58 所示。

2. 起动机不转

1）故障现象

点火开关旋至起动挡时，起动机不转。

2）故障原因

(1) 蓄电池亏电或内部损坏。

(2) 电路故障。导线断路、接触不良或连接错误。

(3) 点火开关或起动继电器有故障。

(4) 起动机控制装置故障。

① 电磁开关触点烧蚀引起接触不良。

② 电磁开关线圈断路、搭铁和短路。

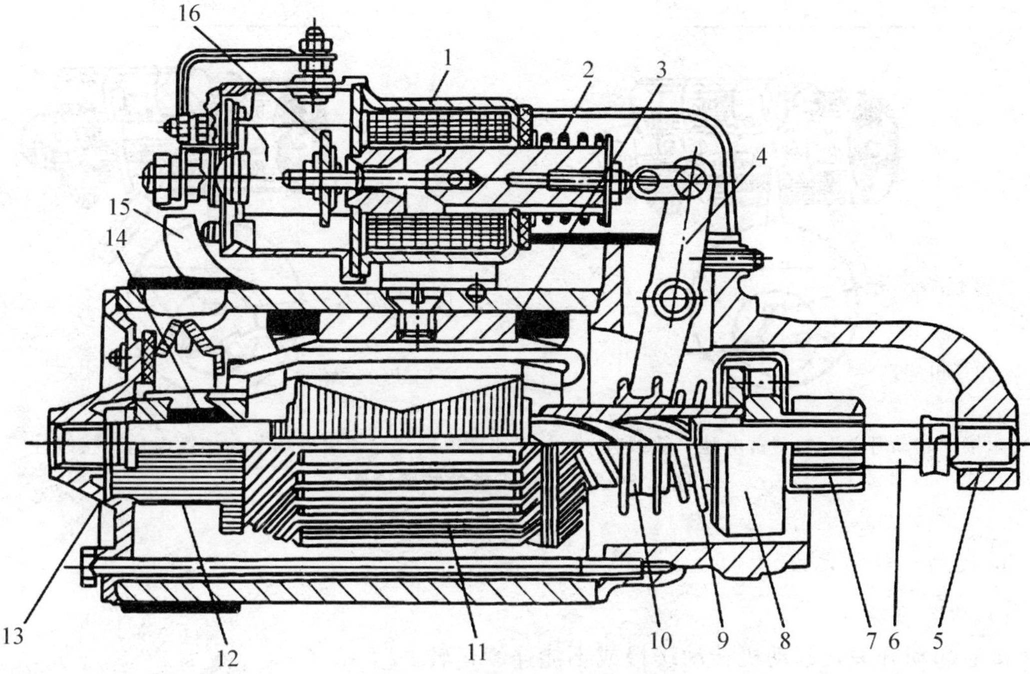

图 4.58 起动机常见故障部位

1—吸拉线圈、保持线圈断路、短路；2、9—弹簧弹力过软、折断；3—起动机磁极线圈断路、短路；4—起动拨叉卡滞；5、13—轴承磨损；6—定子轴弯曲变形；7—驱动小齿轮轮齿折断；8—单向离合器失效；10—滑套卡滞；11—电枢线圈断路、短路；12—换向器脏污、短路、断路；14—电刷磨损过量，与换向器接触不良，弹簧弹力不足，电刷卡滞；15—连接导线接触不良；16—接触盘烧蚀、脏污、翘曲不平

(5) 起动机内部故障。

① 电枢轴弯曲或轴承装配过紧。

② 换向器脏污或烧坏。

③ 电刷磨损过短、弹簧过软、电刷在架内卡住与换向器不能接触。

④电枢绕组或励磁绕组短路、断路或搭铁。

3) 故障诊断与排除

(1) 检查蓄电池存电是否充足和电源电路有无故障。

方法：用高率放电计等检查蓄电池技术状况，再开大灯或按喇叭检查电源电路是否有故障。

(2) 判断故障在起动机还是在控制电路。

方法：短接电磁开关上的“起动开关”与“蓄电池”接线柱，如图 4.59(a)所示。

① 起动机运转，说明起动机良好，故障在控制电路(包括开关和起动继电器)。可用短接的方法分别检查出起动开关、继电器和导线是否正常。

② 起动机不转，说明故障在起动机。短接电磁开关“起动机磁场”与“蓄电池”接线柱，如图 4.59(b)所示。若起动机运转正常，则电磁开关有故障；仍不转，则说明起动机内部有故障。

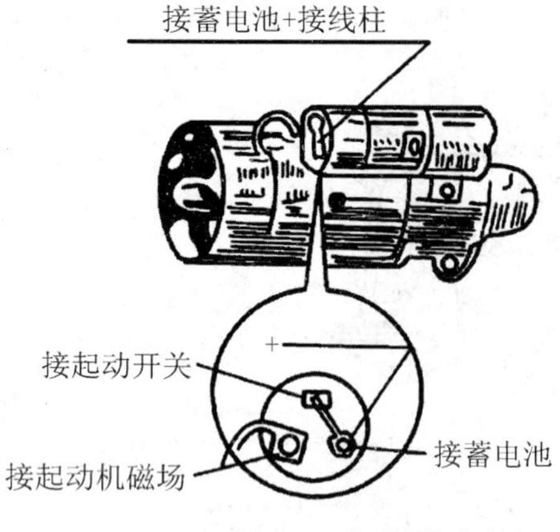

(a) 短接“起动开关”与“蓄电池”接线柱

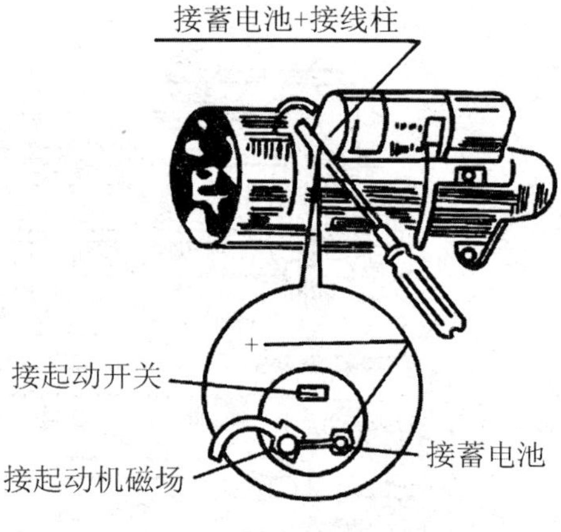

(b) 短接“起动机磁场”与“蓄电池”接线柱

图 4.59 起动机不转的故障诊断

3. 起动机转动无力

1) 故障现象

接通起动开关，起动机转动缓慢或不能连续运转。

2) 故障原因

(1) 蓄电池和导线故障。蓄电池存电不足；起动机电路接头松动、脏污，接触不良。

(2) 起动机故障。

① 电枢绕组或励磁绕组局部短路，使起动机功率下降。

② 电枢轴弯曲轴承间隙过大导致转子与定子碰擦(扫膛)。

③ 电刷磨损过多，弹簧过软，使电刷与换向器接触不良。

④ 换向器表面烧蚀、脏污。

⑤ 电磁开关主触点、接触盘烧蚀；电磁开关线圈局部短路。

⑥ 起动机轴承装配过紧，转动阻力过大。

3) 故障诊断与排除

(1) 检查蓄电池和连接电路是否正常，要特别注意检查蓄电池极柱、起动和搭铁电缆接头等处是否良好接触。

(2) 如蓄电池和电路良好，则表明起动机有故障。

4. 起动机空转

1) 故障现象

接通起动开关，起动机只是空转，不能啮入飞轮齿圈带动发动机运转。

2) 故障原因

(1) 飞轮齿圈磨损过甚或损坏。

(2) 单向离合器失效打滑。

(3) 电磁开关铁心行程太短，驱动小齿轮与飞轮齿圈不能啮合，拨叉连接处脱开。

3) 故障诊断与排除

起动机空转有两种情况：一种是起动机驱动齿轮不与飞轮齿圈啮合的空转，这是由于起动机的操纵机构或控制机构有故障造成的。另一种是起动机的驱动齿轮已与飞轮齿圈啮合，但由于单向离合器打滑而空转。诊断排除方法如下：

(1) 检查电磁控制式起动机的接触盘的行程。若行程过小，则会使起动机提前转动，不能与飞轮齿圈啮合，而出现打齿现象。

(2) 检查单向离合器是否打滑。

5. 起动机撞击异响

1) 故障现象

接通起动开关，可听到“嘎、嘎”的齿轮撞击声。

2) 故障原因

(1) 起动机齿轮或飞轮齿圈轮齿损坏。

(2) 电磁开关行程调整不当，使起动机驱动齿轮未啮入飞轮齿圈之前，起动机主电路过早接通。

(3) 起动机固定螺钉松动或离合器完松动。

(4) 电磁开关内部电路接触不良。

3) 故障诊断与排除

(1) 检查起动机固定螺钉有无松动或离合器外壳有无松动。

(2) 检查啮合的齿轮副是否磨损过量。

(3) 检查起动机控制开关主电路是否接通过早。

(4) 检查电磁开关保持线圈是否短路、断路或接触不良。

6. 起动机失去自动保护功能

1) 故障现象

用起动复合继电器控制的起动系统，发动机起动后，驾驶人不松开点火开关钥匙，起动机不能自动停止运转。发动机运转过程中，将起动开关扭至起动挡位，则发出齿轮撞击声。

2) 故障原因

(1) 充电系统发生故障，发电机中性点无电压输出。

(2) 发电机接线柱 N 至复合继电器接线柱 N 的导线断路或接触不良(图 4.28)。

(3) 复合继电器中保护继电器的触点烧结，或磁化线圈断路、短路、搭铁。

(4) 复合继电器搭铁不良。

复习思考题

1. 简述车用起动机的作用和类别。
2. 简述车用起动机的工作特性。
3. 常用车用起动机有哪几种控制方式？
4. 简述电磁控制强制啮合式起动机的工作过程。
5. 如何对车用起动机进行检修？

第5章　点火系统

教学提示

点火系统应在发动机各种工况和使用条件下都能保证可靠而准确地点火，使发动机能及时、迅速地起动并连续运转。点火系统种类繁多，各种新技术、新结构不断涌现。

教学要求

本章主要介绍点火系统的结构组成、工作原理和使用维护方法。要求学生了解点火系统的发展历程，熟悉点火系统的结构组成和工作原理，掌握点火系统的测试和检修方法。

5.1　点火系统概述

5.1.1　点火系统基本组成

汽油发动机吸入气缸的燃油和空气的混合气，在压缩行程终了时需经电火花点燃，才能使混合气燃烧产生强大的压力，推动活塞运动而做功。

汽油发动机点火系统的作用是适时地为发动机气缸内已压缩的可燃混合气提供足够能量的电火花，使发动机能及时、迅速地起动并连续运转。点火系统的基本结构如图 5.1 所示。

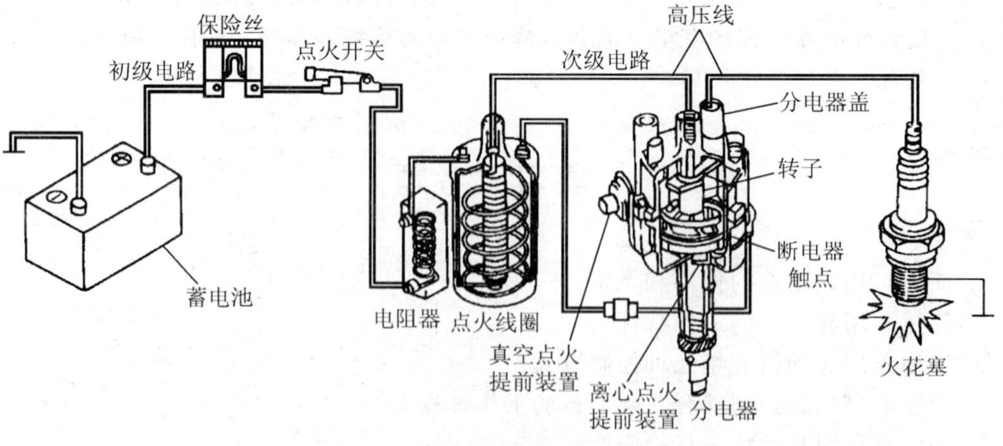

图 5.1　点火系统基本结构

5.1.2 汽油发动机连续运转(正常着车)的必备条件

为使汽油发动机连续运转(正常着车)，必须具备“有油、有电、有压缩”这三个基本条件。

(1) 进入气缸的可燃混合气浓度必须适宜，既不能太浓，也不能太稀。

(2) 点火系统必须在正确的点火时刻进行点火，且电火花要足够强烈。

(3) 在压缩行程接近终了时，燃烧室内要有较高的压缩压力。

5.1.3 对点火系统的基本要求

点火系统性能好坏对发动机的工作有十分重要的影响。点火系统应在发动机各种工况和使用条件下都能保证可靠而准确地点火。

为此，对点火系统有下列要求：

(1) 点火系统应能产生足以击穿火花塞电极间隙的高电压。

能够击穿火花塞电极间隙，在火花塞电极间产生电火花的最低电压，称为火花塞击穿电压。汽车在行驶中，发动机在满载低速时需 8～10kV 的高压电，正常点火一般均在 15kV 以上，起动时可达 19kV。

为保证点火可靠，点火系统所能产生的最高电压必须总是高于火花塞的击穿电压。考虑各种不利因素的影响，通常将点火装置的设计能力控制在 30kV 以内。

(2) 电火花应具有足够的点火能量。

发动机正常工作时，因混合气压缩终了的温度已接近其自燃温度，这时所需电火花能量为 1～5mJ 即可点火。但在发动机起动、怠速运转以及节气门急剧打开时，则需较高的电火花能量。

为保证发动机能在较高经济性和污染物排放指标的基础上正常工作，其可靠的点火能量应达到 50～80mJ，起动时应产生大于 100mJ 的电火花能量。

(3) 点火系统应按照发动机的工作顺序进行点火。一般直列四缸发动机的点火顺序为 1→3→4→2，直列六缸发动机的点火顺序为 1→5→3→6→2→4。但也有采用其他点火顺序的，应以制造厂商提供的技术数据为准。

(4) 点火时刻应适应发动机各种工况的变化。发动机的负荷、转速和燃油品质等，都直接影响到气缸内混合气的燃烧速度。为使发动机输出功率最大、油耗最小、排放污染物最少，点火系统必须能适应各种工况的变化，在最有利的时刻点火(实现最佳点火)。

点火时刻一般用点火提前角来表示，压缩行程中，从点火开始到活塞运行到上止点时曲轴所转过的角度，称为点火提前角。

如果点火提前角过大(点火过早)，混合气的燃烧主要在压缩过程中进行，气缸压力急剧上升，在活塞到达上止点之前即达到较大压力，给正在上升的活塞一个很大的阻力，会阻止活塞向上运动。这样不仅使发动机功率下降、油耗增加，还会引起爆燃，加速机件损坏。

如果点火提前角过小(点火过迟)，则混合气边燃烧，活塞边下行，即燃烧过程是在容积增大的情况下进行的，不仅导致发动机功率下降，还会引起发动机过热、油耗增加。

一般把发动机发出最大功率或油耗最小时的点火提前角，称为最佳点火提前角。发动机在不同工况和不同使用条件下最佳点火提前角也不相同，影响最佳点火提前角的主要因素有：

①发动机转速。发动机转速越高，在同一时间内，曲轴转过角度增大，如果混合气的燃烧速度不变，点火提前角应线性增加。但转速升高时，由于混合气压力与温度的提高以及扰流的增加，使燃烧速度随之加快，故点火提前角应随转速的升高而增大，但不是线性关系。

②发动机负荷。在发动机转速不变的情况下，发动机的点火提前角应随发动机负荷的增加而减小，因为随着发动机负荷的增加和吸入气缸内的可燃混合气的增多，压缩终了时的温度、压力也相应增加，燃烧速度也就相应加快。

③起动及怠速。发动机起动和怠速时，虽然混合气的燃烧速度较慢，但混合气的全部燃烧时间只占较小的曲轴转角，如果点火过早，可能使曲轴反转。因此，要求点火提前角减小甚至不提前点火。

④汽油的辛烷值。通常用辛烷值来表示汽油的抗爆性能。辛烷值越大，汽油抗爆性越好，因此，随着汽油辛烷值的增大，点火提前角可适当增加。

⑤发动机压缩比。发动机压缩比越大，压缩终了时气缸内的压力和温度越高，混合气的燃烧速度越快。因此，随着发动机压缩比的增高，点火提前角可相应减小。

⑥混合气的浓度。混合气的浓度直接影响燃烧速率，当过量空气系数 $\alpha=0.8\sim0.9$ 时，燃烧速度最快，最佳点火提前角最小。过稀或过浓的混合气，由于燃烧速率降低，故必须相应增加点火提前角。

5.1.4 点火系统的发展历程

在汽车技术发展历程中，点火系统经历了如下几个发展阶段。

1. 传统点火系统

传统点火系统也称蓄电池点火系统或触点式点火系统。这种点火系统具有最基本的结构，在该系统中，通过机械凸轮接通和断开触点，使点火线圈的初级电流间歇流动，从而在点火线圈次级产生点火高压，如图 5.2 所示。

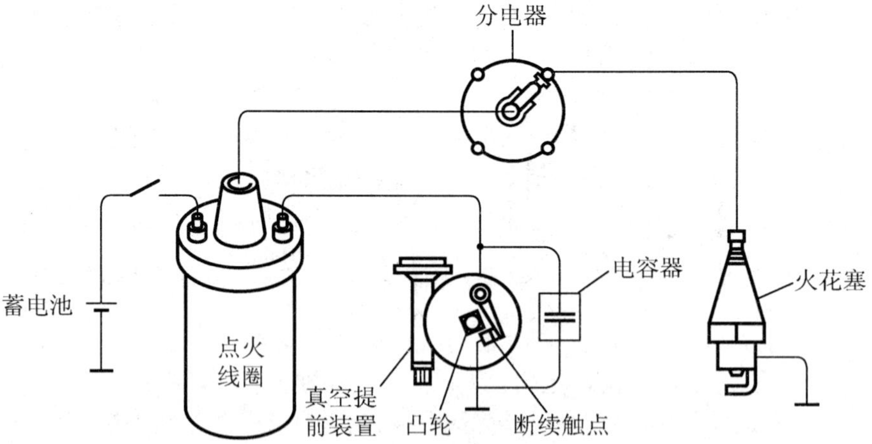

图 5.2 传统点火系统结构

传统点火系统的断电器触点因为使用中会发生氧化、烧蚀，需要定期保养，且触点的机械惯性大，响应速度慢，因而性能不佳，现已经被新型点火系统取代。

2. 无触点电子点火系统

在无触点电子点火系统中，用信号发生器取代凸轮触点机构，利用电子控制的方法使点火线圈的初级电流间歇流动，从而在点火线圈次级产生点火高压，如图 5.3 所示。

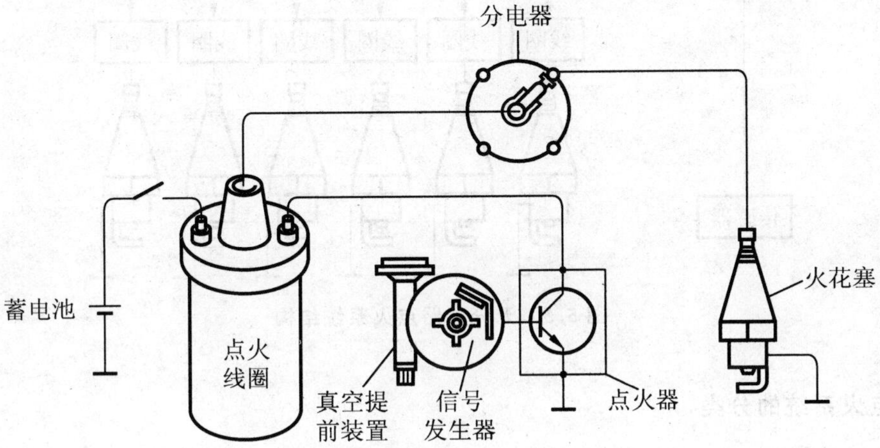

图 5.3 无触点电子点火系统结构

3. 电控电子点火系统

在电控电子点火系统中，电控点火提前装置取代了传统的点火提前机构(真空及离心提前机构)，并开始利用发动机电子控制单元控制点火提前角，如图 5.4 所示。

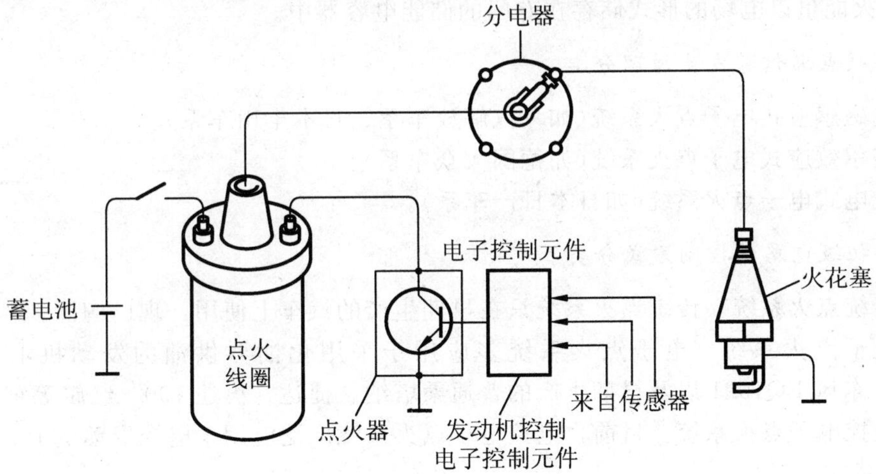

图 5.4 电控电子点火系统结构

4. 无分电器点火系统

无分电器点火系统(distributor-less ignition，DLI)系统使用多个点火线圈，直接向火花塞输送高电压，取消了机械式分电器结构，沿用了发动机电子控制单元控制点火提前角的方法，如图 5.5 所示。

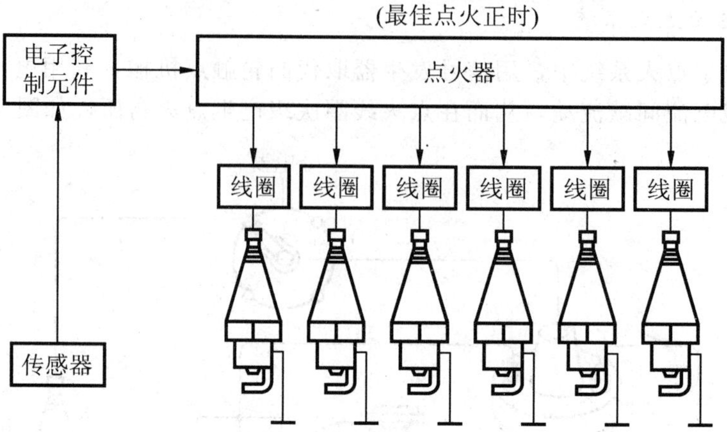

图 5.5　无分电器点火系统结构

5.1.5　点火系统的分类

目前，应用在汽车上的点火装置种类繁多，大致可以分为以下几类。

1. 按照点火能量的储存方式分类

① 电感储能式电子点火系统(亦称电感放电式电子点火系)。在这类点火系统中，电火花的点火能量以磁场的形式储存在点火线圈中。

② 电容储能式电子点火系统(亦称电容放电式电子点火系)。在这类点火系统中，电火花的点火能量以电场的形式储存在专门的储能电容器中。

2. 按照点火信号发生原理分类

① 电磁感应式电子点火系统(如一汽解放车系、日本丰田车系)。

② 霍尔效应式电子点火系统(如德国大众车系)。

③ 光电式电子点火系统(如日本日产车系)。

3. 按初级电路的控制方式分类

① 传统点火系统。传统点火系统只在早期生产的汽车上使用，现已淘汰。

② 电子点火系统。电子点火系统多应用于采用化油器供油的发动机上，如解放CA1092、东风 EQ1091 以及早期生产的普通桑塔纳、捷达、奥迪 100、红旗等车型。

③ 电控电子点火系统。目前，电控电子点火系统广泛应用于电控发动机上。

4. 按照高压电的配电方式分类

① 机械配电式点火系统(有分电器点火系统)。

② 计算机配电式点火系统(无分电器点火系统)。

在以上各种点火装置中，相对于电容储能式点火系统而言，电感储能式点火系统应用广泛；而在电感储能式点火系统中，以电磁感应式和霍尔效应式点火系统的应用最为广泛；对于高压电的配电方式而言，有分电器点火系统在中低档车型中应用较多，无分电器点火系统在中高档车型中应用较多。

总体来说，采用电子控制无分电器点火系统是汽车点火技术的发展趋势。

注：限于篇幅并考虑到课程体系和认知规律，本书只讲授无触点电子点火系统。关于电控电子点火系统(包括计算机配电式无分电器点火系统)将在汽车电子控制技术课程中进行详细介绍，读者可参阅本书参考文献［2］、［3］项。

5.2 点火系统构造与工作原理

5.2.1 点火系统的工作原理

1. 点火系统的基本组成

无触点电子点火系统取消了传统点火系统的断电器触点，改用点火信号发生器产生点火信号，控制点火系统工作。它可以避免由触点引起的各种故障，减少了保养和维护工作；还可以增大初级电流，提高次级电压和点火能量；改善混合气的燃烧状况，提高发动机的动力性和经济性，并减少排气污染。因此，无触点点火系统已在国内外得到广泛应用。

无触点电子点火系统(图 5.6)一般由点火信号发生器、点火控制器、点火线圈、火花塞等组成。

2. 点火系统的基本原理

无触点电子点火系统的基本原理为：转动分电器使点火信号发生器产生脉冲电压信号，此脉冲电压信号经点火控制器大功率晶体三极管前置电路的放大、整形等处理后，控制串联于点火线圈初级回路的大功率晶体三极管的导通和截止。

大功率晶体三极管导通时，点火线圈初级通路，点火系统储能；当输入点火控制器的点火信号脉冲使大功率晶体三极管截止时，点火线圈初级断路，次级绕组便产生高压电。

在点火系统中，电源(蓄电池或发电机)供给的 12V 低压电，经点火线圈和点火控制器转变为高压电，再经配电器分送到各缸火花塞，使其电极间产生电火花。其工作原理如图 5.7 所示。

发动机工作时，点火信号发生器转子连同分电器轴一起在发动机凸轮轴的驱动下旋转。点火信号发生器转子转动时，点火信号发生器产生脉冲电压信号控制串联于点火线圈初级回路的大功率晶体三极管产生交替的导通和截止。

当大功率晶体三极管导通时，接通点火线圈初级绕组(亦称一次侧绕组)的电路；当大功率晶体三极管截止时，切断初级绕组的电路，使点火线圈的次级绕组(亦称二次侧绕组)中产生高压电；高压电送至火花塞后，当火花塞的电极间隙被击穿时，产生电火花，点燃混合气。

3. 点火系统工作过程分析

电子点火系统的工作过程可分为三个阶段：

(1) 大功率晶体三极管导通，初级电流增长。

在点火开关接通的情况下，当大功率晶体三极管导通时(图 5.7)，点火线圈初级绕组中有电流通过，流过初级绕组的电流称为初级电流(亦称一次侧电流)i_1，其电路是：电源正极→电流表→点火开关→点火线圈“＋开关”接线柱→附加电阻→“开关”接线柱→点火线圈初级绕组→“－”接线柱→大功率晶体三极管→搭铁→电源负极。

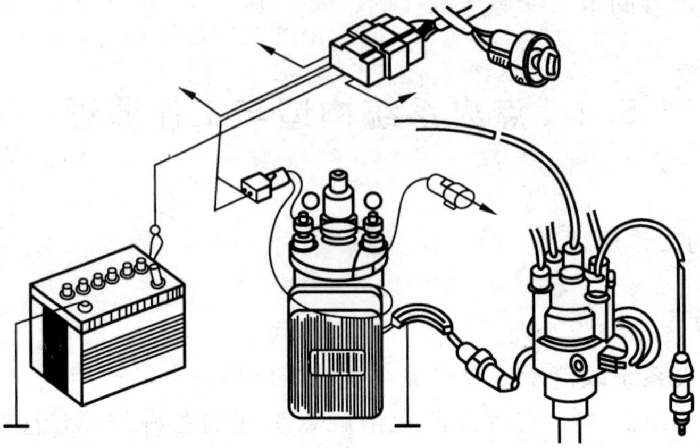

(a) 实物分解

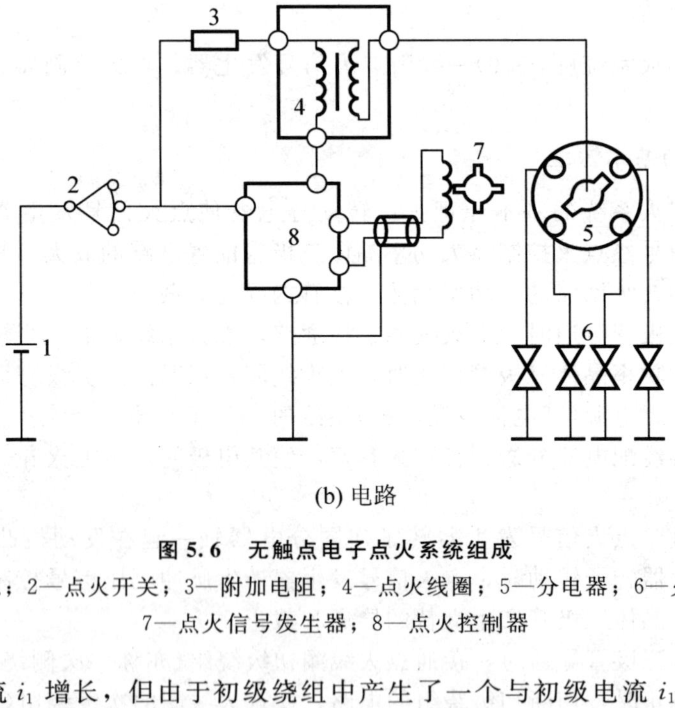

(b) 电路

图 5.6　无触点电子点火系统组成

1—电源；2—点火开关；3—附加电阻；4—点火线圈；5—分电器；6—火花塞；7—点火信号发生器；8—点火控制器

此时初级电流 i_1 增长，但由于初级绕组中产生了一个与初级电流 i_1 方向相反的自感电动势，它阻碍初级电流的迅速增长，使初级电流 i_1 按指数规律增长。经过一段时间后，初级电流 i_1 将达到最大稳定值。

(2) 大功率晶体三极管截止，次级绕组中产生高压电。

当点火信号发生器转子转过一定角度后，便使大功率晶体三极管截止，初级电路被切断，初级电流 i_1 迅速下降到零，它所形成的磁场也迅速消失，在初级绕组和次级绕组中都产生感应电动势。初级绕组匝数少，产生 200～300V 的自感电动势，次级绕组由于匝数多，产生的互感电动势高达 15～20kV。

同时，次级绕组中产生的互感电动势将向分布在次级电路中的分布电容C充电。分布电容C是分布在高压导线与高压导线之间、高压导线与发动机机体之间、火花塞中心电极与侧电极之间的电容，它相当于一个并联在次级绕组两端的电容器。

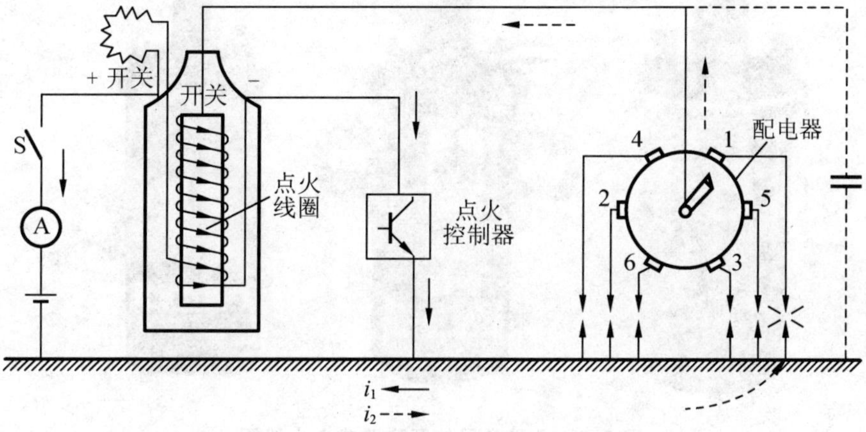

图 5.7　无触点电子点火系统工作原理

(3) 火花塞电极间隙被击穿，产生电火花，点燃混合气。

通常火花塞的击穿电压 U_j 总是低于次级绕组产生的最高电压 U_{2max}。这样，当增长的次级电压 U_2 达到 U_j 时，就使火花塞电极间隙击穿而形成电火花，使次级电流 i_2 迅速增加，次级电压 U_2 急剧下降。

火花塞电极间隙击穿以后，储存在C中的电场能首先放出。这部分由电容器储存的能量维持的放电称为“电容放电”，其特点是放电时间极短，放电电流很大。由于电火花是在次级电压达到最大值 U_{2max} 以前发生的，所以电容放电只消耗了磁场能的一部分。

火花塞间隙击穿以后，阻力大大减小，铁心中剩余的磁场能将沿着电离了的火花塞间隙缓慢放电，形成“电感放电”(又称“火花尾”)，其特点是放电时间较长，放电电流较小，放电电压较低。实验证明，电感放电的持续时间越长，点火性能越好。

发动机工作期间，点火信号发生器转子每转一周各缸按点火顺序轮流点火一次。若要停止发动机的工作，只要断开点火开关，切断初级电路即可。

5.2.2　点火系统的构造

1. 点火线圈

点火线圈(Ignition coil)由初级绕组、次级绕组和铁心等组成。按磁路的结构形式不同，可分为开磁路式点火线圈和闭磁路式点火线圈。

1) 开磁路式点火线圈

开磁路式点火线圈的实物如图5.8所示，内部结构如图5.9所示。点火线圈的中心是用硅钢片叠成的铁心，在铁心外面套上绝缘的纸板套管，套管上绕有次级绕组。次级绕组用直径为0.06～0.10mm的漆包线绕11000～23000匝而成。

初级绕组用直径为0.5～1.0mm的高强漆包线，绕在次级绕组的外面，以利于散热，一般绕230～370匝。绕组绕好后在真空中浸以石蜡和松香的混合物，以增强绝缘。

绕组和外壳之间装有导磁钢套，底部有瓷质绝缘支座，上部有绝缘盖，外壳内充满绝缘物(沥青或变压器油等)，以加强绝缘并防止潮气侵入。

图 5.8 几种常见的开磁路式点火线圈

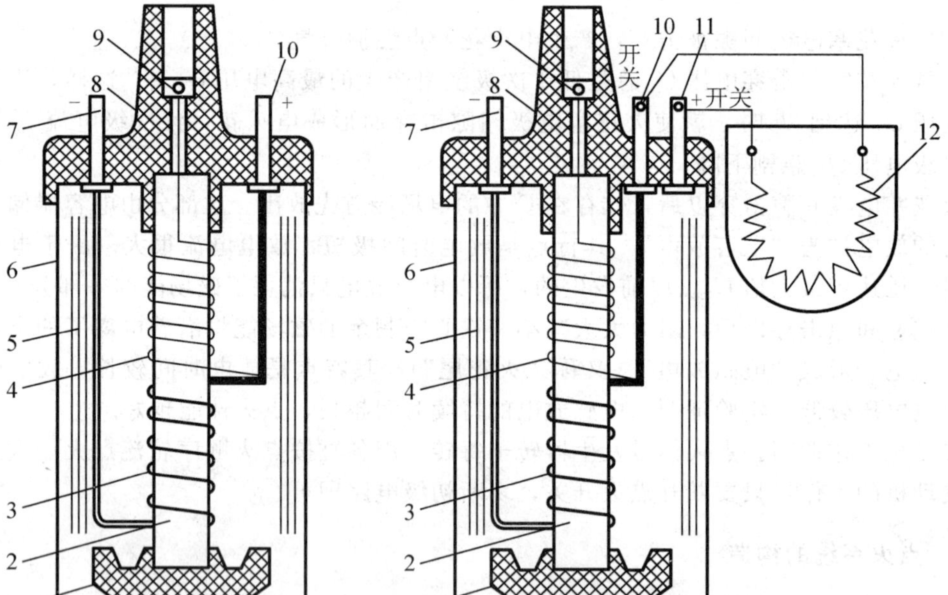

(a) 两样线柱式　　(b) 三接线柱式

图 5.9 开磁路式点火线圈结构

1—瓷杯；2—铁心；3—初级绕组；4—次级绕组；5—导磁钢套；6—外壳；
7—低压接线柱负极；8—绝缘胶木盖；9—高压接线柱；
10—低压接线柱正极或“开关”；11—低压接线柱“+开关”；12—附加电阻

三接线柱式点火线圈的绝缘盖上有接线柱“—”、“开关”、“+开关”和高压插孔，它们分别接断电器、起动机附加电阻短路接线柱、点火开关和分电器中央插孔。三接线柱式点火线圈与两接线柱式点火线圈的主要区别是外壳上装有一个附加电阻，为固定该电阻，增加了一个低压接线柱。

附加电阻就接在标有“开关”和“＋开关”的两接线柱上，与点火线圈的初级绕组串联。附加电阻可用低碳钢丝、镍铬丝或纯镍丝制成。具有受热时电阻迅速增大，而冷却时电阻迅速降低的特性。因此，在发动机工作时，可自动调节初级电流，确保发动机低速运转时点火线圈不会过热，发动机高速运转时点火线圈不会断火。

当初级电流流过开磁路式点火线圈的初级绕组时，使铁心磁化，其磁路如图5.10所示。由于磁路的上、下部分都是从空气中通过的，初级绕组在铁心中产生的磁通，需经壳体内的导磁钢套形成回路，磁路的磁阻大，漏磁较多，能量损失较大。

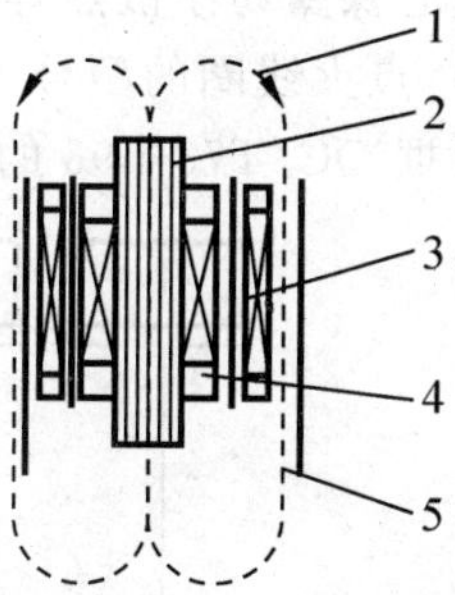

图5.10　开磁路点火线圈的磁路

1—磁力线；2—铁心；3—初级绕组；4—次级绕组；5—导磁钢套

2）闭磁路式点火线圈

闭磁路式点火线圈的磁路如图5.11所示，实物如图5.12所示。在“口”字形或“日”字形铁心内绕有初级绕组，在初级绕组外面绕有次级绕组，初级绕组在铁心中产生的磁通，通过铁心形成闭合磁路，故称其为闭磁路式点火线圈。

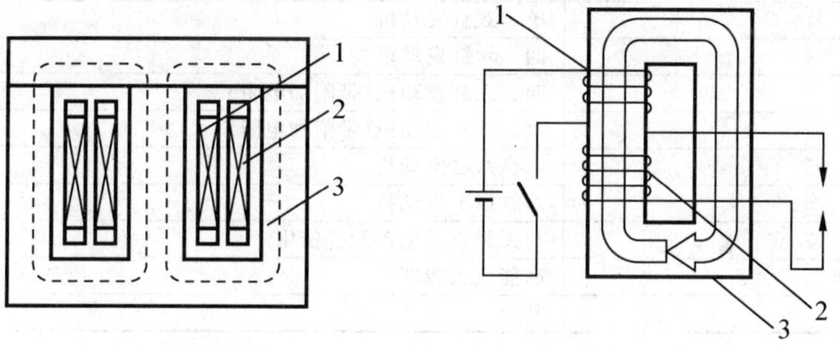

（a）日字铁心的磁路分布　　（b）口字铁心的磁路分布

图5.11　闭磁路点火线圈的磁路

1—初级绕组；2—次级绕组；3—铁心

图5.12　常见的闭磁路式点火线圈

与开磁路点火线圈相比，闭磁路点火线圈具有漏磁少、转换效率高、体积小、重量轻、铁心裸露易于散热等优点，故已在高能电子点火系中广泛应用。

3）点火线圈的型号

根据 QC/T73—93 的规定，国产点火线圈的型号由以下几部分组成(图 5.13)。

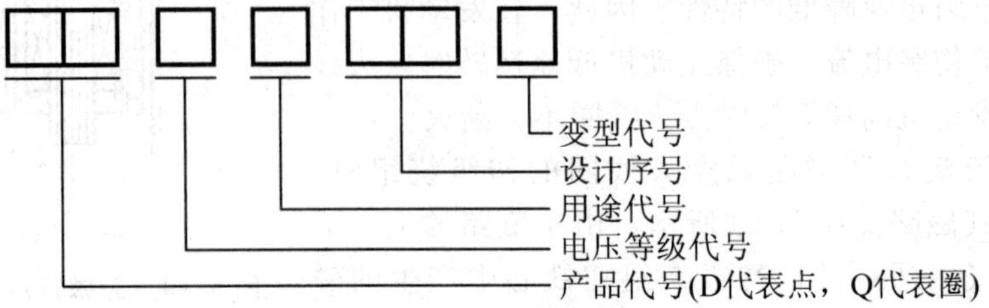

图 5.13　点火线圈的型号

其中，产品代号用汉语拼音字母表示。电压等级代号：1 表示 12V；6 表示 6V。点火线圈用途代号用数字表示，具体含义见表 5-1。

表 5-1　点火线圈用途代号的含义

用途代号	适用范围或特殊性能
1	单、双缸发动机
2	四、六缸发动机
3	四、六缸发动机(带附加电阻)
4	六、八缸发动机(带附加电阻)
5	六、八缸发动机
6	八缸以上发动机
7	与无触点分电器配合使用
8	高能点火线圈
9	其他

2. 分电器

分电器(distributor。图 5.14)由配电器、点火信号发生器和点火提前机构等组成。分电器的壳体通常用铝合金或铸铁制成，下部压有石墨青铜衬套，分电器轴由发动机曲轴直接或间接驱动。

1）配电器

配电器安装在点火信号转子的上方，由绝缘材料制造的分电器盖和分火头组成。分电器盖的中央有一高压线(中央电极)座孔，其内装有带弹簧的炭柱，压在分火头的导电片上。分电器盖的四周均布有与发动机气缸数相等的旁电极，可通过高压分线与各缸火花塞相连。

分火头装在分电器轴的顶端，随分电器轴一起旋转，当点火控制器大功率晶体三极管截止(点火线圈初级电路断开)时，分火头上的导电片总是正对某一旁电极。发动机工作时，在点火线圈初级电路断开的瞬间，来自点火线圈的高压电经中央电极的炭柱、分火头上导电片，以火花形式跳到旁电极上，再经高压分线送往相应的火花塞。

2）点火信号发生器

常用的点火信号发生器有三种类型，分别是电磁感应式、霍尔效应式和光电式。当分电器轴转动时，点火信号发生器转子连同分火头随分电器轴一起转动。这时，即在点火信号发生器内产生反映曲轴位置的电信号，点火信号发生器将该信号送入点火控制器，以控制点火线圈产生高压电，进行点火。

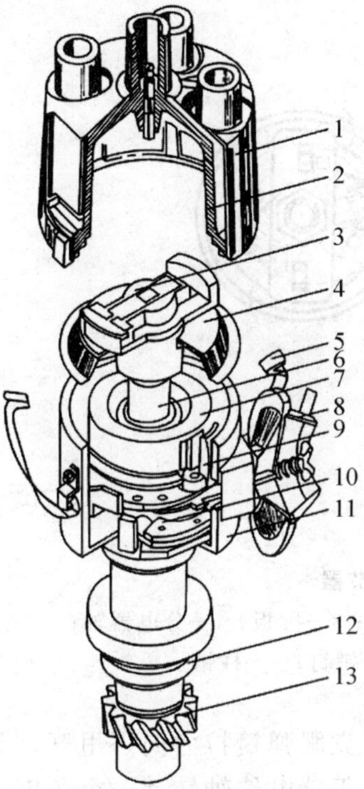

(a) 内部结构

(b) 实物

图 5.14 分电器

1—屏蔽罩；2—分电器盖；3—分火头；4—防尘罩；5—弹簧夹；6—分电器轴；7—点火信号转子；8—真空提前装置；9—点火信号发生器；10—离心提前装置；11—分电器壳体；12—橡胶密封圈；13—驱动齿轮

关于各种点火信号发生器的具体结构和工作原理将在5.3节做详细介绍。

3) 点火提前调节机构

在分电器中一般设有两套自动调节点火提前角的装置。一套是能随发动机转速的变化自动调节点火提前角的离心式点火提前角调节装置，另一套是能按发动机负荷不同自动调节点火提前角的真空式点火提前角调节装置。但在电控电子点火系统中，则取消了这两套自动调节点火提前角的装置，改由发动机电子控制单元直接控制点火提前角。

(1) 离心点火提前调节器。离心点火提前调节器是在发动机不同转速下自动调节点火提前角的装置，它使点火提前角随发动机转速的增大而适当地增大，其结构如图5.15所示。

离心点火提前调节器一般安装在点火信号发生器底板的下面。分电器轴上装有托板，两个离心重块的一端分别套装在托板的两个柱销上，可绕柱销转动，离心重块的另一端通过弹簧拉向内侧。

与点火信号发生器转子连为一体的拨板套装在分电器轴上，其上的长方形孔套在两个离心重块的销钉上。工作时，离心重块随分电器轴一起转动，而点火信号发生器转子则通过插入拨板孔内的离心重块上的销钉带动。

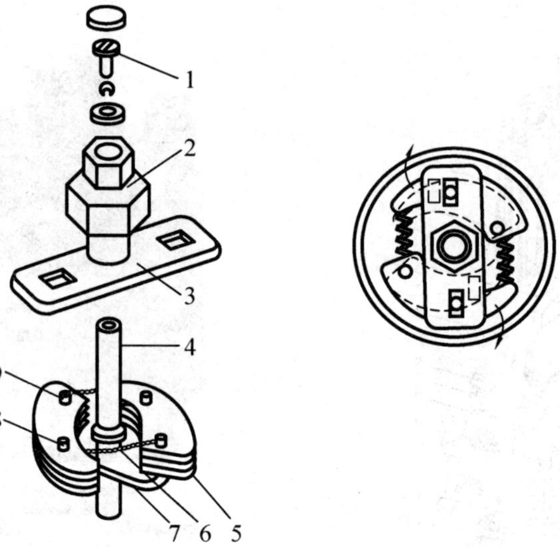

图 5.15　离心点火提前调节器

1—螺钉及垫片；2—点火信号发生器转子(凸轮)；3—拨板；4—分电器轴；
5—离心重块；6—弹簧；7—托板；8—销钉；9—柱销

当发动机转速升高时，离心重块在离心力的作用下克服弹簧拉力向外甩开，其上的销钉推动拨板连同点火信号发生器转子沿原旋转方向相对于分电器轴转动一个角度，使点火信号提早发出，点火提前角增大。当发动机转速降低时，重块的离心力相应减小，弹簧将重块拉回一些，点火提前角减小。

在发动机高速范围，转速的变化对混合气的燃烧速度影响较大(燃烧速度增幅较大)，这时，希望随着转速的升高点火提前角的增量小一些。为此，有些离心点火调节器的每个重块设有一粗一细两个弹簧。细弹簧只要重块一开始甩开就起作用，而粗弹簧要在转速达到一定值，重块外甩的角度较大时才能起作用。

由于离心重块在发动机高速时有两个弹簧起作用，相应的点火提前角的增量也就较小，使之更符合发动机的要求。

(2) 真空点火提前调节器。真空点火提前调节器能根据发动机负荷的变化自动调节点火提前角，使点火提前角随发动机负荷的增大而减小。真空点火提前调节器装在分电器壳体的外侧，其结构原理如图 5.16 所示。

真空点火提前调节器内膜片的左侧通大气，右侧通过真空连接管与进气道中位于节气门上方的吸气孔相通。当发动机起动和怠速时，由于曲轴转速低，混合气燃烧时间只占很小的曲轴转角，故点火提前角应当很小，或为零。

此时，节气门接近关闭，因吸气孔在节气门的上方，该处的真空度几乎为零，真空点火提前调节器内的膜片在弹簧力作用下向左拱曲至最大，拉杆拉动底板连同点火信号发生器顺分电器轴旋转方向转动最大角度，使点火提前角最小或不提前，如图 5.16(c)所示。

当发动机小负荷工作时，在节气门开度小于 1/4 开度[图 5.16(a)]时，随着负荷增大，节气门开度增大，吸气孔处的真空度也增加，膜片克服弹簧力向右拱曲，拉杆拉动底板连同点火信号发生器逆分电器轴旋转方向转过一个角度，使点火信号产生的时间提前，点火提前角增大。

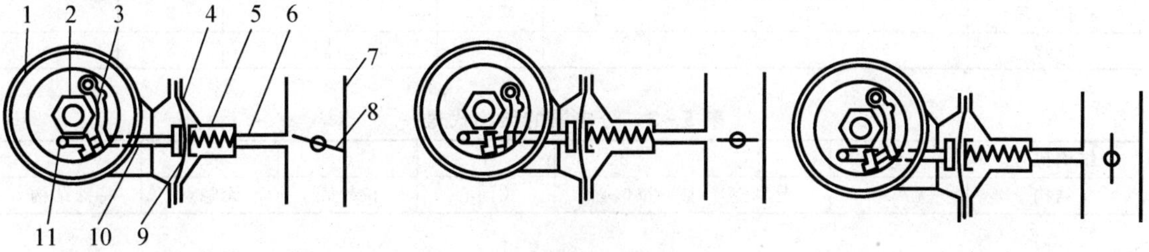

(a) 小负荷(节气门 1/4 开度)　(b) 大负荷　(c) 起动和怠速

图 5.16　真空点火提前调节器结构原理示意图

1—分电器外壳；2—点火信号发生器转子(凸轮)；3—点火信号发生器(触点)；4—真空点火提前调节器外壳；5—弹簧；6—真空连接管；7—进气道；8—节气门；9—膜片；10—拉杆；11—固定销

当发动机大负荷工作时，随着负荷增大，节气门开度增大，吸气孔处的真空度减小，弹簧推动膜片使点火提前角减小，如图 5.16(b)所示。

另外，为适应不同品质汽油的不同抗爆性能，在换用不同品质的汽油或季节发生变化时，常需调整点火时间。为此，一般在分电器上还装有辛烷选择器，如图 5.17 所示。

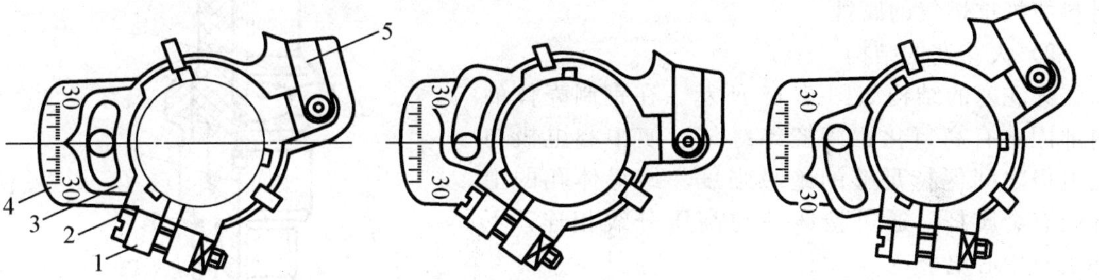

(a) 构造　(b) 顺时针转动外壳　(c) 逆时针转动外壳

图 5.17　辛烷选择器

1—调节臂；2—紧固螺钉；3—托板及指针；4—底板；5—拉杆

通常可将分电器总成的紧固螺钉旋松，使分电器外壳相对于轴转过一个角度后再紧固以改变点火提前角。在调整时为了能看到调整的角度，在分电器壳体的下部装有指针和刻度板，可以指示出壳体转过的角度。

4) 分电器的型号

根据 QC/T73－93 的规定，国产分电器的型号由以下几个部分组成。

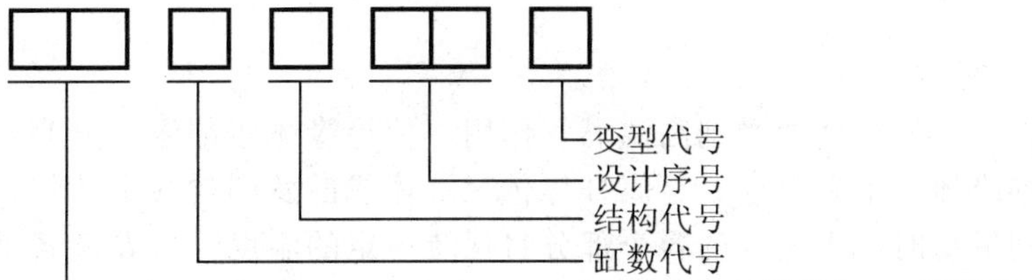

分电器的缸数代号和结构代号分别见表5-2和表5-3。

表5-2 分电器缸数代号

缸数代号	1	2	3	4	5	6	7	8	9
缸数	—	2	3	4	—	6	—	8	—

表5-3 分电器的结构代号

结构代号	1	2	3	4	5	6	7
结构	无离心	无真空	拉偏心	拉同心	拉外壳	无触点	特殊结构

3. 火花塞

1) 火花塞的工作条件及对火花塞的要求

火花塞(spark-plugs，也称火星塞，俗称火嘴)的工作条件极其恶劣，它要受到高压(5.88～6.86MPa)、高温以及燃烧产物的强烈腐蚀。因此，火花塞必须具有足够的力学强度，能够承受冲击性高压电的作用，能承受剧烈的温度变化(混合气燃烧时承受1500～2000℃高温燃气的炙烤，而在进气时，又要承受50～60℃的进气突然冷却)，并具有良好的热特性，并要求火花塞的材料能抵抗燃气的腐蚀。

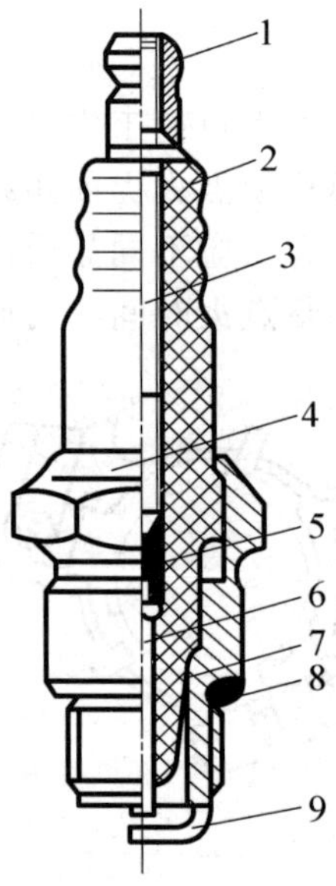

图5.18 火花塞

1—高压分线接线柱；2—陶瓷绝缘体；3—导电金属杆；4—壳体；5—导电玻璃；6—中心电极；7—紫铜垫圈；8—密封垫圈；9—侧电极

2) 火花塞的结构

火花塞的结构如图5.18所示。在钢制壳体的内部固定有高氧化铝陶瓷绝缘体，使中心电极与侧电极之间保持足够的绝缘强度。绝缘体孔的上部装有金属杆，通过接线柱与高压分线相连，下部装有中心电极。

金属杆与中心电极之间用导电玻璃密封。中心电极用镍锰合金制成，具有良好的耐高温、耐腐蚀和导电性能。

中心电极与侧电极之间的间隙一般为0.6～0.7mm。与高能点火系统配套的火花塞，其间隙可达1.0～1.2mm。

火花塞借壳体下部的螺纹旋入气缸盖中，旋紧时密封垫圈受压变形保证壳体与缸盖之间密封良好。为了适应不同发动机的需要，火花塞因下部的形状和绝缘体裙部长度的不同有多种形式(图5.19)。

3) 火花塞的散热

火花塞工作时，周期性地受到高温燃气作用，使绝缘体裙部温度升高，这部分热量主要通过壳体、绝缘体、中心电极、金属杆等传至缸体或散发到空气中(图5.20)，当吸收和散发的热量达到平衡时，火花塞的各个部分将保持一定的温度。火花塞各部分的温度及散热途径如图5.21所示。

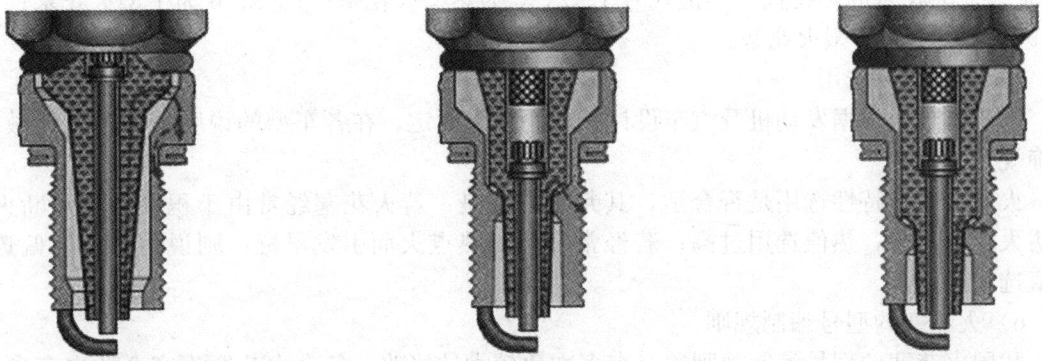

(a) 低热值火花塞（热型火花塞） (b) 中热值火花塞（中型火花塞） (c) 高热值火花塞（冷型火花塞）

图 5.19 不同热值和绝缘体裙部长度的火花塞

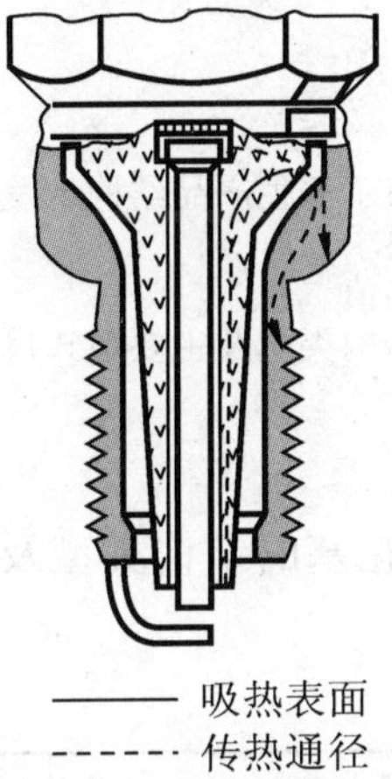

图 5.20 火花塞的吸热与放热

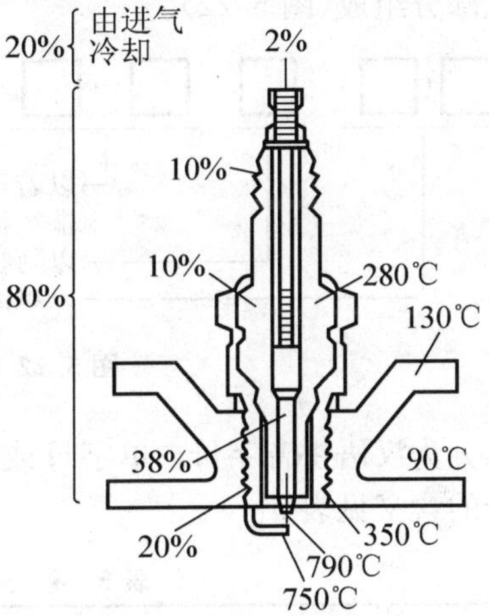

图 5.21 火花塞各部分的温度及散热途径

4）火花塞的热特性

火花塞的发火部位吸热并向发动机冷却系统散发热量的性能，称为火花塞的热特性。实践证明，当火花塞绝缘体裙部的温度保持在500～600℃时，落在绝缘体上的油滴能立即烧掉，不会形成积炭，这个温度称为火花塞的自净温度。

低于自净温度时，火花塞常因产生积炭而漏电，导致不点火；高于自净温度时，则当混合气与炽热的绝缘体接触时，可能早燃而引起爆燃(爆震)，甚至在进气行程中燃烧，产生进气管回火。

火花塞的热特性主要取决于绝缘体裙部的长度。绝缘体裙部长的火花塞，受热面积大，传热距离长，散热困难，裙部温度高，称为热型火花塞(图5.19)；反之，裙部短的火花塞，受热面积小，传热距离短，散热容易，裙部温度低，称为冷型火花塞(图5.19)。

热型火花塞适用于低速、低压缩比、小功率发动机；冷型火花塞适用于高速、高压缩比、大功率发动机。

火花塞的热特性常用热值或炽热数表示。我国是以绝缘体裙部长度标定的热值(1～

11)来表征火花塞的热特性。热值代号1、2、3为热型火花塞；4、5、6为中型火花塞；7、8、9、10、11为冷型火花塞。

5）火花塞的选用

火花塞热值根据发动机及汽车设计、试验结果而定，在各车型的说明书中都对此做了明确规定。

火花塞的热特性选用是否合适，其判断方法是：若火花塞经常由于积炭而导致断火，说明火花塞偏冷，热值选用过高；若经常发生炽热点火而引发早燃，则说明火花塞偏热，热值选用过低。

6）火花塞的型号编制规则

我国火花塞的型号编制规则曾经有多次比较大的修改，各个火花塞生产企业也有自己的标准，加之国外进口的火花塞在市场上销量也很大，故目前火花塞的标准比较混乱，给火花塞的正确使用和代用带来了很大的麻烦。

根据我国现行QC/T430－2005《火花塞产品型号编制方法》的规定，国产火花塞型号由以下几部分组成(图5.22)。

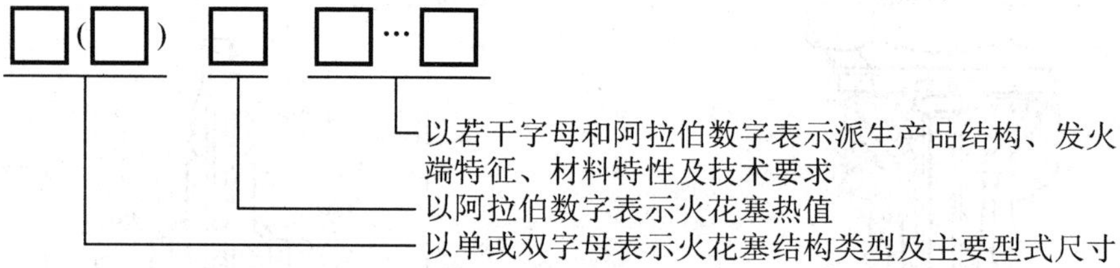

图5.22 国产火花塞型号

第一部分为汉语拼音字母(单字母或双字母)，表示火花塞的结构类型及主要型式尺寸。各字母的含义见表5－4。

表5－4 火花塞结构类型代号

代表字母	螺纹规格	安装座型式	螺纹旋合长度/mm	壳体六角对边/mm
J	M8×1	平座	19	16
W	M9×1	平座	19	16
A	M10×1	平座	12.7	16
B	M10×1	平座	19	16
CZ	M12×1.25	锥座	11.2	16
DZ	M12×1.25	锥座	17.5	16
C	M12×1.25	平座	12.7	17.5
D	M12×1.25	平座	19	17.5
CH	M12×1.25	平座	26.5	17.5
DE	M12×1.25	平座	12.7	16
DF DK	M12×1.25	平座	19	16
DH	M12×1.25	平座	26.5	16

（续）

代表字母	螺纹规格	安装座型式	螺纹旋合长度/mm	壳体六角对边/mm
VH	M12×1.25	平座	26.5	14
E	M14×1.25	平座	12.7	20.8
F	M14×1.25	平座	19	20.8
FH	M14×1.25	平座	26.5	20.8
H	M14×1.25	平座	11	20.8
KE	M14×1.25	平座	12.7	16
K	M14×1.25	平座	19	16
KH	M14×1.25	平座	26.5	16
G	M14×1.25	平座	9.5	20.8
GL	M14×1.25	矮型平座	9.5	20.8
L	M14×1.25	矮型平座	9.5	19
Z	M14×1.25	平座	11	19
M	M14×1.25	矮型平座	11	19
N	M14×1.25	矮型锥座	7.8	19
P	M14×1.25	锥座	11.2	16
Q	M14×1.25	锥座	17.5	16
QH	M14×1.25	锥座	25	16
R	M18×1.5	平座	12	26
RF	M18×1.5	平座	19	26
RH	M18×1.5	平座	26.5	26
SE	M18×1.5	平座	12.7	20.8
S	M18×1.5	平座	19	20.8
SH	M18×1.5	平座	26.5	20.8
T	M18×1.5	锥座	10.9	20.8
TF	M18×1.5	锥座	17.5	20.8
TH	M18×1.5	锥座	25	20.8

第二部分为阿拉伯数字，表示火花塞热值。由热型至冷型，分别以1～11表示。热值代号越大则越冷，热值代号越小则越热。火花塞热值代号与绝缘体裙部长度及热特性的对应关系见表5-5。

第三部分用若干汉语拼音字母和阿拉伯数字表示火花塞派生产品结构、发火端特性、材料特性及技术要求，按表5-6所列的先后顺序排列。代表电极材料的字母连用，则前表示中心电极，后表示侧电极。对用户有特殊要求的产品允许在末位加小写字母或小写字母和阿拉伯数字连用的下标作为标记。

表5-5 火花塞热值代号与绝缘体裙部长度及热特性的对应关系

裙部长度/mm	15.5	13.5	11.5	9.5	7.5	5.5	3.5
热值	3	4	5	6	7	8	9
热特性	热	←——→					冷

表 5-6　火花塞特征及其代表字母或数字

字母或数字	代表特征	字母或数字	代表特征
R	电阻型火花塞	N	铱金电极
B	半导体型火花塞	S	银电极
H	环状电极火花塞	V	V形槽中心电极
Y	沿面放电型火花塞	U	U形槽侧电极
F	半螺纹	X	点火间隙1.1mm及以上
E	绝缘体突出型 点火位置3mm	0	加强的中心电极
L	绝缘体突出型 点火位置4mm	1	细电极
K	绝缘体突出型 点火位置5mm	2	快热结构
Z	绝缘体突出型 点火位置7mm	3	陶瓷绝缘体涂硅胶
T	绝缘体突出型 点火位置3mm以下	4	整体接线螺杆
D	双侧极	5	—
J	三侧极	6	—
Q	四侧极	7	—
C	Ni-Cu复合电极	8	—
P	铂电极	9	—
G	钇电极	—	—

示例1：A7-3型火花塞即为螺纹旋合长度12.7mm，壳体六角对边16mm，热值代号为7，螺纹规格M10×1，瓷绝缘体涂硅胶平座火花塞。

示例2：DF7REC2型火花塞即为螺纹旋合长度19mm，壳体六角对边16mm，热值代号为7，螺纹规格M12×1.25，带电阻，Ni-Cu复合中心电极，快热结构，绝缘体突出型点火位置为3mm平座火花塞。

示例3：VH6RLPPX4型火花塞即为螺纹旋合长度26.5mm，壳体六角对边14mm，热值代号为6，螺纹规格M12×1.25，带电阻，中心电极和侧电极均为铂金，绝缘体突出型点火位置为4mm，点火间隙为1.1mm，整体接线螺杆平座型火花塞。

7）常见的火花塞

常见火花塞的结构类型如图5.23所示。

① 标准型火花塞。其绝缘体裙部缩入壳体端面，侧电极在壳体端面以外。

② 电极突出型火花塞。电极突出型火花塞(图5.24和图5.25)的绝缘体裙部较长，突出于壳体端面之外。它具有吸热量大、抗污能力好的优点，且能直接受到进气的冷却而降低温度，因而也不易引起炽热点火，故热适应范围宽，是应用最广泛的火花塞。

③ 细电极型火花塞。细电极型火花塞(图5.26)的电极很细，特点是火花强烈、点火能力好，在严寒季节也能保证发动机迅速可靠地起动，热范围较宽，能满足各种用途。

④铜芯电极型火花塞。高速发动机普遍采用铜芯火花塞，这种火花塞把抗蚀性优良的镍合金与传导性好的无氧铜结合在一起，因铜导热性好，热值上限提高，高速时能限制炽热点火，裙部的加长热、室容积的扩大，使得热值下限拓宽，提高了电极耐油污、抗烧蚀的能力。

⑤多极型火花塞。多极型火花塞(图 5.25)的侧电极一般为两个或两个以上，优点是点火可靠，间隙不需经常调整，故在电极容易烧蚀和火花塞间隙不能经常调整的一些汽油机上采用。如神龙富康轿车采用了二电极型火花塞，上海桑塔纳轿车采用了四电极型火花塞。

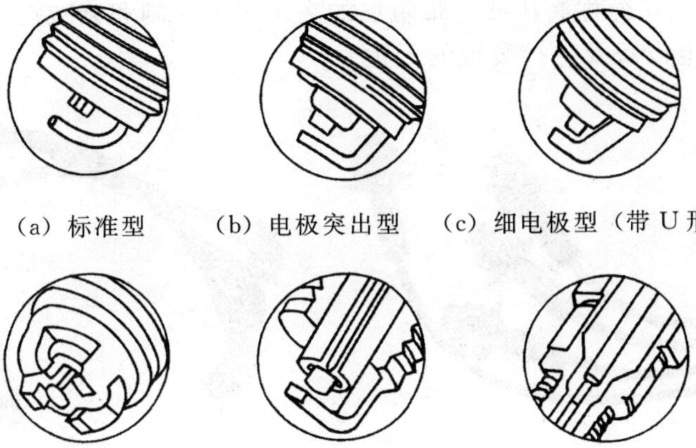

(a) 标准型　(b) 电极突出型　(c) 细电极型（带U形槽）

(d) 多极型　(e) 铜芯电极型　(f) 内装电阻型

图 5.23　常用火花塞的结构类型

图 5.24　电极突出型火花塞

图 5.25　三侧极电极突出型火花塞

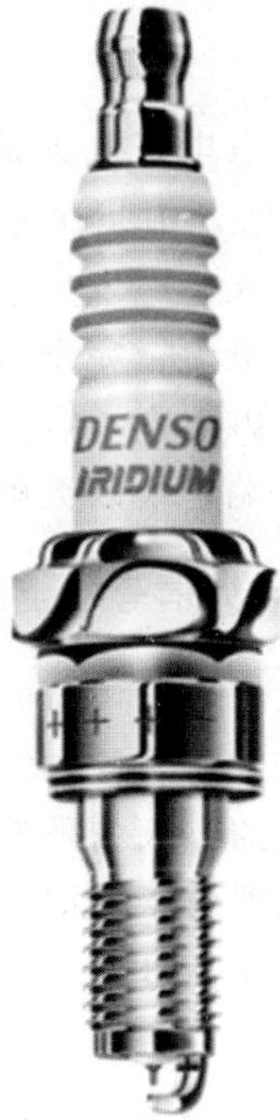

图 5.26　日本电装细电极火花塞

⑥电阻型火花塞。电阻型火花塞在中心电极内装有 5～10kΩ 的电阻，可以抑制汽车点火系统对无线电的干扰。

⑦屏蔽型火花塞。屏蔽型火花塞利用金属壳体把整个火花塞屏蔽起来，不仅可以防止无线电干扰，还可用于防水、防爆的场合。

4. 高压电线

高压电线用于传输点火系统产生的高压电。在汽车点火线圈至火花塞之间的电路使用点火高压线(图 5.27)，简称高压线。带阻尼的高压线可抑制和衰减点火系统产生的高频电磁波，降低对无线电设备及电控装置的干扰。

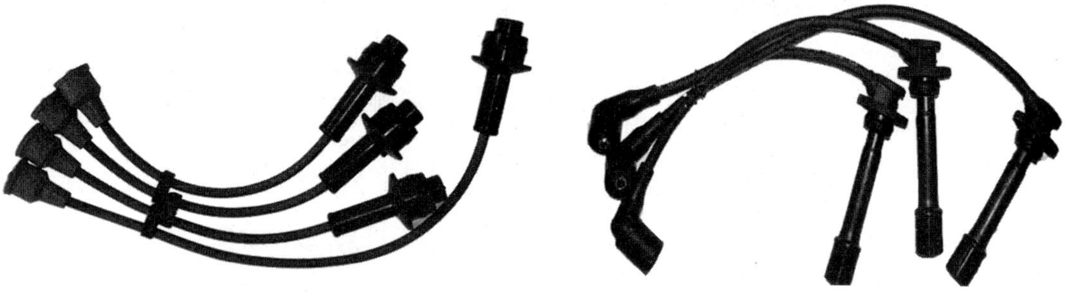

图 5.27 点火高压线

5.3 无触点电子点火系统

无触点电子点火系统又称晶体管点火系统或半导体点火系统。在无触点电子点火系统(图 5.3)中，由装在分电器内的点火信号发生器取代了传统点火系统的断电凸轮和断电器触点。点火信号发生器能产生电压信号，接通点火控制器的大功率晶体管，以断开点火线圈的初级电流，完全可以实现传统断电器的功能。

因无触点电子点火系统取消了机械触点，也就彻底地解决了断电器触点带给点火系统的各种弊端，所以无触点电子点火系统得到了广泛的应用。

5.3.1 点火信号发生器

点火信号发生器的作用是产生与气缸数及曲轴位置相对应的电压信号，用以触发点火控制器按发动机各缸的点火需要，及时通断点火线圈初级回路，使次级产生高压。

常见的点火信号发生器有电磁感应式、霍尔效应式、光电式等几种。其中，磁感应式信号发生器由于结构简单、性能可靠稳定，已被普遍使用。霍尔效应式信号发生器性能优于磁感应式信号发生器，目前使用的车型也越来越多。光电式信号发生器的应用则相对较少。

1. 电磁感应式点火信号发生器

1) 电磁感应式点火信号发生器基本结构与原理

电磁感应式点火信号发生器由靠分电器轴带动且转速与之相等的信号转子 3、安装在分电器底板上的永久磁铁 2 和绕在导磁铁心 4 上的传感线圈 1 等组成，如图 5.28 所示。

信号转子有数目与发动机气缸数相等的凸齿。永久磁铁的磁通经转子的凸齿、传感线圈的铁心、永久磁铁构成回路。当转子转动时，转子凸齿与线圈铁心间的空气间隙不断发生变化，穿过线圈铁心中的磁通也不断变化。

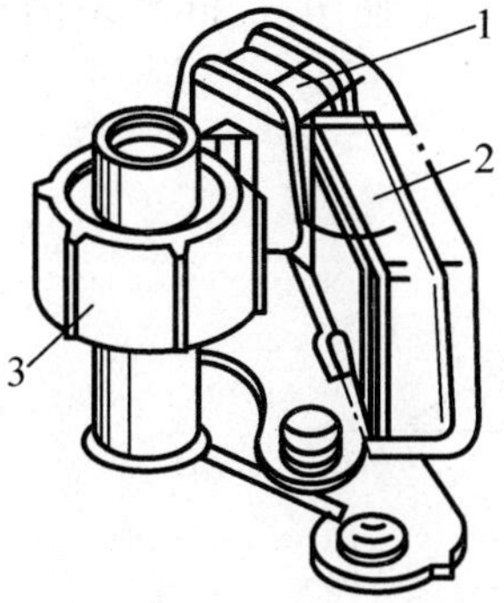

(a) 结构

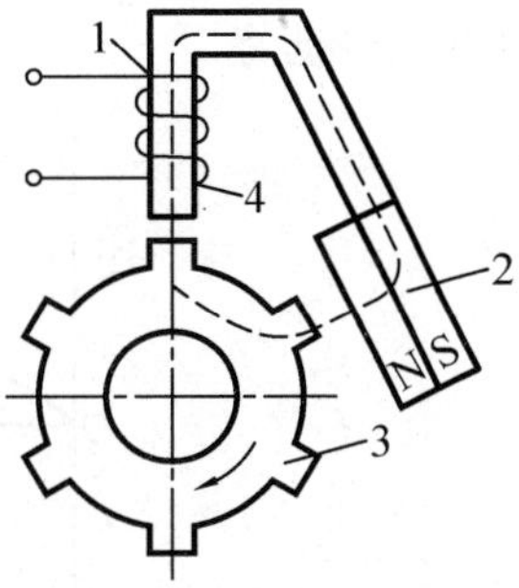

(b) 工作原理

图 5.28 电磁感应式信号发生器

1—传感线圈；2—永久磁铁；3—信号转子；4—导磁铁心

根据电磁感应原理，当穿过线圈的磁通量发生变化时，线圈中将产生感应电动势，感应电动势的大小与磁通的变化率成正比。

电磁感应式点火信号发生器的工作原理如下：

① 当信号转子按顺时针方向旋转，且其凸齿逐渐向铁心方向靠近时，如图 5.29(a)中所示位置，转子凸齿与铁心间的空气间隙越来越小，穿过线圈铁心的磁通量逐渐增多，于是在传感线圈中便产生感应电动势。

在信号转子转到铁心位于信号转子两个凸齿之间的某一位置时，磁通的变化量最大，线圈中产生的感应电动势达到最大值。

② 随着转子转动，线圈铁心中磁通量增加速率减慢，线圈中产生的感应电动势减小，当转子转到图 5.29(b)所示位置时，转子凸齿与铁心线圈的中心线正好在一条线上，转子凸齿与线圈铁心的空气间隙最小，穿过线圈铁心的磁通量最大，但磁通的变化量为零，则感应电动势减小到零。

③ 转子继续转动，凸齿逐渐离开线圈铁心，凸齿与线圈铁心的空气间隙逐渐增大，穿过线圈铁心的磁通量则逐渐减小，在线圈中产生的感应电动势加大，但方向与磁通增加时相反。

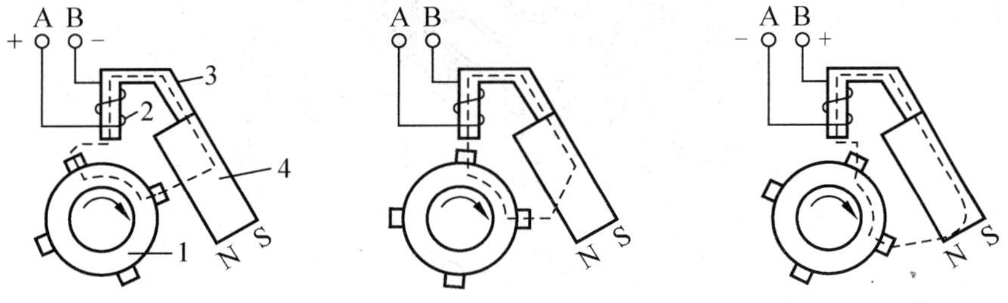

(a) 靠近时　(b) 对正时　(c) 离开时

图 5.29 电磁感应式信号发生器的磁路变化

1—信号转子；2—传感线圈；3—铁心；4—永久磁铁

当转子转到图 5.29(c)所示位置时，磁通量减少的速率最大，线圈中的感应电动势反向达到最大值。

如此循环，随着信号转子不断旋转，在传感线圈中产生如图 5.30 所示的大小和方向不断变化的感应电动势。

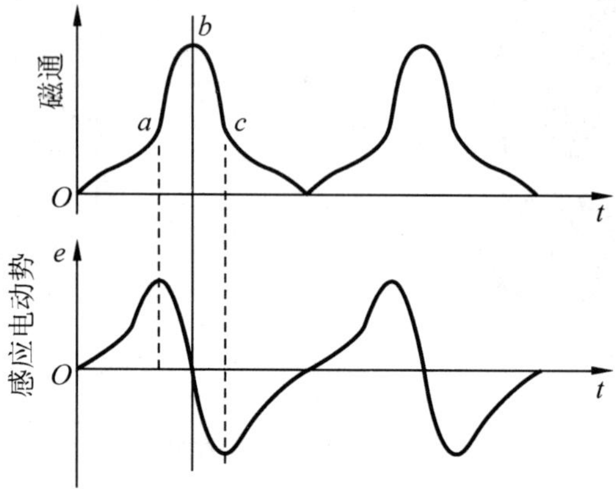

图 5.30　穿过线圈的磁通及线圈中的感应电动势

电磁感应式信号发生器的信号电压随发动机转速的变化而变化。发动机转速升高时，信号电压因磁通的变化速率提高而增大，触发点火的电压会提前到达。利用这一点，若其结构设计的合理，可使点火提前角随发动机转速的变化符合发动机的实际需要，省去离心点火提前装置，简化分电器结构。

这种点火提前方式也称之为电点火提前，故有些磁感应式半导体点火系统无离心点火提前机构。

2）CA1092 型汽车电磁感应式信号发生器

解放 CA1092 型汽车采用的电磁感应式信号发生器如图 5.31 所示，其工作原理与前述结构形式的电磁感应式信号发生器相同。但它的永久磁铁为片状。发生器由信号转子 2、传感线圈 3、定子 4、塑性永磁片 5、导磁板 6、底板 7 和分电器轴 1 等组成，如图 5.32 所示。

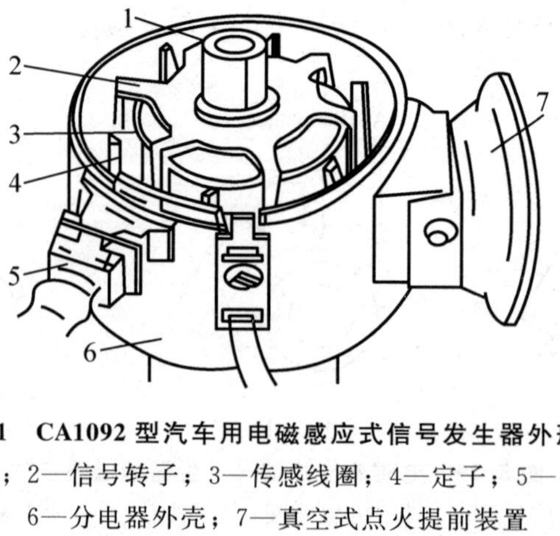

图 5.31　CA1092 型汽车用电磁感应式信号发生器外形结构

1—分电器轴；2—信号转子；3—传感线圈；4—定子；5—电线插接器；
6—分电器外壳；7—真空式点火提前装置

底板和传感线圈固定在分电器壳体内，定子、塑性永磁片和导磁板三者用铆钉铆合后套在底板的轴套上，受真空提前装置的膜片拉杆的约束。塑性永磁片上面为N极，下面为S极，工作中点火信号发生器的磁路为：

塑性永磁片N极→定子→定子爪极与转子爪极之间的气隙→转子感应线圈铁心(凸轮轴)→导磁板→塑性永磁片S极→塑性永磁片N极。

此种结构的优点是信号电压高，低速工作可靠，并且磁感应线圈与转子同心，整个装置呈对称分布，这样可提高抗振能力，减少转子的磨损。

上述两种形式其信号转子都由分电器轴驱动。另外还有装在飞轮壳上的电磁感应点火信号发生器，利用飞轮作为信号转子，磁铁、感应线圈等组成的点火信号装置安装在飞轮壳上，通过飞轮齿环或飞轮上的凸起触发点火信号。

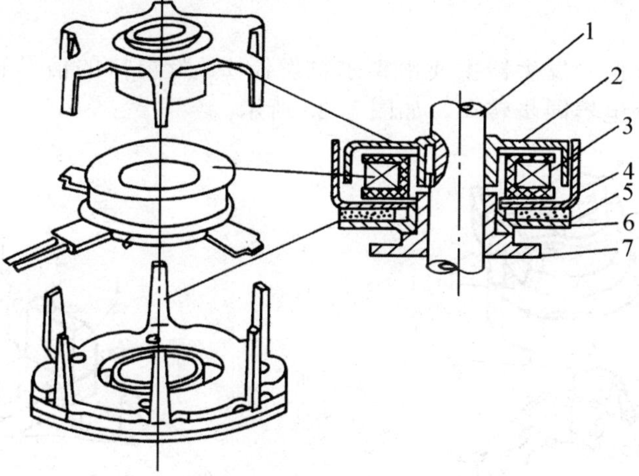

图 5.32　CA1092 型汽车用电磁感应式信号发生器分解图

1—分电器轴；2—信号转子；3—传感线圈；4—定子；5—塑性永磁片；6—导磁板；7—底板

2. 霍尔效应式点火信号发生器

1）霍尔效应

霍尔效应的原理如图 5.33 所示。当电流流过放在磁场中的半导体基片(也称霍尔元件)且电流方向与磁场的方向垂直时，在垂直于电流与磁通的半导体基片的横向侧面上将产生一个与电流和磁感应强度成正比的电压。

这一现象是由美国物理学家霍尔(Hall)发现的，所以命名为霍尔效应，该电压称为霍尔电压。

霍尔电压的高低与通过的电流和磁感应强度成正比，可用式（5.1）表示：

$$U_H=\frac{R_H}{d}IB \tag{5.1}$$

式中，U_H——霍尔电压，单位为V；

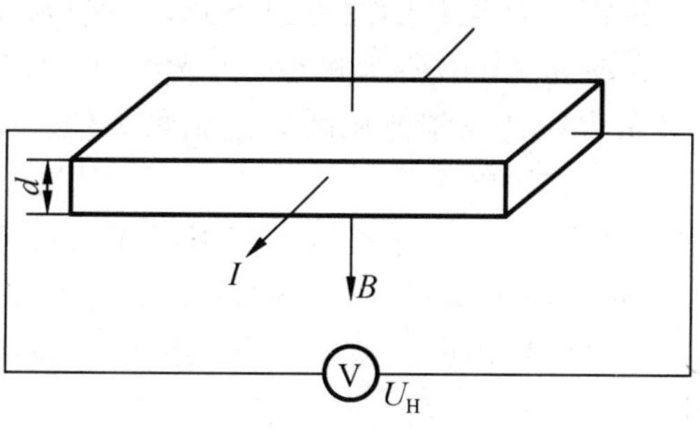

图 5.33　霍尔效应原理

I—流过霍尔元件的电流；B—磁感应强度；d—霍尔元件基片厚度；U_H—霍尔电压

R_H——霍尔系数;

d——半导体基片厚度,单位为 m;

I——电流,单位为 A;

B——磁感应强度,单位为 T。

由式(5.1)可知,当通过的电流 I 为一定值时,霍尔电压 U_H 随磁感应强度 B 的大小而变化;同时也可看出,霍尔电压 U_H 的高低与磁通的变化速率无关。

2) 霍尔效应式点火信号发生器的结构与原理

霍尔效应式点火信号发生器外形结构如图 5.34 所示,主要由触发叶轮和信号触发开关组成。触发叶轮与分火头制成一体由分电器轴带动,其叶片数与气缸数相等。

触发开关由霍尔集成电路和带导磁板的永久磁铁组成。霍尔集成电路的外层为霍尔元件,同一基板的其他部分制成放大电路。触发叶轮的叶片则在霍尔集成电路和永久磁铁之间转动。

霍尔效应式点火信号发生器主要由霍尔触发器 1、带窗口的信号转子 2 和永久磁铁 3 组成。信号转子与分电器同步转动,如图 5.35 所示。

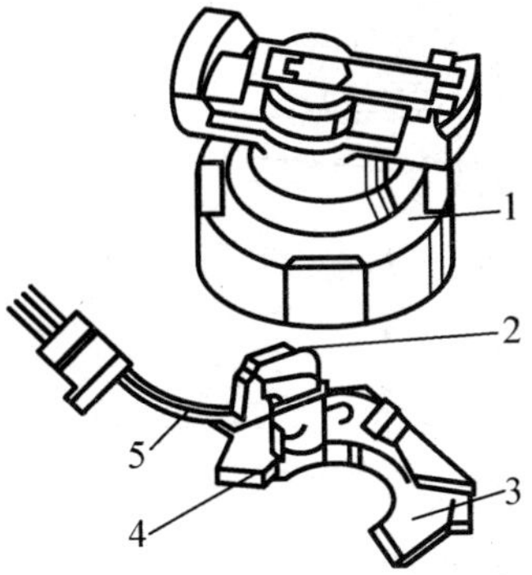

图 5.34 霍尔式点火信号发生器外形结构

1—触发叶轮;2—霍尔集成电路;3—触发开关;
4—永久磁铁;5—点火信号输出线

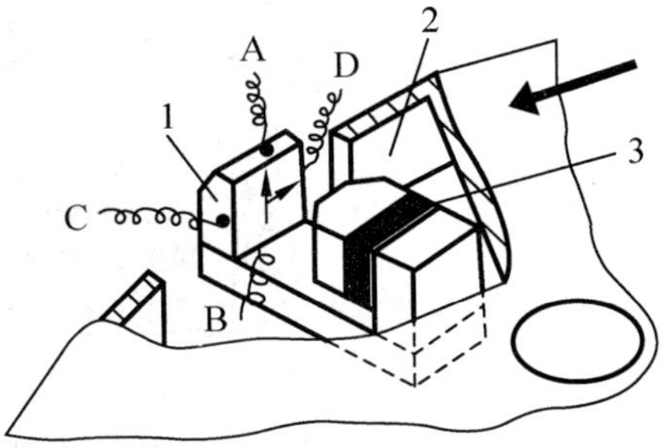

图 5.35 霍尔效应式信号发生器的结构原理

1—霍尔触发器;2—信号转子;3—永久磁铁

图 5.36 为霍尔效应式信号发生器工作原理图。在图 5.36(a)所示状态,信号转子的叶片处在霍尔触发器和永久磁铁之间时,永久磁铁的磁场被信号转子的叶片旁路而迅速减弱,磁感应强度 B 随之迅速下降,导致霍尔电压趋近于零。

在图 5.36(b)所示状态,信号转子的窗口和霍尔触发器正对时,永久磁铁的磁感应强度 B 最大,使霍尔电压瞬时达到最大值。

由于霍尔电压为 mV(毫伏)级,因此,需要进行信号处理,把信号放大并转换为矩形脉冲(方波),这一任务是由霍尔集成电路来完成的。

图 5.37 为霍尔集成电路的工作原理方框图,当霍尔电压为零时,霍尔集成电路使霍尔发生器的输出电压急剧上升至数伏;而当产生霍尔电压时,霍尔信号发生器的输出电压则降至 0.4~0.5V。

霍尔信号发生器输出的矩形脉冲,控制点火控制器的大功率晶体管的导通与截止,接通和切断点火线圈初级电流,从而控制点火系统的工作。

霍尔信号发生器的优点是点火正时性能稳定,精度高,耐久性好,不受灰尘、油污的影响，并且霍尔电压与转速无关，所以低速性能好。

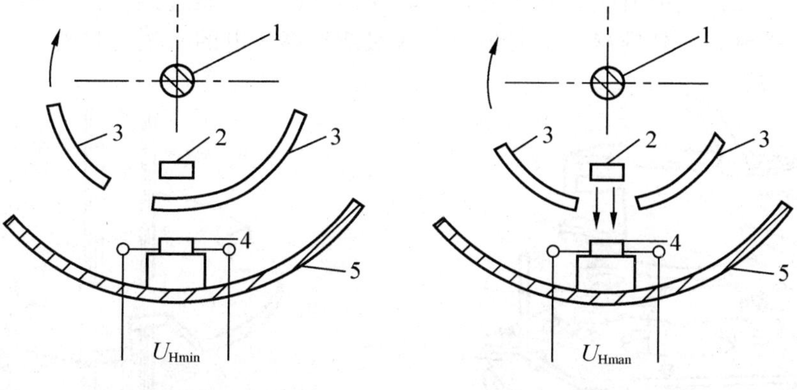

(a) 磁感线被转子叶片旁路　　(b) 磁感线通过转子缺口

图 5.36　霍尔效应式信号发生器工作原理

1—分电器轴；2—永久磁铁；3—信号转子叶片；4—霍尔触发器；5—分电器外壳

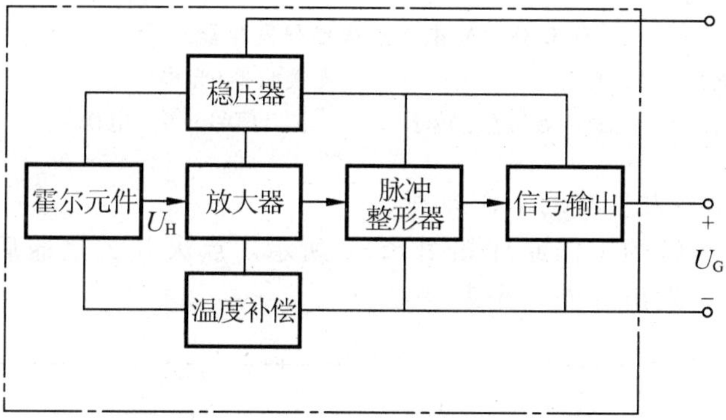

图 5.37　霍尔集成电路的工作原理方框图

U_H—霍尔电压；U_G—霍尔信号发生器输出电压

3. 光电式点火信号发生器

1）光电式点火信号发生器的结构

光电式点火信号发生器主要由光源、光接收器和遮光盘三部分组成，如图 5.38 所示。

① 光源。光源是一个砷化镓发光二极管，能以接近红外线的频率发出不可见光束，具有耐振动、耐高温和使用寿命长的优点。

② 光接收器。光接收器采用的半导体元件为光敏二极管或光敏晶体管。它与光源相对，并相隔一定距离。

光敏二极管和光电晶体管的工作类似于普通二极管和晶体管，所不同的是光敏二极管的反向电阻随光照增强而减小，光敏晶体管的基极电流由光照射后才能产生。因而在光敏晶体管的基极不必输入电信号，也无需基极引线。

③ 遮光盘。遮光盘一般用金属材料或塑料制成，安装在分电器轴上，位于分火头下面。盘上开有与气缸数相等的窗口，遮光盘的外缘可伸入光源与光接收器之间，遮挡光束的通过；当遮光盘随分电器轴转动时，光源所产生的光束可通过遮光盘上的窗口射入光接

收器而被接收。

于是，光电元件就把所接收到的光信号转换为电信号，通过点火控制器实现对点火线圈初级电流的控制，达到准确、适时地控制次级绕组高压电的产生的目的。

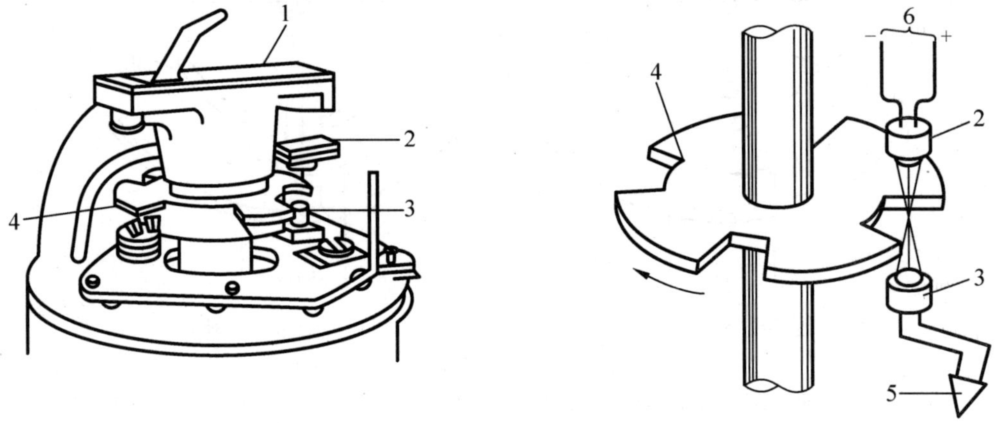

(a) 结构　　(b) 工作原理

图 5.38　光电式点火信号发生器结构

1—分火头；2—光源(发光元件)；3—光接收器(光电元件、光敏元件)；4—遮光盘(遮光转子)；5—输出信号；6—电源

2) 光电式点火信号发生器的工作原理

光电式电子点火系统的工作原理如图 5.39 所示，点火开关接通后，转子随分电器轴转动，光源 GA 通电，发出红外线光束。

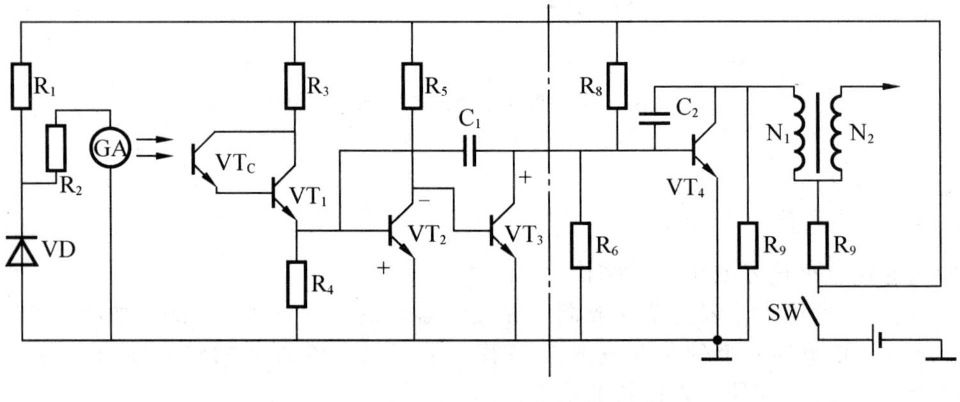

图 5.39　光电式电子点火系统的工作原理

GA—光源(发光二极管)；VT_C—光接收器(硅光电晶体管)

当转子的缺口通过光源时，红外线光束照在光接收器(晶体管 VT_C)上，则晶体管 VT_C产生基极电流，导通，使晶体管 VT_1导通，VT_2也导通，晶体管 VT_3发射极被短路而截止，促使晶体管 VT_4导通，从而接通了点火线圈的初级电路。

电流从蓄电池正极接线柱→点火开关 SW→附加电阻 R_9→点火线圈初级绕组 N_1→晶体管 VT_4的集电极、发射极→搭铁→蓄电池负极接线柱。当转子的实体部分遮住光源的红外线光束时，光接收器截止，使晶体管 VT_1、VT_2都截止，又促使 VT_3导通，进而将 VT_4截止，断开了点火线圈的初级电路，在点火线圈的次级绕组 N_2中产生高压电，供给火花塞使其跳火，点燃气缸中的可燃混合气。

其中，R_7用于在晶体管 VT_4截止时保护 VT_4不被初级绕组中自感电动势损坏；稳压管 VD 使光源 GA(发光二极管)的工作电压维持在 3V 左右。

与磁感应式半导体点火系统相比，光电式信号发生器有信号和闭合角不受转速的影响、点火正时性能稳定等优点，但是受灰尘影响较大，密封性要求高。

5.3.2 点火控制器

1. 点火控制器的作用

点火控制器(又称点火器、电子点火器、电子点火组件、点火模块。图 5.40)的基本作用是：对输入的点火触发信号进行处理后，准确、可靠地控制大功率三极管的导通与截止，及时通断点火线圈初级电流，使点火线圈次级适时地产生高压。

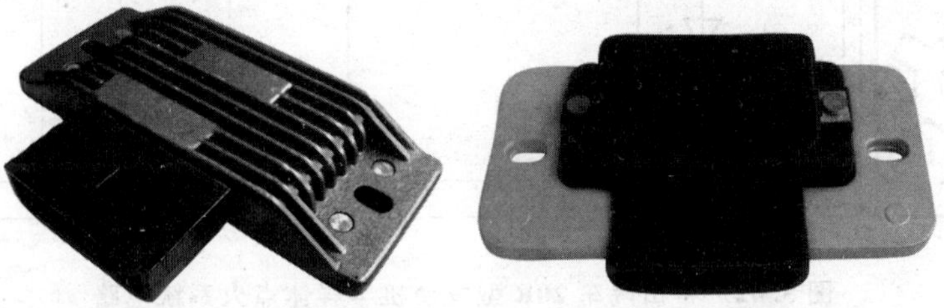

图 5.40 点火控制器

点火控制器壳体多用铝材模铸而成，以利于散热，内部电路用导热树脂封装，壳体上封装有一个插座，用以与点火电路的线束插头连接。

点火控制器的电路结构多种多样，基本功能电路如图 5.41 所示，现代汽车一些点火控制器中又增加了闭合角控制、停车断电保护、点火能量恒定控制等功能电路。

下面以几种典型的点火控制器为例介绍其工作原理。

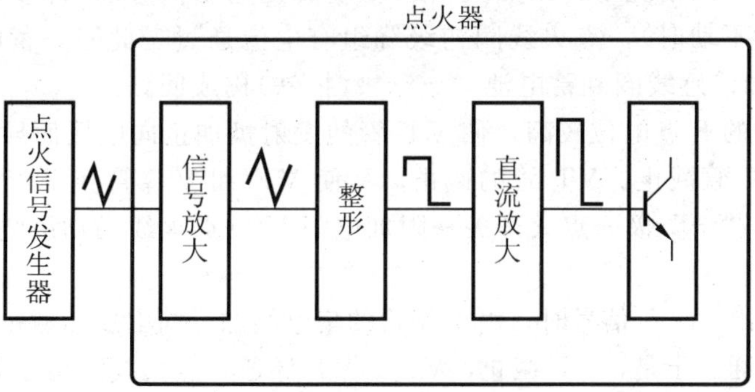

图 5.41 点火控制器基本功能电路

2. 日本丰田汽车装用的点火控制器

图 5.42 所示为丰田汽车 20R 型发动机半导体点火系统电路。

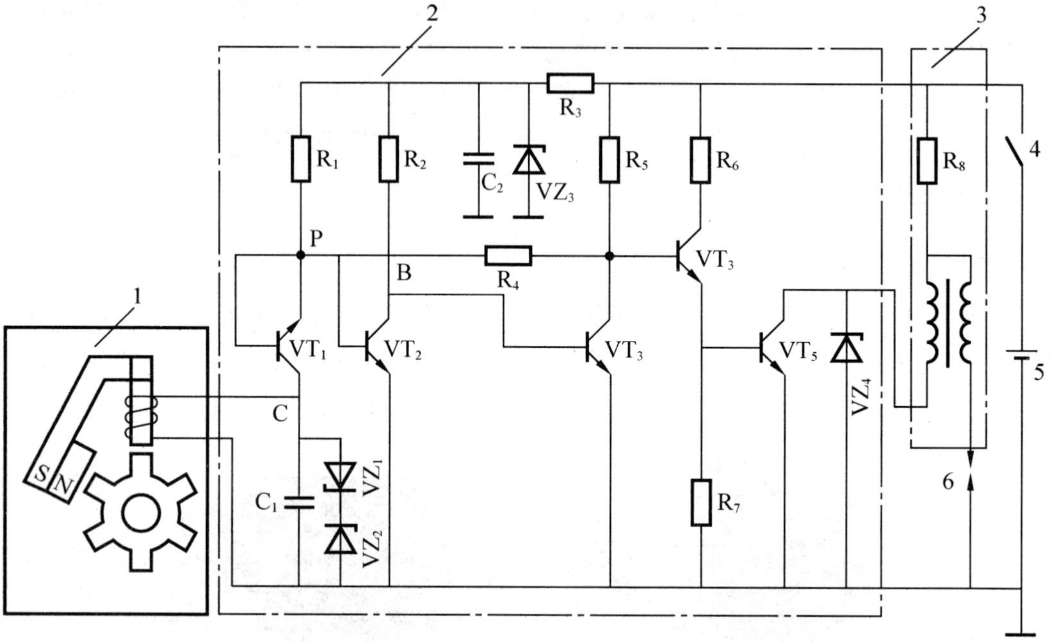

图 5.42 丰田汽车 20R 型发动机半导体点火系统电路

1—点火信号发生器；2—点火控制器；3—点火线圈；4—点火开关；5—蓄电池；6—火花塞

1） 结构特点

点火控制器有 5 只晶体管。其中 VT_1 管接成二极管的形式(其发射极与基极相接)，主要起温度补偿作用；VT_2 为触发管；VT_3 和 VT_4 管起放大作用；VT_5 为大功率管，与点火线圈初级绕组串联，以提供较大的初级电流，使其截止时能在次级绕组产生所需要的高电压。

2） 基本工作原理

在接通点火开关的情况下：当点火信号发生器无输出信号时(即发动机未工作，信号发生器的信号转子不动时)，点火线圈初级绕组有电流通过。此时，蓄电池的“+”极通过 R_3、R_1、VT_1 和传感线圈到蓄电池“−”极(搭铁)构成回路。

于是，电路中的 P 点电位较高，使 VT_2 管的发射极加正向电压而导通，其集电极电位降低到 0V，使 VT_3 管截止。VT_3 管的截止，又使 VT_4 和 VT_5 管获得正向偏置而导通。这样电流便从蓄电池“+”极→点火开关→附加电阻 R_8→点火线圈初级绕组→VT_5 管→搭铁(蓄电池“−”极)。

当传感线圈输出“+”信号时，由于 VT_1 的集电结加反向电压而截止，故 P 点仍保持较高的电位使 VT_2 导通。于是，VT_3 截止，VT_4、VT_5 导通，点火线圈初级绕组仍有电流通过。

当传感线圈输出“−”信号时，VT_1 管加正向电压而导通，此时 P 点电位降低，于是 VT_2 截止，VT_3 由蓄电池通过点火开关→R_3→R_1 提供基极电流 VT_3 导通，VT_4、VT_5 立即截止，点火线圈初级电流被切断，磁场迅速减弱，在点火线圈次级绕组中产生了瞬时高压。

再由配电器分配至火花塞，使火花塞产生高压电火花，点燃气缸内的可燃混合气。每当点火信号发生器的信号转子转动一周，各个气缸便轮流点火一次。

3. 解放CA1092型汽车装用的6TS2107型点火控制器

1）基本结构

图5.43(a)为6TS2107型点火控制器的外形，内部电路如图5.43(b)所示，主要由美国摩托罗拉公司生产的89S01型点火专用集成电路芯片和一些辅助半导体元件组成，辅助半导体元件采用厚膜混合电路技术制成。内部电路为全密封结构，底板为一铝质散热板，用两个螺钉固定在点火线圈支架上。

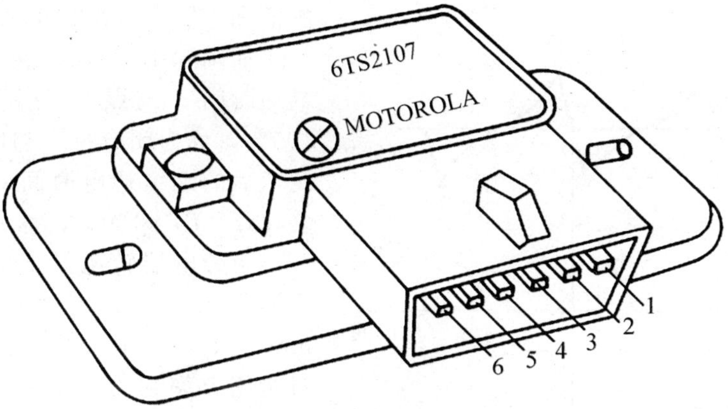

（a）6TS2107型点火控制器外形

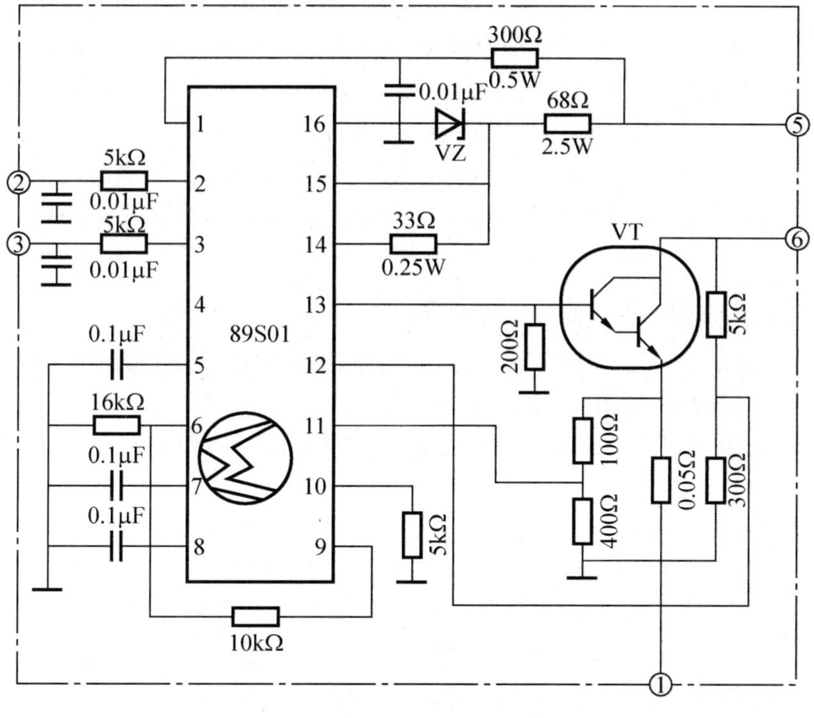

（b）6TS2107型点火控制器内部电路

图5.43 6TS2107型点火控制器及电路

6TS2107 点火控制器具有恒能控制、停车断电保护、低速推迟点火和过电压保护等功能。端子⑤接点火开关，端子⑥和①分别接点火线圈“－”接线柱和搭铁，端子②和③与信号发生器输出端相连。

2）工作原理

磁脉冲式点火信号发生器输出的信号加在②和③端，当信号电压下降至某值时，输出管 VT 导通，此时电流经过点火线圈初级绕组，铁心中产生磁场。当信号电压上升到某值时，VT 截止，此时点火线圈初级电流切断，磁场迅速消失，于是在次级绕组中产生高压电。

① 恒能控制。为了使点火能量恒定，电子点火系统一般采用限定点火线圈初级电流峰值和控制其流通时间比率的方法。

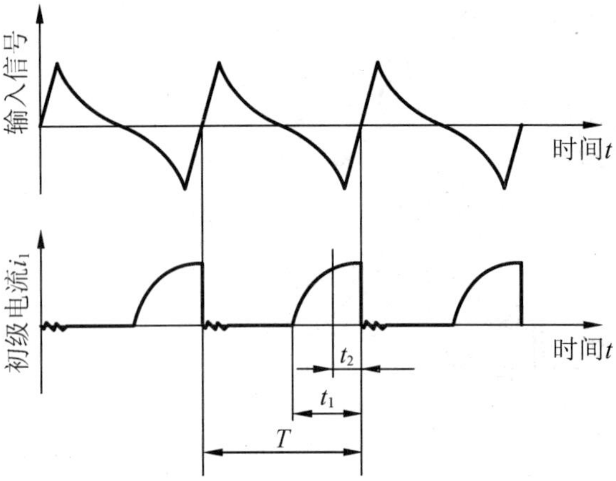

图 5.44　闭合率

如图 5.44 所示，点火线圈初级电流导通时间 t_1 与点火周期 T 之比$(t_1/T)\times 100\%$，称为闭合率；初级电流上升到限定值后的继续通电时间 t_1 与点火周期 T 之比$(t_1/T)\times 100\%$，称为过量闭合率。

当分电器转速低于 150r/min 时，闭合率约为 50%；当分电器转速在 200r/min 以上，且电源电压为 10～16V 时，过量闭合率约为 16%；当电源电压超过 16V 时，过量闭合率减至 8%～13%，使点火线圈初级电电流峰值为(5.5±0.5)A。

② 停车断电保护。如果由于某种原因使发动机即将停止运转或已停止运转，而点火开关仍然处于闭合状态时，6TS2107 型点火控制器可在 0.5s 之内切断点火线圈初级电流，以免点火线圈长时间通电温度过高，造成点火控制器和点火线圈损坏。

③ 低速推迟点火正时。在起动工况时，发动机转速很低，为便于起动，6TS2107 型点火控制器设置了低速(转速小于 150r/min 时)推迟点火正时功能，使起动时点火提前角适当减小。

4. 奥迪、桑塔纳轿车使用的点火控制器

奥迪、桑塔纳轿车采用以 L497 点火集成模块(图 5.45)为核心的霍尔效应式电子点火系统，其点火控制器电路如图 5.46 所示。

这种结构使用的点火芯片 L497 功能强大，价格较低，因而在高尔夫、雪铁龙等轿车上广泛应用。

① 基本控制。霍尔效应式点火信号发生器输出的脉冲信号输入给 L497 芯片的脚 5，经过内部的放大，驱动电流由脚 14 输出，再控制达林顿功率管 VT 的导通与截止，使点火线圈初级电流连续的通与断，次级绕组不断产生高压，顺序点燃各个气缸中的可燃混合气。

② 通电时间控制。通电时间控制也称闭合角控制。L497 脚 10 是控制定时器的定时端，其外接电容 C_T，可利用对它的充放电来控制大功率管 VT 的导通时间，C_W上的电压 U_W决定于发动机的转速，从而使初级电流的通电时间随发动机转速的变化而保持相应的

值，保证高速点火性能。

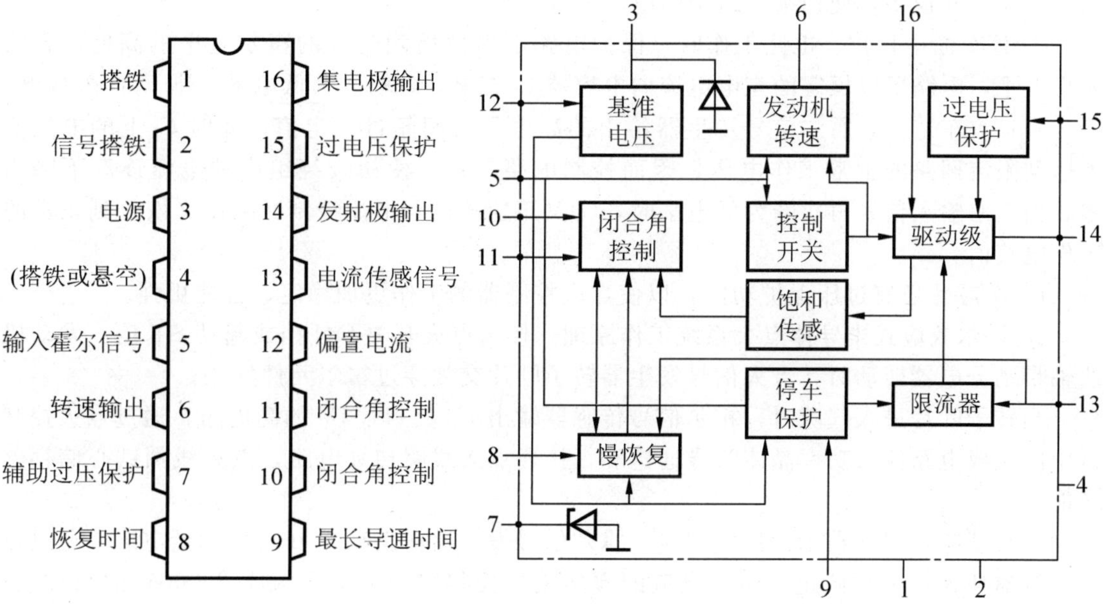

(a) 引出脚排列　　(b) 内部电路

图 5.45　L497 点火集成模块

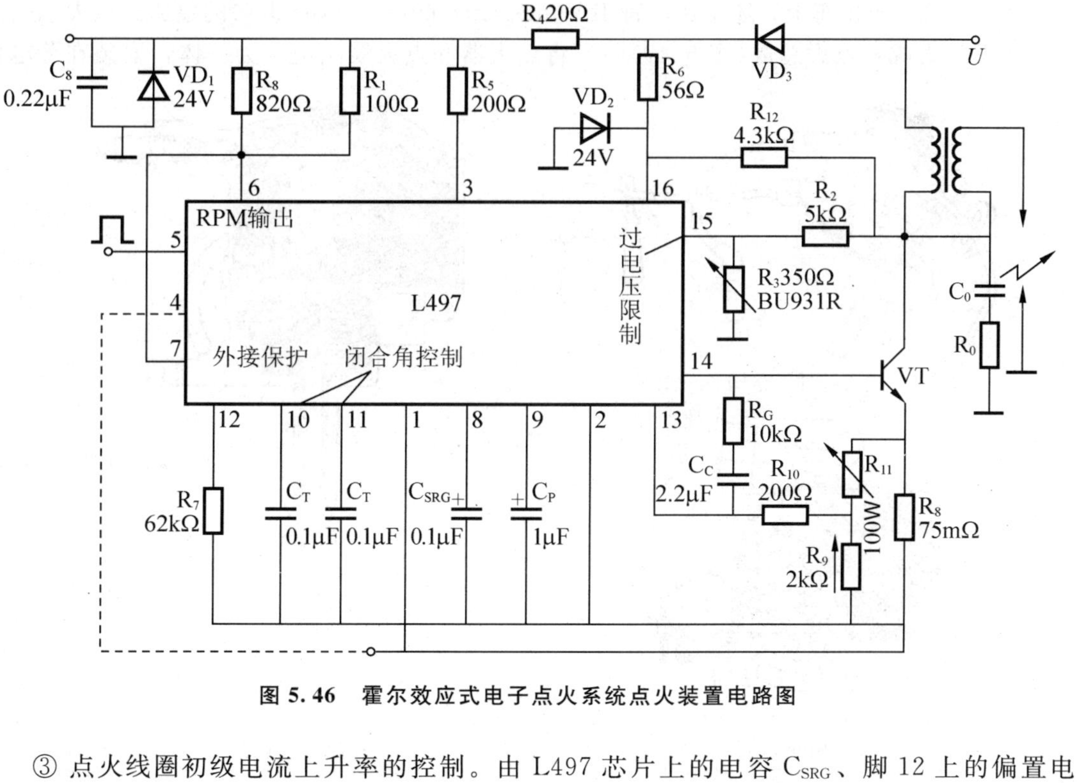

图 5.46　霍尔效应式电子点火系统点火装置电路图

③ 点火线圈初级电流上升率的控制。由 L497 芯片上的电容 C_{SRG}、脚 12 上的偏置电阻 R_7 组成初级电流上升率控制电路，它可调整点火线圈初级电流上升的速率。如果检测

到初级绕组中的电流小于其额定值的90%时，该控制电路便在输入信号向低电平转换前加大其电流上升速率，使初级绕组中的电流加大。

④ 停车断电保护。电路工作时，保护电路不停地检测输入的霍尔电平的高低。若输入高电平，电路即以恒定的充电电流向电容器 C_P 充电，若输入为低电平，则 C_P 向外放电。

一旦汽车熄火，霍尔信号发生器给出的高电平时间超过一定值，此时 C_P 上的电压值即达到限流回路的正常工作电压，因而控制电路工作，使初级绕组内的电流逐渐下降为零。当霍尔输入信号再次降为低电平时，C_P 又迅速放电，电流控制回路便又恢复到正常的工作电流值。

L497 芯片还有过压保护功能，以使点火控制器的工作更加稳定、性能更强。

⑤ 霍尔效应式半导体点火系统工作原理。接通点火开关 ON 挡或起动 ST 挡：发动机曲轴带动分电器转动时，点火信号发生器转子叶片交替穿过霍尔元件气隙。

当转子叶片进入气隙时，霍尔信号传感器输出11.1～11.4V的高电压，通过点火控制器中的集成电路使大功率晶体管导通饱和，接通点火线圈初级电路，点火线圈铁心储存磁场能。

当转子叶片离开霍尔元件气隙时，霍尔信号发生器输出0.3～0.4V的低电压，通过点火控制器使大功率管截止，初级电流的骤然消失使得次级感应出大于20000V的高压电；配电器将高压电按点火顺序分配给各气缸火花塞。

5.3.3 集成式点火总成

在一些日本丰田车上，还采用一种IIA(integrated ignition assembly)的集成式点火总成。

在IIA集成式点火总成(图5.47)中，将点火器和点火线圈组合为一体，安装在分电器

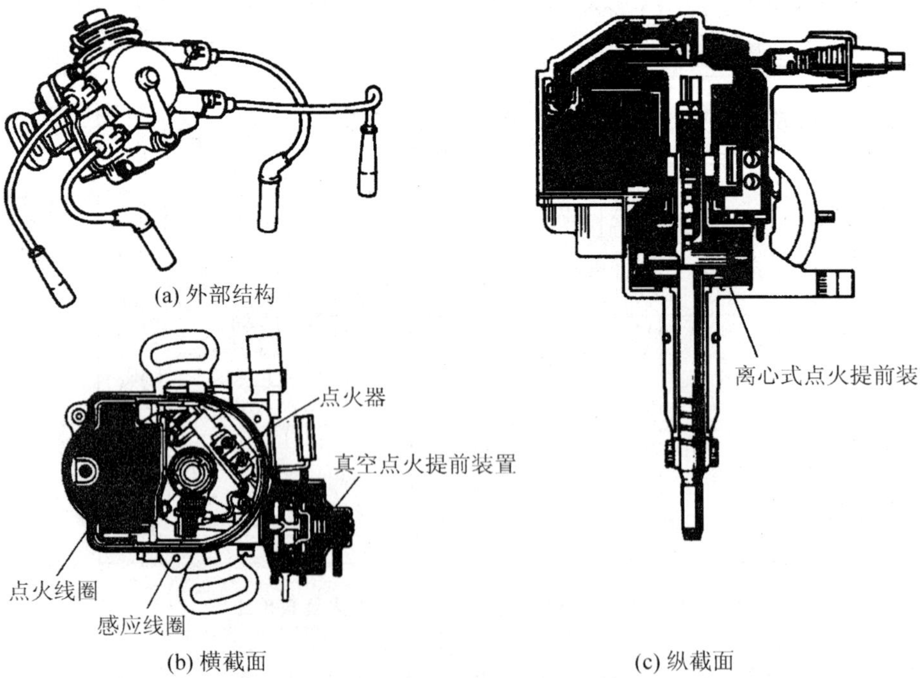

图5.47 集成式点火总成结构

中；而在非IIA分电器中，点火器与点火线圈是分开布置的。除此之外，IIA集成式点火总成与前面介绍的无触点电子点火系统的工作原理是相似的。

IIA具有如下特点：体积小、重量轻；不存在连接导线破损的问题、可靠性高；防水性能好；不受外界环境条件影响。

5.4 电容储能式点火系统

5.4.1 电容储能式点火系统的特点

电容储能式点火系统又称为电容放电式点火系统，与电感储能式点火系统相比，主要有以下特点：

(1) 次级电压上升速率极大、上升时间极短，使次级电压对火花塞积炭或污染不敏感，提高了火花塞抗污染的能力。

(2) 次级电压高，且不受转速影响，可保证转速高达10000r/min的四缸四行程发动机和转速高达5000r/min的八缸四行程发动机可靠工作。

(3) 各转速下点火能量恒定，且能量利用率高，使点火线圈的工作温度明显降低，有利于延长点火线圈的使用寿命。

(4) 耗电量随点火频率(发动机转速)增大而增大，但一般情况下，最大电流不超过2A，有利于保持蓄电池处于良好的工作状态，延长蓄电池使用寿命。

(5) 放电持续时间(火花持续时间)太短，容易造成发动机起动和低速时点火不良，引起发动机起动和低速时的有害排放物增多。

(6) 由于次级电压上升速率很高，电磁波相对较强，会对无线电产生严重干扰。

(7) 结构比较复杂，成本较高。

由于上述特点，电容储能式点火系统在一般汽油机上应用较少，在高速大功率汽油机(如赛车发动机)上应用较多。

由于抗火花塞积炭和污染的能力强，使电容储能式点火系统在二行程汽油机上的应用比较广泛。

下面简要介绍电容储能式点火系统的基本组成和工作原理。

5.4.2 电容储能式点火系统的基本组成

电容储能式点火系统主要由电源、点火开关、直流升压器、储能电容、晶闸管、触发器(点火信号发生器)以及点火线圈、分电器、高压线、火花塞等组成，如图5.48所示。

① 直流升压器。直流升压器一般由振荡器、变压器和整流器三部分组成，其作用是将电源的低压直流电变为300～500V的高压直流电，以便给储能电容充电。

② 储能电容。储能电容用来储存点火所需的能量，并通过点火线圈初级绕组放电，在次级绕组中感应出火花塞跳火所需的高压电动势。储能电容容量一般为0.5～2μF。

③ 晶闸管。晶闸管起开关作用，用于控制点火线圈初级电路的通断。

④ 触发器。触发器用来产生点火信号，触发晶闸管导通。触发器可分为有触点式和无触点式两大类。无触点式主要有磁感应式、霍尔效应式、光电效应式、电磁振荡式等四

种，其组成和工作原理与电感放电式电子点火系统采用的点火信号发生器类似。

⑤ 点火线圈。点火线圈将储能电容储存的300～500V的低压电转变为20～30kV的高压电，为火花塞提供工作电压。点火线圈结构和原理与电感放电式点火系统采用的点火线圈相同。

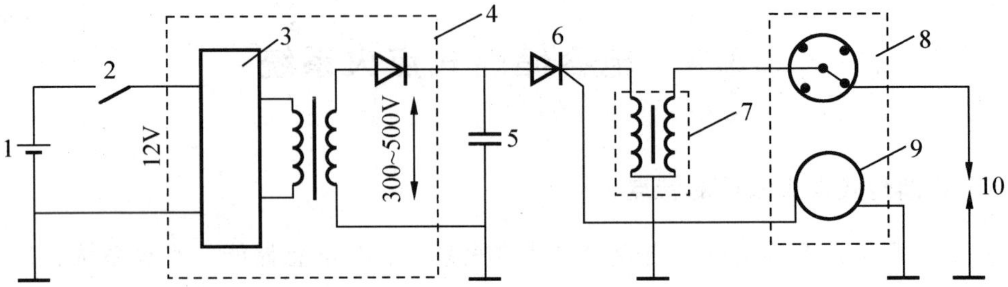

图5.48 电容储能式电子点火系统组成及工作原理示意

1—蓄电池；2—点火开关；3—振荡器；4—直流升压器；5—储能电容；
6—晶闸管；7—点火线圈；8—分电器；9—触发器；10—火花塞

5.4.3 电容储能式点火系统的工作原理

电容储能式点火系统每个工作循环包括三个阶段：晶闸管截止(关断)，直流升压器为储能电容充电；晶闸管在触发器信号触发下导通，储能电容经点火线圈初级绕组放电；火花塞跳火，直流升压器的振荡器停止振荡。具体工作过程如下：

(1) 晶闸管截止(关断)，直流升压器为储能电容充电。

如图5.48所示，接通点火开关，直流升压器工作，振荡器把蓄电池12V直流低压电转换为交流电，再经变压器升压和整流器整流，成为300～500V的高压直流电。

当晶闸管6关断时，由直流升压器4输出的300～500V的直流电向储能电容5充电，由于充电回路电阻很小，电容器电压迅速升高，充电电流迅速减小，电容器电压接近升压器输出电压。

同时电容器两端的电压通过搭铁和点火线圈初级绕组加在晶闸管的阳极和阴极之间，使晶闸管阳极和阴极之间承受正向电压。

(2) 晶闸管在触发器信号触发下导通，储能电容经点火线圈初级绕组放电。

当触发器输出的信号使晶闸管的控制极(亦称门极)和阴极之间承受正向电压时，晶闸管阳极和阴极导通。储能电容5通过晶闸管6向点火线圈的初级绕组放电，由于初级绕组电流急剧升高，在点火线圈次级绕组中就感应出很高的电动势。

(3) 火花塞跳火，直流升压器的振荡器停止振荡。

当点火线圈次级绕组中的感应电动势高于火花塞击穿电压时，火花塞间隙击穿，火花塞跳火。随着火花塞跳火，储能电容电压迅速下降，直流升压器因输出端被点火线圈初级绕组短路和振荡器停止振荡而无输出。

当储能电容电压低于一定值时，晶闸管因阳极和阴极之间的电压过低由导通转变为截止(为了保证晶闸管截止后不会马上导通，触发器在触发晶闸管导通后其输出信号一直使晶闸管控制极承受反向电压)。

晶闸管截止后，切断了直流升压器和点火线圈初级绕组之间的连接，振荡器重新开始振荡，直流升压器又开始给储能电容充电，同时使晶闸管阳极和阴极之间承受越来越高的正向电压。直至触发器输出的信号使晶闸管的控制极和阴极之间承受正向电压时，晶闸管再次导通，重复点火过程。

需要注意的是，晶闸管的控制极只控制晶闸管的导通，而不能控制晶闸管的截止。晶闸管导通后，控制极失去对晶闸管工作状态的控制作用，晶闸管的工作状态完全由阳极和阴极之间的电压决定，只有当阳极和阴极之间的电压低于一定值(死区电压)或为负值时，晶闸管才由导通转变为截止。

关闭点火开关后，切断了直流升压器的电源，储能电容无法充电，点火线圈不能产生高压，发动机熄火。

5.5 无触点电子点火系统的使用与维护

5.5.1 注意事项

在无触点电子点火系统的使用和维护中，为避免对车辆和人体产生不良影响，应注意以下几点：

① 当点火开关处于接通位置或发动机正在运转时，不得断开或连接任何线束或点火控制器的插接器。

② 中央高压线必须可靠地插在点火线圈的插孔中，如果高压线在孔中插不到底或脱开，点火线圈次级绕组将产生过高的电压，容易造成点火线圈击穿，并且初级绕组中的自感电动势也会增大，对点火控制器的工作寿命将产生不利影响。

③ 当用起动机带动发动机转动而又不希望发动机起动时，应从分电器盖的中心插孔中拔出中央高压线，并将中央高压线端部与发动机机体接触(搭铁)，以防中央高压线悬空及次级电压过高，而产生不良后果。

④ 发动机运转时，不要用手接触点火控制器，否则可能造成触电。

⑤ 如需要拆接点火系统导线或元件，应首先关闭点火开关。

⑥ 使用中接线应正确无误，特别是蓄电池搭铁极性不能接错，导线及线束的插接器不应松脱，点火控制器要可靠搭铁。

⑦ 洗车时不得用水冲洗点火控制器和分电器。

5.5.2 维护项目

为保证点火系统正常工作，应定期做如下检查与维护工作：

① 检查分电器盖是否有裂缝，盖内各电极是否有严重烧蚀情况。如发现上述任一情况，应及时更换。

② 检查分火头端部是否严重烧蚀。如果端部烧蚀，应及时更换。

③ 点火线圈和各高压线是否有积垢或油污。如果有积垢或油污，应用酒精清洗。

④ 检查所有的高压线是否连接适当。

⑤ 电子点火控制器与传感线圈的插接器应保持清洁。

⑥ 定期往分电器轴与分电器轴套间加少许机油润滑。

⑦ 定期检查火花塞。

5.5.3 调整点火正时

1. 点火正时

点火正时就是让分电器轴的位置与发动机曲轴(活塞)的位置相匹配，使点火系统能有正确的初始点火提前角。发动机在工作时，真空、离心点火提前调节器是在初始点火提前角的基础上调节点火提前角的。因此，点火正时的准确与否对发动机的点火是否准确影响极大。在安装分电器总成或更换燃油品种后，都要进行“点火正时”作业。

点火正时的具体安装与调整方法因车型不同而略有差别，但基本步骤相似。

2. 传统触点式点火系统点火正时基本步骤

1） 检查断电器触点的间隙

触点间隙的大小对点火时间有较大的影响。因此，应首先检查触点间隙(一般为0.35～0.45mm)，若不在规定的范围内，就应对其进行调整。

2） 找出第一缸压缩终了上止点

简单实用的找第一缸压缩终了上止点方法是：先拆下第一缸的火花塞，用干净的棉纱堵住火花塞螺孔，摇转曲轴，当棉纱被冲出时，即为第一缸压缩行程，再慢慢转动曲轴，使飞轮上的第一缸上止点标记(又称为点火正时标记)与飞轮壳上的标记对齐。有的汽车上止点标记是曲轴前端带轮上的标记与正时齿轮盖上的指示箭头对齐。

3） 确定断电器触点刚刚打开的位置

松开分电器紧固螺钉，先顺分电器轴旋转方向转动分电器外壳，使断电器触点处于闭合状态，然后拨出中央高压线，使高压线端距缸体3～4mm，接通点火开关，慢慢地逆分电器轴旋转方向转动分电器外壳至高压线端跳火，此时分电器的位置就是断电器触点刚刚打开的位置。

4） 按点火顺序接好高压线

插上分火头，分火头所对的分电器盖旁电极插孔插第一缸高压线，然后顺着分电器轴旋转的方向，按点火顺序插好其他各缸的高压线。

5） 检查点火正时

起动发动机，并使发动机达到正常工作温度，然后在发动机怠速状态下突然加速，查看发动机的工作情况。

如果发动机转速上升滞后，感到沉闷或排气管有“突、突”的声响，说明点火过迟，应逆分电器轴旋转方向转动分电器外壳，适当调大初始点火提前角；如果在急加速时发动机出现了爆燃(出现尖锐的金属敲击声，也称“敲缸”、“爆震”)，说明点火时间过早，应顺分电器轴旋转方向转动分电器外壳，使点火提前角适当减小。

6） 路试中进一步检验点火正时

在平直路面上使汽车以40km/h的速度行驶时挂直接挡突然加速(将油门踩到底)，如果汽车加速过程中有轻微的爆燃，但随车速的升高爆燃很快消失，则点火时间适当；如果加速时发动机爆燃较为严重，或虽无爆燃发生，但加速感到沉闷，则说明点火时间过早或过迟，应对其再进行调整，直至适当为止。

3. 无触点电子点火系统点火正时基本步骤

1）找到第一缸压缩终了上止点

方法与相同触点式点火系统。

2）安装分电器

将机油泵的驱动轴旋至规定位置。例如，桑塔纳轿车要求机油泵驱动轴上的扁平部与曲轴方向平齐；切诺基轿车 2.5L 发动机要求机油泵驱动轴上的扁槽定位在 11 点稍前的位置。

慢慢装入分电器，分电器完全装入正确位置后，分火头应指向规定位置。例如，桑塔纳轿车分火头指向分电器壳体上的第一缸标记；切诺基轿车 2.5L 发动机要求分火头的位置应位于刚过 3 点钟的位置。将分电器固定螺钉按规定扭矩紧固。

3）安装分火头

安装分火头，并转动分电器轴使分火头指向分电器壳体上的标记或规定方向，或者使信号转子与传感部分的相对位置符合要求。

桑塔纳轿车要求分火头指向分电器壳体上的第一缸标记，如图 5.49 所示；切诺基轿车 2.5L 发动机要求分火头的位置应位于 2 点钟的位置。

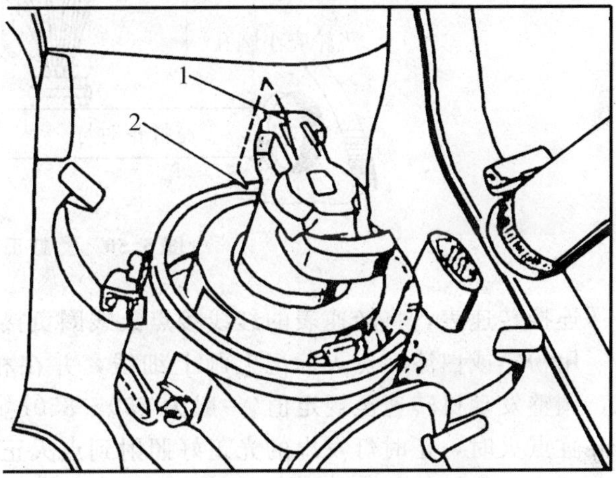

图 5.49 桑塔纳轿车分火头位置标记

1—分火头；2—分电器壳上的标记

4）连接高压线

插好中央高压线，按发动机的点火顺序，插接好分缸高压线。插接时，第一缸的高压线应插接在正对分火头的旁电极座孔内，然后顺分火头的旋转方向，按点火次序插接好其余各缸的高压线。常见汽车发动机的点火顺序及分火头旋向见表 5-7。

表 5-7 汽车发动机的点火顺序及分火头旋向

车型	点火顺序	分火头旋向
天津华利(大发)、夏利	1→2→3	顺时针
BJ2120、NJ1061、标致	1→2→4→3	逆时针
奥迪 100、桑塔纳 2000Gli	1→3→4→2	顺时针
切诺基 2.5L	1→2→4→3	顺时针
奥迪 Audi100 2.2E 五缸发动机	1→2→4→5→3	顺时针
CA1091、CA1092、EQ1091、EQ1092	1→5→3→6→2→4	顺时针

5）检查点火是否正时

① 发动机空转检验。起动发动机，使水温升到 70～80℃，在发动机怠速运转时突然加速，如发动机转速能迅速增加，仅有轻微的爆燃敲击声并立即消失，表明点火时间正

确；如爆燃敲击声严重，表示点火过早；如发动机转速不能随节气门打开立刻升高，并有发“闷”之感，排气管出现“突、突”声且冒黑烟，则为点火过迟。

② 路试。起动发动机，待发动机水温达70～80℃后，选择平坦道路以直接挡行驶。突然将加速踏板踩到底，如果在车速急增时能听到微弱的敲击声，但很快消失，表明点火时间正确；如果听到有明显的金属敲击声，表示点火过早；如果加速时感到发“闷”，表示点火过迟。

③ 用正时灯校正点火正时。安装正时灯，把正时灯的红色和黑色导线分别接至蓄电池的正、负极上，把正时灯的传感器信号接至第一缸火花塞上，如果是霓虹灯，则可将其红线接至第一缸火花塞上，黑色线接在火花塞高压线上，如图5.50所示。

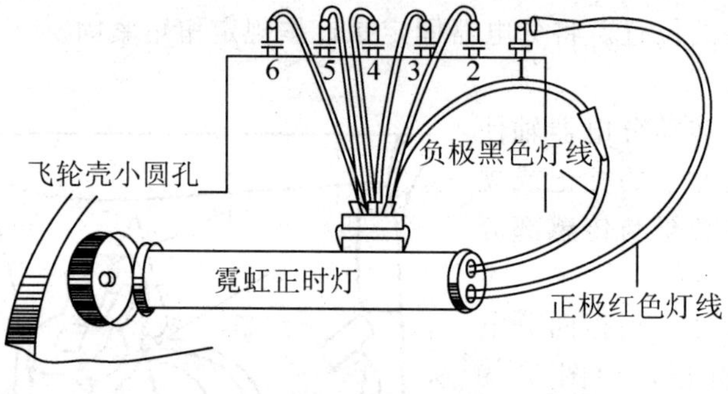

图5.50　霓虹正时灯

连接转速表，将转速表的红线接点火线圈负接线柱，黑线接机体(搭铁)。

用粉笔或白漆在点火标记上画上细线，并在相应的标记上涂上白色记号。起动发动机，调整发动机转速至规定值(一般为750～850r/min)，打开正时灯照射正时标记，每次第一缸点火时，正时灯发出的光正好照射到点火正时记号上。

预涂的白色细线与白色标记应刚好对正，说明点火正时，如与指标不能对正，说明点火过早或过迟，便要调整分电器的位置，达到点火正时的要求。过早应顺分火头旋转方向转动分电器外壳；过迟则相反。

5.6　无触点电子点火系统的检修

5.6.1　无触点电子点火系统常见故障分析

汽车运行期间发动机不能起动或起动后动力性差等故障有许多是因点火系统故障所致。点火系统的故障主要表现为断火、缺火、火花弱和点火不正时等，使发动机不能工作或工作不正常。

1. *发动机不能起动*

(1) 故障现象。起动发动机时，曲轴转速正常，但无着火征兆，或虽有着火征兆，但不能发动，发动机随起动机停转而熄火。

(2) 故障分析。上述故障现象通常是因点火系电路故障造成的，可按下列步骤查找故障：

① 确定电源是否正常。可按喇叭或开大灯检查，如喇叭不响，大灯不亮，表示电源有故障。可能是蓄电池电压过低，容量不足；或电流表到蓄电池之间，蓄电池到搭铁之间有接触不良之处。

② 判断故障在高压电路还是在低压电路。接通点火开关，用手摇柄(摇把子)摇转发动机曲轴，观察电流表，若指针指示3～5A，并间歇地摆回“0”位，表示电流表动态正常。

此时，再试高压总火，若火花强(电火花呈亮白色，甚至发蓝，跳火清脆，啪啪作响)，则为高压分线或火花塞有故障；若火花弱(电火花呈暗红色，甚至发黄，跳火无力，声响微弱)或无火花，则为低压电路有故障或点火线圈工作不良。

若电流表指针停于“0”位或指示3～5A不动或10A以上大电流放电，表示电流表动态反常，表明低压电路有故障。

2. 发动机运转不均匀

(1) 故障现象。发动机工作时，排气管发出有节奏的“突、突”声，并冒黑烟，甚至出现进气管回火。

(2) 故障分析。上述故障原因主要有：高压分线漏电或脱落，分电器盖漏电，点火触发信号转子与分电器轴不同步(定位失效)，火花塞工作不良或不工作等。分析查找故障的方法和步骤为：

① 找出缺火的气缸。可用平口螺钉旋具(一字旋具)将火花塞接线柱逐个搭铁，如果搭铁后发动机运转不均匀现象加剧，则表明此缸工作正常；如果搭铁后发动机的运转状况无变化，则表明此缸缺火。

② 找出缺火原因。将缺火气缸的高压分线拆下，使线端距火花塞接线柱3～4mm，起动发动机，该间隙中如有连续火花且该缸开始正常工作，表明火花塞积炭；如无火花则表明高压分线或分电器盖有故障。

这时应将高压分线一端装回火花塞，而从分电器盖侧旁电极接柱孔中拔出另一端，使线端距座孔2～3mm进行跳火试验，如有连续火花，则表明高压分线的绝缘有损坏；如无火花，则表明分电器盖漏电。

如几缸同时缺火，应从分电器盖中央电极座孔中拔出高压导线，使线端距座孔2～3mm进行跳火试验，如有连续火花，则表明高压电供给正常，而分电器盖绝缘不良，或几个火花塞有故障；如跳火有断续现象，则表明点火触发信号转子、点火器或点火线圈有故障。

3. 发动机动力不足

(1) 故障现象。汽车在行驶过程中突然加大油门时，转速不能随之迅速提高，反而感到发“闷”无力，甚至产生发动机过热、排气管放炮、起动困难等现象。

(2) 故障分析。上述故障主要原因是点火时刻过迟(即点火提前角过小)。分析查找故障的方法和步骤为：

① 检查分电器外壳固定螺栓。用手转动分电器外壳，如能转动，则应检查是否因分电器外壳固定螺栓松动而引起点火时刻过迟。

② 检查点火时刻。用手逆着分火头旋转的方向转动分电器外壳，若发动机工作情况好转，则说明点火时刻过迟。

5.6.2 无触点电子点火系统元件检修

1. 点火线圈的检修

点火线圈的故障主要有初、次级绕组断路或短路等。

(1) 直观检查。绝缘盖表面，要求色泽均匀，表面光洁无气泡、杂质等缺陷，绝缘盖与壳体封装应良好，周围不得有绝缘物溢出；各接线柱焊接应牢固，高压插座孔螺钉应密封可靠，高压线插头应能顺利插入和拔出；支架、接线插片、橡皮套、螺钉、螺母、垫片等可拆卸零件应完整无损，绝缘盖、外壳不得有裂纹。

(2) 初、次级绕组断路、短路和搭铁的检查。用万用表的电阻挡测量点火线圈初、次级绕组以及附加电阻的电阻值，电阻值在制造厂规定的范围之内，表明点火线圈良好，否则说明有故障。然后，用交流试灯检查初级绕组与外壳是否搭铁，将交流试灯的一只测试头接初级绕组接线柱，另一只测试头接外壳，如试灯亮，表示初级绕组与外壳搭铁。如不亮，表明正常。

点火线圈经上述检查后，还必须进行发火强度试验，才能确定其工作性能的好坏。试验点火线圈发火强度，可就车进行试验，也可在汽车电器万能试验台或点火系统试验台上进行。

就车试验时，蓄电池必须充足电，使发动机在3000r/min下空转，拔下某缸火花塞的高压线，使其端头距缸体5～6mm以上，若火花连续无间断，为点火线圈性能良好；否则为性能不良。

(3) 点火线圈的修理。点火线圈表面潮湿留下尘垢或导电杂质时，使用中就会出现表面爬电形成的炭路，失去点火功能。可用砂布擦去炭化表面，打光后再涂上环氧树脂胶或绝缘清漆，干涸后不爬电即可使用。

高压插座端部缺损、低压接线柱松脱、点火线圈漏油及内部发生故障时应予更换。

2. 分电器的检修

(1) 分电器常见故障。

① 配电器常见故障。配电器常见故障有分电器盖或分火头裂损、受潮、积污而漏电，引起发动机“缺火”和“错火”现象，致使发动机运转不均匀，甚至不运转。

② 离心调节装置常见故障。离心块弹簧失效，使发动机在中低速时，点火提前角过大；拨板销磨损，点火提前角失准等。

③ 真空调节装置常见故障。膜片破裂或真空管路漏气，发动机小负荷时不能增大点火提前角，膜片弹簧弹力减小，使点火提前角过大等。

(2) 分电器的检修。

① 分电器轴与衬套的检修。分电器轴与衬套的配合间隙一般为0.02～0.04mm，最大不得超过0.07mm。其检查方法是用虎钳夹住分电器壳体，使千分表触针垂直顶在轴的上部，然后沿触针的轴线方向推、拉分电器轴，测得的最大间隙不应大于上述数值。分电器轴轴向间隙的检查：用手上、下推拉分电器轴，其上下窜动间隙不应超过0.25mm。分电器轴下端插头磨损应不超过0.30mm。否则，应更换或修理。

② 离心调节装置的检修。当离心调节装置的重块销钉或断电器凸轮横板上的长方形孔磨损以及弹簧失效时，会导致离心调节装置动作不灵活而出现发卡的故障。

其检查方法如图5.51所示，用手捏住分火头，左、右各扭动一次(注意扭动角不要超过10°)，若每次放手后，分火头均能自如地完全回正，则可认为无故障，否则应解体进行检修。

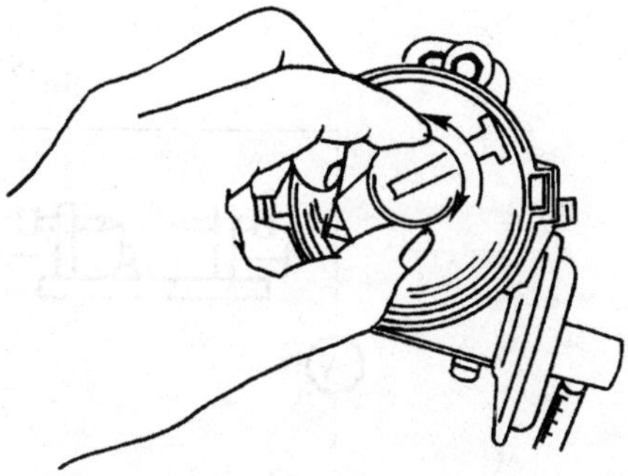

图5.51 检查离心调节装置

③ 真空调节装置的检修。真空调节装置的检查方法，如图5.52所示，将手动真空泵接在真空调节装置管端，握住手柄，使真空表的指针指示值为53kPa，观察信号发生器是否随之转动，若真空表上指示值在1min内不下降，且信号发生器或外壳能保持最大转角不退回，则真空调节器装置良好。否则，说明有故障，应予检修。

④分火头的检修。检查分火头可利用汽车上的高压电进行检查。将分火头拆下后放在气缸盖上，使金属导电片与缸盖接触而搭铁，然后将点火线圈的高压线端头放在距分火头座孔约7～8mm处，接通点火开关，用手拨动断电器触点使其断开、闭合。

此时，若高压线与分火头座孔之间明显有火花跳过，则表明分火头已漏电搭铁，应予更换。带阻尼的分火头，其阻值应符合要求。

⑤ 分电器盖的检查。仔细观察分电器盖，如有裂缝、缺损或各导电柱之间有条状纹痕应予更换。

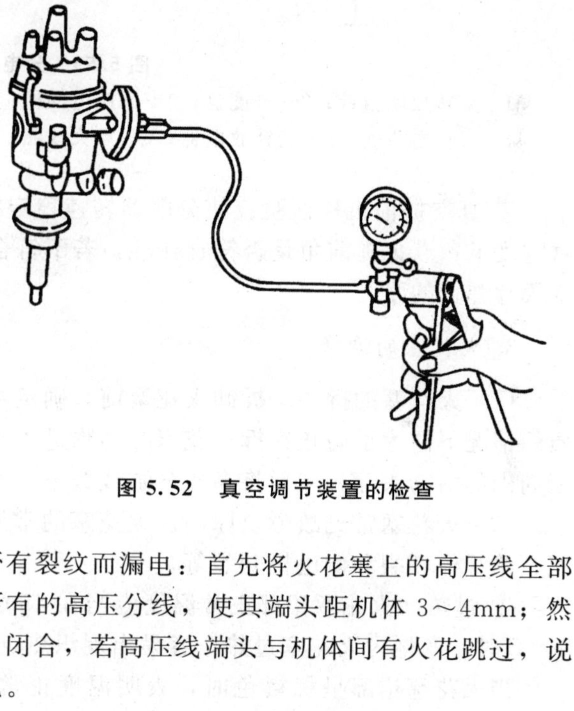

图5.52 真空调节装置的检查

在汽车上可用高压电检查分电器盖是否有裂纹而漏电：首先将火花塞上的高压线全部拔下，并将分电器盖打开悬空，一手拿着所有的高压分线，使其端头距机体3～4mm；然后用另一只手拨动活动触点臂，使其断开、闭合，若高压线端头与机体间有火花跳过，说明中央高压线插孔与分缸高压线插孔间漏电。

检查分缸高压线是否漏电的方法与上述方法基本相同，但应拔下分电器盖上的所有高压线，把中央高压线插在任意分缸高压线的插孔中，并在其两边邻近的分缸高压线插孔中各插入一根分缸高压线，使其端头距气缸体约3～4mm，然后拨动触点观察高压线与机体间有无火花跳过，若有火花，说明所检查的分缸高压线插孔之间击穿漏电。其他分缸高压线插孔的检查方法与此相同。分电器盖漏电时，应予更换。

(3) 分电器的试验。分电器试验的目的，在于检查点火提前装置的工作特性，试验可在汽车电器万能试验台上进行，也可在自制的分电器试验台上进行，如图5.53所示，试验内容如下：

① 离心提前机构试验。先将转速调节到最低转速(50～100r/min)，再将刻度盘的零点对准一个火花，然后逐步提高转速，观察规定转速下点火提前角是否符合标准，若不符合标准，应扳动弹簧支架，校正弹簧拉力或更换弹簧。

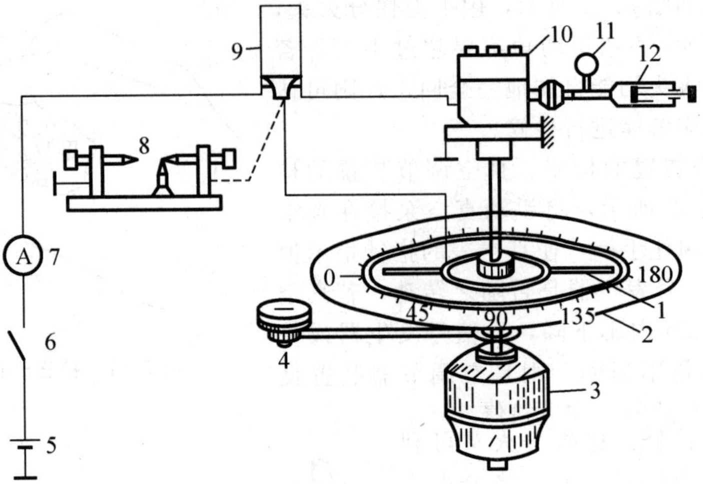

图 5.53　分电器试验台

1—旋转放电指针；2—刻度盘；3—调速电动机；4—转速表；5—蓄电池；6—初级电路开关；7—电流表；8—三针放电器；9—点火线圈；10—分电器；11—真空表；12—真空泵

② 真空提前机构试验。使分电器转速稳定在1000r/min，抽动真空泵，观察在规定的真空度下，点火提前角是否符合标准，若不符合时，可增减真空提前机构内的垫片，以改变膜片弹簧的张力。

3. 火花塞的检修

(1) 火花塞的拆卸。拆卸火花塞前，确定发动机处于冷态，尤其是发动机气缸盖是铝质的情况下。为了防止在拆火花塞时污物进入气缸，在拆卸前应用压缩空气或刷子将火花塞周围的污物去除，然后将高压分缸线拔下，最后用火花塞套筒拆下火花塞及垫圈。

(2) 火花塞常见故障及原因。火花塞的常见故障有：过热、积炭、电极严重烧蚀、漏气、绝缘体破裂和侧电极开裂等。

① 过热。火花塞裙部正常温度应当在450～850℃范围内，当火花塞裙部的温度超过900℃时，就称为火花塞过热，容易出现炽热点火，使发动机的工作严重恶化。

当火花塞裙部呈棕褐色时，表明温度正常；当火花塞裙部呈灰白色时，表明温度过高，火花塞过热；当火花塞裙部出现金属状熔珠时，表明严重过热。

引起火花塞过热的原因可分两类：一类是火花塞本身的原因；另一类是火花塞以外的原因。

火花塞本身的原因有：火花塞的热值太小；火花塞安装固定不牢固，影响火花塞经气缸盖向外散热，使火花塞散热不良；火花塞漏气或火花塞与气缸盖之间因密封不良而漏气等。

火花塞以外的原因有：点火提前角过大；进入气缸内的可燃混合气过稀；发动机散热不良等。

火花塞过热时，特别是因过热而造成炽热点火时，必须尽快找出原因排除故障。

② 严重积炭。积炭是由于气缸内游离炭在火花塞上的沉积所造成的，当火花塞积炭时，会引起高压电的泄漏使火花塞的电火花变得微弱，甚至无火。火花塞严重油污时，也

会出现与严重积炭相同的故障。引起火花塞积炭的主要原因有：进入气缸的可燃混合气过浓、发动机窜机油或火花塞裙部温度过低等。

可燃混合气过浓时，燃料不能充分燃烧，油污和游离炭会大量沉积在火花塞上。

若火花塞裙部温度过低，则不能较充分地烧除油污和积炭。火花塞裙部温度过低的主要原因是火花塞热值太大，应选用热值较小的火花塞。

③ 电极严重烧蚀。火花塞的两个电极在工作中会逐渐有所烧蚀，在定期保养时应对电极间隙进行调整，使烧蚀后的两极保持规定的间隙。当两电极严重烧蚀，电极间隙难以调整合格时，应更换火花塞。

④ 漏气。火花塞漏气通常是由于绝缘体与壳体之间松动或绝缘体与中心电极之间松动引起的。当外露的绝缘体上出现明显的黑色条纹时，通常表明火花塞严重漏气。

各种故障火花塞的形貌特征及原因见表5－8。

表5－8 各种故障火花塞的形貌特征及原因

火花塞状态	照片	外观特征	后果	故障原因
正常	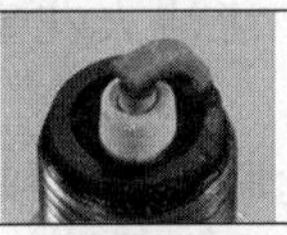	绝缘体底部呈现棕褐色或黄褐色，电极烧蚀甚微	—	—
积炭		绝缘体底部、电极部分覆盖一层干燥柔软的黑色炭体	导致起动不良，加速不畅，甚至失火	长期短距离行车(发动机经常处于冷态运行)，混合气过浓，点火正时失准，火花塞热值过低
附着汽油或炭化物(火花塞被淹，亦称火花塞湿露)		绝缘体底部、电极部分覆盖一层潮湿的黑色汽油或炭化物	起动不良，失火，不着车。	混合气过浓，活塞环、缸体内壁磨损过甚，机油上窜
电极烧蚀过甚		中心电极已经烧秃，呈圆形，电极间隙过大	起动不良，加速性能力劣化	保养不及时(火花塞已到使用寿命但未及时更换)
绝缘体上部破损		绝缘体上部出现裂纹	高压短路，导致怠速不良或加速失火，点火性能劣化	火花塞拆装不正确、不规范(紧固力矩过大)。
铅附着		绝缘体底部附着黄色或黄褐色燃渣状物质，表面有光泽	急加速或高负荷行车时容易出现失火，但一般行车状态下可以正常跳火	使用了含铅汽油或汽油的含铅量过高
过热	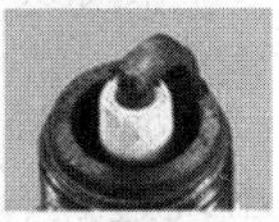	绝缘体底部烤的非常白，并附着有微量细小的炭化物，电极烧蚀也较严重	高速、大负荷行车时会出现失火	火花塞拆装不规范，发动机过热(冷却不良)，点火提前角过大，火花塞热值过低，缸内混合气燃烧不正常(早燃)
电极烧损		中心电极和旁电极熔化或烧损，绝缘体底部呈颗粒状，同时附着金属(铝)粉末	发动机功率下降，失火，不着车，甚至发动机机械损坏	火花塞热值太低，点火提前角过大，缸内温度过高致使铝合金活塞部分熔化

（续）

火花塞状态	照片	外观特征	后果	故障原因
绝缘体下部裂纹		绝缘体底部破损、裂纹	失火，缺缸。	点火正时失准，缸内温度过高
螺纹部分破裂	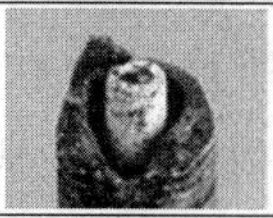	火花塞螺纹联接部分破裂，旁电极断裂或熔损	破裂部分导致发动机机械损坏	火花塞安装不规范
旁电极机械损伤		旁电极弯曲过甚，与中心电极接触。绝缘体底部破损，电极上屡屡出现凹坑	失火，缺缸	火花塞太长(型号不对)，与活塞发生机械碰撞。燃烧室内有异物(小螺母，销子等)

(3) 火花塞的清洁与调整。

① 火花塞的清洁。如出现积炭，可对火花塞进行清洁。清洁火花塞的主要内容有：清理螺纹积垢、清洗火花塞表面和清除火花塞积炭等。

清理火花塞螺纹积垢，可用刷丝直径小于0.15mm的铜丝刷刷去螺纹中的积垢。火花塞表面则用汽油或酒精清洗，应清洗火花塞的全部表面，保证瓷芯与壳体内腔无异物。

火花塞积炭的正确清除方法是用火花塞清洁器喷砂的方法来清除。如无条件可采用非金属刮片清除，不允许用金属片或用钢丝刷清除。

② 火花塞间隙的检查与调整。火花塞间隙一般为0.7～0.9mm。检查调整前应了解本车火花塞的有关数据。

测量时应用钢丝式专用量规，不得使用普通塞尺，火花塞间隙不符合规定数值时，可用专用工具弯曲侧电极进行调整，如图5.54所示。

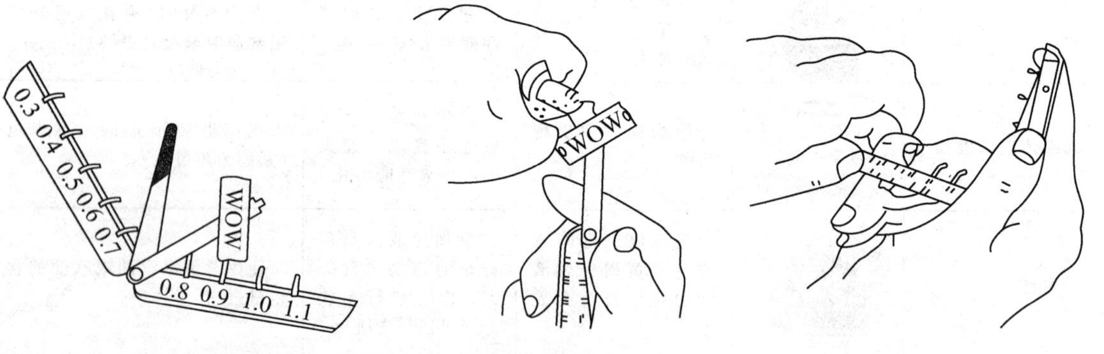

(a) 测量调整用工具　　(b) 调整火花塞间隙　　(c) 测量火花塞

图5.54　火花塞间隙的测量与调整

火花塞在使用中应定期更换，以确保点火系统的性能。如出现过热、严重烧蚀、绝缘体破裂、漏气、侧电极开裂等现象时也应更换火花塞。

4. 点火信号发生器的检修

点火信号发生器如不能正常工作，将导致发动机失速、熄火或不能起动等，电磁感应式点火信号发生器检修项目如下：

(1) 传感线圈的检查。传感线圈的电阻不能太大或太小，其阻值应符合规定。检查时，可用万用表进行测量，其阻值一般在 250～1500Ω 范围内，如 CA1092 为 600～800Ω 之间，传感线圈输出的交流电压可用高灵敏度的交流电压表测量，在发动机转动时，如无电压输出，则应予以更换。

(2) 气隙的检查。将信号转子的凸齿与传感线圈的铁心对齐，并在两者之间插入塑料塞尺，对气隙进行检查，必要时予以调整。禁止使用一般的钢质塞尺检查。

对于霍尔效应式和光电式点火信号发生器，可通电检查测量输出信号是否随信号转子转动而变化，如果输出交替变化则正常，否则说明有故障。

5. 点火控制器的检修

点火控制器应使用专用仪器进行检查，如无专用仪器，可用图 5.55 所示方法进行检查。

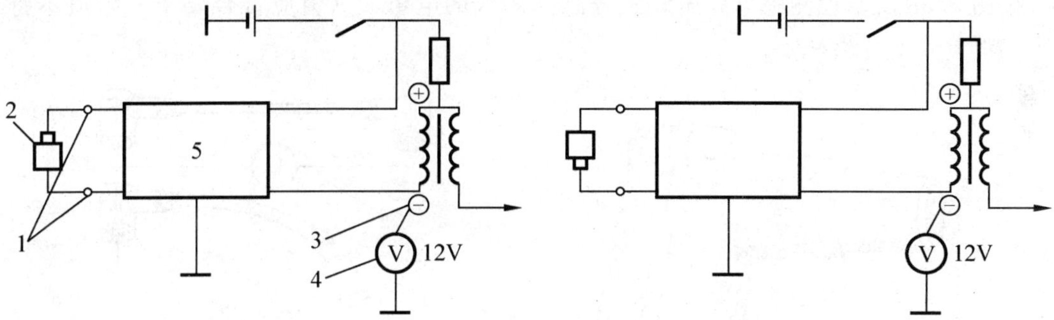

(a) 正接检查　　(b) 反接检查

图 5.55 模拟点火信号法检查电子点火控制器

1—电子点火控制器信号输入端；2—干电池；3—点火线圈检测点；4—电压表；5—点火控制器

用一节 1.5V 的干电池正接和反接于点火控制器的信号输入端模拟点火信号，测点火线圈“—”接线柱的对地电压。

如果两次测得的电压分别为 0(或 1～2V)和 12V 左右，则说明点火控制器良好。如果正、反接干电池时测得点火线圈“—”对地电压均高(为点火控制器不能通路)、均低(为点火控制器击穿短路)、电压变化幅度小都说明点火控制器已损坏，需更换。

自动断电保护功能可以通过在初级电路中串联电流表或在点火线圈“＋”、“—”接线柱之间并联电压表进行检查，初级电路接通时，电流表指示一般为 6～8A，电压表指示一般在 4V 以上。初级电路接通后不超过 2s 自动断电保护电路就会自动切断初级电路，即初级电路一次接通的时间一般不超过 2s。如果初级电路接通 1～2s 后，电流表或电压表的指示不减小，说明点火控制器的自动断电保护功能损坏或无自动断电保护功能。

导通角控制功能可以利用发动机综合测试仪，通过观察不同分电器转速时的点火系统初级重叠波或并列波进行检查。如果不同分电器转速时，初级电路导通角不同，转速越高，导通角越大，就表明点火控制器具有导通角控制功能，并且工作正常。

恒流控制功能可以通过测量点火线圈“—”接线柱和电源负极之间的电压进行检查。初级电路处于断开状态，点火线圈“—”接线柱和电源负极之间的电压为电源电压；初级电路接通一定时间后，如果点火线圈“—”接线柱和电源负极之间的电压较高(一般大于

5V)，但低于电源电压，说明有恒流控制功能，并且工作正常。

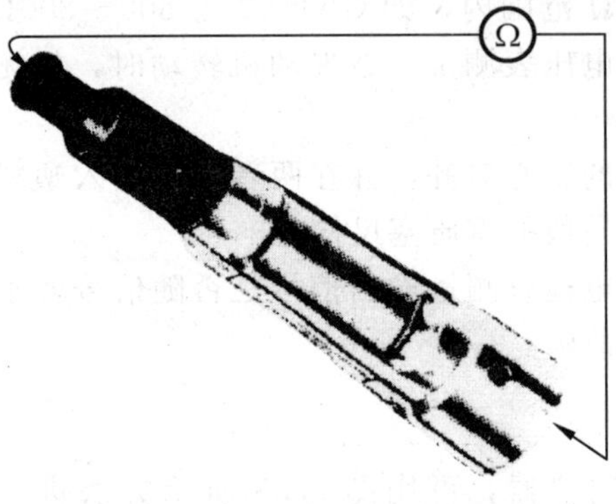

图 5.56 火花塞插头电阻的检测

点火控制器的更换比较简单，但是，安装在分电器内的点火控制器，安装时应在点火控制器底部涂上一层导热性好的特殊的油脂(硅酮油脂或导热绝缘油)，这样有助于使其热量传给分电器，从而避免过热而损坏其内部电路。

6. 高压线电阻的检测

按图 5.56 所示检测火花塞插头的电阻，其值应符合要求。

按图 5.57 所示检测防干扰接头的电阻，其值应符合要求。

按图 5.58 所示检测中央高压线和分缸高压线的电阻，其值应符合要求。阻值不符合要求的部分，予以更换。

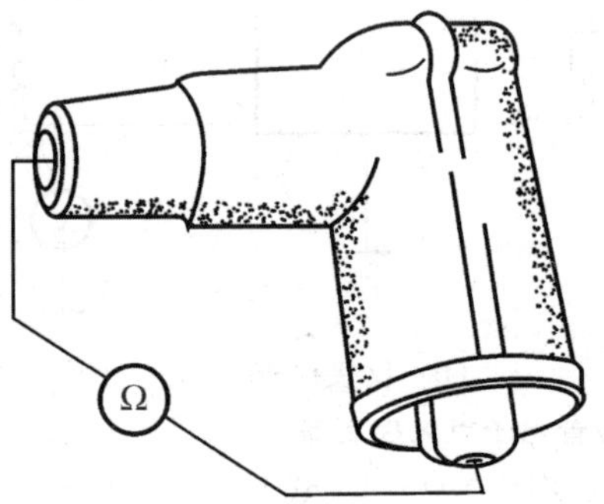

图 5.57 防干扰接头电阻的检测

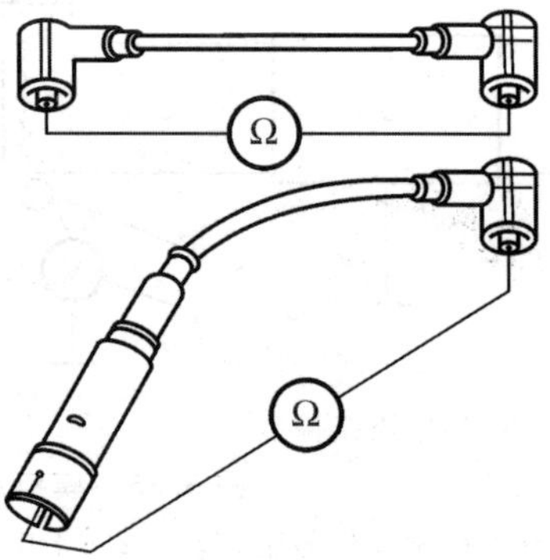

图 5.58 高压线电阻检测

复习思考题

1. 简述对点火系统的基本要求。
2. 汽油发动机连续运转(正常着车)的必备条件有哪些?
3. 汽车点火系统可以分为哪几类?
4. 简述无触点电子点火系统的基本工作原理。
5. 无触点电子点火系统的工作过程可分为哪三个阶段?
6. 火花塞的工作条件如何?
7. 什么是火花塞的自净温度? 火花塞的热特性是如何定义的?
8. 无触点电子点火系统有哪几种常见的结构形式?

第6章　汽车照明信号系统

教学提示

为确保汽车夜间行驶安全，汽车上装有多种照明装置。同时，汽车照明信号系统也是一种交通语言，对于安全行车具有重要意义。

教学要求

本章主要介绍汽车上各种照明灯具、灯光和音响信号装置。要求学生了解汽车灯具的种类与用途，熟悉汽车照明信号装置的工作原理和控制方法，掌握基本的使用和维护方法。

6.1　汽车灯具

6.1.1　汽车灯具的种类与用途

汽车灯具按功能可分为照明灯具和信号灯具；按安装位置可分为外部灯具和内部灯具。

1. 外部灯具

常见的外部灯具有：前照灯、雾灯、牌照灯、倒车灯、制动灯、转向灯、示位灯、示廓灯、驻车灯和警示灯等，如图 6.1 所示。

外部灯具光色一般采用白色、橙黄色和红色；执行特殊任务的车辆，如消防车、警车、救护车、工程抢修车，则采用具有优先通过权的红色、黄色或蓝色闪光警示灯。

机动车应按时参加安全检测和综合检测，确保外部灯具齐全有效。我国对各种汽车灯具的使用规定见表 6－1。

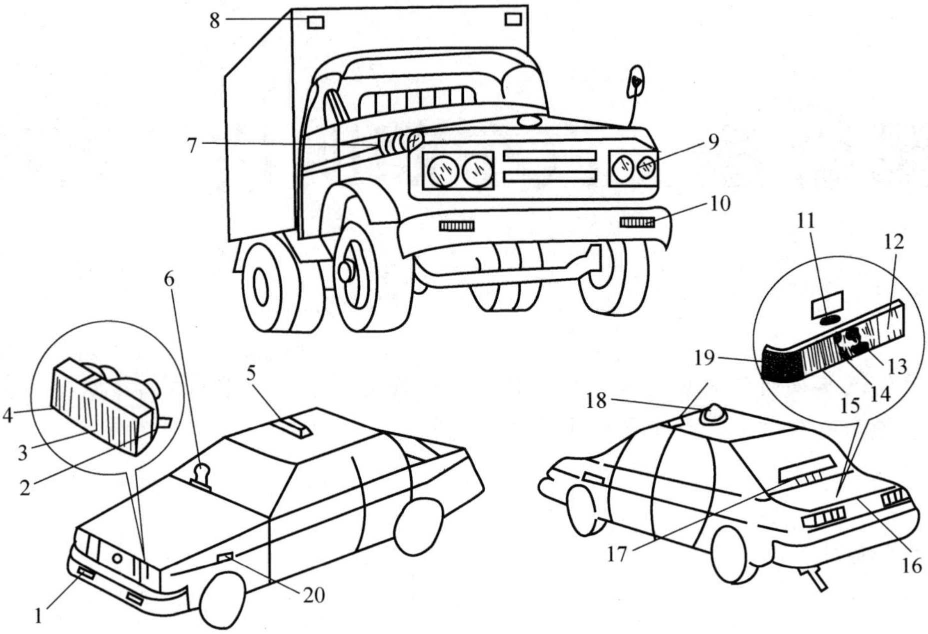

图 6.1　汽车常见外部灯具

1—前转向灯；2—前示位灯；3—前照灯；4—前雾灯；5—出租车标志灯；
6—出租车空车灯；7—转向示位组合灯；8—示廓灯；9—前照灯；10—前雾灯；
11—行李厢灯；12—倒车灯；13—后雾灯；14—后示位灯；15—制动灯；16—牌照灯；
17—高位制动灯；18—警示灯；19—后转向灯；20—侧示位灯

表 6-1　我国对各种汽车灯具的使用规定

灯具的种类			安装使用	数量/只	光色
照明灯具	前照灯	近光	强制	2	白色
		远光	强制	2 或 4	白色
	前雾灯		有雾地区强制	2	黄色
	后雾灯		高速公路行驶车辆强制	1	红色
	倒车灯		强制	1 或 2	白色
	后牌照灯		强制	至少 1	白色
信号灯具	转向信号灯	前	强制	2	琥珀色
		侧	强制	2	琥珀色
		后	强制	2 或 4	琥珀色
	危险警告信号灯		强制	所有转向信号灯	琥珀色
	示位灯	前	强制	2 或 4 侧前 2,	白色或黄色
		侧	选用	侧中至少 1,	琥珀色
		后	强制	侧后 22 或 4	红色
	驻车灯	前	选用	2	白色或琥珀色
		后	选用	2	红色
	制动灯		强制	2 或 4	红色
	后雾灯		选用	1 或 2	红色
	三角形后回复反射器		强制	2	红色
	回复反射器	前	选用	2	接收光的颜色
		侧	选用	前 2，中至少 1，后 2	琥珀色
		后	强制	2 或 4	红色

(1) 前照灯。前照灯俗称大灯或头灯，装在汽车头部两侧，用来照明车前道路，有两灯制、四灯制之分。四灯制前照灯并排安装时，装于外侧的一对应为近、远光双光束灯；装于内侧的一对应为远光单光束灯。远光灯功率一般为40～60W，近光灯功率一般为35～55W。

(2) 雾灯。安装在汽车头部或尾部。在雾天、下雪、暴雨或尘埃弥漫等情况下，用来改善车前道路的照明情况。前雾灯功率为45～55W，光色为橙黄色。后雾灯功率为21W或6W，光色为红色，以警示尾随车辆保持安全间距。

(3) 牌照灯。装于汽车尾部牌照上方或左右两侧，用来照明后牌照，功率一般为5～10W，确保行人在车后20m处看清牌照上的文字及数字。

(4) 倒车灯。安装在汽车尾部，当变速器挂倒挡时，自动发亮，照明车后侧，同时警示后方车辆、行人注意安全。功率一般为20～25W，光色为白色。

(5) 制动灯。俗称刹车灯，安装在汽车尾部。在踩下制动踏板时，发出较强红光，以示制动。功率为20～25W，光色为红色，灯罩显示面积较后示位灯大。为避免尾随大型车对轿车碰撞的危险，轿车后窗内可加装由发光二极管成排显示的高位制动灯。

(6) 转向灯。主转向灯一般安装在汽车头、尾部的左右两侧，用来指示车辆行驶趋向。一般在汽车车侧中间还装有侧转向灯。近年来，在小型车上，把侧转向灯安装到左右后视镜上(图6.2)渐成趋势。

主转向灯功率一般为20～25W，侧转向灯为5W，光色为琥珀色。转向时，灯光呈闪烁状，频率规定为(1.5±0.5)Hz，起动时间不大于1.5s。在紧急遇险状态需其他车辆注意避让时，全部转向灯可通过危险报警灯开关接通同时闪烁。

图6.2 安装在后视镜上的侧转向灯

(7) 示位灯。又称示宽灯、位置灯，安装在汽车前面、后面和侧面，夜间行驶接通前照灯时，示位灯、仪表照明灯和牌照灯同时发亮，以标志车辆的形位等。功率一般为5～20W。前示位灯俗称小灯，光色为白色或黄色，后位灯俗称尾灯，光色为红色；侧位灯光色为琥珀色。

(8) 示廓灯。俗称角标灯，空载车高3.0m以上的车辆均应安装示廓灯，标示车辆轮廓。示廓灯功率一般为5W。

(9) 驻车灯。装于车头和车尾两侧，要求从车前和车尾150m远处能确认灯光信号，要求车前处光色为白色，车尾处为红色。夜间驻车时，将驻车灯接通，标志车辆形位。

(10) 警示灯。一般装于车顶部，用来标示车辆特殊类型，功率一般为40～45W。消防车、警车用红色，救护车为蓝色，旋转速度为每秒2～6次；公交车和出租车为白、黄色。出租车空车标示灯装在仪表台上，功率为5～15W，光色为红底、白字。

2. 组合灯具

目前，大多数汽车都采用组合灯具，即把前照灯、前转向灯、前示位灯等组合在一起，构成前组合灯(图6.3)，把倒车灯、制动灯、后转向灯、后示位灯等组合在一起，构成后组合灯(图 6.4)。

图 6.3 前组合灯

图 6.4 以发光二极管 LED 为光源的汽车后组合灯

鉴于发光二极管 LED (light emitting diode)具有省电、环保、寿命长等优点，近年来在汽车后组合灯(图 6.4)中的应用日渐广泛。

3. 内部灯具

常见内部灯具有顶灯、阅读灯、行李厢灯、门灯、踏步灯、仪表照明灯、报警及指示灯、工作灯等，如图 6.5 所示。

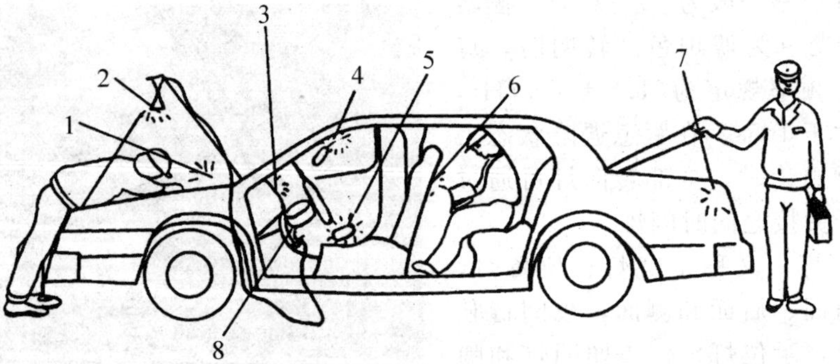

图 6.5 汽车常见内部灯具

1—发动机罩下灯；2—工作灯；3—仪表照明灯、报警指示灯；4—顶灯；5—门灯；6—阅读灯；7—行李厢灯；8—开关照明灯

(1) 顶灯。轿车及载货车一般仅设一只顶灯，除用作车室内照明外，还可兼起监视车门是否可靠关闭的作用。在监视车门状态下，只要还有车门未可靠关紧，顶灯就发亮。功率一般为 5～15W。公共汽车顶灯有向荧光灯发展的趋势。

(2) 阅读灯。装于乘员席前部或顶部，聚光时乘员看书不会给驾驶人产生炫目现象，照明范围较小，有的阅读灯还有光轴方向调节机构。

(3) 行李厢灯。装于轿车或客车行李厢内，当开启行李厢盖时，该灯自动发亮，照亮行李厢内空间，功率为 5W。

(4) 门灯。装于轿车外张式车门内侧底部，开启车门时，门灯发亮，以警示后来行人、车辆注意避让。功率为 5W，光色为红色。

(5) 踏步灯。装在大中型客车乘员门内的台阶上。夜间开启乘员门时，照亮踏板。

(6) 仪表照明灯。装在仪表板反面，用来照明仪表指针及刻度板，功率为2W。仪表照明灯一般与示位灯、牌照灯并联。有些汽车仪表照明灯发光强度可调节。

(7) 报警及指示灯。常见的有机油压力报警灯、水温过高报警灯、充电指示灯、转向指示灯、远光指示灯等，报警灯一般为红色、黄色，指示灯一般为绿色或蓝色。

(8) 工作灯。车辆维修时可以移动使用的一种随车低压照明工具(亦称行灯)，电源来自汽车发电机或蓄电池。功率一般为21W，常带有挂钩或夹钳，插头有点烟器式和两柱插头式两种。

6.1.2 对汽车灯具的要求

照明灯具与信号装置应安装可靠、完好有效，不得因车辆振动而松脱、损坏、失去作用或改变光照方向；所有灯光的开关应安装牢固、开关自如，不得因车辆振动而自行开关。开关的位置应便于驾驶人操纵。

除前照灯的远光外，所有灯光均不得炫目，左、右两边布置的灯具光色、规格必须一致，安装位置对称。

前位灯、后位灯、示廓灯、牌照灯和仪表灯应能同时启闭，当前照灯关闭或发动机熄火时仍能点亮。

危险报警灯、指示灯的操纵装置应不受点火开关和灯光总开关的控制。

汽车转向信号灯在侧面可见时视为满足要求，否则应安装侧转向信号灯。

照明和信号装置的任一条线路出现故障，不得干扰其他线路的工作。

前、后转向信号灯，危险报警闪光灯及制动灯白天距100m可见；侧转向信号灯白天距30m可见；前、后位置灯和示廓灯夜间良好天气距300m可见。

6.1.3 照明系统控制电路

为了提高工作可靠性，车灯均采用并联电路，在每个灯具支路上还安装了熔断器，以确保某支路出现故障时，不会影响其他支路电器的工作。

为确保照明及信号灯系统正常工作，不但配备了灯光开关、变光开关、雾灯开关、转向灯开关、制动灯开关、倒车灯开关，许多汽车还加装了后位灯继电器、前照灯继电器、雾灯继电器。灯具开关也由分散的独立式开关发展为组合式开关。为确保灯具的发光强度，许多汽车前照灯、雾灯等灯具搭铁线的搭铁部位逐渐移到了发动机、变速器等金属机体上。

照明系统工作情况一般服从如下规律：

(1) 前照灯位于二挡，示位灯、仪表板照明灯及牌照灯位于一挡。二挡接通时，一挡接通的灯具仍发亮。

(2) 通过变光开关可使前照灯远光与近光交替通电闪烁，作为超车用灯光信号，变光开关一般控制前照灯火线支路。

(3) 雾灯不但受雾灯开关控制，其电源电路还受车灯开关控制。

(4) 顶灯还兼有监视车门关闭的作用，当车门未关严时，顶灯发亮以示警告。

图6.6为北京切诺基汽车照明系统的电路图。

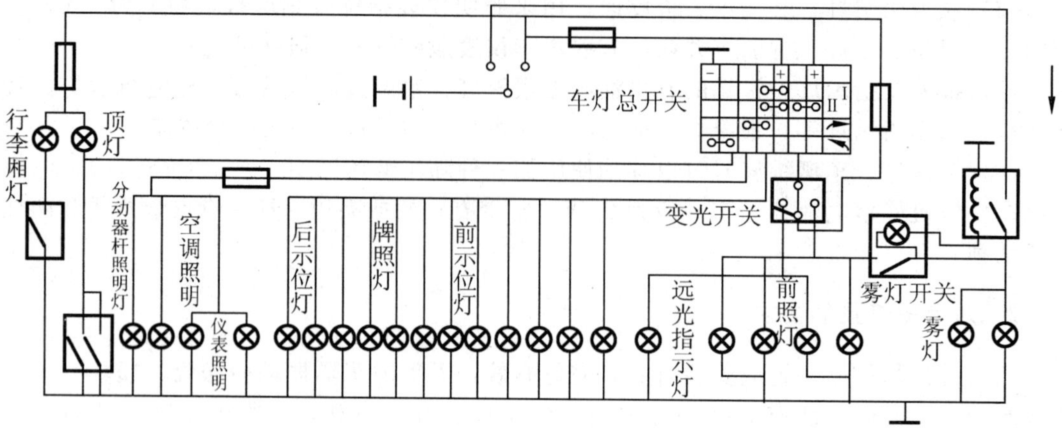

图 6.6　北京切诺基汽车照明电路

6.2　前照灯及其控制电路

6.2.1　对前照灯的基本要求

对前照灯的基本要求如下：

(1) 前照灯的上缘距地面高度不大于 1.2m，外缘距车外侧不大于 0.4m。

(2) 汽车的前照灯应有远、近光变换装置，并且当远光变为近光时，所有远光应能同时熄灭。

(3) 四灯制前照灯并排安装时，装于外侧的一对应为远、近光双光束灯；装于内侧的一对应为远光单光束灯。

(4) 夜间远光灯亮时，应能至少照清前方 100m 远的道路；近光灯亮时，应能照清前方 40m 远的道路并不得炫目。

6.2.2　前照灯的结构

前照灯的光学系统包括反射镜、配光镜和前照灯灯泡三部分。

1. 反射镜

反射镜的作用是将灯泡的光线聚合并导向前方。反射镜的表面形状呈旋转抛物面，如图 6.7 所示。由于前照灯灯泡灯丝发出的光亮有限，功率仅 40～60W。如无反射镜，只能照清车前 6m 左右的路面。有了反射镜之后，前照灯照距可达 150m 或更远。

如图 6.8 所示，灯丝位于焦点 F 上，灯丝的绝大部分光线向后射在立体角 ω 范围内，经反射镜反射后变成平行光束射向远方，使亮度增强几百倍甚至上千倍，达 20000～40000cd以上，从而使车前 150m，甚至 400m 内的路面照得足够清楚。射向侧方和下方的部分光线，可照明车前 5～10m 的路面和路缘，而其余部分光线射向上方。

反射镜一般用 0.6～0.8mm 厚的薄钢板冲压而成，近年来已有用热固性塑料制成的反射镜。其内表面镀银、铝或铬，然后抛光处理。由于镀铝的反射系数可以达到 94%以上，机械强度也较好，故现在一般采用真空镀铝。

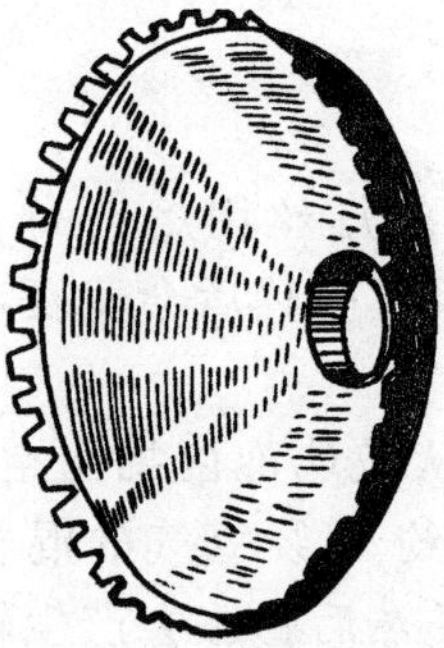

图 6.7　反射镜

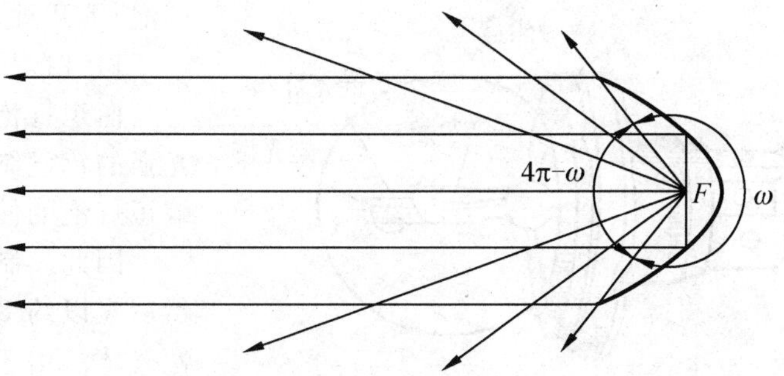

图 6.8　聚光作用

2. 配光镜

配光镜又称散光玻璃，其作用是将反射镜反射出来的平行光束进行折射(图 6.9)，使车前路面和路缘都有良好而均匀的照明(图 6.10)。

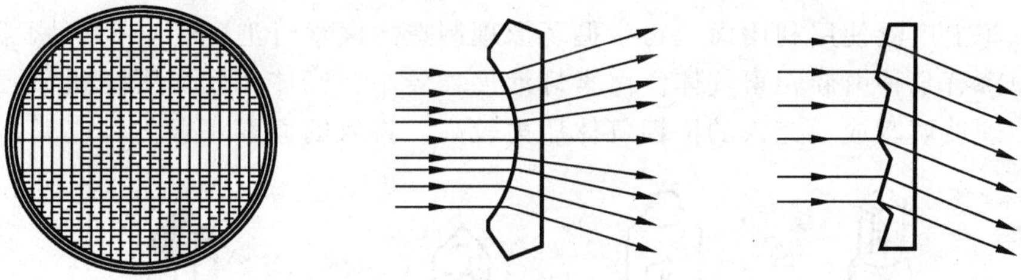

(a) 圆形配光镜　　(b) 向左右折射　　(c) 向下折射

图 6.9　配光镜的结构与作用

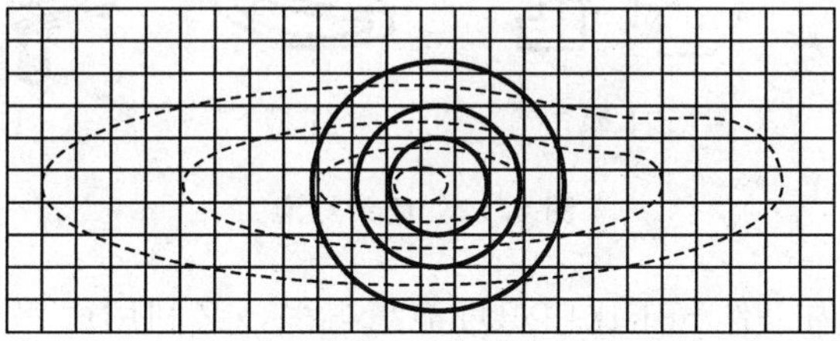

----- 带散光玻璃的前照灯光束分布曲线

—— 无散光玻璃的前照灯光束分布曲线

图 6.10　有无配光镜(散光玻璃)的光形对比

配光镜一般用透光玻璃压制而成，是很多块特殊棱镜和透镜的组合。其几何形状比较复杂，外形一般为圆形(图 6.9(a))或矩形。

近年来已开始使用塑料配光镜，它不但质量轻，而且耐冲击性能也好。

3. 前照灯灯泡

目前，常用的汽车前照灯的灯泡有白炽灯泡、卤素灯泡和HID气体放电灯灯泡(氙气灯泡)等几种。

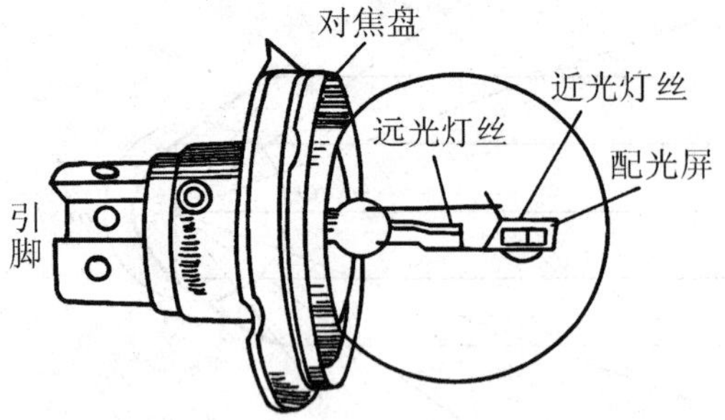

图 6.11　前照灯白炽灯泡

1) 白炽灯泡

白炽灯泡(图 6.11)的灯丝用熔点高、发光强的钨丝制成。由于钨丝受热后会蒸发，会缩短灯泡的使用寿命。

因此，制造时要先从玻璃泡内抽出空气，然后充以约86%氩气和约14%氮气的混合惰性气体。由于惰性气体受热后膨胀会产生较大的压力，这样可减少钨的蒸发，故能提高灯丝的温度，增强发光效率，并延长灯泡的使用寿命。

为了缩小灯丝的尺寸，常把灯丝制成紧密的螺旋状，这对聚合平行光束是有利的。

2) 卤素灯泡

虽然白炽灯泡的灯丝周围抽成真空后充满了惰性气体，但是灯丝的钨仍然会蒸发，使灯丝损耗。蒸发出来的钨沉积在灯泡玻璃体上，将使灯泡玻璃体发黑。

现在汽车上广泛使用利用卤钨再生循环原理制造的卤素灯泡(图 6.12)。卤素灯泡内的惰性气体中掺有某种卤族元素气体。卤素灯泡尺寸较小，壳体用耐高温、机械强度较高的石英玻璃和硬玻璃制成，充入的惰性气体压力较高，掺入的卤素一般为碘或溴。

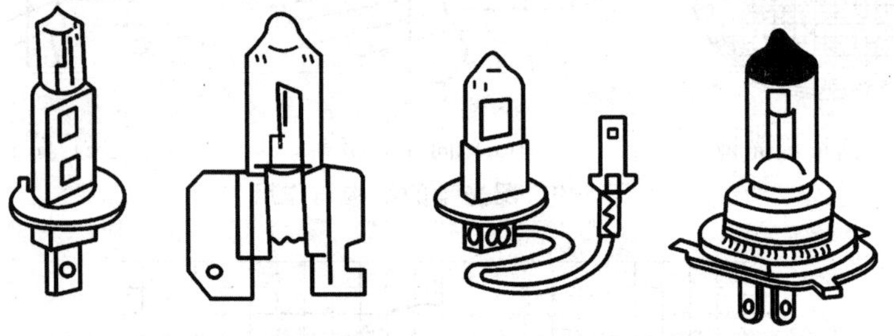

图 6.12　卤素灯泡

因工作温度高，灯内工作气压比白炽灯泡高得多，又利用卤钨再生循环原理，因此钨的蒸发得到了有效的抑制。在相同功率情况下，卤素灯的亮度是白炽灯的1.5倍，而寿命是白炽灯的2～3倍。

卤素灯泡从外形上分H_1、H_2、H_3、H_4四种(图 6.12)，其中H_4型双灯丝灯泡广泛用于前照灯，H_1、H_2、H_3型灯泡为单灯丝灯泡，常用作辅助前照灯(如雾灯和探照前灯)。

6.2.3　前照灯的防炫目装置

为保障夜间会车安全，汽车前照灯必须具有良好的防炫目措施。目前国产汽车防炫目措施有三项，先进轿车还有更严格的防炫目措施。

1. 采用远、近光束变换

为了防炫目，前照灯灯泡中装有远光与近光两根灯丝，由变光开关控制其电路。夜间公路行车且对面无来车时，使用远光灯，以增大照明距离，保证行车安全。

夜间公路行车会车、市区行车有路灯或尾随其他汽车行驶时，使用近光灯。远光灯丝装于呈旋转抛物面的反射镜的焦点处[图 6.13(a)]，远光灯丝的光线经反射镜聚光、反射后，沿光学轴线以平行光束射向远方，照亮车前方 150m 以上的路面。

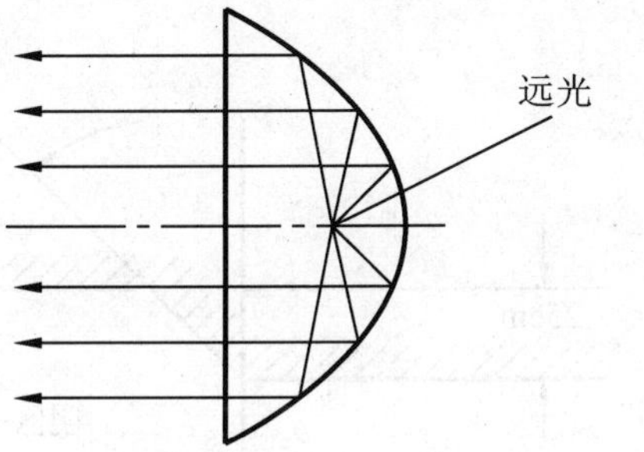

(a) 远光灯丝装于反射镜的焦点处

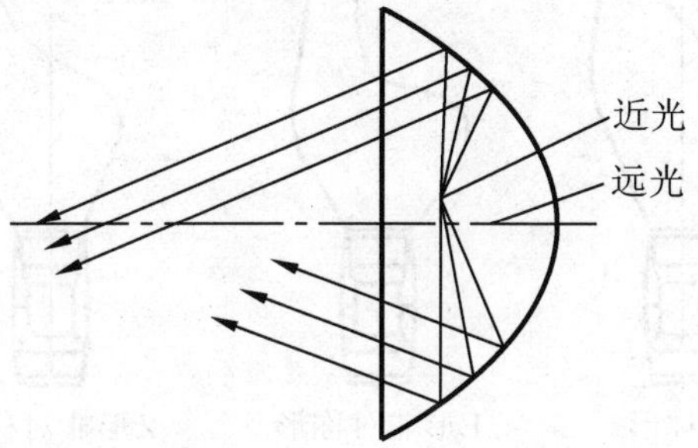

(b) 近光灯丝装于反射镜焦点的前上方

图 6.13 远、近光灯光束

借助于配光镜的合理配光，可使远光既能保证足够的照射距离，又有一定的光线覆盖面。近光灯丝装于反射镜焦点的上方或前上方[图 6.13(b)]，近光灯丝产生的光线经反射镜反射后，光束的大部分将倾斜向下射向车前的路面，所以可减轻对方驾驶人炫目。

2. 近光灯丝加装配光屏

上述防炫目措施只能减轻炫目，还不能彻底避免炫目。因为近光灯丝射向反射镜下部的光线经反射后，将倾斜向上照射，仍会使对面交会汽车的驾驶人炫目。

为此，现代汽车前照灯的近光灯丝下方均装设配光屏(又称遮光罩、护罩或光束偏转器，图 6.11)，用以遮挡近光灯丝射向反射镜下半部的光线，消除反射后向上照射的光束，提高防炫目效果。

有些进口汽车的前照灯，还在近光灯丝的前方装设一个遮光罩，遮挡近光灯丝的直射光线，防止炫目。

3. 采用不对称光形(E 形或 Z 形)

上述两项防炫目措施起到了防炫目作用，但会车使用近光灯时，近光灯仅能照亮车前方 50m 以内的路面，因而车速受到限制。

为了达到既能防止炫目，又能以较高车速会车的目的，我国汽车的前照灯近光采用 E 形不对称光形[图 6.14(a)]，将近光灯右侧亮区倾斜升高 15°，即将本车行进方向光束照射距离延长。不对称光形是将遮光罩单边倾斜 15°形成的。

欧洲型前照灯左侧近光亮区升高 15°。这种光形的产生既有遮光罩的作用，也有配光镜的作用。

有些汽车使用了 Z 形不对称近光光形[图 6.14(b)]，该光形明暗截止线呈反 Z 形(图 6.15)，故称 Z 形配光。

Z 形近光光形更加优越，不仅可以避免迎面来车驾驶人的炫目，还可以防止迎面而来的行人和非机动车使用者的炫目，进一步提高了汽车夜间行驶的安全。

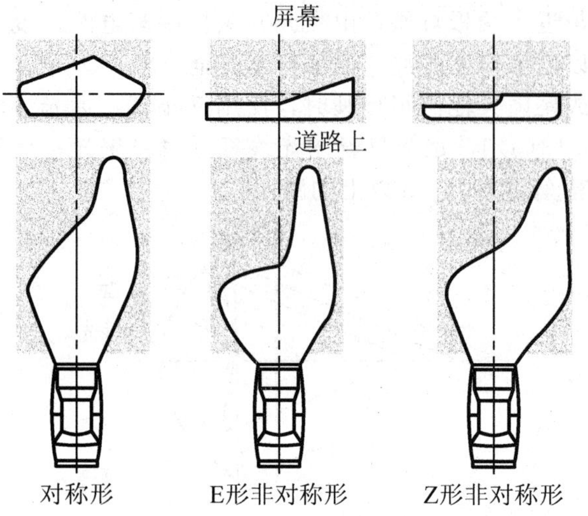

(a) 对称形　(b) E形非对称形　(c) Z形非对称形

图 6.14　前照灯配光光形

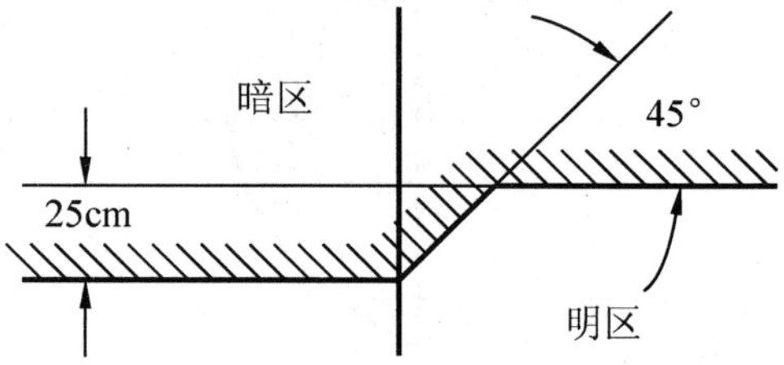

图 6.15　Z形不对称近光光形明暗截止线呈反Z形

6.2.4　前照灯类型

按光学组件的结构不同，可将前照灯分为半封闭式和封闭式两种。

1. 半封闭式前照灯

半封闭式前照灯的结构如图 6.16(a)、图 6.17 和图 6.18 所示，其配光镜是靠卷曲反射镜边缘上的牙齿而紧固在反射镜上的，两者之间垫有橡胶密封圈，灯泡只能从反射镜后端装入。

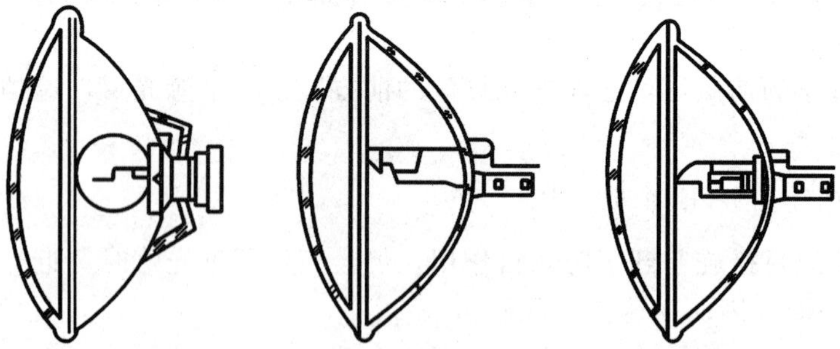

(a) 半封闭式(白炽灯泡)　(b) 封闭式灯泡　(c) 封闭式卤素灯泡

图 6.16　单通前照灯类型

当需要更换损坏的配光镜时，可先撬开反射镜边缘的牙齿，安上新的配光镜后，再将牙齿复原。由于半封闭式前照灯维修方便，因此得到广泛使用。

2. 封闭式前照灯

封闭式前照灯的反射镜和配光镜用玻璃制成一体，里面充以惰性气体。灯丝焊在反射镜底座的灯丝支架上，反射镜的反射面经真空镀铝，其结构如图 6.16(b)、(c)所示。

为实现前照灯更亮、更远、更美观的要求，许多轿车上采用了投射式前照灯、HID 气体放电灯。

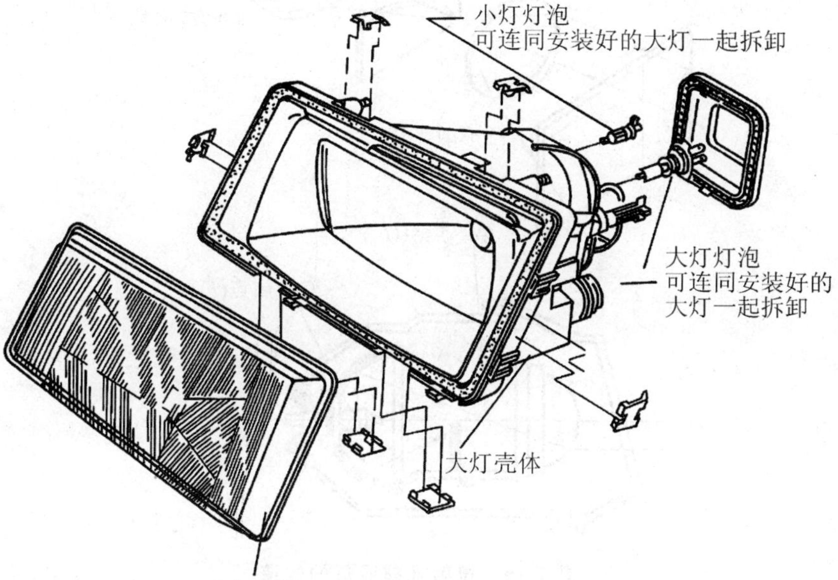

图 6.17 矩形半封闭式前照灯

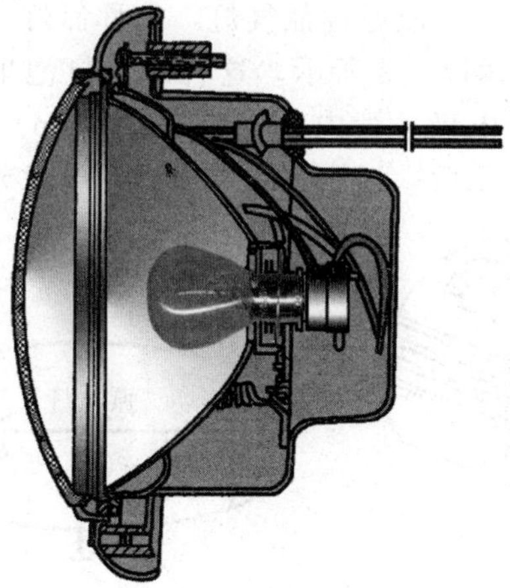

图 6.18 圆形半封闭式前照灯

(1) 投射式前照灯。投射式前照灯外形特点是装有很厚的无刻纹的凸型散光镜，由于反射镜是椭圆形的，所以外径很小，结构如图 6.19 所示。

反射镜有两个焦点。第一焦点处放置灯泡，第二焦点在灯光中形成。凸形散光镜的焦点与第二焦点重合。来自灯泡的光利用反射镜聚成第二焦点，再通过散光镜将聚集的光投射到前方。投射式前照灯采用的光源为卤素灯泡。

在第二焦点附近设有遮光板可遮挡上半部分光，形成明暗分明的配光。这种配光特性

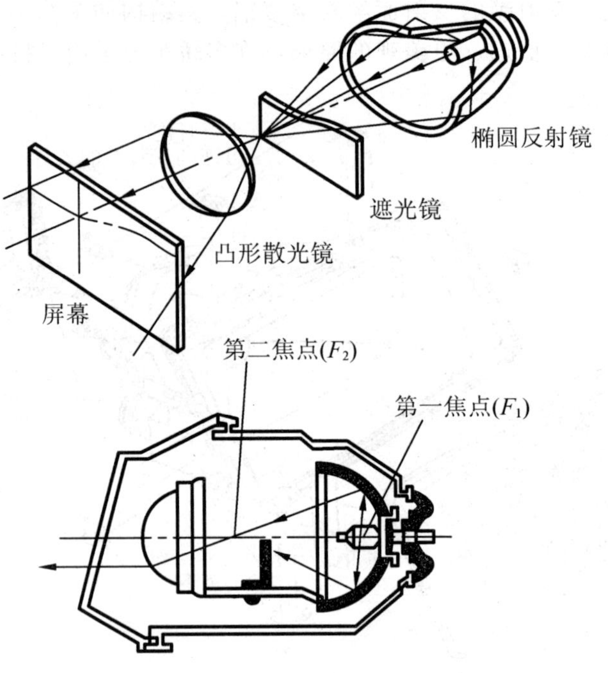

图 6.19 投射式前照灯的构造

可适用于前照灯近、远光灯，也可用作雾灯。

(2) HID 气体放电灯。HID(high intensity discharge lamp)是高亮度气体放电灯的简称。这种灯具放电的气体是氙气，故亦称氙气灯，简称氙灯。

HID 气体放电灯的结构如图 6.20 所示，这种灯的灯泡里没有传统灯泡的灯丝，取而代之的是装在石英管内的两个电极，管内充有氙气(Xenon)及微量金属(或金属卤化物)。在电极上加上足够高的触发电压后，气体开始电离而导电发光。

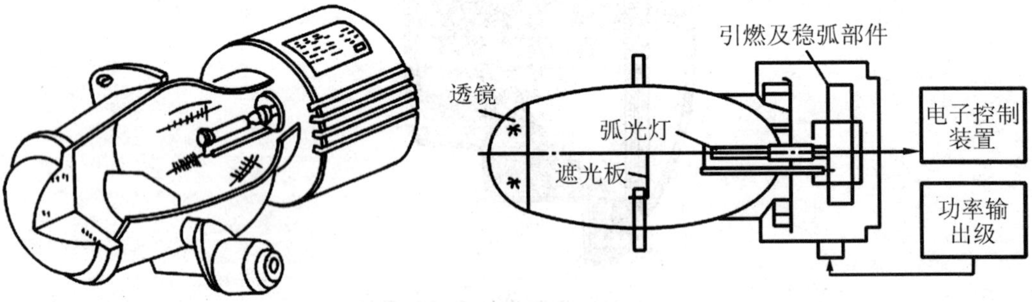

(a) 外形　　(b) 原理示意

图 6.20 氙气灯的构造

HID 气体放电灯灯泡(图 6.21)发出的光色成分和日光灯非常相似(图 6.22)，亮度是卤素灯泡的 2.5 倍，寿命可达卤素灯泡的 5 倍。

HID 气体放电灯以汽车 12V 蓄电池为电源，利用一个特制的镇流器(图 6.23)，在极短的时间内产生约为 23kV 的触发电压(也称引弧电压)点亮灯泡。

HID气体放电灯通电0.8s其亮度可达额定亮度的20%(等同于同功率卤素灯的亮度)，通电4 s以内达到额定亮度的80%以上。在达到灯泡正常工作温度后，镇流器只需提供约80V供电电压(功耗仅为35W)即可保持正常工作，可节约40%的电能。可见，HID气体放电灯代表着今后汽车前照灯的发展方向。

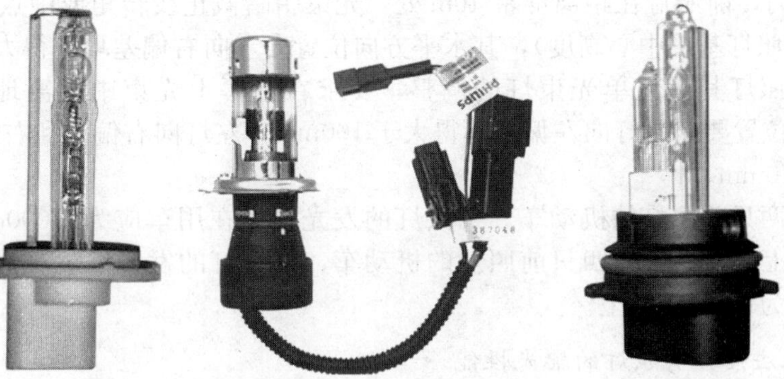

图6.21 HID气体放电灯灯泡实物

图6.22 HID气体放电灯的灯光

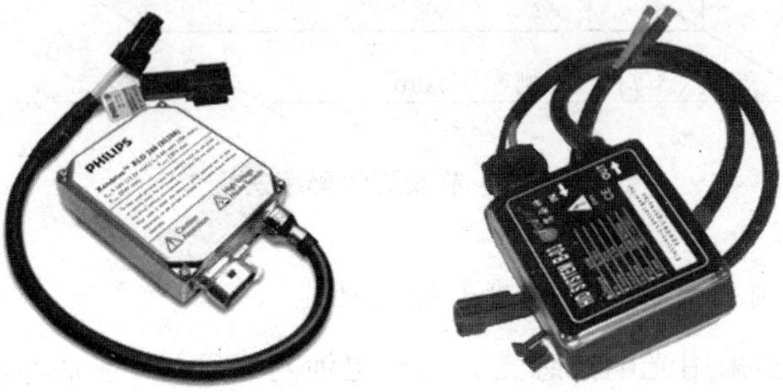

图6.23 HID气体放电灯镇流器

6.2.5 前照灯的检测与调整

为保证前照灯的性能，应及时对前照灯进行检测和调整。前照灯的检验可采用屏幕法检验和前照灯检查仪检验两种方法。

检验调整前汽车应空载停放在平整的场地上，前照灯总成应清洁，屏幕与场地应垂直，轮胎气压符合规定，并且驾驶室内只允许乘坐一名驾驶人。

根据 GB 7258－2012《机动车运行安全技术条件》的规定，机动车在检验前照灯的近光光束照射位置时，前照灯在距离屏幕 10m 处，光束明暗截止线转角或中点高度应为 0.6～0.8H(H 为前照灯基准中心高度)，其水平方向位置向左向右偏差均不得大于100mm。

四灯制前照灯其远光单光束灯的调整，要求在屏幕上光束中心离地高度为 0.85～0.90H，水平位置要求左灯向左偏差不得大于 100mm，左灯向右偏差和右灯向左向右偏差均不得大于 170mm。

对于安装两只前照灯的机动车，每只灯的发光强度在用车应为12000cd以上，新车应为 15000cd 以上；对于安装四只前照灯的机动车，每只灯的发光强度在用车应为10000cd 以上，新车应为15000cd以上。

1. 用屏幕法检验前照灯的配光性能

将车辆停置于屏幕前，并与屏幕垂直，使前照灯基准中心距屏幕 10m，在屏幕上确定与前照灯基准中心离地面距离 H 等高的水平基准线及以车辆纵向中心平面在屏幕上的投影线为基准确定的左右前照灯基准中心位置线，分别测量左右远近光束的水平和垂直照射方位的偏移值。

东风 EQ1090 型汽车装用的 ND170－Ⅲ型前照灯，用屏幕法检验如图 6.24 所示。调整时使左、右前照灯的光束分别对准 a、b 两点即可。

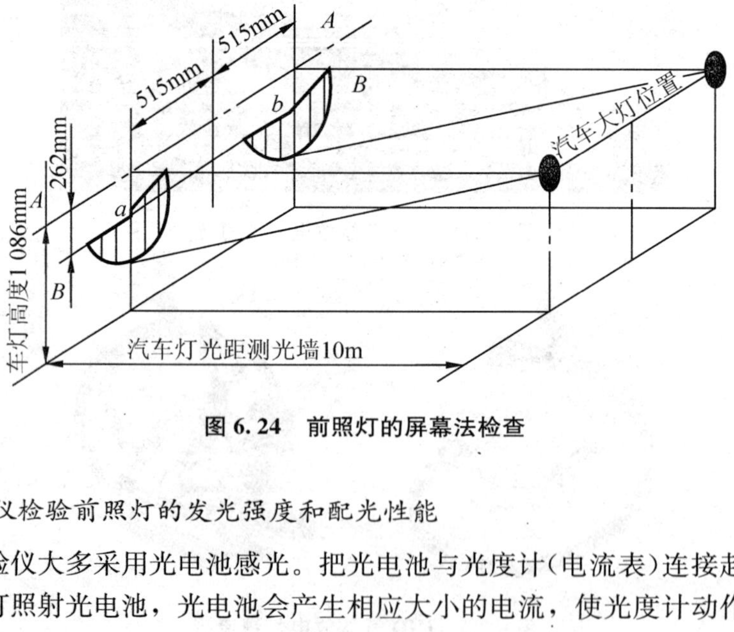

图 6.24　前照灯的屏幕法检查

2. 用检验仪检验前照灯的发光强度和配光性能

前照灯检验仪大多采用光电池感光。把光电池与光度计(电流表)连接起来，在适当的距离内使前照灯照射光电池，光电池会产生相应大小的电流，使光度计动作，便可测出前照灯的发光强度。

把光电池分割成上下左右四块，经前照灯照射后，各块光电池分别产生电动势，其差值可以使上下偏斜指示计或左右偏斜指示计产生动作，从而判断出光轴位置，如图 6.25 所示。

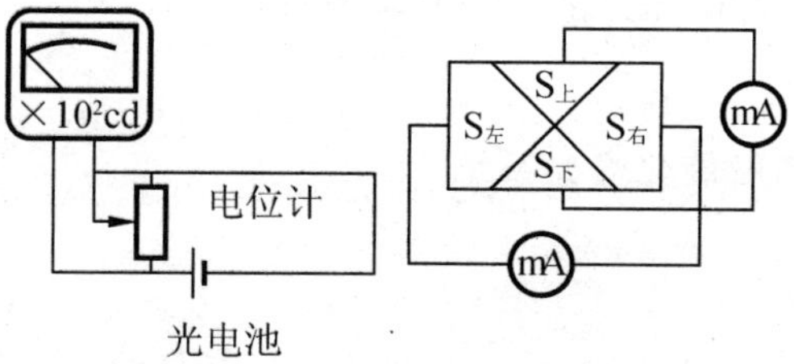

图 6.25 前照灯检测原理

3. 前照灯的调整与修理

前照灯光轴方向偏斜时，应进行调整，调整部位一般分外侧调整式和内侧调整式两种，如图 6.26 所示。

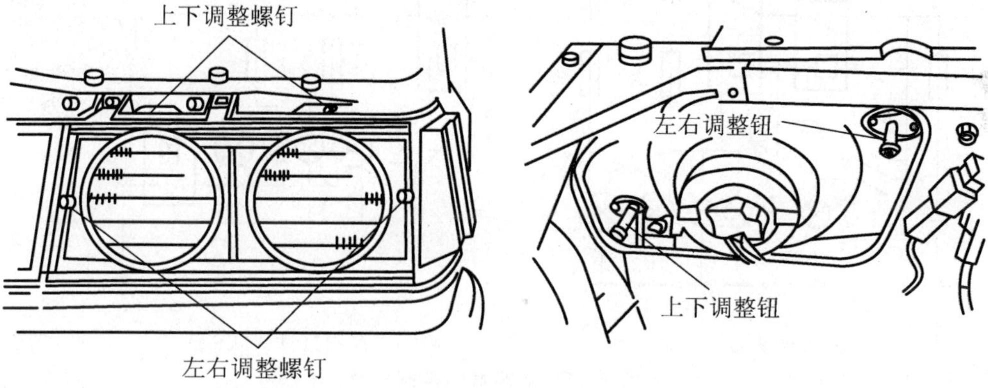

(a) 外侧调整　　(b) 内侧调整

图 6.26 前照灯调整部位

调整时，按需要转动灯座上面的左右及上下调整螺钉(或旋钮)，使光轴方向符合标准。

前照灯亮度不足时，应根据原因视情况修理。

(1) 前照灯工作电压偏低，应检修电路和电源。

(2) 灯泡(或灯芯)老化或产品质量差，应更换合格的灯泡。

(3) 灯泡(或灯芯)的功率选择偏低。使用中若发光强度不够，可改用功率稍大的灯泡或灯芯。但必须注意以下几点：

① 灯泡必须与灯罩座型号一致，配套使用。

② 若普通灯泡改为卤素灯泡，应当更换灯具总成。

③ 选用大功率灯泡，应校验发电机功率是否足够，前照灯电路容量是否能够承受。

(4) 前照灯反射镜脏污或涂层脱落，应予以清洁或更换。

(5) 散光玻璃装配不当，应适当调整。

散光玻璃的安装应注意以下几点：

① 标有“TOP”或“↑”符号表示应朝上安装。

② 散光玻璃的棱镜均呈竖向配置。

③ 散光玻璃中部棱镜较稀部分呈正方形端朝右，呈长方形端朝左(左右以人面对玻璃为准)。

6.2.6 前照灯控制电路与智能化灯光系统

1. 前照灯的控制电路

汽车前照灯随车型不同，控制方式也有差异。当灯具的功率较小时，灯具的工作电流直接受灯光总开关控制，如图 6.6 所示。当灯具的数量多、功率大时，为减少开关热负荷，减少电路压降，应采用继电器控制。同时，分路熔断器的个数也应增加。

因车型不同，继电器控制电路也有控制火线式[图 6.27(a)]和控制搭铁线式[图 6.27(b)]之分。

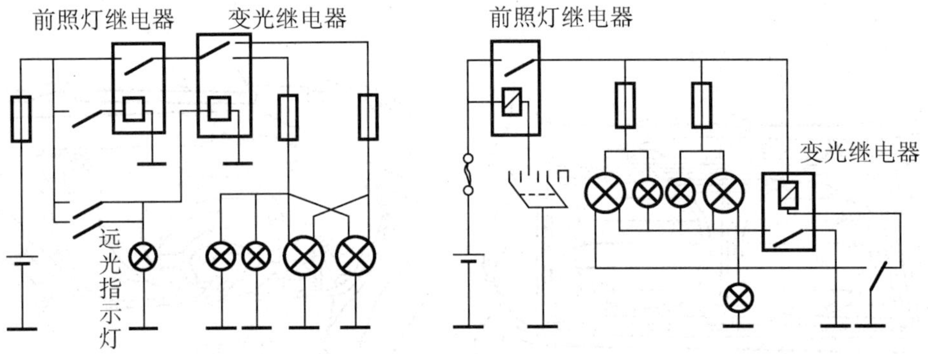

(a) 控制火线式　　(b) 控制搭铁线式

图 6.27 前照灯的控制电路

2. 前照灯自动变光电路

在夜间行驶时，为了防止迎面来车的驾驶人炫目，驾驶人必须频繁使用变光开关，这样会分散驾驶人的注意力，影响行车安全。前照灯自动变光装置可以根据迎面来车的灯光强度调节前照灯的远光或近光。

图 6.28 为前照灯自动变光电路原理图。其工作原理如下：

当迎面来车的前照灯光线照射到传感器上时，通过透镜将光线聚焦到光敏元件上，通过放大器输出信号触发功率继电器，继电器将前照灯自动从远光变为近光。当迎面来车驶过后，传感器不再有灯光照射，于是放大器不再向功率继电器输送信号，继电器触点又恢复到远光照明位置。

光敏电阻 PC_1 用来感受光照情况，其电阻值与光强成反比。在受到光线照射前，其电阻值较高，但受光照后，其电阻值迅速下降，PC_1 和 R_1、R_2、R_3、R_7 以及 VT_6 组成 VT_1 的偏压电路。当远光接通时，VT_6 导通，PC_1 受到光照作用，电阻减小到一定值时，VT_1 基极上偏压刚好能产生光束转换，即从远光变为近光；近光接通后，VT_6 截止，这时偏压电路中只有 R_7、PC_1、R_1 和 R_2，因而灵敏度增加，当迎面来车驶过后，PC_1 电阻增大，VT_1 截止，前照灯立即由近光变为远光。

射极输出器 VT_1 的输出，由 VT_2 放大并反相，VT_2 的输出加在施密特触发器 VT_3 和 VT_4 上，VT_4 的集电极控制继电器激励级 VT_5。当 VT_2 集电极电压超过施密特触发器的阈值时，VT_3导通，VT_4截止，VT_5加偏压截止，继电器的触点接通远光灯。

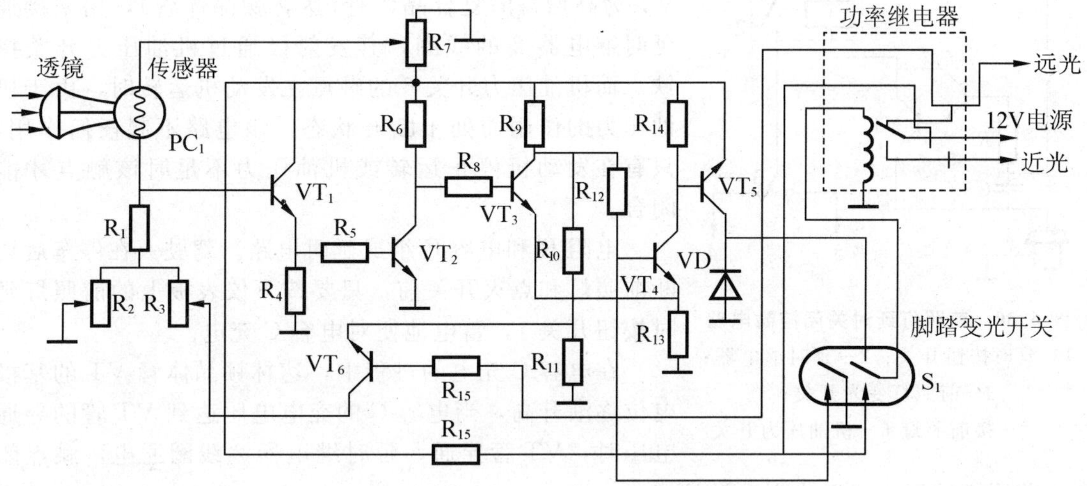

图 6.28　前照灯自动变光电路原理示意

当PC_1受到迎面来车的光线照射时，其电阻下降，放大器VT_1和VT_2的输出低于施密特触发器的阈值，VT_3截止，VT_4、VT_5导通，继电器线圈有电流通过，从而接通近光灯丝，直到迎面来车驶过后继电器又接通远光灯丝。

当脚踏变光开关S_1转换到另一状态时，继电器始终通电，前照灯始终使用远光灯丝。

3. 灯光提示报警与自动关灯电路

汽车在白天行驶时，如果遇到阴沉沉的雨雪天气，或通过黑暗的涵洞、隧道时，驾驶人为了行车安全而打开前照灯，可有时在光线转亮之后一直到停车断开点火开关，容易忘记关灯。

灯光提示报警与自动关灯电路能够自动发出报警，警告驾驶人关闭前照灯和尾灯，或者自动关闭灯光。

图 6.29 所示为一种简单实用的提醒关灯电路。

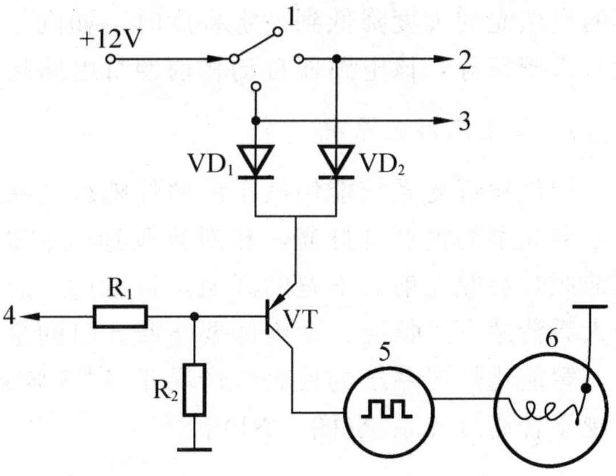

图 6.29　提醒关灯电路

1—车灯开关；2—至前照灯；3—至停车灯；
4—接点火开关；5—闪光器；6—蜂鸣器

该电路在点火开关断开而前照灯(或停车灯)仍被接通的情况下，电流可经二极管VD_1(或VD_2)，使晶体管VT产生基极电流而导通，蜂鸣器因被接通而发出音响信号，以提醒驾驶人关灯。在点火开关被接通的状态下，晶体管VT由于其基极电位提高而截止，蜂鸣器不发出声音。

4. 前照灯自动延时关闭电路

前照灯自动关闭延时器是一种自动关闭前照灯的控制装置。当汽车停驶时，为驾驶人下车离去提供一段照明时间。

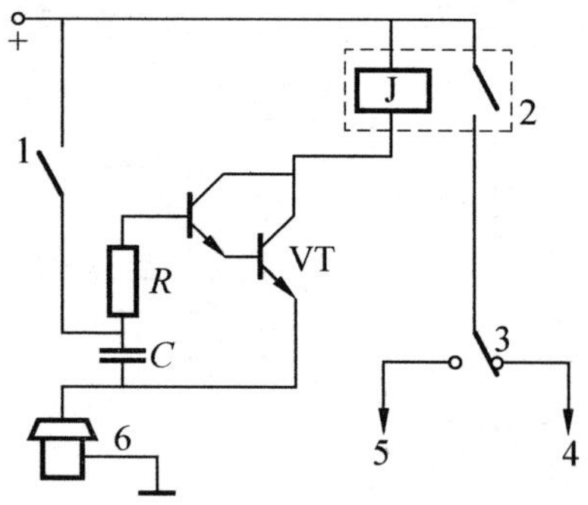

图 6.30　前照灯延时关闭控制电路

1—延时按钮开关；2—延时继电器；
3—前照灯变光开关；
4、5—接前照灯 6—机油压力开关

前照灯延时关闭控制电路如图 6.30 所示。图中，VT 为高增益的复合晶体管(达林顿晶体管)，用来接通延时继电器 2 的线圈，其发射极通过机油压力开关搭铁。而机油压力开关 6 的触点在发动机运转时，由于机油压力的作用而处于断开状态，该电路不起任何作用，只有在发动机停止运转或机油压力不足时该触点才能闭合。

电阻 R 和电容 C 组成延时电路。驾驶人在停车后切断前照灯和点火开关前，只要按下仪表板上的前照灯延时按钮开关 1，蓄电池便对电容 C 充电。

在电容 C 充电的过程中，达林顿晶体管 VT 的基极电位逐渐升高，当电容 C 的充电电压达到 VT 管的导通电压时，VT 管导通，延时继电器 2 线圈通电，触点闭合，前照灯的远光或近光电路被接通。

切断前照灯和点火开关后，即使松开前照灯延时开关按钮 1，因电容 C 通过电阻 R 和 VT 管放电，前照灯仍能保持通电照明，直到电容 C 电压下降至晶体管 VT 截止，继电器触点断开，前照灯才熄灭。延时的时间取决于电路中 C 和 R 的参数，一般可延迟 1min。

5. 前照灯昏暗自动发光控制电路

前照灯昏暗自动发光控制电路的作用是：在汽车行驶过程中(并非夜间行驶)，汽车前方的自然光的强度降低到一定程度时，如汽车通过隧道、高架桥、林荫路、树林或天空突然乌云密布等，该电路便自动将前照灯电路接通，打开前照灯以确保行车安全。

6. 智能化灯光系统

智能化灯光系统能使汽车前照灯随行驶状况的变化而实时变化，将会出现具有 10～15 种不同光束的前照灯灯光，相对行驶速度和路面“随机应变”。例如，在高速公路上，汽车前照灯会照亮前方不宽的区域，且更远一点。当汽车转弯时，外侧亮度要亮些，能让驾驶人看清楚弯道情况；而内侧要暗些，目的是不要使对面会车的驾驶人炫目。

智能化灯光系统的代表性产品是 AFS 随动转向灯光系统，其前照灯的灯光分布明显优越于普通灯光系统(图 6.31)。

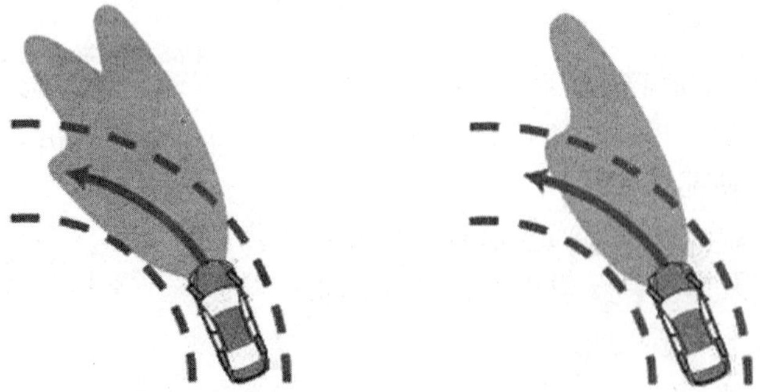

(a) 智能化 AFS 随动转向灯光系统　　(b) 普通前照灯灯光系统

图 6.31　智能化 AFS 随动转向灯光系统与普通前照灯灯光系统的比较

氙气大灯的随动转向功能使大灯可以作上下左右四向运动，光束随转向盘转动而转动。此外，光轴自动调整系统能根据车速以及转向盘转向角度，自动调整近光灯的照射中心，自动指向入弯，确保弯道中的高能见度。

在后排载重较大导致车身角度上扬时，系统将自动调整光轴倾角，避免光轴上扬对对面来车驾驶人的干扰。与此同时，集成于保险杠上的前雾灯带“转弯照明”功能，转向时弯道内侧的雾灯将亮起，照明弯道死角，提高安全性。

智能化灯光系统还具备丰富的照明辅助功能，主要包括回家照明(熄火停车后大灯还将在设置时间段内保持照明)、动身照明(用遥控器解锁车门时如果环境较黑暗则灯将打开)以及昏暗天气照明(当进入隧道、黄昏或大雨时大灯自动打开)等，非常人性化。大灯的清洁也非常便捷，利用可伸缩的大灯洗涤装置，可以方便地通过按下仪表盘上的按钮快速地清洗灯罩上的污物，及时恢复照明度。

6.3 汽车信号系统

6.3.1 转向灯及危险报警装置

1. 转向灯及危险报警电路

在汽车起步、转弯、变更车道或路边停车时，需要打开转向信号灯以表示汽车的趋向，提醒周围车辆和行人注意。

转向信号灯系统由闪光继电器(简称闪光器)、转向灯开关、转向信号灯和转向指示灯等组成。当接通危险报警信号开关时，所有转向信号灯同时闪烁，表示车辆遇紧急情况，请求其他车辆避让。根据GB 7258－2012《机动车运行安全技术条件》的规定，危险报警灯操纵装置不得受点火开关控制。

转向灯闪烁是由闪光器控制电流通断实现的，闪光频率规定为(1.5±0.5)Hz。有的汽车转向信号闪光器和危险报警闪光器共用，如TJ7100轿车，如图6.32所示，还有的汽车转向信号闪光器和危险报警闪光器单独设置，如切诺基汽车，如图6.33所示。

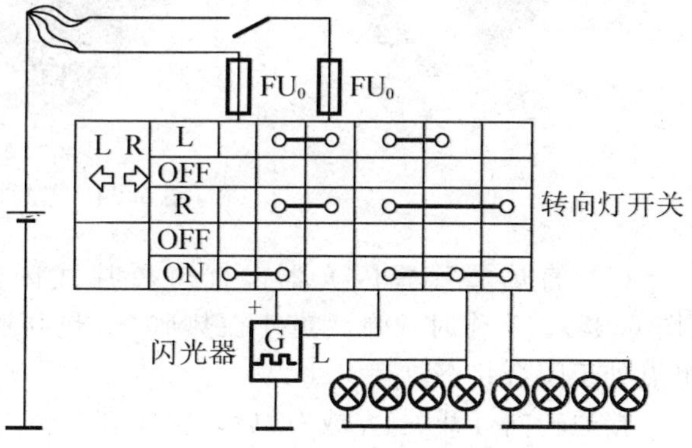

图6.32 TJ7100轿车转向灯电路

2. 闪光器的工作原理

常见的闪光器(flasher)有电容式、翼片式、晶体管式等几类(图6.34)。翼片式和带继电器的晶体管式闪光器因结构简单、体积小、闪光频率稳定、监控作用明显、工作时伴有响声，故被广泛使用。

1) 翼片式闪光器

翼片式闪光器分为直热翼片式和旁热翼片式两种。

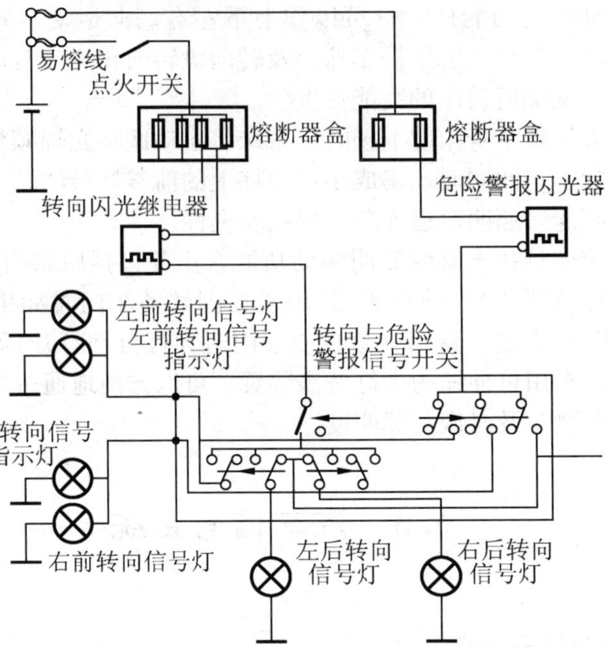

图 6.33　切诺基转向灯电路

图 6.34　常见的闪光器

(1) 直热翼片式闪光器。直热翼片式闪光器主要由翼片、热胀条、触点等组成(图 6.35)。工作时，弹性翼片在热胀条(热膨胀系数较大的金属板条)的拉力下呈弓形，触点处于闭合状态。

接通转向灯开关(左或右)后，转向灯与转向指示灯电路接通，灯亮。电路如下：蓄电池正极→翼片→热胀条→触点→转向灯开关→转向灯及转向指示灯→搭铁→蓄电池负极。由于电流流经热胀条，热胀条伸长。翼片在自身弹力作用下伸直，活动触点随热胀条向上移动与固定触点分离。

电路被切断，转向灯与转向指示灯熄灭。热胀条中电流消失后，冷却收缩，牵动翼片再次呈弓形，活动触点下移与固定触点再次闭合，电路接通，转向灯与转向指示灯又亮。如此反复变化，产生了闪烁的转向信号，同时发出“啪嗒、啪嗒”的响声。

(2) 旁热翼片式闪光器。旁热翼片式闪光器与直热翼片式闪光器主要不同点在于热胀条上绕有电热丝(图 6.36)。电热丝下端与热胀条相接，上端与静触点相连，匝间与热胀条绝缘。工作时，翼片受热胀条拉力作用呈弓形，触点张开。转向灯开关闭合后，电热丝通电加热热胀条，使其膨胀伸长，翼片在自身弹力作用下伸直，使触点闭合。

触点闭合后，转向灯与转向指示灯亮。电热丝被触点短路，热胀条冷却收缩，翼片被拉呈弓形，触点再次张开，转向灯与转向指示灯变暗，然后电热丝再次通电。如此周期性动作，转向灯产生闪烁灯光信号。当电阻丝通电时，电流虽经转向信号灯构成回路，因为电流很小，转向灯不会亮。

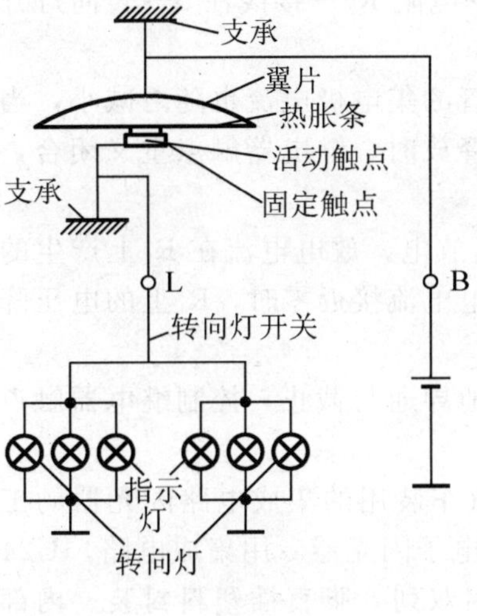

图 6.35 直热翼片式闪光器

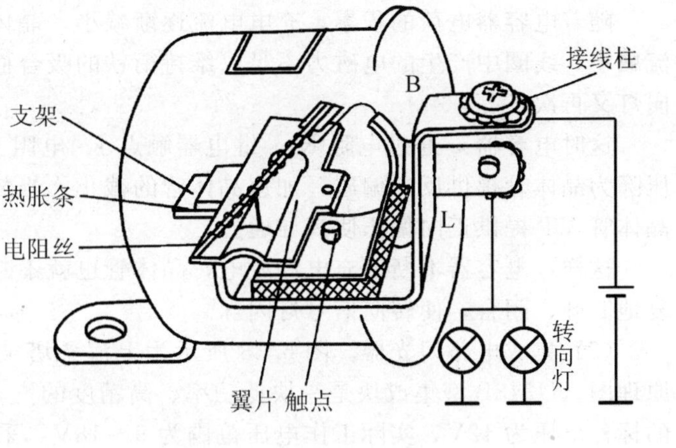

图 6.36 旁热翼片式闪光器

2）晶体管式闪光器

晶体管式闪光器有带继电器晶体管闪光器（有触点）、无触点闪光器、集成电路闪光器等。

（1）带继电器的晶体管闪光器。带继电器的晶体管闪光器的工作原理如图 6.37 所示，主要由晶体管开关电路和小型继电器组成。

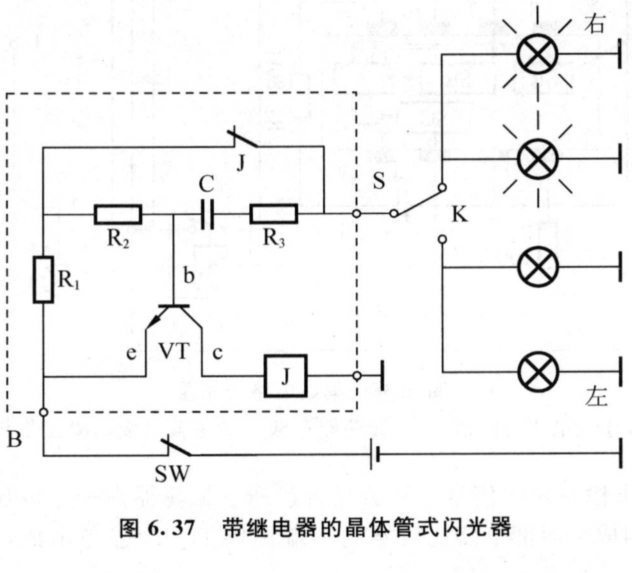

图 6.37 带继电器的晶体管式闪光器

当汽车打开右转向信号灯时，电流由蓄电池正极→电源开关 SW→接线柱 B→电阻 R_1→继电器的动断触点 J→接线柱 S→转向灯开关 K→右转向信号灯→搭铁→蓄电池负极，形成回路，右转向信号灯亮。当电流通过电阻 R_1 时，在电阻 R_1 上产生电压降，晶体管 VT 因正向偏压而导通，集电极电流通过继电器线圈 J，使继电器的动断触点立即打开，右转向信号灯随之熄灭。

晶体管导通的同时，其基极电流向电容器 C 充电。电流由蓄电池正极→电源开关 SW→接线柱 B→晶体管的发射极 e、基极 b→电容器 C→电阻 R_3→接线柱 S→转向灯开关 K→右转向灯→搭铁→蓄电池负极，形成回路。

随着电容器电荷的积累，充电电流逐渐减小，晶体管的集电极电流也随之减小，当电流减小，线圈中产生的电磁力不足以维持衔铁的吸合而释放时，继电器触点重又闭合，转向灯又再次发亮。

这时电容器 C 通过电阻 R_2、继电器触点 J、电阻 R_3 放电。放电电流在 R_2 上产生的电压降为晶体管提供反向偏压，加速晶体管的截止。当放电电流接近零时，R_1 上的电压降为晶体管 VT 提供正向偏压使其导通。

这样，电容器不断地充电和放电，晶体管也就不断地导通与截止，控制继电器触点反复地断开、闭合，使转向信号灯闪烁。

(2) 集成电路闪光器。图 6.38 所示为上海桑塔纳汽车装用的集成电路闪光器的工作原理图。U243B 型集成块是一块低功率、高精度的汽车电子闪光器专用集成电路。U243B 的标称电压为 12V，实际工作电压范围为 9～18V，采用双列 8 脚直插塑料封装。内部电路主要由输入检测器 SR、电压检测器 D、振荡器 Z 及功率输出级 SC 四部分组成。

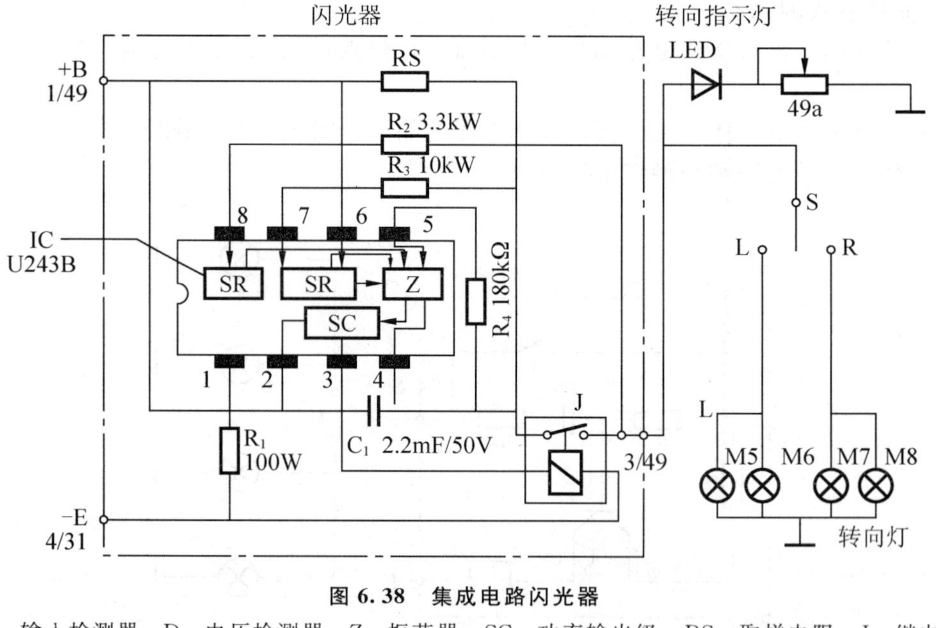

图 6.38 集成电路闪光器

SR—输入检测器；D—电压检测器；Z—振荡器；SC—功率输出级；RS—取样电阻；J—继电器

输入检测器用来检测转向信号灯开关是否接通。振荡器由一个电压比较器和外接的电阻 R_4 和电容器 C_1 构成。内部电路比较器的一端提供了一个参考电压，其值由电压检测器控制，比较器的另一端则由外接的电阻 R_4 和电容器 C_1 提供一个变化的电压，从而形成电路的振荡。振荡器工作时，输出级的矩形波便控制继电器线圈的电路并使继电器触点反复断开和闭合。于是转向信号灯和转向指示灯闪烁，频率为 80 次/min。

如果一只转向灯烧坏，则流过取样电阻 RS 的电流减小，其电压降减小，经电压检测器识别后，便控制振荡器电压比较器的参考电压，从而改变振荡频率，使转向指示灯的闪光频率加快一倍，以提示驾驶人及时检修。

当打开危险报警开关时，汽车的前、后、左、右转向信号灯同时闪烁作为危险报警信号。

6.3.2 倒车信号装置

倒车信号装置包括倒车灯、倒车报警器和倒车雷达等。

1. 倒车灯及报警器电路

汽车倒车时，为了警示车后的行人和其他车辆注意避让，在汽车的后部装有倒车灯和倒车蜂鸣器(或倒车语音报警器)，它们均由装在变速器上的倒挡开关控制。

当变速杆挂入倒挡时，在拨叉轴的作用下，倒挡开关接通倒车报警器和倒车灯电路，从而发出声光倒车信号。图 6.39 为解放 CA1092 汽车倒车信号电路。

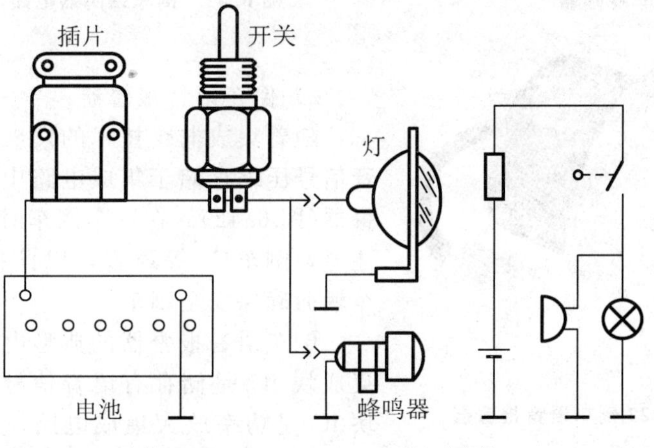

(a) 示意　　(b) 原理

图 6.39 倒车信号电路

2. 倒车报警器

常见的倒车报警器有倒车蜂鸣器和倒车语言报警器两种。

1) 倒车蜂鸣器

倒车蜂鸣器(图 6.40)是一种间歇发声的音响装置，图 6.41 为解放 CA1092 型汽车装用的倒车蜂鸣器的电路。其发音部分是一只功率较小的电喇叭，控制电路是一个由无稳态电路(即多谐振荡器)和反相器组成的开关电路。

晶体管 VT_1、VT_2 组成一个无稳态电路，由于 VT_1 和 VT_2 之间采用电容器耦合，所以 VT_1 与 VT_2 只有两个暂时的稳定状态，或 VT_1 导通，VT_2 截止；或 VT_1 截止，VT_2 导通，这两个状态周期性地自动翻转。

VT_3在电路中起开关作用，它与VT_2直接耦合，VT_2的发射极电流就是VT_3的基极电流。当VT_2导通时，VT_3因基极有足够大的基极电流而导通向VD_4供电。VD_4通电使膜片振动，产生声音。

当VT_2截止时，VT_3无基极电流也截止，VD_4断电，响声停止。如此周而复始，VT_3按照无稳态电路的翻转频率不断地导通、截止，从而使得倒车蜂鸣器发出“嘀—嘀—嘀”的间歇鸣叫声。

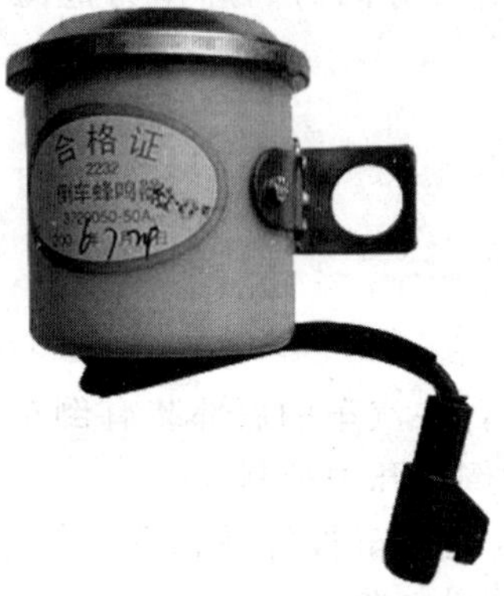

图 6.40　倒车蜂鸣器

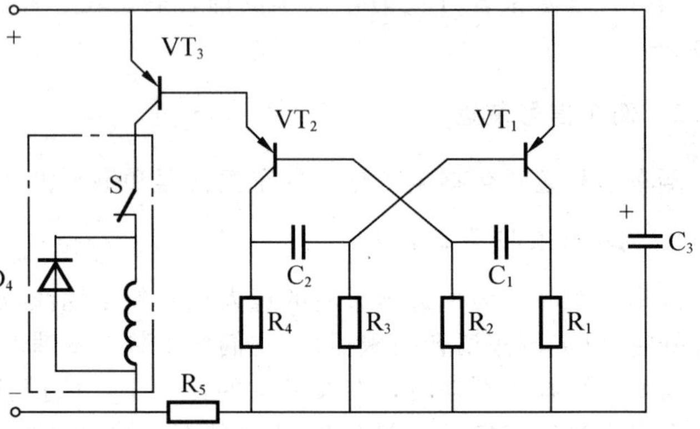

图 6.41　倒车蜂鸣器电路

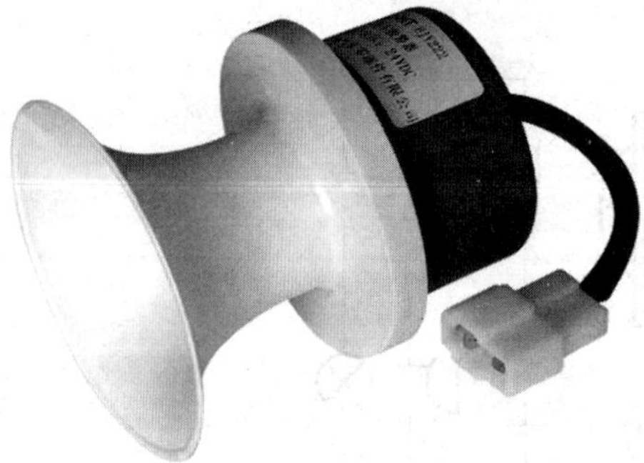

图 6.42　BJY222 倒车语音报警器

2）倒车语音报警器

随着集成电路技术的发展，现在已经能将语音信号压缩存储于集成电路中，制成倒车语音报警器(图 6.42)。在汽车倒车时，能重复发出“请注意，倒车!”等声音，以此提醒车后行人避开车辆而确保安全倒车。

倒车语音报警器的典型电路如图 6.43 所示。集成块IC_1是储存有语音信号的集成电路，集成块IC_2是功率放大集成电路，稳压管 VD 用于稳定语言集成块IC_1的工作电压。

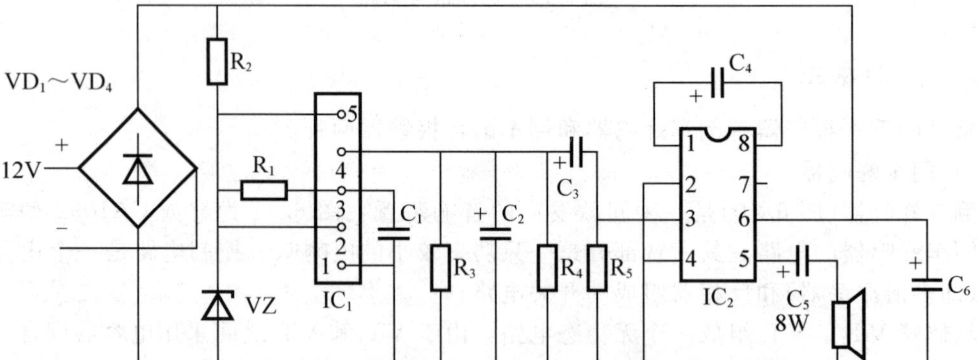

图 6.43　倒车语音报警器电路

为防止电源电压接反，在电源的输入端使用了由四个二极管组成的桥式整流电路，这样无论怎样接入12V电源，均可保证电子电路正常工作。

当汽车挂入倒挡时，倒车开关接通了倒挡报警电路，电源便由桥式整流电路输入语音倒车报警器，语音集成电路IC_1的输出端便输出一定幅度的语音电压信号。

此语音电压信号经C_2、C_3、R_3、R_4、R_5组成的阻容电路消除杂音，改善音质，并耦合到集成电路IC_2的输入端，经IC_2功率放大后，通过喇叭输出，即可发出清晰的“请注意，倒车！”等声音。

3. 倒车雷达

倒车雷达装置在倒车时起到辅助报警功能，能使倒车更加安全。倒车雷达装置由倒车雷达侦测器(也称超声波转换器、声纳传感器，俗称电眼)、控制器、蜂鸣器等组成，如图6.44所示。

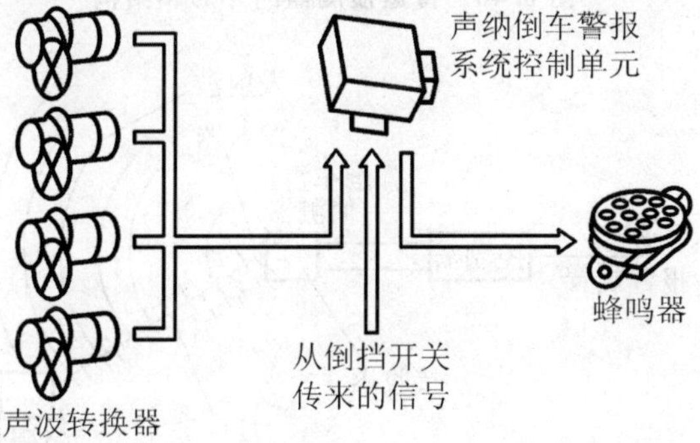

图6.44 轿车倒车声纳报警系统

倒车雷达侦测器安装在车辆后部保险杠上，如图6.45所示。它向汽车后部发射超声波，并接收反射回来的超声波。

图6.45 倒车雷达安装位置

雷达侦测器(图6.46)由一个无线电收发机和一个处理器组成，处理器将回波信号转换成数字信号后传递给控制单元。

当驾驶人将变速器挂入倒挡后，倒车雷达侦测器进入自我检测。当自我检测通过后，就开始检测汽车后部障碍物。如图6.47所示，控制器接收从侦测器传来的信号，经计算判断障碍物离车尾的距离。如达到报警位置，就传送信号给蜂鸣器。

例如，风神Ⅱ号轿车的倒车雷达装置，当在汽车后部50cm处检测到物体表面为$25cm^2$以上的障碍物时，就会发出报警声，以提醒驾驶人注意。

倒车雷达装置的有效侦测范围如图 6.48 和图 6.49 所示。

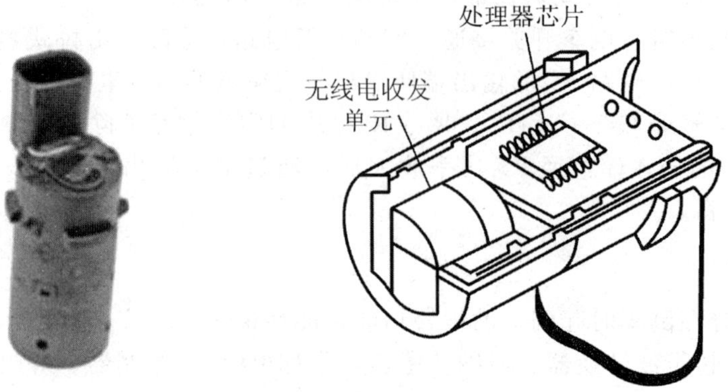

图 6.46 雷达侦测器的外形和结构

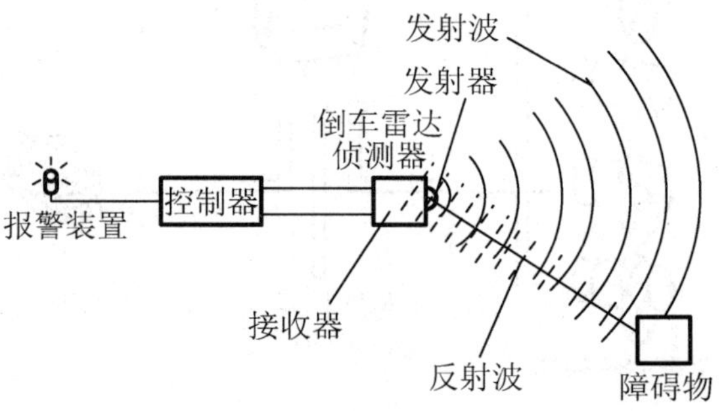

图 6.47 倒车雷达装置工作原理

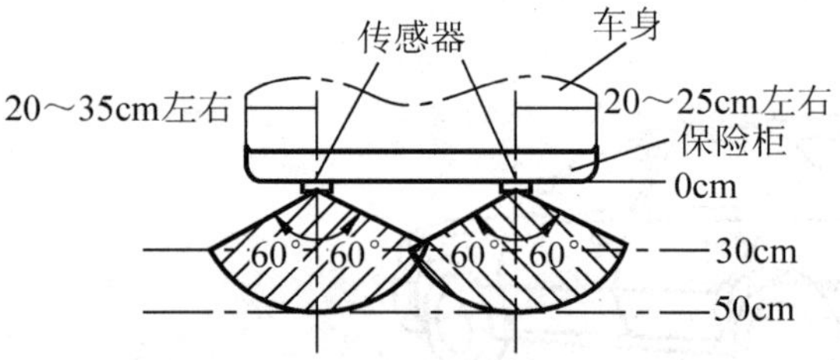

图 6.48 倒车雷达左右有效侦测范围

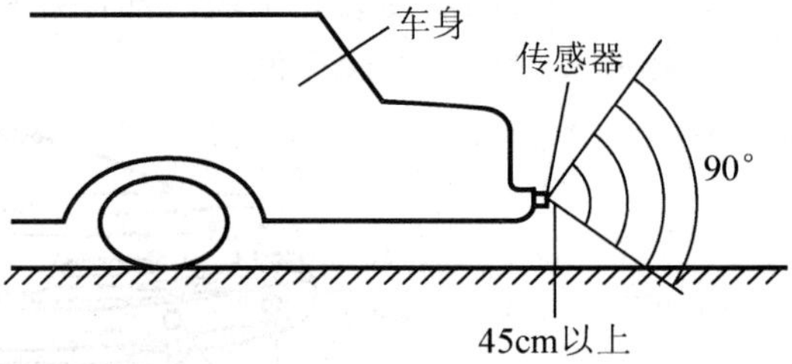

图 6.49 倒车雷达上下有效侦测范围

汽车倒车将要遇到障碍物时，带有超声波的倒车雷达系统开始发出报警声响，距离障碍物越近，则声音频率越高。从而提醒驾驶人汽车将要碰到障碍物，注意安全。

倒车雷达系统的工作过程如下：

(1) 当挂倒挡时，倒车雷达系统即开始工作，发出“嘟嘟”的声音(图 6.50 绿色区域)，表明该系统状态良好。

(2) 当汽车与障碍物相距 1.6m(图 6.50 黄色区域)时，可听到间歇报警声。距离障碍物越近，声音越急促。如距离小于 0.2m(图 6.50 红色区域)，则发生连续的报警声。

在倒车雷达系统的基础上，一些轿车已经装备了具有汽车前后障碍物距离测试功能的驻车距离报警系统(parking distance control，PDC 系统)。

PDC系统在汽车的前后保险杠上均装有雷达侦测器，车辆距障碍物的距离可以在车内的大屏幕显示器(一般与汽车导航系统的显示器共用)上直接显示出来，并伴有蜂鸣器的报警声响。

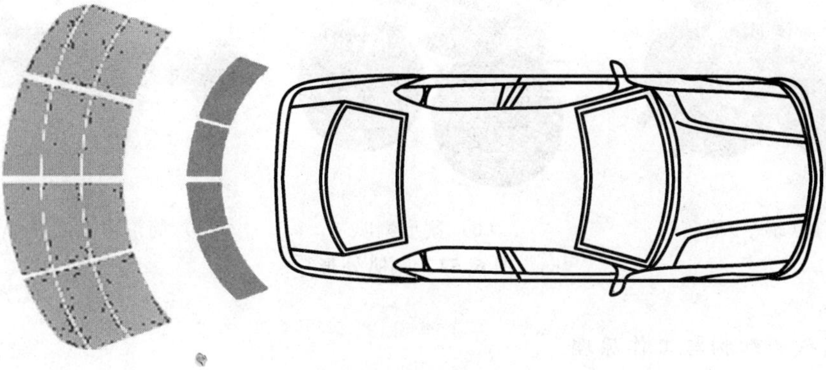

图 6.50 报警区域

也有些汽车采用可视倒车系统(图 6.51)，在汽车后保险杠或顶部(大型车辆)安装摄像头，直接显示汽车后部的实际情况，使得倒车、移库等操作更加安全便捷。

图 6.51 可视倒车系统

6.3.3 电喇叭

1. 电喇叭的作用与分类

汽车上都装有喇叭，用来警告行人和其他车辆，以引起注意，保证行车安全。喇叭按发音动力的不同分为气喇叭和电喇叭两类；按外形分有螺旋形、筒形、盆形(图 6.52)三类；按声频分有高音和低音两种。

气喇叭是利用气流冲击使金属膜片振动产生声响的，外形一般为长筒形，多用在具有空气制动装置的载货汽车上。电喇叭是利用电磁力使金属膜片振动产生声响的，其声音悦耳，广泛应用于各种类型的汽车上。

电喇叭按有无触点可分为普通电喇叭和电子电喇叭两种。普通电喇叭主要是靠触点的闭合和断开，控制电磁线圈激励膜片振动而产生声响；电子电喇叭则利用晶体管电路产生的脉冲激励膜片振动产生声响。

在中小型汽车上，由于安装的位置限制，多采用螺旋形和盆形电喇叭。盆形电喇叭具有体积小、质量轻、指向好、噪声小等优点。

(a) 螺旋(蜗牛)形喇叭　　(b) 盆形喇叭　　(c) 筒形电动气喇叭

图 6.52　喇叭外形

2. 电喇叭的结构与工作原理

1) 螺旋形电喇叭

螺旋形电喇叭的构造如图 6.53 所示。其主要机件有“山”形铁心、磁化线圈、衔铁、膜片、扬声筒、触点以及电容器等。膜片借中心螺杆与衔铁、调整螺母、锁紧螺母连成一体。

当按下按钮时，电流由蓄电池正极→按钮→线圈→触点→搭铁→蓄电池负极。当电流通过线圈时，产生电磁吸力，吸下衔铁，中心螺杆上的调整螺母压下活动触点臂，使触点分开而切断电路。此时磁化线圈电流中断，电磁吸力消失，在弹簧片和膜片的弹力作用下，衔铁又返回原位，触点闭合，电路重又接通。

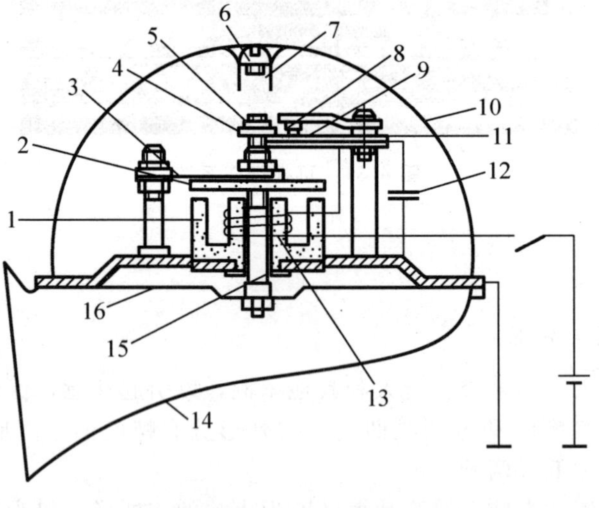

图 6.53　螺旋形电喇叭

1—铁心；2—衔铁；3—弹片；4—调整螺母；5—锁紧螺母；6—螺钉；7—支架；8—活动触点；9—固定触点；10—防护罩；11—绝缘片；12—灭弧电容；13—磁化线圈；14—传声筒；15—中心螺杆；16—膜片

上述过程反复进行，膜片不断振动，从而发出一定频率的声波，由扬声筒共鸣后发出和谐悦耳的声音。为了减小触点张开时的火花，避免触点烧蚀，在触点间并联了灭弧电容。

2）盆形电喇叭

盆形电喇叭的工作原理与螺旋形电喇叭相同，其结构如图 6.54 所示。

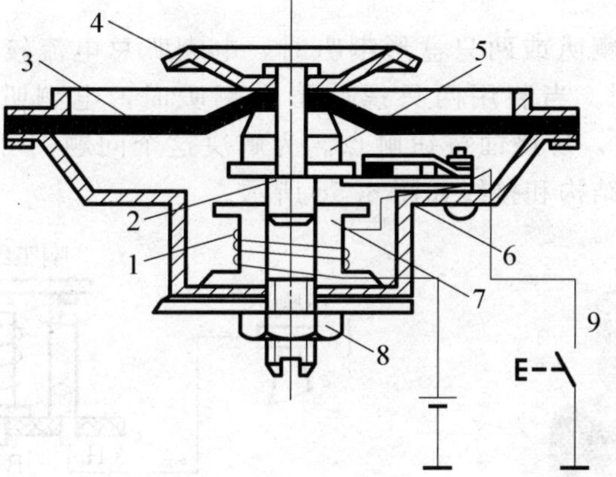

图 6.54　盆形电喇叭

1—磁化线圈；2—活动铁心；3—膜片；4—共鸣片；5—振动块；
6—外壳；7—铁心；8—螺母；9—按钮

电磁铁采用螺管式结构，铁心上绕有磁化线圈，上、下铁心间的气隙在线圈中间，所以能产生较大的吸力。它无扬声筒，而是将上铁心、膜片和共鸣板装在中心轴上。当电路接通时，磁化线圈产生吸力，上铁心被吸下与下铁心撞击，产生较低的基本频率，并激励膜片及与膜片连成一体的共鸣板产生共鸣，从而发出比基本频率强得多、且分布又比较集中的谐音。为了保护触点，有的盆形喇叭在触点之间也并联了灭弧电容器。

3）电动气喇叭

电动气喇叭主要由电动气泵和气喇叭两部分组成(图 6.55)。按下喇叭按钮时，直流电动机驱动气泵运转，产生压缩空气，压缩空气直接通入气喇叭使喇叭发声。

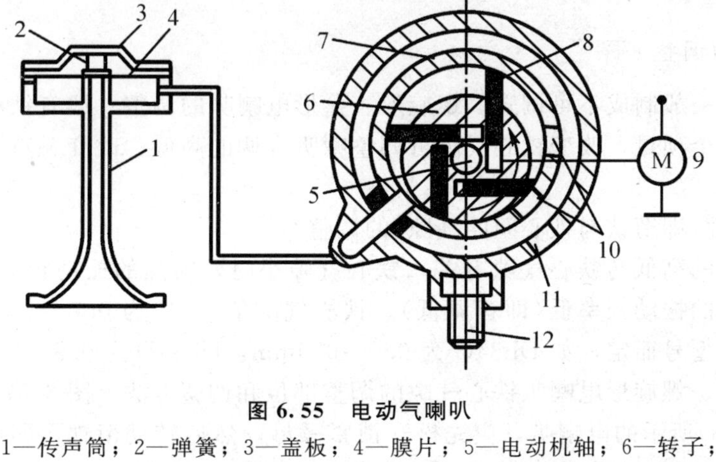

图 6.55　电动气喇叭

1—传声筒；2—弹簧；3—盖板；4—膜片；5—电动机轴；6—转子；
7—偏心腔体；8—叶片；9—电动机；10、11—进气口；12—螺钉

3. 双音电喇叭控制电路

为了得到较为和谐悦耳的声音，在汽车上常装有两个不同音调(高音、低音)的电喇叭。其中高音喇叭膜片厚、扬声筒短，用G(高)表示；低音喇叭膜片薄、扬声筒长，用D(低)表示。

装用单只螺旋形电喇叭或两只盆形喇叭时，电喇叭总电流较小(<8A)，一般直接由方向盘上喇叭按钮控制。当装用两只螺旋形电喇叭时，电喇叭耗用电流较大(>15～20A)，用按钮直接控制，易烧蚀按钮触点。为解决这个问题，可采用喇叭继电器控制双音电喇叭。喇叭继电器结构和接线如图6.56所示。

(a) 外形图

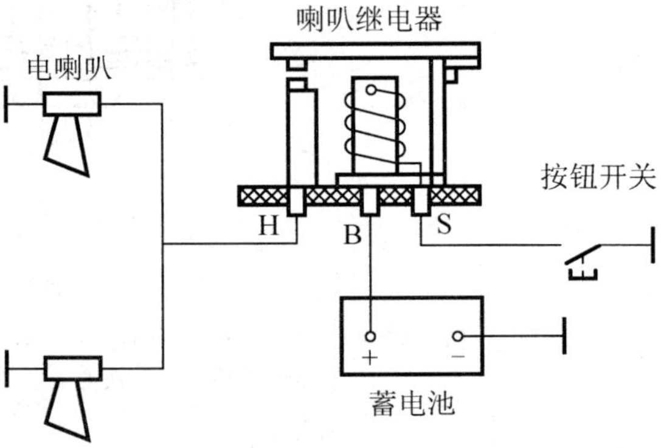

(b) 电路图

图6.56 双音电喇叭继电器电路

按下方向盘上的喇叭按钮时，喇叭继电器线圈通电，使继电器铁心产生电磁吸力，将继电器触点闭合，接通了双音电喇叭电路，喇叭发音。松开方向盘喇叭按钮时，继电器线圈断电，铁心电磁吸力消失，触点在自身弹力作用下断开，切断了电喇叭电路，电喇叭停止发声。

喇叭继电器的作用就是利用铁心线圈的小电流控制触点的大电流，从而保护方向盘上的喇叭按钮触点。

4. 电喇叭的调整

电动气喇叭一般制成不可调式。螺旋形、盆形电喇叭的调整一般有铁心气隙调整和触点预压力调整两个项目。改变铁心气隙可调整喇叭音调的高低；改变触点预压力可调整喇叭音量的大小。

1) 铁心气隙(即衔铁与铁心间的气隙)的调整

电喇叭音调的高低与铁心气隙有关，铁心气隙小时，膜片的振动频率高(即音调高)；气隙大时，膜片的振动频率低(即音调低)。铁心气隙值(一般为0.7～1.5mm)视喇叭的高、低音及规格型号而定，如DL34G为0.7～0.9mm，DL34D为0.9～1.05mm。

筒形电喇叭、螺旋形电喇叭铁心气隙的调整部位和调整方法如图6.57所示。

对图6.57(a)所示的电喇叭，应先松开锁紧螺母，然后转动衔铁，即可改变衔铁与铁心气隙δ；对图6.57(b)所示的电喇叭，松开上、下调节螺母，即可使铁心上升或下降，即改变铁心气隙；对图6.57(c)所示的电喇叭，可先松开锁紧螺母，转动衔铁加以调整，然后松开调节螺母，使弹簧片与衔铁平行后紧固。调整时，应使衔铁与铁心间的气隙均匀，否则会产生杂音。

盆形电喇叭铁心气隙的调整如图6.58所示，调整时应先松开锁紧螺母，然后旋转音调调整螺栓(铁心)进行调整。

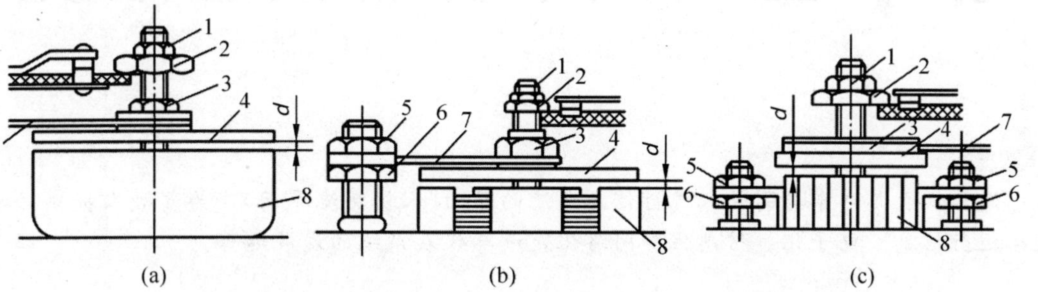

图6.57 筒形电喇叭、螺旋形电喇叭的调整部位

1、3—锁紧螺母；2、5、6—调节螺母；4—衔铁；7—弹簧片；8—铁心；δ—铁心气隙

2）触点预压力的调整

电喇叭音量的大小与通过喇叭线圈的电流大小有关。当触点预压力增大时，流过喇叭线圈的电流增大，使喇叭产生的音量增大，反之音量减小。

触点压力是否正常，可通过检查喇叭工作电流与额定电流是否相符来判断。如工作电流等于额定电流，则说明触点压力正常；如工作电流大于或小于额定电流，则说明触点压力过大或过小，应予以调整。

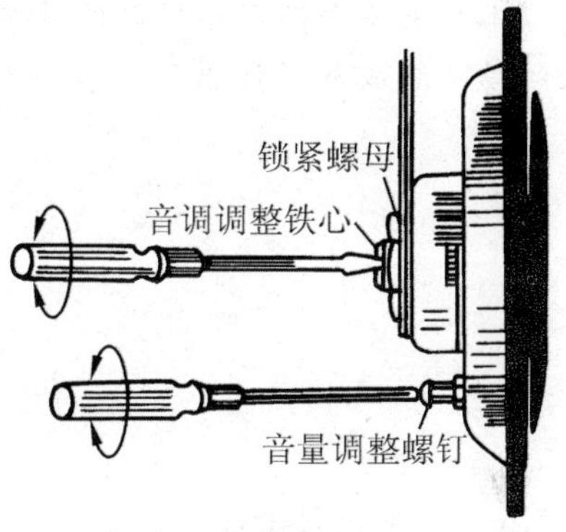

图6.58 盆形电喇叭的调整

对于图6.57所示的筒形、螺旋形电喇叭，应先松开锁紧螺母，然后转动调节螺母(逆时针方向转动时，触点压力增大，音量增大)进行调整；对图6.58所示的盆形电喇叭，可旋转音量调节螺钉(逆时针方向转动时，音量增大)进行调整。调整时不可过急，一般每次转动调节螺母不多于1/10圈。

电喇叭音量和音调的调整并不是完全独立的，它们两者实际上是相互关联的，因此两者需反复调试才会获得最佳效果。汽车喇叭声级在距车前2m、离地面1.2m处测量时，其值应为90～115 dB(A)。

复习思考题

1. 简述汽车灯具的种类与用途。
2. 简述对前照灯的基本要求。
3. 汽车前照灯有哪些防炫目措施？
4. 简述智能化灯光系统的功能。
5. 简述倒车雷达系统的组成和作用。
6. 简述电喇叭音调和音量的调整方法。

第7章　汽车仪表信息系统

教学提示

汽车仪表是汽车与驾驶人进行信息交流的界面(人机交流界面)，为驾驶人提供必要的汽车运行信息。电子化、信息化和网络化是汽车仪表系统的发展趋势。

教学要求

本章主要介绍汽车仪表的结构组成、工作原理和使用维护方法。要求学生熟悉汽车仪表的结构组成和工作原理，掌握汽车仪表的使用和维护方法。

7.1　汽车仪表

7.1.1　汽车仪表概述

1. 汽车仪表的作用与基本组成

汽车仪表(automobile instrument。图 7.1)是汽车与驾驶人进行信息交流的界面，为驾驶人提供必要的汽车运行信息，同时也是维修人员发现和排除故障的重要工具。

图 7.1　汽车仪表

汽车仪表应结构简单、耐振动、抗冲击性好、工作可靠。在电源电压允许的变化范围内，仪表示值应准确，且不随环境温度的变化而变化。

仪表板(instrument panel)总成一般由面罩、表框、表芯、表座、底板、印制线路板、插接器、报警灯及指示灯等部件组成。有些仪表还带有仪表稳压器及报警蜂鸣器。

组合式仪表板可方便地进行分解，单独更换。照明、报警或指示用灯泡损坏则从仪表板外面就可将其更换。

不同汽车装用的仪表个数及结构类型不同，常见车型仪表板型号及类型见表7-1。

2. 汽车仪表的发展趋势

传统的汽车仪表多为机电式模拟仪表，只能给驾驶人提供汽车运行中必要而又少量的数据信息，已远远不能满足现代汽车的要求。

随着电子技术的发展，多功能、高精度、高灵敏度、读数直观的电子数字显示及图像显示的仪表不断应用在汽车上。

汽车仪表正向综合信息系统的方向发展，其功能不局限于现在的车速、里程、发动机转速、油量、水温、方向灯指示等，还增添了一些新功能。例如，带ECU的智能化汽车仪表，能指示安全系统运行状态，如轮胎气压、制动装置、安全气囊等。

车速表、发动机转速表和油量表将被集网络诊断和数字显示功能于一体的触摸式液晶屏幕所取代，并具有车载动态信息系统的故障自诊断、道路自主导航、电子地图、车辆定位动态显示等功能。

表7-1 常见车型仪表板结构类型

车型 / 表芯	BJ2020S	CA1092	EQ1092	夏利	桑塔纳	奥迪	切诺基	五十铃N系列
仪表板型号	8108	8005	EQ1－2		801－ST			ZB103、001－004
充电指示	电磁电流表		动磁电流表	充电指示灯			电磁电压表	充电指示灯
油压指示	电热式表芯＋电热式传感器			油压过低报警灯			电磁＋变阻	油压报警灯
水温表	电热＋电热	电热式表芯＋热敏传感器					电磁＋变阻	电磁＋变阻
燃油表	电磁＋变阻	电热式表芯＋变阻传感器					电磁＋变阻	电磁＋变阻
仪表稳压器	无	电热式			电子式		无	无
转速表					电子式		电子式	
车速里程表	机械式				电子式		机械式	机械式

7.1.2 汽车仪表的结构与工作原理

一般汽车仪表有电压表、电流表、机油压力表、水温表、燃油表、发动机转速表和车速里程表等。

1. 电压表

电压表用来指示电源系统的工作情况。它不仅能指示发电机和电压调节器的工作状况，同时还能指示蓄电池的技术状况，比电流表和充电指示灯更直观和实用。

发动机起动时，电压表指示值在9～10V范围内为正常。如果电压表示值在起动时过低，说明蓄电池亏电或有故障。若起动前后，电压表示值基本不变，则表明发电机不发电。

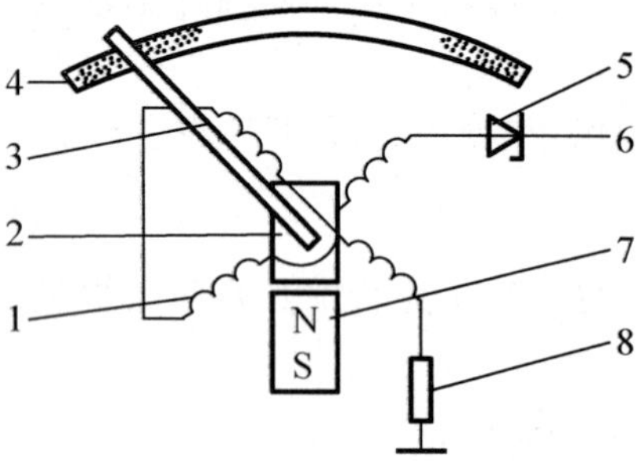

图 7.2 电磁式电压表

1—交叉电磁线圈；2—转子；3—指针；4—刻度板；5—稳压管；6—接线柱；7—永久磁铁；8—限流电阻

若汽车正常行驶时，电压表示值不在13.5～14.5V范围之内，说明电压调节器有故障。常见的电压表有电磁式和电热式两种，受点火开关控制。

1）电磁式电压表

北京切诺基汽车上装用的电磁式电压表工作原理如图7.2所示。它由两只十字交叉的电磁线圈、永久磁铁、转子、指针及刻度盘组成。两只线圈相互串联，在电路中又装有一个稳压管和限流电阻，稳压管的作用是当电源电压达到一定数值时才能将电压表电路接通。

在点火开关未接通时，永久磁铁将转子磁化，使指针指向最小刻度9V。接通点火开关，电源电压高于稳压管击穿电压后，两线圈中便有电流流过，产生磁场，与永久磁铁的磁场相互作用，使转子带动指针偏转。

电源电压越高，通过十字交叉线圈的电流就越大，其电磁场就越强，指针偏转角度就越大，指示出的电压值就越高。

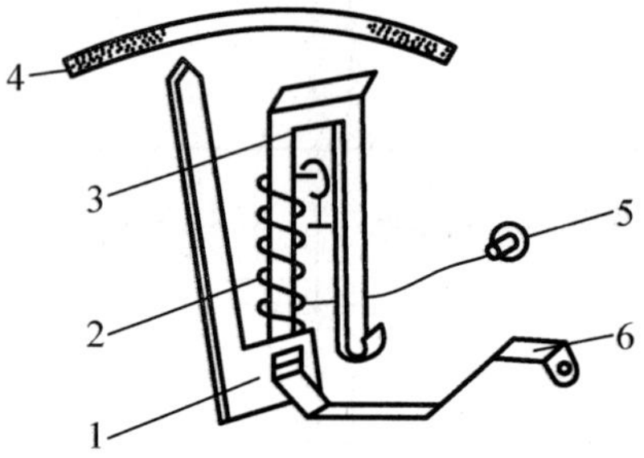

图 7.3 电热式电压表

1—指针；2—电热丝；3—双金属片；4—刻度板；5—接线柱；6—支架

2）电热式电压表

电热式电压表结构如图7.3所示，它由“Π”形双金属片及绕在其上的电热丝、指针、调整机构及刻度盘等组成。

当在两接线柱间加一定电压时，电热丝中有电流通过而发热，导致“Π”形双金属片变形，推动指针摆动。两接线柱间的电压越高，电热丝发热量就越大，双金属片变形量也就越大，则指针偏转角度也就越大，反之电压越低，指针偏转角度也就越小。

2. 电流表

电流表用来指示蓄电池的充放电电流值，监视充电系统工作是否正常。电流表按结构可分为电磁式和动磁式两种。

1）电磁式电流表

解放CA1092型汽车装用电磁式电流表，其结构如图7.4所示。电流表内的黄铜板条或铝合金架固定在绝缘底板上，两端与接线柱相连，下边前侧夹有永久磁铁，后侧支撑有转轴，在转轴上装有带指针的软钢转子。

没有电流时，软钢转子被永久磁铁磁化而相互吸引，使指针保持在中间“0”的位置。当蓄电池向外供电时，放电电流通过黄铜板条产生的磁场与永久磁场形成一个合成磁场。

使软钢转子逆时针偏转一个与合成磁场方向一致的角度。于是转子带动指针指向刻度板“－”的一侧。放电电流越大，合成磁场越强，电流表指针偏转角度也越大，指示放电电流数值也越大。当发电机向蓄电池充电时，其电流流向相反，则电流表指针朝顺时针方向偏转，指向刻度盘“＋”的一侧。充电电流越大，指针的偏转角度也越大。

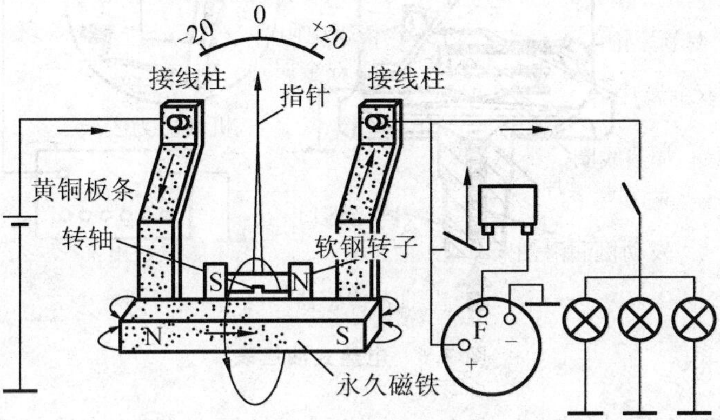

图 7.4　电磁式电流表

2）动磁式电流表

东风 EQ1092 型汽车装用动磁式电流表，其结构如图 7.5 所示。黄铜导电板固定在绝缘底板上，两端与接线柱相连，中间夹有磁轭，与导电板固装在一起的针轴上装有指针和永久磁铁转子组件(磁钢指针)。

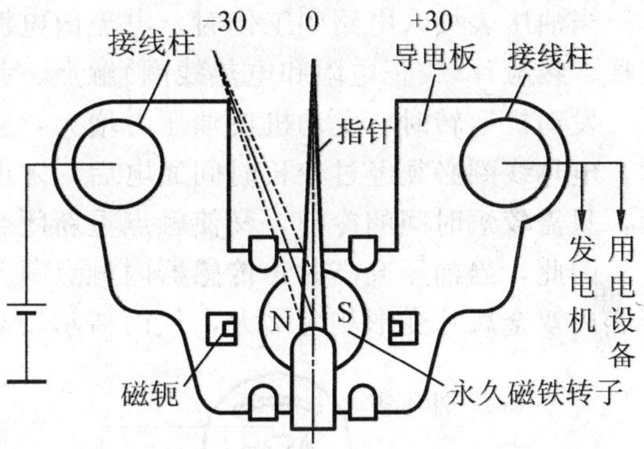

图 7.5　动磁式电流表

没有电流时，永久磁铁转子通过磁轭构成磁回路，使指针保持在中间“0”的位置。当蓄电池向外供电时，放电电流通过导电板产生磁场，使永磁转子带动指针向“－”侧偏转。放电电流越大，指针偏转角度越大，指示放电电流的数值也越大。当发电机向蓄电池充电时，充电电流通过导电板产生的磁场使指针向“＋”侧偏转，指示出充电电流的大小。

3. 机油压力表

机油压力表简称油压表或机油表，其作用是指示发动机主油道机油压力，它与装在发动机主油道(或粗滤器壳)上的油压传感器配合工作。常用的油压表有电热式和电磁式两种。

1）电热式油压表

电热式油压表的结构及电路如图 7.6 所示，油压传感器(也称机油压力感应塞)为圆盘形，内部有感受机油压力的膜片，膜片下方的油腔与润滑系统主油道相通。

膜片上方顶着弓形弹簧片，弹簧片的一端焊有银合金触点，另一端固定并搭铁。双金属片上绕有电热线圈，线圈的一端焊在双金属片上，另一端接在接触片上。校正电阻与电热线圈并联。

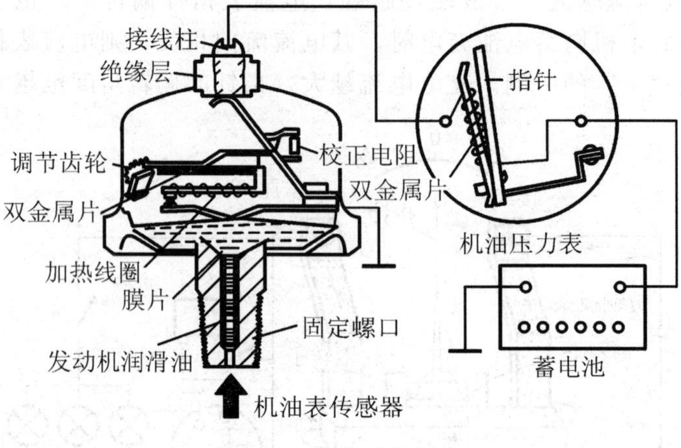

图 7.6　电热式油压表

油压表内装有双金属片，其上绕有电热线圈，线圈一端经接线柱和传感器的触点串联，另一端接电源正极。双金属片的一端制成钩状，钩在指针上，另一端则固定在调整齿扇上。

当油压表接入电路中工作时，电流由电源正极经油压表双金属片电热线圈到传感器接线柱、接触片(校正电阻和电热线圈)触点、弹簧片、搭铁构成回路。

发动机运转时，发动机机油压力增大，膜片向上拱曲，传感器内触点的压力增大，这时，电热线圈必须经过较长时间通电后，才能使双金属片弯曲变形将触点分开。触点分开后，只需较短时间的冷却，又使触点重新闭合。

因此，当油压升高时，传感器内触点断开时间短，闭合时间长，电流平均值增大，油压表内双金属片变形相应增大，从而指示较高的油压。反之，当油压降低时，传感器内触点断开时间长，闭合时间短，电路中电流的平均值减小，油压表内双金属片变形减小，指针指示较低油压。

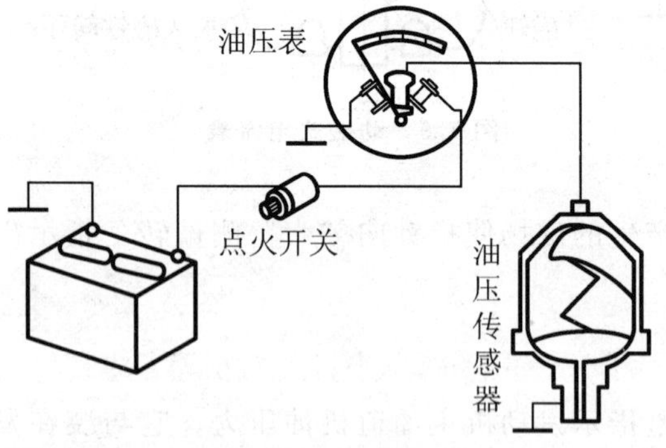

图 7.7　电磁式油压表

2）电磁式油压表

电磁式油压表的结构及电路如图 7.7 所示。油压传感器是利用油压推动滑臂来改变可变电阻阻值的。

当油压较低时，传感器中电阻值增大，油压表右线圈中电流相对减小，左线圈中电流相对增大，转子转向合成磁场方向，带动指针指向较低油压值；当油压升高时，传感器中的电阻值减小，油压表右线圈中的电流相对增大，而左线圈中的电流相对减小，转子朝合成磁场方向转动，使指针指向较高油压值。

发动机处于怠速工况时，机油表的指示值不得低于 100kPa；低速工况时，指示值不得低于 150kPa。正常值应为 200～400kPa，一般最高不允许超过 600kPa。

4. 水温表

水温表的作用是指示发动机冷却水的温度。正常情况下，水温表指示值应为85～95℃。水温表与装在发动机水套上的水温传感器(水温感应塞)配合工作。常用的水温表有电热式和电磁式两类，电磁式水温表又分双线圈式和三线圈式两种。

1) 电热式水温表

(1) 电热式水温表配电热式水温传感器。电热式水温表配电热式传感器的电路如图7.8所示，由图可见电热式水温表除刻度板示值与电热式油压表不同外，其他结构都是相同的。

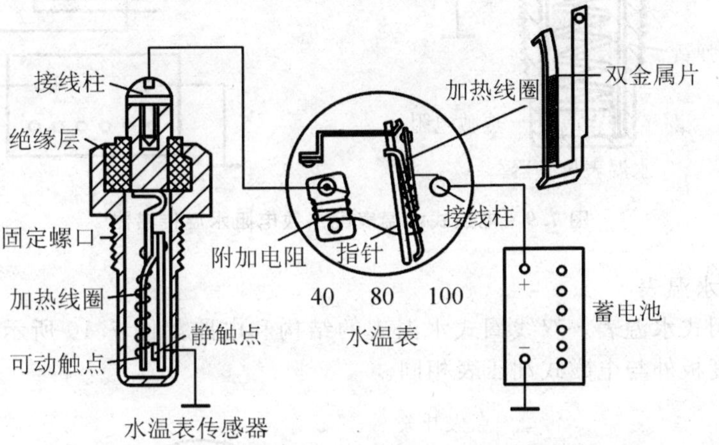

图 7.8 电热式水温表配电热式传感器

水温传感器外面是铜质外壳，壳内的底板支架上，装有可调整触点，并直接搭铁。双金属片与支架平行地固定于底板上，其上绕有电热线圈，线圈一端接触点，另一端经接线柱与水温表相连。

双金属片使触点具有一定的初始压力，当水温升高时，双金属片向离开固定触点方向弯曲，使触点间压力减弱，触点的闭合时间变短，断开时间变长，流过电热线圈的脉冲电流平均值减小，水温表指针指在高温区。

水温低时，触点间压力增大，触点的闭合时间变长，断开时间缩短，电流的平均值增大，水温表指针指在低温区。这种水温表电路有一明显特点，就是当点火开关切断时，指针停留在刻度值最高位置。

(2) 电热式水温表配热敏电阻式水温传感器。热敏电阻式水温传感器主要由热敏电阻、弹簧、壳体等组成，如图7.9所示。

热敏电阻下端与壳体接触，通过壳体搭铁，上端通过弹簧与导电柱、接线柱相通。现代汽车多采用负温度系数热敏电阻传感器。当发动机冷却水温度较低时，传感器负温度系数热敏电阻阻值较大，水温表电路电流较小，水温表加热线圈温度较低，双金属片受热弯曲变形量较小，拉动指针指示低温区。

当发动机冷却水温度上升后，负温度系数热敏电阻阻值减小，水温表电路电流增大，水温表加热线圈温度上升，双金属片受热弯曲变形量增大，指针被推动指示高温区。由于电源电压变化会影响配热敏电阻传感器的电热式水温表的指示误差，因此配有仪表稳压器。

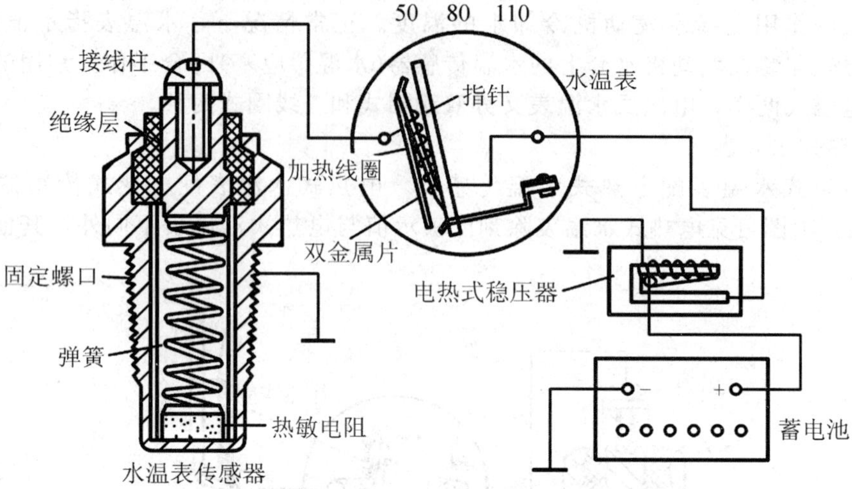

图 7.9 电热式水温表配热敏电阻水温传感器

2）电磁式水温表

(1) 双线圈式水温表。双线圈式水温表的结构和电路如图 7.10 所示，由图可见其指示表部分除刻度板外与电磁式油压表相同。

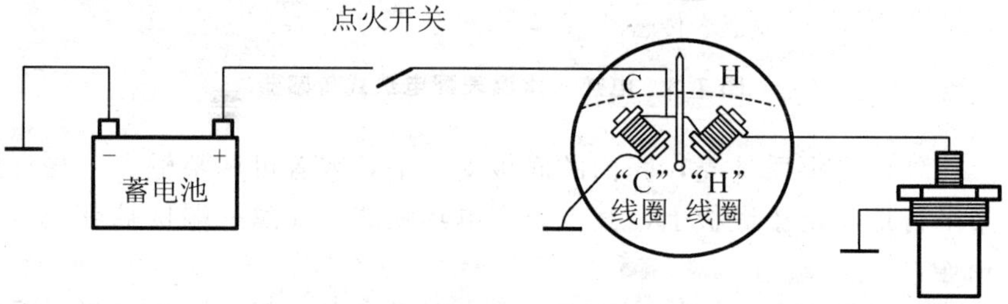

图 7.10 双线圈式水温表(切诺基)

双线圈式水温表也采用负温度系数热敏电阻式水温传感器。当发动机冷却水温度发生变化时，热敏电阻传感器直接控制左、右线圈中的电流大小，使两个铁心作用于衔铁上的电磁力发生变化，从而带动指针偏转，指示相应的温度值。

(2) 三线圈式水温表。三线圈水温表与负温度系数热敏电阻式水温传感器配套，如图 7.11 所示。五十铃 N 系列汽车采用了这种水温表。水温表内有一矩形塑料架，框架中安装永磁转子、转轴与指针的旋转组合件。

框架上绕有三个环绕永磁转子的线圈。线圈 C(冷)与线圈 H(热)通电后产生磁场，其方向呈 90°夹角。线圈 B(补偿)与线圈 C 串联，磁场方向一致。三个线圈的合成磁场决定永磁转子的偏转角度以及指针的指向。

当发动机冷却水温度变高时，传感器负温度系数热敏电阻阻值变小，水温表线圈 H 电流增大，磁场增强，三个线圈的合成磁场向线圈 H 一侧偏转，永磁转子随之偏转，指针指示高温区。切断水温表电路，转子会在线圈架上的回位磁点作用下，缓缓退回零位。

为防止车辆行驶过程中由于振动引起指示器指针摆动，该类指示器使用了硅酮阻尼油，因此，当接通或断开点火开关后，指针将稍停一段时间后才偏转。

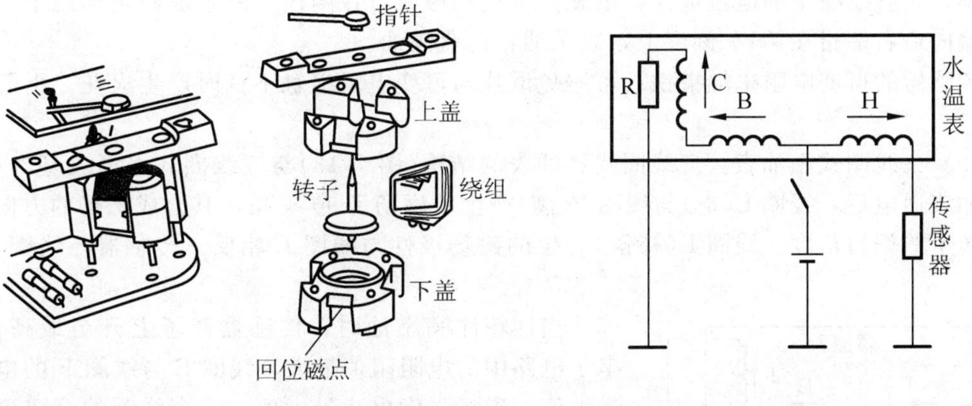

(a) 外形　(b) 解体图　(c) 电路图

图 7.11　三线圈水温表(五十铃 N 系列)

5. 燃油表

燃油表用来指示汽车油箱中的存油量。它与装在油箱内的燃油传感器配套工作。燃油表也分电磁式和电热式两种。传感器一般为可变电阻式。

1) 电磁式燃油表

(1) 双线圈燃油表。双线圈燃油表的结构和电路如图 7.12 所示。其燃油表有左右两只线圈(线圈内有铁心)，中间置有转子，转子上连有指针。可变电阻式传感器由电阻器、滑片、浮子等组成。浮子漂浮在油面上，随油面的高低而起落，带动滑片使电阻器的阻值随之改变。

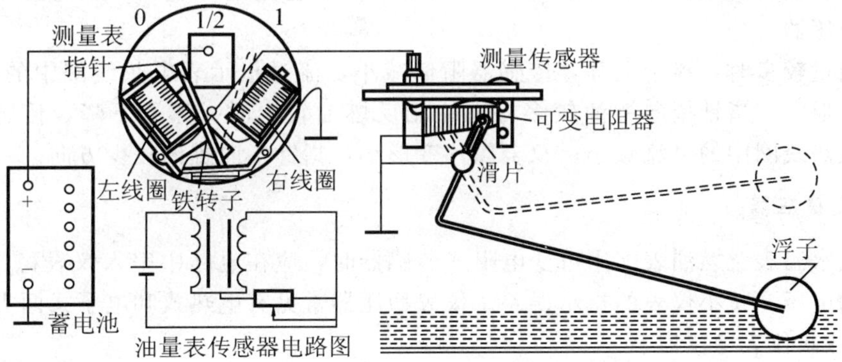

图 7.12　双线圈燃油表

当油箱内无油时，浮子下降到最低位置，传感器上的电阻器被短路。同时右线圈也被短路；而左线圈在电源电压的作用下，电流达到最大，产生的电磁强度也最大，吸引转子带动指针偏向最左端，指在“0”刻度上。

当向油箱中加油时，随着油量的增多，浮子也上升，电阻逐渐增大。左线圈中的电流逐渐减小，电磁强度相对减弱。右线圈中电流逐渐增大，电磁强度相对增强，两线圈的合成磁场偏向右方，吸引指针顺时针偏转，指示油量增多。

当油箱注满时，浮子上升到最高位置，传感器的电阻被全部接入，这时左线圈中的电流最小，而右线圈中的电流最大，电磁力也达到最大，在两线圈的合成磁场作用下，带动指针偏向最右端指在“1”刻度上，表示油箱已盛满油。

传感器的可变电阻末端搭铁，可避免滑片与可变电阻接触不良时产生火花，引起火灾危险。

(2) 三线圈式燃油表。三线圈式燃油表的结构(图 7.13)与三线圈式水温表基本相同。当燃油表通电后，线圈 E(空)与线圈 F(满)产生的磁场呈 90°夹角，其合成磁场的方向决定永磁转子的偏转角度。线圈 B(补偿)产生的磁场极性与线圈 E 相反。传感器与线圈 F、B 并联。

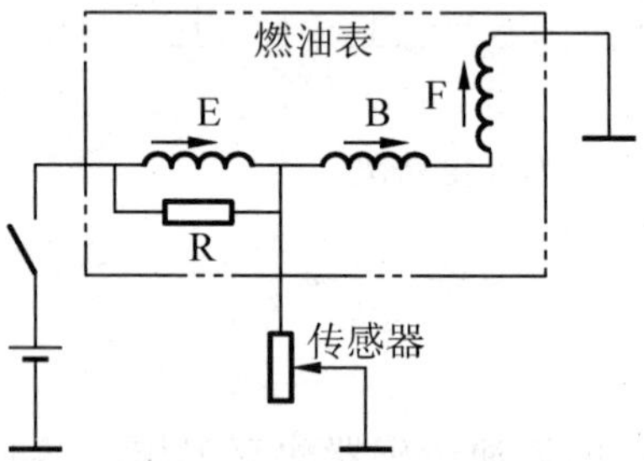

图 7.13 三线圈式燃油表
(五十铃 N 系列)

当油箱注满燃油时，传感器浮子上升至最高位置，串于电路中的电阻阻值最大，线圈 B 与线圈 F 的电流达最大值，磁场强度也达最大值，三个线圈的合成磁场将偏转至线圈 F 一侧，永磁转子在合成磁场作用下向线圈 F 一侧偏转，指针在永磁转子的带动下指向满油箱刻度“F”。

当油箱中油量减少，油面下降后，传感器浮子下落，串于电路中的电阻阻值减小，线圈 E 的电流增大，线圈 B 与线圈 F 的电流相对减小，磁场强度减弱，合成磁场向线圈 E 一侧偏转，永磁转子在合成磁场作用下也向线圈 E 一侧偏转，指针指示低油量刻度。

图 7.13 中分流电阻 R 的作用是补偿线圈绕制误差对指示精度的影响。

2) 电热式燃油表

电热式燃油表的结构和电路如图 7.14 所示，为了稳定电源电压，在电路中还串接了一个仪表稳压器。

当燃油量较多时，浮子上升，传感器阻值减小，流过指示表电热线圈中的电流较大，双金属片变形大，指针指向燃油较多方向；相反燃油较少时，浮子下降，传感器电阻较大，流过电热线圈中的电流减小，双金属片变形小，指针指向燃油较少方向。

6. 仪表稳压器

电热式水温表及燃油表配用可变电阻式传感器时，应在电路中串入仪表稳压器，以稳定仪表平均电压，减小仪表的指示误差。仪表稳压器常见有电热式和电子式两类。

1) 电热式仪表稳压器

电热式仪表稳压器的结构如图 7.15(a)所示，它由双金属片、一对动断触点、电热线圈、座板和外壳等组成。

电热线圈绕在双金属片上，一端搭铁，另一端焊在双金属片上。双金属片的一端用铆钉固定，并与仪表接线相连，另一端铆有活动触点。固定触点铆在调节片上，调节片的一端也用铆钉固定并与电源接线相连。两触点之间的压力可通过调节螺钉调整。

稳压器的原理电路如图 7.15(b)所示，当电源电压偏高时，电热线圈中的电流增大，产生热量快，使触点在较短的时间里断开，于是触点闭合时间短；若电源电压偏低时，电热线圈中的电流减小，产生热量慢，使触点闭合时间长，从而使稳压器输出电压平均值基本平稳。

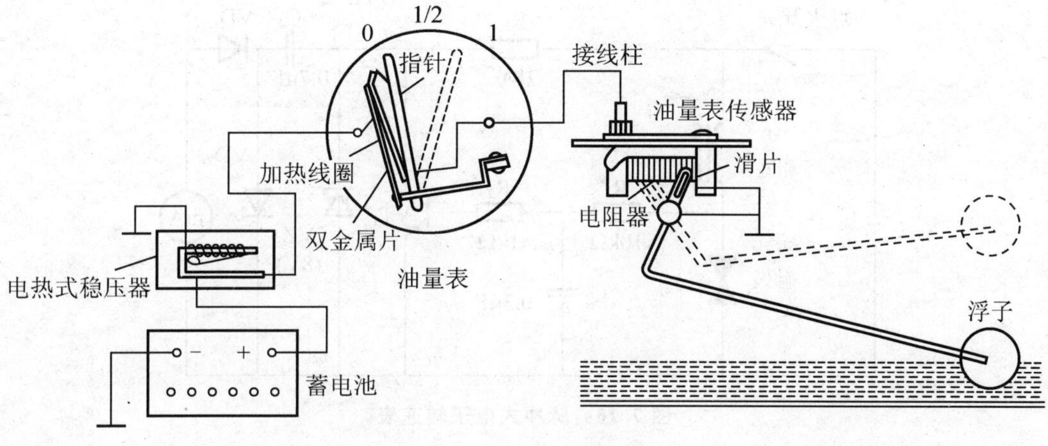

图 7.14 电热式燃油表

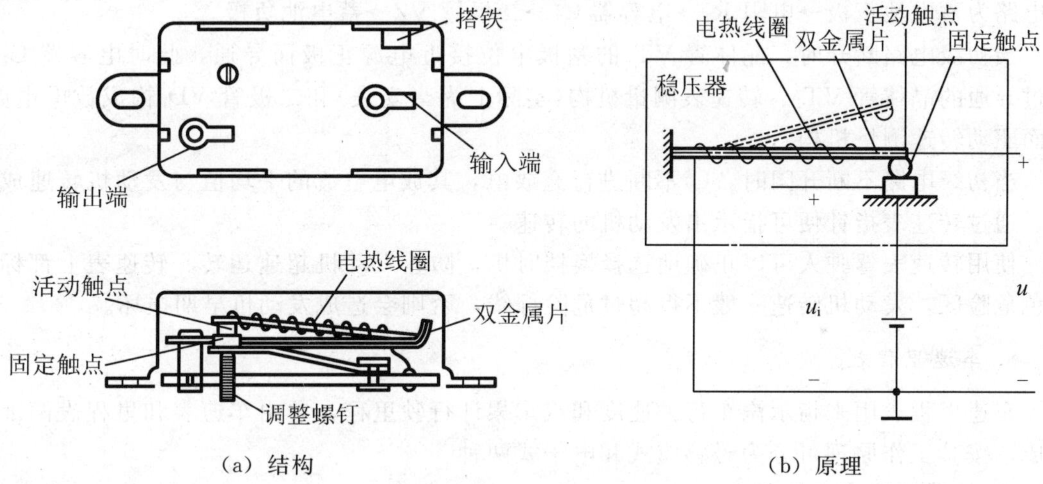

图 7.15 电热式仪表稳压器

2) 电子式仪表稳压器

采用三端集成稳压器可简化仪表结构，降低仪表成本，提高稳压精度，延长仪表寿命。桑塔纳、奥迪轿车仪表板采用了专用的三端式电子仪表稳压器(参见图 7.21)，A 端为输出，“—”端为搭铁，“+”为输入端，该稳压器输出电压为 9.5～10.5V。

7. 发动机转速表

发动机转速表用来指示发动机曲轴转速。转速表按其结构不同可分为机械式和电子式，其中应用较广泛的是电子式。电子式转速表按转速信号的获取方式不同可分为：

① 从点火系统获取信号的转速表。

② 测取飞轮(或正时齿轮)转速的转速表。

③ 从柴油机燃油供应系统获取转速信号的转速表。

如图 7.16 所示为利用电容充放电的脉冲式电子转速表的原理图，其信号取自点火系统初级电路。当发动机工作时，初级电路不断开闭，其开闭次数与发动机转数成正比，如六缸四冲程发动机，曲轴转一圈，初级电路开闭三次。

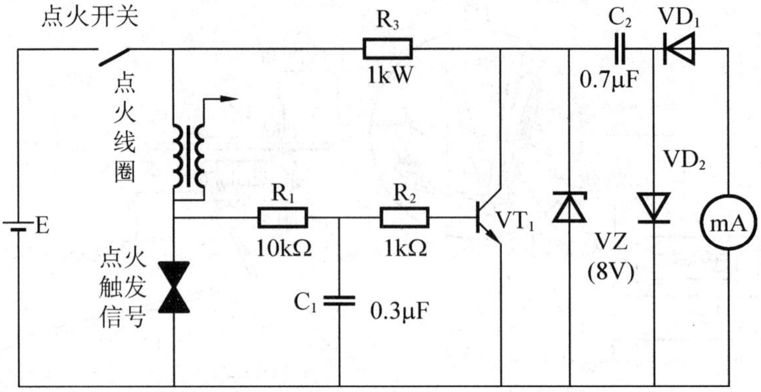

图 7.16　脉冲式电子转速表

当初级电路闭合时，晶体管 VT_1 无偏压而处于截止状态，电容器 C_2 被电源充电，充电电路为蓄电池正极→电阻 R_3→电容器 C_2→二极管 VZ→蓄电池负极。

当初级电路断开时，晶体管 VT_1 的基极电位接近电源正极而导通，此时电容器 C_2 便通过导通的晶体管 VT_1、转速表测量机构(实际上为毫安表)和二极管 VD_1 构成放电电路，从而驱动转速测量机构。

当初级电路不断开闭时，C_2 不断进行充放电，其放电电流的平均值与发动机转速成正比，通过转速表指针便可指示出发动机的转速。

使用转速表驾驶人可以正确地选择换挡时机，防止发动机超速运转。转速表上都标有红色危险区，发动机转速一般不得超过危险标线，否则会造成发动机早期损坏。

8. 车速里程表

车速里程表用来指示汽车行驶速度和汽车累计行驶里程，它由车速表和里程表两部分组成。按其工作原理可分为磁感应式和电子式两种。

1）磁感应式车速里程表

磁感应式车速里程表的结构如图 7.17 所示，其主动轴由变速器或分动器传动输出轴经软轴驱动。

汽车行驶时，主动轴带动 U 形永久磁铁旋转，在感应罩上产生涡流磁场和转矩，驱使感应罩克服盘形弹簧弹力作同向旋转，从而带动指针在刻度盘上指示相应的车速值。

车速越快，永久磁铁旋转越快，感应罩上的涡流转矩越大，感应罩带着指针偏转的角度越大，指示的车速值也越大；反之，车速越慢，则指示的车速值越小。

另外，主动轴旋转还带动三套蜗轮蜗杆按一定传动比传动，从而逐级带动计数轮转动，计数器为十进制，右边数字轮每旋转一周，相邻的左边数字轮指示数便自动增加 1，从右往左其单位依次为 1/10km，1km，10km，…，依此类推，就能累计出汽车所行驶过的里程。

汽车停驶时，永久磁铁以及蜗轮蜗杆均停止转动，感应罩上的涡流转矩消失，在盘形弹簧作用下使转速表指针回到“0”位置，同时里程表也停止计数。当汽车继续行驶时，里程表又继续计数。

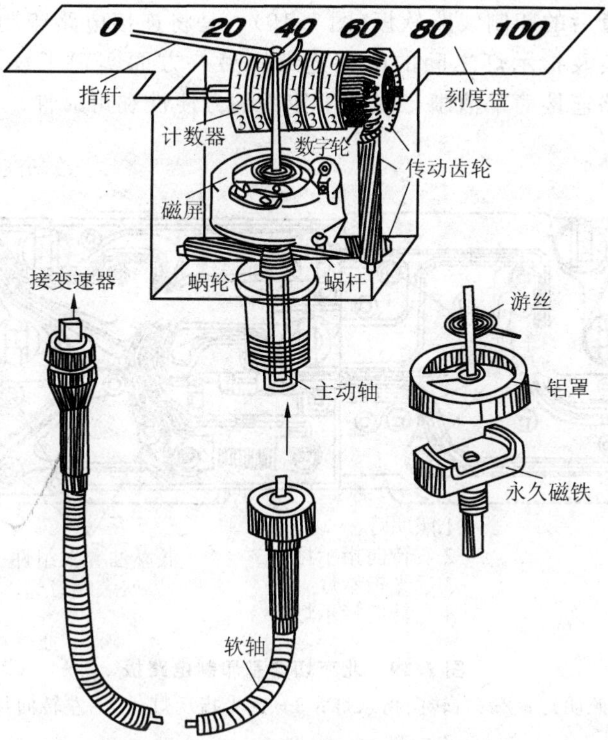

图 7.17 磁感应式车速里程表

2）电子式车速里程表

奥迪 100 型轿车的组合仪表中装有指针式电子车速里程表。电子车速里程表电路主要由车速传感器、电子电路、车速表和里程表四部分组成。

车速传感器由变速器驱动，能够产生正比于汽车行驶速度的电信号。它由一个干簧开关和一个含有四对磁极的转子组成，如图 7.18 所示。

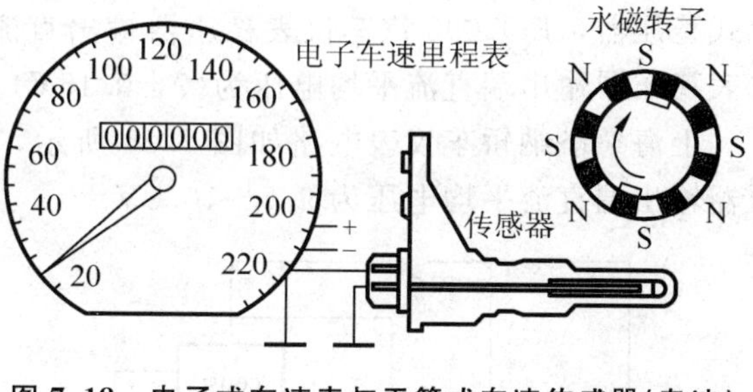

图 7.18 电子式车速表与干簧式车速传感器(奥迪)

转子每转一周，干簧开关中的触点闭合 8 次，产生 8 个脉冲信号，汽车每行驶 1km，车速传感器将输出约四千多个脉冲。

电子电路的作用是将车速传感器送来的具有一定频率的电信号，经整形、触发、输出一个与车速成正比的电流信号。

车速表实际上是一个磁电式电流表，当汽车以不同车速行驶时，从电子电路输出的与车速成正比的电流信号便驱动车速表指针偏转，从而指示相应的车速。

里程表由一个步进电动机及六位数字的十进位齿轮计数器组成。车速传感器输出的频率信号，经功率放大器放大后驱动步进电动机，带动六位数字的十进位齿轮计数器工作从而累计行驶的里程。

为确保车速表指示精确，汽车使用中应按规定对车速表进行检测。

安装在仪表板背后的印制线路软板(图 7.19)，是将连接电路印制在聚氯乙烯塑料薄片上，一方面使各仪表及指示灯之间的电路连续；另一方面实现了仪表板与线束之间的连接。从而使仪表电路连接简单清晰，提高了使用的方便性和可靠性。

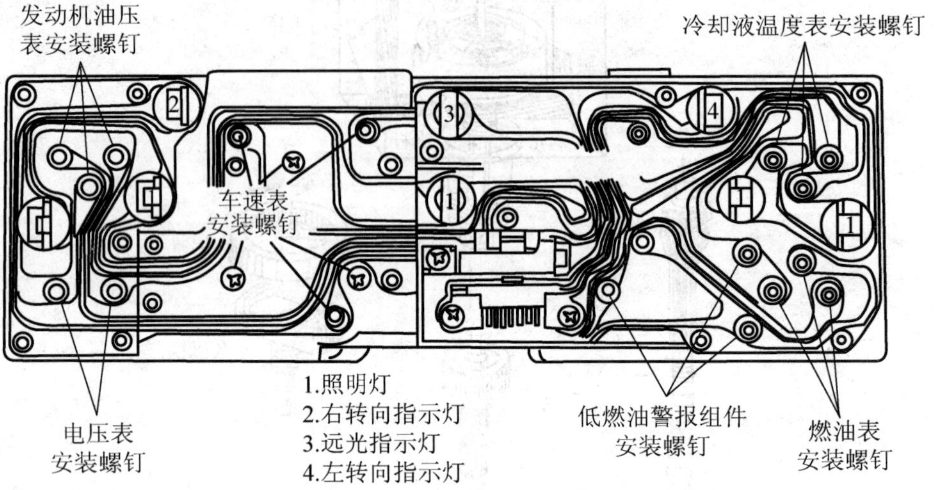

图 7.19 北京切诺基印制电路板

1—照明灯；2—右转向指示灯；3—远光指示灯；4—左转向指示灯

仪表与印制线路软板的连接是通过安装螺钉实现的。指示灯、照明灯的灯泡首先安装在灯座上，然后与灯座一起旋装于相应的安装孔中，灯泡两端即可实现与印制电路的连接；仪表线束与仪表板之间用插接器连接，插座形状有矩形和圆形等。

汽车仪表电路因车型不同而有所差异。东风 EQ1092、解放 CA1092 仪表电路相同，如图 7.20 所示，用电流表指示充放电状态，油压表不配稳压器，水温表和燃油表配有电热式稳压器，EQ1092 汽车仪表稳压器输出直流平均电压为(8.6±0.15) V,CA1092 汽车仪表稳压器输出端直流平均电压为(7±0.15V)。

上海桑塔纳轿车仪表电路如图 7.21 所示，燃油表、水温表配有电子三端稳压器，稳压器输出端直流平均电压为 9.5～10.5V。

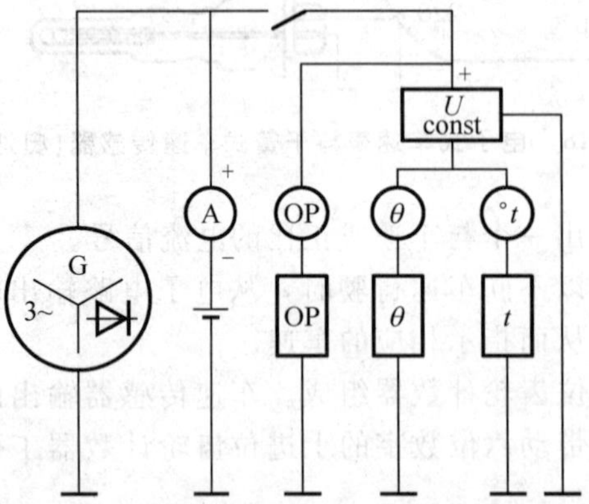

图 7.20 EQ1092、CA1092 汽车仪表电路

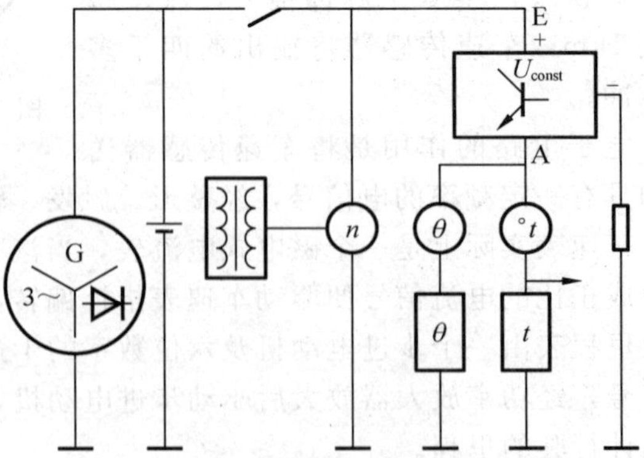

图 7.21 桑塔纳轿车仪表电路

7.1.3 汽车仪表常见故障分析

1. 机油压力表常见故障分析

电热式机油压力表的常见故障及故障原因见表7-2。

表7-2 电热式机油压力表常见故障及故障原因

故障现象	故障原因
指针不动(电源正常)	① 指示表损坏 ② 传感器线圈断线或机械故障 ③ 引线脱落
接通电源，发动机未起动，指针移动	传感器内部搭铁或短路
指针指示值不准	传感器调整不当或损坏，指示表调整不当或损坏

2. 燃油表常见故障分析

电磁式燃油表的常见故障及故障原因见表7-3。

表7-3 电磁式燃油表常见故障及故障原因

故障现象	故障原因	故障现象	故障原因
燃油表不动或微动	① 左线圈引线脱落 ② 左线圈烧断 ③ 接错电源 ④ 指针和转子卡住 ⑤ 指针和表面卡住	指针总在满刻度处	① 燃油表到传感器连接不良 ② 传感器电阻引线断线 ③ 传感器电阻断线 ④ 活动触点接触不良
指针只在零处作微动	① 右线圈引线脱落 ② 右线圈烧断 ③ 传感器浮筒漏油	指针跳动	① 传感器搭铁不良 ② 铜片触点烧坏 ③ 触点压得不紧 ④ 指针和表面有摩擦
指针总在1/2处	① 跨接电阻接触不良或断线 ② 传感器氧化锈蚀		

3. 水温表常见故障分析

装有热敏电阻传感器的电热式水温表的常见故障及故障原因见表7-4。

表7-4 电热式水温表常见故障及故障原因

故障现象	故障原因
指针不动(电源正常)	① 稳压器不正常 ② 稳压器发热线圈断线或引线脱落 ③ 双金属片发热线圈引线脱落 ④ 热敏电阻失效
指针指示值不准	① 稳压器工作不正常 ② 仪表发热线圈短路 ③ 热敏电阻老化

4. 车速里程表常见故障分析

机械传动式车速里程表的常见故障及故障原因见表 7-5。

表 7-5 机械传动式车速里程表常见故障及故障原因

故障现象	故障原因
指针完全不动	① 变速器软轴的蜗轮或蜗杆损坏 ② 软轴两端的方头磨损变小 ③ 车速表内孔过大 ④ 软轴缩短 ⑤ 驱动轴卡滞 ⑥ 软轴折断
指针动但比标准值小	① 游丝拉得太紧 ② 各转动部件缺油或积污 ③ 磁铁失去磁性
指针动但比标准值偏高且不回零位	游丝变软或未盘紧
里程表数字轮不动	① 里程表的减速蜗轮蜗杆卡住 ② 数字轮锈蚀卡住 ③ 数字轮和小传动齿轮变形卡住
数字轮有一半工作	① 有一个轮两边的齿损坏 ② 小齿轮损坏
指针跳动	① 轴承孔扩大或轴尖磨损 ② 铝罩变形与磁铁摩擦 ③ 软轴安装位置不当 ④ 蜗轮蜗杆个别齿损坏 ⑤ 磁铁吸入铁屑，摩擦铝罩

7.2 汽车报警装置

7.2.1 汽车报警装置的作用

为了警示汽车、发动机或某一系统处于不良或特殊状态，引起汽车驾驶人的注意，保证汽车可靠工作和安全行驶，防止事故发生，汽车上安装了多种报警装置，主要包括报警灯和监视器两类。

报警灯由报警开关控制，当被监测的系统或总成工作不正常时，开关自动接通而使报警灯发亮，以提醒驾驶人注意，如大灯和尾灯故障报警灯、水温报警灯、机油压力报警灯、燃油不足报警灯、气压不足报警灯、制动灯断线报警灯、液面过低报警灯等。

报警灯通常安装在仪表板上，功率为1～4W，在灯泡前设有滤光片，使报警灯发出黄光或红光，滤光片上通常制有标准图形符号。有些汽车报警灯采用发光二极管显示，标准图形符号标在发光二极管旁边。

常见的汽车报警灯、指示灯图形符号及含义见表 7-6。

表 7-6 报警灯、指示灯的符号及含义

名称	图形符号	含义
雾灯指示灯		用于指示前后雾灯的工作状态。雾灯点亮时该灯同时点亮，关闭雾灯时，该灯亦随之熄灭
远光指示灯		用于指示远光灯的工作状态。远光灯点亮时该灯同时点亮，关闭远光灯时，该灯亦随之熄灭
示宽指示灯		用于指示汽车示宽灯的工作状态。常态下为熄灭状态，当打开示宽灯时，该灯亦点亮。当关闭示宽灯或打开大灯时，该灯熄灭
转向指示灯	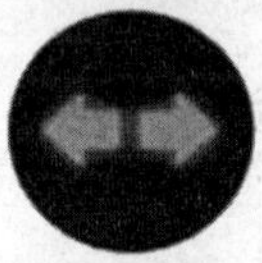	用于指示转向信号灯的工作状态。常态下为熄灭状态，当打开左或右转向信号灯时，该灯(左或右箭头灯)亦随之闪烁。当关闭转向信号灯时，该灯亦随之熄灭
车门未关指示灯		用于指示车门的关闭状况。当任意车门未关或未关严时，该灯点亮并示出未关的车门。当所有车门均关闭时，该灯熄灭
安全带指示灯		用于指示安全带是否处于锁止状态。若该灯点亮，说明乘员未将安全带扣紧或安全带锁扣未插到位。有些车型会有相应的提示声响(蜂鸣器鸣叫)。乘员扣好安全带时，该灯熄灭
驻车制动器指示灯		用于指示拉起驻车制动器(手刹)工作状态。拉起驻车制动器时，该灯即点亮。放下驻车制动器时，该灯亦随之熄灭在某些车型(如德国大众车系)中，该灯兼作制动液液面过低报警灯
清洗液指示灯		用于指示风窗玻璃清洗液的多少。常态下为熄灭状态，当风窗玻璃清洗液因使用消耗而存量不足时，该灯点亮，提示驾驶人及早补充添加风窗玻璃清洗液
制动器磨损报警灯		用于指示行车制动器的磨损情况，常态下处于熄灭状态。车辆自检时，会点亮数秒，后熄灭。当行车制动器磨损超限时，该灯点亮或闪烁
冷却液温度指示灯		用于指示发动机冷却液的温度情况，常态下处于熄灭状态。车辆自检时，会点亮数秒，后熄灭。当冷却液温度异常时，该灯点亮或闪烁

(续)

名称	图形符号	含义
ABS 指示灯		用于指示 ABS 防抱死制动系统的工作情况，常态下处于熄灭状态。车辆自检时，会点亮数秒，后熄灭。当 ABS 系统异常时，该灯点亮或闪烁
燃油量指示灯		用于指示燃油量储备情况，常态下处于熄灭状态。车辆自检时，会点亮数秒，后熄灭。当燃油量过少时，该灯点亮或闪烁
充电指示灯		用于指示汽车电源系统的工作情况，发电机工作正常并向蓄电池充电时，该灯熄灭。发电机不工作或蓄电池处于充放电状态时，该灯点亮
机油压力指示灯		用于指示汽车机油压力情况，机油压力正常时，该灯熄灭。机油压力异常时，该灯点亮
气囊系统指示灯		用于指示 SRS 安全气囊系统的工作情况，常态下处于熄灭状态。车辆自检时，会点亮数秒，后熄灭。当 SRS 安全气囊系统异常时，该灯点亮或闪烁
发动机故障指示灯		用于指示发动机电子控制系统的工作情况，常态下处于熄灭状态。车辆自检时，会点亮数秒，后熄灭。当发动机电子控制系统异常时，该灯点亮或闪烁
O/D 指示灯		用于指示 O/D (over drive)挡(即超速挡)的工作状态。常态下为熄灭状态。车辆自检时，会点亮数秒，后熄灭。当驾驶人按下超速挡锁止开关时，该灯点亮。行车中若电控自动变速器电子控制系统异常时，该灯点亮或闪烁
TCS 指示灯		用于指示 TCS (traction control system)系统(即牵引力控制系统)的工作状态。常态下为熄灭状态。车辆自检时，会点亮数秒，后熄灭。当驾驶人按下 TCS 锁止开关时，该灯点亮。行车中若 TCS 电子控制系统异常时，该灯点亮或闪烁
VSC 指示灯		用于指示 VSC(vehicle stability control)系统(即车辆稳定控制系统，常见于日本丰田车系和德国大众车系)的工作状态。常态下为熄灭状态。车辆自检时，会点亮数秒，后熄灭。行车中若 VSC 电子控制系统异常时，该灯点亮或闪烁
EPC 指示灯		用于指示 EPC(electronic power control)系统(即电子动力控制系统，亦称电子油门系统。常见于德国大众车系)的工作状态。常态下为熄灭状态。车辆自检时，会点亮数秒，后熄灭。行车中若 EPC 电子控制系统异常时，该灯点亮或闪烁

7.2.2 监视器及控制电路

监视器主要用来反映灯光信号系统是否工作正常，常见的有前照灯监视器和尾灯监视器。

1. 前照灯监视器

前照灯(大灯)监视器有光导纤维式和感应式两种类型。

(1) 光导纤维式前照灯监视器。光导纤维是一种远距离传输光线的装置，由有机玻璃丝制成，它的外部包有具有隔光作用的透明的聚合物质，当灯泡产生的光线通过光导纤维时，能在其内部经多次反射，曲折前进传到末端。

将光导纤维一端接到前照灯反光镜内，接收前照灯灯泡的光线，另一端接到左右挡泥板处的前照灯监视器上，驾驶人便可方便地判断前照灯是否正常发光。当接通前照灯时，监视器在变光前后均应发亮，否则说明该侧前照灯不良。

监视器结构如图7.22所示。

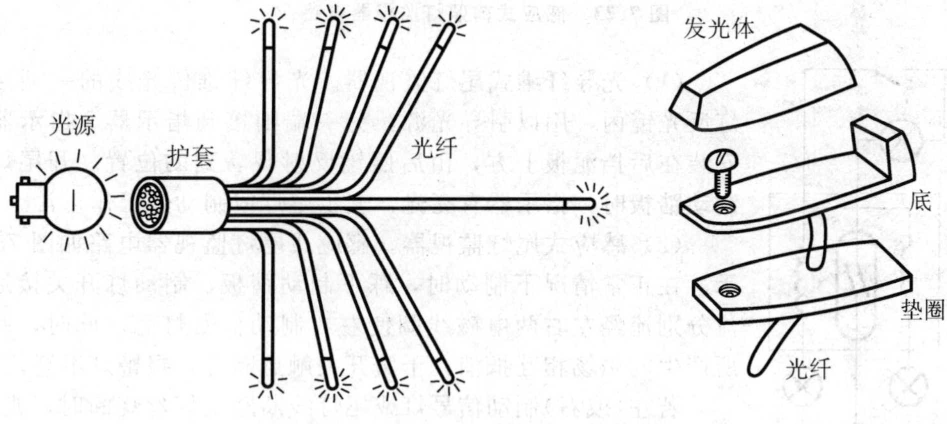

图7.22 前照灯光纤监视器与光纤照明

另外，在只需要微弱光线照明且不便安装灯泡的地方，如仪表表面、烟灰缸、门锁孔等处，也可采用光导纤维照明。

(2) 感应式前照灯监机器。感应式前照灯监视器由感应器、灯泡、指示灯等元器件组成，如图7.23所示。

当大灯开关打开时(四灯制的只有2只灯泡，即双丝灯泡对监视器有作用)，电流由蓄电池、灯光开关到大灯灯丝，然后经过感应器线圈搭铁构成回路。线圈通电后产生磁场，磁簧开关接通。于是大灯监视器的小灯泡也有了搭铁回路而点亮，表示大灯正常工作。

如果大灯线路断路或灯丝烧断，则感应器线圈无电磁吸力，磁簧开关也不起作用，监视灯不亮，使驾驶人得知大灯有故障。

2. 尾灯监视器

利用尾灯监视器驾驶人在驾驶座位上即可检查尾灯及制动灯(刹车灯)的工作情况，通常尾灯监视器有两种：一种是采用光导纤维的传光线式；另一种是感应式，采用电路设计，将警告灯装在仪表板上。

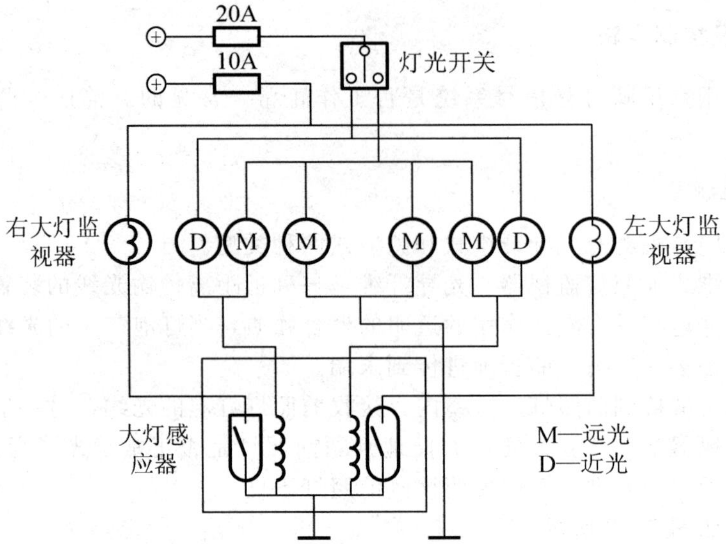

图 7.23　感应式前照灯监视器电路

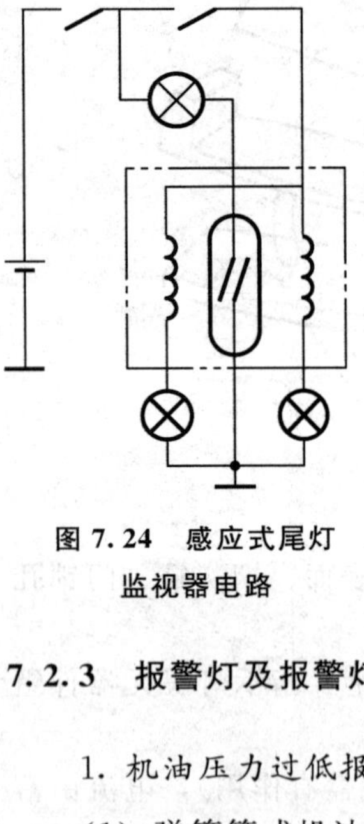

图 7.24　感应式尾灯监视器电路

(1) 光导纤维式尾灯监视器。光导纤维传光线的一端接到尾灯反光镜内，用以引导光源，另一端则接到指示器。指示器大多安装在后挡泥板上方，由后照镜反射观看到的位置。开尾灯或踩制动踏板时，指示器有亮光，表示尾灯或制动灯工作正常。

(2) 感应式尾灯监视器。感应式尾灯监视器电路如图 7.24 所示。在正常情况下制动时，踩下制动踏板，制动灯开关接通，电流分别流经左右两电磁线圈使左右制动信号灯亮。此时，两线圈所产生的磁场相互抵消，干簧开关触点断开，报警灯不亮。

若左(或右)制动信号灯或尾灯线断路或灯丝烧断时，则左(或右)电磁线圈无电流通过，而通电的线圈所产生的电磁吸力吸动干簧开关触点闭合，报警灯点亮，表示一侧制动灯或尾灯电路有断路故障。

7.2.3　报警灯及报警灯开关

1. 机油压力过低报警灯

(1) 弹簧管式机油压力过低报警灯。图 7.25 所示为东风 EQ1092 型汽车装用的机油压力过低报警灯电路。报警灯开关为盒形，内有管形弹簧，管形弹簧一端经管接头通润滑系统主油道，另一端焊有动触点，静触点经接触片与接线柱相连。

当机油压力低于某一定值时(一般为 0.03～0.1MPa)，管形弹簧呈向内弯曲状态，于是触点闭合，电路接通，报警灯点亮。当机压油力达到正常值时，管形弹簧变形大，触点断开，报警灯熄灭。

(2) 膜片式机油压力过低报警灯。膜片式机油压力过低报警灯电路如图 7.26 所示。当机油压力低于一定值时，油压报警开关中的动触点下降与静触点相接触，接通油压报警灯电路，报警灯点亮。

(a) 实物图

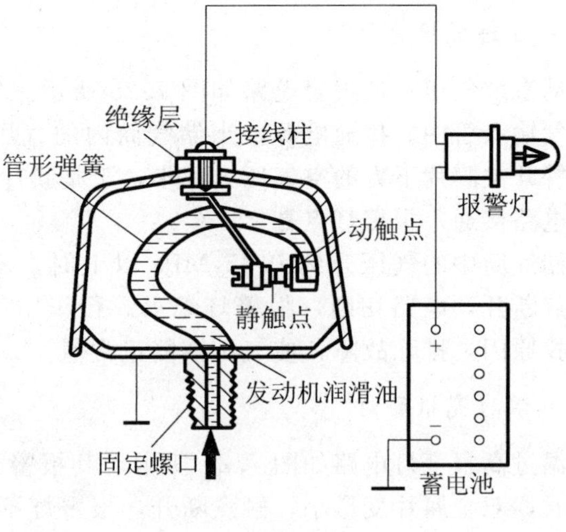

(b) 电路图

图 7.25 弹簧管式机油压力报警灯电路

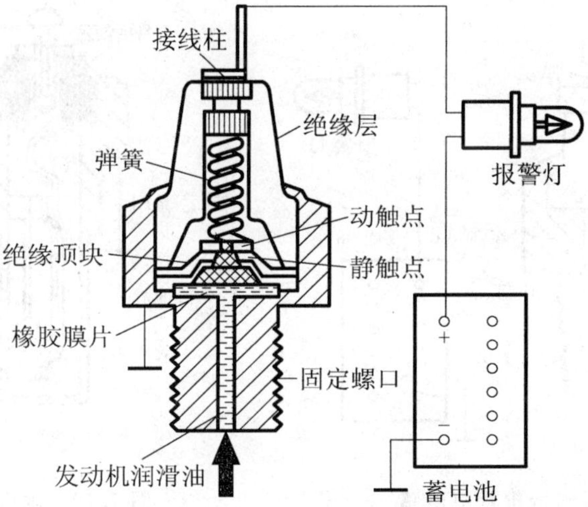

图 7.26 膜片式机油压力报警灯电路

2. 燃油不足报警灯

燃油不足报警灯电路如图 7.27 所示。其报警开关为热敏电阻式，装在油箱内。

当箱内燃油量多时，负温度系数的热敏电阻元件浸没在燃油中，散热快，温度较低，电阻值较大。因此，电路中几乎没有电流，报警灯不亮。

而当燃油减少到规定值以下时，热敏电阻元件露出油面，散热较慢，温度升高，电阻值减小，电路中流增大，则报警灯点亮。

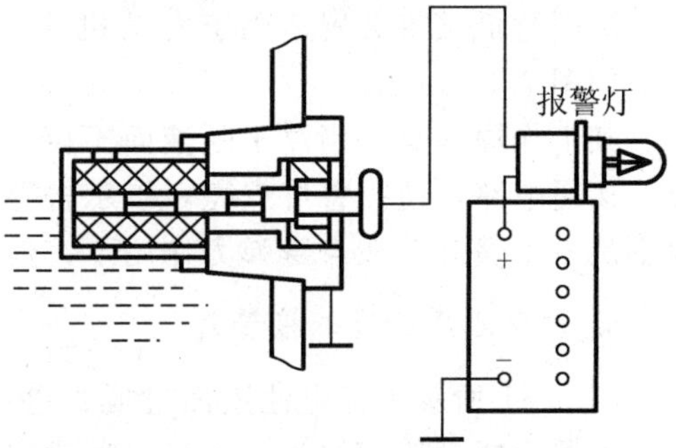

图 7.27 燃油不足报警灯电路

3. 气压过低报警灯

制动系统气压过低报警电路如图 7.28 所示。气压过低报警开关装在储气筒或制动阀压缩空气输入管中。接通电源，当储气筒内的气压低于 0.35～0.45MPa 时，由于作用在气压报警开关膜片下方的空气压力减小，于是膜片在复位弹簧的作用下向下移动，使触点闭合，电路接通，报警灯点亮。

当储气筒中的气压升到 0.45 MPa 以上时，由于膜片下方气压增大，使复位弹簧压缩，触点断开，电路切断，报警灯熄灭。行车中气压过低报警灯突然点亮时，应立即停车，查找原因，排除故障，使气压恢复正常值。

4. 水温过高报警灯

水温过高报警灯电路如图 7.29 所示，其报警开关为双金属片式温度开关。当冷却水温正常时，双金属片变形小，触点断开，报警灯不亮。如果冷却水温升高到 95～105℃以上时，双金属片由于温度升高而弯曲变形较大，使触点闭合，报警灯电路接通，报警灯点亮。

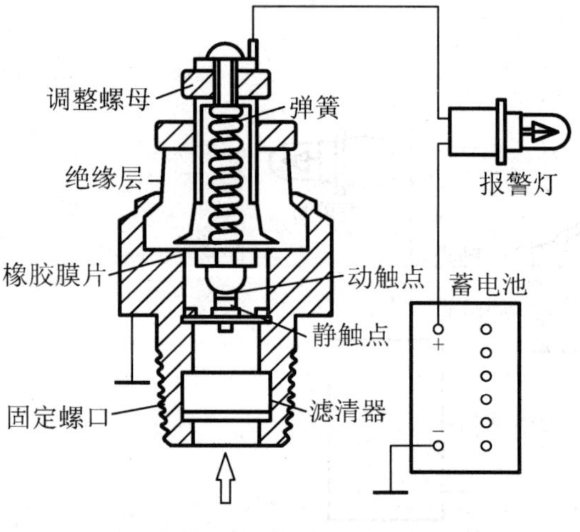

图 7.28　气压过低报警灯电路

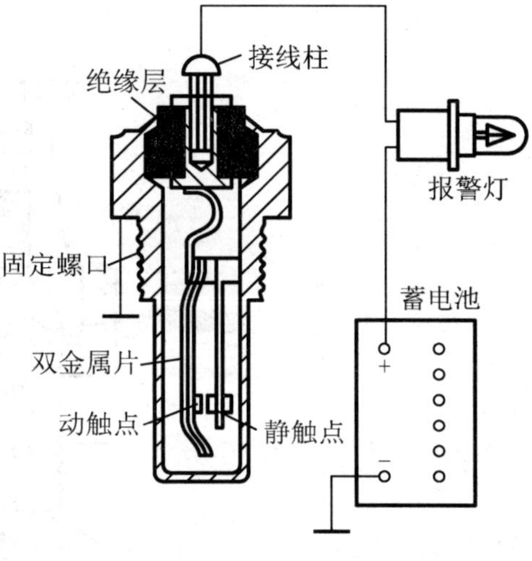

图 7.29　水温过高报警灯电路

5. 冷却水、制动液、风窗玻璃清洗液液面过低报警灯

液面过低报警装置适用于发动机冷却水、制动液、风窗玻璃清洗液等液面过低的报警，如图 7.30 所示。

其工作原理是：当浮子随液面下降到规定值以下时，永久磁铁吸动干簧开关使之闭合，接通电路，使报警灯点亮，以示告警。当液面在规定位置以上时，浮子上升，磁铁吸力不足，干簧开关在自身弹力作用下，使电路断开，报警灯熄灭。

6. 蓄电池液面过低报警灯

图 7.31 所示为蓄电池液面过低报警装置电路。其报警开关为一电子开关，由传感器和放大器组成，传感器为一铅棒，通常安装在由正极柱算起第三个单格蓄电池内。

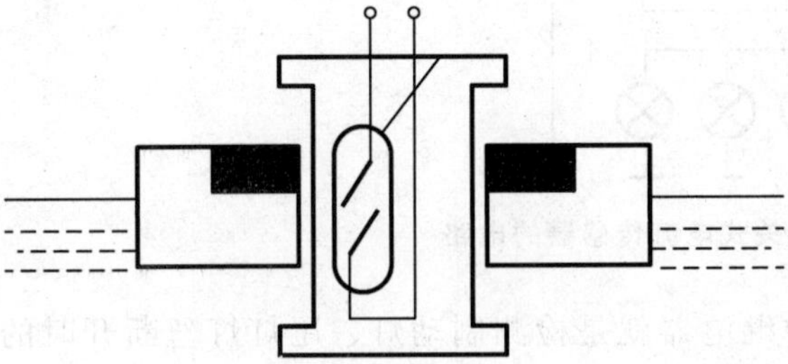

图 7.30 液面过低报警灯电路

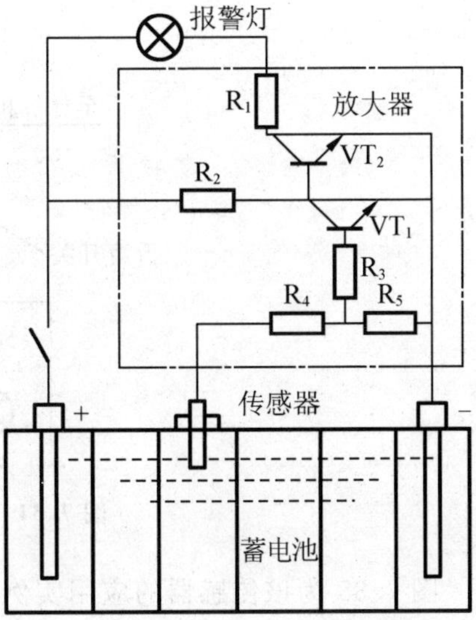

图 7.31 蓄电池液面过低报警灯电路

当蓄电池液面高度正常时，传感器铅棒上的电位为 8V，从而使 VT_1 导通，VT_2 截止，报警灯不亮。当电解液液面在最低限以下时，铅棒无法与电解液接触，也就无正电位，从而使 VT_1 截止，VT_2 导通，报警灯点亮。

7. 灯具断线报警装置

舌簧开关式电流传感器广泛用在汽车灯具系统，检测制动灯、尾灯、牌照灯及制动灯的灯丝是否有断开的，当有一个灯泡灯丝断丝时，报警灯点亮。

舌簧开关式电流传感器外形如图 7.32 所示，其结构如图 7.33 所示。

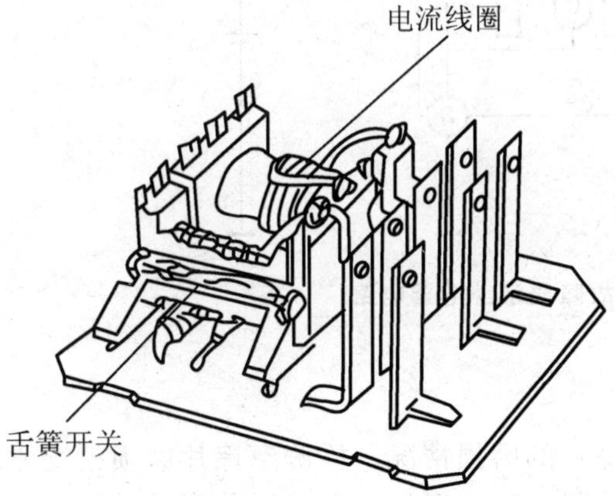

图 7.32 舌簧开关式电流传感器外形

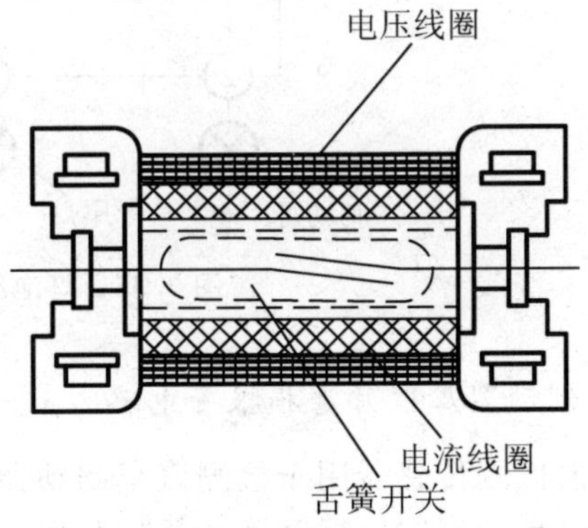

图 7.33 舌簧开关式电流传感器的结构

舌簧开关式电流传感器在其电流线圈的外面绕有电压补偿线圈，其作用是防止电压的变化引起传感器的误动作。在骨架的中间设置有舌簧开关。

图 7.34 为电流传感器电路，当开关闭合时，若灯泡全部工作正常，电流线圈中有额定电流流过，这时在线圈产生的磁力的作用下，舌簧开关闭合，如果有灯泡断丝，相应的电流线圈中电流减少，磁力减弱，使舌簧开关断开，进行报警。

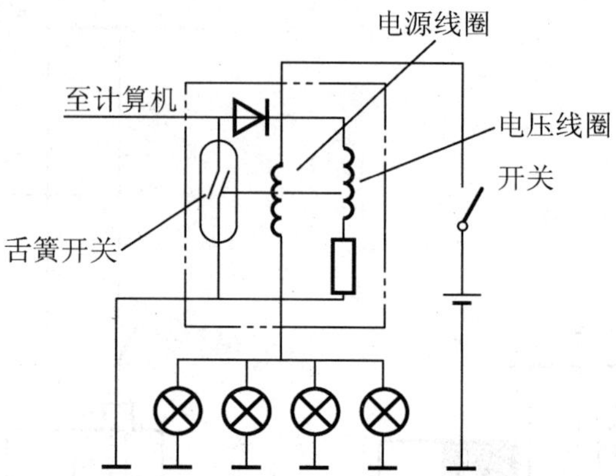

图 7.34　舌簧开关式电流传感器的电路

图 7.35 为该传感器的应用实例，图中继电器就是检测制动灯、尾灯灯丝断开时的传感器。

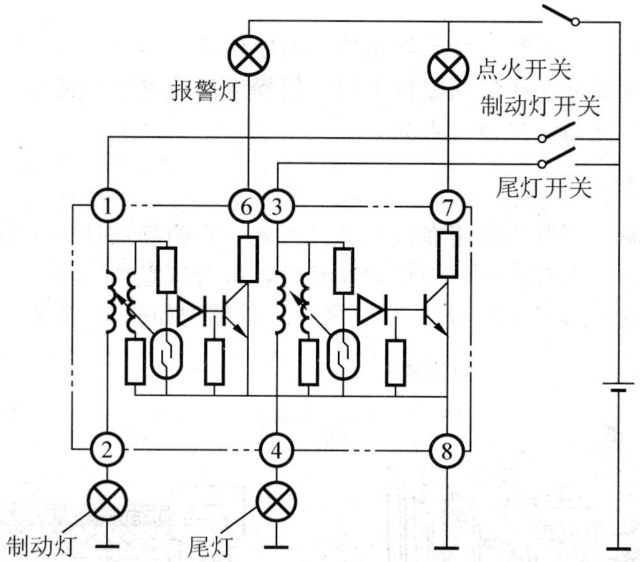

图 7.35　灯泡线路故障显示继电器电路

8. 制动器摩擦片磨损报警电路

磨损检测传感器用于检测汽车制动器摩擦片的磨损情况。检测摩擦片磨损情况常用的一种方法是：当制动器摩擦片超过磨损允许的限度时，磨损检测传感器本身被磨损，并将此磨损情况转变为电信号输入电控单元，并接通报警电路。

磨损检测传感器在盘式制动器上的安装情况如图 7.36 所示。

磨损检测传感器是一个安装在摩擦片中的 U 形金属丝，U 形金属丝的顶端就处在制动器摩擦片的磨损极限位置。

制动器摩擦片没有磨损到极限位置时，输出电压为零；当摩擦片磨损到规定限度时，U 形金属丝部分被磨断，电路断开，这时输出电压为高电平(参见图 7.37)。

异常信号输入电控单元中或通过电阻 R 接通报警电路，使报警灯点亮。

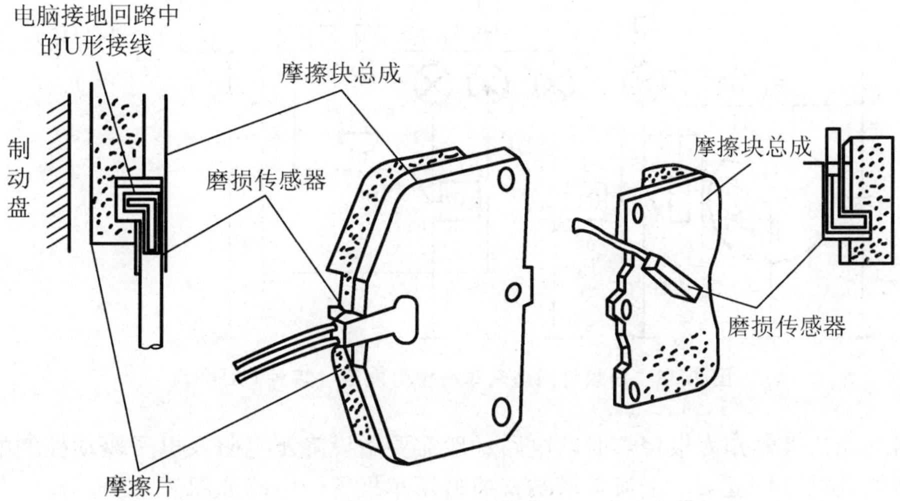

图 7.36 磨损检测传感器在盘式制动器上的安装情况

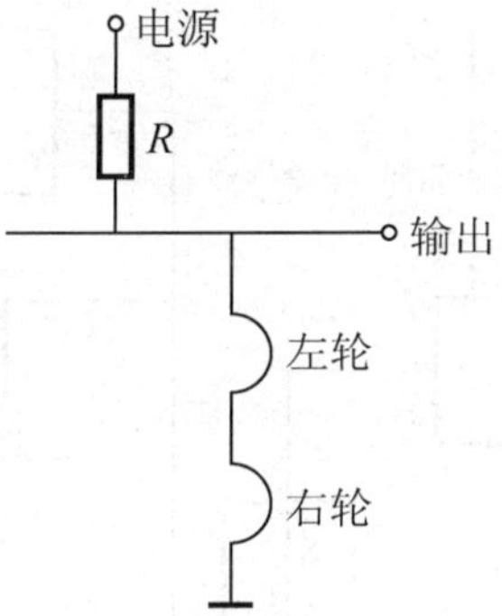

图 7.37 磨损检测传感器工作电路

7.2.4 常见汽车报警灯电路

一般汽车普遍采用楔型仪表灯泡作为报警灯光源。解放 CA1092 型汽车报警灯电路如图 7.38 所示。

接通点火开关 ON 挡时，充电指示灯通过充电指示灯继电器动断触点构成回路而点亮，油压过低报警灯因油压开关闭合也点亮。

当发动机发动后，充电指示灯因发电机中性接线柱 N 已向充电指示灯继电器线圈供电，触点被吸开而熄灭；油压过低报警灯因发动机已建立油压(使开关断开)而熄灭。

驻车制动器指示灯在驻车制动器拉杆拉紧时点亮，而在拉杆松开时熄灭。制动气压过低时，气压过低报警灯点亮，此时若松开驻车制动器拉杆，制动气压过低报警蜂鸣器会发出鸣叫声，以示气压过低，起步有危险。

有些轿车如桑塔纳(普通型)、捷达轿车等采用发光二极管作为报警灯。发光二极管报警灯具有结构简单、寿命长、耗电省、美观鲜艳、易于识别等优点。

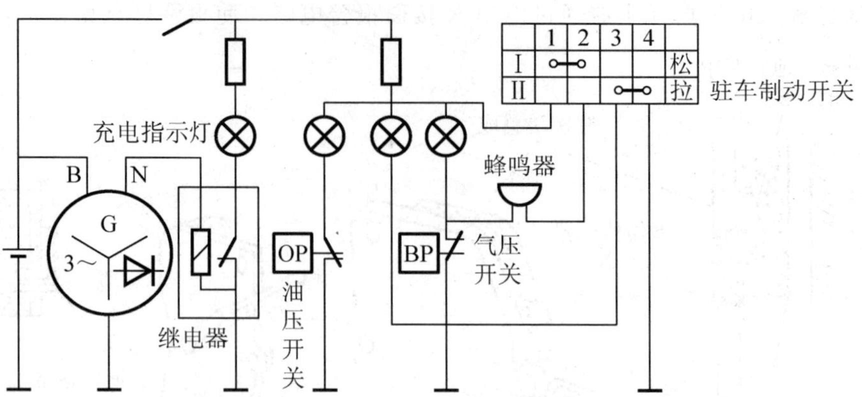

图 7.38 白炽灯泡型汽车报警灯电路 (解放 CA1092)

采用发光二极管作为报警灯时，电路一般需要增设降压电阻及电子驱动控制器，较白炽灯泡型仪表报警灯复杂。上海桑塔纳普通型轿车报警灯电路如图 7.39 所示。

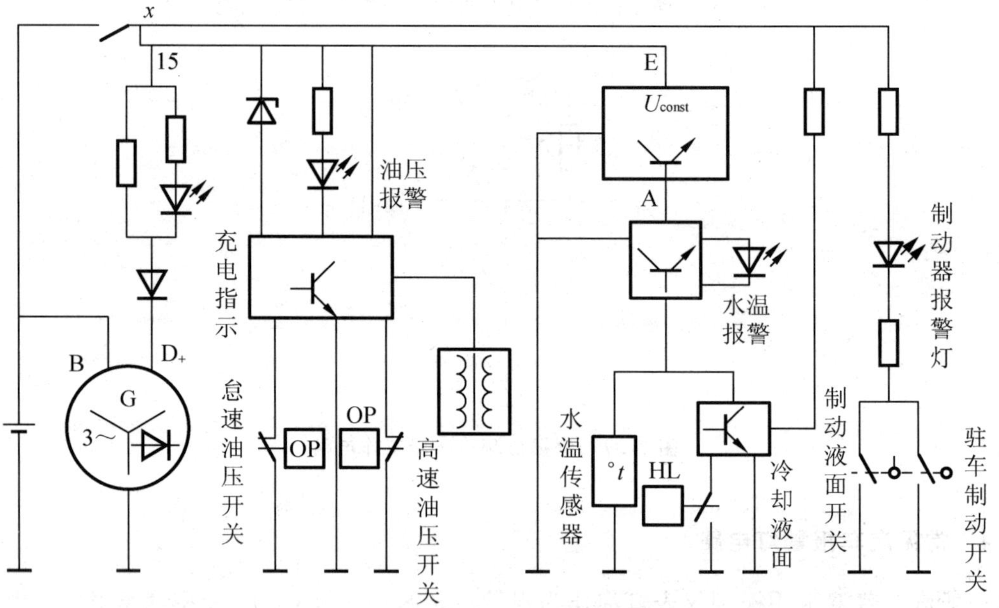

图 7.39 发光二极管型报警灯电路(上海桑塔纳普通型)

7.3 汽车电子仪表

7.3.1 汽车电子仪表的优点

随着电气设备的不断增加，汽车电气系统变得越来越复杂。汽车电子仪表因具有如下优点将逐步取代常规的指针式仪表。

（1）汽车电子仪表能提供大量、复杂的信息，适应汽车排气净化、节能、安全性和舒适性的要求。

（2）能满足小型、轻量化的要求，使有限的驾驶室空间尽可能地宽敞些。

（3）显示图形设计的自由度高，造型美观实用。

（4）具有高精度和高可靠性，免除机电式仪表中的那些可动部分。

（5）具有一表多用的功能，用一组显示器进行分时显示，并可同时显示几个信息，使组合仪表得以简化。

常见电子仪表外观如图 7.40、图 7.41 和图 7.42 所示。

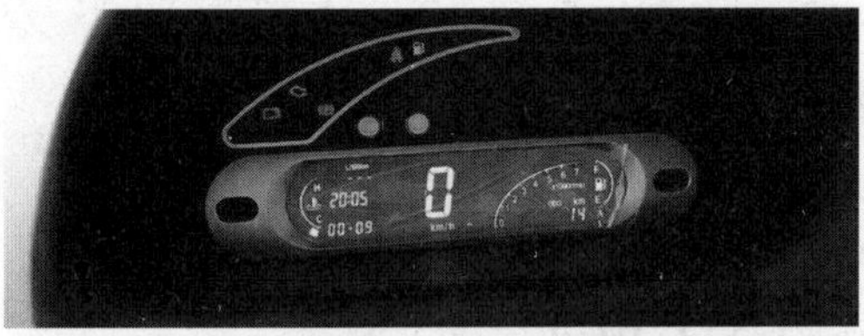

图 7.40　奇瑞 QQ3 轿车电子仪表

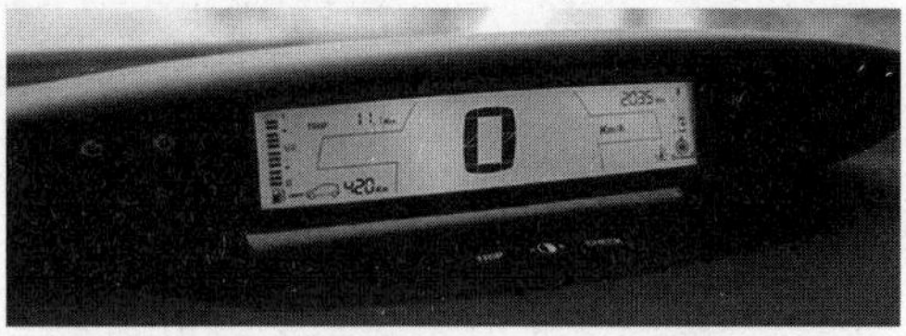

图 7.41　东风雪铁龙凯旋轿车电子仪表

图 7.42　宝马(BMW)E60 轿车电子仪表

7.3.2　汽车电子仪表的显示器件

电子显示器件大致可分为发光型和非发光型两大类。发光型显示器件有发光二极管、真空荧光管、阴极射线管、等离子显示器件和电致发光显示器件等；非发光型显示器件有液晶显示器件和电致变色显示器件等，均可作为汽车电子显示器件使用。

1. 发光二极管

发光二极管(light emitting diode，LED）发出的颜色有红、绿、黄、橙等，可单独使用，也可用来组成数字。在使用中，常把它焊接到印制电路板上，以形成数字显示或带色光杆显示，如图 7.43 所示。

图 7.44 所示为由七只发光二极管组成的数码显示装置。有些仪表则用发光二极管所组成的光点矩阵型显示器。发光二极管较适用于作为汽车指示灯、数字符号段或点数不太多的光杆图形显示。

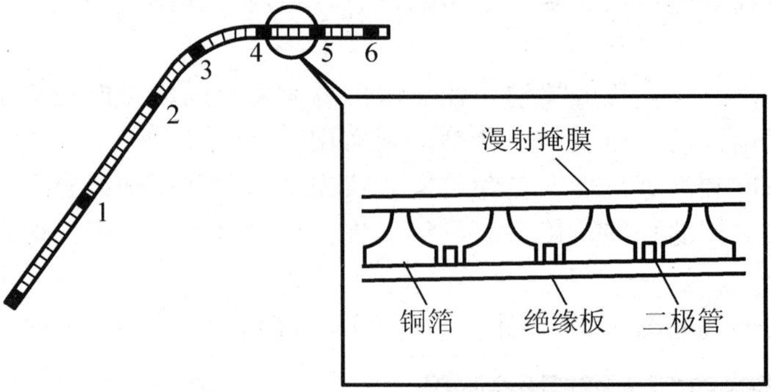

图 7.43　发光二极管光杆显示

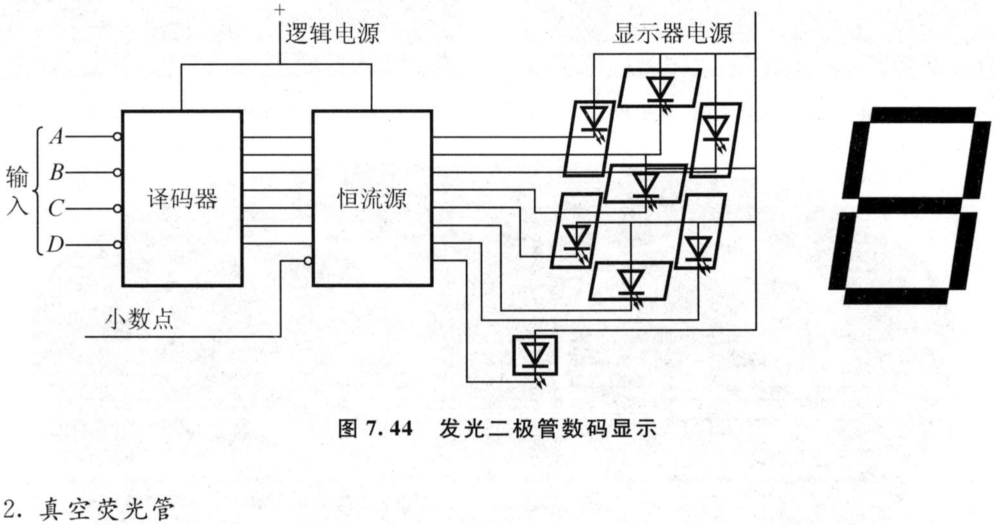

图 7.44　发光二极管数码显示

2. 真空荧光管

真空荧光管(vacuum fluorescent display，VFD)实际上是一种低压真空管，它由玻璃、金属等材料构成。真空荧光显示是一种主动显示，其发光原理与电视机中的显像管相似。

真空荧光管的结构和工作原理如图 7.45 所示。

汽车用数字式车速表的真空荧光显示屏(图 7.45)可显示三位数字。其阳极为 20 个字形笔画小段，上面涂有荧光体(或磷光体)，各与一个接线柱相接，且笔画内部相互连接；其阴极为灯丝，在灯丝与笔画小段(阳极)之间插入栅格，其构造与一般电子管相似。

整个装置密封在一个被抽成真空的玻璃罩内。当阳极(字形)接至电源“+”极，而阴极(灯丝)与电源“-”极相接时，便获得一定的电源电压，其灯丝作为阴极发射电子(在电场力的作用下)，栅格便控制着电子流加热并加速，使其射向阳极(字形)。

由于玻璃管(罩)内抽成真空，前面装有平板玻璃并配有滤色镜，故能使通过栅格轰击阳极(字形)的电子激发出亮光来，因而能显示出所要看到的内容。

真空荧光显示具有色彩鲜艳、可见度高、立体感强等特点，是最早引入汽车仪表中的发光型显示器件。但由于做成大型的、多功能 VFD，成本较高，故现在大多由一些单功能、小型的 VFD 组成汽车电子式仪表盘。

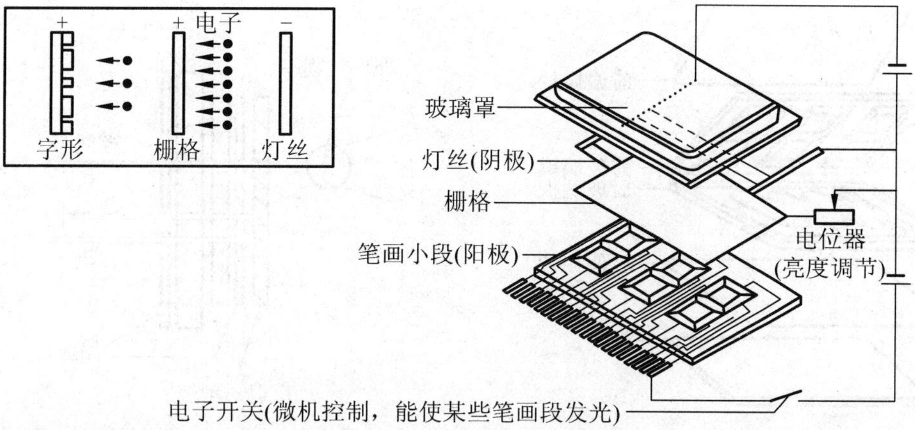

图 7.45 数字式车速表的真空荧光管显示屏

VFD有如下缺点：

(1) 其发光的荧光粉接近于白色，使显示段与非显示段之间的对比度降低。

(2) 由于VFD是一种真空管，为保持一定的强度，必须采用一定厚度的玻璃外壳，故体积和质量较大。

(3) 驱动电路与显示器件难于一体化，实现大容量显示的难度较大。

作为汽车用显示器件，还必须克服它的某些缺点，设法组成多功能复合型显示装置。目前国外大型的VFD已经试制成功，能构成显示汽车车速、发动机转速等信息的彩色显示器。

3. 液晶显示器件

液晶是一种有机化合物，由长杆形分子构成。在一定的范围内，液晶既具有普通液体的流动性质，也具有晶体的某些特征。

液晶显示器件(liquid crystal display，LCD)是一种新型的非发光型平板显示器件，其结构如图7.46所示。

LCD有两块厚约1mm的玻璃基板，基板上涂有透明的导电材料，以形成电极图形，两基板间注入一层5～20μm厚的液晶，再在两玻璃基板的外表面分别贴上前偏振片和后偏振片，并将整个显示板完全密封，以防湿气和氧侵入，这便构成透射式LCD。

若在后玻璃基板的后面再加上反射镜，便组成反射-透射式LCD。图7.47所示即为反射-透射式LCD结构原理示意图。

由于LCD为非发光型显示，所以夜间显示必须采用照明光源，这便削弱了它所具有的低功耗之优点；其次LCD的低温响应特性较差；另外LCD的显示图形不够华丽明显，这也是所有非发光型显示器件共有的缺陷。

但是，液晶显示的优点很多，其电极图形设计的自由度极高，设计成任意显示图形的工艺都很简单，这是作为汽车用显示器件的一个很重要的优点，而且其工作电压低，一般为3V左右，功耗小(1 $\mu W/cm^2$)，且能很好地与CMOS电路相匹配。由于它有这些优点，LCD常作为汽车电子钟和彩色光杆式仪表板。

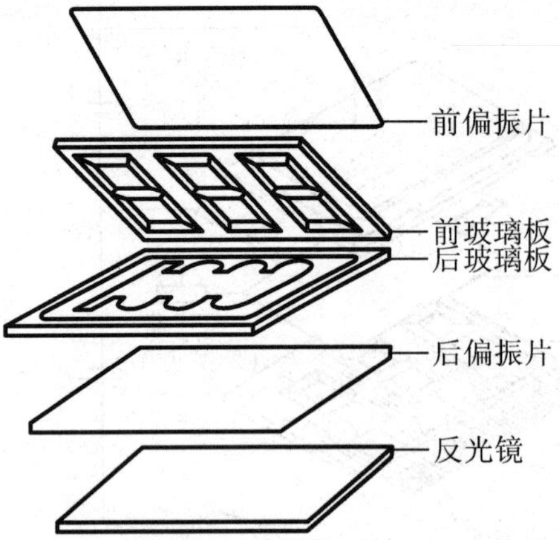

图 7.46　液晶显示器件(LCD) 结构

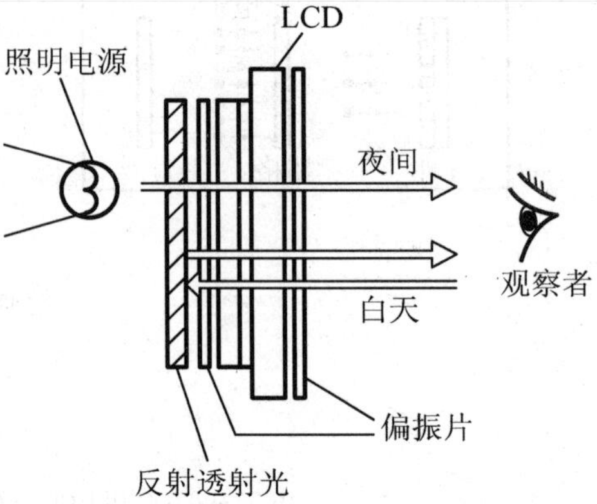

图 7.47　汽车仪表用反射-透射式 LCD 原理示意

4. 阴极射线管

阴极射线管(cathode ray tube，CRT)亦称为显像管或电子束管，它是一种特殊的真空管。其结构与原理和家用及办公用电脑彩色显示器相同。

CRT 具有全彩色显示、图像显示的灵活性大、分辨率和对比度高等特点，且具有−50～100℃的工作温度范围，有微秒级以下的响应速度，是目前显示图像质量最高的一种显示器件。

但是，CRT 作为汽车仪表盘显示用器件体积太大，即使是扁平型的 CRT 作为汽车用，也还存在一些缺点。

随着现代汽车向高度信息化显示的方向发展，CRT 已进一步小型化，一些大汽车公司已推出了彩色阴极射线管的汽车信息中心。

7.3.3　汽车电子仪表的维护

1. 电子仪表板的检测

电子仪表板和一般电子设备不同，它和所配的逻辑电路板较易损坏，而且价格昂贵。因此，在进行检查维修前，应仔细研究原厂的技术文件，按照厂家的要求进行检测。在诊断过程中，还要特别小心谨慎，防止失误而造成损坏。

很多电子仪表板具有自检功能。对于能自检的车辆，在使用测试设备对仪表进行检测之前，应先完成仪表板的全部自检。

除有特殊说明外，不能以蓄电池全电压加于仪表板的任何输入端。

电子仪表板要用许多连接器把线束连接到仪表板上，这些连接器一般使用不同颜色，以便于辨认。连接器上有闭锁凸舌，以保证可靠连接。在进行测试时，当必须将测试仪表和线束连接时，要注意防止连接器插头和插座受损。为此，在用仪表测试时通常使用一个备用连接器插头。

2. 电子仪表板维修注意事项

电子仪表板上的部件都比较精密，维修和使用要求都比较高，测试时应遵照厂家维修手册的有关规定，修理工作则应由专业维修人员进行。维修时的一般注意事项如下：

(1) 切断电源。当更换仪表板上的部件时，通常要拆下仪表板总成。在进行这项作业时，应事先切断蓄电池电源。

(2) 静电放电。人身是一个大的静电发生器。静电电压随气候条件的变化而不同。高的静电电压将对车上的精密电子设备，如发动机控制装置、仪表和收音机等造成损害。所以，从仪表上卸下母板时，应在干净的地方进行，要注意防止人身上的静电损坏集成电路片。

为清除人身上的静电，应不时接触已知接地点。例如，可以经常触摸办公室内的墙壁、金属门框、暖气片等。在拆装作业中，只能用手拿仪表板的侧边，不能碰及显示窗和显示屏的表面部分。

(3) 静电搭铁。为了减少维修人员带有的静电，作业时应使用静电保护装置，最好是戴上防静电手套(图7.48)，一端戴在手上，另一端接车身搭铁端，就可有效地消除静电。

图7.48 防静电手套

(4) 元器件的保管。仪表板的新元器件存在镀镍包装袋内，应在安装时再从袋内取出而不要提早取出。取出时，注意不要碰触导电接头。需要修理的仪表板也应注意爱护，拆下后应立即装进包装袋内，以防再受损害。

(5) 车速里程表电路片的处理。在处理车速里程表的电路片时，必须使用原有的塑料盒，以免因静电放电而损坏。如不慎碰及电路片的接头时，会使仪表的读数消除，此时就必须到专门的修理单位经重新编程后才能使用。

7.4 汽车信息系统

7.4.1 汽车信息系统的特点

目前，汽车仪表技术发展很快。传统的机电式模拟仪表已经落伍，在电子仪表基础开发出来的、基于网络技术的汽车信息系统已经在奔驰、宝马、奥迪、荣威等汽车上应用，代表着汽车仪表技术的发展方向。

汽车信息系统主要有以下几个特点：

(1) 采用网络通信。网络的使用可以减少线束，同时具有很高的安全性、通信可靠性和实时性，而且简单实用。网络化仪表特别适用于环境温度变化剧烈、电磁辐射强和振动大的汽车环境。

(2) 信息显示中心。信息显示中心是驾驶人与汽车进行信息交流的重要接口和界面。与传统仪表相比，信息显示中心可以迅速、准确地处理各种信息，并在信息显示中心的屏幕上以数字或图形符号显示出来，且可以显示更多、更丰富的信息，使驾驶人及时了解并掌握汽车的运行状态，妥善处理各种情况。

(3) 更大的记忆容量。汽车信息系统不仅记录车速、里程等信息，同时还要记录其他信息，如发动机的工作状态、驾驶者不同的舒适性要求、空调调节状态等。这就要求增加EEPROM的容量，或者要求主芯片整合的EEPROM的容量足够大。

(4) 低功耗及高整合度(高度集成)。在要求低功耗、节能的大背景下，信息系统的静态电流和整体功耗都很低。

尽管汽车信息系统功能越来越强，结构越来越复杂，但可以通过高整合度(高度集成)设计来提高可靠性。例如，在仪表内只有主芯片和电源芯片，而驱动芯片整合在主芯片中，或者整合在液晶显示器件中。

(5) 传感器的运用。对于抗干扰能力较强，对环境要求比较高的传感器，可以直接安装在汽车仪表内，从而方便信号的处理和传输。

(6) 个性化设置。汽车信息系统的显示屏幕背光色彩富于变化，驾驶人可以调节并选择自己喜欢的颜色。图形和数字色彩绚丽，能给人以赏心悦目的享受。

7.4.2 典型汽车信息系统简介

下面以上汽荣威ROEWE 550轿车为例，介绍汽车信息系统的基本构成。

1. 荣威ROEWE 550汽车信息系统主界面

荣威ROEWE 550汽车信息系统主界面(图7.49)采用全数字化显示，主控显示屏由三大部分组成。左侧是行车速度显示区域，右侧是车辆保养、导航信息显示区域，中间是数字化显示的发动机转速表。水温表和燃油表环绕在发动机转速表两侧，各种报警灯和指示灯星罗棋布，清晰简洁，一目了然。

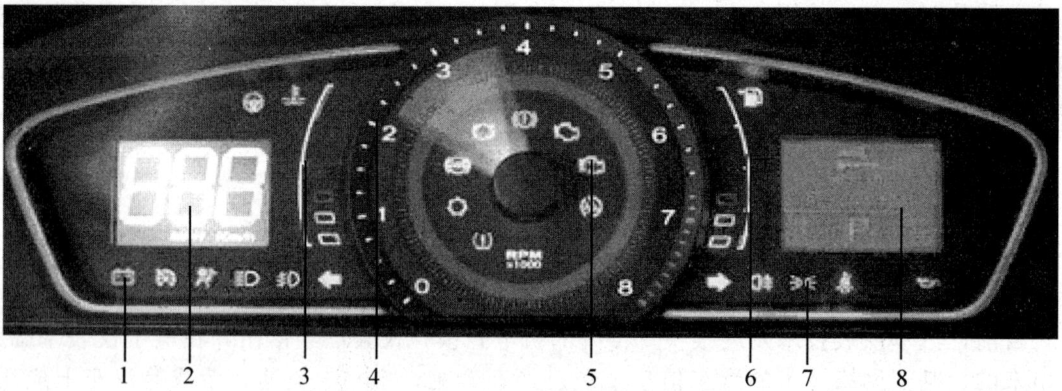

图7.49 荣威ROEWE 550汽车信息系统主界面

1—左侧报警灯和指示灯显示区域；2—行车速度显示区域；3—水温表；4—发动机转速表；5—环状分布的报警灯显示区域；6—燃油表；7—右侧报警灯和指示灯显示区域；8—车辆保养、导航信息显示区域

2. 荣威ROEWE 550汽车信息系统的功能

荣威ROEWE 550汽车信息系统将传统的汽车仪表指针式显示全面转变为数字化电子显示，车速表(图7.50)和发动机转速表(图7.51)的显示更加清晰、醒目。

布置在仪表盘右侧的车辆保养、导航信息显示区域可以显示丰富的行车状态信息，也可以在行车前后对汽车状态信息进行设置和显示。主要内容包括建议保养公里数(能折算出估计的日期)、当前阶段行驶里程、行驶总里程、当前挡位、瞬时油耗显示等，甚至可以预先设置限速报警、行程计算等选项，如图 7.52～图 7.55 所示。

图 7.50　车速表

图 7.51　发动机转速表

图 7.52　续驶里程

图 7.53　瞬时油耗

图 7.54　限速报警

图 7.55　建议保养里程

通过按压布置在方向盘左右两侧盘辐上的滚轮式手控按钮，可以采用电脑化的操作，来实现各种信息的显示。

7.4.3 汽车信息抬头显示(HUD) 系统

1. HUD 系统的作用

HUD (head up display)，意为抬头显示，也称平视显示器。HUD 系统最初的应用是在战斗机上，最早装备 HUD 系统是法国的幻影战斗机。

车辆在高速行驶时，特别是夜间高速行车时，驾驶人可能会低头观看仪表显示或观看中控台的音响等显示，此时如果前方遇有紧急情况就有可能因来不及采取有效措施而造成事故。

为避免这种情况发生，有些高端汽车上装备了 HUD（图 7.56)抬头显示系统，它可以将有关信息显示在前风挡玻璃的驾驶人平视范围上，且显示位置、显示亮度可调。这样可以避免低头看仪表，从而缩短眼球对前方的视觉盲区时间。对减少因低头、走神引起的交通事故，确保行车安全有重要意义。

图 7.56　雪铁龙 C6 汽车的 HUD 系统

2. HUD 系统的工作原理

在汽车 HUD 系统中，位于仪表台后端的 HUD 显示屏将重要信息(如车辆速度、导航提醒等信息)投射到风挡玻璃上，通过风挡玻璃再将其反射给驾驶人。由于驾驶人看到的是 HUD 显示屏的虚像，所以 HUD 所显示的信息仿佛是浮在前方发动机盖上一样。

HUD 系统严格说来并不是单一的电子系统，其成像依赖光学技术和材料学技术两个方面，透明的高折射率镀膜是成像的关键。

一般采用浸渍法和网印法等方法将这种高折射率镀膜镀到前风挡玻璃的表层。由于含有氧化的 Ti 和 Si，高折射率镀膜的折射率介于 1.8～2.2 之间，大于普通前风挡玻璃 1.52 的折射率，所以表面的反射率就可以增大，再经过多次光干涉就可在远处成像。

在 HUD 上使用的透明放大反射膜，最初光透射率在 70%左右，膜厚多在 530nm 左右，这个厚度正是绿色的选择性反射的峰值波长，这也是大多数早期汽车 HUD 显示多为绿色(图 7.57)的原因所在。

透明放大反射膜的缺点不仅仅是颜色单调，观测方向不同还会造成光线干涉，引起字符外观的变化。目前大多数汽车公司的 HUD（图 7.58）投影载体膜都增加了膜厚，能支持整个可见光区域反射，从而实现 HUD 的多彩色显示和与角度无关的均匀外观，当然它需要高亮度的光源支持，而且成本较高。

图 7.57　早期的汽车 HUD 显示

图 7.58　透明放大反射膜膜厚增大后的 HUD 显示(清晰、醒目)

7.5　汽车导航系统

7.5.1　汽车导航系统的作用

汽车导航系统(automobile navigation system)也称汽车行驶导向系统，其主要功能是引导汽车在繁忙交通状态或复杂的道路网络中，选择最佳的路径，使其能在尽可能短的时间和路程内安全、快捷地到达目的地。

同时，通过汽车导航系统，还可以随时监控汽车的运行状态(行驶轨迹、行车速度等)，防止汽车被盗或对被盗汽车进行追踪定位。

要对汽车进行导航，必须实时了解汽车所在位置，汽车行驶状态和路网、交通信息。而这些信息的获取则依赖于全球定位技术、计算机技术和无线网络通信技术。

7.5.2 全球定位系统（GPS）

全球定位系统(Global Positioning System，GPS）是以人造卫星做定位基础，向全球各地全天候地提供三维位置、三维速度等信息的一种无线电导航和定位系统。

1. GPS系统的组成

GPS系统主要由空间部分、地面控制系统、用户设备部分三部分组成。

1）空间部分

GPS的空间部分由24颗人造地球卫星组成(图7.59)。卫星位于距地表20200km的上空，均匀分布在6个轨道面上(每个轨道面4颗)，轨道倾角为55°。此外，还有4颗有源备份卫星在轨运行。

卫星的分布使得在全球任何地方、任何时刻都可观测到4颗以上的卫星。目前，民用GPS的定位精度已达到10m以内。

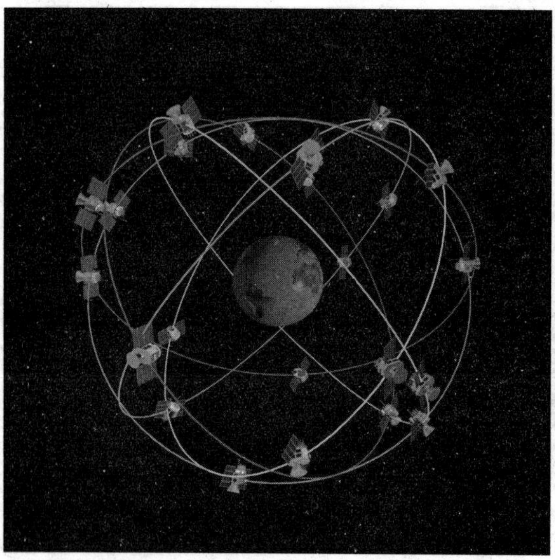

图7.59 GPS系统卫星的分布

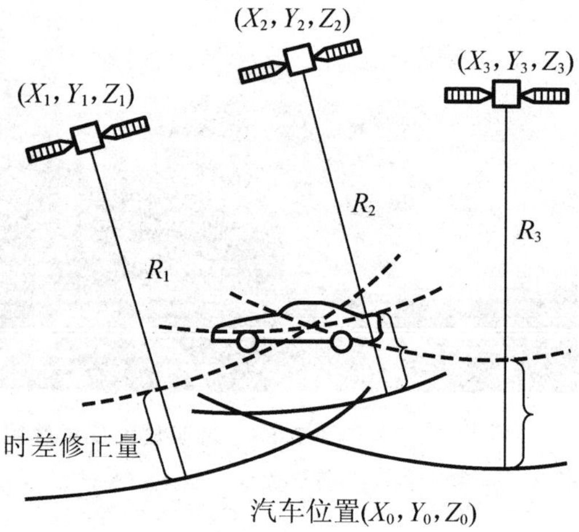

图7.60 GPS汽车位置定位原理

2）地面控制系统

地面控制系统由监测站(monitor station)、主控制站(master monitor station)、地面天线(ground antenna)等组成。主控制站位于美国科罗拉多州春田市(Colorado Spring)。地面控制站负责收集由卫星传回的信息，并计算卫星星历、相对距离、大气校正等数据。

3）用户设备部分

用户设备部分即GPS信号接收机，其主要功能是能够捕获按一定卫星截止角所选择的待测卫星，并跟踪这些卫星的运行。

当接收机捕获到跟踪的卫星信号后，就可测量出接收天线至卫星的伪距离和距离的变化率，解调出卫星轨道参数等数据。根据这些数据，接收机中的微处理计算机就可按定位解算方法进行定位计算，计算出用户所在地理位置的经纬度、高度、速度、时间等信息。

2. GPS的定位原理

图7.60所示为利用GPS进行汽车位置定位的原理。汽车接收到GPS卫星发出的精确

电波发射时刻和位置信息，获取电波传播时间，根据无线电波传播速度 3×10^8 m/s，就可以计算出汽车与三个卫星之间的距离，以三个不同卫星为中心的球面相交点就是汽车所处的位置。

设汽车的坐标为(X_0, Y_0, Z_0)，三个卫星位置分别为(X_i, Y_i, Z_i)，$i=1$、2、3，则有方程

$$R_i=\sqrt{(X_i-X_0)^2+(Y_i-Y_0)^2+(Z_i-Z_0)^2} \tag{7.1}$$

$$R_i=C\cdot t_i \tag{7.2}$$

式中，R_i——各卫星到汽车的距离，单位为 m；

C——无线电波传播速度，与光速相等；

t_i——各卫星电波传到汽车所用时间，单位为 s。

求解方程组(式(7.1)和(7.2)联立)后就可以得出汽车的位置坐标。

当出现接收信息时钟误差使三个球面无法相交时，则可利用第 4 个卫星的信息进行修正。

7.5.3 汽车 GPS 导航系统的组成

汽车上的导航系统组成如图 7.61 所示，车辆前座中央有显示器可显示道路地图和其他有关交通信息，其数据由 CD－ROM 提供，或在导航系统服务商的网络上下载。

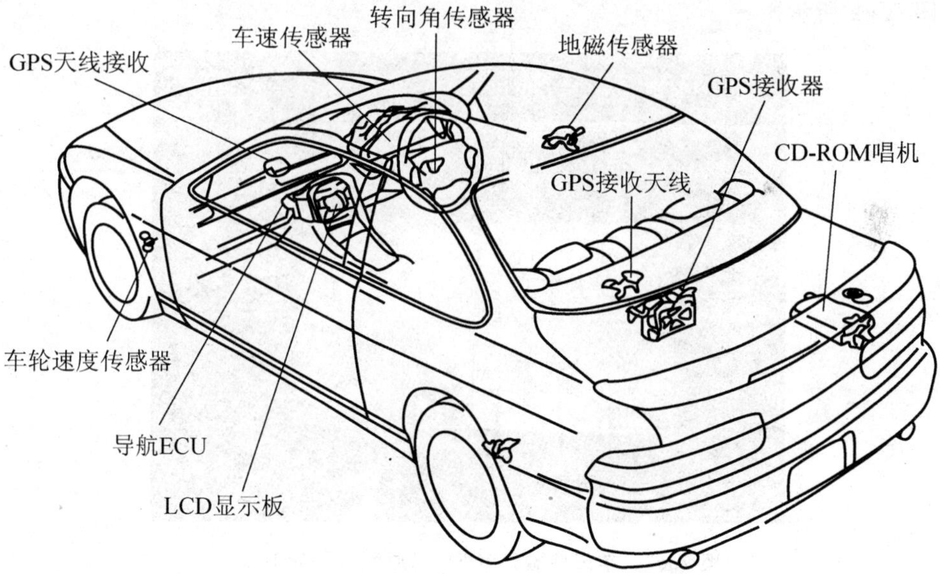

图 7.61 汽车导航系统的组成和布置

车的前、后部各装有 GPS 接收天线，GPS 接收器装在行李箱内，地磁传感器装在车顶，在变速器输出轴上装有车速传感器，转向机构上装有转向角度传感器等。有关信息经导航微机(ECU)统一管理，通过显示器输出，对汽车进行导航。

7.5.4 典型汽车导航系统简介

1. 汽车导航系统的分类

车载卫星导航系统按照安装方式可以分为内置式和外置式两大类。

① 内置式车载卫星导航系统。内置式车载卫星导航系统一般由汽车生产厂在生产环节安装，外形经过专门设计，固定在汽车仪表台内，与汽车内饰浑然一体。

② 外置式车载导航系统。外置式车载导航系统多为后期安装，安装简便，适合于各类汽车的后期改装。

车载导航系统按照功能丰富与否分为三大类。

① DVD 导航系统。DVD 导航系统集导航和娱乐功能于一体，功能丰富。

② HDD 硬盘导航系统。HDD 硬盘导航系统可存储大量信息，满足三维立体图像的存储要求，而且它的地图显示性能相当好，在欧美高档车中已有应用。

③ 通信导航系统。通信导航系统应用无线通信技术接收地图等各种信息，具有上述两种产品的各项功能，它虽然前期投入较少，但每月仍需支付通信费。

2. 车载内置式卫星导航系统

丰田威驰(VIOS) 汽车的原装内置式卫星导航仪安装在仪表台内，位于方向盘的右侧，如图 7.62 所示。

图 7.62 丰田威驰(VIOS) 的原装卫星导航系统

只要输入目的地的名称，电子导航地图即可迅速检索并显示出适宜的行车路线。

在行驶中，电子导航的语音提示系统就像一位神通广大的向导，告诉驾驶人该怎样走。驾驶人基本上不用看电子导航仪，只要听语音提示就能准确无误地开车前行。

需要转弯时，语音提示系统会在离转弯处 700m 时提醒一次，这样可以提前并线(变道)，保证安全行车；在距转弯处 300m 时，语音提示系统再提醒一次；到转弯路口处，语音提示系统告诉驾驶人就在这个路口左转或右转。

遇到交通环岛(转盘)时，语音提示系统会告诉驾驶人在环岛的第几个路口转弯。每次转弯之后，语音提示系统都会告诉驾驶人距下一个转弯路口还有多少公里。这样，就可以根据语音提示的路程来控制车速。

当转弯时遇有几个岔路口，驾驶人拿不准是转向哪条路时，电子导航仪马上显示出路口的精确放大图，图上有箭头提示驾驶人应该走哪条路，只需用余光扫一眼电子导航仪，就能准确无误地驾车驶往要去的方向，轻松自如、保证无误地引导驾驶人到达目的地。

3. 车载外置式卫星导航系统

目前，国内开发的车载外置式卫星导航系统很多，比较典型的产品有 新科 VM－680TV 型车载 DVD/GPS 导航系统(图 7.63)、STPⅢ任我行语音车载导航系统等。

图 7.63 新科 VM－680TV 型车载 DVD/GPS 导航系统

VM－680TV 型车载 DVD/GPS 导航系统能够提供全程语音提示，驾驶人无需观察其显示界面就能实现导航的全过程，使行车变得更加安全舒适。同时，通过 DVD/GPS 导航系统，汽车乘员还可以播放碟片、收看电视、欣赏音乐、收听广播、打电子游戏等，娱乐功能更为丰富。

复习思考题

1. 常见的汽车仪表有哪些？其作用何在？
2. 简述汽车报警装置的作用和类别。
3. 简述汽车信息系统的主要特点。
4. 汽车信息抬头显示(HUD) 系统的作用何在？
5. 简述汽车导航系统的作用与类别。

第8章　汽车空调系统

教学提示

汽车空调系统可为驾驶人和汽车乘员创造舒适的车内环境，是汽车现代化的标志之一。

教学要求

本章主要介绍汽车空调系统的结构组成和检修方法。要求学生了解汽车空调系统的工作原理，熟悉汽车空调系统的结构组成，掌握基本的检修技能。

8.1　汽车空调概述

8.1.1　汽车空调系统的作用

空调是空气调节(air conditioning，A/C)的简称，其含义是指在封闭的空间内，对温度、湿度及空气的清洁度进行调节控制。

空调是汽车现代化的标志之一，现代汽车空调的基本功能是在任何气候和行驶条件下，都能改善驾驶人的工作条件和提高乘员的舒适性。由于汽车空调的调节对象是车内的人，故偏重于人的舒适性的要求。

舒适性是由人对车内的温度、湿度、空气流速、含氧量、有害气体含量、噪声、压力、气味、灰尘、细菌等参数指标的感觉和反应决定的。

现代汽车空调就是将车内空间的环境调整到对人体最适宜的状态，创造良好的劳动条件和工作环境，以提高驾驶人的劳动生产率和确保行车安全。

衡量汽车空调质量的指标主要有四个，即温度、湿度、空气流速和空气清洁度。

1. 温度

在夏季人感到最舒适的温度是22～28℃，在冬季则是16～18℃。

温度低于14℃，人就会感觉冷。温度越低，越觉得手脚动作僵硬，不能灵活操作机件。温度超过28℃，人就会觉得燥热。温度越高，越觉得头昏脑胀，精神集中不起来，思维迟钝，容易造成交通事故。温度超过40℃，则称为有害温度，对身体的健康会造成损害。

另外，人体面部所需求的温度比足部略低，即要求“头凉足暖”，温差大约为2℃。

2. 湿度

人觉得最舒适的相对湿度夏季是50%～60%，冬季则是40%～50%。在这种湿度环境中，人会觉得心情舒畅，皮肤觉得特别光滑、湿润。湿度过低，人会觉得干燥；湿度过高，人会觉得发闷。

3. 空气流速

人在流动的空气中比在静止的空气中要舒服，这是因为流动的空气能促进人体向外散热的缘故。所以，空气流速是汽车空气调节的重要内容之一。通常空气流速在0.2m/s以下为好，并且以低速流动为佳。

4. 空气清洁度

由于车内空间小，乘员密度大，全封闭空间的空气极易产生缺氧和二氧化碳浓度过高；汽车发动机排气中的一氧化碳和道路上的粉尘、野外有刺激性的花粉都容易进入车内，造成车内空气混浊，严重时会影响乘员的身体健康。

舒适性环境参数见表8-1。

表8-1 舒适性环境参数

项目范围	温度/℃		相对湿度(%)	换气量(%)	风速/(m·s⁻¹)	CO_2(%)	CO(%)	加速度/(m·s⁻²)	振动/mm	噪声/dB
	冬	夏								
舒适带	16～18	22～28	50～70	20～30	0.075～0.2	<0.03	<0.01	<3	<0.2	<45
不舒适带	0～14	30～35	15～30，90～95	5～10	<0.075，>0.3	>0.03	>0.015	>3	>2	>65
有害带	<0	>43	<15，>95	<5	>0.4	>10	>0.03	>4	>15	>120

8.1.2 汽车空调系统的控制方法

汽车空调系统的控制方法有手动控制和电控自动控制两种。

1. 手动控制

手动控制空调系统的鼓风机转速、出风温度及送风方式等功能均由驾驶人操纵和调节，车内通风温度由仪表板上的空气控制杆、温度控制杆、进气杆和风扇开关等操纵通风管道上的各种风门实现。

2. 电控自动控制

电控自动控制空调系统利用传感器随时检测车内温度和车外温度的变化，并将检测到的信号送给空调ECU。空调ECU按预先编制的程序对信号进行处理，并通过执行元件及时对鼓风机转速、出风温度、送风方式及压缩机工作状态等进行调节，从而使车内温度、空气湿度及流动状况始终保持在驾驶人设定的水平。

8.1.3　汽车空调系统的组成和分类

1. 汽车空调系统的基本组成

现代汽车全功能空调系统由制冷系统、采暖系统、通风系统、空气净化装置及控制系统等几部分组成。

① 通风系统。通风系统用于将车外的新鲜空气引进车内，达到通风、换气的目的。

② 采暖系统。采暖系统用于对车内空气或车外进入车内的新鲜空气进行加热、除湿，使车内达到温暖舒适。

③ 制冷系统。制冷系统用于对车内空气或车外进入车内的新鲜空气进行降温、除湿，使车内达到凉爽舒适。

④ 空气净化装置。空气净化装置用于去除车内空气中的尘埃、异味，使车内空气变得清洁，目前只用于高级轿车上。

⑤ 控制系统。控制系统将制冷、采暖、通风、空气净化有机地组合在一起，形成冷暖适宜的气流，并能对车内环境进行全季节、全方位、多功能的最佳控制和调节。

将上述装置全部或部分组合在一起，按照一定的布置形式安装在汽车上，便组成了汽车空调系统。在一般的客、货车上，通常只安装制冷系统和采暖系统，在一些高级轿车和高级大、中型客车上，还安装加湿装置、空气净化装置以及强制通风装置。

2. 汽车空调系统的分类

1）按空调的功能分

按空调的功能分可分为单一功能型、冷暖一体型两种。

① 单一功能型空调。单一功能型空调的制冷系统、采暖系统、通风系统各自安装，单独操作，互不干涉，多用于大型客车、载货汽车和加装冷风装置的轿车上。

② 冷暖一体型空调。冷暖一体型空调(图 8.1)的制冷、采暖和通风共用一台风机及一个风道，冷风、暖风和通风在同一控制板上进行控制。工作时又可分为冷、暖风分别工作的组合式，冷、暖风可同时工作的混合调湿式两种。混合调湿式结构紧凑，易调温，操作方便，多用于轿车上。

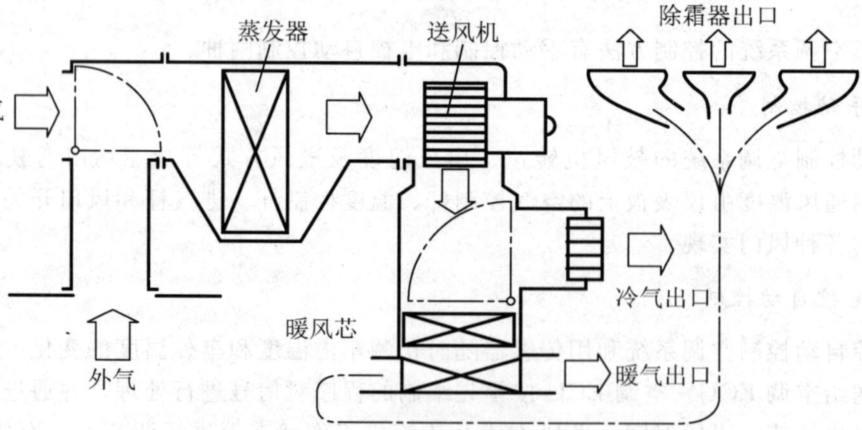

图 8.1　冷暖一体型示意

2）按驱动方式分

按驱动方式分可分为独立式空调、非独立式空调两类。

① 独立式空调。独立式空调用一台专用空调发动机来驱动制冷压缩机，制冷量大、工作稳定，但成本高、体积及质量大，为此多用于大、中型客车。

② 非独立式空调。非独立式空调由汽车发动机直接驱动制冷压缩机，制冷性能受汽车发动机工作状况的影响，工作稳定性较差，低速时制冷量不足，高速时制冷量过量，影响汽车发动机的动力性，为此多用于小型客车和轿车上。

8.2 汽车空调系统的结构

8.2.1 汽车空调通风系统

汽车空调通风系统的主要功能是换气，即打开通风口，利用汽车迎面空气动压通风或利用空调系统中鼓风机进行强制通风换气。

车厢空间狭小，车内空气由于乘员呼出的二氧化碳、水蒸气、烟气等而受到污染，需经过通风换气来净化，同时调节车内的温度和湿度。

此外，通风对于防止车窗玻璃起雾也很有益处。

为维持舒适条件所需要的最小限度的换气量称为必需换气量，为此应设置即使在汽车车窗紧闭的情况下，仍能从车外引入新鲜空气的通风装置(每人约需 25～36m^3/h)。

1. 动压通风方式

动压通风(自然通风)方式是利用汽车行驶时，车外空气对汽车产生的风压，通过进风口和排风口，实现通风换气。

进风口与排风口的位置(图 8.2)要根据汽车行驶时发生于车身表面上的风压分布状况和车身结构来确定。一般车身大部分是负压区，仅前面风窗玻璃及前围上部等少部分为正压区。在设置时要求进风口必须装在正压区，排风口必须装在负压区，以便充分利用汽车行驶所产生的动压而引入大量的新鲜空气。

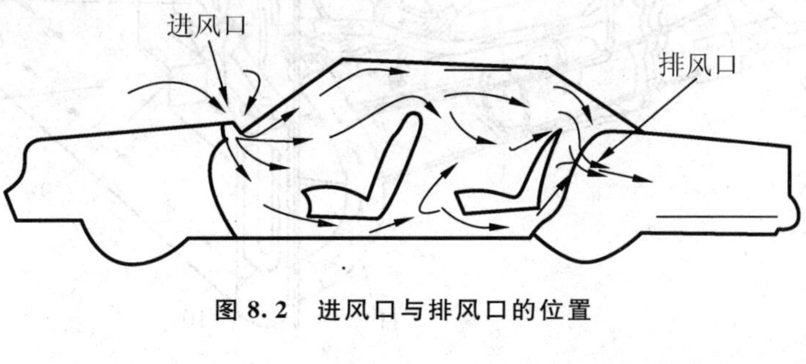

图 8.2 进风口与排风口的位置

同时进风口应尽可能远离地面，以防止吸入地面附近的污染空气和灰尘。进入车内的空气流速最佳范围是 1.5～2.0m/s。排风口的压力系数随着不同的安装位置而改变，要尽可能加大排风口的有效断面积，以提高排风效果，还必须注意防止尘埃、噪声以及雨水、洗车水的侵入。

动压通风方式不消耗动力，但空气在车内流过形成车辆行驶阻力。

2. 强制通风方式

采用动压通风方式进行换气时，车辆在静止和在低速行驶时，通风量过小，故一些车辆采用强制通风方式。强制通风是采用电动鼓风机强制车外新鲜空气进入车厢内的一种通风方式。

在汽车行驶时，强制通风经常与动压通风一起配合使用。轿车均采用动压通风与强制通风相结合的方式，其通风装置与采暖装置、制冷装置等结合在一起而形成完整的空调系统，导入的外气既可经调节也可不经调节而进入车内。

但是空气的进入到排出能否起到有效的作用，还取决于空气在车内的流动状态。因此，要提高车内的舒适性，必须对空调空气入口的布局进行周密考虑。

8.2.2 汽车空调采暖系统

采暖系统是一种将空气送入热交换器(又称为加热器)，同时吸入某种热源的热量，以提高空气温度的装置。按使用热源的不同可分为发动机冷却液采暖系统、发动机废气采暖系统和独立热源式采暖系统。

1. 发动机冷却液采暖系统

发动机冷却液采暖系统在采暖时，将送入热交换器中的车外或车内空气，与升温后的发动机冷却液进行热交换，由电动鼓风机将升温的空气经出风口送入车厢。

如图 8.3 所示，冷却液通过热水阀流入热交换器，散热后的冷却液再流回水泵参与发动机冷却循环。

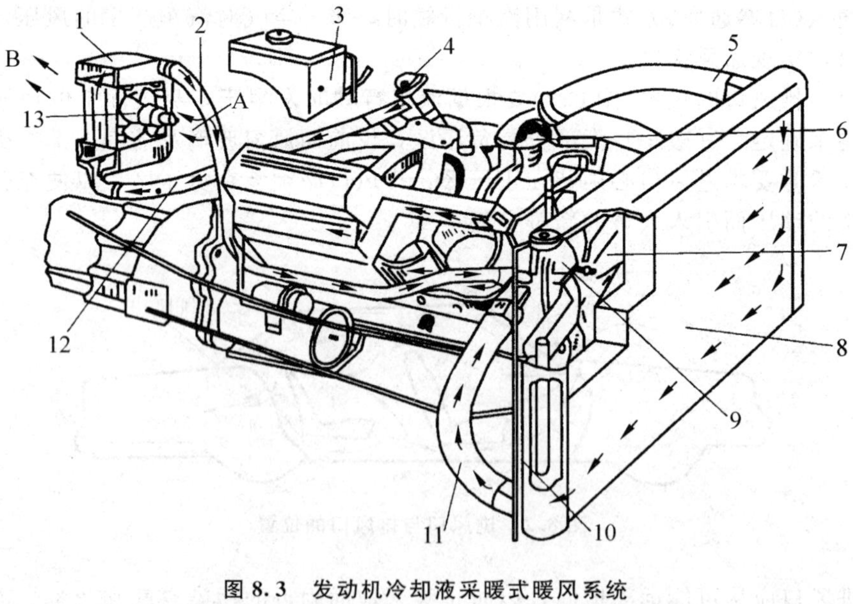

图 8.3 发动机冷却液采暖式暖风系统

1—加热器芯；2—加热器出水管；3—膨胀水箱；4—冷却液控制阀；5—散热器进水管；6—恒温器；7—风扇；8—散热器；9—水泵；10—散热器溢流管；11—散热器出水管；12—加热器进水管；13—加热器风机；A—冷空气；B—热空气

冷却液控制阀(亦称热水阀，图 8.4)对通过热交换器的冷却液流量进行调节，而热交换器则将冷却液的热量传给空气，被加热的空气在电动鼓风机的作用下吹入车内(图 8.5)。

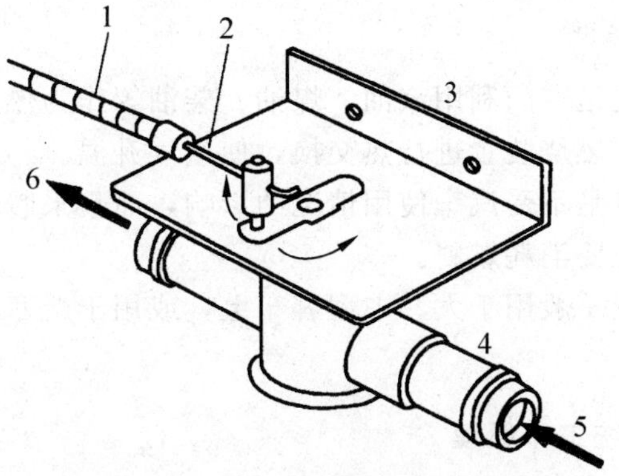

图 8.4　钢索式冷却液控制阀(热水阀)

1—保护层；2—钢索；3—装配支架；4—阀门；
5—来自发动机的冷却液；6—去加热器芯的冷却液

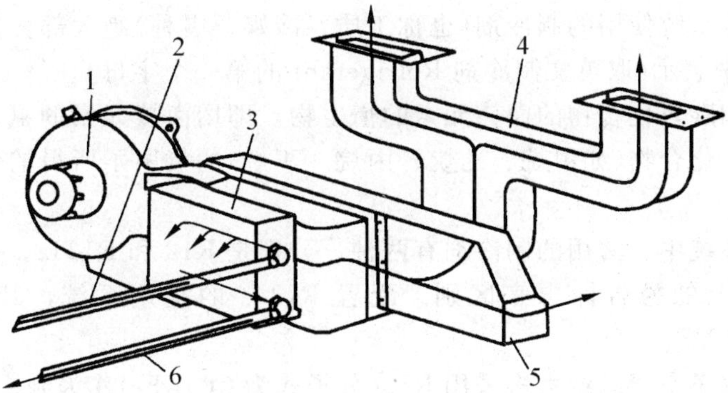

图 8.5　典型发动机冷却液采暖式暖风系统的布置

1—电动鼓风机；2—热水供应软管；3—加热器芯；4—挡风玻璃除霜器管道；
5—加热器底板出风口；6—热水返回软管

热交换器的结构有管片式、管带式和带状蜂窝式等，一般由传热系数很高的黄铜制造而成。电动鼓风机多为离心式叶片鼓风机，具有高、中、低三挡转速，可以调节换气强度，一般与空调制冷系统送风共用。

这种采暖系统没有独立的热源，采暖冷却液的流量受发动机冷却液泵(水泵)工作状况的限制，还与发动机的热状态有关，这些致使其采暖能力不高，在大、中型客车上很少采用。

该系统除了供车内取暖外，还可对风窗玻璃进行除霜。当不进行采暖时，也可以起到强制通风的作用。

2. 发动机废气采暖系统

发动机废气采暖系统是利用装在排气管道上的特殊热交换器，实现高温废气与低温空气的热交换，把产生的暖风送入车厢，供采暖与风窗玻璃除霜之用。

这种废气采暖系统的热交换器效率很低，结构复杂，对采暖系统密封性要求也很高且安全性差，故已被淘汰。

3. 独立热源式采暖系统

独立热源式采暖系统是专门利用汽油、煤油、柴油等作为燃料，使其在燃烧装置中燃烧产生热量，利用空气与燃烧装置进行热交换，使空气升温。

这种采暖系统的优点是不受汽车使用情况的影响，而且采暖迅速；缺点是需要复杂的燃烧装置、送风装置，还要消耗燃料。

独立热源式采暖系统一般用于大、中型客车上，或用于严寒地区只靠冷却液热量还不足以采暖的轿车上。

8.2.3 汽车空调制冷系统工作原理

1. 汽车空调制冷剂

汽车空调是利用蒸气压缩制冷装置来制冷的，是借助制冷剂的物态变化，由制冷剂循环流动实现制冷的。

蒸气压缩制冷系统使用的制冷剂(也称工质、冷媒、雪种)绝大部分都是氟利昂，国际上用英文字母 R 来表示(取英文制冷剂 Refrigerant 的第一个字母)。

氟利昂是饱和碳氢化合物的卤族元素的衍生物，即用卤族元素的氟、氯，有时加入溴原子取代饱和碳氢化合物(如甲烷、乙烷、丙烷、丁烷)的氢原子所得的化合物，因而氟利昂品种繁多。

在汽车空调系统中，常用的制冷剂有两种，分别是 R12 和 R134a。一般可通过观察贴于汽车空调系统上的警告标志来区别。配置 R134a 的空调系统，其警告标志通常为“R134a USE ONLY”。

长期以来，汽车空调系统大多采用 R12(分子式为 CCL_2F_2)作为制冷剂(图 8.6)。由于 R12 会破坏臭氧层，危害人类的健康和生存环境，因此，根据蒙特利尔公约，从 1996 年起，汽车空调的制冷剂开始使用 R134a(分子式为 CH_2F-CF_3)，到 2000 年已经全部使用 R134a。

(a) 汽车空调用制冷剂 R12　　(b) 汽车空调用制冷剂 R134a

图 8.6　汽车空调用制冷剂

2. 汽车空调制冷系统的基本组成

汽车空调制冷系统主要由压缩机、冷凝器、蒸发器、储液干燥器、节流膨胀阀(简称膨胀阀)或孔管、高低压管路、鼓风机和控制电路等组成。

图 8.7 所示是装有膨胀阀的空调制冷系统。压缩机是制冷系统的核心部件，连接蒸发器和冷凝器；膨胀阀总是装在蒸发器进口处，而使用储液干燥器的系统必须把储液干燥器放在冷凝器和膨胀阀之间。

3. 汽车蒸气压缩制冷系统工作原理

汽车蒸气压缩制冷系统工作时，制冷剂以不同的状态(物态)在密闭系统内循环流动，每一循环包括以下四个基本过程：

1) 蒸气压缩过程

当发动机带动压缩机运转时，压缩机吸入蒸发器出口处低温(约 0℃)低压(约 0.147MPa)的气态制冷剂，将其压缩成高温(70～80℃)、高压(约 1.471MPa)的蒸气排出压缩机。

2) 冷凝放热过程

高温、高压的过热制冷剂蒸气进入冷凝器，压力和温度降低。当制冷剂的温度降至 40～50℃时，制冷剂由气态变为液态，同时放出大量的热。

3) 节流膨胀过程

液态制冷剂流到储液干燥器后，在储液干燥器中除去水分和杂质，由管道流入节流膨胀阀。温度和压力较高的液态制冷剂通过膨胀阀装置后体积变大，压力和温度急剧下降，以雾状(细小液滴)排出膨胀装置。

膨胀阀阀口的横截面积可动态调节，以控制制冷剂的流量，确保制冷剂在蒸发器内完全蒸发。

4) 蒸发吸热过程

低温低压的雾状制冷剂进入蒸发器后，通过蒸发器的壁面吸收蒸发器周围环境(车厢)中空气的热量而沸腾汽化，从而可降低车厢内空气温度。

在冷却风机(也称鼓风机)的作用下，车厢内的冷、热空气加速对流，提高了空调制冷效果。在蒸发器内吸热汽化后的制冷剂蒸气再次被压缩机吸入，然后重复上述过程。

由此可知，汽车空调制冷系统实际上是一个传热系统，通过制冷剂的物态变化和循环流动把车厢内的热量传送到车外，使车内温度降低。

8.2.4 汽车空调制冷系统组成

1. 压缩机

1) 压缩机的作用与分类

作为汽车空调制冷系统的核心部件，压缩机具有两个重要功能：压缩机吸气时相当于一个真空泵，使系统内部产生低压，吸入蒸发器中低温、低压的气态制冷剂。然后，在压缩过程中将气态制冷剂压缩成高温、高压状态并输入冷凝器，维持制冷剂在制冷系统管路中循环流动。

压缩机(compressor)是蒸气压缩制冷系统中低压和高压、低温和高温的转换装置，其正常工作是实现热交换的必要条件。

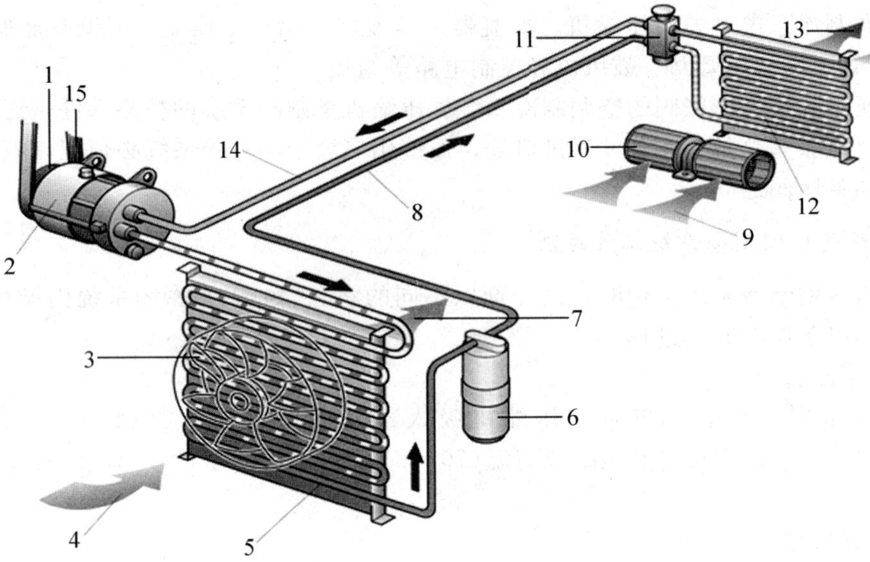

图 8.7　汽车空调蒸汽压缩制冷系统

1—电磁离合器；2—压缩机；3—轴流式冷却风机；4—车外冷空气；5—冷凝器；6—储液干燥器；7—热空气(吹向发动机)；8—高压管路；9—车内热空气；10—离心式冷却风机；11—节流膨胀阀；12—蒸发器；13—冷空气(吹入车内)；14—低压管路；15—压缩机驱动皮带

汽车空调制冷压缩机主要采用容积式压缩机，除了有些大型客车采用独立发动机驱动外(副发动机驱动)，大部分是采用汽车发动机驱动。

汽车空调制冷容积式压缩机种类繁多。按排量变化与否可分为定量式和变量式两大类。常用的定量式压缩机按运动形式和主要零件形状不同，又可分为往复活塞式和旋转活塞式两大类。常用的轴向往复活塞式压缩机有斜盘式和摇板式两种。

2）斜盘式压缩机

斜盘式压缩机也称斜板式压缩机，是一种轴向往复活塞式压缩机。目前，斜盘式压缩机是汽车空调中使用最为广泛的一种压缩机。国内常见的轿车，如奥迪 100 轿车、捷达轿车和富康轿车皆采用斜盘式压缩机作为汽车空调的制冷压缩机。

(1) 斜盘式压缩机工作原理。图 8.8 为斜盘式压缩机的剖面图，图 8.9 是其运动原理图。其工作原理如下：当主轴带动斜盘转动时，斜盘便驱动活塞作轴向运动，活塞在前后布置的气缸中同时作轴向运动，这相当于两个活塞在作双向运动，即前缸活塞向左移动时，排气阀关闭，余隙容积的气体首先膨胀。

在缸内压力略小于吸气腔压力时，吸气阀打开，低压蒸气进入气缸开始了吸气过程，一直到活塞向左移动到终点为止。当后缸活塞向左移动时，开始压缩过程，蒸气不断压缩，压力和温度不断上升。当压缩蒸气的压力略大于排气腔压力时，排气阀打开，转到排气过程，一直到活塞移动到左边为止。

这样斜盘每转动一周，前后两个活塞各自完成吸气、压缩、排气、膨胀过程，完成一个循环，相当于两个气缸工作。这意味着缸体截面均布 3 个气缸和 3 个双向活塞时，主轴旋转一周，相当于有 6 个工作气缸，所以称这种有 3 个气缸、3 个双向活塞的压缩机为斜盘式六缸压缩机。

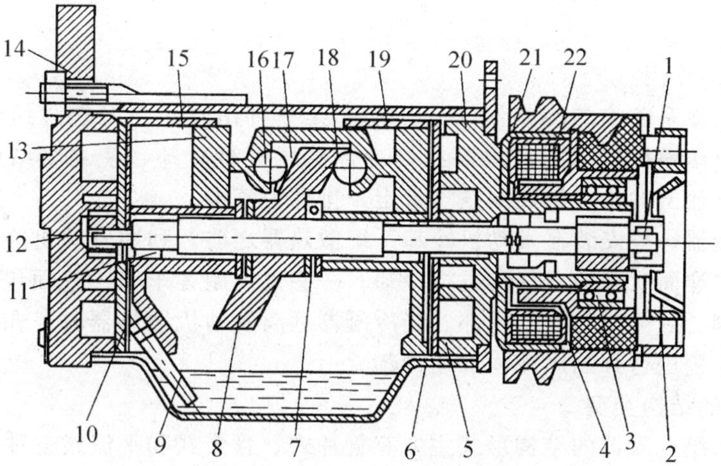

图 8.8 斜盘式压缩机剖视图

1—主轴；2—压板；3—带轮轴承；4—轴封；5—密封圈；6—前阀板；7—回油孔；8—斜盘；9—吸油管；10—后阀板；11—轴承；12—机油泵；13—活塞；14—后缸盖；15—后气缸；16—钢球；17—钢球滑靴；18—前后活塞球套；19—前气缸；20—前缸盖；21—带轮；22—电磁线圈

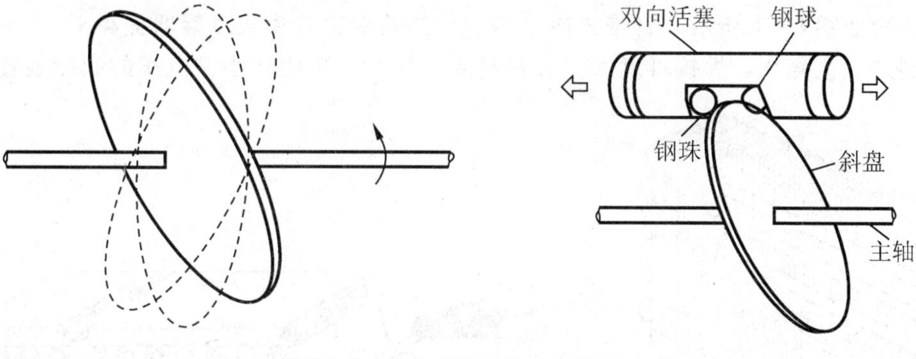

图 8.9 斜盘式压缩机运动原理

(2) 斜盘式压缩机结构。斜盘式压缩机的主要零件有缸体、前后缸盖、前后阀板、活塞等。斜盘固定在主轴上，钢球用滑靴和活塞的联结架固定。

钢球的作用是使斜盘的旋转运动经钢球转换为活塞的直线运动时，由滑动变为滚动，这样可减少摩擦阻力和磨损，延长滑板的使用寿命。现在斜盘和滑靴都以耐磨质轻的高硅铝合金材料替换了当初使用的铸铁材料，活塞也用硅铝合金，这样既提高了压缩机运动机件的质量，又提高了压缩机的转速。

由于斜盘式压缩机有双向作用，所以在其前后都装有阀板总成，各总成上都装有吸气簧片和排气簧片，且前、后缸盖上有各自相通的吸气腔和排气腔，吸、排气缸用阀垫隔开。

斜盘式压缩机的润滑方式有两种，一种是采用机油泵强制润滑，用于豪华型轿车和豪华小型巴士车等具有较大制冷量的压缩机。另一种没有油池和机油泵，而是依靠润滑油和制冷剂一道循环，利用在吸气腔内因压力和温度下降而分离出来的润滑油来润滑压缩机各运动件。

2. 冷凝器

1) 冷凝器的作用

汽车空调制冷系统中的冷凝器(condenser)是一种由管子与散热片组合起来的热交换器。其作用是对压缩机排出的高温高压制冷剂蒸气进行冷却，使之凝结成高温高压的液体。制冷剂蒸气放出的热量由周围空气带走，排到大气中。

轿车的冷凝器一般安装在发动机冷却系统散热器之前，利用发动机冷却风扇吹来的新鲜空气和行驶中迎面吹来的空气流进行冷却。一些大中型客车和一些面包车，则把冷凝器安装在车厢两侧、后侧或车厢的顶部。当冷凝器远离发动机散热器时，在冷凝器旁都必须安装辅助冷却风扇进行强制风冷，加速冷却。

2) 冷凝器的结构类型

汽车空调系统冷凝器的结构形式主要有管片式、管带式和平流式三种。

(1) 管片式冷凝器。管片式冷凝器由铜质或铝质圆管套上散热片组成，其结构如图 8.10所示。片与管组装后，经膨胀和收缩处理，使散热片与散热管紧密接触，以保证热传递的顺畅，并与其他附件组合成为冷凝器总成。这种冷凝器结构比较简单，加工方便，但散热效果较差。管片式冷凝器一般用在大中型客车的制冷装置上。

(2) 管带式冷凝器。管带式冷凝器是由多孔扁管与蛇形散热带(波纹散热片)焊接而成，其结构如图 8.11 所示。管带式冷凝器的传热效率比管片式冷凝器提高了 15%～20%，但它的制造工艺复杂，焊接难度大，且材料要求高，一般用在小型汽车的制冷装置上。

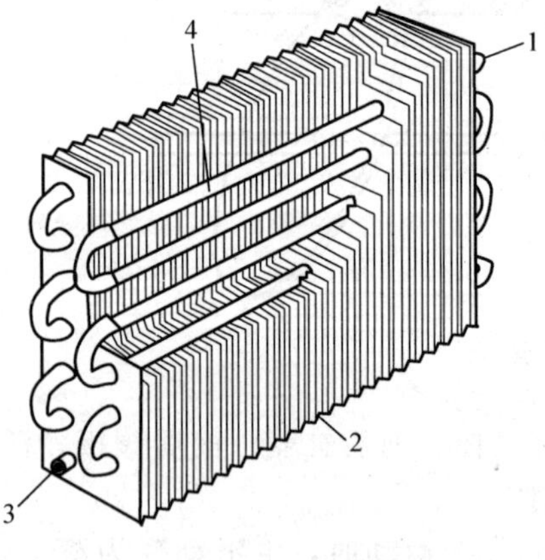

图 8.10 管片式冷凝器

1—进口；2—散热片；
3—出口；4—制冷剂散热管

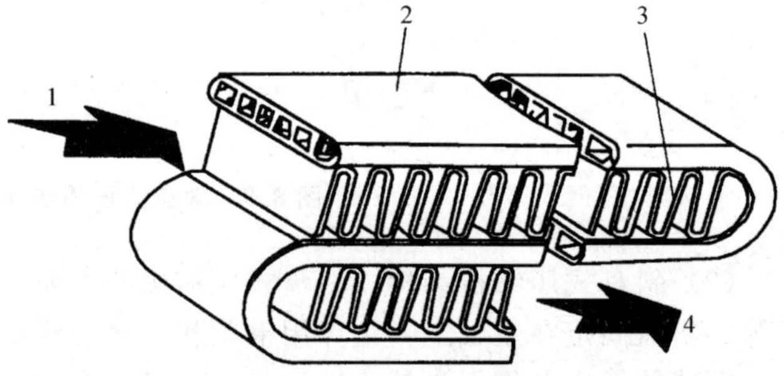

图 8.11 管带式冷凝器

1—气态制冷剂；2—异型扁管；
3—波纹散热片；4—液态制冷剂

(3) 平流式冷凝器。平流式冷凝器外观结构如图 8.12 所示。

平流式冷凝器制冷剂由管接头进入圆柱形集管，然后分流进入铝制内肋扁管，平行的流到对面的集管，最后通过跨接管回到管接头座。扁管之间嵌有散热翅片。这种冷凝器具有制冷剂侧的压力小、传热系数高、质量小、结构紧凑和制冷剂充注量少等特点。平流式冷凝器适合与采用 R134a 为制冷剂的制冷系统配套使用。

与管带式冷凝器相比，在制冷剂相同的情况下，平流式冷凝器的制冷剂侧压力降只是管带式的20%，而换热性能提高约75%。

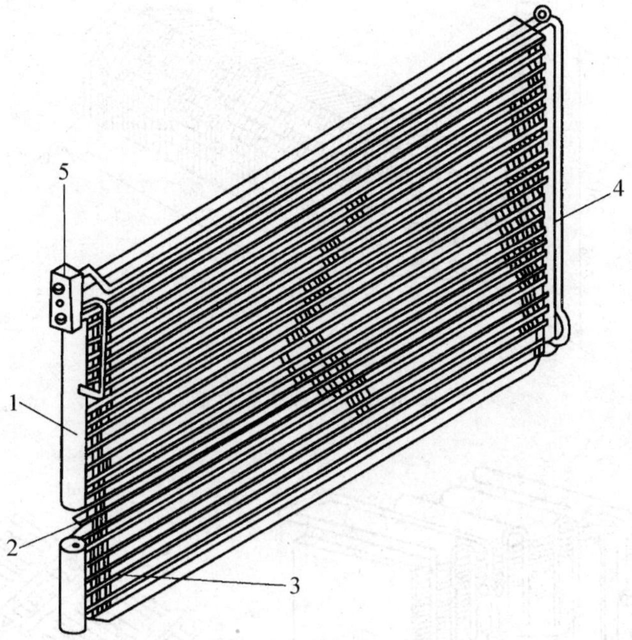

图8.12 平流式冷凝器

1—圆柱形集管；2—铝制内肋扁管；3—波形散热翅片；4—跨接管；5—管接头

3. 蒸发器

1) 蒸发器的作用

蒸发器(evaporator)是汽车空调制冷系统中的另一个热交换器，其作用与冷凝器相反，是将经过节流降压后的液态制冷剂在蒸发器内沸腾汽化，吸收蒸发器表面周围空气的热量而使之降温，风机再将冷风吹到车室内，达到降温的目的。

汽车车厢内的空间狭小，对空调器尺寸有很大的限制，为此要求空调器(主要是蒸发器)具有制冷效率高、尺寸小、质量轻等特点。

2) 蒸发器的结构类型

汽车空调蒸发器有管片式、管带式、层叠式三种结构类型。

(1) 管片式蒸发器。如图8.13所示，管片式蒸发器由铜质或铝质圆管套上铝翅片组成，经胀管工艺使铝翅片与圆管紧密接触。其结构较简单、加工方便，但其换热效率较差。

(2) 管带式蒸发器。如图8.14所示，管带式蒸发器由多孔扁管与蛇形散热铝带焊接而成，工艺比管片式复杂，需采用双面复合铝材(表面覆一层0.02～0.09mm厚的焊药)及多孔扁管材料。这种蒸发器换热效率可比管片式提高10%左右。

(3) 层叠式蒸发器。如图8.15所示，层叠式蒸发器由两片冲成复杂形状的铝板叠在一起组成制冷剂通道，每两片通道之间夹有蛇形散热铝带。这种蒸发器也需要双面复合铝材，且焊接要求高，因此，加工难度最大，但其换热效率也最高，结构也最紧凑。采用新型制冷剂R134a的汽车空调多采用这种层叠式蒸发器。

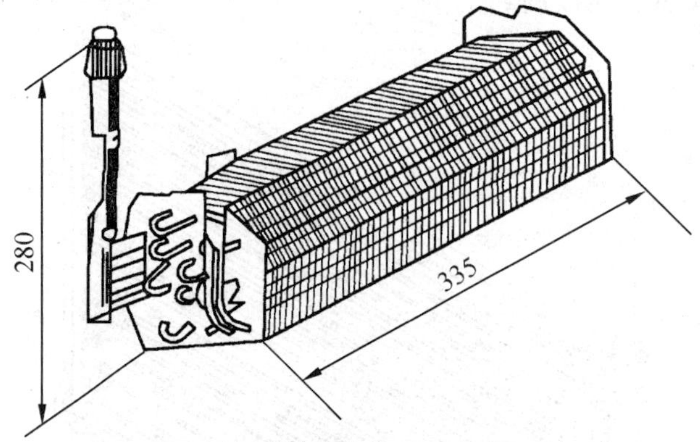

图 8.13 管片式蒸发器

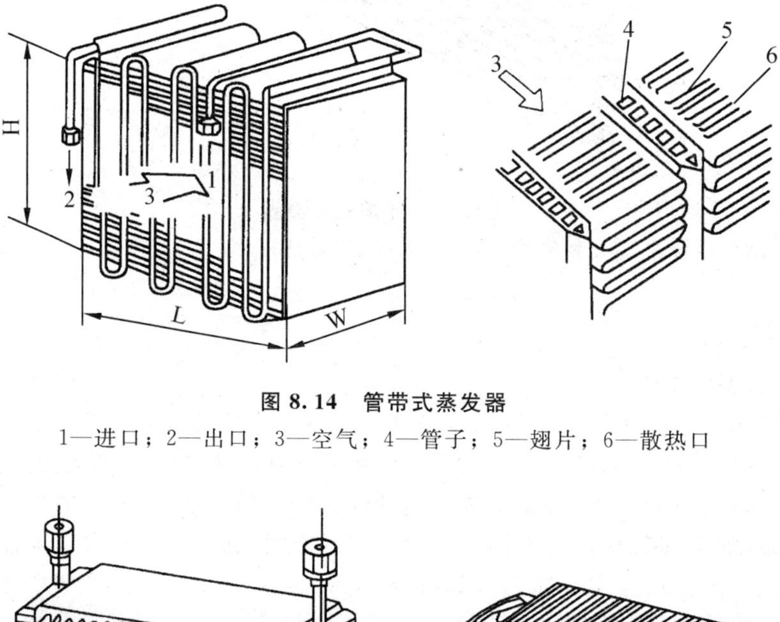

图 8.14 管带式蒸发器

1—进口；2—出口；3—空气；4—管子；5—翅片；6—散热口

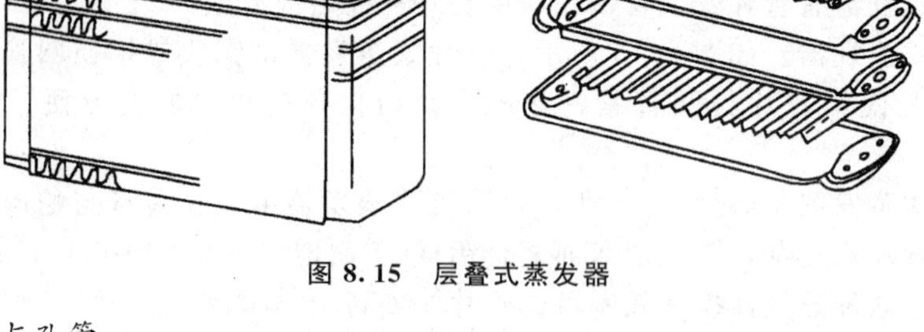

图 8.15 层叠式蒸发器

4. 膨胀阀与孔管

1) 膨胀阀

膨胀阀(expansion valve)安装在蒸发器入口管路上，是一种感压和感温自动阀，用以调整和控制制冷剂进入蒸发器的流量，保证制冷剂在蒸发器内完全蒸发。需要注意的是膨胀阀并不控制蒸发器的温度。膨胀阀有三种，下面分别予以介绍。

(1) 内平衡热力膨胀阀。内平衡热力膨胀阀的结构如图 8.16 所示。固定在回气管路(由蒸发器出来，去压缩机的管路)上的感温包内装有惰性液体或制冷剂，当蒸发器出口温度较高时，感温包内液体温度随之上升，内压升高，作用在膜片上的压力大于蒸发器进口压力和过热弹簧压力总和时，针阀离开阀座，阀门开启，制冷剂流入蒸发器。

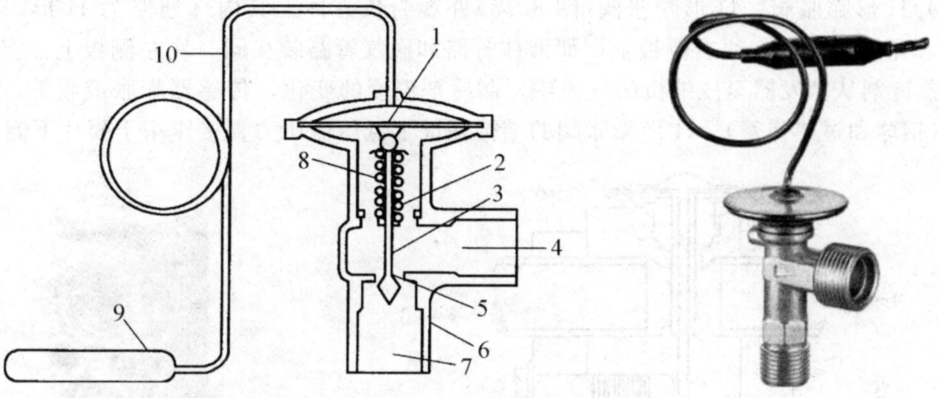

(a) 结构示意图　　(b) 实物照片

图 8.16　内平衡热力膨胀阀

1—膜片；2—内平衡口；3—针阀；4—蒸发器进口；5—阀座；6—阀体；7—通储液干燥器进口；8—弹簧；9—感温包；10—毛细管

针阀开启后，制冷剂进入蒸发器，蒸发器内压力随之上升，回气温度降低，膜片下侧压力增加，上侧压力降低，阀门关闭。由于膜片上、下侧压力经常处于不平衡状态，所以阀门不断地循环开启、闭合。

(2) 外平衡热力膨胀阀。外平衡热力膨胀阀的结构如图 8.17 所示。感温包固定在蒸

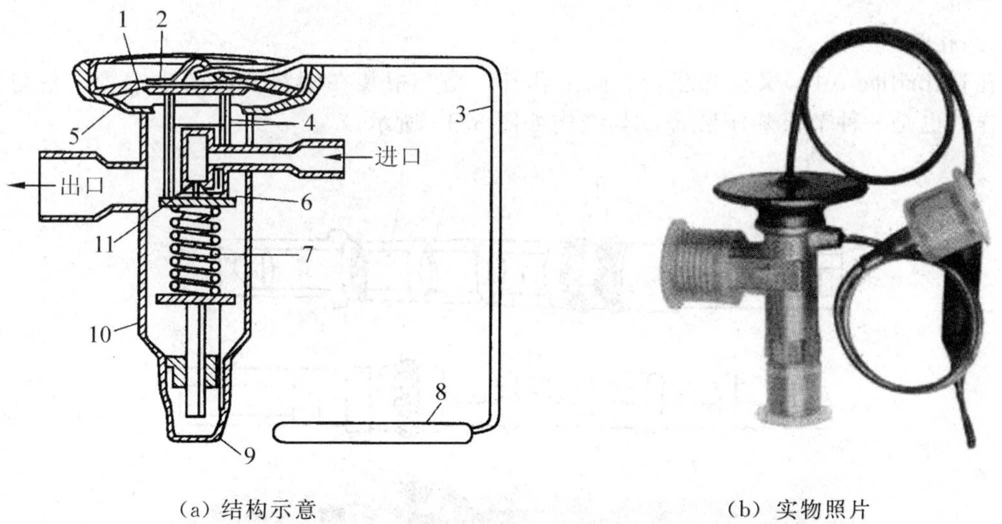

(a) 结构示意　　(b) 实物照片

图 8.17　外平衡热力膨胀阀

1—膜片；2—温包压力；3—毛细管；4—推杆；5—蒸发器出口压力；6—阀座；7—过热调整弹簧；8—感温包；9—弹簧压力；10—阀体；11—针阀

发器的出口管上。感温包感应尾管温度，通过毛细管传递压力，驱动膨胀阀膜片，适量的制冷剂就进入了蒸发器。外平衡膨胀阀与内平衡膨胀阀的区别在于：蒸发器出口压力作用于膜片下侧，而不是蒸发器的进口压力。一般蒸发器内制冷剂的压力降较大时，选用外平衡膨胀阀，能充分而有效地利用蒸发器的所有表面积，以求提高换热效率。

(3) H形膨胀阀。H形膨胀阀(图8.18)外观为长方体，其内部通路为H形。蒸发器进口管和尾管装在同一块右侧板上，而液体管路和回气管路装在同一块左侧板上。温度传感器装在制冷剂从蒸发器至压缩机的气流中。制冷剂温度的变化，传感器膨胀或收缩，直接推动阀门(钢球和过热弹簧)。H形膨胀阀的结构保证了低压侧压力直接作用于膜片下侧。

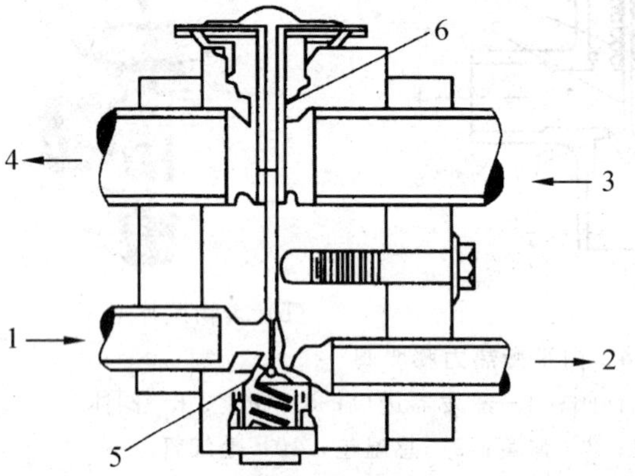

(a) 结构示意

(b) 实物

图8.18 H形膨胀阀

1—接冷凝器；2—至蒸发器；3—从蒸发器来；4—至压缩机；5—钢球与弹簧；6—温度传感器

H形膨胀阀从外观上容易识别，普通膨胀阀只有两根主管路，而H形膨胀阀却有四根主管路。

2) 孔管

孔管(orifice tube)又称膨胀管、固定孔管，是一根装在塑料套内的小铜管，它与膨胀阀一样，也是一种节流降压装置，其结构如图8.19所示。

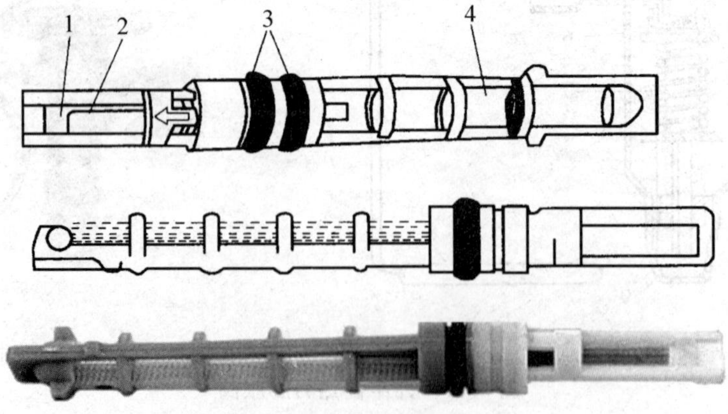

图8.19 孔管

1—出口；2—孔口；3—密封圈；4—进口滤网

只有循环离合器孔管系统(cycling clutch orifice tube，CCOT)才装有孔管。孔管与膨胀阀的差别在于：孔管没有运动零件，也不可调整，如发生故障(多因堵塞所致)很难清理，一般需更换。

安装孔管的空调系统，高压侧没有储液干燥器，但低压侧装有集液器。

5. 储液干燥器与集液器

1) 储液干燥器

(1) 储液干燥器的作用。储液干燥器(receiver drier)串联在冷凝器与膨胀阀之间的管路上，使从冷凝器中出来的高压制冷剂液体经过滤、干燥后流向膨胀阀。在制冷系统中，它起到储液、干燥和过滤液态制冷剂的作用。

储液干燥器的功能是储存液化后的高压液态制冷剂。根据制冷负荷的大小需要，随时向蒸发器提供制冷剂，同时还可以补充制冷系统因微量渗漏而损失的制冷剂量。

干燥的目的是防止水分在制冷系统中造成堵塞。水分主要来自新添加的润滑油和制冷剂中所含的微量水分。当这些水分与制冷剂混合物通过膨胀阀时，由于压力和温度下降，水分便容易析出凝结成冰，造成膨胀阀堵塞，形成“冰堵”现象。

制冷系统制造、维修时，由于没有处理干净会带入一些杂物，另外制冷剂和水混合后，对金属的强烈腐蚀作用也会产生一些杂质。上述杂质与制冷系统的制冷剂混在一起，在系统中循环，很容易将系统中的小孔堵塞，影响系统正常工作。与此同时，亦增加了压缩机的磨损，缩短其使用寿命，所以系统中一定要设置储液干燥器。

(2) 储液干燥器的结构。在中小型汽车空调系统中，一般将具备储液、干燥、过滤三种功能的装置组成一体，这个容器称为储液干燥过滤器，简称储液干燥器。

储液干燥器(图 8.20)的组成部分主要有易熔塞 5、进口 4、过滤器 3、干燥剂 2、引出管 1 和出口 6 等。从冷凝器来的液态制冷剂，从进口 4 处进入，经滤网和干燥剂 2 除去水分和杂质后进入引出管 1，从出口 6 流向膨胀阀。

干燥剂是一种能从气体、液体或固体中除掉水分的固体物质。一般常用的干燥剂有硅胶及分子筛。硅胶在干燥时呈蓝绿色，吸水后呈粉红色。用过的硅胶，可在烘箱内做脱水再生处理，但不能用明火烤。再生硅胶的颜色一般不能复原。

分子筛是一种白色球状或条状的吸附剂，它对含水量低、流速大的液体或气体均有极高的干燥能力。它不但使用寿命长，还可经再生处理后重新使用，缺点是价格较贵。

易熔塞是一种保护装置，一般装在储液干燥器的头部，用螺塞拧入。螺塞中间是一种低熔点的合金，当制冷剂温度达到 95～105℃时，易熔合金熔化，制冷剂逸出，以避免系统中其他零件的损坏。

视液镜可以方便维修人员检查制冷剂的流动状态。当系统正常运行时，通过视液镜可以看到制冷剂无气泡地稳定流动。若出现气泡和泡沫，则说明系统工作不正常或制冷剂不足。

2) 集液器

集液器(accumulator，也称积累器、气液分离器)和储液干燥器类似，但装在系统的低压侧。装有集液器的空调系统通常都用孔管。集液器的结构如图 8.21 所示。

集液器的主要功能是防止液态制冷剂液击压缩机，也用于储存过多的液态制冷剂，内含干燥剂也起储液干燥器的作用。

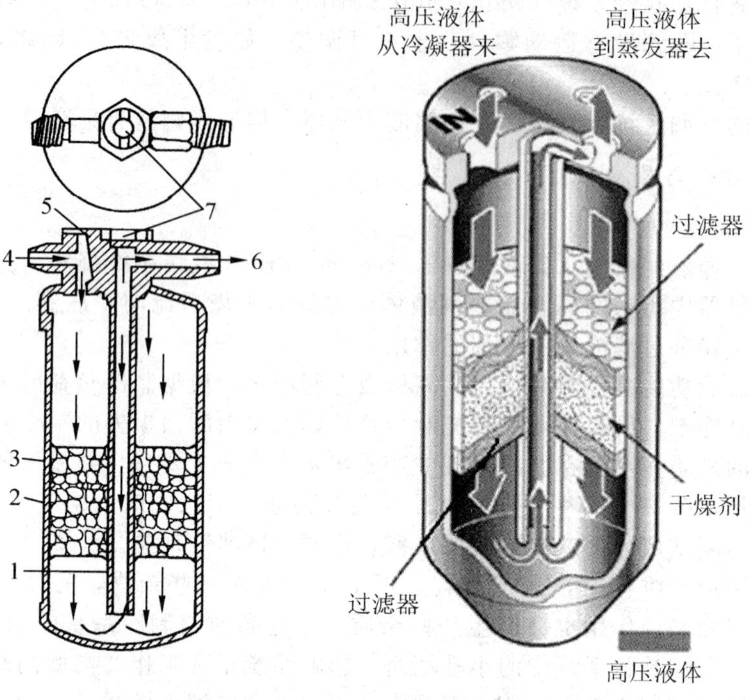

(a) 结构示意　　(b) 透视图

图 8.20　储液干燥器

1—引出管；2—干燥剂；3—过滤器；4—进口；5—易熔塞；6—出口；7—视液镜(观察窗口)

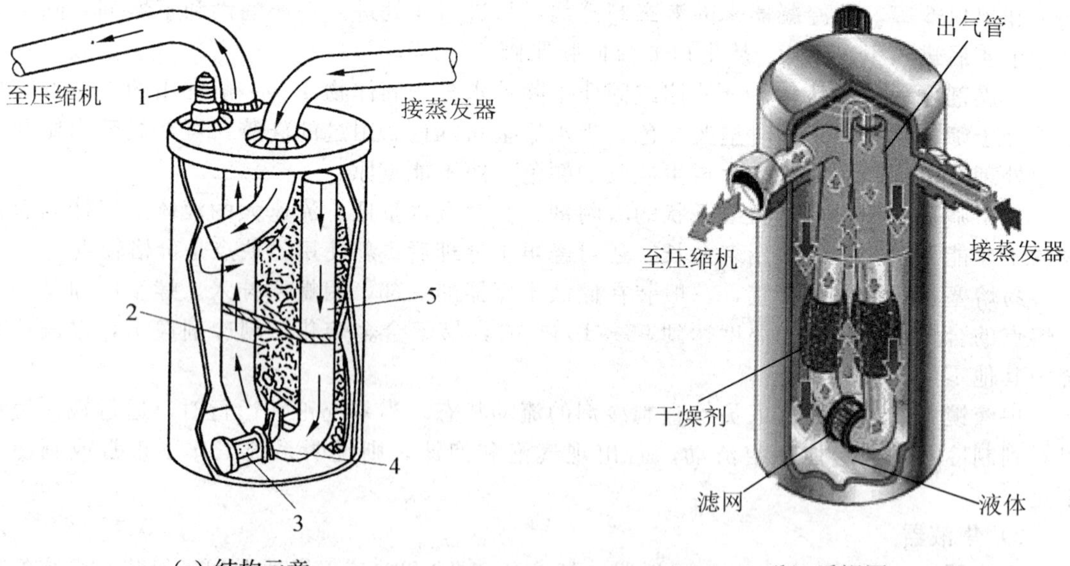

(a) 结构示意　　(b) 透视图

图 8.21　集液器

1—测试孔口；2—干燥剂；3—滤网；4—泄油孔；5—出气管

制冷剂从集液器上部进入，液态制冷剂落入容器底部，气态制冷剂积存在上部，并经上部出气管进入压缩机。在容器底部出气管管弯处装有带小孔的滤网(过滤器)，允许少量的积存在管弯处的机油返回压缩机。但液体制冷剂不能通过，因而要用特殊过滤材料。

集液器不能维修，如发现故障或损坏，就必须更换。

6. 风机

汽车空调制冷系统采用的风机(blower)也称通风机、鼓风机。按工作原理不同，风机可分为叶轮式和容积式两类。叶轮式风机按气体流向与风机主轴的相互关系，又可分为离心式风机和轴流式风机两种。

1) 离心式风机

离心式风机的空气流向与风机主轴成直角，其特点是风压高、风量小、噪声也小。蒸发器采用这种风机，因为风压高可将冷空气吹到车室内每个乘员身上，使乘员有冷风感。噪声小是设计空调的一项重要指标，车室内噪声小，乘员不至于感到不适而过早疲劳。

离心式风机主要由电动机、风机轴(与电动机同轴)、风机叶片、风机壳体等组成，如图8.22所示。风机叶片有直叶片、前弯片、后弯片等形状，随叶轮叶片形状不同，所产生的风量和风压也不同。

2) 轴流式风机

轴流式风机的空气流向与风机主轴平行，其特点是风量大、风压小、耗电少、噪声大。冷凝器采用这种风机，因为风量大可将冷凝器四周的热空气全部吹走。轴流式风机能满足耗电少的要求。其缺点是风压小、噪声大，但这对冷凝器来说不是大问题，因为冷凝器只要将其四周的热空气吹离即可，所以风压小不影响冷凝器正常工作。另外，冷凝器安装在车室外面，风机噪声大也影响不到车内。

轴流式风机主要由电动机、风机轴、风机叶片、键等组成，如图8.23所示。叶片固定在骨架上，常做成3、4、5、7片不等，叶片骨架穿在电机轴上，由键带动旋转。

图8.22 离心式风机

图8.23 轴流式风机

8.2.5 汽车空调空气净化系统

1. 空气净化系统的分类

汽车空调空气净化系统有空气过滤式和静电除尘式两种。

前者是在空调系统的进风和排风口处设置空气滤清装置，它仅能滤除空气中的灰尘和杂物，结构简单，工作可靠，只需定期清理过滤网上的灰尘和杂物即可，故广泛用于各种汽车空调系统中。

后者则是在空气进口的过滤器后再设置一套静电除尘装置或单独安装一套用于净化车内空气的静电除尘装置。它除具有过滤和吸附烟尘等微小颗粒的杂质的功能外，还具有除臭、杀菌作用，有的还能产生负离子(带负电荷的氧离子，也称负氧离子)以使车内空气更为新鲜洁净。由于其结构复杂、成本高，所以，目前只用于某些高级轿车和旅游车上。

2. 静电除尘式空气净化系统

图 8.24 为静电除尘式空气净化系统的空气净化过程框图。

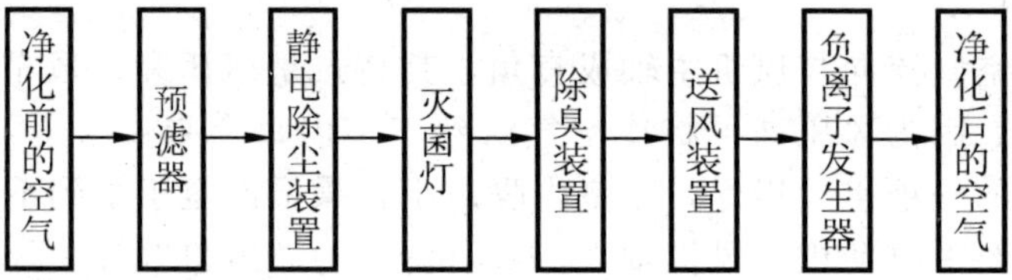

图 8.24　静电除尘式空气净化系统空气净化过程

预滤器用于过滤空气中粗大的尘埃杂质。

除尘器以静电除尘方式把微小的颗粒尘埃、烟灰及汽车排出的气体中含有的微粒吸附在除尘板上。其工作原理是：通过辉光放电时产生的加速离子通过热扩散或相互碰撞而使浮游尘埃颗粒带电，然后在辉光放电的电场中，在电场力的作用下，克服空气的黏性阻力而被吸附在集尘电极板上。

灭菌灯用于杀死吸附在集尘板上的细菌，它是一只低压水银放电管，能发射出波长为 353.7nm 的紫外线光，其杀菌能力约为太阳光的 15 倍。

除臭装置用于去除车室内的汽油及烟草等气味，一般是采用活性炭过滤器、纤维式或滤纸式空气过滤器来吸附烟尘和臭气等有害气体。

8.3　汽车空调的控制系统

8.3.1　汽车空调基本控制元件

1. 电磁离合器

一般轿车空调系统的压缩机是由该车发动机通过电磁离合器来驱动的，电磁离合器可使发动机与压缩机分离，而在需要使用空调设备时，电磁离合器又使发动机与压缩机结合，传递动力。电磁离合器安装在压缩机主轴伸出端。

如图 8.25 所示，压缩机的皮带轮由轴承支承在壳体前端，在电磁线圈没有通电时，压盘与皮带轮之间保持一定的间隙而分离，此时输入轴(压缩机主轴)不转，压缩机不工作。

当电磁线圈通电时，产生磁场，将压盘吸附在皮带轮上，皮带轮通过压盘带动输入轴旋转，压缩机工作。

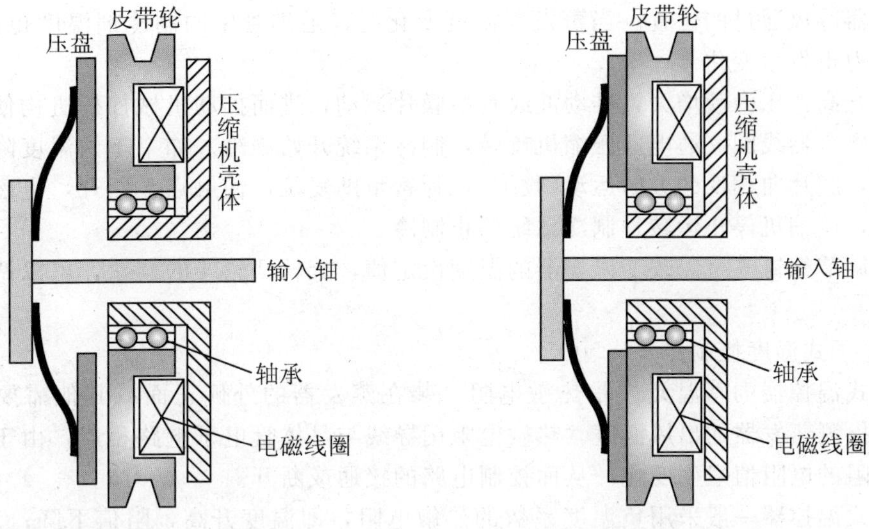

(a) 电磁线圈不通电，离合器分离，压缩机不工作　　(b) 电磁线圈通电，离合器吸合，压缩机工作

图 8.25　电磁离合器

2. 温度控制器

温度控制器又称恒温开关，是汽车空调系统中温度控制的一种开关元件，可用于检测车室内温度，并使其稳定在一定范围内。温度控制器可分为机械压力式和电子式两种。

1) 机械压力式温度控制器

机械压力式温控器主要是利用波纹管的伸长或缩短来接通或断开触点，从而切断汽车空调压缩机的动力。其感温受压元件主要由感温毛细管和波纹管构成，其内部填充有感温制冷剂，感温毛细管一般放在蒸发器冷风吹出处，用以感受蒸发器温度。温控器利用感温毛细管内制冷剂的温度变化，引起波纹管内压力变化，从而使波纹管伸长或缩短进而达到控制目的。

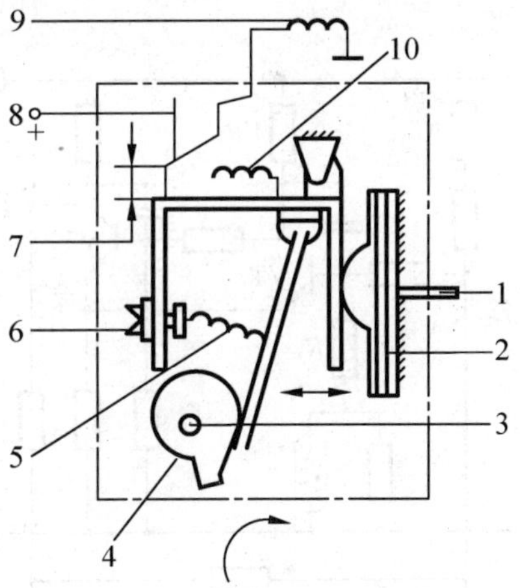

图 8.26　机械压力式温控器结构示意

1—感温毛细管；2—波纹管；3—凸轮轴(外接手动温度调节旋钮)；4—凸轮；5—调节弹簧；6—温度调节螺钉；7—触点；8—电源；9—电磁离合器线圈；10—支承弹簧

这种温控器的调节机构主要由凸轮、凸轮轴、温度调节螺钉等组成，其作用是使温控器能在最低至最高温度范围内的任一点温度点控制动作。温控器的停点是根据调节轴给定位置的变化而变化的，开点和停点的温差基本上是恒定的。温控器的触点开闭机构主要由触点、弹簧、杠杆等组成。温控器通过触点的断开和闭合，来切断或接通压缩机上的电磁离合器电路。

图 8.26 所示为其结构示意图。波纹管 2 和充满制冷剂的感温毛细管 1 相连，毛细管感温元件

置于蒸发器冷风通过的位置。当蒸发器温度变化时，毛细管中的制冷剂温度也随之变化，对应的压力也发生变化。

温度升高，压力就增大，推动波纹管中膜片运动，进而推动机械杠杆机构使触点 7 闭合，电磁离合器线圈 9 通电，压缩机旋转，制冷系统开始制冷。如果车内温度降到设定的温度以下，膜片向相反的方向运动(收缩)，弹簧帮助复位，使触点 7 断开，电磁离合器线圈 9 断电，压缩机停止运转，制冷系统停止制冷。

温度调节螺钉 6 可以改变温控器的温度设定值，旋转凸轮 4 的旋钮，可以调整温度的高低。

2）电子式温度控制器

电子式温控器的感温元件是热敏电阻，装在蒸发器的外侧正面或其他需要感温的部位，用以检测蒸发器的出风温度。热敏电阻用导线与晶体管电子电路相连，由于温度变化使热敏电阻的电阻值发生变化，从而控制电路的接通或断开。

电子式温控器一般采用负温度系数的热敏电阻，即温度升高，阻值下降；温度降低，阻值上升。热敏电阻将温度变化转换成电阻变化，即转换成电压变化。

将热敏电阻的电压变化信号放大后，便可驱动控制电磁离合器的继电器动作，达到对车室内温度进行控制的目的。车室内温度高低的调整是靠温度调整电阻来调节的。

图 8.27 所示为电子式温控器电路图。当温度调整电阻 14 设定后，温控器中 B 点的电位高低取决于热敏电阻 13 的阻值的大小。当车内温度高于设定温度时，热敏电阻 13 的阻

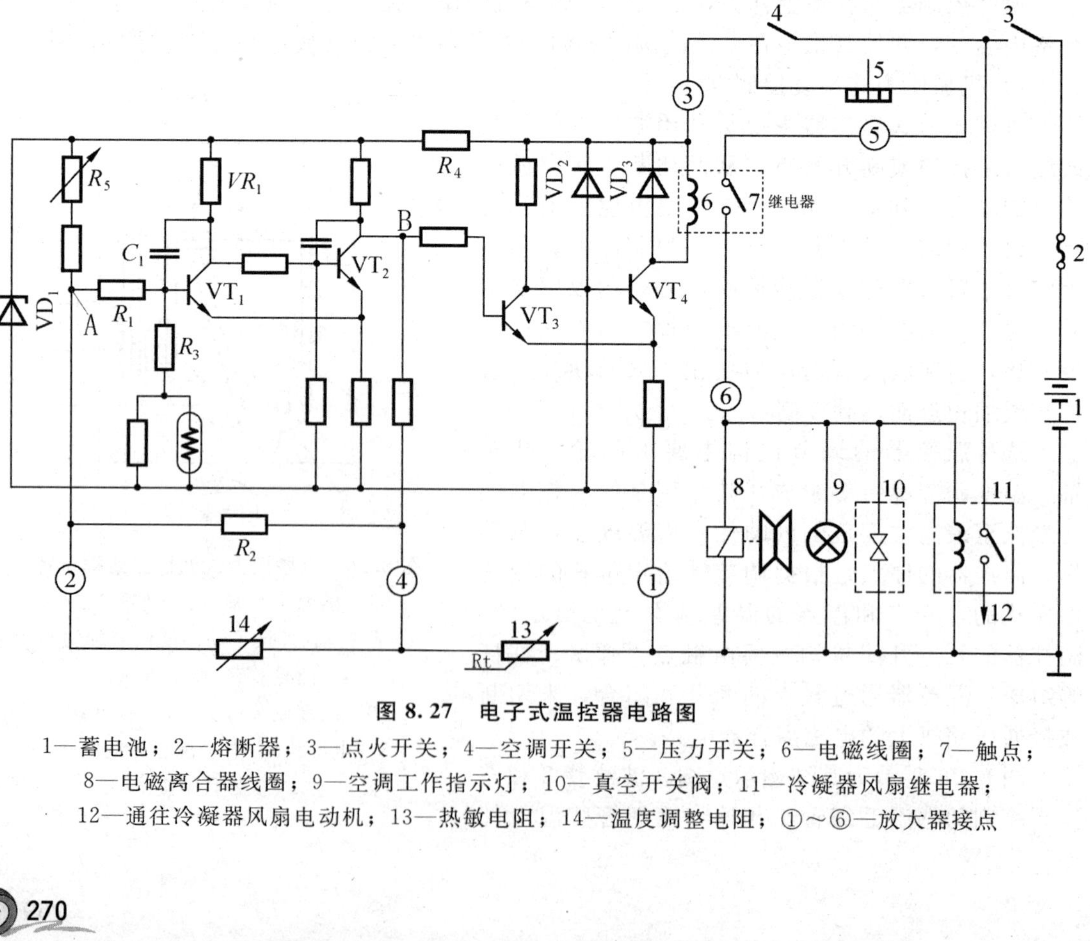

图 8.27　电子式温控器电路图

1—蓄电池；2—熔断器；3—点火开关；4—空调开关；5—压力开关；6—电磁线圈；7—触点；8—电磁离合器线圈；9—空调工作指示灯；10—真空开关阀；11—冷凝器风扇继电器；12—通往冷凝器风扇电动机；13—热敏电阻；14—温度调整电阻；①～⑥—放大器接点

值减小，B点电位降低，三极管 VT_3 截止，VT_4 导通，于是继电器线圈6通电，其触点7闭合，接通压缩机电磁离合器电路，制冷系统工作，从而使车内温度下降。当车内温度降低后，热敏电阻13的阻值增大。B点电位升高，三极管 VT_3 导通，VT_4 截止，使继电器线圈6断电，触点7断开，切断压缩机电磁离合器电路，制冷系统停止工作。由此循环工作，使车内温度保持在设定的范围内。

调节温度调整电阻14可改变A点电位，当温度调整电阻14的阻值减小时，A点电位降低，三极管 VT_1 截止，VT_2 导通，B点电位发生相应变化，VT_3 截止，VT_4 导通，制冷系统工作，设定温度降低；反之，当温度调整电阻14的阻值增大时，设定温度升高。

3. 过热开关和热力熔断器

过热开关(图8.28)安装在压缩机缸体后侧、高压管出口处。过热开关是一种温度-压力感应开关，在正常情况下过热开关处于断开状态，电磁离合器电流流过限制器的熔体。如果系统出现过热情况，当过热开关检测到系统处于高温、低压状态时，过热开关触点闭合，又有电流流过热流限制器(电流增大)，合成热量会使熔体熔化，压缩机电磁离合器线圈的电路断开，压缩机停止工作，起到保护作用。

系统的高温、低压状态通常在缺少制冷剂时出现。如果压缩机继续运转，会因缺少润滑油而过热损坏，过热开关会将压缩机停止运转，直到故障排除。

保护压缩机过热开关的壳体和盖板之间用O形密封圈密封，一个特殊成形的限位圈把开关固定就位，并使壳体通过压缩机搭铁，当温度过高时，膜片变形使触点闭合。

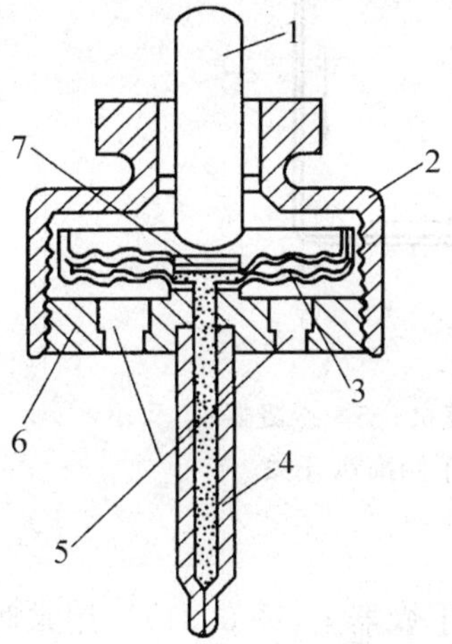

图8.28 过热开关结构

1—接线柱；2—壳体；3—膜片总成；
4—感应管；5—底座孔；
6—膜片底座；7—动触点

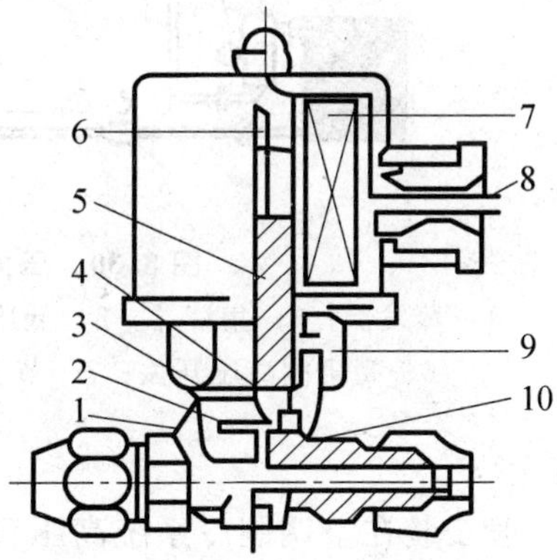

图8.29 旁通电磁阀结构

1—阀体；2—主阀；3—阀座；4—针阀；
5—可动片；6—回位弹簧；7—线圈；
8—配线；9—防松螺母；10—主阀阀座

热力熔断器与过热开关配合使用，当过热开关闭合时，通向电磁离合器的电流通过热力熔断器的加热器，使加热器温度升高，直到熔体熔化，使电磁离合器电路中断，压缩机停止运转。

4. 旁通电磁阀

旁通电磁阀的作用是防止蒸发压力异常下降，使车内温度控制在规定范围内，防止蒸发器结霜。

如图 8.29 所示为旁通电磁阀结构。它是借助电磁线圈使阀杆升降而将阀开启或关闭的，电流一旦通入电磁线圈，阀杆即被电磁力吸引上升，阀门就开启；切断电流，电磁力消失，阀杆在重力作用下落座门，阀就被关闭。

旁通电磁阀一般装在储液干燥器和压缩机进气口之间，当压缩机转速升高时，其进气压力降低，蒸发压力也随之降到其规定值以下，蒸发器易结霜，这时控制电路使旁通电磁阀开启，一部分高温、高压的制冷剂气体直接被吸入压缩机，压缩机吸气压力上升，蒸发压力也随之上升，当上升到一定值时，控制电路又使旁通电磁阀关闭。这种过程不断循环，使压缩机进气压力稳定在规定范围内，以防蒸发器结霜。

5. 压力开关

为了确保汽车制冷系统运行安全，汽车空调设有压力开关电路。压力开关也称压力继电器或压力控制器，分为高压开关和低压开关两种，分别安装在制冷系统高压管路或低压管路上，如图 8.30 所示。

当制冷系统由于某种原因而导致管路内制冷剂压力出现异常时，压力开关便会自动切断电磁离合器电路而使压缩机停止工作，保护制冷系统不损坏。

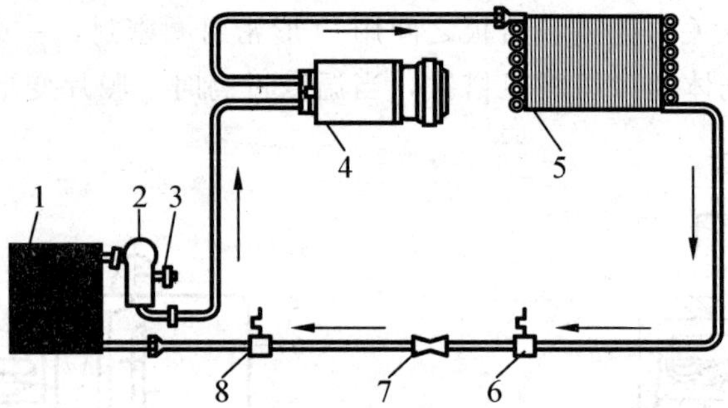

图 8.30　压力开关的位置

1—蒸发器；2—集液器；3—低压开关；4—压缩机；5—冷凝器；
6—高压侧高压开关；7—节流装置；8—低压侧高压开关

1）高压开关

高压开关一般安装在空调制冷系统高压管路上或储液干燥器上(图 8.31)，用来防止系统压力过高而使压缩机过载或系统管路损坏。高压开关有常闭触点型和常开触点型两种。

如图 8.32 所示为常闭触点型高压开关，其安装位置见图 8.33，其触点串联在压缩机电磁离合器线圈电路中，压力导入口则直接或通过毛细管连接在高压管路上。

当制冷系统高压管路内压力正常时，高压开关内触点始终处于闭合状态，压缩机正常工作。当由于某种原因高压管路内压力超过规定值时，在制冷剂高压作用下触点断开切断电磁离合器电路，压缩机停止工作，从而避免高压管路压力进一步升高。

当高压管路的压力恢复正常值时，触点自动闭合，压缩机又重新工作。高压开关的切断压力和触点恢复闭合的压力因车型而异。一般触点切断压力在2.1～3.0MPa范围内，恢复闭合的压力为1.6～1.9MPa。如奥迪100型轿车高压开关的切断压力为（2.9±0.14）MPa，恢复压力为（1.4±0.3）MPa。

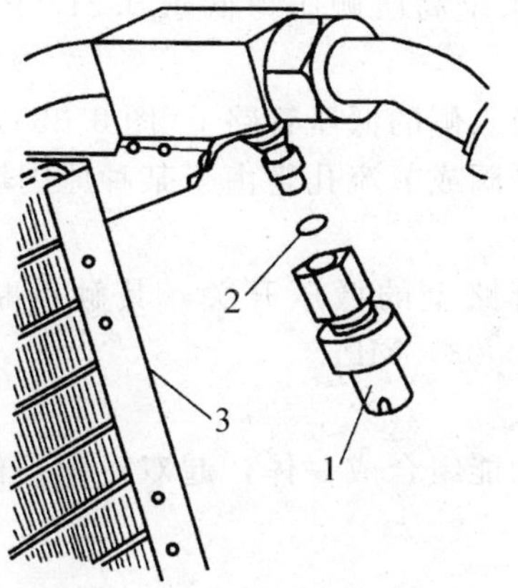

图8.31 高压开关的安装位置
1—高压开关；2—O形圈；3—冷凝器

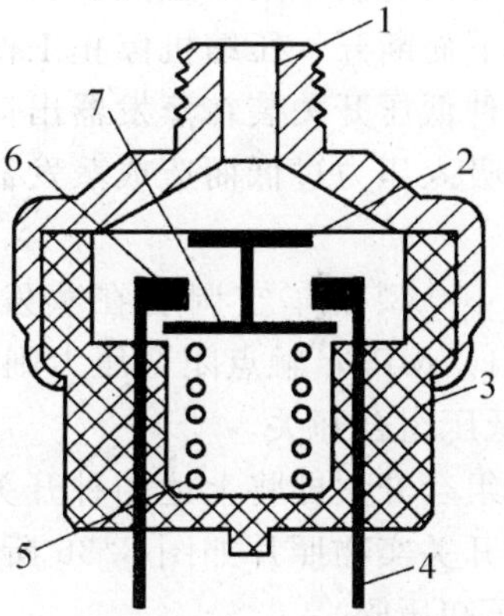

图8.32 高压开关的结构
1—接头；2—膜片；3—外壳；4—接线柱；5—弹簧；6—固定触点；7—活动触点

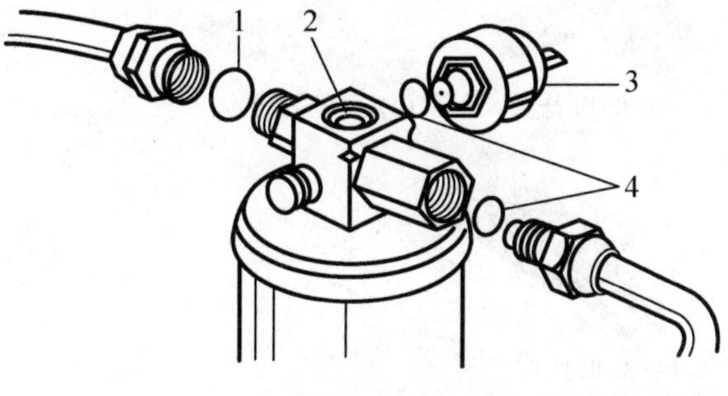

图8.33 常闭触点型高压开关的安装位置
1、4—O形圈；2—视液镜；3—高压开关

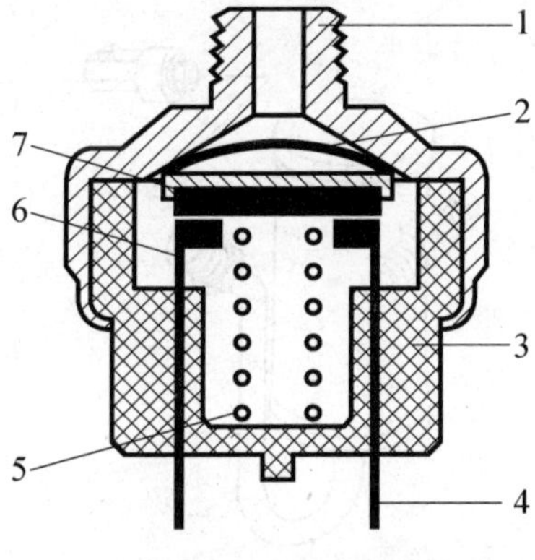

图8.34 低压开关的结构
1—接头；2—膜片；3—外壳；4—接线柱；5—弹簧；6—固定触点；7—活动触点

常开触点型高压开关一般用来控制冷凝器冷却风扇的高速挡电路。当压力超过某一规定值时，自动接通风扇高速挡电路，使冷却风扇高速运转，以加强冷凝器的冷却能力，降低冷凝温度和压力，而当压力低于规定值时则自动断开冷却风扇的高速挡电路。

奥迪100型轿车空调制冷系统中装在冷凝器出口管路上的压力开关即为常开触点型高压开关，其触点闭合压力为1.58MPa，而触点切断压力则为（1.34±0.17）MPa。

2）低压开关

低压开关也称制冷剂泄漏检测开关。在汽车空调制冷系统中，因制冷剂泄漏或其他原因造成制冷系统中制冷剂严重缺少或完全没有时，冷冻润滑油也随之泄漏，这样系统的润滑油便会不足，如果继续使用压缩机，压缩机会由于润滑油循环不良而磨损加剧，甚至烧坏。低压开关则可以起到在制冷系统缺少制冷剂时使压缩机停止运转，从而保护压缩机免于损坏的作用。

低压开关的结构如图 8.34 所示，它安装在冷凝器与膨胀阀之间的高压管路上或储液干燥器上，其触点同样串联在电磁离合器电路中。当制冷系统高压侧的压力高于 0.21MPa 时，说明系统内有制冷剂，触点保持闭合，而当系统高压侧压力低于 0.21MPa 时，触点在弹簧作用下而断开，压缩机停止工作。

还有一种低压开关装在蒸发器出口至压缩机吸入侧的低压管路上(图 8.35)，其作用是防止低压侧吸入压力过低而造成蒸发器结霜、膨胀阀或节流孔管由于某种原因堵塞造成的压力过低。

如奥迪 100 型轿车空调装在蒸发器出口处管路上的低压开关，其触点断开压力为 (0.09±0.01) MPa，触点闭合压力则为 (0.26±0.03) MPa。

3）高低压组合开关

高低压组合开关即将上述两种开关的结构和功能组合成一体，起双重保护作用。常见的空调压力开关实物照片如图 8.36 所示。

4）高压卸压阀

高压卸压阀一般安装在压缩机排气口处。当制冷系统压力过高超过 3.5MPa 时，卸压阀打开，使制冷剂逸出而卸压；当压力降至 3.5MPa 以下时，卸压阀会自动关闭，以确保制冷系统的正常工作。奥迪 100 型轿车的压缩机上就装有卸压阀。

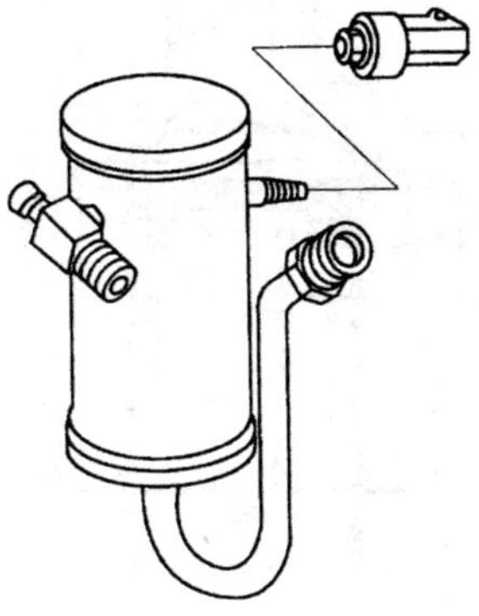

图 8.35　低压开关的安装位置

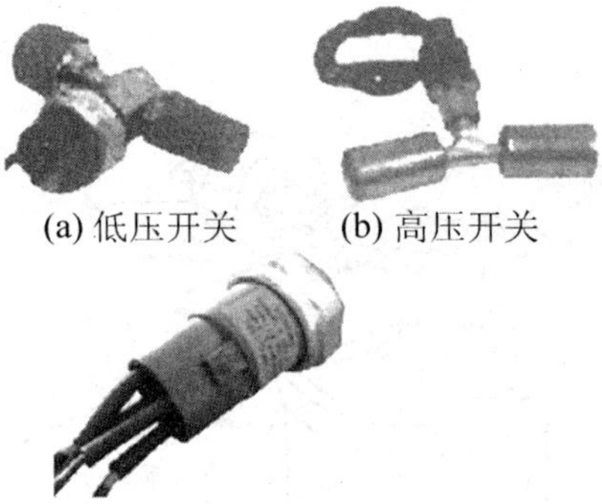

图 8.36　常见的空调压力开关实物

6. 转速控制装置

对于由主发动机直接驱动的非独立式汽车空调，如轿车、货车空调等，空调运行对汽车行驶性能有一定影响。如汽车怠速行驶时，起动空调会使发动机转速降低，发动机过热，甚至引起发动机熄火；高速行驶时，会因压缩机运转而影响超车能力。因此，在汽车空调上需要安装一些车速控制装置，如怠速继电器、怠速提升装置、加速切断器等。

1）怠速继电器

怠速继电器的功能是当发动机处于怠速工况时，自动切断电磁离合器电路，停止空调压缩机的工作，稳定发动机怠速工况。

图 8.37 所示为怠速继电器电路。怠速继电器是利用点火线圈的电脉冲信号作为转速控制信号，并将信号输入到怠速继电器的电路中。

汽车发动机在慢速、中速、高速行驶时，点火线圈的电流值也相应地正比变化。当发动机转速在1000r/min时，其电流值在4A左右，而这个电流值就是控制的调整值。

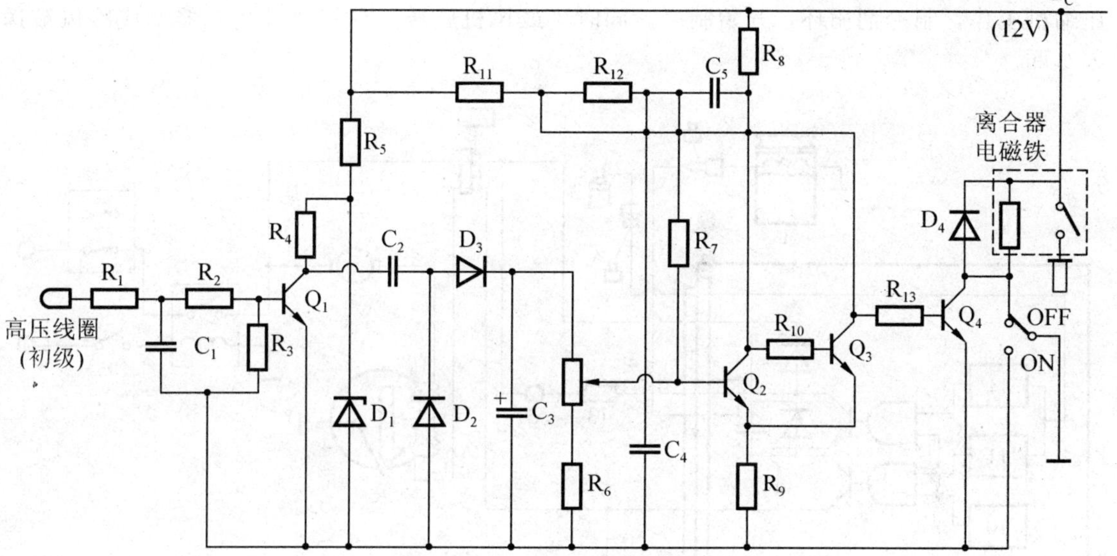

图8.37 怠速继电器电路

当发动机转速低于调定值时，脉冲电压不足以使电路导通，继电器不能吸合，则压缩机停转；当发动机转速高于调定值时，脉冲电压上升到足以使电路导通，继电器吸合，压缩机开始工作。图8.38所示为怠速继电器接线示意。

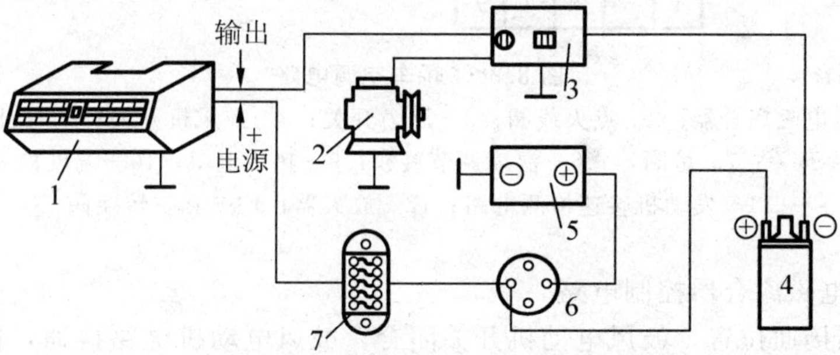

图8.38 怠速继电器接线电路

1—蒸发器；2—压缩机；3—怠速继电器；4—点火线圈；5—蓄电池；
6—点火开关；7—熔断器

8.3.2 一般汽车空调控制电路

1. 冷风系统控制电路

一般轿车冷风系统的控制电路如图8.39所示，轿车冷风系统控制电路一般有以下部分组成。

1）电源控制部分

它包括蓄电池、点火开关、熔断器、继电器、鼓风电动机开关、鼓风电动机、电磁离合器等。电源控制部分的功能是点火开关在接通位置时，只要鼓风电动机开关闭合(即高、中、低三挡中任一位置闭合)，空调电路就可以投入正常工作，也就是电磁离合器吸合，压缩机工作，制冷剂循环，开始制冷。同时，鼓风机旋转，空气通过蒸发器变成冷风被送入车厢。

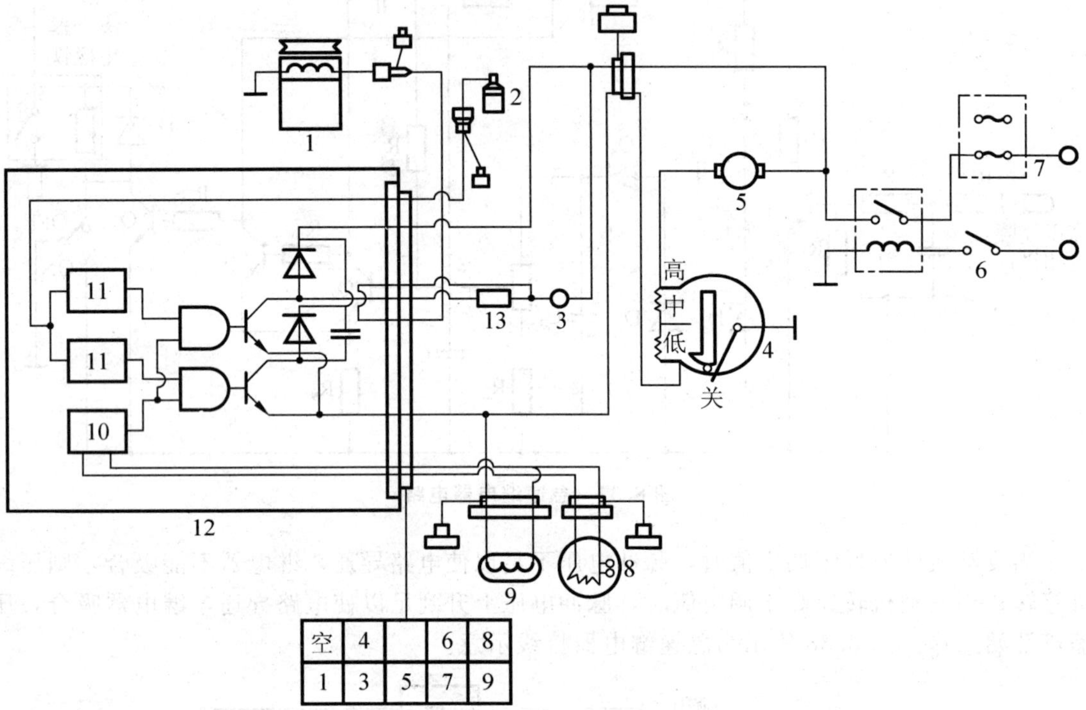

图 8.39　轿车空调电路

1—压缩机电磁离合器；2—点火线圈；3—压力开关；4—鼓风机开关；5—鼓风电动机；6—点火开关；7—熔断器；8—温度调节旋钮；9—热敏电阻；10—温度检测电路；11—发动机转速检测电路；12—放大器；13—真空转换阀

2）压缩机电磁离合器控制电路

点火开关在接通位置，鼓风电动机开关闭合，鼓风电动机电路接通，同时供给放大电路电流，放大电路再使压缩机电磁离合器接通。

电磁离合器通电与否，受温度检测电路控制。热敏电阻的电阻值随蒸发器出风口的温度变化而变化，温度上升时电阻值下降，温度下降时电阻值上升，具有电阻负温度特性。这种电阻值的变化转换为电信号，传到怠速稳定器放大器。

怠速稳定器放大器(图 8.40)实际上就是控制速度和温度的电路，它相当于很多电门串联在一起，只要有一道电门跳开了，继电器就断电，压缩机就停止运转。怠速稳定器放大器由发动机转速检测电路、温度检测电路和继电器三部分组成。

(1) 转速检测电路。发动机在怠速运转的情况下，如果驱动制冷系统，会出现发动机过热，甚至熄火的现象。因此，发动机转速很低时，必须停止制冷系统的工作。当发动机怠速运转情况下，如果转速达不到规定的标准怠速转速，该电路可自动切断制冷系统；当怠速转速上升到规定值时，继电器接通，电磁离合器吸合，制冷系统继续循环。

发动机转速检测电路的作用，便是测定上述转速。

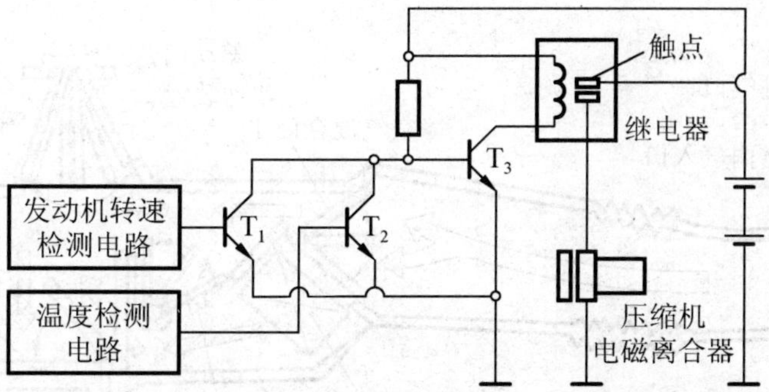

图 8.40 怠速稳定器放大器原理示意

(2) 温度检测电路。温度检测电路利用热敏电阻检查蒸发器出口处的空气温度，把空气温度的变化变换成电信号，传到怠速稳定器放大器。

当蒸发器表面结霜或结冰时，热敏电阻值发生变化，当电阻值达到一定值时，T_2 导通。T_3 截止时，继电器线圈不通电，触点断开，电磁离合器分离。

(3) 继电器。继电器是一种电磁开关。当来自点火系统和来自热敏电阻的两个信号同时满足某一特定条件时，放大器就会向线圈供给电流，继电器就根据来自放大器的电流进行接通或断开，于是压缩机的电磁离合器就随继电器的动作使发动机与压缩机接合或分离。

3) 安全控制电路

当制冷系统由于某种原因出现高压异常，如果没有安全措施，会发生运行事故，因此，常常设有安全控制电路，采用压力开关等保护元件。当出现系统压力异常时，使制冷压缩机停止运转，对制冷系统起保护和自动控制的作用。

2. 暖风系统控制电路

当轿车在关闭车门玻璃的情况下，暖风系统强制性地将车外新鲜空气或车内空气，送到暖风装置加热，然后经各配气风门分别送到除霜器喷口和各个出风口，向车厢内供暖风。

图 8.41 所示为轿车的暖风与换气装置的结构布置，其控制电路如图 8.42 所示，轿车上的通风换气也是靠此电路来完成的。

8.3.3 手动空调系统

目前，大多数低、中级轿车还都采用手动控制的汽车空调系统。该系统是依靠驾驶人拨动控制板上的各种功能键实现对温度、风向、风速等的控制。下面以国产 BJ2021 型汽车为例介绍手动控制的汽车空调系统。

1. 空调控制板

空调控制板安装在驾驶室前壁，由驾驶人操纵，板面布局如图 8.43 所示。空调控制板上设有三个控制开关，分别是鼓风机开关、空调方式选择开关和温度选择开关。

1) 鼓风机开关

鼓风机开关设有四个不同的转速挡位，以控制鼓风机四种不同的转速。鼓风机为直流电动机，其转速的改变是通过调整串入鼓风机电路的电阻值来实现的。

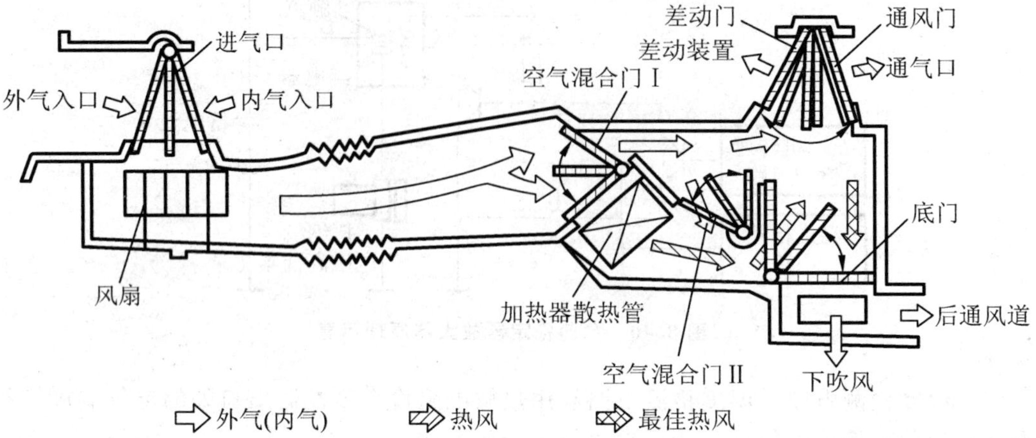

图 8.41　轿车暖风与换气装置的结构布置

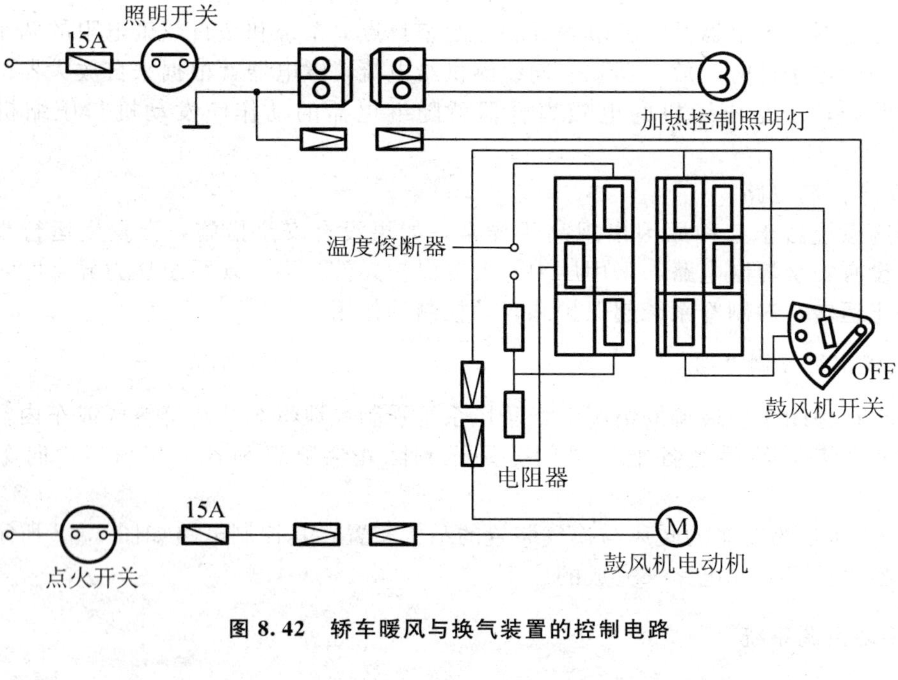

图 8.42　轿车暖风与换气装置的控制电路

鼓风机除在停用状态不工作外，在制冷、取暖及通风状态下均可工作。

2）空调方式选择开关

空调方式选择开关用于选择空调系统的各种功能，即要求空调是制冷、取暖、通风，还是除霜。驾驶人可拨动开关在七个不同的位置进行选择，其字母含义分别为：OFF——停止位置；MAX——最冷位置；NORM——中冷位置；BILEV——微冷位置；HEAT——取暖位置；VENT——通风位置；——除霜位置。

另外，在控制板的后面还设有真空控制开关。当驾驶人操纵空调方式选择开关时，真空控制开关随之联动，通过改变真空通路控制真空驱动器，调节各通风门的状态及热水阀的开度。

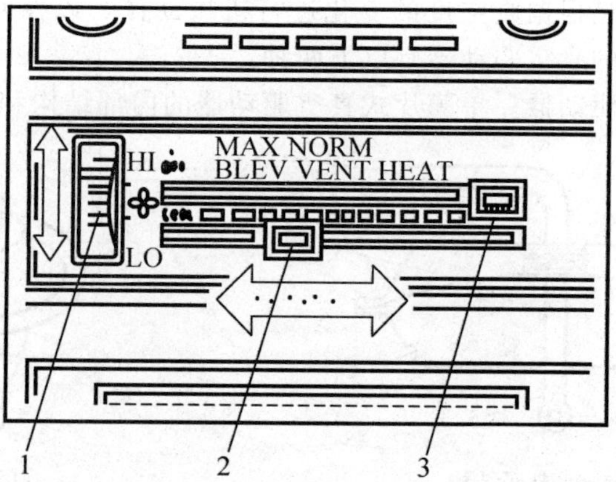

图 8.43 空调控制板

1—鼓风机开关；2—空调方式选择开关；3—温度选择开关

鼓风机调速电阻安装在鼓风机罩的左前方，裸露在风道内，与它串联的还有一个限温开关，当温度超过某一值时，开关断开。鼓风机调速电阻如图 8.44 所示。

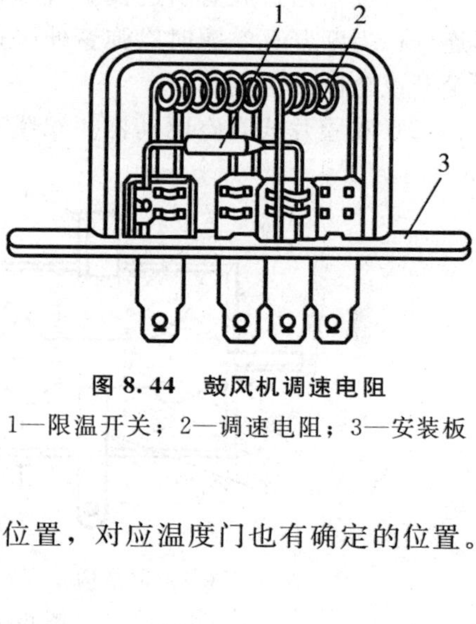

图 8.44 鼓风机调速电阻

1—限温开关；2—调速电阻；3—安装板

3）温度选择开关

温度选择开关是控制温度门的开关，用钢丝和温度门连接。当开关处于左半区时，温度门关闭通向加热器的风道，出来的空气是未经加热的空气，称之为冷风区。

当开关处于右半区时，温度门打开通向加热器的风道，送入车内的空气是经过除湿后的暖空气，称之为热风区。

开关可在左右两半区无级连续调节，可停在任意位置，对应温度门也有确定的位置。

2. 真空系统的执行元件

汽车空调系统的风门及热水阀一般都是由真空系统通过真空执行元件来控制，采用的执行元件有真空罐和真空驱动器。

1）真空罐

真空系统的真空源来自于发动机的进气歧管，进气歧管的真空度随发动机运行工况的不同而改变。发动机怠速时，进气歧管真空度最大；发动机在大负荷或满负荷时，进气歧管真空度最小，真空度在 33.7～101kPa 之间。

由于真空度的变化会直接影响真空系统的工作，所以设立一个真空罐，其作用就是向真空系统提供稳定的真空压力，另外还可以储存真空，使真空系统在发动机停转时，仍能保持一定的真空度。

真空罐由金属或工程塑料制成，其内部装有一个单向阀，用来保持罐内的真空度。

2）真空驱动器

真空驱动器的作用是根据真空度的变化进行机械动作，以控制风门和热水阀。目前，汽车空调系统中常采用的真空驱动器有以下两种：

(1) 单膜片式真空驱动器。单膜片式真空驱动器的内部结构和外形如图 8.45 所示。

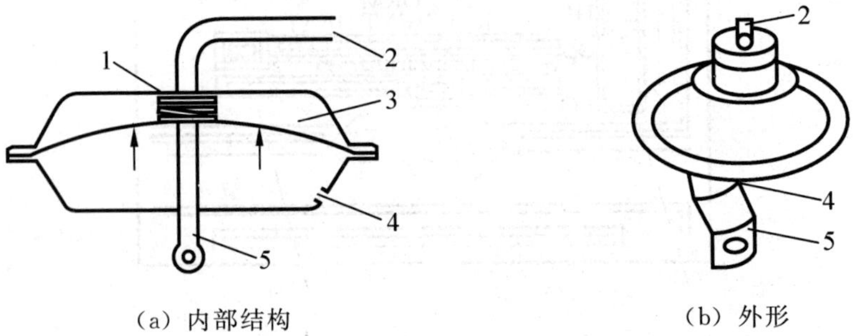

图 8.45　单膜片式真空驱动器

1—复位弹簧；2—真空接口；3—膜片；4—通气孔；5—连杆

真空接口通过胶管引进真空气源，连杆连接风门。当接通真空源时，膜片压缩弹簧提起连杆；当断开真空源时，弹簧伸张迫使膜片带动连杆复位。这类真空驱动器通常用来控制全开或全闭的风门。

(2) 双膜片式真空驱动器。双膜片式真空驱动器的内部结构和外形如图 8.46 所示。

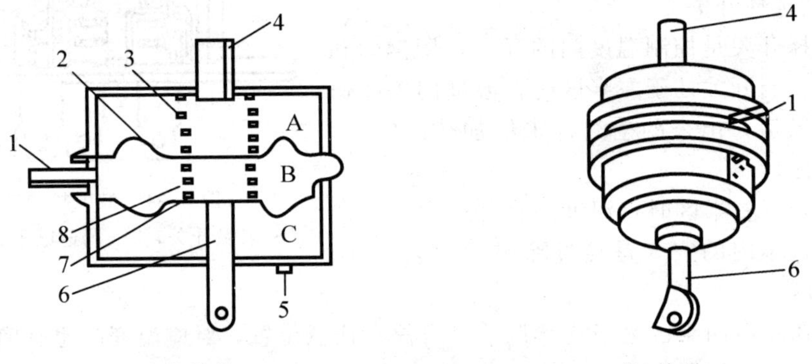

图 8.46　双膜片式真空驱动器

1—B 室真空接口；2—A 室膜片；3—A 室弹簧；4—A 室真空接口；
5—通气孔；6—连杆；7—B 室膜片；8—B 室弹簧

当只有 A 室有真空作用时，膜片带动连杆只提到一半位置。如果 A、B 两室同时有真空作用时，连杆就被提到极限位置。如果 A、B 两室都没有真空作用，则连杆处于最下端。所以，双膜片式真空驱动器控制的风门有三个位置：全开、全闭和半开，也可以同时控制两个风门，一个开，一个关，或者两个同时半开。

3. 真空控制系统

8.47 所示为 BJ2021 型汽车空调真空控制系统。在该系统中，各风道由风门控制，风门由空调方式选择开关操纵真空开关通过真空驱动器来控制。除控制除霜风门的真空驱动器采用双膜片式以外，控制其他风门的真空驱动器均采用单膜片式。

真空控制开关22设置在控制板的后面，由空调方式选择开关驱动。真空控制开关22由滑块和底座组成。底座上制有真空接口，接口11′和2′同时通向真空罐，接口10′和1′彼此相通，接口3′和4′均通向真空驱动器控制除霜风门，接口6′通真空驱动器11控制地板风门，接口7′通真空驱动器16控制循环风门，接口9′通热水阀1控制其真空度。滑块上设有通气道，被控制开关驱动时，调整各接口与真空源之间的联系。

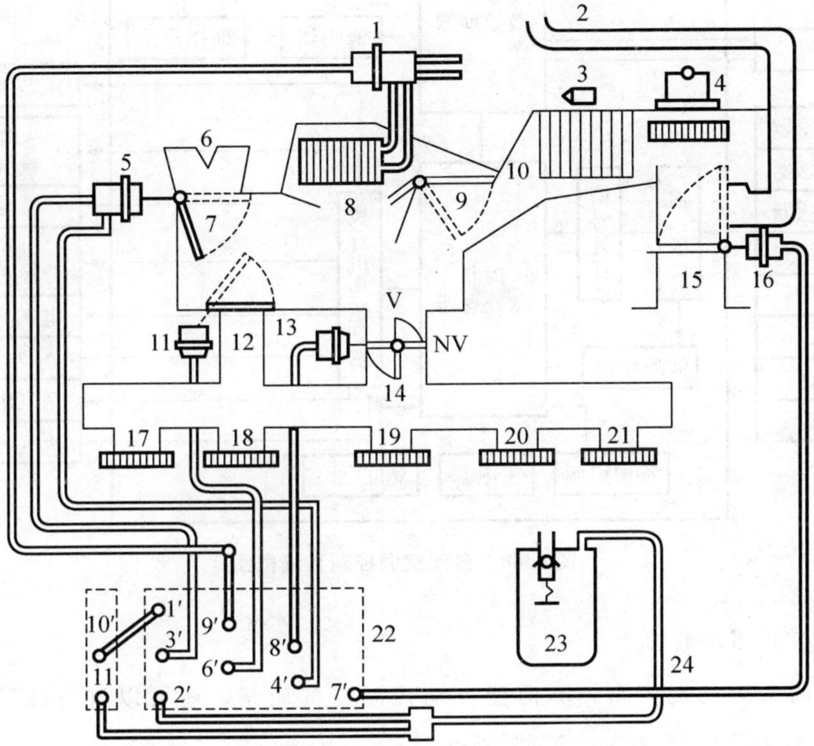

图 8.47 BJ2021 型汽车空调真空控制系统

NV—真空驱动器不通真空风门位置；V—真空驱动器真空风门位置

1—热水阀；2—外界通风口；3—感温包；4—鼓风机；5、11、13、16—真空驱动器；6—除霜风口；7—除霜风门；8—加热器；9—温度门；10—蒸发器；12—地板风门；14—仪表板风门；15—循环风门；17—左可调风口；18—左下可调风口；19—左中可调风口；20—右中可调风口；21—右可调风口；22—真空控制开关；23—真空罐；24—真空管路

温度门9由温度选择开关(图8.34)通过一根钢丝控制。当开关置于温度最低点时，加热器被封闭，空气流仅能穿过蒸发器送到各通风门。随着开关向高温方向拨动，温度门逐渐打开，通过蒸发器的空气流部分地通过加热器加热再送到各通风门。当开关置于温度最高点时，温度门全开，所有穿过蒸发器的空气均通过加热器加热后再送到各通风门。

8.3.4 自动空调控制系统

1. 自动空调控制系统的组成

自动空调主要由冷风、暖风、送风、操作和控制等部分组成。控制系统的组成如

图 8.48所示，主要由三个部分构成，即各种输入信号电路、微电脑构成的电子控制系统和各种执行机构。

自动空调控制系统具体结构组成和元器件的布置如图 8.49 所示。

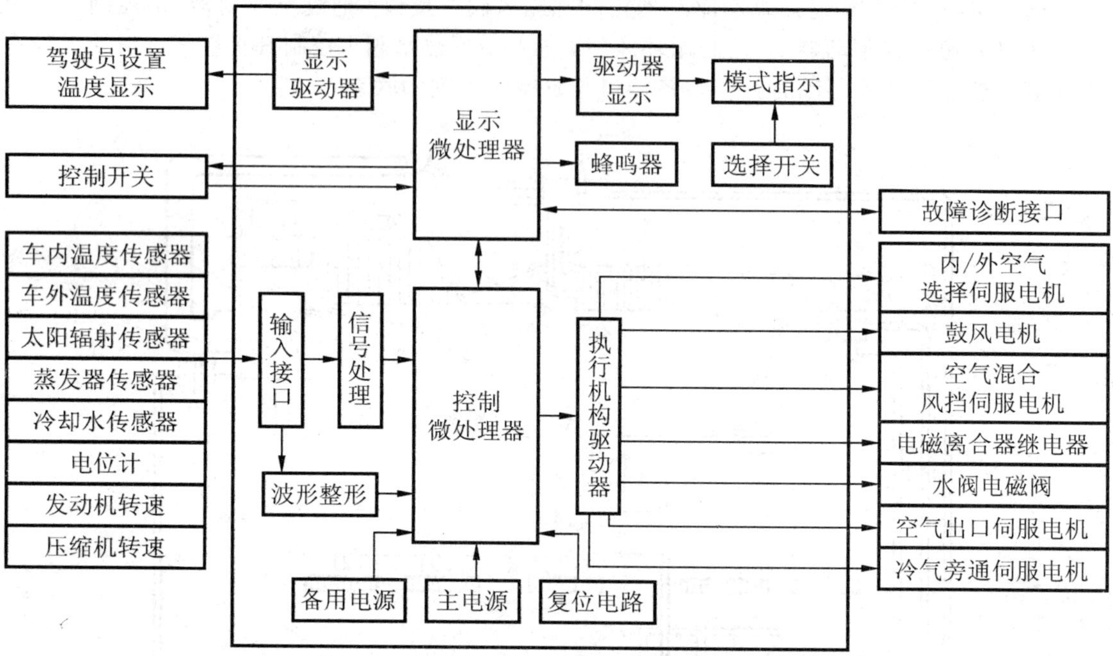

图 8.48 自动空调控制系统框图

2. 自动空调系统的功能

自动空调系统功能丰富，不但能自动控制空气质量，还可以进行故障自诊断(图 8.50)。

(1) 空调控制。空调控制功能包括温度自动控制、风量控制、运转方式给定的自动控制、换气量控制等，满足车内乘员对舒适性的要求。

(2) 节能控制。节能控制功能包括压缩机运转控制、换气量的最适宜控制以及随温度变化的换气切换、自动转入经济运行模式、根据车内外温度自动切断压缩机电源等。

(3) 故障、安全报警。故障、安全报警功能包括制冷剂不足报警、制冷压力过高或过低报警、离合器打滑报警、各种控制器件的故障判断报警等。

(4) 故障诊断存储。当汽车空调系统发生故障时，微电脑将故障部位用代码的形式存储起来，在需要修理时指示故障的部位。

(5) 显示。显示功能包括显示给定的温度、控制温度、控制方式、运转方式的状态等。

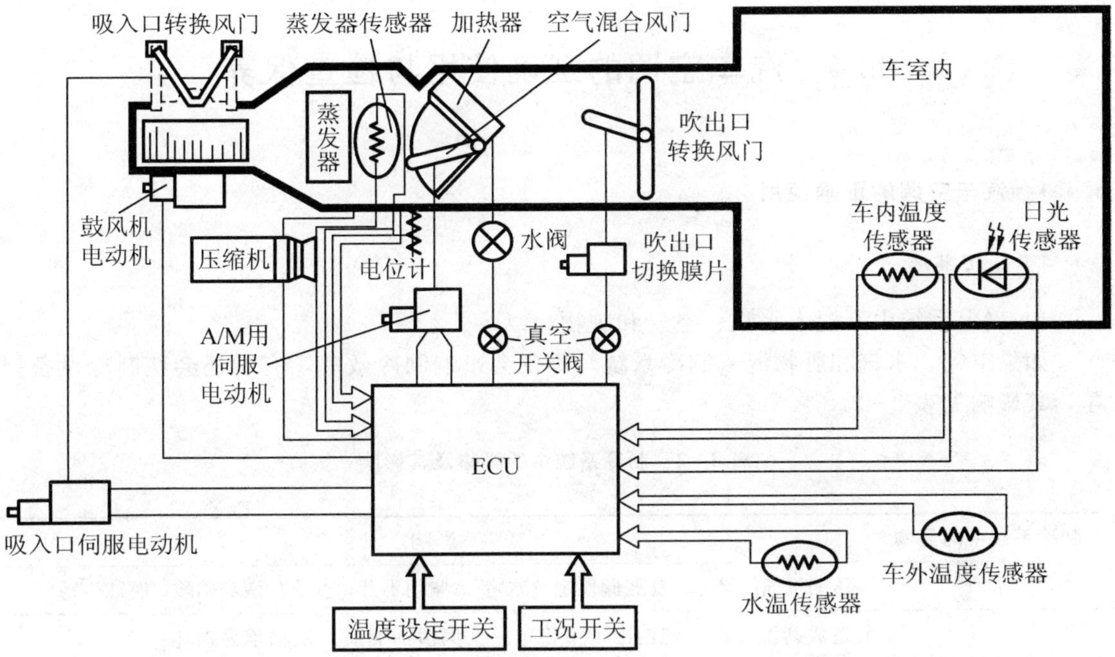

图 8.49 自动空调控制系统结构组成和元器件的布置

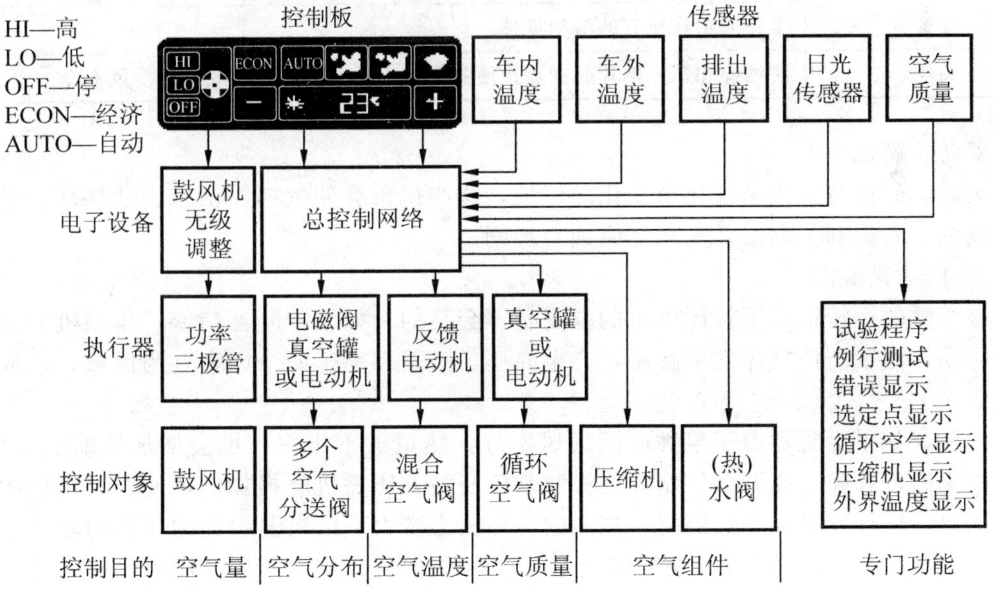

图 8.50 自动空调系统的功能

8.4 汽车空调的正确使用与检查保养

8.4.1 汽车空调的正确使用

1. 注意事项

1）确保系统中不混入水汽、空气和脏物

如果空气、水汽和脏物混入制冷系统，不仅会影响制冷效率，有时还会使制冷设备损坏，其影响见表8-2。

表8-2 制冷系统中的异物及其影响

制冷系统中的异物	影响
水汽	压缩机气门结冰；膨胀阀发生“冰堵”，紧闭不开；变成盐酸和硝酸；腐蚀生锈
空气	造成高温高压；使制冷剂不稳定；使润滑油变质；使轴承易损坏
脏物	堵住滤网，变成酸性物；腐蚀零件
其他油类	形成蜡或渣，堵住滤网；润滑不好；使润滑油变质
金属屑	卡住或粘住所有的活动零件
酒精	腐蚀锌和铝；铜片起麻点；使制冷剂变质；影响制冷效果，冷风不冷

2)防止腐蚀

要防止制冷装置生锈及化学变化的侵蚀，这些现象会使气门、活塞、活塞环、轴承等受到腐蚀，若遇到了高温、高压，腐蚀会加剧。

3）防止高温高压

在正常的运转情况下，压缩机的温度是不会高的。如果冷凝器堵塞，压缩机的温度会越来越高，温度高使气体发生膨胀，产生高压，高温和高压两个因素互为因果，形成恶性循环。

此外，如果冷凝器由于某种原因通风不好，热量散不出去，也会增加压缩机的负荷，使压缩机温度升高。高温会使制冷剂橡胶软管变脆，压缩机磨损加剧，使腐蚀机件的化学变化加速，机件容易损坏。同时，高温的气体压力变大，由高温引起的变脆的软管很容易爆破，由于压缩机内部压力超过正常范围，压缩机的气门容易产生变形而影响密封。

4）保护好控制系统

制冷系统中的风管、控制风向的阀门、电磁离合器等，每一零部件的失灵，都会影响制冷装置的正常运转。所以控制系统的风管、开关等部件，都要保护好，才能使制冷装置正常工作。

2. 正确使用

空调使用时应注意以下几点：

(1) 起动发动机时，空调开关应处于关闭位置，发动机熄火后，也应关闭空调，以免蓄电池电量耗尽。

(2) 夏季应避免直接在阳光下停车暴晒，尽可能把车停在树荫下，在长时间停车后车厢内温度很高的情况下，应先开窗及通风，用风扇将车内热空气赶出车厢，再开空调，开空调后车厢门窗应关闭，以降低热负荷。

(3) 不使用空调的季节，应经常开动压缩机，避免压缩机轴封处因缺油而泄漏，也避免转轴因缺油而咬死。一般一个月应运转一两次，每次10min左右。冬季气温过低时，可将保护开关电线短路，待保养运行完毕，再将电路恢复原样。

(4) 长距离上坡行驶，应暂时关闭空调，以免水箱开锅。超车时，若本车空调无超速自动停转装置，则应关闭空调。

(5) 使用空调时，若风机开在低速挡，则冷风温度开关不宜调得过低。否则易使蒸发器结霜，产生风阻，而且容易出现压缩机液击现象。

(6) 在空调运行时，若听到空调装置有异常响声，如压缩机响、风机响、管子爆裂等，应立即关闭空调，并及时请专业维修人员检修。

8.4.2 汽车空调的检查保养

1. 主要检查内容和方法

为了保证空调系统正常运行，可进行下列常规检查工作。检查时应将汽车停放在通风良好的场地上，如果需要开动压缩机，则应保持压缩机转速为2000r/min左右，空调风机开最高速，车内空气为内循环。制冷的高压部分温度是很高的，注意不要烫伤，检查时汽车附近不能有明火。

1) 主要检查和保养内容

主要检查和保养内容如下：

(1) 制冷剂是否存在泄漏。

(2) 制冷量是否正常。

(3) 各控制元件工作是否正常，电路是否能接通。

(4) 冷凝器是否通畅，有没有明显的污垢、杂物。

(5) 制冷软管是否正常，各连接处连接是否牢靠。

(6) 压缩机皮带张力是否正常。

(7) 系统运行时是否有异常响声和气味。

2) 主要检查方法

汽车空调系统的主要检查方法包括用手感检查各部分温度是否正常，用肉眼检查泄漏部位及表面情况，从视液镜(观察窗口)判断系统状况，用断开和接合电路方法检查电器部件，用耳听和鼻嗅的方法检查是否有异常响声和气味等。

(1) 用手感检查温度。用手触摸空调系统管路及各部件，检查表面温度。正常情况下，低压管路是低温状态，高压管路是高温状态。

① 高压区。从压缩机出口→冷凝器→储液干燥器→膨胀阀进口处，这一部分是制冷系统的高压区，这部分部件应该先烫后热，温度是很高的，手摸时应特别小心，避免被烫伤。如果在其中某一部分(如在冷凝器表面)发现有特殊热的部位，则说明此部分有问题，散热不

好。如果某一部位(如膨胀阀入口处)特别凉或者结霜，也说明此部分有问题，可能是堵塞。储液干燥器进出口之间若有明显温差，则说明此处有堵塞，或者制冷剂量不正常。

② 低压区。从膨胀阀出口→蒸发器→压缩机进口处，这部分低压区部件表面应该是冰凉的，但膨胀阀处不应发生霜冻现象。

③ 压缩机高低压侧。高低压侧之间应该有明显温差，若没有则说明几乎没有制冷剂，系统有明显泄漏。

(2) 用肉眼检查渗漏部位。所有连接部位或冷凝器表面一旦出现油渍，就说明此处有制冷剂渗漏。但压缩机前轴处漏油，有可能是轴承漏油，应区别对待。一旦发现渗漏，应尽快采取措施修理，也可用较浓的肥皂水涂在可疑之处，观察是否有气泡现象。

重点检查渗漏的部位如下：

① 各个管道接头及阀门连接处。

② 全部软管，尤其在管接头附近察看是否有鼓包、裂纹、油渍。

③ 压缩机轴封、前后盖板、密封垫、检修阀等处。

④ 冷凝器表面被刮坏、压扁、碰伤处。

⑤ 蒸发器表面被刮坏、压扁、碰伤处。

⑥ 膨胀阀的进出口连接处，膜盒周边焊接处以及感温包与膜盒焊接处。

⑦ 储液干燥器的易熔安全塞、视液镜(检视窗)、高低压阀连接处。

⑧ 歧管压力表(如果安装的话)的连接头、手动阀及软管处。

(3) 从视液镜判断系统工况。视液镜大多安装在储液干燥器上，个别也有安装在从储液干燥器到膨胀阀之间或冷凝器到储液干燥器之间的管路上的。从视液镜判断工况要在发动机运转、空调工作时才能进行。

从视液镜中看到的制冷剂情况如图 8.51 所示。

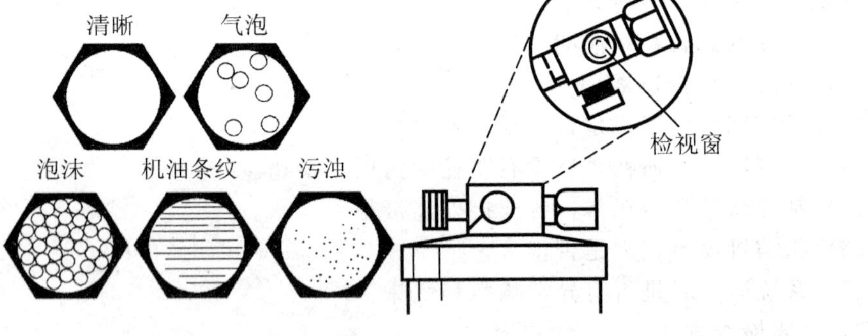

图 8.51　视液镜(检视窗)迹象

① 清晰、无气泡，说明制冷剂适量。过多或完全漏光，可用交替开关压缩机的办法检查。若开、关压缩机的瞬间制冷剂起泡沫，接着就变澄清，说明制冷剂适量；如果开、关压缩机从视液镜内看不到变化，而且出风口不冷，压缩机进出口之间没有温差，说明制冷剂漏光；若出风口不够冷，而且关闭压缩机后无气泡、无流动，说明制冷剂过多。

② 偶尔出现气泡，并且时而伴有膨胀阀结霜，说明系统中有水分；若无膨胀阀结霜现象，可能是制冷剂略缺少或有空气。

③ 有气泡且泡沫不断流过，说明制冷剂不足。如果泡沫很多，可能有空气。若判断

为制冷剂不足，则要查明原因，不要随便补充制冷剂。由于胶管一年可能有 100～200g 的制冷剂自然泄漏，若是使用两年后方发现制冷剂不足可以判断为胶管自然泄漏。

④ 有长串油纹，观察孔的玻璃上有条纹状的油渍，说明润滑油量过多。此时应想办法从系统内释放一些润滑油，再加入适量的制冷剂。若玻璃上留下的油渍是黑色的或有其他杂物，则说明系统内的润滑油变质、污浊，必须清洗制冷系统。

2. 各制冷部件及控制机构的检查

1）检查压缩机

起动压缩机，进行下列检查：

(1) 如果听到异常响声，说明压缩机的轴承、阀片、活塞环或其他部件有可能损坏，或润滑油量过少。

(2) 用手摸压缩机缸体(高压侧很烫，小心)，如果进出口两端有明显温差，说明工作正常；如果温差不明显，可能是制冷剂泄漏或阀片密封不严。

(3) 如果有剧烈振动，可能皮带太紧，皮带轮偏斜，电磁离合器过松或制冷剂过多。

2）检查换热器表面并进行清洗

(1) 检查蒸发器通道及冷凝器表面以及冷凝器与发动机散热器之间是否有碎片、杂物、泥污，要注意清理，小心清洗。

(2) 冷凝器可用软长毛刷沾水轻轻刷洗，但不要用蒸汽冲洗。换热器表面，尤其是冷凝器表面要经常清洗。

(3) 检查冷凝器表面是否有脱漆现象，注意及时补漆，以免锈蚀。

(4) 蒸发器表面不能用水清洗，可用压缩机空气冲洗，如果翅片弯曲，可用尖嘴钳小心扳直。

3）检查储液干燥器

(1) 用手摸储液干燥器进出管，并观察视液镜，如果进口很烫，而且出口管温度接近气温，从视液镜中看不到或很少有制冷剂流过，或者制冷剂很混浊、有杂质，则可能储液器中的滤网堵了，或是干燥剂已经松散并堵住出口。

(2) 检查易熔塞是否熔化，各接头是否有油迹。

(3) 检查视液镜是否有裂纹，周围是否有油迹。

4）检查制冷软管

看软管是否有裂纹、鼓包、油迹，是否老化，是否会碰到尖锐物、热源或运动部件。

5）检查电磁离合器及低温保护开关

断开和接通电路，检查电磁离合器及低温保护开关是否正常工作。

(1) 小心断开电磁离合器电源，此时压缩机会停止转动，再接上电源，压缩机应立即转动，这样短时间接合试验几次，以证明离合器工作正常。

(2) 天冷时，若压缩机不能起动，可能是由于低温保护开关或低压保护开关起作用，可将保护开关短路或将蓄电池连接线直接连到电磁离合器(连接时间不能超过 5s)。若压缩机仍不转动，则说明离合器有故障。

(3) 在低温保护开关规定的气温以下仍能正常起动压缩机，则说明低温保护开关有故障。

(4) 若有焦味，可能是电磁离合器烧坏。

6）检查感温包保温层

检查膨胀阀感温包与蒸发器出口管路是否贴紧，隔热保护层是否包扎牢固。

7）检查换热器壳体

检查蒸发器壳体有无缝隙，冷凝器导风罩是否完好，冷凝器与发动机散热器(水箱)之间距离是否合理，蒸发器箱体内是否有杂质。

8）检查电线连接

检查电线接头是否正常，连接是否可靠。

9）检查压缩机皮带盘及连接皮带

(1) 检查皮带张紧力是否适宜，表面是否完好，配对的皮带盘是否在同一平面。皮带新装上时正好，运转一段时间会抻长，因此需要两次张紧。皮带过紧会使皮带磨损，并导致有关总成的轴承损坏，过松则使转速降低，制冷量、冷却风扇风量不足。

(2) 若用一般三角皮带，新装上的皮带张紧力应为40～50N，运转后张紧力应为25N左右。

(3) 齿形皮带的张紧力若不足，将会降低齿形皮带的可靠性。但张紧力过大皮带会发出“吱、吱”的啸叫声，一般调整在15～18N比较合适。

调整齿形皮带张紧力的办法是：把齿形皮带张紧后直到运转时听到啸叫声，然后逐渐减小张紧力直到啸叫声消失为止。

(4) 保证皮带在同一平面内运转是非常重要的，可用加减垫片的方法调整轴向位置。

10)检查风机

检查风机工作时是否有异常声响，是否有异物塞住叶轮，是否碰到其他部件，尤其要检查冷凝器风扇电机的轴承是否缺油、咬住，压缩机运转时，冷凝器辅助风扇是否同步转动。

11)定期检查压缩机油面

压缩机有视油镜的，察看油面是否在标志线以上。在侧面有放油塞的，可略松开放油塞，如果有油流出就是油量正好；若没有油流出，则需要添加润滑油。如果有油尺的，根据说明书规定用油尺检查。

8.5 汽车空调系统检修

8.5.1 汽车空调系统常用检测维修工具

1. 专用成套维修工具

专用成套维修工具(图8.52)是把汽车制冷系统维修时需要的专用工具组装在一个工具箱内。专用成套维修工具中包括歧管压力表组、漏气检测仪、制冷剂罐注入阀、制冷剂管割刀、管夹、扩口工具等。这些专用工具组装在工具箱内，便于携带和保管，特别适用于制冷系统的快修工作。

2. 检漏设备

在拆卸或者检修汽车空调系统管路、更换零部件之后，都要进行制冷剂的检漏，常用检漏设备包括卤素检漏灯和电子检漏仪两种。

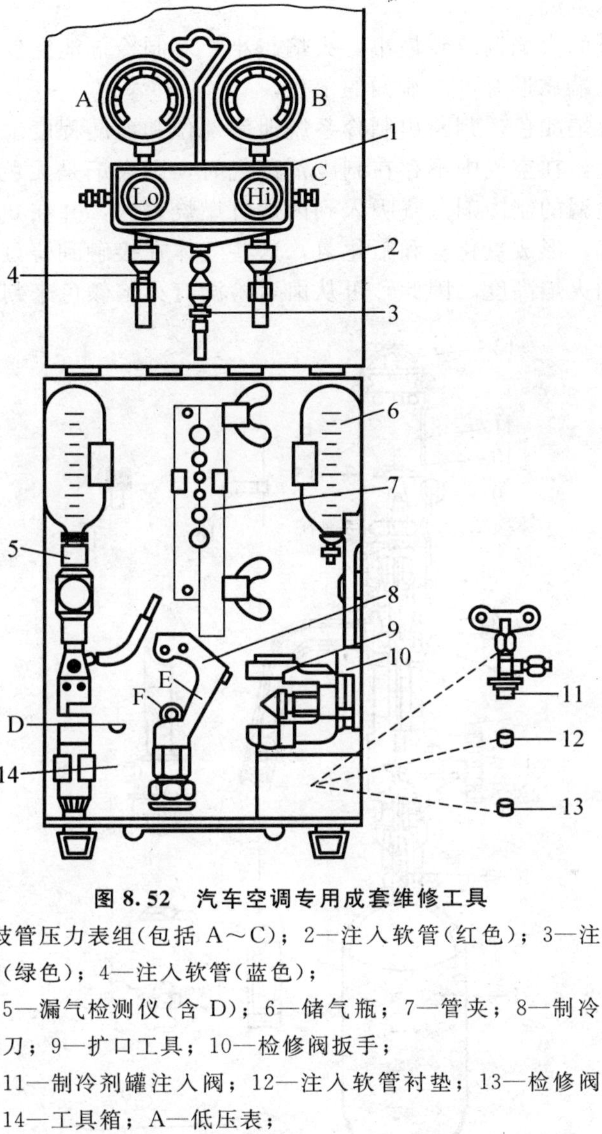

图 8.52 汽车空调专用成套维修工具

1—歧管压力表组(包括 A～C)；2—注入软管(红色)；3—注入软管(绿色)；4—注入软管(蓝色)；

5—漏气检测仪(含 D)；6—储气瓶；7—管夹；8—制冷剂管割刀；9—扩口工具；10—检修阀扳手；

11—制冷剂罐注入阀；12—注入软管衬垫；13—检修阀衬垫；14—工具箱；A—低压表；

B—高压表；C—压力表座；D—反应板；E—铰刀；F—刀片

1） 卤素检漏灯

卤素检漏灯(halogen leak detector。图 8.53)是一种丙烷(或酒精)气燃烧喷灯，它是利用制冷剂气体进入安装在喷灯的吸入管后，会使喷灯的火焰颜色改变这一特性，来判断系统的泄漏部位和泄漏程度的。

当系统泄漏处有制冷剂进入喷灯的吸入管时，火焰颜色会发生以下变化：泄漏量少时，火焰呈浅绿色；泄漏量多时，火焰呈浅蓝色；泄漏量很多时，火焰呈紫色。

卤素检漏灯的操作步骤如下：

(1) 向检漏灯本体和检漏灯上加液态丙烷或无水酒精。

(2) 将划着的火柴插入检漏灯点火孔内，接着逆时针方向慢慢旋转调节把手，让丙烷气体溢出，遇火就能点燃。

(3) 尽量将燃烧的火焰调节到最小，火焰越小，对制冷剂泄漏反应越灵敏。

(4) 把吸入管末端靠近有可能泄漏的部位。

(5) 细心观察火焰颜色，判断出制冷系统泄漏部位和泄漏程度。

若没有泄漏发生，在空气中不存在制冷剂蒸气时，则火焰是无色的；当出现较轻微的泄漏时，吸入管将泄漏的制冷剂蒸气吸入到丙烷灯燃烧室内，并在600～700℃温度的燃烧区内发生制冷剂分解，形成氯化氢和氟化氢，这些气体在接触到烧红的铜片时，会把火焰颜色变成绿色并增加火焰高度。因此，可从卤素检漏灯火焰颜色来判断制冷剂泄漏量。

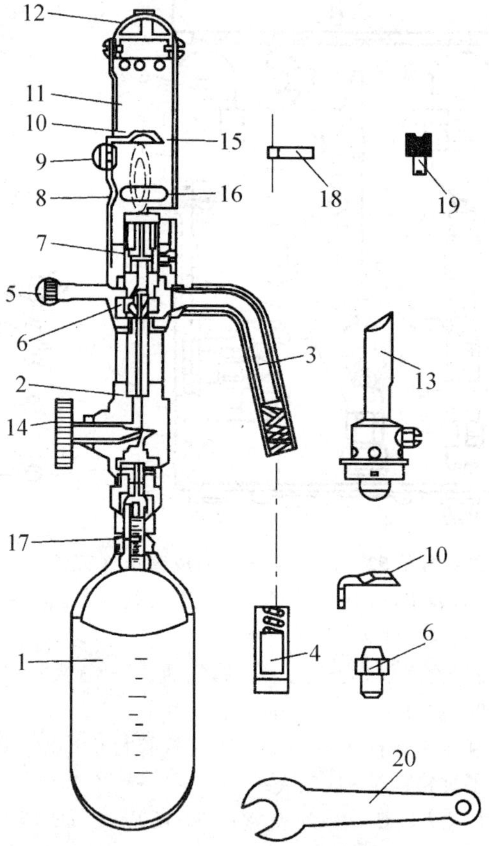

图 8.53　卤素检漏灯结构

1—检漏灯储气瓶；2—检漏灯主体；3—吸入管；4—滤清器；5—燃烧筒支架；6—喷嘴；7—火焰分隔器；8—点火孔；9—反应板螺钉；10—反应板；11—燃烧筒；12—燃烧筒盖；13—栓盖；14—调节把手；15—火焰长度(上限)；16—火焰长度(下限)；17—喷嘴；18—喷嘴清洁器；19、20—扳手

2) 电子检漏仪

使用电子检漏仪(图 8.54)检测制冷剂泄漏比用卤素检漏灯更为方便。检测时，将电子测漏仪的探测头放在距测试点 3mm 处缓慢移动(30mm/s)，如果电子检漏仪发出鸣叫声，就说明该处有泄漏。制冷管路的管接头有泄漏时，应更换 O 形密封圈。

图 8.54　电子检漏仪

3. *歧管压力表*

歧管压力表(manifold pressure meter。图 8.55)也称歧管压力表组或歧管压力计，是维修汽车空调系统不可缺少的仪表。它不仅用于制冷系统抽真空、加注制冷剂和添加冷冻润滑油，而且还用于空调系统的故障检查及排除。

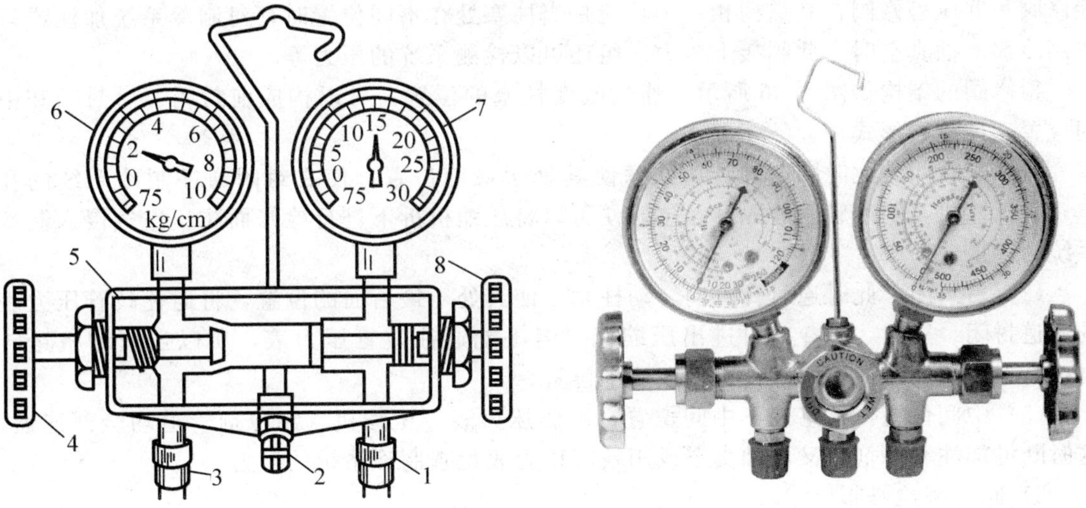

(a) 结构示意图　　(b) 实物照片

图 8.55　歧管压力表

1—高压接头；2—制冷剂罐或真空泵吸入口接头；3—低压接头；4—低压手动阀；
5—阀体；6—低压表；7—高压表；8—高压手动阀

歧管压力表主要由低压表 6、高压表 7、高压手动阀 8、低压手动阀 4、阀体 5 和三只软管接头组合而成。其中低压表用于检测系统低压侧压力，既可用于显示压力，也可用于显示真空度，高压表则用于检测系统高压侧的压力。歧管压力表的工作原理及使用注意事项如下。

1）工作原理

（1）当高压手动阀8和低压手动阀4同时全开时，全部管道连通。此时，接上真空泵，便可以对系统进行抽真空。

（2）低压和高压手动阀同时关闭，则可以进行高压侧和低压侧的压力检查。

（3）高压手动阀关闭，低压手动阀打开，则可以由低压侧注入气态制冷剂。

（4）低压手动阀关闭，高压手动阀打开，则可以由高压侧注入液态制冷剂。

歧管压力表上的注入软管采用3种颜色，各注入软管的用法如下：一般蓝色软管连接低压侧的检修阀(即压缩机的吸入侧检修阀，一般用“S”标记)；绿色软管连接真空泵或制冷剂罐；红色软管连接高压侧的检修阀(即压缩机的排出侧检修阀，一般用“D”标记)。

2）使用注意事项

（1）压力表软管与接头连接时只许用手拧紧，不准用工具拧紧。

（2）不用时，软管要与接头连起来，防止灰尘、杂物或水分进入管内。

（3）使用时要把管内的空气排空。

（4）该表是一种精密仪表，应当细心维护，以保持仪表及软管接头清洁，并应轻拿轻放。

4. 检修阀

1）高、低压检修阀

检修阀(service valve)用于汽车空调检修作业。独立式空调的压缩机一般都装有高压检修阀和低压检修阀，其结构相似，功能是当柱塞处在不同位置时，对制冷系统加注或排空制冷剂。抽真空时，此阀接上压力表组还可以检测系统的压力等。

检修阀的结构如图8.56所示。通过改变柱塞的位置，可以构成前封闭、后封闭和中间位置三种通路形式。

（1）前封闭。此时顺时针转动柱塞使其处于最前位置，使之封闭通往制冷系统的孔口，将压缩机与制冷管路分隔开，这时便可以将压缩机拆下进行检修而防止空气侵入制冷系统的管道。

（2）后封闭。此时逆时针方向转动柱塞，使其处于最后面的位置，将通往歧管压力表的通道封闭。这时，制冷剂可进出压缩机，但不能通往歧管压力表，所以当压缩机运转时，高、低压两侧的检修阀都应调至这个位置。

（3）中间位置。柱塞处于中间位置，歧管压力表、压缩机、制冷剂管道均全部连通。这时既可加注制冷剂，又可抽真空或用歧管压力表检查制冷系统的压力。

2）阀芯型检修阀

非独立式小型压缩机一般使用阀芯型检修阀，其结构如图8.57所示。它用弯曲度为45°的输送软管接头中的顶销控制阀的开闭，其原理为：将接头螺母2用手拧紧后，顶销1便把阀芯4推离阀座，制冷剂进入检测软管。拧开螺母2，阀芯便自动关闭。

5. 真空泵

在安装、检修汽车空调制冷系统时，必定会有一定量的空气进入系统中，空气中含有一定量的水蒸气，这将对系统造成下列不利影响：造成膨胀阀冰堵、冷凝压力升高、对系统零部件产生腐蚀。由此可见，对系统检修后，在未加入制冷剂前，对系统抽真空是十分重要的。真空泵便具有这个功能。

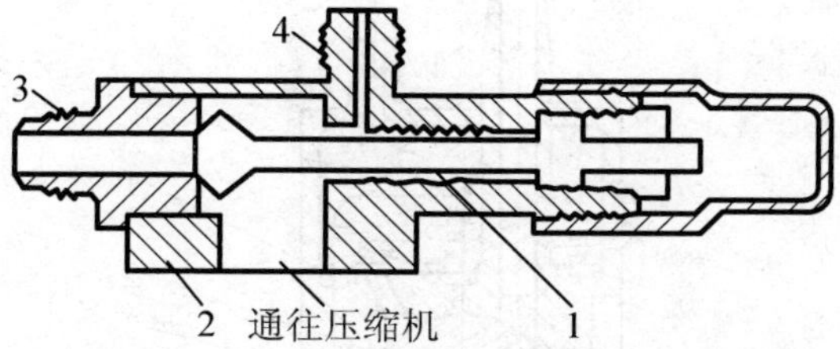

(a) 前封闭

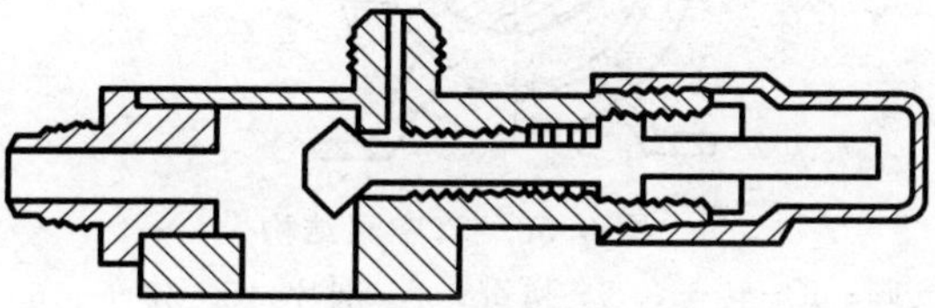

(b) 后封闭

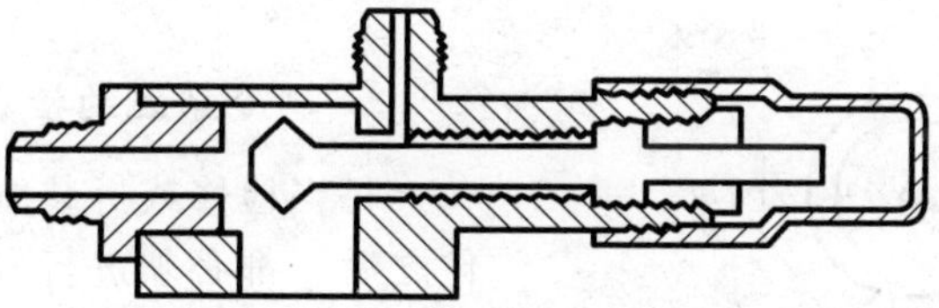

(c) 中间位置

图 8.56 检修阀(柱塞型)

1—阀芯；2、3、4—接头

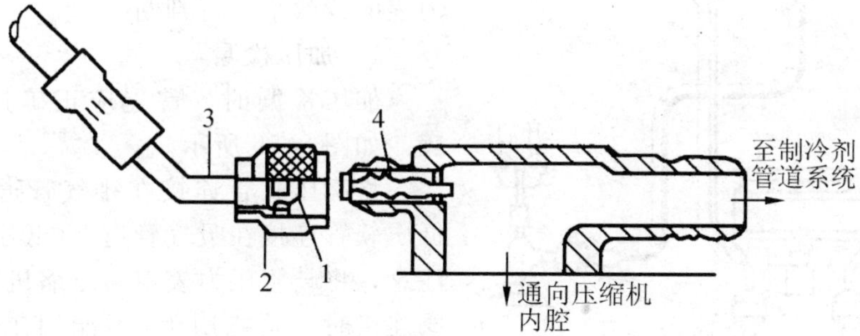

图 8.57 阀芯型检修阀

1—顶销；2—螺母；3—输送软管；4—阀芯

真空泵(vacuum pump。图 8.58)的工作原理是工作时在离心力和内部弹簧的张力作用下，刮片紧贴在定子的缸壁上，并将其分隔成吸气腔和压缩腔。转子旋转时进气腔容积逐渐扩大，腔内压力下降，从而吸入气体。与此同时，压缩腔容积逐渐减小，压力升高，气体从排气阀排到大气中。这样不断循环，便可以把容器内的空气抽出，从而达到抽真空的目的。

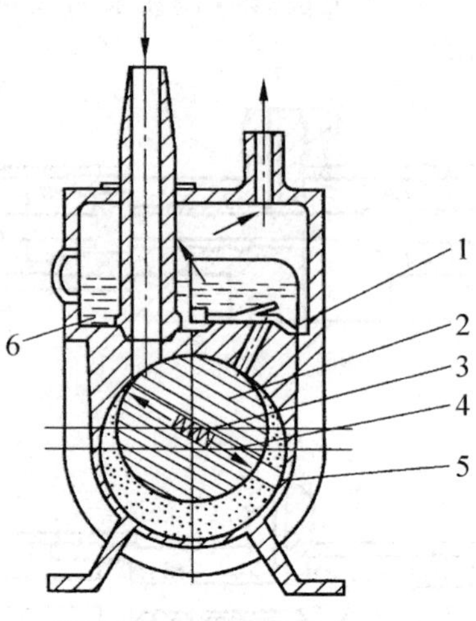

图 8.58　真空泵结构

1—排气阀；2—转子；3—弹簧；4—刮片；5—定子；6—润滑油

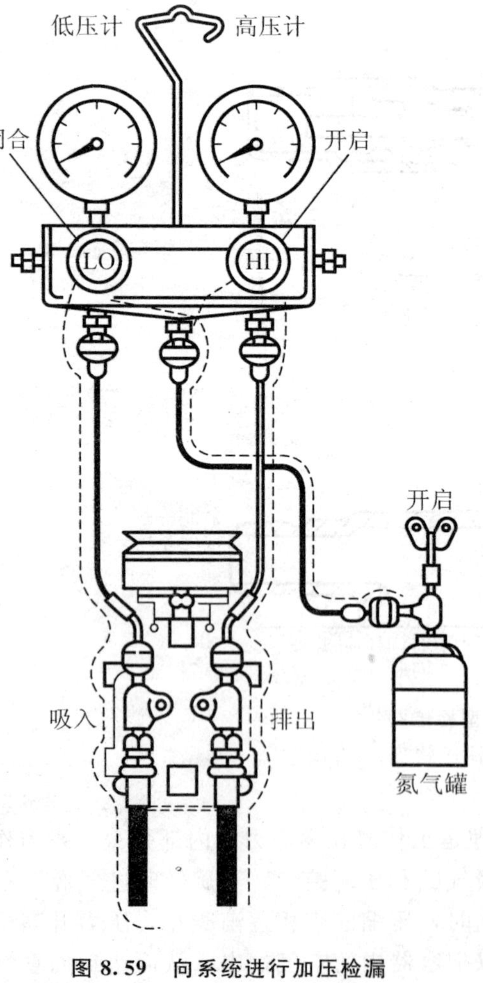

图 8.59　向系统进行加压检漏

8.5.2　制冷剂的充放

1. 制冷系统的检漏

每当检修或拆装制冷系统管道或更换零部件之后，都必须进行气密性检查，防止制冷剂泄漏。

一般在维修汽车制冷系统时，采用三种方法进行检漏：加压检漏、充制冷剂检漏和真空检漏。三种方法都要使用歧管压力表组，从压力表的读数来进行判断。

1）加压检漏

加压检漏时，首先应正确连接歧管压力表，如图 8.59 所示。

将高压软管连接在排气管道上(高压侧)，低压软管连接在吸气管道上(低压侧)。操作时注意，将歧管压力表组与压缩机高、低压检修阀连接时，只能用手(不能用工具)拧紧其锁母，以防损坏。另外，还应正确判断压缩机高、低压侧。判断方法有以下三种：

(1) 按制冷剂流向判断：从压缩机流向冷凝器方向的是高压侧，从蒸发器流向压缩机方向的是低压侧。

(2) 按管道的冷热判断：将压缩机工作几分钟后停止运转，用手触摸压缩机向外连接的管道，热的为高压侧，冷的是低压侧。

(3) 按制冷剂管道粗细判断：与粗管道连接的检修阀是压缩机低压吸入阀；与细管道连接的检修阀是压缩机的高压排出阀。

在正确地把软管连接在压缩机的高、低压的检修阀之后，打开高低压检修阀，向系统中充入干燥氮气。如果没有氮气也可用干燥的压缩空气代替氮气，压力一般应在 1.5MPa 左右。然后停止充气，24h 后压力应无明显下降。

用肥皂水涂在系统各处进行检漏，特别应重点检查压缩机、冷凝器、储液干燥器、膨胀阀和蒸发器进、出口处的管路接头。

大客车(独立驱动)制冷系统的检漏，应分两步进行：低压部分(储液干燥器出口到压缩机吸入阀)需加压 0.8MPa，高压部分(压缩机到储液干燥器出口前)需加压 20×10^5～25×10^5 Pa，高、低两部分分别进行检查。

2) 充制冷剂检漏

加压检漏的方法较可靠，但时间太长，而且对所有的接头处涂肥皂水检查，工作量大。充制冷剂检漏就是在图 8.59 接管的基础上，向系统充注制冷剂蒸气，使系统中压力高达 0.35MPa，然后用卤素灯检漏仪检漏。

重点检查以下部分：

(1) 刚拆装或维修过的制冷部件的连接部位。

(2) 压缩机上的轴封、密封垫和维修阀。

(3) 冷凝器和蒸发器被碰划过的部位。

(4) 软管易摩擦的部位。

(5) 系统的各个连接部位。

充氟要注意，一定要使系统的压力低于制冷剂蒸气瓶中的压力，以防空气倒流到制冷剂蒸气瓶，影响制冷剂纯度。

3) 真空检漏

若系统内的气体抽不净或无法达到规定的真空度，则说明仍有渗漏的现象，应进一步检查。

2. 系统抽真空

汽车制冷系统修理完之后，由于接触了空气，必须用真空泵抽真空。系统里变成真空之后，降低了水的沸点，水在较低温度下就会沸腾，以水蒸气的形式被抽出。

抽真空之前，应进行泄漏检查。抽真空也是进一步检查系统在真空情况下的气密性能。抽真空的具体步骤如下：

(1) 如图 8.60 所示，把制冷系统、歧管压力表以及真空泵连接好，压缩机高、低压检修阀处于微开位置，歧管压力表座上高、低压手动阀处于闭合位置，拆除真空泵吸、

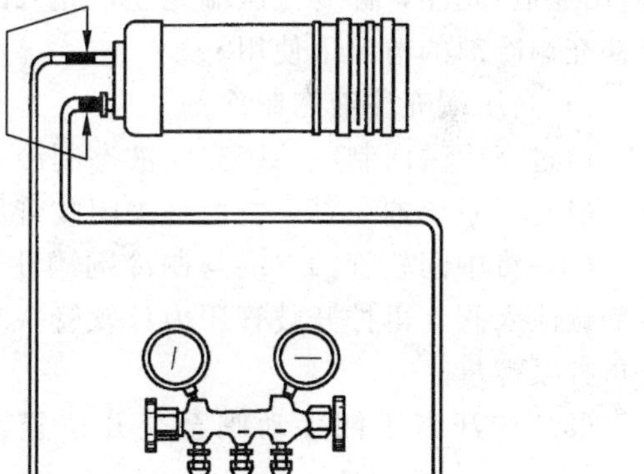

图 8.60 系统抽真空的连接方法

排气口护盖，表座上的中间软管和真空泵进口相连接。

(2) 打开歧管压力表的高、低压手动阀，起动真空泵，观察低压表表针，应该有真空显示。

(3) 操作5min后低压表应达到33.6kPa(绝对压力)，高压表表针应略低于零刻度，如果高压表针没有低于零刻度，表明系统内有堵塞，应停止，修理故障，再抽真空。

(4) 真空泵工作15min后观察压力表，如果系统无泄漏，低压值应达到20.05～13.28kPa的绝对压力。

(5) 如果达不到此数值，应关闭低压侧手动阀，观察低压表表针，如果表针上升，说明真空有损失，要检查泄漏点，进行检修后才能继续抽真空，这一步也就是真空检漏法。

(6) 抽真空总的时间不应少于30min，然后关闭低压手动阀，就可以向系统中充注制冷剂了。

3. 制冷剂的充注

制冷系统完成抽真空作业并经检漏确定制冷系统不存在泄漏部位后，即可向制冷系统充注制冷剂。充注前，应先弄清注入制冷剂的类型数量，充注量过多或过少，都会影响空调制冷效果。压缩机的铭牌上一般都标有所用制冷剂的种类及其充注量。

充注制冷剂的方法有两种，一种是从压缩机排气阀(高压阀)的旁通孔(多用通道)充注，称为高压端充注，充入的是制冷剂液体。其特点是安全、快速，适用于制冷系统的第一次充注，即经检漏、抽真空后的系统充注。但使用该方法时必须注意，充注时不可起动发动机(压缩机停转)，且制冷剂罐要求倒立。另一种是从压缩机吸气阀(低压阀)的旁通孔(多用通道)充注，称为低压端充注，充入的是制冷剂气体，其特点是充注速度慢，可在系统补充制冷剂的情况下使用。

1) 高压端充注液态制冷剂

通过高压端向制冷系统充注液态制冷剂的操作步骤如下：

(1) 当系统抽完真空之后，关闭歧管压力计上的高、低压手动阀。

(2) 将中间软管的一端与制冷剂罐注入阀的接头连接起来，如图8.61所示，打开制冷剂罐注入阀，再拧开歧管压力计软管一端的螺母，让气体溢出几分钟，把空气排净，然后再拧紧螺母。

(3) 拧开高压侧手动阀至全开位置，将制冷剂罐倒立，以便从高压侧充注液态制冷剂。

(4) 从高压侧注入规定量的液态制冷剂后关闭制冷剂罐的注入阀及压力计上的手动高压阀，然后将仪表卸下。特别要注意，从高压侧向系统充注制冷剂时，不能起动发动机(压缩机停转)，更不可拧开歧管压力计上的手动低压阀，以防产生液击。

2) 低压端充注气态制冷剂

通过歧管压力计上的手动低压阀可向制冷系统的低压侧充注气态制冷剂，其具体操作步骤如下：

(1) 如图8.62所示，将歧管压力计与压缩机和制冷剂罐连接好。

(2) 打开制冷剂罐注入阀，拧松中间注入软管在歧管压力计上的螺母，直到听见有制冷剂蒸气流动的声音，然后拧紧螺母。其目的是将进入软管中的空气排净。

(3) 打开手动低压阀，让制冷剂进入制冷系统。当系统的压力值达到0.4MPa时，关闭手动低压阀。

(4) 起动发动机，将空调开关接通，并将鼓风机开关和温控开关都调至最大。

(5) 再打开歧管压力计上的手动低压阀，让制冷剂继续进入制冷系统，直至充注量达到规定值。

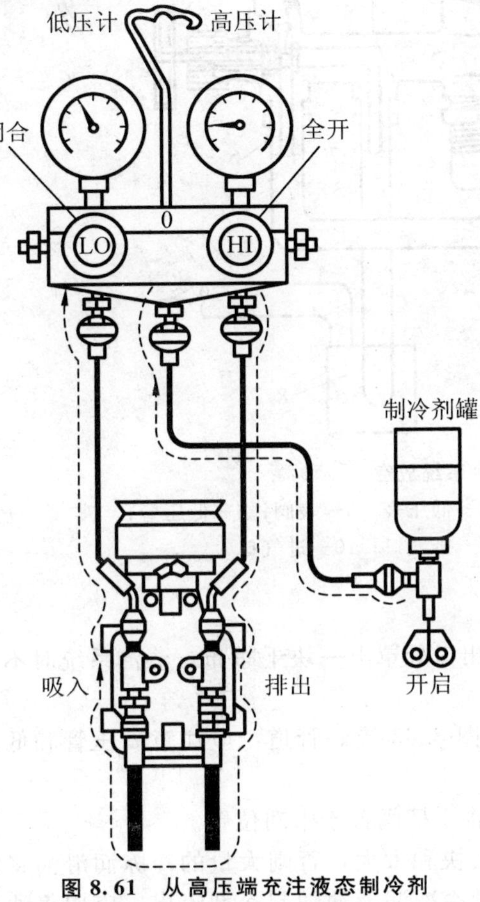

图 8.61 从高压端充注液态制冷剂

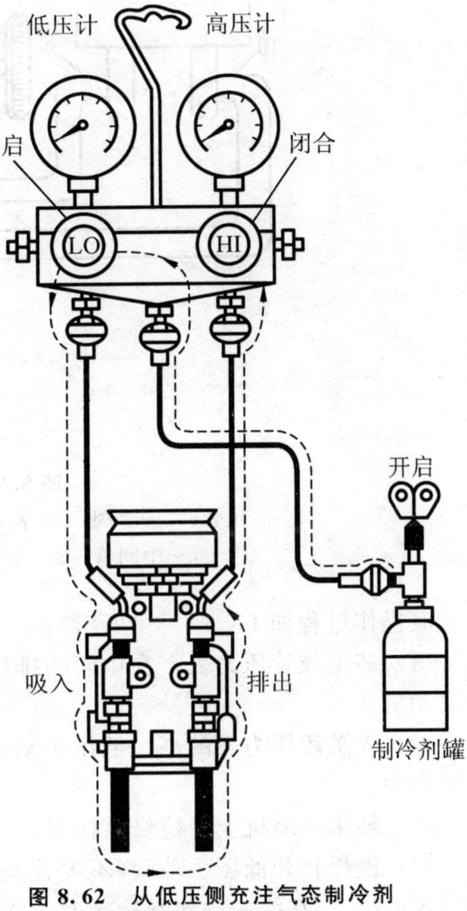

图 8.62 从低压侧充注气态制冷剂

(6) 在向系统中充注规定量制冷剂之后，从视液镜处观察，确认系统内无气泡、无过量制冷剂。随后将发动机转速调至 2000r/min，冷风机风量开到最高挡，若气温在 30～35℃，系统内低压侧压力应为 147～192kPa，高压侧压力应为 1370～1670kPa。

(7) 充注完毕后，关闭歧管压力计上的手动低压阀，关闭装在制冷剂罐上的注入阀，使发动机停止运转；将歧管压力计从压缩机上卸下，卸下时动作要迅速，以免过多制冷剂泄出。

4. 制冷剂的放卸

放卸制冷剂的传统方法是应用歧管压力表组或放卸制冷剂装置，安全地将制冷剂排放到大气中去，一般称为放空过程。需要注意的是，放空时需要特别准备一个容器，用来收集带出的冷冻润滑油。还应注意，放空的制冷剂一定要排放在室外，绝不能排在室内，以免污染工作环境。

传统的排放制冷剂的方法如图 8.63 所示。

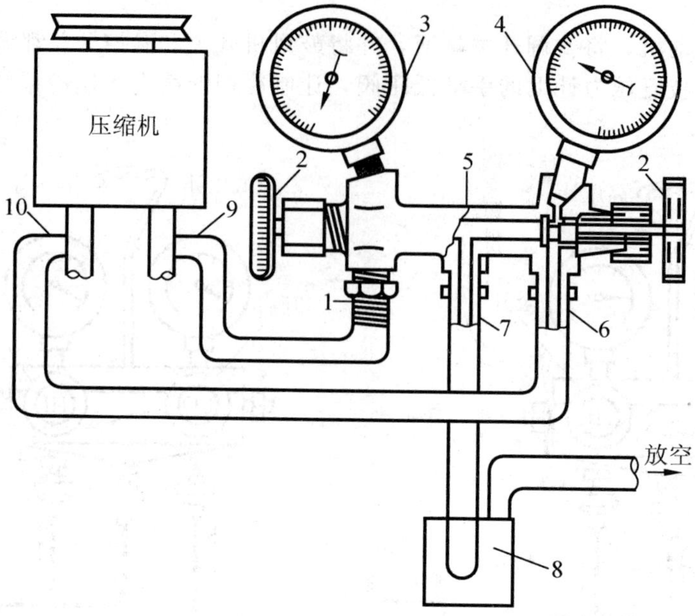

图 8.63　制冷系统放空

1—高压管；2—手阀；3—高压表；4—低压表；5—表阀；6—低压管；
7—中间管；8—集油器；9—排气口；10—进气口

其操作过程如下：

(1) 装上歧管压力表，在中间的排放软管出口处罩上一块干净布，清洁系统时不要起动发动机。

(2) 先关闭压力表的高、低压手动阀，按图 8.63 接好管道，应注意高压管和低压管连接方法。

(3) 如果压缩机上有检修手柄阀，则应先将手柄阀置于中间位置。

(4) 慢慢打开低压手动阀(不要让其开得太快和太大，否则大量的冷冻润滑油将随着制冷剂流出)，在缓慢放卸制冷剂时，将有少量冷冻润滑油随制冷剂流出，应用集油器将其收集(但最好不要让油流出来，以减少麻烦)。

(5) 当低压表的读数降到 345kPa 时，再慢慢打开高压手动阀。注意：开度不要太大。如果此时冷冻润滑油流出较多，则说明放卸速度太快，应关小高、低压手动阀的开度。

(6) 当压力表的读数下降到 0kPa 时，放卸结束，此时应关紧表阀上的阀门。

(7) 测量一下收集到的冷冻润滑油。如果油量超过 14.2g，则应加入新的等量的冷冻润滑油；如果少于 14.2g，则不需要添加新油。

5. *加注冷冻润滑油*

汽车制冷系统在一般情况下，冷冻润滑油的消耗量很少，可以每两年更换一次，每次加入规定的数量。添加时一定要保证是同一牌号的冷冻润滑油，因为不同牌号的冷冻润滑油会生成沉淀物。

制冷系统如果制冷剂泄漏速度很慢，对冷冻润滑油泄漏影响不大。制冷剂如果泄漏速度很快，冷冻润滑油也会随之很快泄漏。

如果压缩机里冷冻润滑油存油过少，压缩机会过热，甚至发生卡缸现象。如果系统内冷冻润滑油过多，膨胀阀、蒸发器会发生故障，因此，压缩机里必须保持正常的存油量。压缩机冷冻润滑油量的检查一般有两种方法。

1）观察视液镜法

通过压缩机上安装的视液镜，可观察压缩机油量。如压缩机冷冻润滑油油面达到视液镜高度80%的位置，一般认为是合适的。如果油面在此界限之上，应引出多余的冷冻润滑油；如果油面在此界限之下，则应添加冷冻润滑油。

2）观察量油尺法

未装视液镜的压缩机，可用量油尺检查其油量。这种压缩机有的只有一个油塞，油塞下面有的装有油尺。有的油塞没有油尺，需另外用专用油尺插入检查，观察油面位置是否在规定的上、下限之间。

若检查发现油量偏少，则需加注冷冻润滑油。加注冷冻润滑油有两种方法。

（1）直接加入法。直接加入法如图 8.64 所示。

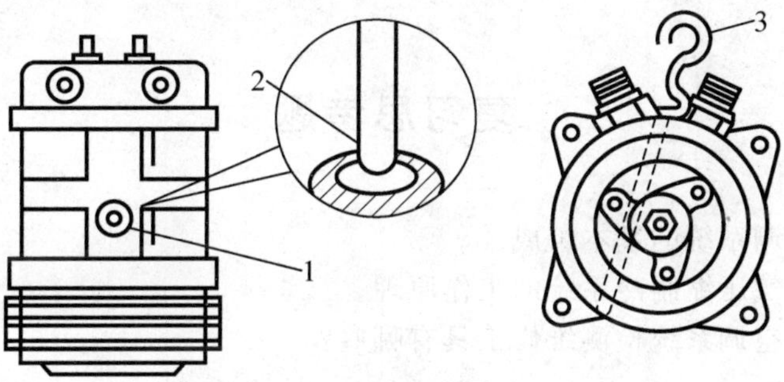

图 8.64　直接加注冷冻润滑油

1—加油塞；2—活塞连杆；3—油尺

① 卸下加油塞，注入规定型号的冷冻润滑油。

② 通过加油塞孔观察，旋转压缩机离合器前板，使活塞连杆正好在加油塞孔中央位置。

③ 把油尺插到活塞连杆的右边，直至油尺端部碰到压缩机外壳为止。

④ 取出油尺，检查冷冻润滑油的刻度数(沟纹)，应该在油尺的4～6格之间。

（2）真空吸入法。真空吸入法如图 8.65 所示。

先将制冷系统抽真空到0.002MPa，然后开始加注冷冻润滑油，步骤如下：

① 关闭高压手动阀，关闭辅助阀。

② 把高压侧软管从歧管压力表上拆下，插入油杯内。

③ 打开辅助阀，使冷冻润滑油从油杯吸入制冷系统。

④ 当油杯中的冷冻润滑油快被抽空时，立即关闭辅助阀，以免系统中吸入空气。

⑤ 把高压侧软管接头拧在歧管压力表上，打开高压手动阀，起动真空泵，将高压侧软管抽真空。然后再打开辅助阀，为系统抽真空至0.002MPa，然后再加抽15min，以便排除随油进入系统里的空气。此时，冷冻润滑油在高压侧，待系统运转后，冷冻润滑油返回压缩机。

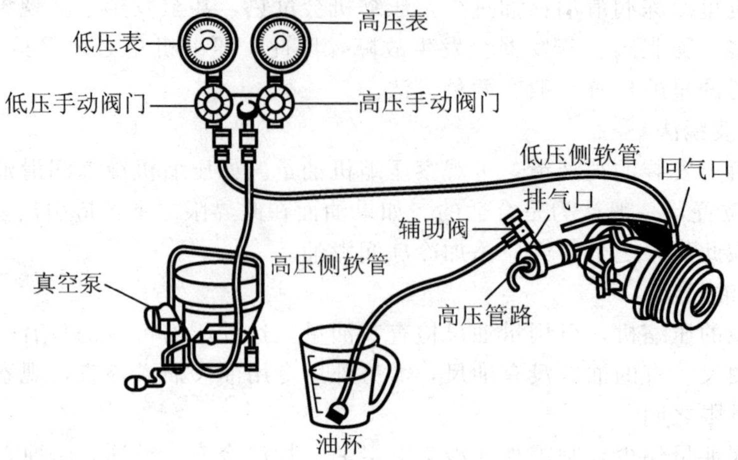

图 8.65　抽真空加注冷冻润滑油

复习思考题

1. 简述汽车空调系统的基本组成。
2. 简述汽车蒸气压缩制冷系统的工作原理。
3. 常用的汽车空调系统检测维修工具有哪些?

第9章 安全与舒适系统

教学提示

汽车安全舒适装置可为驾驶人提供清晰的视野，简化操作；影音娱乐设备可使驾驶人心情愉悦，对于确保安全行车具有重要意义。

教学要求

本章主要介绍汽车安全舒适系统的结构组成和工作原理。要求学生熟悉风窗刮水设备、电动辅助装置和汽车影音娱乐设备的使用方法，掌握基本的检修技能。

9.1 风窗刮水清洗设备

为了保证在各种使用条件下挡风玻璃表面干净、清洁，汽车都安装了刮水器，许多汽车还安装了风窗清洗装置和除霜装置。

9.1.1 电动刮水器

1. 作用

电动挡风玻璃刮水器(俗称雨刷)的作用是保证驾驶人在雨天、雪天和雾天有良好、清晰的视野，它具有一个或两个橡皮刷，由驱动装置带着来回摆动，除去挡风玻璃上的水、雪等。

2. 结构

电动刮水器主要由电动机、减速机构、自动停位器、刮水器开关和联动机构及刮片等组成(图 9.1)，传动机构如图 9.2 所示。

蜗轮蜗杆减速机构和电动机连成一体，使总体结构更加紧凑。

刮水器的电动机由磁场、电枢、电刷等组成。按磁场结构来分，电动机有绕线式(励磁式)和永磁式两种，永磁式电动机具有体积小、质量轻、结构简单的特点，广泛应用在轿车上。

永磁式电动机、减速机构和自动停位器的构造如图 9.3 所示。

刮水器的变速原理是利用直流电动机的变速原理实现的，由直流电动机电压平衡方程

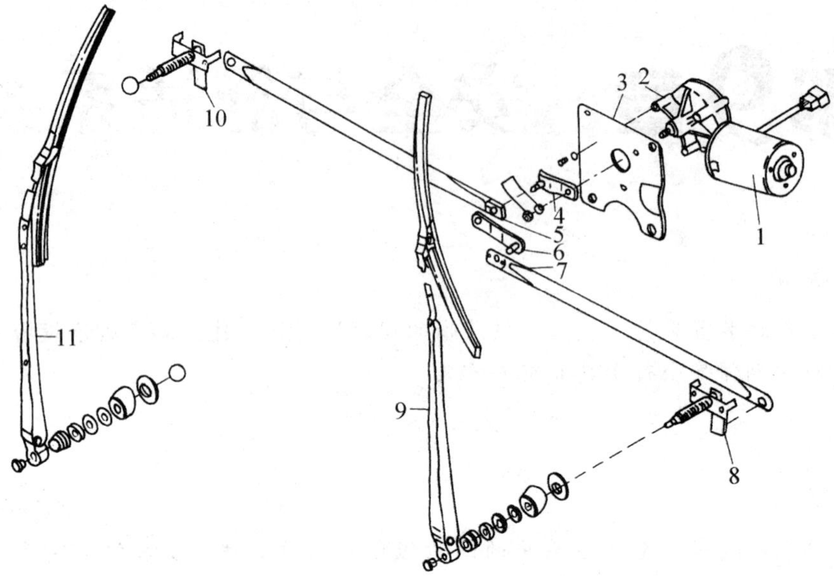

图 9.1　电动刮水器的结构

1—电动机；2—蜗轮蜗杆减速机构；3—底板；4、6—曲柄；5、7—连杆；
8、10—摆杆；9、11—摆臂

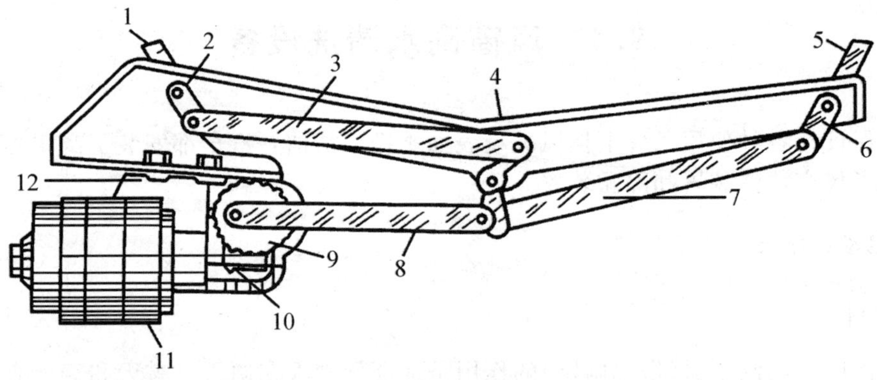

图 9.2　电动刮水器的传动机构

1、5—刮片架；2、4、6—摆杆；3、7、8—连杆；9—减速蜗轮；10—蜗杆；11—电动机；12—底板

式可得转速公式为

$$n=\frac{U-I_aR_a}{KZ\Phi}(\mathrm{r/min}) \tag{9.1}$$

式中，U——电动机端电压，单位为V；

I_a——过电枢绕组中的电流，单位为A；

R_a——电枢绕组的电阻，单位为Ω；

K——常数；

Z——正、负电刷间串联的电枢绕组数；

Φ——磁极磁通，单位为Wb。

永磁式电动机的磁场由铁氧体永久磁铁产生，磁场的强弱不能改变，为了改变工作速度可采用三刷式电动机，利用三个电刷改变正负电刷之间串联的电枢线圈个数实现变速，其变速原理如图 9.4 所示。

(a) 实物

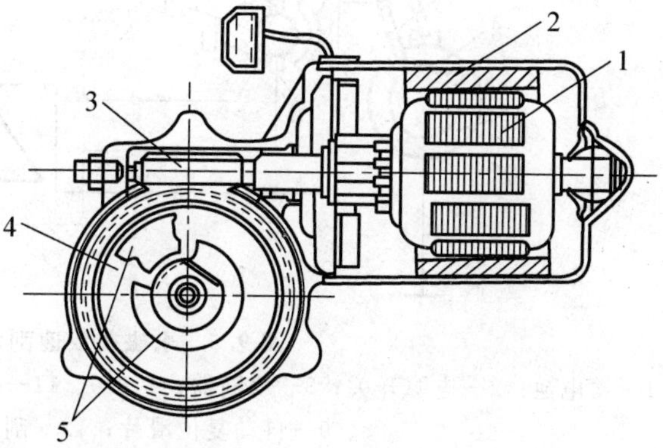

(b) 结构

图 9.3　永磁式电动机

1—电枢；2—永久磁铁磁极；3—蜗杆；4—蜗轮；5—自动停位滑片

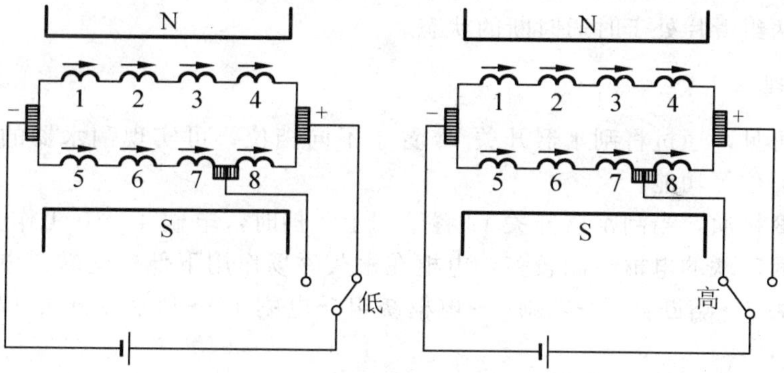

图 9.4　三刷电动机变速原理

当刮水器开关拨至低速挡时，电源电压加在“＋”与“－”电刷之间，使其内部形成两条对称的并联支路，一条支路由线圈 1、2、3、4 串联组成，另一条支路由线圈 5、6、7、8 串联组成，各线圈反向电动势方向如图 9.4 中箭头所示。由于各线圈反向电动势方向相同，互相叠加，相当于 4 对线圈串联，电动机以较低转速稳定旋转。

当刮水器开关拨至高速挡时，电源电压加在“－”电刷与偏置电刷之间，从图 9.4 中可以看出，电枢绕组的一条支路由五个线圈 1、2、3、4、8 串联，另一条支路由三个线圈 5、6、7 串联，其中线圈 8 与线圈 1、2、3、4 的反电动势方向相反，互相抵消后，相当于只有三对线圈串联，因而只有转速升高，才能使反电动势达到与运转阻力矩相应的值，形成新的平衡，故此时转速较高。

自动停位器能保证刮水器开关在任何时候断开时，使刮水片自动停止在风窗玻璃的底部。

自动停位器的组成和电路连接如图 9.5 所示，它由装在减速机构端盖上的自动复位触片 6、7 和嵌在减速蜗轮上的自动复位滑片 8、9 组成。

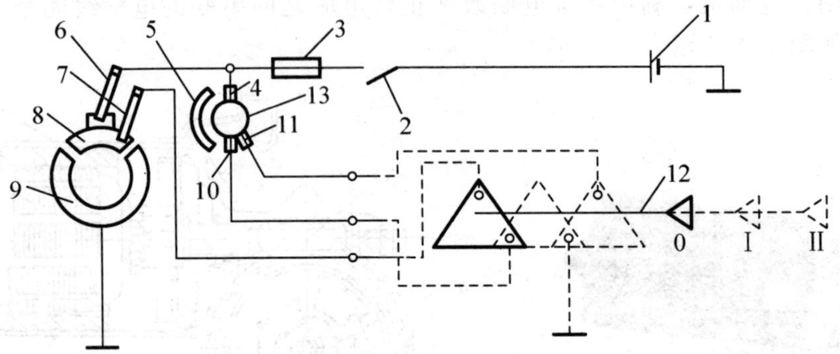

图 9.5　永磁式双速刮水器控制电路

1—蓄电池；2—电源开关；3—熔断器；4、10、11—电刷；5—永久磁铁；6、7—自动复位触片；8、9—自动复位滑片；12—刮水器开关；13—电枢

滑片 8 与壳体绝缘，而滑片 9 则直接搭铁；触片 6、7 靠自身弹力保持与自动复位滑片 8、9 接触。能与滑片 9 接触的自动复位触片 7，为自动停位触点，它与刮水器开关连接，在开关置于断开位置(0 挡)时与电动机低速电刷 10 接通；能与滑片 8 接触的自动复位触片 6，为自动停位电源触点，它始终与电动机接电源的电刷 4 接通。减速蜗轮运转时，两弹片触点与两组滑片处于时通时断的状态。

3. 工作原理

由图 9.5 可见，通过将刮水器开关 12 置于不同挡位，可实现刮水器的低速运转、高速运转及停机复位等功能。

电源开关 2 接通，当刮水器开关 12 置于“Ⅰ”挡时，电刷 4、10 工作，电动机通电，因电刷 4、10 间串联的电枢线圈较多，电枢在永久磁场作用下低速运转。电路为：蓄电池正极→电源开关 2→熔断器 3→电刷 4→电枢绕组→电刷 10→刮水器开关 12→搭铁→蓄电池负极。

当刮水器开关 12 置于“Ⅱ”挡时，电刷 4、11 工作，电动机通电，因电刷 4、11 间串联的电枢线圈减少，电枢在永久磁场作用下高速运转。电路为：蓄电池正极→电源开关 2→熔断器 3→电刷 4→电枢绕组→电刷 11→刮水器开关 12→搭铁→蓄电池负极。

当刮水器开关 12 置于“0”挡时，如果刮水片没有停到适当位置，则自动复位触片 7 与滑片 9 接触，维持刮水器电动机电路接通，以低速运行，电路为：蓄电池正极→电源开关 2→熔断器 3→电刷 4→电枢绕组→电刷 10→刮水器开关 12→自动复位触片 7→自动复位滑片 9→搭铁→蓄电池负极。

当刮水片摆到适当位置后，触片 7 与滑片 9 脱开，切断电动机的搭铁线，电动机减速，为了使其尽快停止，通过滑片 8 将触片 6、7 短接，使电枢通过滑片 8、触片 6、7 构成回路形成电流，产生制动作用，使刮水片停到适当位置，电路为：电枢绕组“+”→电刷 4→自动复位触片 6→自动复位滑片 8→自动复位触片 7→刮水器开关 12→电刷 10→电枢绕组“—”。

当汽车在毛毛细雨或浓雾天气行驶时，因风窗玻璃表面形成的是不连续的水滴，如果刮水器的刮片按一定速度连续刮拭，微量的水分和灰尘就会形成发粘的薄膜，不仅不能将风窗玻璃刮拭干净，相反会使玻璃模糊不清，留下污斑，影响驾驶人的视线。

为此，有些汽车刮水器具有自动间歇刮水功能，在碰到上面提及的行驶条件时，只需将刮水开关拨至间歇工作挡位，刮水器便在间歇继电器的控制下，按每停止 2～12s 刮水一次的规律自动停止和刮拭，使风窗洁净，驾驶人可以获得良好的视野。间歇继电器有机械式和电子式两大类，原理各不相同。

图 9.6 是采用机械式间歇继电器(图 9.7)控制的刮水器电路，刮水器开关有 0、Ⅰ、Ⅱ、Ⅲ四个挡位，其中 0 挡为停止挡、Ⅰ挡为间歇挡、Ⅱ挡为低速挡、Ⅲ挡为高速挡。间歇继电器由时间继电器、一对动合触点 A 和一对动断触点 B 组成。间歇工作原理如下：

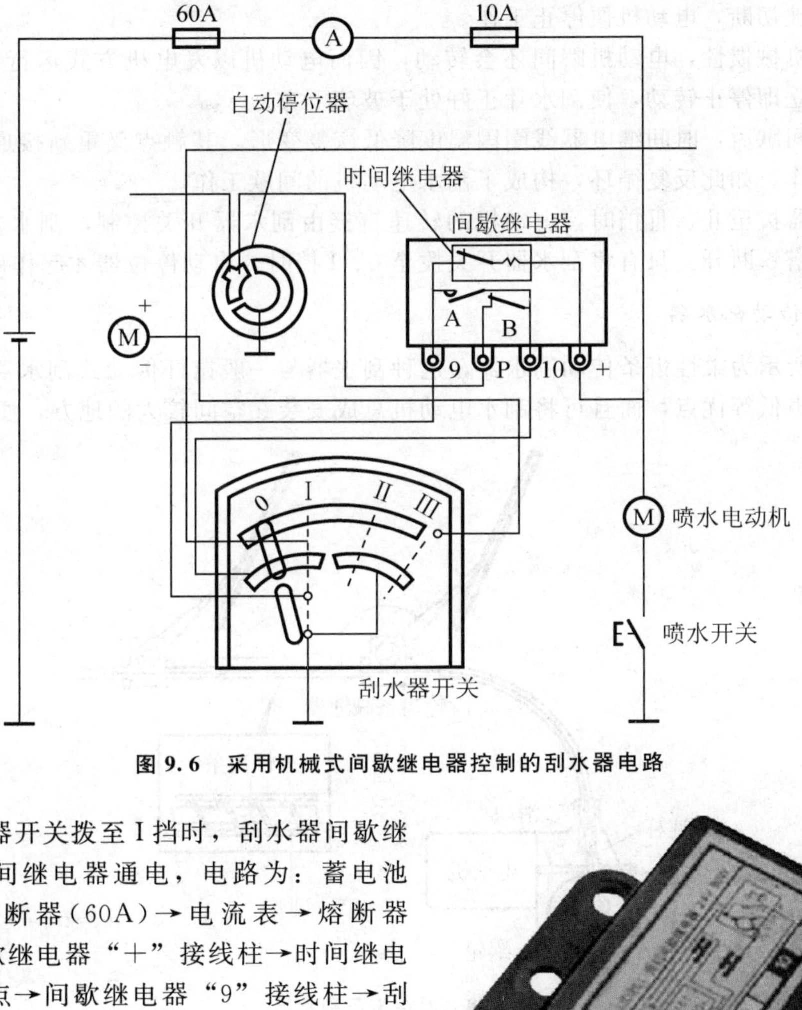

图 9.6　采用机械式间歇继电器控制的刮水器电路

当刮水器开关拨至Ⅰ挡时，刮水器间歇继电器中的时间继电器通电，电路为：蓄电池正极→总熔断器(60A)→电流表→熔断器(10A)→间歇继电器“+”接线柱→时间继电器线圈、触点→间歇继电器“9”接线柱→刮水器开关内部触点→搭铁→蓄电池负极，时间继电器线圈产生吸力，将触点 A 闭合，触点 B 断开。此时，电动机通过间歇继电器构成回路，电路为：蓄电池正极→总熔断器(60A)→电流表→熔断器(10A)→刮水电动机电刷“+”→电枢绕组→电刷“-”→刮水器开关内部触点→间歇继电器接线柱“10”

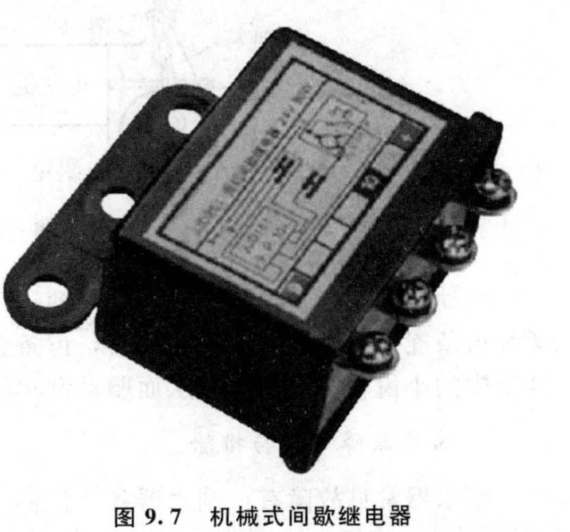

图 9.7　机械式间歇继电器

→触点 A→刮水器开关→搭铁→蓄电池负极。电动机低速运转，带动刮水片工作。

间歇继电器中的时间继电器线圈因通电发热变形，逐渐使触点张开而断电，在弹簧的作用下，触点 A 被断开，触点 B 又闭合。如果此时自动停位触点处于自动停位器的搭铁滑片上，电动机不因继电器线圈断电而停止工作，此时电路为：蓄电池正极→总熔断器(60A)→电流表→熔断器(10A)→刮水电动机电刷“+”→电枢绕组→电刷“－”→刮水器开关内部触点→间歇继电器接线柱“10”→触点 B→间歇继电器接线柱“P”→自动停位器搭铁滑片→搭铁→蓄电池负极；当电动机转到图示所在位置时(即自动停位器的电源触点和自动停位触点处在同一滑片上)时，间歇继电器接线柱“P”的搭铁电路断开，刮水电动机电路被切断，电动机便停止工作。

但由于机械惯性，电动机瞬间还会转动，因而电动机以发电机方式运行而产生制动，迫使电动机立即停止转动，使刮水片正好处于玻璃下方。

几秒钟间歇后，时间继电器线圈因温度降低恢复变形，其触点又重新接通，刮水电动机又开始工作。如此反复循环，构成了刮水电动机的间歇工作。

当刮水器拨至Ⅱ、Ⅲ挡时，电动机的转速直接由刮水器开关控制，刮水器开关内部Ⅰ挡的触点与搭铁断开。只有将刮水器开关拨至 0、Ⅰ挡时，自动停位器才起作用。

4. 齿条传动刮水器

图 9.8 所示为柔性齿条传动刮水器，这种刮水器与一般拉杆传动式刮水器相比，具有体积小，噪声低等优点，而且可将刮水电动机总成安装在空间较大的地方，便于维修。

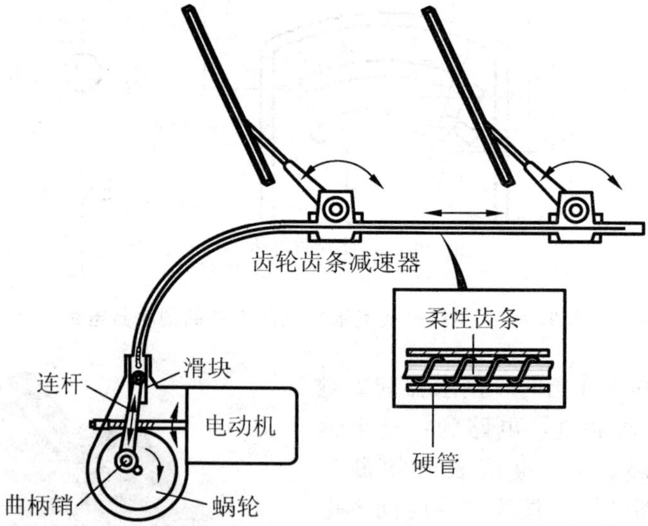

图 9.8　柔性齿条刮水器

电动机驱动的蜗轮轴上有一个曲柄销，它驱动连杆机构，而连杆和一个装在硬管里的柔性齿条连接，因此在连杆运转时，齿条会作往复运动，齿条的往复运动带动齿轮齿条减速器中的小齿轮往复运动，从而驱动刮水片往复摆动。

5. 常见故障诊断与排除

刮水器常见故障有：刮水器各挡位都不工作、个别挡位不工作、不能自动停位等。

（1）各挡位都不工作。

① 故障现象。接通点火开关后，刮水器开关置于各挡位，刮水器均不工作。

② 主要原因。熔断器断路；刮水电动机或开关有故障；机械传动部分锈蚀或与电动机脱开；连接电路断路或插接件松脱。

③ 诊断与排除。可参照下列步骤进行诊断检查并视情维修：首先检查熔断器，熔断器应无断路，电路应无松脱；然后检查刮水器电动机及开关的电源线和搭铁线，应接触良好，没有断路；再检查开关各个接线柱在相应挡位能否正常接通；最后检查电动机和机械连接情况。

（2）个别挡位不工作。

① 故障现象。接通点火开关后，刮水器个别挡位(低速、高速或间歇挡)不工作。

② 主要原因。刮水电动机或开关有故障；间歇继电器有故障；连接导线断路或插接件松脱。

③ 诊断与排除。如果刮水器是高速挡或低速挡不工作，可参照下列步骤进行诊断检查并视情维修：首先检查对应故障挡位的电路是否正常；检查开关接线柱在相应挡位能否正常接通：最后检查电动机电刷是否接触不良。如果刮水器在间歇挡不工作，应顺序检查间歇开关(或刮水器开关的间歇挡)、电路和间歇继电器。

（3）不能自动停位。

① 故障现象。刮水器开关断开或在间歇挡工作时，刮水器不能自动停止在设定的位置。

② 主要原因。刮水电动机自动停位机构损坏；刮水器开关损坏；刮水臂调整不当；导线连接错误。

③ 诊断与排除。可参照下列步骤进行诊断检查并视情维修：首先检查刮水臂的安装及刮水器开关导线连接是否正确；再检查刮水器开关在相应挡位的接线柱能否正常接通；最后检查电动机自动停位机构触点能否正常闭合和接触良好。

9.1.2 风窗清洗装置

1. 作用

汽车在灰尘较多的环境中行驶时，会造成一些灰尘飘落在风窗玻璃上影响驾驶人的视线。为此许多汽车的刮水系统增设了清洗装置，必要时向风窗玻璃表面喷洒专用清洗液或水，在刮水片配合下，保持风窗玻璃表面洁净。

2. 组成

风窗清洗装置如图9.9所示，它由储液罐、清洗泵、输液管、喷嘴、清洗开关等组成。

储液罐由塑料制成，其内盛有清洗液。有些储液罐上装有液面传感器，以便监视储液罐清洗液的多少。

汽车风窗玻璃清洗液(俗称玻璃水。由于具有防冻功能，又称防冻玻璃水)要求对附着在风窗上的各种物质具有浸透、乳化分散及溶解功能，以便将其清洗干净。

清洗泵(俗称喷水电动机)的作用是将清洗液加压，通过输液管和喷嘴喷洒到挡风玻璃表面。它由一个永磁电动机和液压泵组成。

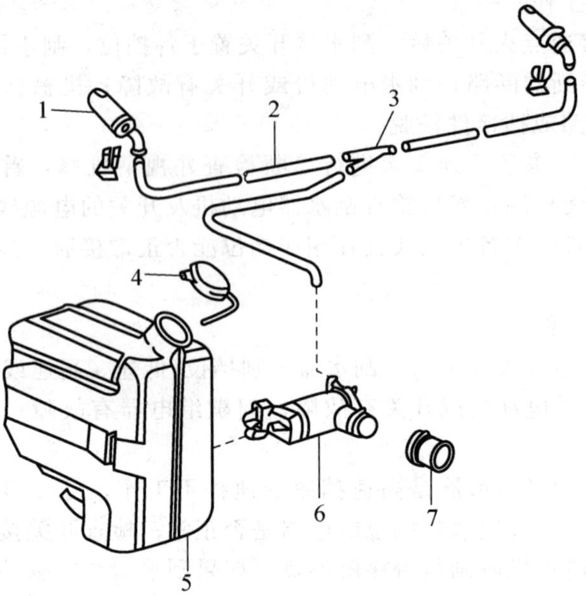

图 9.9 风窗清洗装置

1—喷嘴；2—输液管；3—三通接头；4—箱盖；5—储液罐；6—清洗泵；7—衬垫

3. 工作原理

风窗清洗装置电路比较简单（图 9.6），一般和电动刮水器共用一个熔断器。有的车清洗开关单独设置安装，有的则和刮水器开关组合在一起，便于操作。

当清洗开关接通时，清洗电动机带动液压泵转动，将清洗液加压，通过输液管和喷嘴喷洒到挡风玻璃表面。有的车型(如桑塔纳轿车)在清洗开关接通的同时使刮水器低速运行，以改善清洗效果。

有些高档汽车还配有前照灯自动清洗装置，平时隐藏在保险杠里，使用时喷头自动伸出并向前照灯喷出强劲的清洗液(图 9.10)，以确保前照灯光线良好，驾驶人视野清晰。

图 9.10 前照灯自动清洗装置

4. 常见故障诊断与排除

风窗清洗装置常见故障有所有喷嘴都不工作和个别喷嘴不工作。

主要故障原因：清洗电动机或开关损坏；电路断路；清洗液液面过低或连接管脱落；喷嘴堵塞。

诊断步骤：如果所有喷嘴都不工作，先检查清洗液液面和连接管是否正常；然后检查清洗电动机搭铁线和电源线有无断路、松脱，开关和电动机是否正常。如果个别喷嘴不工作，一般是喷嘴堵塞所致。

9.1.3 风窗除霜(雾)装置

1. 作用

在较冷的季节，有雨、雪或雾的天气，空气中的水分会在冷的风窗玻璃上凝结成细小的水滴甚至结冰，从而影响驾驶人的视线。为了防止水蒸气在风窗玻璃上凝结，一般汽车上都设置有风窗除霜(雾)装置，需要时可以对风窗玻璃加热。

2. 组成和工作原理

在装有空调或暖风装置的汽车上，可以通过风道向前面及侧面风窗玻璃吹热风以加热玻璃，防止水分凝结。对后风窗玻璃的除霜，常常是利用电热丝加热实现的。如图9.11所示，在风窗玻璃内表面均匀间隔地镀有数条很窄的导电膜，形成电热丝，在需要时接通电路，即可对风窗进行加热。这种后窗除霜装置耗电量为50～100W，在轿车和面包车上应用很广。

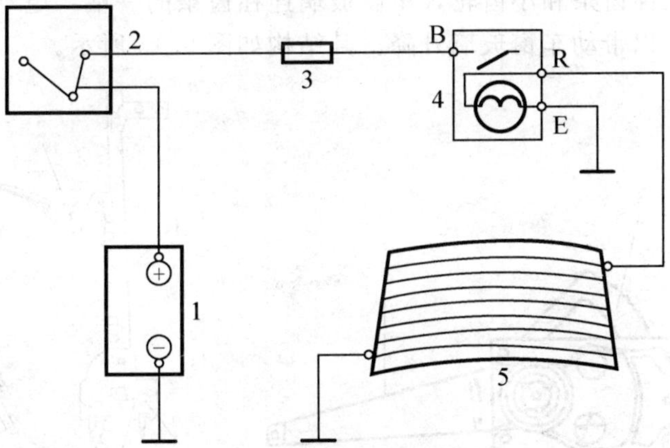

图9.11 后窗除霜(雾)装置

1—蓄电池；2—点火开关；3—熔断器；4—除霜器开关及指示灯；5—除霜器(电热丝)

3. 常见故障诊断与排除

风窗除霜(雾)装置常见故障是不工作。

主要故障原因：熔断器或控制电路断路；加热丝或开关损坏。

诊断步骤：首先检查熔断器是否正常，然后将开关接通后检查电热丝电源侧电压是否正常。如果电压为零或低于电源电压，应检查开关和电源电路；否则检查电热丝是否断路。若电热丝断路，可用润滑脂清理加热丝端部，并用蜡和硅脱膜剂清理电热丝断头，再用专用修理剂进行修补，将断点处连接起来，保持适当时间后即可使用。

9.2 电动辅助装置

为了减轻驾驶人和乘客的劳动强度，提高舒适性和操作方便性，汽车上应用的电动辅助装置越来越多，目前广泛应用的包括：电动车窗、电动坐椅、电动门锁、电动后视镜、电动天线等。

9.2.1 电动车窗

1. 作用

电动车窗(也称自动车窗)利用电动机驱动玻璃升降器(又称换向器)实现车窗玻璃升降。

2. 组成

电动车窗主要由玻璃升降器、电动机、开关等组成。

玻璃升降器有两种形式。一种是用齿扇来实现换向作用，如图 9.12 所示。齿扇上连有螺旋弹簧。当车窗上升时，弹簧伸展，放出能量，以减轻电动机负荷；当车窗下降时，弹簧压缩，吸收能量，从而使车窗无论是上升还是下降，电动机的负荷基本相同。

另一种是使用柔性齿条和小齿轮，车窗玻璃连在齿条的一端，电动机带动轴端小齿轮转动，使齿条移动，以带动车窗玻璃升降。其结构如图 9.13 所示。

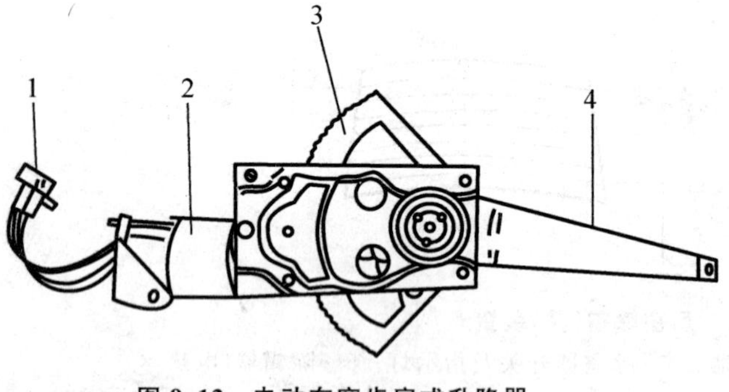

图 9.12 电动车窗齿扇式升降器

1—电线接头；2—电动机；
3—齿扇；4—推力杆(用于推动车窗玻璃)

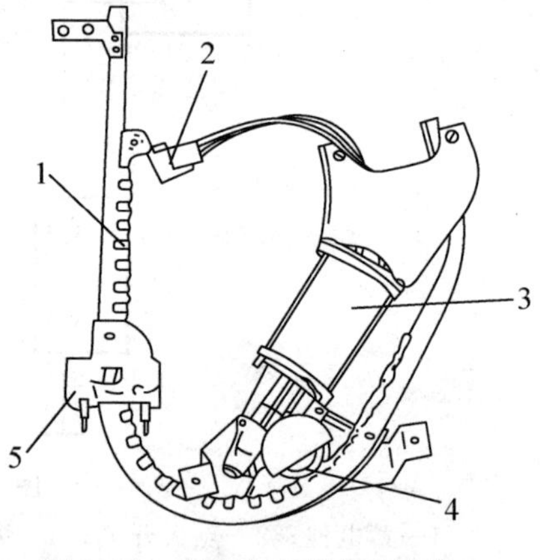

图 9.13 电动车窗齿条升降器

1—齿条；2—电线接头；3—电动机；
4—小齿轮；5—定位架

3. 工作原理

不同汽车所采用的电动车窗的控制电路不同，按电动机类型分为永磁式和双绕组串励式两种。

采用永磁式电动机时，电动机不直接搭铁，电动机的搭铁受开关控制，通过改变电动机的电流方向改变电动机的转向，从而实现车窗的升降，控制电路如图 9.14 所示。

采用双绕组串励式电动机时，电动机一端直接搭铁，电动机有两组磁场绕组，通过接通不同的磁场绕组，使电动机的转向不同，实现车窗玻璃的升降。控制电路如图 9.15 所示。

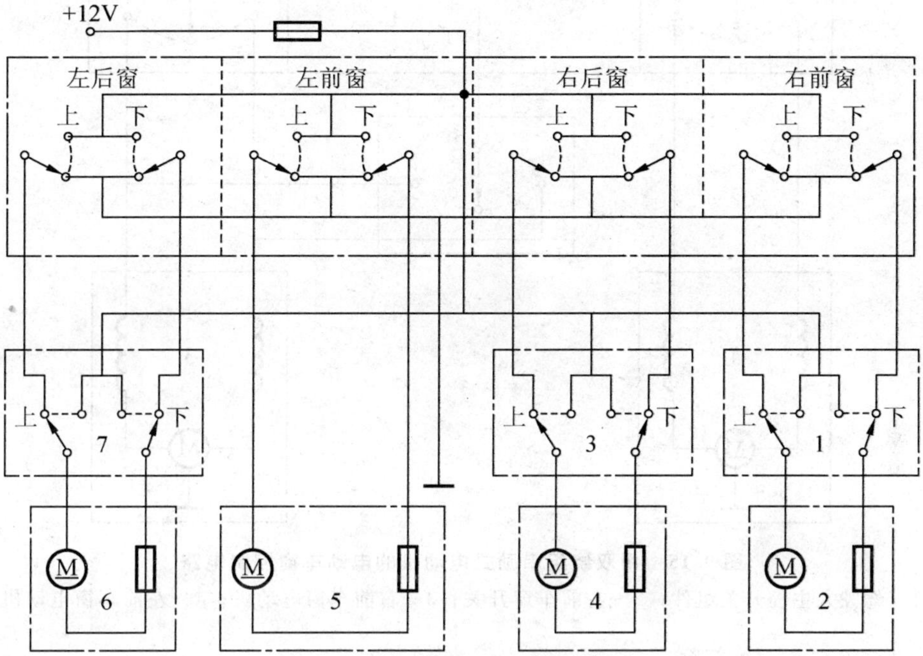

图 9.14 用永磁式电动机的电动车窗控制电路

1—右前车窗开关；2—右前车窗电动机；3—右后车窗开关；4—右后车窗电动机；5—左前车窗电动机；6—左后车窗电动机；7—左后车窗开关；8—驾驶人主控开关组件

电动车窗控制电路中，一般都设有驾驶人集中控制的主控开关和每一个车窗的独立操作开关，每个车窗的操作开关可由乘客自己操作。但是，有些汽车的主控开关备有安全开关，可以切断其他各车窗的电源，使每个车窗的操作开关不起作用，这个开关只能由驾驶人一人操作。

采用永磁式电动机时，开关既控制电动机的电源线，又控制电动机的搭铁线，所以开关结构和电路比较复杂。但是电动机结构简单，应用比较广泛。

图 9.16 和图 9.17 以采用永磁式电动机的电动车窗系统为例，标出了驾驶人和乘客分别操作使右前车窗下降时的电流方向。

驾驶人操作的主控开关中的右前车窗开关，使其在“下”的位置时，右前车窗电动机的一端通过主控开关与搭铁断开后接电源而通电转动，使右前车窗向下运动，电流方向如图 9.16 中箭头所指。乘客操作右前车窗的独立操作开关，使其在“下”的位置时，右前车窗电动机的一端通过独立操作开关与搭铁断开后接电源而通电转动，使右前车窗向下运动，电流方向如图 9.17 中箭头所指。

4. 常见故障诊断与排除

电动车窗的常见故障有：所有车窗均不能升降、部分车窗不能升降或只能一个方向运动。

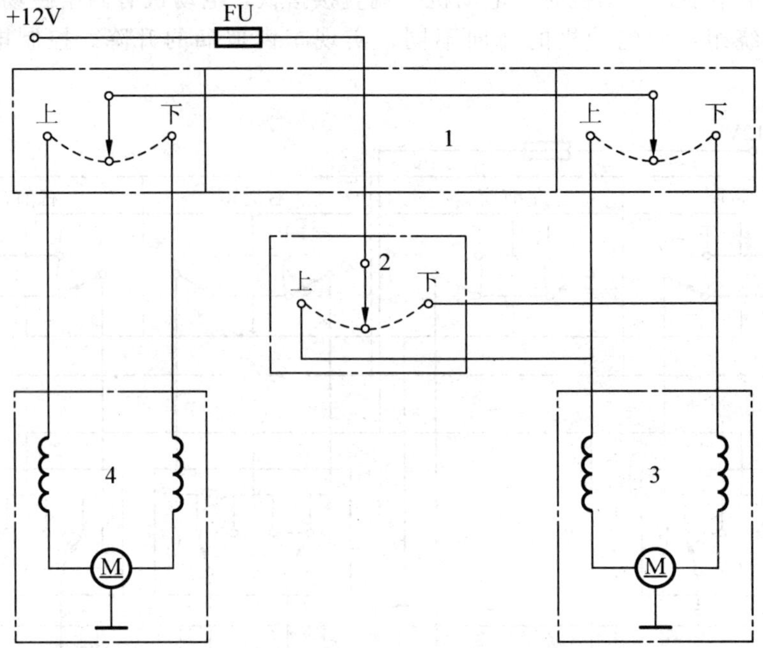

图 9.15 用双绕组串励式电动机的电动车窗控制电路

1—驾驶人主控开关组件；2—右前车窗开关；3—右前车窗电动机；4—左前车窗电动机

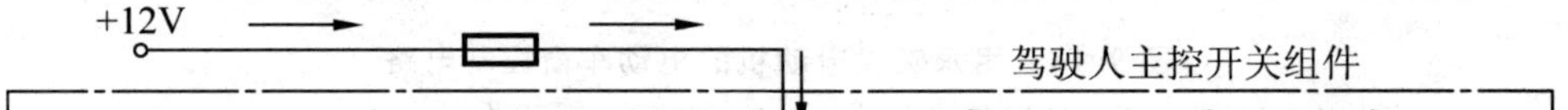

图 9.16 主控开关控制右前车窗下降

(1) 所有车窗均不能升降。

主要故障原因：熔断器断路；连接导线断路；有关继电器、开关损坏；电动机损坏；

搭铁点锈蚀、松动。

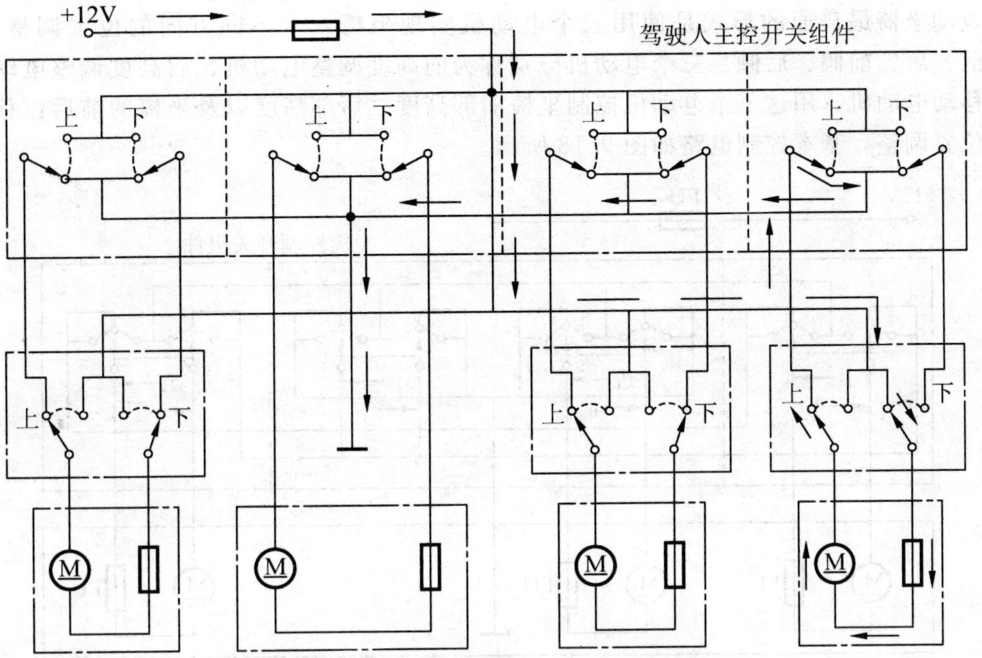

图 9.17 独立操作开关控制右前车窗下降

诊断步骤：首先检查熔断器是否断路；若熔断器良好，则应将点火开关接通，检查有关继电器和开关火线接线柱上的电压是否正常，电压为零，应检查电源电路；电压正常，则应检查搭铁线是否良好。搭铁不良时，应清洁、紧固搭铁线；若搭铁良好，应对继电器、开关和电动机进行检测。

(2) 部分车窗不能升降或只能一个方向运动。

主要故障原因：该车窗按键开关损坏；该车窗电机损坏；连接导线断路；安全开关故障。

诊断步骤：如果车窗不能升降，首先检查安全开关是否工作，该车窗的按键开关工作是否正常，再通电检查该车窗的电机正反转是否运转稳定。若有故障，应检修或更换新件；若正常，则应检修连接导线。如果车窗只能朝一个方向运动，一般是按键开关故障或部分导线断路或接错所致，可以先检查导线连接是否正常，再检修开关。

9.2.2 电动坐椅

1. 作用

电动坐椅又称自动坐椅，即用电动机调整的坐椅。它可以满足驾驶人多种坐姿的操作和安全要求，当然也满足乘客对舒适性的要求。

2. 组成

电动坐椅由坐椅开关、电动机、传动和执行机构、控制装置等组成。

3. 基本工作原理

电动坐椅最普通的形式是使用三个电动机实现坐椅六个不同方向的位置调整：上、下、前、后、前倾、后倾。三个电动机分别称为前高度调整电动机、后高度调整电动机与前后移动电动机。用这三个电动机控制坐椅前部高度、后部高度以及坐椅的前后位移实现坐椅位置调整，基本控制电路如图 9.18 所示。

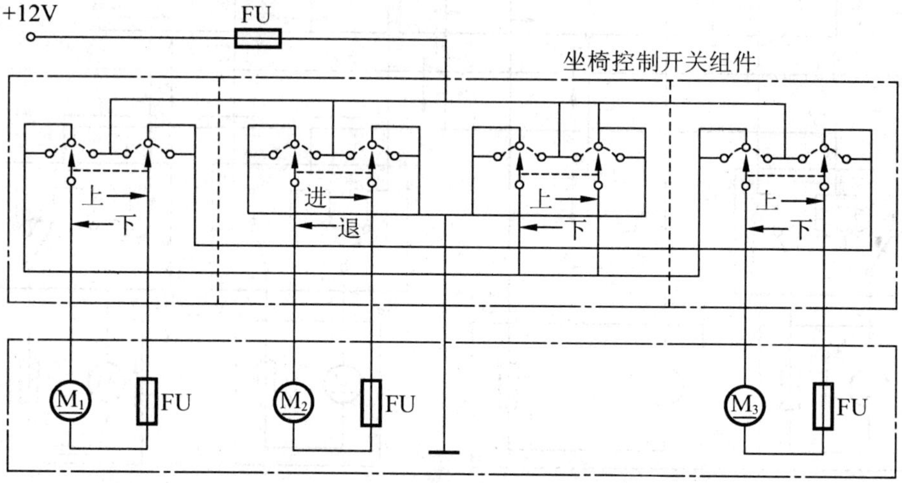

图 9.18　电动坐椅电路原理

M_1—前高度电动机；M_2—前进后退电动机；M_3—后高度电动机；FU—熔断器

坐椅开关通过控制电动机的搭铁和电源，使三个电动机按所需方向旋转。

当坐椅控制开关置于上或下的位置时，前与后高度调整电动机同时旋转；当开关位于前倾或后倾位置时，只有一个高度电动机旋转；如果坐椅控制开关位于前移或后退的位置时，前进后退电动机旋转。

图 9.19 是自动坐椅控制开关使坐椅前方上升时的电流方向示意图。控制坐椅后方上升和下降的操作方法与控制坐椅前方的方法类似。

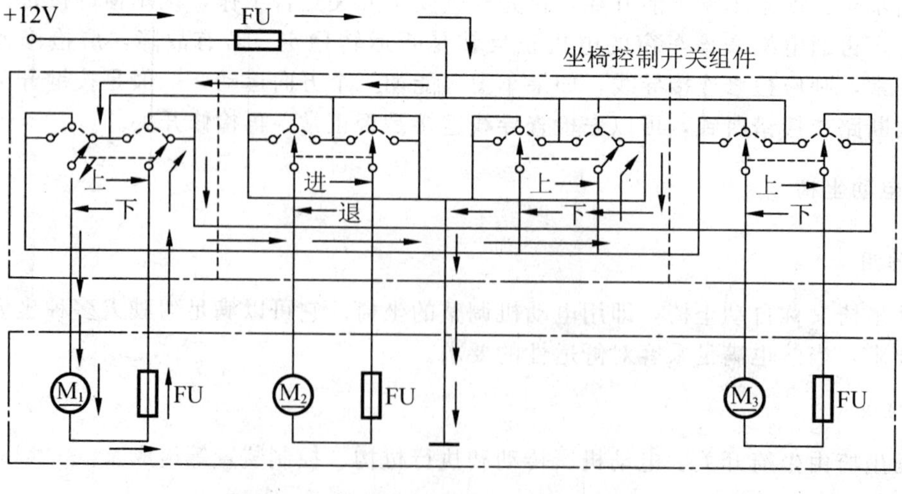

图 9.19　电动坐椅前方上升时的电流方向

有些轿车电动坐椅系统设有存储器，具有储存功能。通过每个坐椅的位置传感器(电位器)来反映坐椅的调定位置，坐椅的位置固定后，驾驶人按下存储器相应的按钮，存储器就将位置传感器的信息存储起来，作为以后自动调整的依据。需要时，只要按存储器相应的按钮，控制单元就能按储存的各个坐椅的位置信息自动调整坐椅到适当的位置。图 9.20为有存储功能的装有四个调整电动机的电动坐椅系统示意。

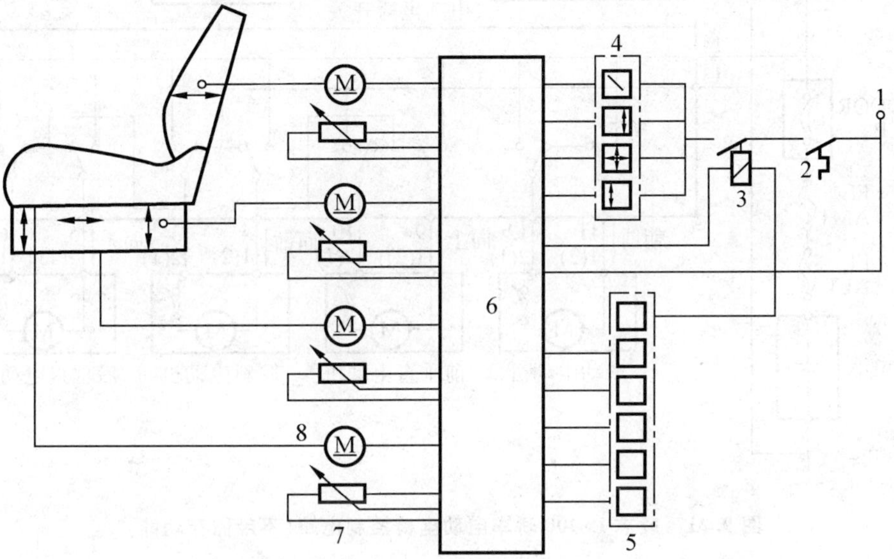

图 9.20 有存储功能的电动坐椅系统示意

1—接蓄电池；2—热过载保护；3—主继电器；4—手动调整开关；
5—存储器操作开关；6—控制单元；7—位置传感器；8—电动机

有的汽车在驾驶座席旁安装的独立乘客坐椅也具有上述相似的控制系统，一般有四个移动方向，分别是前进、后退、坐椅的前方上升与下降，通过两个电动机就可以实现调整。

4. 实例

凌志 LS400 轿车电动坐椅分不带存储功能和带存储功能两种控制电路，分别如图 9.21和图 9.22 所示。

其特点如下：

它不但有滑动电动机(前后移动电动机)、前垂直电动机(前升高电动机)和后垂直电动机(后升高电动机)，而且增加了调节椅背倾斜角度的倾斜电动机和调节腰垫位置的腰垫电动机，进一步改善椅背的舒适性；带存储功能的系统还增加了头枕电动机，以调节头枕的位置；每个电动机内部都设有热保护触头，以防电动机过载损坏；带存储功能的系统，有专门的控制单元(ECU)进行控制，滑动电动机、前垂直电动机和后垂直电动机、倾斜电动机和腰垫电动机都有各自的位置传感器，以便存储相应的位置信息；头枕电动机无位置传感器，信息不能储存。

有些制造厂用可调的支撑块对驾驶人的坐姿进行调整，使驾驶人感觉更加舒适和安全，如图 9.23 所示。

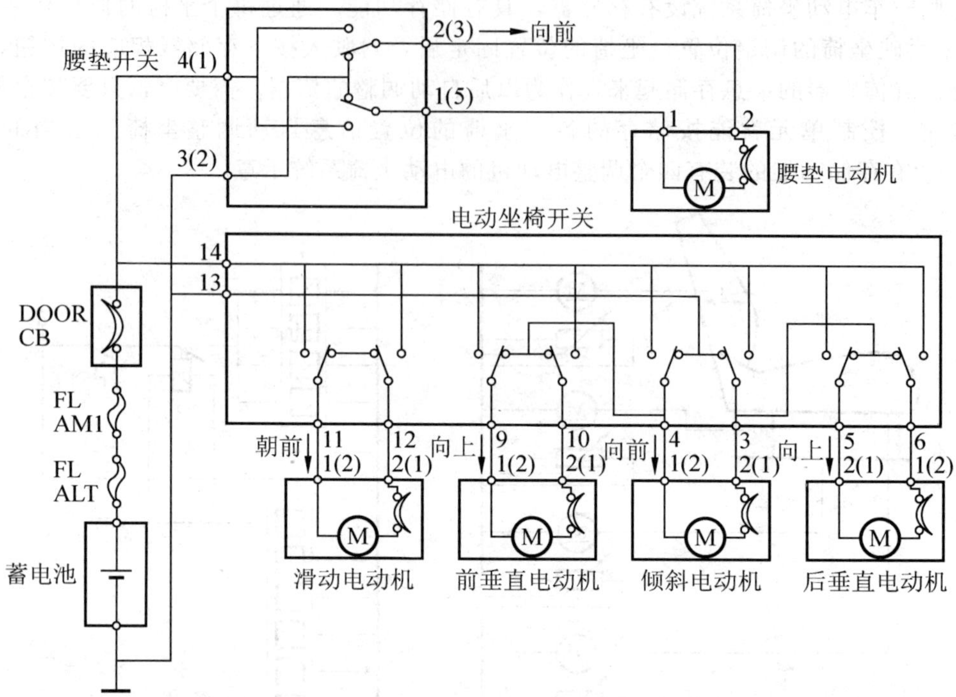

图 9.21　凌志 LS400 轿车电动坐椅控制电路(不带储存功能)

(　)—其内的数字适用于 RHD 汽车

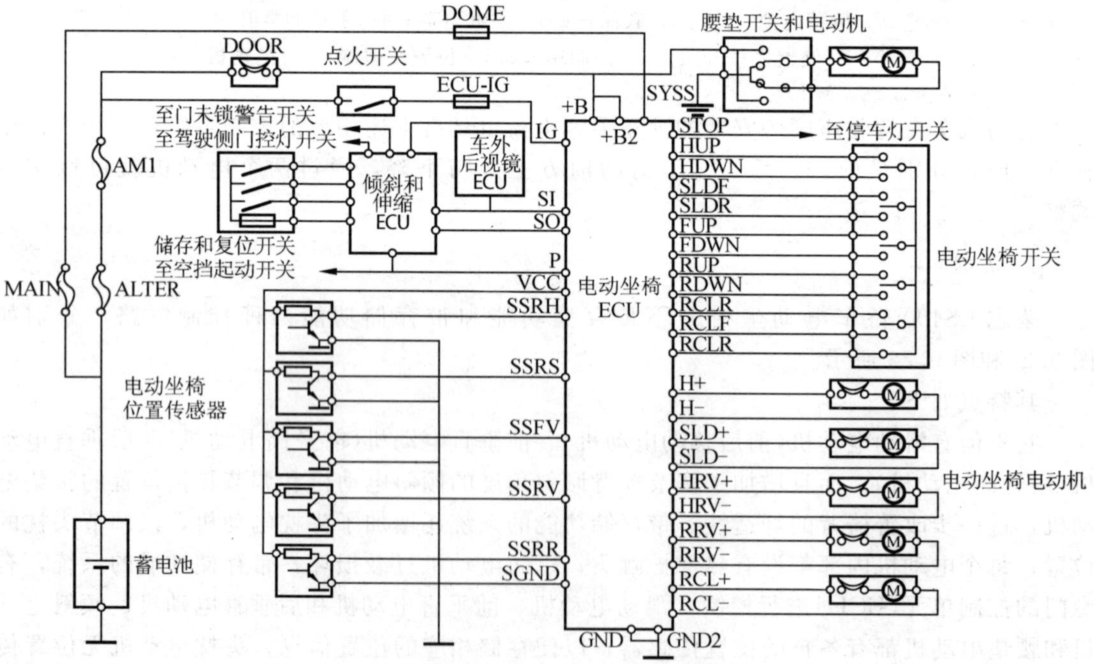

图 9.22　凌志 LS400 轿车电动坐椅控制电路(带储存功能)

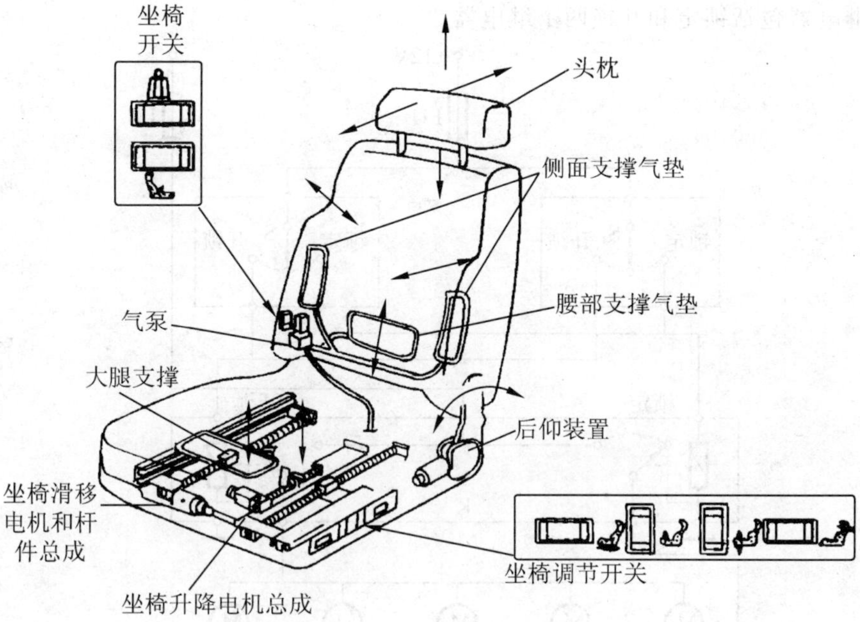

图 9.23 可调整坐姿的电动坐椅

5. 常见故障诊断与排除

电动坐椅常见故障有：完全不动作或某个方向不能工作。

电动坐椅完全不动作的主要原因有：熔断器断路；导线断路；坐椅开关有故障等。可以首先检查熔断器是否断路；若熔断器良好，则应检查导线连接是否正常，最后检查开关。对于有存储功能的电动坐椅系统，还应检查控制单元(ECU)的电源电路和搭铁线是否正常，若开关、导线等都正常，应检查控制单元。

电动坐椅某个方向不能工作的主要原因有：该方向对应的电动机损坏、开关、连接导线断路。可以先检查导线是否正常，再检查开关和电动机。

9.2.3 电动门锁

1. 电动门锁的作用、组成及工作原理

(1) 作用。借助电动机(或电磁铁)使车门锁住或打开。

(2) 组成。电动门锁由门锁开关、电动机(或电磁铁)、传动和执行机构等组成。

(3) 基本工作原理。

不同汽车电动门锁的功能和控制电路不同。有些汽车的门锁开关由门锁杆操作；有的汽车用独立开关；有的汽车有多个集中控制的门锁开关，驾驶人或乘客都可以把所有的车门锁住或打开；有的汽车则有一个集中控制的门锁开关和几个单独控制的门锁开关，驾驶人可以操作集中控制的门锁开关，把所有的车门锁住或打开，乘客只能操作单独的门锁开关，把对应的车门锁住或打开。集中控制的门锁开关通常安装在驾驶室车门和前乘客车门上；单独控制的门锁开关通常就安装在相应的车门上。

图 9.24 是一种电动门锁电路。驾驶人或乘客利用门锁开关可以接通或断开门锁继电

器，门锁继电器包括锁定和开锁两个继电器。

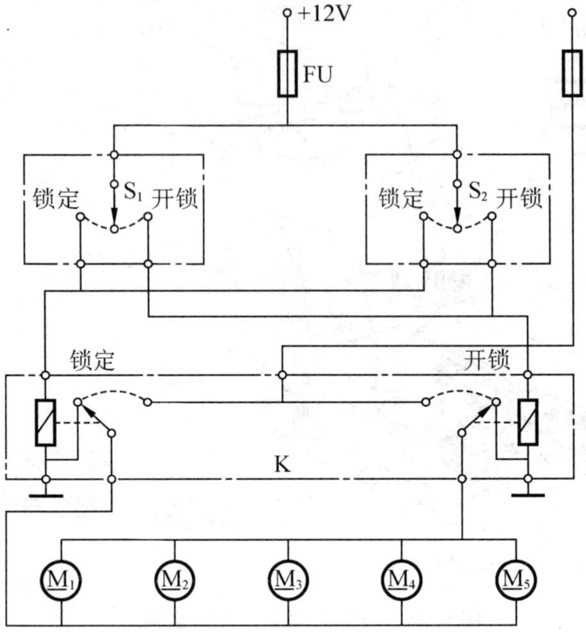

图 9.24 电动门锁电路

S_1—左前门锁开关；S_2—右前门锁开关；K—门锁继电器；M_1—尾门锁电机；
M_2—左后门锁电机；M_3—左前门锁电机；M_4—右前门锁电机；M_5—右后门锁电机；FU—熔断器

门锁开关都不接通时，所有电动机两端都通过继电器直接搭铁，电动机不转；门锁开关接通(开锁或锁定)时，一个继电器通电，使电动机一端不再搭铁而是与电源接通，使电动机通过两个继电器和电源构成回路而通电运转。不同的继电器工作，可以改变电动机中电流的方向，使门锁电机的转向改变，实现开锁和锁定。

图 9.25 是门锁开关在锁定位置时的电流方向。将门锁开关置于锁定位置时，电源通过门锁开关给锁定继电器线圈供电，继电器动作，其动断触点断开、动合触点闭合，电机一端经该触点与电源接通，另一端经开锁继电器动断触点接地，电机旋转将各车门锁住。当门锁开关断开电源时(开关放在中间位置时)，锁定继电器释放。

将开关掷向开锁位置时，开锁继电器线圈有电，继电器吸合，其动断触点断开、动合触点闭合，电机一端经该触点与电源接通，另一端经锁定继电器动断触点接地，电机中的电流方向与图 9.25 相反，电机反向旋转把门锁打开。当门锁开关放在中间位置时，开锁继电器释放。

2. 电动门锁

桑塔纳 2000 型轿车采用的电动门锁装置为集中控制形式，一个集中控制的门锁开关(左前门上的门锁提钮)由驾驶人控制，驾驶人可以通过按下或提起左前门上的门锁提钮或操纵该车门上的门锁钥匙对四个车门门锁集中控制，把所有的车门锁住或打开；乘客只能操作单独的门锁开关(右前、右后和左后车门上的门锁提钮)以开启或锁闭相应车门的门锁。

控制电路如图 9.26 所示，V_{30}、V_{31}，V_{32} 分别是右前、左后、右后门锁电动机，J_{53} 是包含集控开关(虚线框内中右部的两位两掷开关)的集中控制继电器。

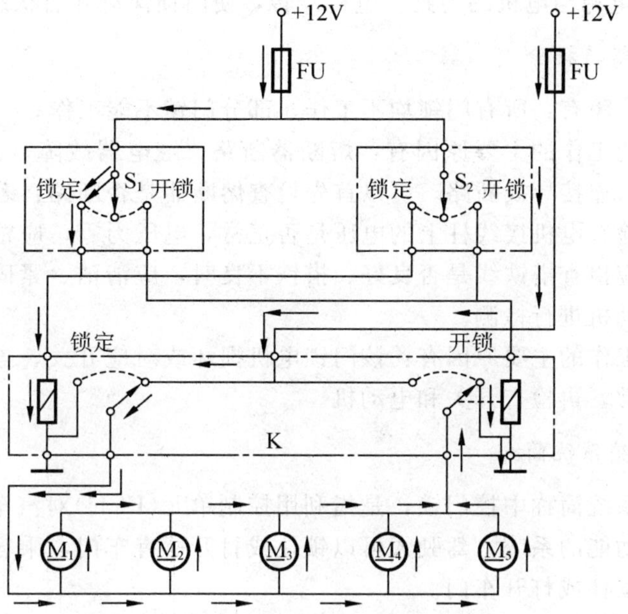

图 9.25 门锁开关在锁定位置时的电流方向

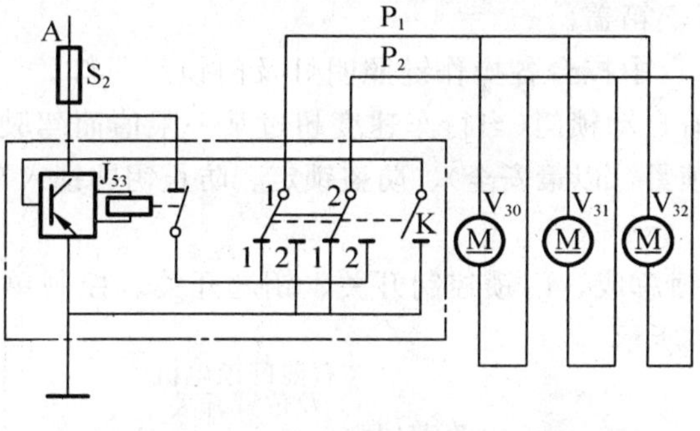

图 9.26 桑塔纳 2000 轿车电动门锁控制电路

集中控制过程如下：

(1) 门锁锁定过程。压下左前门门锁提钮使集控开关第 2 位接通过程中，集控开关的附带触点 K 被短暂闭合，因而，集控继电器 J_{53} 的触点闭合，接通门锁电动机电路，电机反转，带动各门锁闭锁。电路为：A 路电源→熔断器 S_2→J_{53} 的闭合触点→集控开关第 2 掷第 2 位→P_2→电机 V_{30}、V_{31}、V_{32}→P_1→集控开关第 1 掷第 2 位→搭铁→电源负极。此时，集控继电器 J_{53} 控制其触点闭合 1～2s 后断开，切断 A 路电源与电机的通路，电机停转，使门锁保持锁定状态。

(2) 门锁开启过程。将左前门门锁提钮提起，使集控开关第 2 位触点断开，第 1 位触点闭合。在提钮被提起的过程中，触点 K 又被短暂闭合，从而使集控继电器 J_{53} 的触点再次闭合，电路为：A 路电源→熔断器 S_2→J_{53} 的闭合触点→集控开关第 1 掷第 1 位→P_1→电机 V_{30}、V_{31}、V_{32}→P_2→集控开关第 2 掷第 1 位→搭铁→电源负极。加在电机上的电源极性改变，电机 V_{30}、V_{31}、V_{32} 正转，带动门锁开启。集控继电器 J_{53} 控制其触点闭合 1～2s 后断开，切断 A 路电源与电机的通路，电机停转，使门锁保持开启状态。

3. 常见故障诊断与排除

电动门锁常见故障有：所有门锁均不工作、部分门锁不能工作。

全部门锁都不能工作的主要原因有：熔断器断路；继电器故障；门控开关触点烧蚀；搭铁点锈蚀或松动；连接导线断路。可以首先检查熔断器是否断路：若熔断器良好，则应将门控开关接通，检查电机接线柱上的电压是否正常，电压为零，应检查继电器和电源电路；电压正常，则应检查搭铁线是否良好。搭铁不良时，应清洁、紧固搭铁线；若搭铁良好，应对开关和电动机进行检测。

部分门锁不能工作的主要原因有：该门锁电机损坏或对应开关、连接导线断路。可以先检查电路是否正常，再检查开关和电动机。

4. 中央控制门锁系统简介

中央控制门锁系统简称中控门锁，是指利用控制单元(ECU)对汽车锁门、开门进行控制和完成一些其他功能的系统。驾驶人可以锁住或打开所有车门，乘客还可以利用各车门的机械式弹簧锁来锁住或打开车门。

(1) 主要功能

① 根据汽车的状态等控制车门，同时打开门锁或锁定。

② 控制、打开后行李箱盖。

③ 控制、打开顶灯、中控台各操作键照明灯及门锁照明灯。

有的中控门锁还具有自动锁门(当行车速度超过某一限值而驾驶人忘记锁门时，则中控门锁系统会自动把车门锁紧，以策安全)、防盗锁定、防止钥匙锁入车内和遥控门锁等功能。

2) 组成

中控门锁主要由门锁总成、门锁控制开关、钥匙开关、控制单元、门锁电动机和位置开关等组成，如图 9.27 所示。

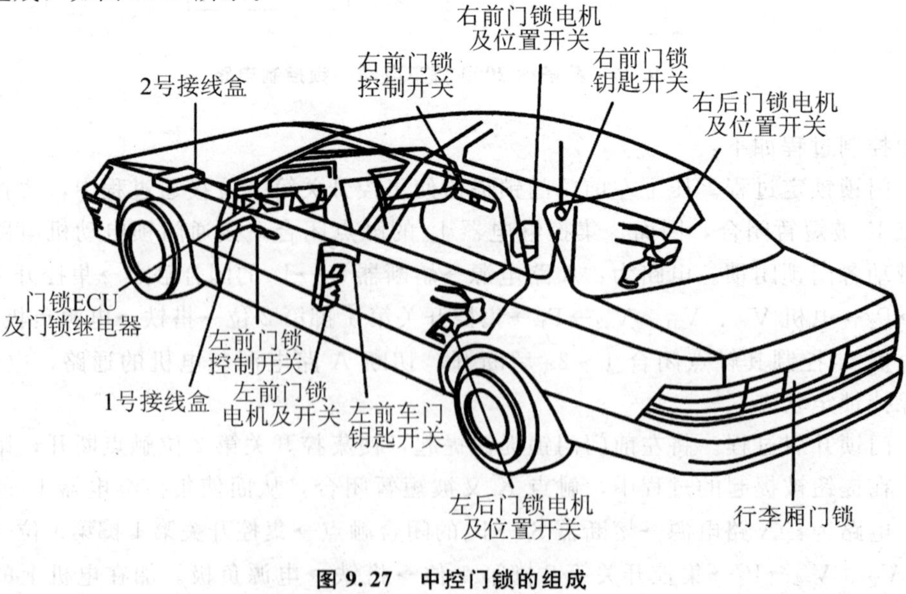

图 9.27　中控门锁的组成

有遥控功能的还包括遥控器，图 9.28 是典型的中控门锁遥控器。

图 9.28　中控门锁遥控器

3）基本原理

控制单元根据钥匙开关、门锁控制开关的位置及车速传感器的信号发出锁门或开锁指令，通过电动机或电磁铁实现锁门或开锁。

若驾驶人未从点火开关中拔出钥匙便锁车门，则控制单元根据钥匙开关提供的信号自动实现开锁，使所有车门门锁打开。

最简单的中控门锁遥控器就是一个发射器，它以电磁波的形式发出开锁、锁门等指令。汽车天线接收到遥控器电波后，输送到控制单元，控制单元首先确定遥控器，再做出指令，通过执行器实现相应操作。

9.2.4　电动后视镜及防炫目后视镜

1. 电动后视镜的作用、组成及基本工作原理

（1）作用。电动后视镜可以使驾驶人通过电动机对后视镜的后视角度进行随意调节。

（2）组成。电动后视镜由调整开关、电动机、传动和执行机构等组成。

（3）基本工作原理。下面以桑塔纳 2000 轿车为例，介绍电动后视镜的基本工作原理。桑塔纳 2000 轿车电动后视镜的控制电路如图 9.29 所示。

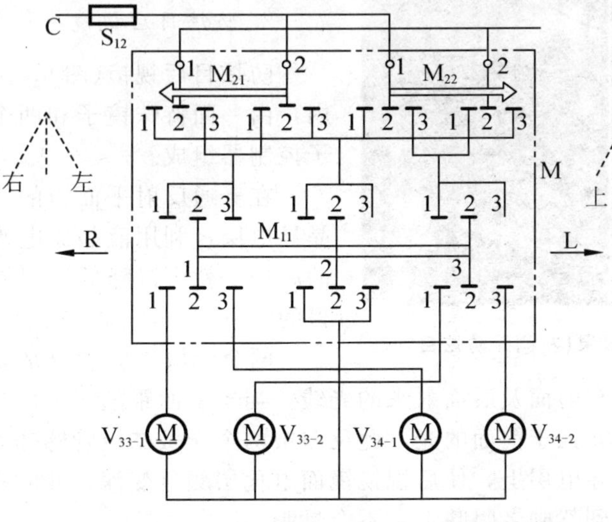

图 9.29　桑塔纳 2000 轿车电动后视镜控制电路

C是受点火开关控制的电源线，3、1是搭铁线。电动机 V_{33-1} 调整右外侧后视镜左右摇摆角度；V_{33-2} 调整右外侧后视镜的上下摇摆角度；V_{34-1} 调整左外侧后视镜左右摇摆角度；V_{34-2} 调整左外侧后视镜的上下摇摆角度，所有电动机均由组合开关M控制，该开关既可旋动，又可上下、左右拨动。为叙述方便，将组合开关M分为3个具有独立控制功能的子开关 M_{11}、M_{21}、M_{22}，接通点火开关后，即可根据需要通过操作组合开关M进行调整，调整方法如下：

(1) 左外侧后视镜上下角度的调整。将组合开关旋钮旋向L(左)位置，开关 M_{11} 的第3位接通，左外侧后视镜被选中。此时，如果向上拨动组合开关M的旋钮，子开关 M_{22} 的第1位接通，电动机 V_{34-2} 的电枢电流从下方流入、上方流出，后视镜向上摆动，电路为：C路电源→熔断器 S_{12}→M_{22} 的第1掷第1位→M_{11} 的第2掷第3位→电动机 V_{34-2}→M_{11} 的第3掷第3位→M_{22} 的第2掷第1位→搭铁→电源负极。如果向下拨动组合开关M的旋钮，子开关 M_{22} 的第3位接通，电动机 V_{34-2} 的电枢电流从上方流入、下方流出，后视镜向下摆动，电路为：C路电源→熔断器 S_{12}→M_{22} 的第1掷第3位→M_{11} 的第3掷第3位→电动机 V_{34-2}→M_{11} 的第2掷第3位→M_{22} 的第2掷第3位→搭铁→电源负极。

(2) 左外侧后视镜左右角度的调整。在组合开关旋钮处于L(左)位置的前提下，向左拨动组合开关M的旋钮，子开关 M_{21} 的第3位接通，电动机 V_{34-1} 电枢电流从下方流入、上方流出，电机旋转带动左外侧后视镜向左摆动，电路为：C路电源→熔断器 S_{12}→M_{21} 的第2掷第3位→M_{11} 的第2掷第3位→电动机 V_{34-1}→M_{11} 的第1掷第3位→M_{21} 的第1掷第3位→搭铁→电源负极。当向右拨动组合开关M的旋钮时，子开关 M_{21} 的第1位接通，电动机 V_{34-1} 电枢电流从上方流入、下方流出，电机旋转方向改变，从而带动左外侧后视镜向右摆动，电路为：C路电源→熔断器 S_{12}→M_{21} 的第2掷第1位→M_{11} 的第1掷第3位→电动机 V_{34-1}→M_{11} 的第2掷第3位→M_{21} 的第1掷第1位→搭铁→电源负极。

同理，调整右外侧后视镜角度时，将组合开关M的旋钮旋至R(右)位置，左、右拨动组合开关M的旋钮，可控制电动机 V_{33-1} 电枢电流的方向，带动右外侧后视镜左右摆动；上下拨动组合开关M的旋钮，可控制电动机 V_{33-2} 电枢电流的方向，带动右外侧后视镜上下摆动。

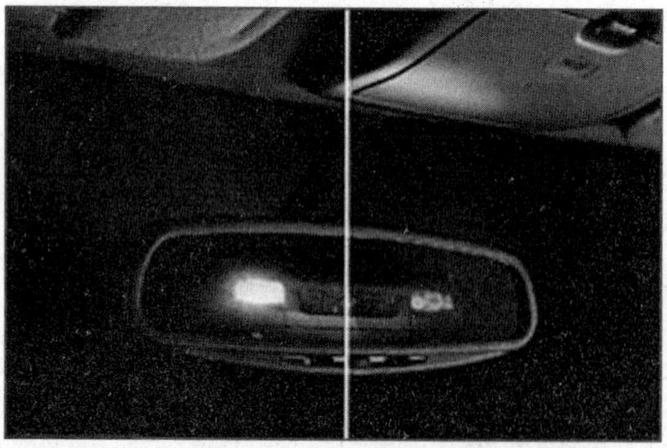

图9.30　防炫目后视镜效果(左侧无防炫目功能)

2. 防炫目后视镜

防炫目后视镜(图9.30)一般安装在车厢内，由一面特殊镜子和两个光敏二极管及电子控制器组成。

在普通反射平面镜的镜面上敷设一层液晶导电层，利用液晶通电改变透光率(变色)的原理，就可以降低反射率，实现防炫目的目的。

两个光敏二极管分别设置在后视镜的前面及背面，分别接收汽车前面及后面射来的光线。当车后面跟随车辆的大灯照射在车内后视镜上时，此时后面的光强于前面的光，此反差被两个光敏二极管感知并向电子控制器输出一个电信号到后视镜导电层上，使后视镜镜面电化层颜色变深，此时再强的光照射在车内后视镜上也不会反射到驾驶者眼睛上，不会晃眼。

目前，防炫目后视镜不仅具有防炫目功能，还具有方向指南、温度显示等功能，已成为中、高档轿车的标准配置。

3. 常见故障诊断与排除

电动后视镜的常见故障有：电动后视镜都不工作和电动后视镜部分功能不正常。

故障主要原因有：保险装置及导线断路、开关及电动机有故障等。

如果电动后视镜都不工作，往往是由于保险装置或电源电路、搭铁电路断路引起，也可能是控制开关有故障。可以先检查保险装置是否正常，然后检查控制开关线头有无脱落、松动，电源电路或搭铁电路是否正常，最后检修控制开关。

如果电动后视镜部分功能不正常，往往是由于个别电动机及控制开关对应部分有故障，或对应电路断路、接触不良等引起。可以先检查导线连接情况，再检查开关和电动机。

9.3 汽车影音娱乐设备

9.3.1 汽车音响概述

汽车音响所带来的优美的音乐，不但可以减轻驾驶人的疲劳，同时也是一种艺术享受。因此，现代汽车都非常重视汽车音响，并将汽车音响作为评价汽车舒适性的指标之一。

早期的汽车音响多以一个收放两用机(由收音机和磁带放音机组成)与一对扬声器为基础组合，扬声器分左右两路声道，有的置于仪表板总成的两侧，有的置于车门板内，有的置于后座的后方，收放两用机输出功率在20W左右。

目前，汽车音响已向大功率多路输出、多扬声器环绕音响、多碟式镭射CD等方向发展。

在高级音响设备中，多将大功率放大器和电子网络器安置在汽车行李箱内，将超低音大口径扬声器和其他型号扬声器分别嵌入后窗下围板和车门板内，使用独立的直流电源，功率输出达100W以上，音色浑厚优美，高低错落有致，把车厢内狭小的空间变成了音乐厅，给人以美的享受。

9.3.2 汽车音响的特点

与家用音响相比，汽车音响系统具有以下特点。

1. 外形体积受到限制

汽车音响的体积按有关标准规定为183mm×50mm×153mm，汽车音响一般使用高密度贴装元件，采用多层立体装配方式。

2. 使用环境恶劣

汽车在不同等级的路面上行驶，使汽车音响受到冲击；同时，汽车音响还要承受室内外温度的变化，汽车音响的安装位置距发动机较近，故经常在高温条件下(温度有时可达

60℃)工作，在阳光照射下仪表板的温度可达70～80℃，而在寒冷地区的冬季最低温度可达－30～－40℃。

在这种使用条件下，要求汽车音响中的元件焊接装配要绝对牢固，很多元件还要用强力胶加以固定，同时要求汽车音响元件的耐高温和耐低温性能要好，工作稳定。

3. 采用蓄电池供电

汽车音响采用蓄电池的低压直流电供电，这样电压变化将直接影响汽车音响的功率输出，所以要求汽车音响线路的阻抗要非常小。若要求输出功率大，一般还要采取降低扬声器阻抗的方法来提高输出功率。扬声器的阻抗多为2～4Ω，也有采用1.6Ω特制规格的，以获得更大的功率。

同时，在功率放大器方面，将电源电压升至30～40V，这样在电压波动时，可保证输出功率稳定。因此，要求汽车音响的功放要大、电流线性良好、饱和压降小、效率高，并且具有过热保护、短路保护等措施。

4. 抗干扰能力强

在整个汽车电气系统中，发动机的点火系统以及各种电器设备对汽车音响的信号输入产生很大干扰。同时汽车在行驶过程中，既有方向变化又有外界环境影响(高楼、桥梁、电网等)等空间辐射。因此汽车音响中都装有抗干扰装置，如抗干扰集成块、高频扼流圈等。

5. 调幅/调频接收灵敏度高，动态范围大

汽车音响对调幅段的接收灵敏度一般要求小于50μV，调频段的接收灵敏度要求小于3μV。调幅段自动增益的范围要求大于40dB，能承受100mV的大信号而不产生阻塞失真。否则，当汽车在高速公路上飞速行驶时，就无法保证正常地收听；对调频段要求信号捕捉稳定可靠，更要求调频的灵敏度和信噪比等有较高的性能。

6. 具有夜间灯光照明

为了方便夜间操作，汽车音响都设有透光照明按键，用内部光源照明各个按键的操作字符和旋钮的位置等。

7. 配用功率大、阻抗小、体积小的扬声器

汽车音响配用的扬声器的阻抗多为4Ω，口径一般在102～152mm之间。扬声器的结构方式分为全频带、同轴二或三分频，功率在30～100W之间。扬声器的接线较粗，接线柱采用镀银或镀镍铜排，以降低接触电阻，减小线损。

8. 其他特殊要求

部分高档汽车音响还具有多功能液晶显示屏，线路输出(LINE OUT，可接大功率汽车音响功放)端口，还有激光唱机输入(CD IN)端口、遥控电源等。

9. 汽车音响的防盗

某些汽车音响有防盗功能，其类型有两种，一是汽车音响的主要部分变为不可拆卸，或强行拆下即损坏，通常利用电磁铁及其他机械锁定装置；二是设定密码，当驾驶人设定密码并进入防盗状态后，音响系统被拆下重新使用时必须输入驾驶人设定的密码，这种音

响系统可较容易地拆下，但密码不正确时，音响系统不正作。

防盗系统的标志是在录音磁带槽盖上刻有英文 ANTI-THEFT SYSTEM，即防盗系统。

9.3.3 汽车音响装置的基本组成

汽车音响系统主要由信号源、放大器和扬声器等组成。信号源是指收放机和激光唱机。

1. 收放机

收音机是无线电接收装置，专门接收广播节目。一般接收的信号有调幅和调频两种，调幅又分中波和短波。磁带放音机一般由机芯、电动机、磁头以及放音降噪电路、自动选曲电路等组成。

图 9.31 为收放机的基本原理图，电路部分由收音/放音、音量/音调平衡电路及音频功率放大器组成。

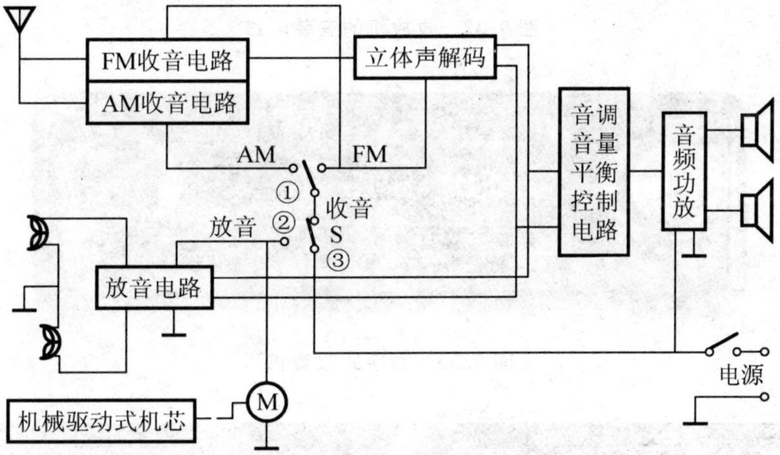

图 9.31 收放机的基本原理示意

当开关 S 中的①、③脚接通时，收音电路工作；当开关 S 中的②、③脚接通时，磁带放音电路工作。

功率放大电路将收音信号或放音信号经过放大后驱动扬声器发出声音。

收放机的安装电路如图 9.32 所示。接线时应注意带熔管式熔断器的红色线为电源线(火线)，接点火开关 ACC 脚，黑色线为搭铁线。

传统的模拟式收音机一般用手调谐选台；目前汽车使用的数字式收音机(图 9.33)是较高级的无线电接收装置，采用电子式调谐器，去掉了调谐部分的调台拉线，提高了调谐工作的稳定性，抗振动性能比模拟式好。

2. 激光唱机

激光唱机(laser compact disc player)又称镭射唱机、CD 唱机(图 9.34)。激光唱机具有优异的电声指标，其信噪比和动态范围远远优于传统的电唱机。激光唱机具有自动选曲、程序重放、遥控操作等功能，激光唱片又不易磨损，曲目丰富，成为汽车音响的重要组成部分。

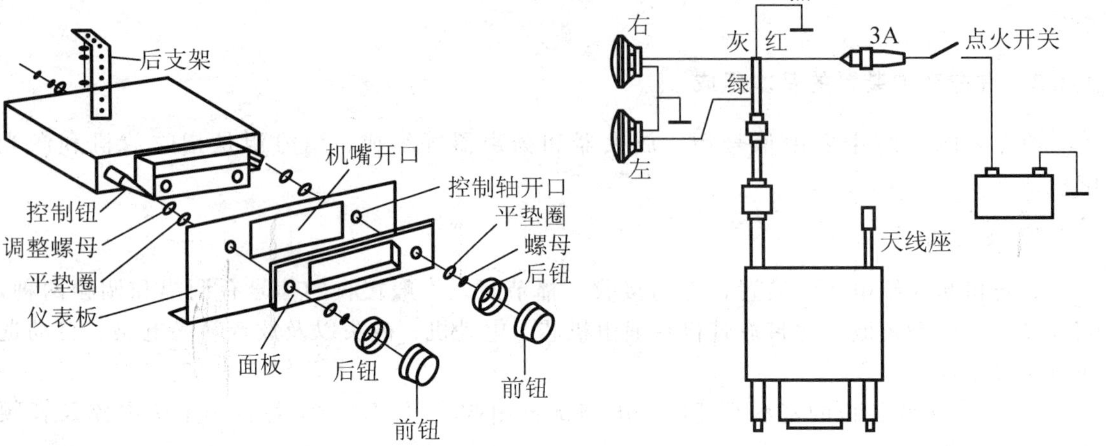

(a) 安装图　　　　(b) 接线图

图 9.32　收放机的安装电路

图 9.33　数字式收音机

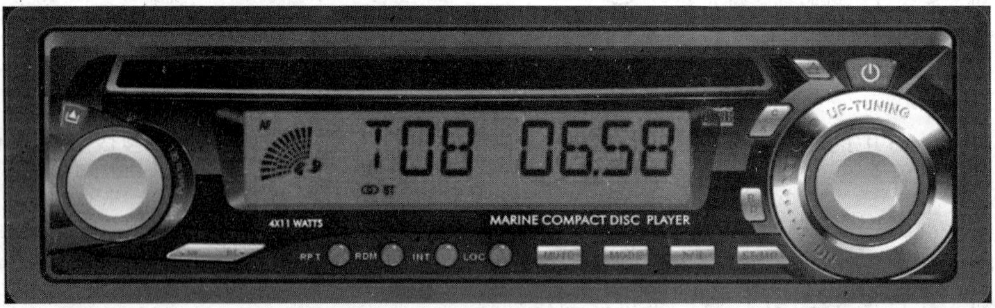

图 9.34　汽车激光唱机

激光唱机一般具有自动存取唱片、选择放唱、编辑加工、长期记忆等功能。多片激光唱机在 CD 唱片舱盒中可同时安放多张唱片，又称自动换片式 CD 唱机。

多片激光唱机分抽屉式和转盘式两种，抽屉式激光唱机是将多张唱片平行装入一个换片盒内(最多可达 12 片)，放唱时可连续放音，换片时间为 5～6s；转盘式激光唱机采用开盖方式，转盘上放置 3～5 张激光唱片，开机后可无限循环进行放唱，中途无需打开或中断放唱换片。

激光唱机主要由激光拾音器、伺服传动机构、数模转换系统、控制及显示电路等组成，如图 9.35 所示。

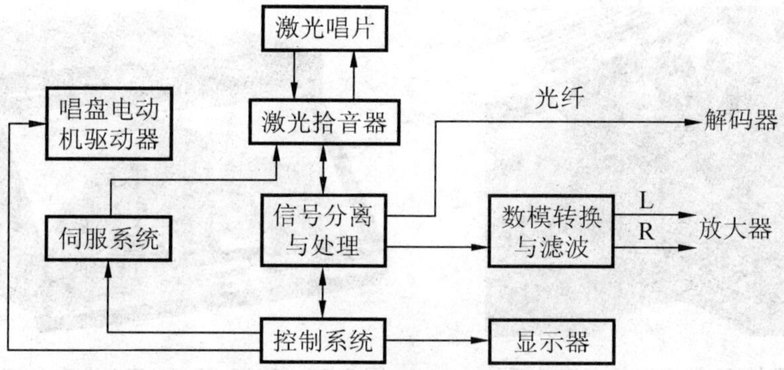

图 9.35 激光唱机的组成

图 9.36 所示为索尼激光唱机的安装图。主机 XR－7040 安装在仪表台上，CDX－70 CD 换盘器有 10 张光盘可自动换片，一般安装在汽车行李箱内，也可安装在汽车其他空余地方。

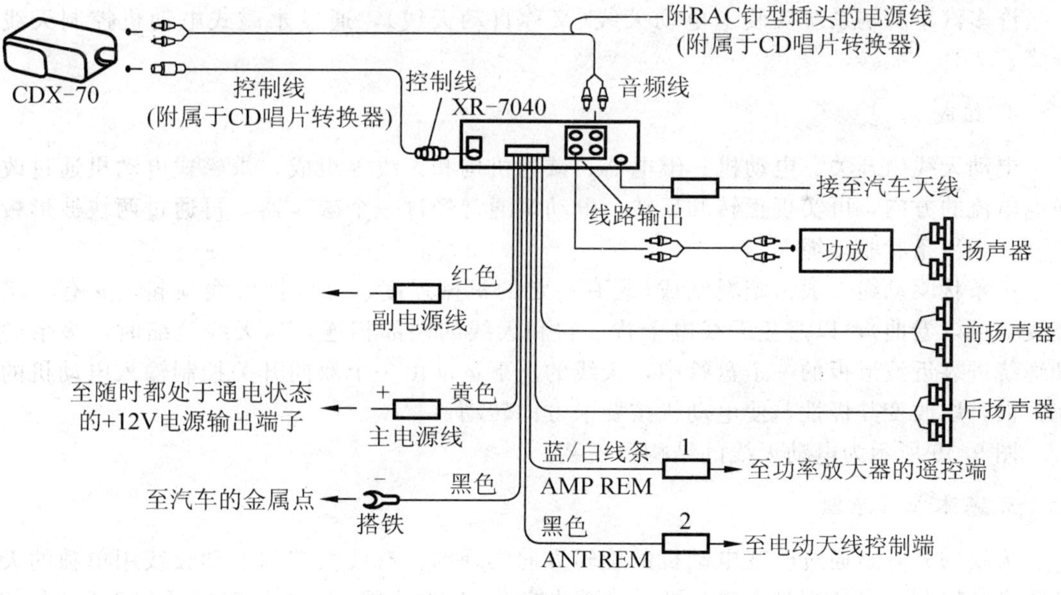

图 9.36 索尼激光唱机的安装示意

9.3.4 汽车多媒体系统

由于计算机、音响、视频、网络等新技术在汽车上的大量应用，在高端汽车上已形成包括汽车音响、VCD、DVD、汽车电视、汽车导航、可视电话、汽车网络及汽车行驶信息系统在内的汽车多媒体系统。

迈巴赫 62 型汽车的多媒体系统装在中控台上(图 9.37)，配备摩托罗拉 V60 免提语音控制电话，6.5 英寸显示屏(图 9.38)为 DVD 导航系统和汽车多媒体系统共用。具有速度感应音量控制的 BOSE AM/FM 调谐收音机，带高、中、低、超低共 21 个扬声器，输出功率高达 600W。

图 9.37　迈巴赫 62 型汽车的多媒体系统(装在中控台上)

图 9.38　DVD－DH－801 汽车多媒体系统显示屏

9.3.5　电动天线

1. 作用

许多汽车音响系统安装了电动天线(又称自动天线)，通过永磁式电动机控制天线的升降。

2. 组成

电动天线由开关、电动机、继电器、减速机构和天线等组成。永磁式电动机通过改变通电电流的方向，可实现正转和反转。电动机通常经过一个减速器，再通过两块波形板来带动一根齿条状驱动绳。

齿条状驱动绳一般由塑料制成(既有一定的机械强度，可以把天线顶起，又有一定的挠度，可以卷曲)，以避免无线电干扰，它和天线的端部相连，当天线收缩时，多余的驱动绳绕进靠近波形板的一个盘管中，天线的上下运动由一个双向开关控制输入电动机的电流方向，以改变其极性，使电动机按要求方向转动。

图 9.39 所示为电动天线的结构及安装。

3. 基本工作原理

天线的升降是通过改变电动机的旋转方向实现的。有些汽车的电动天线用单独的天线开关进行控制，多数则是由收音机开关联动控制，在收音机打开的同时接通电动天线的控制电路，电动机转动使天线升起；在关闭收音机时天线又同时降下，基本电路如图 9.40 所示。

收音机开关 S_1 在接通或断开时，与它连接的天线继电器 2 的线圈会同时接通或断开电源，改变继电器触点的开闭状态。电动机 3 的旋转方向由继电器的状态和电动机本身的一对互锁触点 S_2 和 S_3 控制。电动机在旋转使天线上升或下降的同时控制互锁触点 S_2 和 S_3。当天线上升到最高点时，使天线上升的触点 S_3 断开并闭合天线下降触点 S_2；在天线下降到最低点时自动断开天线下降触点 S_2，同时闭合天线上升触点 S_3。

当收音机开关 S_1 接通时，天线继电器吸合，接通电动机电路，如图 9.41 所示，使天线升高，当天线达到最高位置时，电动机上升触点 S_3 断开、下降触点 S_2 闭合，电动机停止。

当收音机关掉时，天线继电器断电，反向接通电机电路，如图 9.42 所示，电机反转，使天线缩回，当天线降到最低位置时，天线降低触点 S_2 断开，上升触点 S_3 闭合，电机停止。

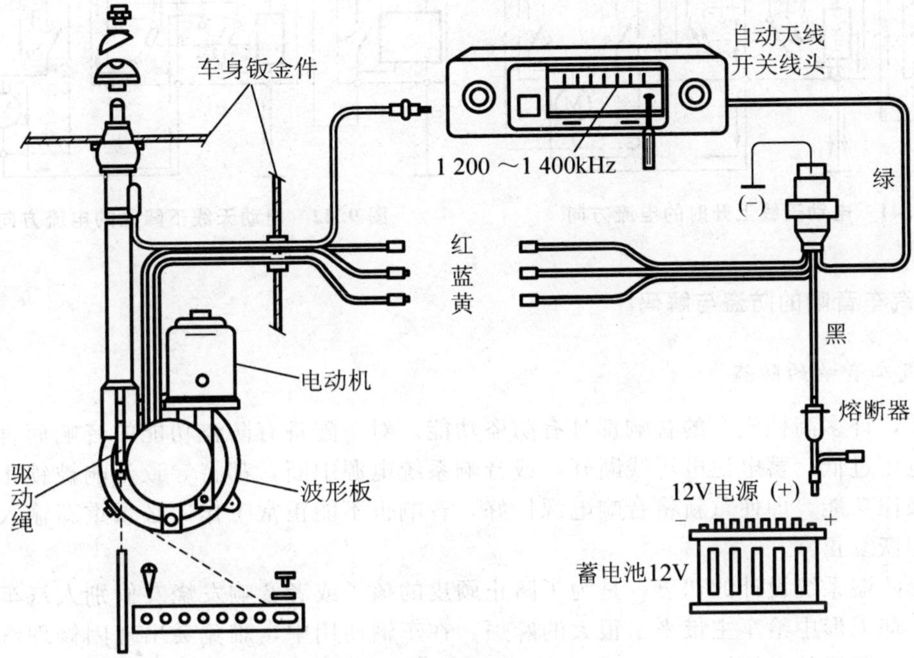

图 9.39　电动天线的结构及安装

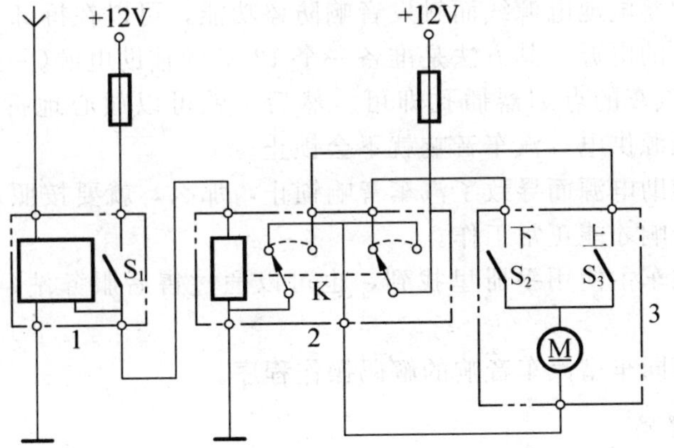

图 9.40　电动天线电路

1—收音机及其开关；2—继电器；3—天线电动机

4. 常见故障诊断与排除

电动天线的常见故障是不工作，主要原因有：熔断器断路、导线连接不良、电动机及到位互锁触点有故障、传动装置损坏等。可以先检查熔断器是否正常，接插件是否松动、脱落；然后检查电动机和传动装置。

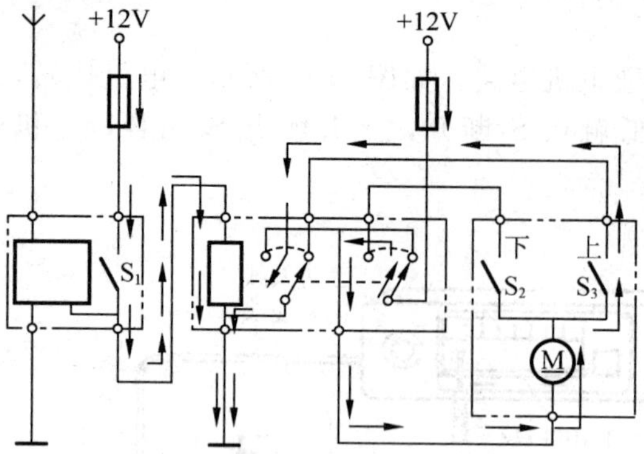

图 9.41 电动天线上升时的电流方向

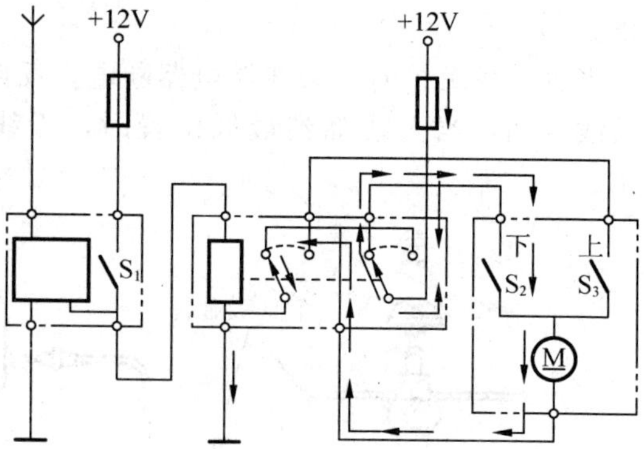

图 9.42 电动天线下降时的电流方向

9.3.6 汽车音响的防盗与解码

1. 汽车音响的防盗

现在，许多高档汽车的音响都具有防盗功能。对于配备有防盗功能的音响而言，如果蓄电池电压过低，蓄电池电源线断开，或音响系统电源中断，都将导致音响被锁止，失去正常的操作功能。即使重新将音响电源接好，音响也不能正常工作，必须重新输入正确密码，才能恢复正常。

这套防盗系统设计的初衷，是为了防止顽皮的孩子或者音响发烧友偷别人汽车里的汽车音响，却无形中给车主带来了很大的麻烦。在车辆使用中，难免会出现因修理汽车而拆掉蓄电池电源线的时候，而此时，音响的防盗功能就会启动。汽车修理完毕，重新接好蓄电池电源线，必须输入正确的防盗密码后，音响才能正常工作。

为防止因为拆卸蓄电池电源线而触发音响防盗功能，可以在拆卸蓄电池电源线之前先给音响系统提供额外的电源。其方法是准备一个 12 V 的辅助电源(一般的汽车配件商店均有销售)，将其插入汽车的点烟器插孔即可。然后，就可以放心地拆卸蓄电池电源线了，此时，由于有辅助电源供电，汽车音响就不会锁止。

如果没有插入辅助电源而导致了汽车音响锁止，那么，就要按照规定的操作方法输入正确的防盗密码，音响才能正常工作。

防盗密码可以在车主使用手册里找到，也可以通过售后服务站(4S 店)查询得到防盗密码。

下面介绍几种不同车型汽车音响的解码操作程序。

2. 汽车音响的解码

1） 奔驰车系音响解码操作程序

奔驰汽车的车主使用手册上贴有两张卡片(一张是白色的，一张是黄色，大小和名片差不多)，白色卡片的正面有两个号码：一个是该车的密码，另一个是音响系统的批号，如 F21127929A。卡片反面写着：当输入密码时，若听到“嘟、嘟”声，应立即停止并重新由第一位开始输入密码；另一张是黄色的方形卡片，正中间有一钥匙形状的符号，指明如果音响系统显示“CODE”应输入密码号才能工作。

奔驰汽车利用音响装饰面板中的预置电台存储键 1U、2U、3U、4U、5U、6U、7K、

8M 和 OL 作为音响的解码输入按键。

以防盗密码为 6873 为例，正确的解码操作程序如下：

连续 6 次按动面板操作存储键 1U，直到液晶显示屏显示 6 为止；连续 8 次按动面板操作存储键 2U，直到液晶显示屏显示 8 为止；连续 7 次按动面板操作存储键 3U，直到液晶显示屏显示 7 为止；连续 3 次按动面板操作存储键 4U，直到液晶显示屏显示 3 为止。

如经以上操作输入的密码正确无误后，音响液晶显示屏就会自动显示一个电台的频率，此时表示音响解锁成功，音响恢复原设计功能。

需要说明的是，如果输入的密码是错误的，当输入完毕后，液晶显示屏上仍然会出现“CODE”字样，这时可重新输入准确密码。如 3 次输入的密码均为错误密码，液晶显示屏将会显示“WAIT”，此时表示音响被锁住，24h 内不能重新输入密码。待液晶显示屏中的“WAIT”出现闪动后，表示又可重新输入正确的密码。

2）宝马(BMW)车系音响解码操作程序

宝马(BMW)的音响防盗密码为五位数，输入密码时，利用音响装饰面板中的 6 个预置电台存储键，兼做音响的解码操作输入按键。

以防盗密码为 13786 为例，正确的解码操作程序如下：

按动面板操作存储键中的 1 键，直到液晶显示出 1 为止；连续 3 次按动面板操作存储键中的 2 键，直到液晶显示出 3 为止；连续 7 次按动面板操作存储键中的 3 键，直到液晶显示出 7 为止；连续 8 次按动面板操作存储键中的 4 键，直到液晶显示出 8 为止；连续 6 次按动面板操作存储键中的 5 键，直到液晶显示出 6 为止。

如经以上操作输入的密码正确无误后，即可按动电台频率搜索键，选出欲要收听的电台频率信号，此时表示该音响解锁成功，音响恢复原设计功能。

需要说明的是，如果输入不正确的密码，则会听到“嘟、嘟”的蜂鸣音，这时应停止输入错误密码，而应重新按解码操作输入程序输入正确的密码进行解锁。但是，如果三次输入的密码均为错误时，则需耐心等待 1h 后，才能重新按解码操作程序输入正确的密码进行解锁。

复习思考题

1. 简述汽车电动刮水器的作用与工作原理。
2. 简述汽车电动车窗的作用与工作原理。
3. 简述汽车电动坐椅的作用与工作原理。
4. 简述汽车电动门锁的作用与工作原理。
5. 简述汽车音响系统的特点。

第10章 汽车电路分析

教学提示

汽车电路是所有汽车电气设备构成的综合性网络，其复杂程度因车而异。掌握汽车电路的分析方法对汽车电路维修工作具有重要意义。

教学要求

本章主要介绍汽车电路的组成、规律和分析方法。要求学生了解汽车电路的基本组成和接线规律，熟悉汽车电路的分析方法，掌握汽车电路诊断、检修的基本技能。

10.1 汽车电路的组成

汽车电路是将电源系统、起动系统、点火系统、照明信号系统、仪表信息系统、电子控制装置以及辅助电器等，按照它们各自的工作特性和彼此之间的内在联系，通过开关、导线、保护装置等连接起来而构成的综合性网络。

汽车电路和一般电路一样，也是由电源、负载(用电设备)、导线、开关、保护装置等组成的，但有其自身的特点和规律。

10.1.1 连接导线

汽车电气设备的连接导线(electric wire)一般由铜质多丝软线外包绝缘层构成，有低压线和高压线两大类。低压线中又有普通导线、起动电缆和蓄电池搭铁电缆之分；高压线又有铜芯线和阻尼线之分。

1. 低压线

为了充分发挥连接导线的作用、降低成本，低压线的截面积有多种规格。

低压线的截面积主要是根据用电设备的工作电流大小来选择的，低压线截面积与允许载流量的关系见表10-1。但是，对于功率很小的电器，为保证连接导线的机械强度，连接导线的截面积最小不得低于0.5mm²。

表10-1 低压导线的允许载流量

导线标称截面积/mm^2	0.5	0.8	1.0	1.5	2.5	3.0	4.0	6.0	10	13
允许载流量/A	—	—	11	14	20	22	25	35	50	60

连接蓄电池与起动机之间的电缆线和蓄电池搭铁线，每100A电流所产生的电压降一般不超过0.1～0.15V，因此该导线截面积要足够大。蓄电池的搭铁线一般是铜丝编织而成的扁形软铜线。

为了便于安装、维修，不同用电设备和同一元件不同接线柱上的低压导线常用不同的颜色加以区分，我国汽车用低压导线的主色、代号和用途见表10-2。

有些电路图中，低压导线上标注有符号。符号由两部分组成：第一部分是数字，表示导线的截面积(mm^2)；第二部分是英文字母，表示导线的主色和辅助色(即呈轴向条纹状或螺旋状的颜色，图10.1)。例如，1.5 RB表示截面积为1.5mm^2、带有黑色条纹的红色低压导线。

表10-2 低压导线的主色、代号和用途

主色	代号	用途
红	R	电源系统
白	W	点火、起动系统
蓝	Bl	雾灯
绿	G	外部照明和信号系统
黄	Y	车身内部照明系统
棕	Br	仪表、警报系统、喇叭系统
紫	V	收音机、点烟器、电钟等辅助系统
灰	Gr	各种辅助电气设备的电动机及操纵系统
黑	B	搭铁线

为了使汽车上繁多的低压线整齐美观、不凌乱，接线安装方便以及保护绝缘层，将同方向的低压线用塑料带或用棉纱编织带包扎成束，称为线束(图10.2和图10.3)。

图10.1 汽车电路导线的主色和辅助色

图10.2 用塑料带包扎的线束

线束在制造厂里按车型设计制造好后，用卡簧或绊钉固定在车上的既定部位，其抽头恰好在各电器设备的接线柱附近，安装时按线号装在与其对应的接线柱上即可。各种车型的线束(图10.4)各不相同，同一车型的线束对应发动机、底盘和车身部分可以有多个线束。

图 10.3　用棉纱编织带包扎的线束

图 10.4　线束在车上的布置示意

线束往车辆上安装时应注意：线束应按规定位置、走向铺放，在适当位置用卡簧、绊钉或专用线卡固定牢固，以免松动磨坏；安装时线束不能拉得太紧，尤其是在拐弯处更要注意，在绕过锐角或穿过孔、洞时，应用专用橡皮或套管保护，否则线束容易磨坏造成短路、断路等故障，严重时会烧毁线束引起火灾；各接头必须连接牢固，接触良好。

为了提高接线速度，减少接线错误，越来越多的汽车在低压电路中采用插接器(图 10.5)。插接器由插头和插座两部分组成，按使用场合的实际需要，其形状不同、脚数多少不等，颜色也有区别。

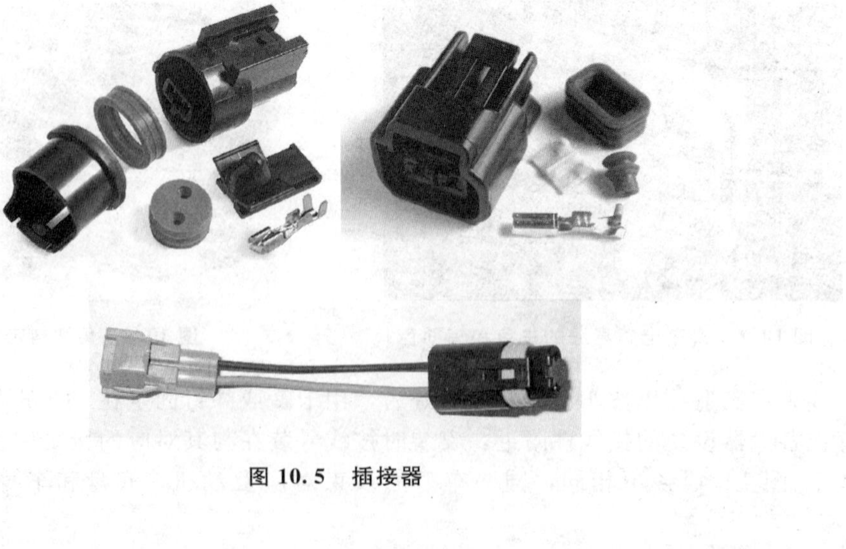

图 10.5　插接器

如图 10.6 所示，在拆卸插接器时，双手要捏紧插头和插座，并使锁止片张开后再将插头和插座分开，切不可直接拉导线，以免造成插头或插座内导线断路或接触不良。插接器端子有故障时，可用小一字镙钉旋具或专用工具将端子和导线从插接器中取出，如图 10.7所示。

插接器接合时，应将其导向槽重叠在一起，使插头与插孔对准再稍用力插入，这样可以使器件十分牢固地连接在一起。所谓插接器的导向槽，是指插接器连接时，为了使其正确定位而设置的凸凹轨。一对插头、插座由于导向槽的作用一般来说不可能插错，非成对的插头与插座因其脚数及外形不同，因此也不可能插错。

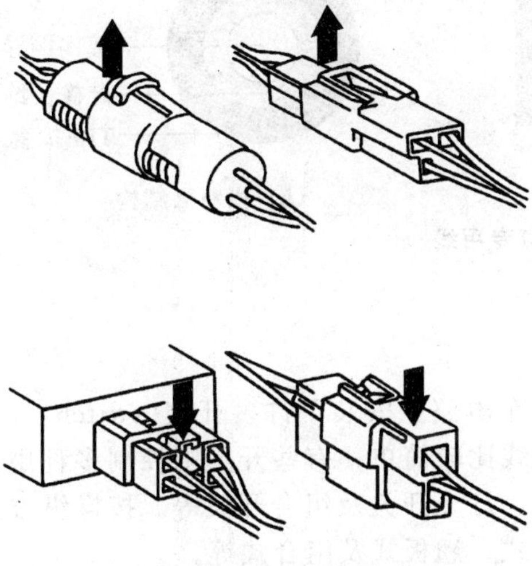

图 10.6　拔开插接器的方法

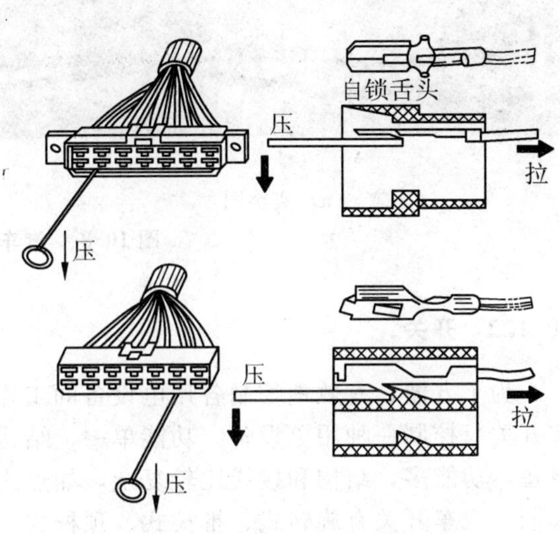

图 10.7　取出插接器端子的方法

插头与插座所对应导线的粗细、颜色、符号一般来说也完全对应，安装时应注意观察。

2. 高压线

目前，在汽车上使用两种高压电线，一种是汽油发动机汽车点火系统所用的点火高压线，另外一种是 HID 汽车氙气灯专用高压电线。

1）点火高压线

在汽车点火线圈至火花塞之间的电路使用的点火高压线(图 5.27)，简称高压线。高压线用来传送高电压，其工作电压一般在 15 kV 以上，但通过的电流强度很小(毫安级)，因此高压导线的绝缘包层很厚，耐压性能好，但线芯截面积很小。

高压线有铜芯线和阻尼线等几种。带阻尼的高压线可抑制和衰减点火系统产生的高频电磁波，降低对无线电设备及电控装置的干扰。因此，高压阻尼点火线在汽车点火系统中已广泛使用。

高压阻尼点火线的制造方法和结构有多种，常用的有金属阻丝式和塑料芯导线式。金属阻丝式又有金属阻丝线芯式和金属阻丝线绕电阻式两种。金属阻丝线芯式是由金属电阻丝束绕在绝缘线束上，外包绝缘体制成阻尼线；金属丝线绕电阻式是由电阻丝绕在耐高温的绝缘体上制成电阻，再与不同型式的绝缘套构成。

塑料芯导线式是用塑料和橡胶等材料制成直径为 2mm 的电阻线芯，在其外面紧紧地编织着玻璃纤维，最外面再包上高压 PVC 塑料或橡胶等绝缘体。这种结构型式，制造过程易于自动化，成本低且可制成高阻值线芯，应用越来越广泛。

不同车型采用的阻尼高压线的阻值不相同，在检修或更换高压线时要注意测量。

2) HID 汽车氙气灯专用线

HID 汽车氙气灯专用电线(图 10.8)采用硅橡胶绝缘(绝缘电阻为 200 GΩ×cm)，高压线标称截面积为 0.59mm²，外护套采用 TPE 材料。汽车氙气灯专用线非常柔软，工作环境温度范围很宽(−60℃～+105℃)，可耐 23kV 高电压。

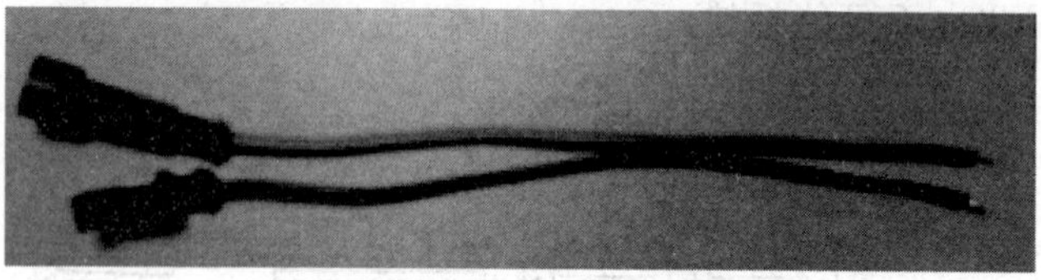

(a) 实物图

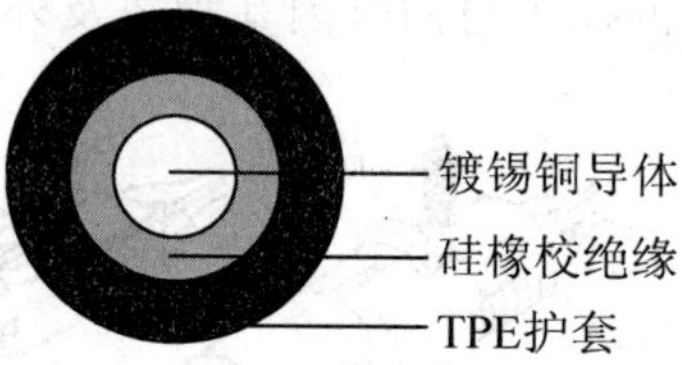

(b) 横断面结构

图 10.8　汽车氙气灯专用线

10.1.2　开关

为了方便、有效地控制各用电设备的工作，汽车电路中安装了许多开关(switch)。有些开关只控制一种用电设备，功能单一，结构和接线比较简单；有些开关则控制多种用电设备，功能多，结构和接线比较复杂，如点火开关、灯光开关及组合开关等。按操纵方式不同，汽车开关有旋转式、推拉式、顶杆式、扳柄式、翘板式及组合式等。

1. 旋转式开关

旋转式开关主要用做暖风机开关和点火开关以及收音机电源、音量开关等。

1) 暖风机开关

暖风机开关的结构和外形如图 10.9 所示。

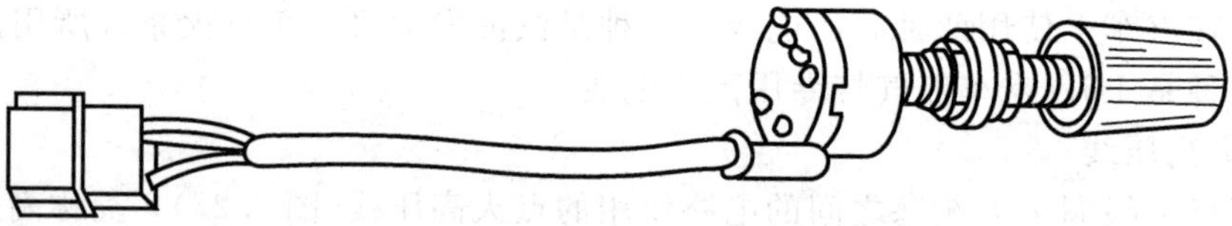

(a) 外形

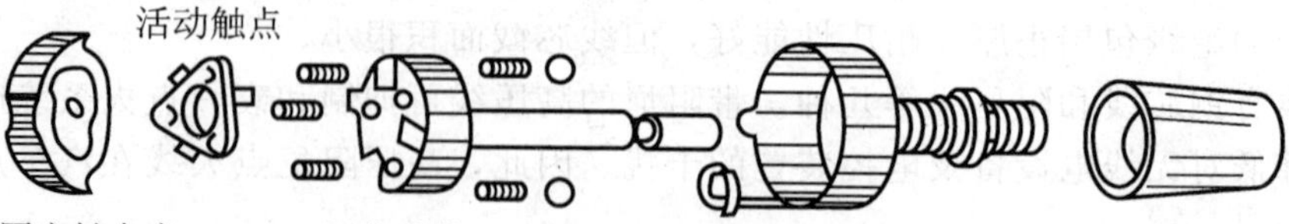

(b) 分解图

图 10.9　暖风机开关

2) 点火开关

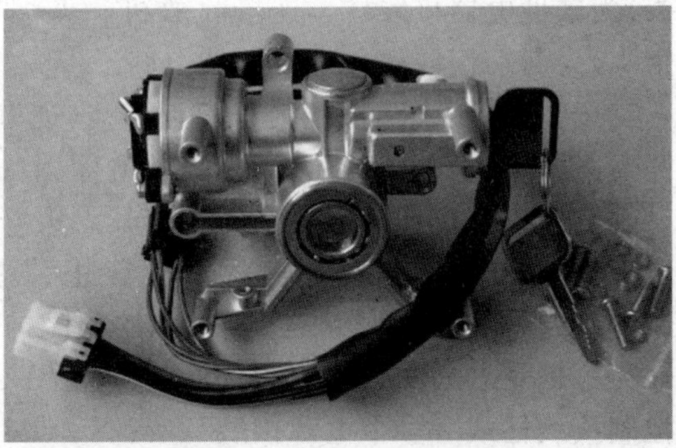

图 10.10 点火开关

点火开关(图 10.10)是一个复合开关，需用钥匙对其进行操纵。一般都具有自动复位的起动挡位并配有钥匙以备停车时锁住，因此又称为钥匙开关。

点火开关除控制点火电路外，通常还控制仪表电路、发电机励磁电路、起动继电器电路及一些辅助电器电路等。点火开关的原理如图 10.11 所示。

点火开关原理图右侧表示此开关为旋转式 3 挡钥匙开关。虚线中间下三角及数字表示开关在 0、Ⅰ、Ⅱ位可以定位，Ⅲ位不能定位(开关旋转至Ⅲ位松开时自动回到Ⅱ位)。原理图左侧表示开关在 0、Ⅰ、Ⅱ、Ⅲ位时的通断功能。

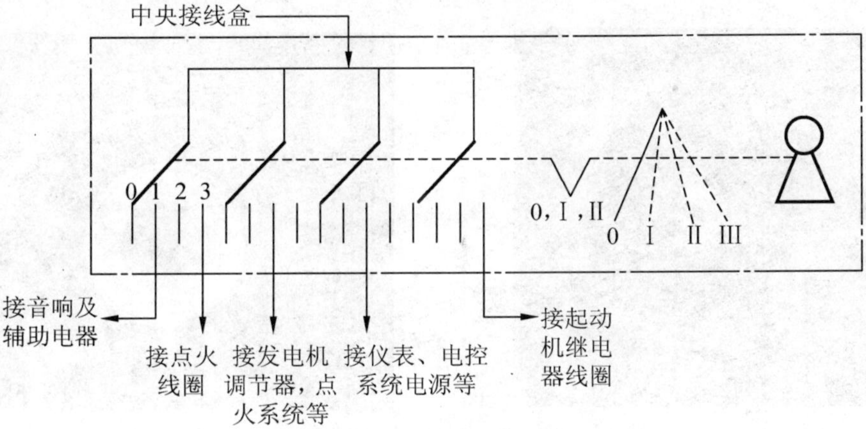

图 10.11 点火开关原理示意

用开关的挡位图可表示开关在各挡位的开关内部连接情况，图 10.12 所示的点火开关挡位图表示点火开关有四个接线柱、三个挡位。

开关挡位 \ 接线柱	1 (BAT)	2 (IG)	3 (ACC)	4 (ST)
Ⅲ	○—	——	—○	
0	○			
Ⅰ	○—	—○—	—○	
Ⅱ	○—	—○—	——	—○

○—○：连接

图 10.12 点火开关挡位示意

四个接线柱分别是：1 号(BAT，取英文蓄电池 Battery 的字头)为电源接线柱，与蓄电池正极和发电机电枢接线柱相连；2 号(IG，取英文点火 Ignition 的字头)为点火接线柱，连接点火电路、仪表电路及发电机励磁电路等；3 号(ACC，取英文辅助设备 Accessory 的字头)为辅助电器接线柱，连接收放机、点烟器等辅助电器；4 号(ST，取英文起动 Start 的字头)为起动接线柱，连接起动电路。

三个挡位分别是：Ⅰ挡为正常点火挡(进口汽车也标为 ON)，Ⅱ挡为起动挡(进口汽车也标为 ST，自动复位)，Ⅲ挡为辅助电器挡(进口汽车也标为 ACC，在 0 位时逆时针转)。

一些进口汽车和国内生产的轿车其点火开关通常还设有转向盘锁止(LOCK)挡，当点火开关转至 LOCK 挡时，转向盘被锁止。这些点火开关各挡的位置通常是按 LOCK、OFF、ACC、ON、ST(顺时针旋转)的顺序排列。

为了提高点火开关的工作性能，有些点火开关具有 4 个以上的接线柱，设置减荷继电器控制接线柱或有多个电源接线柱等。

大多数汽车的点火开关安装在转向柱管上(图 10.13 和图 10.14)，以便停车时锁止转向盘。近年来，有很多汽车采用按钮式点火开关，并将其安装在仪表板台板上(图 10.15 和图 10.16)。将钥匙插入点火开关后，轻按一下按钮即可接通汽车电源，稍长时间按下按钮则可起动发动机，再按一下按钮即可熄火。

图 10.13　别克君越点火开关(2008 款)

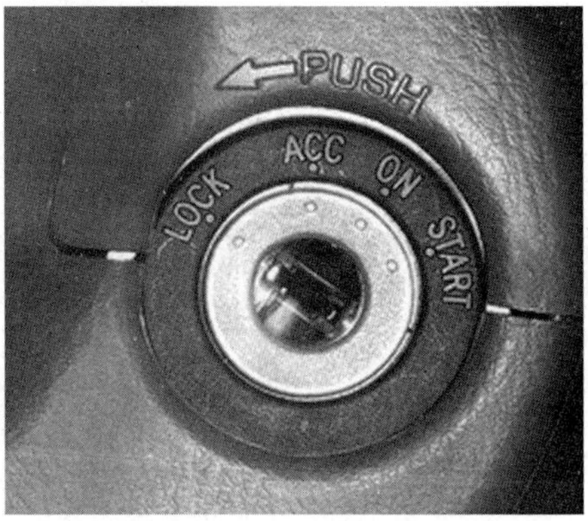

图 10.14　丰田花冠 EX 点火开关

图 10.15　一汽迈腾轿车点火开关

图 10.16　宝马 3 系第五代轿车点火开关

2. 推拉式开关

在载货汽车上常采用推拉式开关控制灯光和刮水器。主要由手柄、拉杆、绝缘的滑块、接触片、外壳、锁止装置等组成，如图 10.17 所示。操作时，拉动手柄，移动滑块，改变接触片的位置使接线柱之间断开或接通，达到控制外电路的目的。推拉式开关常分为一挡式、二挡式、三挡式三种。

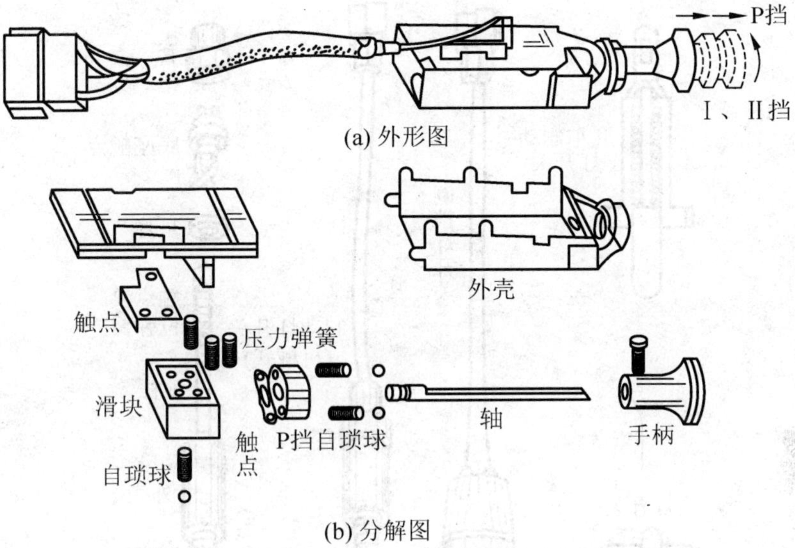

图 10.17　推拉式开关

灯光开关主要用来控制前照灯、仪表灯、牌照灯等照明灯和示廓灯等。推拉式灯光开关有的还带有保护装置，如双金属片电路断电器或玻璃管熔断器；有的还带有仪表灯亮度调节电位器，驾驶人可以调节仪表灯亮度。

灯光开关一般具有三个挡位："0"挡是断开位置；"I"挡是小灯位置，为仪表灯、牌照灯等照明灯和示廓灯提供电源；"Ⅱ"挡是前照灯位置，为前照灯、仪表灯、牌照灯等照明灯和示廓灯等提供电源。有的灯光开关在断开位置时还可以旋转，以控制停车示廓灯。

3. 顶杆式开关

顶杆式开关凭借作用于顶杆上的外力和内部的弹簧力改变控制触点的闭合和断开，主要用做门灯开关、机械式制动灯开关、倒车灯开关等，常见结构和符号如图 10.18 所示。

4. 扳柄式开关

扳柄式开关常用做转向灯开关和顶灯开关，常见结构和符号如图 10.19 所示。

5. 翘板式开关

翘板式开关常用做顶灯开关、雾灯开关、危险信号灯开关等，一般带有指示板照明灯，指示板上有表示用途的图形符号，常见外形和符号如图 10.20 所示。

6. 组合式开关

为了操作方便，保证行车安全，现在大多数汽车都将转向灯开关、小灯与大灯开关、变光开关、刮水器开关、洗涤喷水开关、喇叭按钮(或其中部分开关)等组装在一个组合体内，称之为组合式开关。

组合式开关常安装在转向盘下的转向柱上。组合式开关的操纵手柄上一般标有表示用途的图形符号。

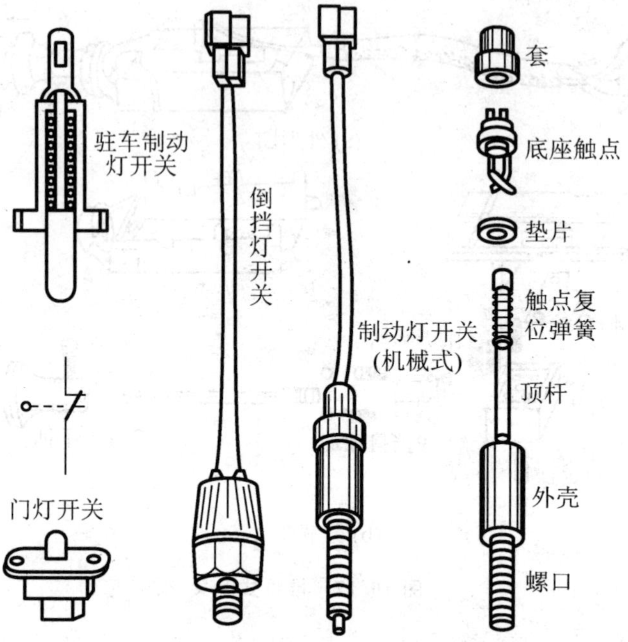

图 10.18　顶杆式开关

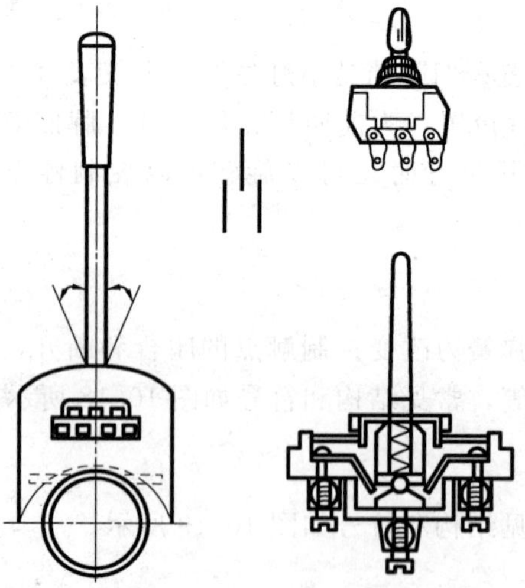

图 10.19　扳柄式开关

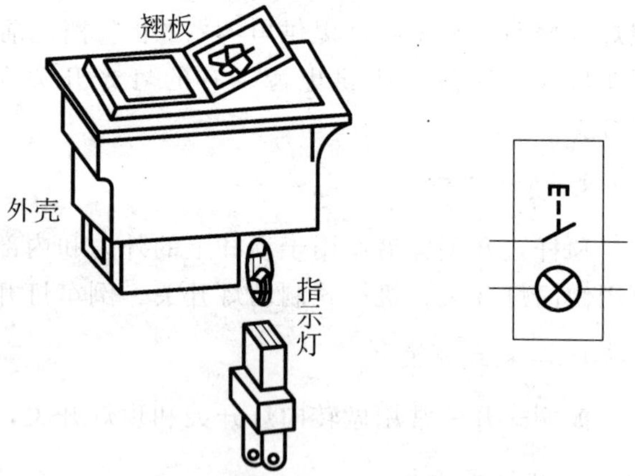

图 10.20　翘板式开关

JK322A 型组合开关(图 10.21)集中了转向灯开关、报警灯开关、灯光开关、前照灯变光开关、刮水器开关、洗涤开关等，其工作挡位及内部连接情况如图 10.22 所示。

由于不同组合式开关的结构和控制内容等不尽相同，并且有多个接线柱与电源连接，因此在检修和更换时要仔细研究，明确各接线柱的作用，以免造成新的故障。

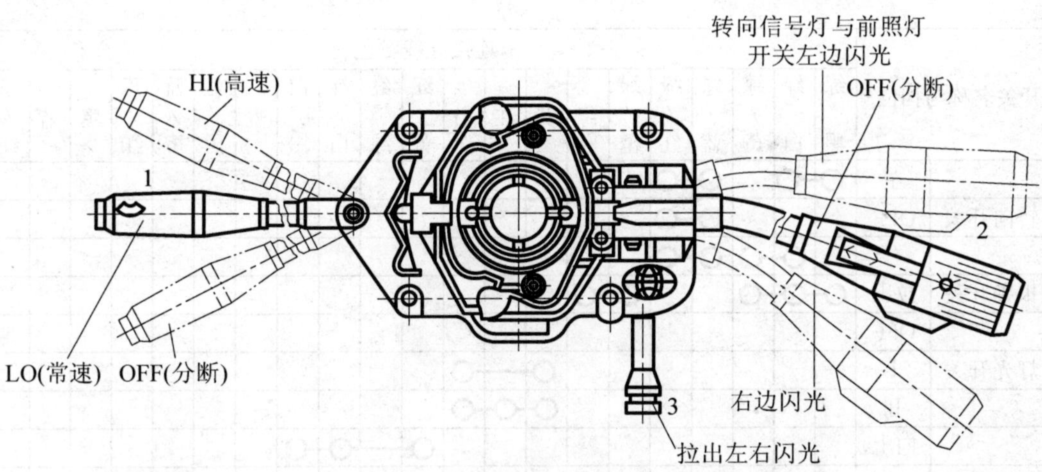

(a) 前后方向工作状态

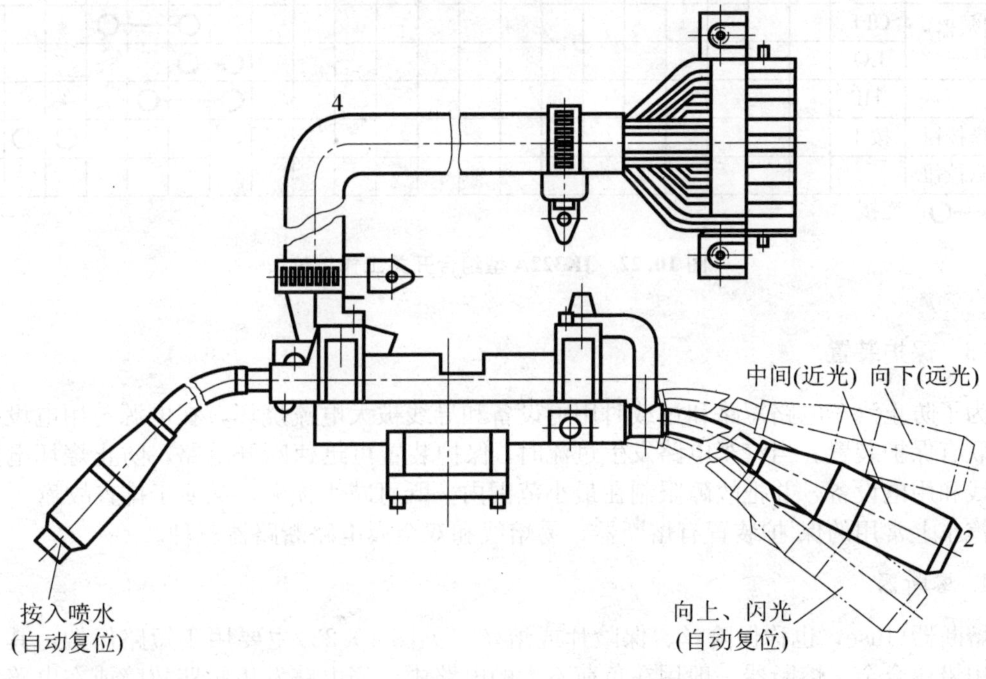

(b) 上下方向工作状态

图 10.21 JK322A 型组合开关

1—左组合开关(刮水器操纵手柄与洗涤开关按钮)；

2—右组合开关(转向及变光操纵手柄与灯光开关旋钮)；

3—危险报警灯开关拉钮；4—组合开关线束

开关名称与挡位		连接导线颜色																				
		绿/黑	绿/白	绿/黄	绿/蓝	绿/红	绿/橙	绿	黄	红	白	红/黄	红/绿	红/白	白/黑	蓝	蓝/黑	蓝/橙	蓝/红	黑	蓝	绿/红
	左	○	○		○	○																
转向开关	OFF				○	○																
	右		○	○	○	○																
报警开关	拉出	○	○	○			○	○														
	OFF																					
灯光开关	I								○	—	○											
	II								○	○	○											
	向上											○	—	○	○							
变光开关	中间												○	—	○							
	向下											○	—	—	○							
刮水器开关	OFF																○	—	○			
	LO															○	○					
	HI															○	—	○				
洗涤按钮	按下																			○	○	
喇叭按钮																						○

○—○：连接

图 10.22 JK322A 型组合开关工作挡位

10.1.3 保护装置

为了防止汽车电路短路和过载时用电设备和导线被大电流烧坏，在电源与用电设备之间串联有保护装置。当汽车电路发生过流时，保护装置可迅速断开电路，防止烧坏电路连接导线和用电设备，并把故障限制在最小范围内，既可减小损失，又便于排查故障 。

汽车上常用的保 护装置有熔断器、易熔线和双金属电路断路器三种。

1. 熔断器

熔断器(fuse，也称保险丝、保险片或熔丝，见图 10.23)主要用于短路保护，其材料多采用铅锡合金。熔断器一般用在负荷不大的电路中，当电路发生短路故障或在电路中电流过载一倍的情况下，可在数秒内迅速熔断，自动切断电路，实施保护。

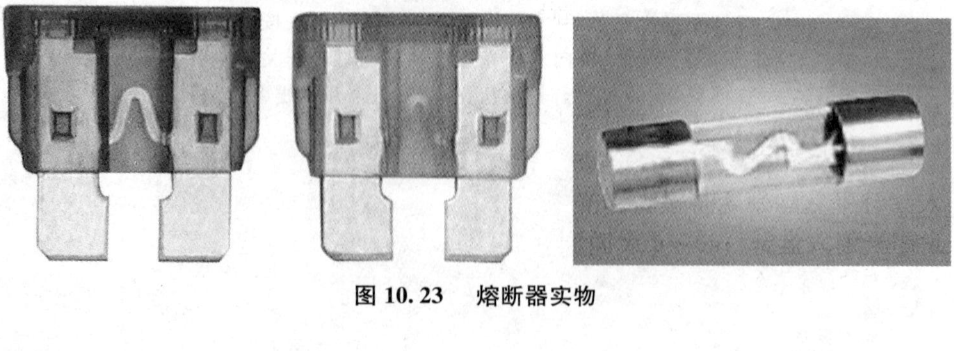

图 10.23 熔断器实物

熔断器按结构形式分有金属丝式(缠丝式)、熔管式、绝缘式、插片式、平板式等多种形式，如图10.24所示。各种熔断器的额定电流见表10-3。

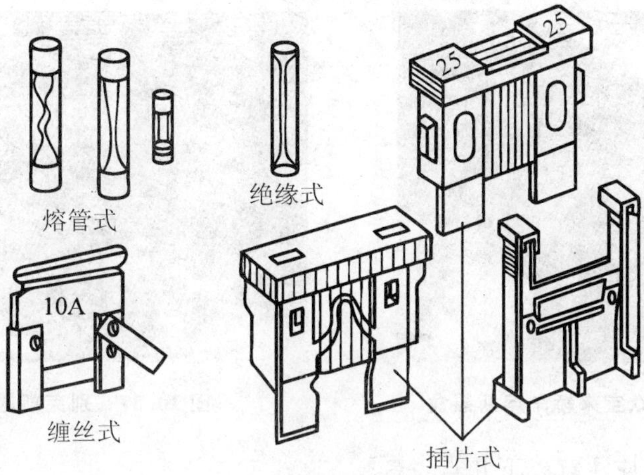

图10.24 常见熔断器外形

表10-3 各种熔断器的额定电流

规格	额定电流(A)
熔管式、插片式熔断器	2、3、5、7.5、10、15、20、25、30
金属丝式熔断器	7.5、10、15、20、25、30
平板式熔断器	40、60、120

为便于检查和更换熔断器，常将汽车上各电路的熔断器集中安装在一起，形成熔断器盒(图10.25)。同时，在熔断器盒盖上注明各熔断器的名称、额定电流和位置，并且用不同的颜色来区别熔断器的容量。

图10.25 熔断器盒

熔断器盒一般布置在 仪表板下(需拆下仪表板下侧的护板才能看到)或仪表板侧面(图 10.26)或发动机舱内(图 10.27)。

图 10.26　一汽大众宝来轿车熔断器盒

图 10.27　别克凯越轿车熔断器盒

熔断器在使用中应注意以下几点：

① 熔断器熔断后，必须真正找到故障原因，彻底排除故障。

② 更换熔断器时，一定要与原规格相同，不可随意加大熔断器的容量(额定电流)，更不可用普通汽车电线代替熔断器。

③ 熔断器支架与熔断器接触不良会产生电压降和发热现象，严重时会使熔断器支架扭曲变形，直至损坏。故安装时要确保接触良好。

2. 易熔线

易熔线(fusible link，图 10.28)主要用于电路过载保护。

图 10.28　易熔线实物照片

易熔线是一种截面积一定，能长时间通过较大电流的合金导线。当电流超过易熔线额定电流数倍时，易熔线首先熔断，以确保电路和用电设备不会损坏。

易熔线的绝缘护套有棕、绿、红、黑等不同颜色，以表示其不同规格，见表 10-4。

表 10-4　易熔线的规格

颜色	尺寸/mm	构成	1m 长的电阻值/Ω	允许连续通过的电流/A	5s 内熔断时的电流/A
棕色	0.3	ϕ0.32×5 股	0.0475	13	约 150
绿色	0.5	ϕ0.32×7 股	0.0325	20	约 200
红色	0.85	ϕ0.32×11 股	0.0205	25	约 250
黑色	1.25	ϕ0.50×7 股	0.0141	33	约 300

易熔线比常见导线柔软，长度一般为 50～200mm，主要用于保护电源电路和大电流电路，因此通常接在蓄电池正极端(图 10.29)或集中安装在中央接线盒内。易熔线不得捆扎在线束内，也不得被车内其他部件包裹。

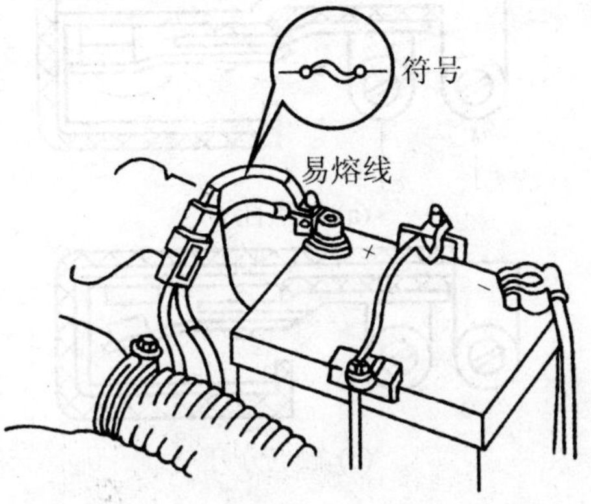

图 10.29　接在蓄电池正极端的易熔线

3. 双金属电路断路器

双金属电路断路器(bimetallic circuit breaker)是利用双金属片受热弯曲变形的特点工作的。双金属片用两片线膨胀系数不同的金属材料制成，当负载电流超过限定值时双金属片受热变形，使触点分开，切断电路。双金属电路断路器按其能否自动复位分为一次作用式和多次作用式两种。

一次作用式双金属电路断路器结构如图 10.30 所示，当负载电流超过限定值时，双金属片受热变形，向上弯曲，使双金属片和触点分开，切断电路。由于双金属片有一定弹力，在切断电路温度降低后，双金属片不能自动复位。若要重新接通电路，必须按一下按钮，使双金属片受压复位，才能将触点接通。负载电流的限定值可以通过旋转调节螺钉进行调整。

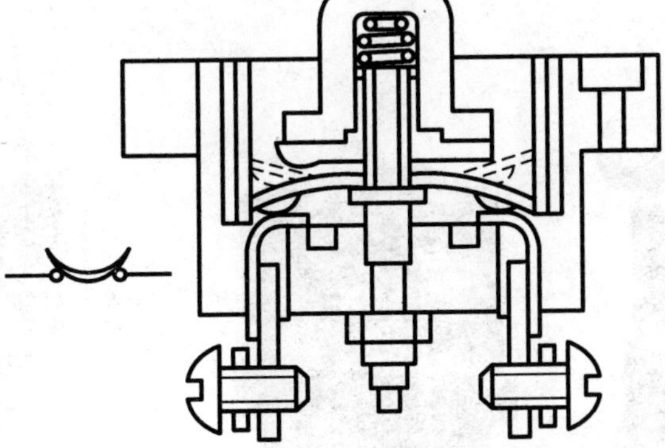

图 10.30　一次作用式双金属电路断路器

常见的多次作用式双金属电路断路器的结构和工作原理如图 10.31 所示。当电路过载或短路时，双金属片受热膨胀并弯曲，使触点分开而切断电路。触点分开后，双金属片上没有电流通过，温度降低到一定值后触点又重新闭合。这样，当电路中过载、短路或搭铁的故障尚未排除时，双金属电路断路器自动使电路时而接通，时而切断，起到保护作用。

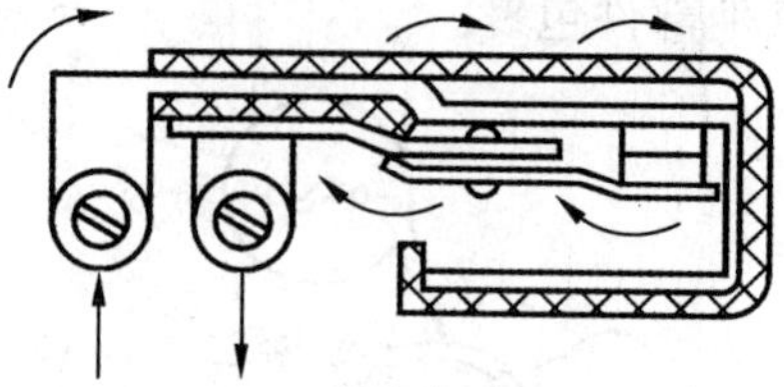

(a) 触点闭合

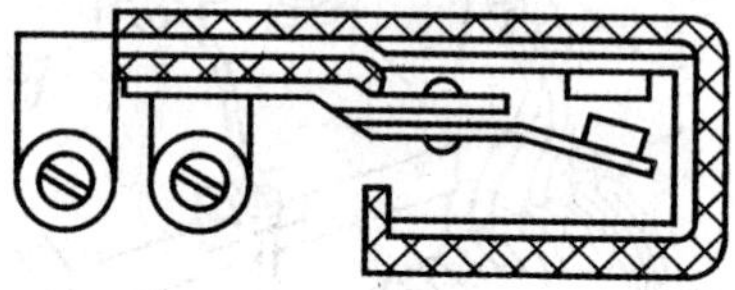

(b) 触点分开

图 10.31　多次作用式双金属电路断路器示意

部分推拉式照明总开关上的双金属电路断路器即为这种类型，驾驶人可以根据不断闪烁的灯光发现故障；在一些乘用车的刮水器和车窗升降电动机等电路中也采用这种断路器。

10.1.4　继电器

汽车上的继电器(relay)可分为专用继电器和一般继电器两大类。专用继电器在开关接通后能自动控制电路通断转换，以实现特定功能，如闪光继电器、刮水间歇继电器等。

一般继电器在开关接通后使电路始终处于接通或断开状态，以减小开关的负荷，保护开关，以实现以小(电流)控大(电流)，以弱控强。常用的继电器有前照灯继电器、喇叭继电器、起动继电器(图 10.32)、预热继电器(图 10.33)、卸荷继电器等。

如图 10.34 所示，一般继电器由电磁铁、触点、外壳和接线端子或引脚等组成；为了减小继电器线圈断电时产生的自感电动势，保护开关和电子元件，有些继电器线圈两端还并联电阻或续流二极管。

图 10.32　起动继电器

图 10.33　预热继电器

图 10.34　继电器内部结构

一般汽车继电器按外形分为圆形(图 10.35)、方形(图 10.36)和长方形三种；按引脚数目分为三脚、四脚、五脚等多种。

图 10.35　圆形继电器

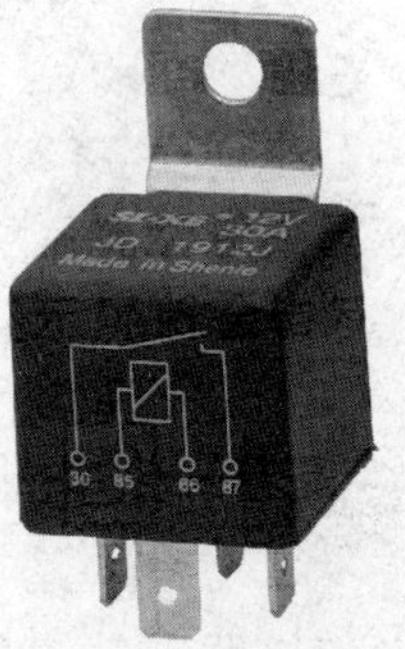

图 10.36　方形继电器

按触点不工作时的状态不同，汽车继电器可分为以下三类。第一类继电器平时(常态下)触点是断开的，继电器动作后触点才接通，称为动合型继电器；第二类继电器平时(常态下)触点是闭合的，继电器动作后触点断开，称为动断型继电器；第三类继电器平时(常态下)动断触点接通，动合触点断开，如果继电器线圈通电，则变成相反状态，这类继电器称为开闭混合型继电器。

为方便使用和接线，在继电器的外壳上都有简明扼要的接线图，如图 10.36 和图 10.37所示。

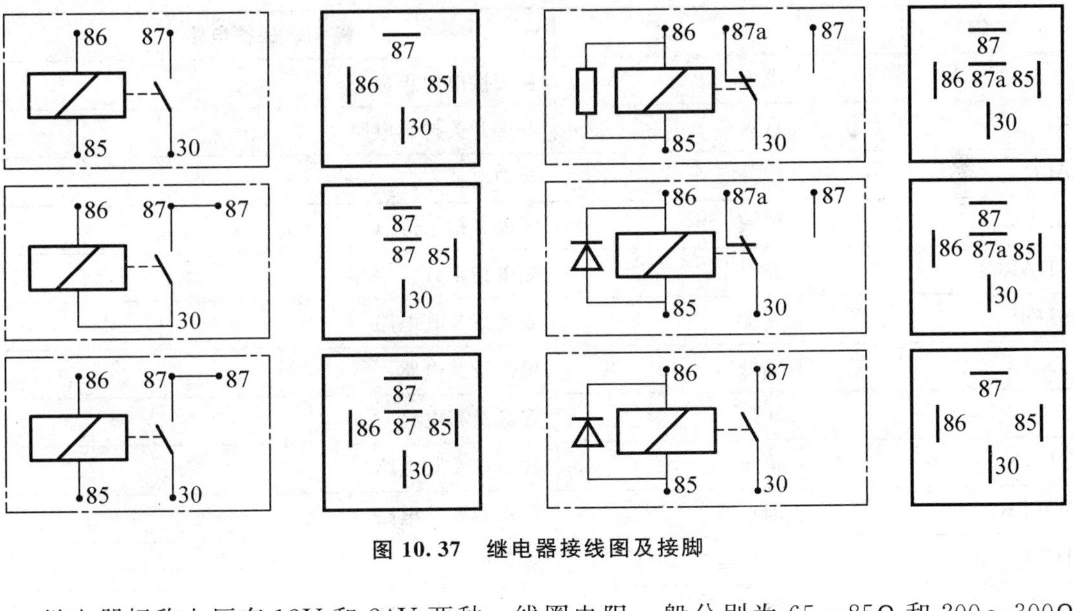

图 10.37　继电器接线图及接脚

继电器标称电压有 12V 和 24V 两种，线圈电阻一般分别为 65～85Ω 和 200～300Ω。不同标称电压和电流的继电器不能换用。

10.1.5　中央接线盒

随着电气设备逐渐增多，各种继电器和熔断器也越来越多，许多汽车将各种继电器和熔断器等集中安装在一块或几块配电板上，配电板正面装有继电器和熔断器的插头，背面是接线插座，这种配电板及其盖子称为中央接线盒(central cable connector，图 10.38)。

图 10.38 福特蒙迪欧轿车中央接线盒

为了便于电路检查和故障诊断，中央接线盒盖或安装板上常标有器件名称或其缩写字母，具体含义见表 10-5。

表 10-5 中央接线盒缩写字母含义

缩写字母	含义	控制、保护电路
+B	电源	直接接电源正极
IG、IGN	点火	点火开关控制电路
ACC	附件	辅助电器
GAUG、METER	仪表	仪表、指示灯
CHARGE	充电	充电指示灯
STOP	制动	制动灯及其电路
TAIL	尾灯	尾灯及其电路
FOG	雾灯	雾灯及其电路
TURN	转向	转向灯及其电路
WIPER	刮水器	刮水器及其电路
HEATER	加热器	暖风机、继电器
A/C	空调器	空调器及其电路
PWR、POWER	电力驱动	电动门、窗、坐椅
CIG-L、LIGT-TER	点烟器	点烟器电路
DOME、ROOM	顶灯	顶灯、内照灯
HEAD	前照灯	前照灯及其电路

（续）

缩写字母	含义	控制、保护电路
DEFOR	后窗除霜	后除霜器
PANEL	仪表	仪表及其电路
HAZ	危急警报	危急报警闪光器
HORN	喇叭	喇叭及其继电器
RADIO	收音机	收、放音机
ENGINE	发动机	发动机熄火电磁阀等
EE、ECU-B	电子控制	电子控制器电源
…RELAY	……继电器	控制……
LOCK	门锁	电动门锁
EFI	电控燃油喷射	电控燃油喷射
GLOW	预热	预热装置
BLOWER	风机	电动风扇
ECU-IG	电子控制	点火开关来的电源
SPARE	备用	

10.2 汽车电路的识图

熟悉汽车电路接线的一般规律，掌握汽车电路识图的一般方法是十分必要的。

10.2.1 汽车电气装置的图形、文字符号

1. 电气装置的图形符号

图形符号是汽车电气技术领域中最基本的工程语言。常用的图形符号见表10-6。

图形符号分为基本符号、一般符号和明细符号三种。

(1) 基本符号不能单独使用，不表示独立的电气元件，只说明电路的某些特征。例如，“—”表示直流，“～”表示交流，“＋”表示电源的正极，“－”表示电源的负极，“N”表示中性点(线)。

(2) 一般符号是用以表示一类产品和此类产品特征的一种简单符号。例如，⊛是表示指示仪表的一般符号，⊠是表示传感器的一般符号。一般符号广义上代表各类元器件，另外，也可以表示没有附加信息或功能的具体元件，如一般电阻、电容等。

(3) 明细符号表示某一种具体的电气元件。它是由基本符号、一般符号、物理量符号、文字符号等组合派生出来的。例如，⊛是指示仪表的一般符号，当要表示电流、电压的种类和特点时，将“＊”处换成“A”、“V”，就成为明细符号。Ⓐ表示电流表，Ⓥ表示电压表。

表 10－6　常用图形符号

一、常用基本符号					
序号	名称	图形符号	序号	名称	图形符号
1	直流	—	6	中性点	N
2	交流	～	7	磁场	F
3	交直流		8	搭铁	⊥
4	正极	+	9	交流发电机输出接柱	B
5	负极	−	10	磁场二极管输出端	D_+

二、导线端子和导线连接					
11	接点	•	15	屏蔽导线	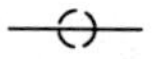
12	端子	○	16	插头和插座	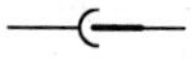
13	导线的连接	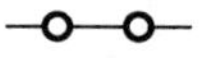	17	接通的连接片	
14	导线的交叉连接		18	断开的连接片	

三、触点开关					
19	常开、常闭触点	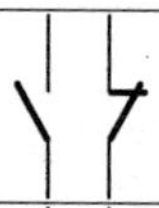	22	旋转多挡开关位置	
20	联动开关	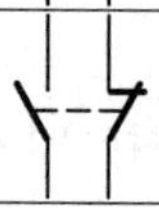	23	钥匙开关(全部定位)	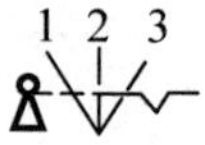
21	按钮开关	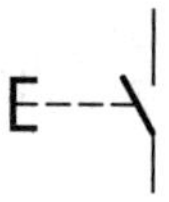	24	多挡开关、点火、起动开关，瞬时位置为 2 能自动返回到 1(即 2 挡不能定位)	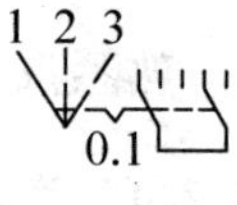

四、电气元件					
25	可变电阻器	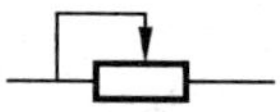	32	光敏二极管	
26	热敏电阻器	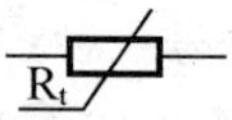	33	三极管	
27	光敏电阻		34	熔断器	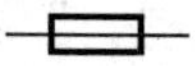
28	电容器		35	易熔线	
29	半导体二极管一般符号	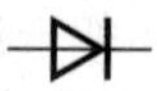	36	触点常开的继电器	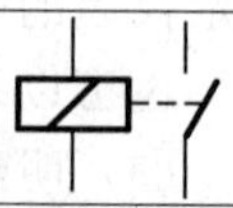
30	稳压二极管		37	触点常闭的继电器	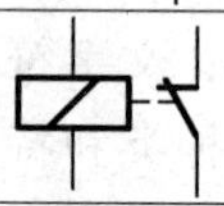
31	发光二极管		38	带铁心的电感器	

（续）

		五、电气设备			
39	照明灯、信号灯、仪表灯、指示灯		47	定子绕组为星形连接的交流发电机	
40	双丝灯		48	外接电压调节器的交流发电机	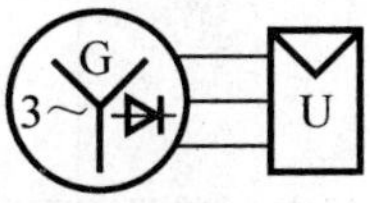
41	组合灯	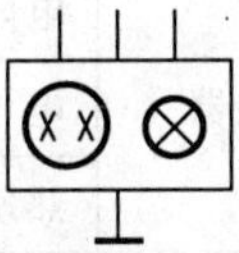	49	整体式交流发电机	
42	电喇叭	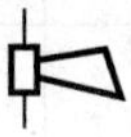	50	直流电动机	
43	扬声器		51	起动机(带电磁开关)	
44	闪光器		52	永磁直流电动机	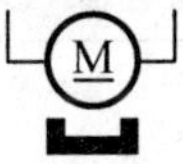
45	霍尔信号发生器	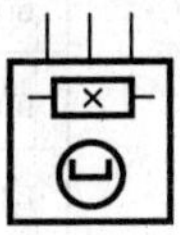	53	刮水电动机	
46	磁感应信号发生器	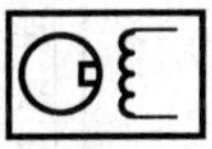	54	蓄电池组	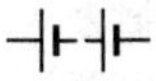

另外，对标准中没有规定的符号，可以选取标准中给定的基本符号、一般符号和明细符号，按规定的组合原则进行派生，以构成完整的元件或设备的图形符号，但在图样的空白处必须加以说明。

2. 电气装置的文字符号

文字符号是由电气设备、装置和元器件的种类(名称)字母代码和功能(与状态、特征)字母代码组成的，用于表明电气设备、装置和元器件的名称、功能、状态和特征。此外，还可与基本图形符号和一般图形符号组合使用，以派生新的图形符号。

文字符号分为基本文字符号和辅助文字符号两大类，基本文字符号又分为单字母符号和双字母符号。

(1) 单字母符号按拉丁字母将各种电气设备、装置和元器件划分为二十三大类，每大类用一个专用单字母符号表示，如“C”表示电容器类，“R”表示电阻类等。

(2) 双字母符号是由一个表示种类的单字母符号与另一字母组成，其组合型式应以单字母符号在前而另一字母在后的次序列出。例如，“R”表示电阻，“RP”表示电位器，“RT”表示热敏电阻；“G”表示电源、发电机、发生器，“GB”表示蓄电池，“GS”表示同步发电机、发生器，“GA”表示异步发电机。常用的基本文字符号见表10－7。

表10－7　常用的基本文字符号

设备、装置元器件种类	举例	基本文字符号	
		单字母	双字母
	电桥	A	AB
	晶体管放大器		AD
	集成电路放大器		AJ
	印刷电路板		AP
非电量到电量变换器或电量到非电量变换器	送话器、扬声器、晶体换能器	B	
	压力变换器		BP
	温度变换器		BT
电容器	电容器	C	
保护器件	过电压放电器件避雷器	F	
	熔断器		FU
	限压保护器件		FV
发生器发电机电源	振荡器	G	
	发生器		GS
	同步发电机		GA
	异步发电机		
	蓄电池		GB
信号器件	声响指示	H	HA
	光指示器		HL
	指示灯		HL
电感器电抗器	感应线圈 电抗器	L	
电动机	电动机	M	
	同步电动机		MS
	力矩电动机		MT

设备、装置元器件种类	举例	基本文字符号	
		单字母	双字母
电阻器	电阻器、变阻器	R	
	电位器		RP
	热敏电阻器		RT
	压敏电阻器		RV
变压器	电流互感器	T	TA
	控制电路电源用变压器		TC
	电力变压器		TM
	电压互感器		TV
电子管、晶体管	二极管	V	
	晶体管		
	晶闸管		
	电子管		VE
端子、插头、插座	连接插头和插座 接线柱焊 接端子板	X	
	连接片		XB
	测试插孔		XJ
	插头		XP
	插座		XS
	端子板		XT
	电磁铁		YA

(3) 辅助文字符号表示电气设备、装置和元器件以及电路的功能、状态和特征。例如，“SYN”表示同步，“L”表示限制左或低，“RD”表示红色，“ON”表示闭合，“OFF”表示断开等。

由于目前国际上还没有汽车电气设备图形符号、文字符号的统一标准，各个汽车生产厂家对某些汽车电气设备所采用的图形符号、文字符号有所不同，但图形符号基本结构的组成是相似的，只要清楚图形符号的基本结构，分析它们的区别，就能避免识读错误。

10.2.2 汽车电路的表达方法

汽车电路的表达方法有接线图、线束图和原理图三种。

1. 接线图

接线图(亦称线路图)是传统的汽车电路表达方法。接线图是依据汽车电气元件在汽车上的实际位置，用导线从电源到开关至搭铁一一连接起来构成的电路图。

接线图能真实反映电气设备的导线连接情况，电气元件的安装位置、外形与实际电路相符较为直观，因此便于循线跟踪地查找导线的分支和节点。但由于接线图线束密集、纵横交错，故接线图的可读性较差，电路分析过程相对较为复杂。

图 10.39 为东风 EQ1090 型汽车接线图。

2. 线束图

线束图是表达汽车线束各用电器连接部位、接线柱标记、线头、插接器形状及位置等信息的汽车电路图。

线束图一般不去详细描绘线束内部的电线走向，只将露在线束外面的线头与插接器详细编号用字母标记出来，是一种突出装配记号的电路表现形式。整车电路线束图常用于汽车厂总装线和修理厂的连接、检修与配线。

图 10.40 为东风 EQ1090 型汽车线束。

3. 原理图

电路原理图是电路图的简化，按规定的图形符号，把仪表及各种电气设备，按电路原理，由上到下合理地连接起来，然后再进行横向排列形成的电路图。

电路原理图侧重表达汽车电路的控制原理和连接状态，并不注重电气元件的实际外形、位置和导线的走向。电路原理图对于了解汽车电气设备的工作原理或工作过程，以及分析故障的大概部位很有用处。图 10.41 所示为上海桑塔纳轿车电路原理图。

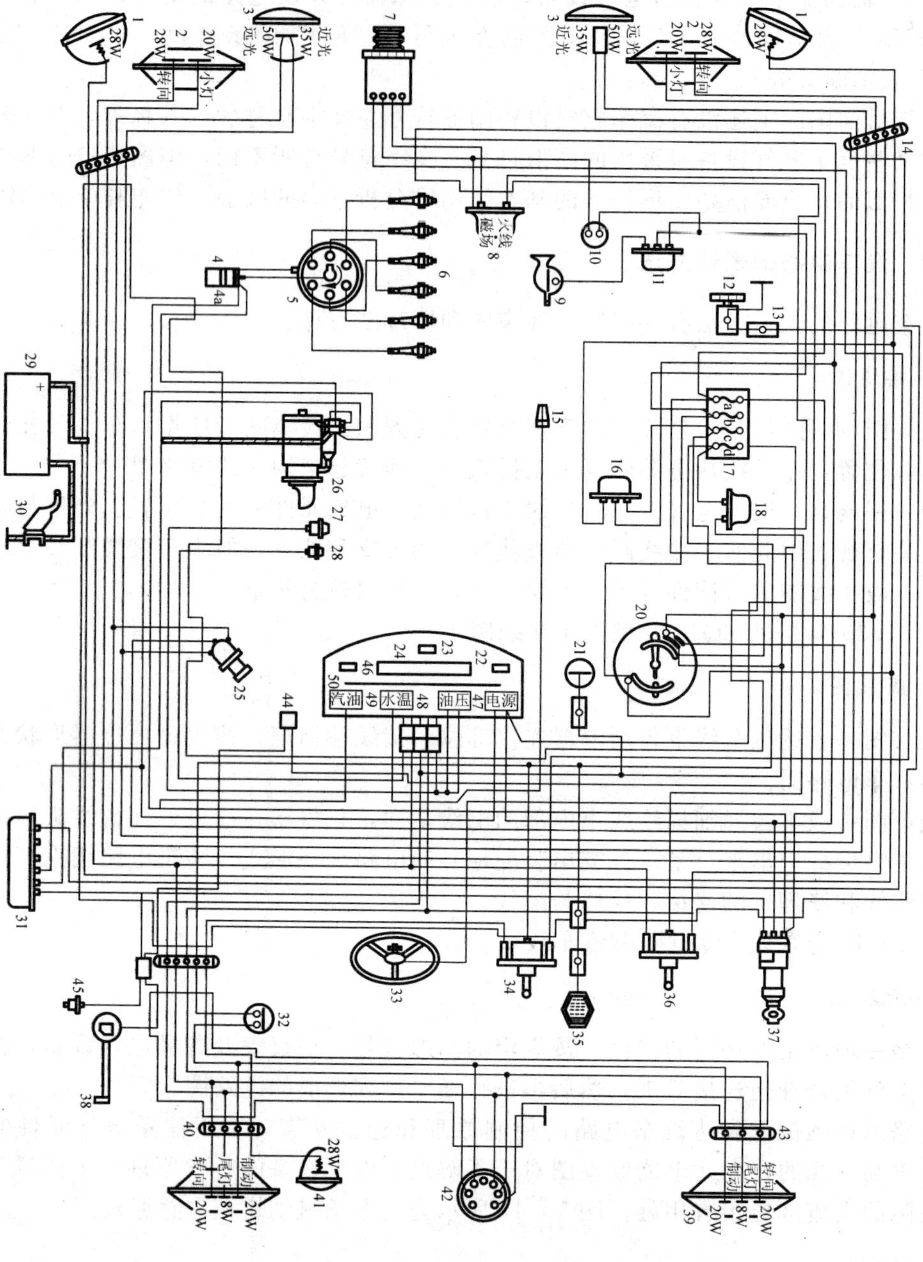

图 10.39　东风 EQ1090 型汽车接线

1—前侧灯；2—组合前灯；3—前照灯；4—点火线圈；4a—附加电阻线；5—分电器；6—火花塞；7—交流发电机；8—交流发电机电压调节器；9—电喇叭；10—工作灯插座；11—电喇叭继电器；12—暖风电动机；13—接线管；14—五线接线板；15—水温表传感器；16—灯光继电器；17a～d—熔断器；18—闪光器；20—车灯开关；21—发动机罩下灯；22—左右转向指示灯；23—机油低压报警灯；24—车速里程表；25—变光开关；26—起动机；27—机油压力传感器；28—低油压报警开关；29—蓄电池；30—电源总开关；31—起动复合继电器；32—制动灯开关；33—电喇叭按钮；34—后灯和暖风电动机开关；35—驾驶室顶灯；36—转向信号灯开关；37—点火开关；38—燃油表传感器；39—组合后灯；40—四线接线板；41—后灯；42—挂车插座；43—三线接线板；44—低气压蜂鸣器；45—低气压报警开关；46—仪表盘；47—电流表；48—油压表；49—水温表；50—燃油表

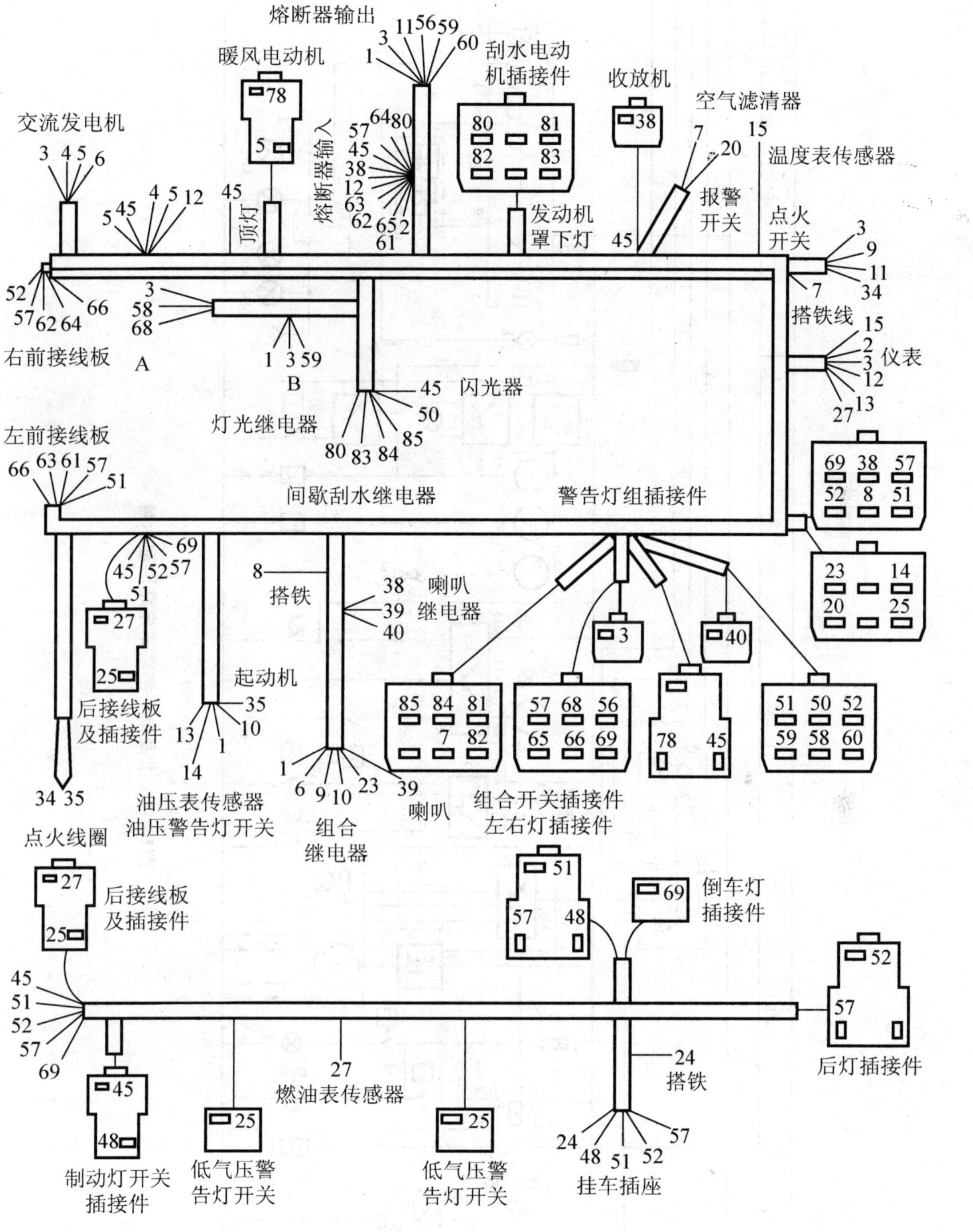

图10.40 东风EQ1090型汽车线束

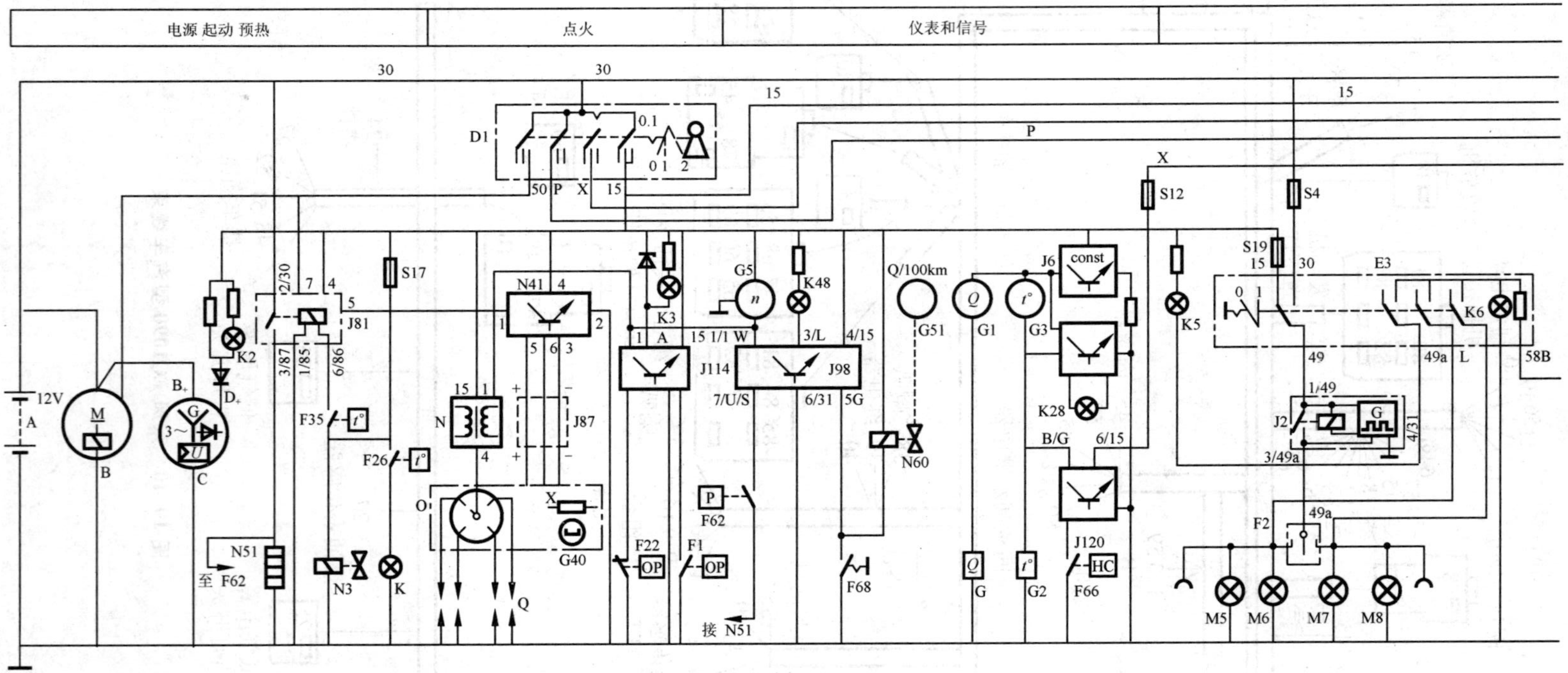

(a)

图10.41 上海桑塔纳轿车电路原理示意

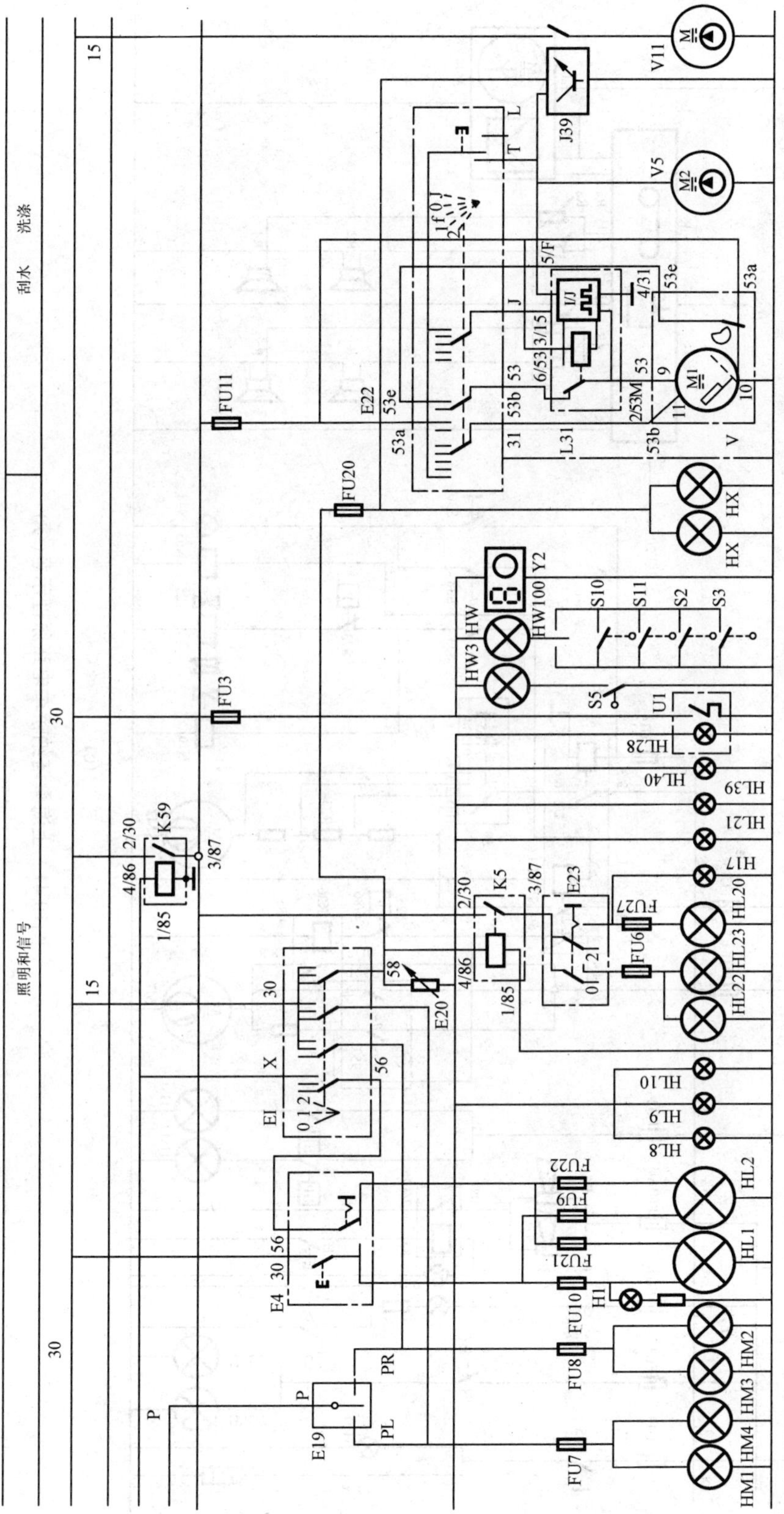

(b)

图10.41 上海桑塔纳轿车电路原理示意(续)

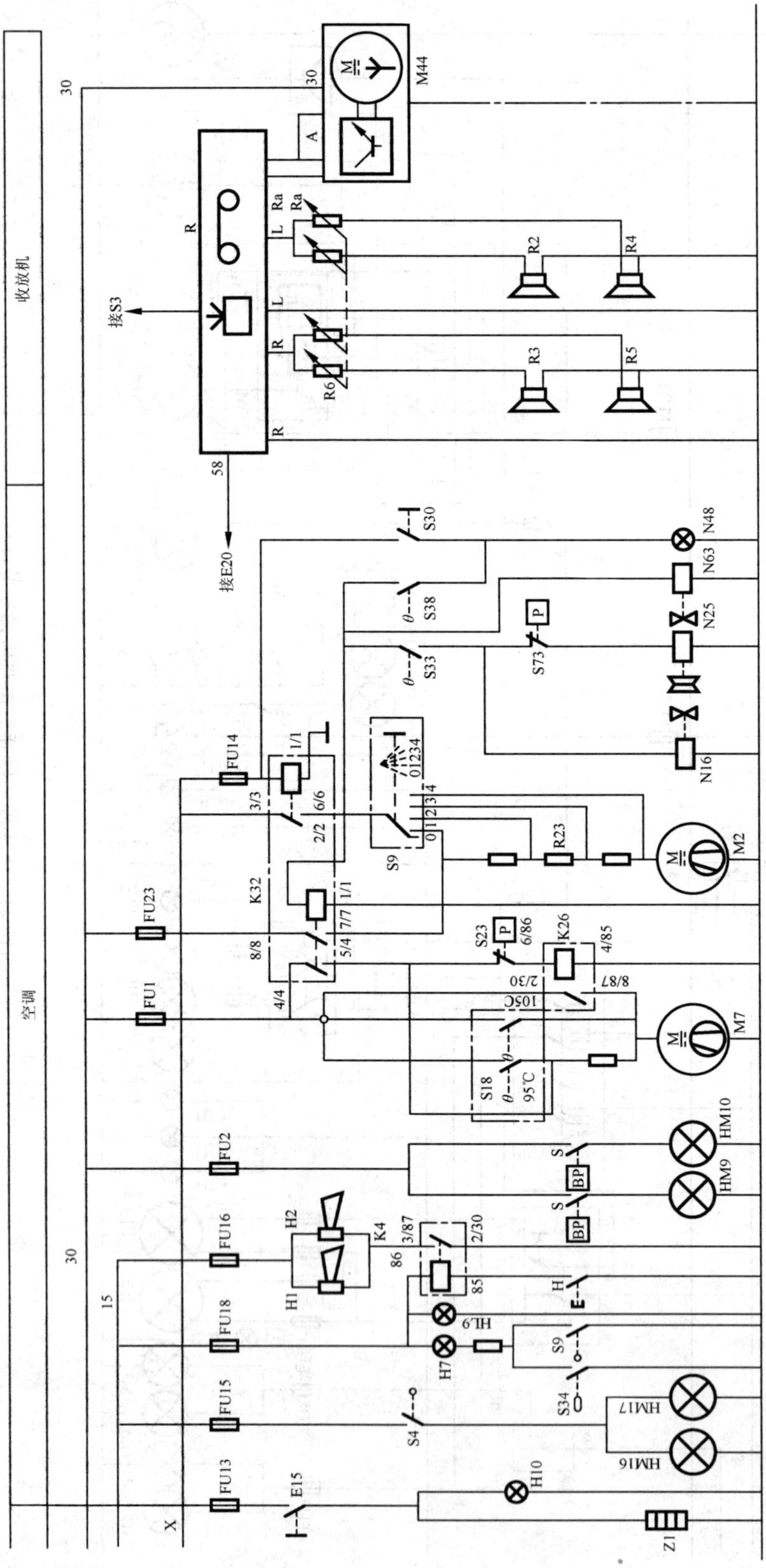

(c)

图10.41 上海桑塔纳轿车电路原理示意(续)

10.2.3 汽车电路接线的一般规律

1. 汽车整车电路的接线规律

汽车电路接线的一般规律是：采用单线制、用电设备并联、负极搭铁、电路用颜色不同的电线和编号加以区分，并以点火开关为中心分成几条主干电路。

① 蓄电池正极线。从蓄电池引出直通熔断器盒，也有的从蓄电池正极线直接引到起动机正极接线柱上，再从那里引出较细的正极线到其他电路。

② 点火、仪表、指示灯线。必须经过汽车钥匙(点火开关)才能接通电路。

③ 专用线。不管发动机工作与否都需要接入的电器，如收放机、点烟器等，由点火开关单独设置一挡予以供电。

④ 起动控制线。起动机主电路的控制开关(接触盘)常用磁力开关来通断。其接线方式有三种：小功率起动机磁力开关的吸拉线圈、保持线圈由点火开关的起动挡控制；大功率起动机的吸拉线圈、保持线圈由起动机继电器控制(如东风、解放及三菱重型车)；装有自动变速器的轿车，为了保证空挡起动，常将起动控制线串接在空挡起动开关上。

⑤搭铁线。搭铁点分布在汽车全身，与不同金属相接(如铁、铜与铝、铝与铁)形成电极电位差；有些搭铁部位容易沾染泥水、油污或生锈；有些搭铁部位是很薄的钣金薄板，都可能引起搭铁不良，如灯不亮、仪表不起作用、喇叭不响等。所以，有的汽车采用双线搭铁，即双搭铁线。

2. 电源系统接线规律

发电机与蓄电池并联，蓄电池负极必须搭铁。蓄电池正极经电流表(或直接)接到电机正极，蓄电池静止电动势常在11.5～13.5V，发电机输出电压常限定在13.8～15V之间(24V电系28～30V)。发电机工作时正常电压比蓄电池电压高0.3～3.5V，这主要是为了克服电路压降，使蓄电池充电时既能充足，又不至于过度充电。

国产硅整流发电机的接线柱旁均有标记或名称，“+”或“B+”为“电枢”接线柱，此接线柱应与电流表或蓄电池“+”极相连；“F”为“磁场”接线柱，它与电压调节器“磁场”接线柱相连；“E”为“搭铁”接线柱，应与电压调节器的“搭铁”接线柱相接。

采用外装电压调节器的交流发电机的磁场线圈搭铁方式有两种：一种是磁场线圈直接在发电机内部搭铁，如国产东风EQ1092、BJ2020汽车的发电机；另一种是磁场线圈不在发电机内部搭铁，而是通过电压调节器搭铁，如解放CA1092汽车的交流发电机。

3. 起动系统接线规律

1） 点火开关直接控制起动机的电路

点火开关在起动挡直接控制起动机的吸拉、保持线圈，多用于1.2kW以下的起动机的轿车电路；1.5kW以上起动机的磁力开关线圈的电流在40A以上，用起动继电器触点作为开关。

2） 带起动保护的起动机控制电路

当起动点火开关在0挡时，电路均断开。点火开关在1挡时(未起动)的供电电路为：发电机励磁→点火线圈→仪表→点亮指示灯。点火开关在2挡时，除了接通上述电路之外，还要接通起动机继电器电路：蓄电池正极→电流表→点火开关→起动机继电器线圈→

继电器常闭触点→搭铁→蓄电池负极→起动机主电路。

与此同时，接触盘将点火线圈旁路触点接通，电流直通点火线圈初级，附加电阻被隔除在外。

发动机点火工作后，发电机中性点 N 的对地电压(约为发电机端电压的 1/2)使起动继电器中的起动保护继电器常闭触点断开，切断充电指示灯搭铁电路，充电指示灯熄灭，表示发电机工作正常。同时也切断了起动继电器线圈的搭铁电路，当发电机正常工作时，即使误将点火开关扳到 2 挡，起动机也不会与飞轮啮合，避免打坏飞轮齿圈与起动机，起到保护起动机的作用。

4. 点火系统接线规律

汽车点火系统可以分为普通(有触点)点火系统、无触点点火系统、微机控制点火系统等形式，其工作过程基本上都是按以下顺序循环：初级电流接通→初级电流切断(此时恰好是某缸活塞处于压缩上止点前某一角度)→初级线圈产生自感电动势(300V 左右)→次级线圈互感产生脉冲高压(1.5～3kV 左右)→火花塞出现电火花。

无触点点火系统的点火模块必须具备的引出线为：由点火开关控制的电源输入线 2 条(4 脚、2 脚)；由信号发生器(信号发生器与分电器轴一体)来的信号输入线 3 条(5 脚、6 脚、3 脚，其中第 5 脚是供信号发生器的电源线)；初级电流的输入、输出线 2 条(1 脚、2 脚)。

5. 照明系统的接线规律

汽车照明系统一般由前照灯、示宽灯(位置灯)、尾灯(后示宽灯)、牌照灯、仪表灯、室内灯等组成，其中前照灯又分为远光灯与近光灯，用变光开关控制。

照明灯由灯光开关控制：灯光开关在 0 挡关断、1 挡为小灯亮(包括示宽灯、尾灯、仪表灯、牌照灯)、2 挡为前照灯、小灯同时亮。

灯光系统的电流一般来自蓄电池正极，不受点火开关控制(由于前照灯远光功率较大，常用灯光继电器来控制通断，开关的 2 挡用于控制继电器线圈)。

超车灯信号常用远光灯亮灭来表示，发出此信号时不通过灯光开关，属于短时接通按钮式或脚踏式。

现代汽车的照明系统常用组合开关集中控制，组合开关多装在转向柱上，位于转向盘下侧，操作时驾驶人的手可以不离开转向盘。

6. 仪表报警系统接线规律

所有电气仪表都受点火开关控制。各仪表的表头与其传感器串联，燃油表、水温表一般还接有仪表稳压器。

电流表串联在发电机正极与蓄电池正极之间。发电机充电电流从电流表正极进去，指针偏向正端，而在蓄电池往外放电时，指针偏向负端。

以下两种电流不通过电流表：超过电流表量程的负载电流，如起动机、预热塞、喇叭灯电流；发电机正常工作时向其他负载供电的电流。

注意：当发电机不工作时，蓄电池向其他负载供电的电流必须经过电流表。现代汽车多用充电指示灯代替电流表，其缺点是驾驶人只知道蓄电池的充放电状态，不知充放电电流大小，过充电不易发现。

电压表并接在点火开关之后，只在点火开关接通时显示系统电压。12V 电系常使用10～18V 的电压表，24V 电系常使用 20～36V 的电压表。

指示灯、报警灯常与仪表装配在一个总成内或在附近布置，它们与仪表一同受点火开关的工作挡(ON)和起动挡(ST)控制。在 ON 挡应能检验大多数仪表、指示灯、报警灯是否良好。

指示灯和报警灯按照电路接法可分为两种：一种是灯泡接点火开关火线，外接传感器开关，开关接通则与搭铁构成通路，灯亮，如充电指示灯、手制动指示灯、制动液面报警灯、门未关报警灯、机油压力报警灯、液位过低报警灯等；另一种接法是指示灯泡接地，控制信号来自其他开关的火线端，如远光指示灯、转向指示灯、坐椅安全带未系指示灯、防抱死制动指示灯(ABS)、巡航控制指示灯等。

汽车仪表常用双金属片电热丝式结构，表头一般只有 2 根线。例如，燃油表的两个接线柱是上下排列的，一般情况下应将上接线柱与电源线相连，下接线柱与传感器相连，否则将不会正常工作。

此外，还有双线圈十字交叉、中间有一个磁性指针的仪表，多为 3 线引出。其中一条接点火开关，另一条线搭铁，还有一条线接传感器。

机械式仪表不与电路相接，如软轴传动的车速里程表、直接作用的弯管弹簧式制动气压表、油压表以及乙醚膨胀式水温表、油温表等，这些仪表读数精度较高，但要引入许多管路、软轴进入仪表盘，拆装麻烦，而且易于泄漏，目前其正在逐步被电子控制仪表所代替。

7. 信号系统接线规律

信号系统主要有转向信号、危险警告信号、制动信号、倒车信号、喇叭等，这些信号都是由驾驶人根据道路交通情况向别的车辆和行人发出的，带有较强的随机性，一般用自身开关控制，如制动信号多由制动踏板联动控制；倒车灯多由变速器倒挡轴联动控制，不用驾驶人特意操作即可接通；喇叭按钮多在转向盘上，驾驶人手不离方向盘即可发出信号。

转向信号灯具有一定的闪烁频率，中国国标中规定为 60～120 次/分，日本规定在(85±10)次/分。转向灯功率常为 21～25W，前后左右均设，大型车辆和轿车往往在侧面还有侧向转向信号灯。其电路一般接法是：转向信号灯与转向灯开关以及转向闪光继电器经危险警告灯开关的常闭触点与点火开关串联，即转向信号灯是在点火开关处于工作挡(ON)时使用。

危险警告灯的使用场合主要有：本车有故障或危险不能行驶；本车有牵引别车的任务，需要他车注意；本车需要优先通过，需要他车避让。因此，危险警告灯可以在发动机不工作时使用，此时无需接通点火系统及仪表报警灯，为此设有危险警告开关。危险警告开关是一个多刀联动开关，在断开点火开关接线的同时，接通蓄电池接线，闪光器及灯泡电源直接来自蓄电池，并将闪光继电器的输出端与左右转向灯连在一起。即在闪光继电器动作时，左右转向灯及指示灯同时发出危险信号。

8. 接线注意事项

准备所要接线车型的电路原理图，如果没有电路图，最好是自己对照实物绘制接线草图，这将给接线检修工作带来很大方便。

因维修需要临时外接电线时，必须注意绝缘，以防短路。切勿带电接线。当导线损坏以后，应用原规格、型号的导线更换，连接要可靠，尽量减少连接处的接触电阻。接线完毕，应按原接线要求捆扎处理好。

10.2.4　汽车电路识图方法

1. 善于化整为零

按整车电路系统的各功能及工作原理把整车电气系统划分成若干个独立的电路系统，分别进行分析。通常将整车电路分解成电源、起动、点火、照明、信号、仪表、报警等系统来进行分析。

这样化整体为部分，可以有重点地进行分析，并且各个单元电路又有其自身的一些特点，以其自身的特点为指导去分析电路就会减少盲目性。因此，为了阅读方便，现在多数汽车的电路原理图是按各个电路系统分别进行绘制的。

2. 认真阅读图注

在阅读局部电路图时，首先必须认真地阅读图注。清楚该部分电路所包含的电气设备种类、数量等，有利于在读图中抓住重点。

3. 熟悉电气元件及配线

在分析某个电路系统时，要清楚该电路中所包括的各部件的功能、作用和技术参数等。

现代汽车的电路如同人的神经一样分布在各个区域，其复杂程度与日俱增，而电路中的配线插接器、接线盒、继电器、接地点等如同神经的“节点”。

所以，熟悉这些电器元件在电路图中的表示符号、位置、连接方式、内部电路，对阅读汽车电路图会有很大帮助。

因此，在阅读接线图时，要正确判断接点标记、线型和色码标志。需指出的是标记颜色的字母因母语不同而有区别，美国、日本及我国采用英文字母；德国采用德语字母；俄罗斯采用俄语字母。

4. 注意开关的作用

开关是控制电路通断的关键。可以按操纵开关的功能及不同工作状态来分析电路的工作原理，如点火系统供电，点火开关应处于点火挡或起动挡。

在标准画法的电路图中，开关总是处于零位，即开关处于断开状态；电子开关的状态则视具体情形而定。这里所说的电子开关主要包括晶体管及晶闸管等具有开关特性的电子元件。

在一些复杂电路控制中，一个主开关往往汇集许多导线，分析汽车电路时应注意以下几个问题。

① 蓄电池(或发电机)的电流是通过什么路径到达这个开关的，中间是否经过其他的开关和熔断器，这个开关是手动的还是电控的。

② 这个开关控制哪些用电器，每个被控电器的作用是什么。

③ 开关的许多接线柱中，哪些是直通电源的，哪些是接用电器的，接线柱旁是否有接线符号，这些符号是否常见。

④ 开关共有几个挡位，在每一挡中，哪些接线柱有电，哪些无电。

⑤ 在被控的用电器中，哪些电器应经常接通，哪些应短暂接通，哪些应先接通，哪些应后接通，哪些应当单独工作，哪些应当同时工作，哪些用电器不允许同时接通。

5. 了解继电器的工作状态

现代汽车电路中经常采用各种继电器对一些复杂电路进行控制。了解继电器的工作状态，特别是一些电子继电器的工作状态，对分析电路会大有帮助。

阅读电路图时，可以把含有线圈和触点的继电器，看成是由线圈工作的控制电路和触点工作的主电路两部分。主电路中的触点只有在线圈电路中有工作电流流过后才能动作。电路图中所画的为继电器线圈处于失电状态。

6. 牢记回路原则

在阅读电路图时，应掌握回路原则，即电路中工作电流是由电源正极流出，经用电设备后流回电源负极；电路中只有当电流流过用电设备时，用电设备才能工作。

虽然掌握了回路原则，但在阅读电路图时还容易犯一些错误。常见的错误有：从电源正极出发，到某电气设备(或再经其他电气设备)又回到了电源正极；把发电机、蓄电池这两个电源当成一个电源，常从这个电源的正极出发，经过用电器回到另一个电源的负极，这实际上并未构成真正的通路，也就不能产生电流；虽然注意到回路原则，但在电流方向上却是随意的，有时从电源的负极出发，经用电器回到电源的正极。

10.3 典型汽车电路分析

为了进一步掌握和使用汽车电路，现以上海桑塔纳轿车电路系统为例，简要分析其工作原理。

10.3.1 汽车整车电路的全面分析

上海桑塔纳轿车全车电路原理图如图10.41所示，各电器部分的电路纵向排列，清晰明了，从左至右分别是电源、起动、点火、仪表等部分。

整车电气系统主电源分三路：A路是与蓄电池直接相连，平时一直有电的12V电源线，即在停车或发动机熄火状态下均有电，电器图上编号为30。

B路电源是在点火开关D处于1挡或2挡时，第四掷开关将B路电源接通，它主要向小功率用电设备供电，电器图上编号为15。

C路电源是在点火开关D处于1挡时，第三掷开关接通中间继电器K59，由A路电源经K59的触点向大功率用电设备输电，电器图上编号为X。

10.3.2 汽车各个系统的电路分析

1. 电源电路

上海桑塔纳轿车的电源，由负极接地的12V蓄电池A与内装电压调节器的硅整流交流发电机C并联组成。当点火开关D置于1挡，发动机转速低于1200r/min时，其电流回路：蓄电池正极→点火开关D第四掷触点→充电指示灯K2→发电机磁场绕组→控制磁场绕组励磁电流的大功率晶体管→搭铁→蓄电池负极。

在发动机转速达到或高于1200r/min时，发电机电压大于蓄电池电压，并向蓄电池充电。由于发电机与蓄电池间的电位差减小，则充电指示灯K2熄灭，指示发电机工作状况良好，如图10.41(a)所示。

2. 发动机点火系统、仪表及起动电路

1）点火系统电路

上海桑塔纳轿车采用霍尔效应式无触点晶体管电子点火系统。该点火系统由蓄电池、点火开关、点火线圈、霍尔无触点式分电器、电子点火控制器、高低压导线及火花塞等组成。其工作原理是通过点火线圈初级线圈电流的通断，在次级线圈上感应出高压电，通过高压电路及正时分配使各缸火花塞跳火。初级电流的通断受点火器的控制，而点火器依靠点火信号发生器的信号来控制，如图10.41(a)所示。

点火开关D置于1挡，点火系统初级电路通电，其电流回路：

蓄电池正极→点火开关D第四掷触头→电器图编号15的电路→点火线圈N"+"接线柱。然后分两路：一路进入点火线圈内部经初级线圈到"－"接线柱(经绿线)→点火控制器"1"接线柱→点火控制器内部→点火控制器"2"接线柱(经棕线)→发动机机体搭铁(经搭铁线)→蓄电池负极；另一路向点火控制器供电，从点火线圈"+"接线柱(经黑线)→点火控制器"4"接线柱→点火控制器内部→点火控制器"2"接线柱(经棕线)→发动机机体搭铁(经搭铁线)→蓄电池负极。

由于第一路的导通和断开受霍尔点火信号发生器的信号控制，接线如下：点火控制器"5"接线柱(经红线/黑线)→霍尔信号发生器"+"接线柱，向霍尔信号发生器提供电源电压；霍尔信号发生器"－"接线柱(经棕线/白线)→点火控制器"3"接线柱；霍尔信号发生器"信号"接线柱→点火控制器"6"接线柱(经绿线/白线)，向点火控制器提供信号电压。

当触发叶轮的叶片进入空气隙时，信号发生器输出高电位信号，使点火控制器集成电路中末级大功率三极管导通，点火系初级电路接通；当触发叶轮的叶片离开空气隙时，信号发生器输出低电位信号，使点火器大功率三极管截止，初级电路被切断，次级电路产生高压电。

该信号在高电位和低电位之间来回变化，以使初级电流通—断—通—断，从而使点火线圈中的次级线圈感应出高压电，按照点火次序在相应气缸上的火花塞电极间隙中跳火。

高压电流走向：次级线圈→点火线圈"+"接线柱→点火开关→蓄电池→搭铁→火花塞侧电极、中心电极→分电器盖配电器(旁电极、分火头)→次级线圈。

2）仪表与指示灯电路

在点火系统工作的同时，指示发动机技术状况的仪表与指示灯电路同步工作，电流由蓄电池正极流入以下电路：如图10.41(a)所示。

发动机油压指示灯K3→油压检查控制器J114→ { 高压油压开关F1→搭铁。
低压油压开关F22→搭铁。 }

当低压油压开关处油压低于30kPa时，F22仍然闭合搭铁；而发动机正常工作时的高压油压达不到180kPa时，高压油压开关F1仍然断开，油压报警灯K3亮，指示润滑系统有故障。

若加大节气门，使发动机转速≥2000r/min，油压仍不正常，则油压检查控制器 J114 发出蜂鸣报警声，应停车检查。

稳压器 J6→燃油表 G1→燃油量传感器 G→搭铁。

稳压器 J6→冷却液温度表 G3→温度传感器 G2→搭铁。

稳压器 J6→液位报警灯 K28→{温度传感器 G2→搭铁。液位控制器 J120→冷却液不足指示器开关 F66→搭铁。}

当冷却液温度超过 124℃或冷却液液位低于限定值时、报警灯 K28 亮。

当点火系统与仪表电路通电工作时，通过点火开关 D 的第四掷、经熔断器 S17 怠速截止阀 N3 通电，打开怠速量孔，使发动机怠速能稳定运转。在点火开关 D 置于空挡时，怠速截止阀 N3 断电关闭怠速量孔，保证发动机很快熄火，并能减少发动机燃烧室的积炭和排气污染。

当发动机冷却液的出口温度低于 65℃时，安装在发动机出水管的温控开关 F35 闭合，进气预热继电器 J81 工作，位于进气管内的进气预热器 N51 通电加热混合气，改善发动机冷车工作状态。在发动机冷却液出口温度高于 65℃时，温控开关 F35 自动断开，进气预热器 N5l 断电停止工作。

3）起动电路

950W 串励式直流起动机 B 由点火开关 D 直接控制。当点火开关处于图 10.41(a)的 2 挡时，点火开关的第一掷将起动机的电磁开关线圈与电器图编号为 30 的电源接通，活动铁心带动传动叉使电动机驱动齿轮与发动机飞轮齿圈相啮合。

与此同时，蓄电池正极向起动机输入强大电流，产生起动转矩，通过单向离合器驱动发动机。发动机工作后，单向离合器开始打滑，此时点火开关 D 立即回到 1 挡，起动机的电磁开关断电，切断了起动机电源，起动机驱动齿轮在传动叉销回位弹簧的作用下脱开发动机的飞轮齿圈而复位。

3. 灯光电路

上海桑塔纳轿车采用二灯式前照灯，如图 10.41(b)所示。

1）前照灯

前照灯 HL1、HL2 受车灯开关 El 及变光和超车灯组合开关 E4 控制。当向上拨动 E4 组台开关手柄时，开关 E4 接通 A 路电源即电器图编号为 30 的电路，经熔断器 FU9、FU10 接通前照灯远光灯丝，此时远光及远光指示灯 Hl 亮，在松开组合开关手柄时，开关 E4 在弹簧的作用下自动断电，E4 点动作用，以示超车。

车灯开关 El 处在图 10.41(b)的 2 挡时，A 路(电器图编号 30)电源经点火开关 D 的第三掷→编号 X 的电路→车灯开关 El 第一掷→变光开关 E4、接通近光或远光。

2）小灯与尾灯及停车灯

车灯开关 El 在 1 挡或 2 挡时，A 路(电器图编号 30)电源通过车灯开关 El 的第二掷、第三掷，点亮小灯与尾灯共用的 HM1、HM4、HM3、HM2，如图 10.41(b)所示。开关 El 在空挡位置，小灯与尾灯灭。

当车辆停驶时，点火开关 D 处在空挡的 0 位，如图 10.41(b)所示，A 路(电器图编号

30)电源经点火开关 D 的第二掷传到一掷三位的停车开关的 E19。开关 E19 拨至左侧时，点亮左小灯 HM1 和左尾灯 HM4；拨至右侧则点亮右小灯 HM3 和右尾灯 HM2，此时均做停车灯用。

3) 报警灯和转向灯

上海桑塔纳轿车的报警灯和转向灯合用-组灯泡，左右前后灯 M5、M6、M7、M8 共四灯，如图 10.41(a)所示。当灯光开关 El 置于 1 挡或 2 挡时，El 的第四掷将 A 路(电器图编号 30)电源引到灯光亮度调节电位器 E20 及开关 E3 接线柱，点亮报警指示灯 K6，危险报警灯开关 E3 在空挡 0 位时，经转向灯开关及 M5～M8 起转向灯作用，其电流回路：A 路(编号 30)电源正极→点火开关 D 第四掷→熔断器 S19→开关 E3 第一掷→闪光继电器 J2→转向灯开关 F2→转向灯 M5、M6 或 M7、M8→搭铁→蓄电池负端，此时转向指示灯 K5 工作。

当危险报警灯开关 E3 在 1 挡时，A 路(电器图编号 30)电源通过熔断器 S4 开关 E3 第一掷→闪光器 J2→开关 E3 的第二、三、四掷→闪光灯 M5、M6、M7、M8→搭铁→蓄电池负极。四灯同时闪光，以示报警，报警指示灯 K6 和转向指示灯 K5 也工作。

4) 牌照灯与雾灯

车灯开关 El 处于空挡 0 位时，如图 10.41(b)所示，牌照灯 HX 灭；开关 El 在 1 挡或 2 挡时，A 路电源通过开关 El 的第四掷、熔断器 FU20，牌照灯 HX 亮。

开关 El 置 1 挡或 2 挡时，第四掷接通雾灯继电器 K5，A 路(电器图编号 30)电源通过中间继电器 K59、雾灯继电器 K5 的触点传到雾灯开关 E23。开关 E23 在空挡 0 位时，雾灯灭；在 1 挡时，经开关 E23 的第一掷、熔断器 FU6，点亮雾灯 HL22、HL23；开关 E23 在 2 挡时，雾灯 HL22 及 HL23 仍亮，且经开关 E23 的第二掷、熔断器 FU27，点亮后雾灯 HL20 和雾灯指示灯 H17。

5) 车顶灯与行李箱照明灯

接通电池正极的 A 路(电器图编号 30)电源，经过熔断器 FU3 到顶灯 HW，由一掷三位的顶灯开关控制，如图 10.41(b)所示。顶灯开关拨至左侧位置时，顶灯 HW 亮；拨至右侧位置顶灯灭。拨在中间位置时，由四个并联的门控开关 S10、S11、S2、S3 控制。当任一扇门打开时，相应的门开关闭合，顶灯亮，唯有全部车门均关闭时顶灯熄灭。

行李箱照明灯 HW3 由行李箱盖结合处的开关控制，如图 10.41(b)所示。在行李箱盖打开时，开关 S5 闭合，行李箱照明灯 HW3 亮，反之则灭:

6) 仪表板、时钟、点烟器、除霜器开关、空调开关板照明灯

如图 10.41(b)所示，仪表板照明灯两只(HL9、HL10)、时钟照明灯(HL8)、点烟照明灯(HL28)、除霜器开关照明灯(HL39)，雾灯开关照明灯(HL40)，空调开关板照明灯(HL21)均由车灯开关 El 控制，由 A 路电源供电。在车灯开关 El 处于 1 挡或 2 挡时，经过与 El 开关第四掷相联的电位器 E20 的调压，获得所需的亮度。

4. 喇叭与冷却风扇电路

喇叭与冷却风扇的电路如图 10.41(c)所示，由点火开关 D 控制 B 路(电器图编号 15)的电路，通过熔断器 FU16 给喇叭 Hl、H2 通电发音。

冷却风扇电动机 M7 为双速直流电动机，位于冷凝器、散热器之后。当冷却液温度高于 95℃时，温控开关 S18 闭合，如图 10.41(c)所示，A 路电源经熔断器 FUl、冷却风扇

电动机 M7 低速接线柱通电，M7 以 1600r/min 中速运转。

在冷却液温度高于 105℃时，温控开关 S18 的高温触点闭合，风扇电动机 M7 的高速接线柱通电，冷却风扇以 2400r/min 高速运转。接通空调开关 S30、环境温度开关 S38 时，空调继电器 K32 通电吸合，空调系统工作，电器图编号 30 的 A 路电源熔断器 FU1、风扇电动机 M7 的低速接线柱通电，冷却风扇中速旋转。

当高压管路中的制冷剂压力高于 1500kPa 时，位于储液干燥器上的高压开关 S23 闭合，冷却继电器 K26 吸合，使冷却风扇电动机 M7 的高速接线柱通电，冷却风扇高速运转，加强冷凝器的冷却效果，提高制冷系的制冷效率。

5. 空调系统电路

上海桑塔纳轿车的空调系统由取暖和制冷两部分组成。发动机的冷却液为取暖热源，由手动把手开关控制采暖。新鲜空气鼓风机 M2 的通电回路为：A 路电源正极(电器图编号 30)→熔断器 FU23→由 C 路电源(电器图编号 X)控制的空调继电器 K32 的触点→单掷 5 位鼓风机开关 S9→调速电阻 R23 及鼓风机 M2→搭铁→蓄电池负极，如图 10.41(c)所示。经开关 S9 控制串入鼓风机不同数值的电阻，获得四种不同的速度。

在外界气温高于 10℃时，位于新鲜空气入口处的环境温度开关 S38 闭合，新鲜空气电磁阀 N63 通电工作，关闭新鲜空气的进口，车内空气进入内循环，为使用制冷系统自动做好准备。按下空调开关 S30，空调开关指示灯 H48 亮．新鲜空气电磁阀 N63 通电，强制车内空气进入内循环。

空调开关 S30 闭合时，C 路电源(电器图编号 X)经熔断器 FU14、开关 S30 触点、环境温度开关 S38、蒸发器温控开关 S33 及位于储液干燥器上的低压开关 S73，给压缩机的电磁离合器 N25 通电，压缩机运转，制冷系统工作。

当冷风口的温度降到 0℃时，位于蒸发器表面冷风口的温控开关 S33 断开，电磁离合器 N25 断电分离，压缩机停止运转。在冷风口温度高于 2℃时温控开关 S33 闭合，压缩机又工作，维持一定的制冷温度并防止蒸发器结霜。

在温控开关 S33 闭合时，怠速稳定电磁阀 N16 与电磁离合器一起通电，适当增加怠速供油量，提高发动机的转速，增大驱动空调压缩机所需的发动机功率，避免发动机因超负荷而熄火。

当制冷系统低压侧管路压力低于 200kPa 时，低压开关 S73 断开，压缩机电磁离合器断电分离，空调压缩机停止工作，以免因制冷剂泄漏而损坏压缩机。

10.4 汽车电路检修基础知识

汽车电气系统的故障虽然多种多样，但产生故障的原因与检修方法却有许多共性的东西，掌握这些共性知识对电路检修会大有益处。

10.4.1 汽车电气系统的工作条件

汽车电气系统的工作条件可概括为大范围的温度和湿度变化，波动的电压及较强的电磁脉冲干扰，电气元件之间的相互干扰、剧烈的振动以及灰尘、潮气的侵蚀等。

1. 温度与湿度

温度的变化包括两方面：一是外界环境温度；二是工作温度，它与电气元件工作时间的长短、布置位置以及电气元件自身的发热、散热条件有密切关系。对于电子元件来讲，较高的工作温度是造成过热损坏的主要原因。

在湿度较大的环境下，会增加水分子对电子元件的浸润作用，使其绝缘性能下降，影响电气元件的工作性能。

2. 电压的波动

汽车电气系统的电压波动可分为两种：一种是正常范围内的波动，即从蓄电池的端电压到电压调节器起作用的电压之间的波动；另一种为过电压，过电压将对汽车上的电子设备带来极大危害。过电压从其性质来分，可分为非瞬变性和瞬变性过电压两类。

非瞬变性过电压主要是由于发电机电压调节器失灵或其他原因，引起发电机励磁电流未经电压调节器，使发电机电压升高到不正常值。这种故障如不及时排除，则整个充电系统的电压会一直处于不正常的高压，过电压有时可高达100V以上。非瞬变性过电压会使蓄电池的电解液沸腾，电器设备烧毁。

瞬变性过电压对汽车电子元件危害最大，其产生主要有以下几种情况。

① 当停车关闭点火开关时，由于发电机的磁场绕组与蓄电池之间通路瞬间切断，从而在磁场绕组中感应出按指数规律变化的负电压，其反向峰值可达－50～－100 V。该脉冲若没有被蓄电池吸收，则极易引起电子元件的损坏。

② 汽车运行中，发电机与蓄电池之间的导线意外松脱，或者在没有蓄电池的情况下突然断开其他负载，发电机端电压瞬间可升高很多，极限情况可达100V以上，且可维持0.1 s左右的时间。对一些过电压敏感的电子元件，这样的过电压足以造成损坏或误动作。

③ 电感性负载，如喇叭、各种电机、电磁离合器等，在切换时将在电路中产生高频振荡，振荡的峰值电压可达200V以上。其持续时间较短(300μs左右)，一般不会引起电子元件损坏，但对于具有高频响应的控制系统，如电控汽油喷射系统，往往会引起误动作。

3. 电器间的相互干扰

由于各个电器设备工作方式不同，它们之间会以不同的方式彼此干扰。通常将汽车上所有电器能在车上正常工作而不干扰其他电器正常工作的能力称为汽车电器电磁兼容性。

在实际中，电器间的相互干扰是不可避免的。对汽车电气系统来说，重要的是电磁兼容性。任何因素激发出的振荡都会通过导线等以电磁波的方式发射出去，势必对其他电子系统产生电磁干扰。

因此，汽车上应用的计算机等，都应具有良好的屏蔽措施，一旦屏蔽被破坏，也会导致其工作异常。

4. 其他

汽车行驶中不可避免地会产生振动和冲击，它将造成电子设备的机械性损坏，如脱线、脱焊、触点抖动、搭铁不良等故障。尘土及有害气体的侵蚀会导致接触不良、绝缘性能下降等故障。

10.4.2 汽车电气系统故障种类

汽车电气系统的故障总体上可分为两大类：一类是电器设备故障；另一类是电路故障。

1. 电器设备故障

电器设备故障是指电器设备自身丧失其原有机能，包括电器设备的机械损坏、烧毁、电子元件的击穿、老化、性能减退等。在实际使用和维修中，常常因电路故障而造成电器设备故障。电器设备故障一般是可修复的，但一些不可拆的电子设备出现故障后只能更换。

2. 电路故障

电路故障包括断路、短路、接线松脱、接触不良或绝缘不良等。这一类故障有时容易出现一些假象，给故障诊断带来困难。例如，某搭铁线与车身出现接触不良，就有可能造成电器设备开关失控，电器设备工作出现混乱。这是因为有的搭铁线多为几个电器设备共用，一旦该搭铁线出现接触不良，它就把多个电器设备的工作电路联系到一起，就有可能通过其他电路找到搭铁途径，造成一个或多个电器设备工作异常。

10.4.3 检修汽车电路注意事项

检修汽车电路时的注意事项如下：

① 拆卸和安装电器元件时，应切断电源。

② 更换熔断器时，一定要与原规格相同，切勿用导线替代。

③ 正确拆卸导线插接器(插头与插座)。为了防止插接器在汽车行驶中脱开，所有的插接器均采用了闭锁装置。要拆开插接器时，首先要解除闭锁，然后把插接器脱开，不允许在未解除闭锁的情况下用力拉导线，这样会损坏闭锁或连接导线。

④ 在检修传统汽车电路故障时，往往采用“试火”的办法逐一判断故障部位。在装有电子设备的汽车上，不允许使用这种方法，否则会给某些电路和电子元件造成意想不到的损害。

⑤ 在发动机工作时，不要拆下蓄电池接线。对于装有电控装置的车辆也不要采用该办法来判断发电机是否发电。

⑥ 不允许使用欧姆表及万用表的 R×100 以下低阻欧姆挡检测小功率晶体管，以免电流过载损坏晶体管。

⑦ 更换三极管时，应首先接入基极；拆卸时，最后拆下基极。

10.4.4 汽车电路检修方法

汽车电路发生的故障主要有断路、短路、电器设备损坏等。为了能迅速准确地诊断故璋，下面介绍几种常用的诊断方法。

1. 直观诊断法

汽车电器发生故障时，有时会出现冒烟、火花、异响、焦臭、发热等异常现象。这些现象可通过人的眼、耳、鼻、身感觉到，从而可以直接判断出故障所在部位。

例如，在汽车行驶过程中，突然发现转向信号灯与转向指示灯均不亮，用手一摸，发现闪光器发热烫手，说明闪光器已被烧坏。

2. 断路法

汽车电路设备发生搭铁(短路)故障时，可用断路法判断。将怀疑有搭铁故障的电路段断路后，根据电器设备中搭铁故障是否还存在，判断电路搭铁的部位和原因。

例如，在汽车行驶时，听到电喇叭长鸣，则可以将继电器“按钮”接线柱上的导线拆开，此时如果喇叭停鸣，则说明喇叭按钮至继电器这段电路中有搭铁现象。

3. 短路法

汽车电路中出现断路故障，还可以用短路法判断。将怀疑有断路故障的电路短接，观察仪表指针变化或电气设备工作状况，从而判断出该电路中是否存在断路故障。

例如，怀疑汽车电路中的各种开关有故障，可用导线将开关短接来判断开关是好是坏。

4. 试灯法

试灯法就是用一只小功率汽车用灯泡作为试灯，检查电路中有无断路故障。

例如，用试灯的一端和交流发电机的“电枢”接线柱连接，另一端搭铁。如果灯不亮，说明蓄电池至交流发电机“电枢”接线柱间有断路现象；若灯亮，说明该段电路良好。

5. 仪表法

观察汽车仪表板上的电流表、水温表、燃油表、机油压力表等的指示情况，判断电路中有无故障。

例如，发动机冷态，接通点火开关时，水温表指示满刻度位置不动，说明水温表传感器有故障或该电路有搭铁。

6. 高压试火法

对高压电路进行搭铁试火，观察电火花状况，判断点火系统的工作情况。具体方法是：取下点火线圈或火花塞上的高压导线，将其对准火花塞或缸盖等，距离约5mm，然后接通起动开关，转动发动机，看其跳火情况。

如果火花强烈，呈天蓝色，且跳火声较大，则表明点火系统工作基本正常；反之，则说明点火系统工作不正常。

7. 低压搭铁试火法

低压搭铁试火法是指拆下用电设备接线的某一线端对汽车的金属部分(搭铁)碰试，根据产生的火花来判断故障。这种方法比较简单，是汽车电工经常使用的方法。搭铁试火法可分为直接搭铁和间接搭铁两种。

所谓直接搭铁，是指未经过负载而直接搭铁产生强烈的火花。例如，我们要判断点火线圈至蓄电池一段电路是否有故障，可拆下点火线圈上连接点火开关的线头，在汽车车身或车架上刮碰，如果有强烈的火花，说明该电路正常；如果无火花产生，说明该段电路出现了断路。

间接搭铁是将汽车电器的某一负载搭铁，根据产生的微弱火花来判断电路或负载是否有故障。例如，将传统点火系统断电器连接线搭铁(回路经过点火线圈初级绕组)，如果有火花，说明这段电路正常；如果无火花，则说明电路有断路。

特别值得注意的是，试火法不能在装有电子控制装置(ECU)的汽车上应用。

8. 模拟法

模拟法就是通过模拟电路故障发生时的环境和条件，使暂时消失的故障显现出来，进而确定故障点的诊断方法。

在汽车电路维修实践中，经常会遇到一些不稳定的间歇性故障，故障出现没有规律，时有时无。对于这类故障，可以采用模拟法进行诊断。

常用的模拟诊断方法有振动模拟(图 10.42)、热敏感模拟(图 10.43)、冷冻模拟(图 10.44)、浸水模拟(图 10.45)、电负荷模拟(图 10.46)等。在汽车电路故障诊断中灵活、熟练地运用这些方法，往往可以事半功倍。

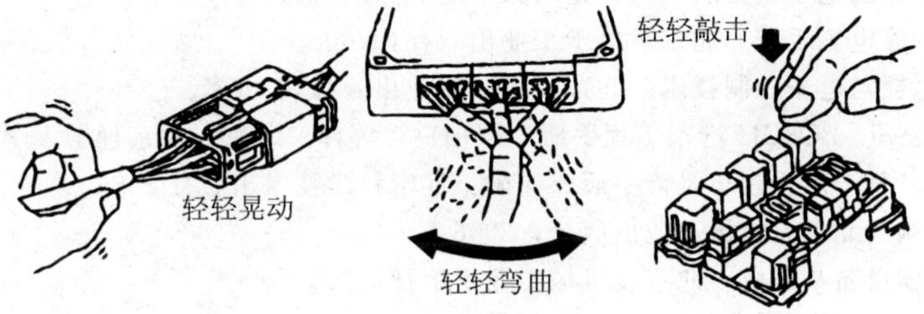

图 10.42 振动模拟试验

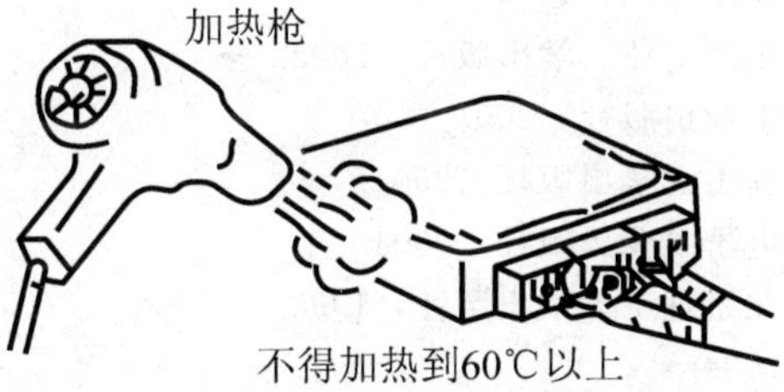

图 10.43 热敏感模拟试验

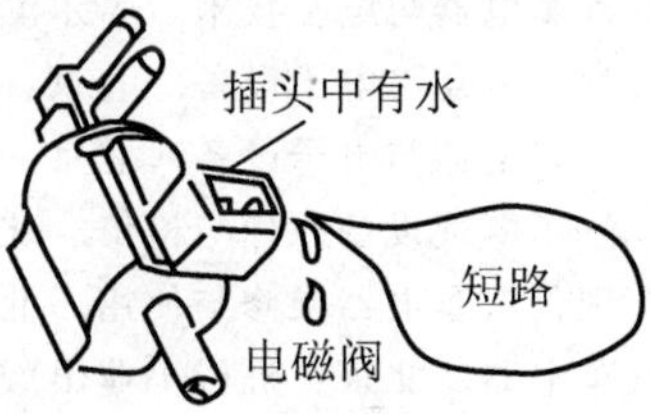

图 10.44 冷冻模拟试验

图 10.45 浸水模拟试验

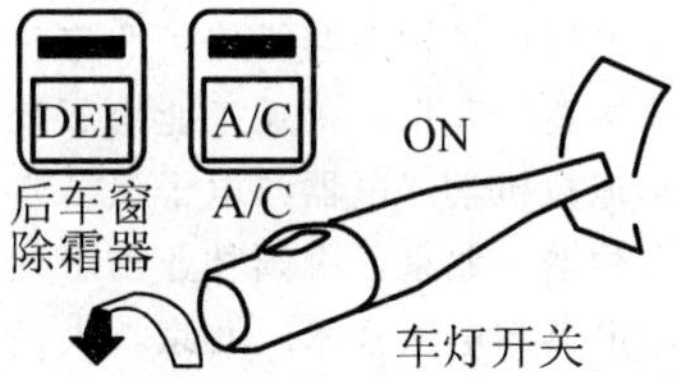

图 10.46 电负荷模拟试验

9. 专用检测仪器法

随着汽车电气设备的日趋复杂，在维修中，特别是维修装置电子设备较多的车辆，使用一些专用的检测仪器是十分必要的。

复习思考题

1. 汽车电路的表达方法有哪几种？
2. 常见的汽车电路保 护装置有哪些？
3. 常用的汽车电路检修方法有哪些？

参考文献

[1] 凌永成. 汽车电气设备. 北京：北京大学出版社，2007.
[2] 凌永成. 实用汽车电工手册. 北京：清华大学出版社，2008.
[3] 凌永成. 汽车电子控制技术. 北京：北京大学出版社，2006.
[4] 边焕鹤. 汽车电器与电子设备. 北京：人民交通出版社，2006.
[5] 孙仁云，付百学. 汽车电器与电子技术. 北京：机械工业出版社，2006.
[6] 徐向阳. 汽车电器与电子控制技术. 北京：机械工业出版社，2002.
[7] 李朝晖. 汽车电器及电子设备. 重庆：重庆大学出版社，2004.
[8] 杨生辉. 汽车维修电工手册. 北京：电子工业出版社，2005.
[9] 麻友良. 汽车电器与电子控制技术. 北京：机械工业出版社，2003.
[10] 德国 BOSCH 公司. BOSCH 汽车工程手册. 顾柏良，等译. 北京：北京理工大学出版社，2004.
[11] 朱军，凌永成. 日产阳光轿车维修手册. 沈阳：辽宁科学技术出版社，2001.
[12] 张蕾. 汽车空调. 北京：机械工业出版社，2006.
[13] 毛峰. 汽车电器设备与维修. 北京：机械工业出版社，2005.
[14] 申荣卫. 汽车电子技术. 北京：机械工业出版社，2003.
[15] 周云山. 汽车电子控制技术. 北京：机械工业出版社，2004.
[16] 李涵武. 汽车电器与电子技术. 哈尔滨：哈尔滨工业大学出版社，2003.
[17] 曲金玉. 汽车电器与电子设备. 北京：机械工业出版社，2001.
[18] 赵福堂. 汽车电器与电子设备. 北京：北京理工大学出版社，2004.
[19] 于万海. 汽车电气设备原理与检修. 北京：电子工业出版社，2004.
[20] 王遂双. 现代汽车电器维修与使用. 北京：北京理工大学出版社，1998.
[21] 毛峰. 汽车电器. 北京：机械工业出版社，2004.
[22] 李东江. 现代汽车电气设备. 北京：机械工业出版社，1998.
[23] 于明进. 汽车电气设备构造与维修. 北京：高等教育出版社，2007.
[24] 周建平. 汽车电气设备构造与维修. 北京：人民交通出版社，2007.
[25] 陈家瑞. 汽车构造. 北京：机械工业出版社，2001.
[26] 鲁植雄. 汽车拖拉机学（电器与电子设备）. 北京：中国农业出版社，2006.
[27] 肖生发. 汽车构造. 北京：中国林业出版社/北京大学出版社，2006.
[28] 刘振闻. 汽车电器与电子技术. 北京：人民交通出版社，2001.
[29] 舒华. 汽车电器与电子技术. 北京：人民交通出版社，2004.
[30] 王启瑞. 汽车电气与电子设备. 合肥：安徽科学技术出版社，2000.
[31] 高群钦. 现代汽车电器设备原理与检修. 北京：电子工业出版社，2001.
[32] 李朝晖. 汽车电器与电子设备. 重庆：重庆大学出版社，2004.
[33] 何丹娅. 汽车电器与电子设备. 北京：人民交通出版社，2002.
[34] 古永棋，赵明. 汽车电器及电子设备. 重庆：重庆大学出版社，2000.
[35] 裘玉平. 汽车电气设备维修. 北京：人民交通出版社，1997.

北京大学出版社汽车类教材书目

序号	书　　名	标准书号	著作者	定价	出版日期
1	汽车构造(第2版)	978-7-301-19907-7	肖生发，赵树朋	56	2014.1
2	汽车构造学习指导与习题详解	978-7-301-22066-5	肖生发	26	2014.1
3	汽车发动机原理(第2版)	978-7-301-21012-3	韩同群	42	2013.5
4	汽车设计	978-7-301-12369-0	刘涛	45	2008.1
5	汽车运用基础	978-7-301-13118-3	凌永成，李雪飞	26	2008.1
6	现代汽车系统控制技术	978-7-301-12363-8	崔胜民	36	2008.1
7	汽车电气设备实验与实习	978-7-301-12356-0	谢在玉	29	2008.2
8	汽车试验测试技术	978-7-301-12362-1	王丰元	26	2013.6
9	汽车运用工程基础(第2版)	978-7-301-21925-6	姜立标	34	2013.1
10	汽车制造工艺（第2版）	978-7-301-22348-2	赵桂范，杨　娜	40	2013.4
11	汽车工程概论	978-7-301-12364-5	张京明，江浩斌	36	2008.6
12	汽车运行材料（第2版）	978-7-301-22525-7	凌永成	45	2013.7
13	汽车试验学	978-7-301-12358-4	赵立军，白　欣	28	2013.5
14	内燃机构造	978-7-301-12366-9	林　波，李兴虎	26	2011.12
15	汽车故障诊断与检测技术	978-7-301-13634-8	刘占峰，林丽华	34	2013.8
16	汽车维修技术与设备	978-7-301-13914-1	凌永成，赵海波	30	2013.5
17	热工基础	978-7-301-12399-7	于秋红	34	2009.2
18	汽车检测与诊断技术	978-7-301-12361-4	罗念宁，张京明	30	2009.1
19	汽车评估	978-7-301-14452-7	鲁植雄	25	2012.5
20	汽车车身设计基础	978-7-301-15619-3	王宏雁，陈君毅	28	2009.9
21	汽车车身轻量化结构与轻质材料	978-7-301-15620-9	王宏雁，陈君毅	25	2009.9
22	车辆自动变速器构造原理与设计方法	978-7-301-15609-4	田晋跃	30	2009.9
23	新能源汽车技术（第2版）	978-7-301-23700-7	崔胜民	39	2014.2
24	工程流体力学	978-7-301-12365-2	杨建国，张兆营等	35	2011.12
25	高等工程热力学	978-7-301-16077-0	曹建明，李跟宝	30	2010.1
26	汽车电气设备（第2版）	978-7-301-16916-2	凌永成，李淑英	38	2014.1
27	现代汽车发动机原理	978-7-301-17203-2	赵丹平，吴双群	35	2013.8
28	现代汽车新技术概论	978-7-301-17340-4	田晋跃	35	2013.5
29	现代汽车排放控制技术	978-7-301-17231-5	周庆辉	32	2012.6
30	汽车服务工程	978-7-301-16743-4	鲁植雄	36	2013.1
31	汽车使用与管理	978-7-301-18761-6	郭宏亮，张铁军	39	2013.6
32	汽车数字开发技术	978-7-301-17598-9	姜立标	40	2010.8
33	汽车人机工程学	978-7-301-17562-0	任金东	35	2013.5
34	专用汽车结构与设计	978-7-301-17744-0	乔维高	45	2010.9
35	汽车空调	978-7-301-18066-2	刘占峰，宋　力等	28	2013.8
36	汽车CAD技术及Pro/E应用	978-7-301-18113-3	石沛林，李玉善	32	2014.1
37	汽车振动分析与测试	978-7-301-18524-7	周长城，周金宝等	40	2011.3
38	新能源汽车概论	978-7-301-18804-0	崔胜民，韩家军	30	2013.6
39	汽车空气动力学数值模拟技术	978-7-301-16742-7	张英朝	45	2011.6
40	汽车电子控制技术(第2版)	978-7-301-19225-2	凌永成，于京诺	40	2014.1
41	车辆液压传动与控制技术	978-7-301-19293-1	田晋跃	28	2011.8
42	车辆悬架设计及理论	978-7-301-19298-6	周长城	48	2011.8
43	汽车电器及电子控制技术	978-7-301-17538-5	司景萍，高志鹰	58	2012.1
44	汽车车身计算机辅助设计	978-7-301-19889-6	徐家川，王翠萍	35	2012.1
45	现代汽车新技术	978-7-301-20100-8	姜立标	49	2013.7
46	电动汽车测试与评价	978-7-301-20603-4	赵立军	35	2012.7
47	电动汽车结构与原理	978-7-301-20820-5	赵立军，佟钦智	35	2012.7
48	二手车鉴定与评估	978-7-301-21291-2	卢　伟，韩　平	36	2012.8
49	汽车微控制器结构原理与应用	978-7-301-22347-5	蓝志坤	45	2013.4
50	汽车振动学基础及其应用	978-7-301-22583-7	潘公宇	29	2013.6
51	车辆优化设计理论与实践	978-7-301-22675-9	潘公宇，商高高	32	2013.7
52	汽车专业英语	978-7-301-23187-6	姚　嘉，马丽丽	36	2013.8
53	车辆底盘建模与分析	978-7-301-23332-0	顾　林，朱　跃	30	2014.1
54	汽车安全辅助驾驶技术	978-7-301-23545-4	郭　烈，葛平淑等	43	2014.1